Die

Fortschritte der Physik

im Jahre 1866.

Dargestellt

von

der physikalischen Gesellschaft zu Berlin.

XXII. Jahrgang.

Redigirt von Dr. G. Quincke, Dr. B. Schwalbe
und Dr. Wangerin.

Berlin.
Druck und Verlag von Georg Reimer.
1869.

Vorwort.

Zu unserem lebhaften Bedauern ist das Erscheinen des vorliegenden XXII. Jahrganges der Fortschritte der Physik sehr lange verzögert worden. Die Schuld liegt in dem Mangel an Vorarbeiten, die so gut wie ganz fehlten, als wir nach den Herren Kiessling und Dr. Kundt im April vorigen Jahres die Redaction übernahmen. Seitdem haben wir den Geschäftsgang dieser Vorarbeiten geändert und es steht zu hoffen, dass in der Folge dergleichen durch den Wechsel der Redaction bedingte Verzögerungen nicht mehr eintreten werden, um so mehr als die neue Einrichtung sich schon bei der plötzlichen Uebersiedlung des Herrn Dr. Wangerin nach Posen als zweckmässig bewährt hat. Die Mängel, welche der vorliegende Jahrgang in in Bezug auf Anordnung und Vollständigkeit der Litteratur noch besitzt, waren bei der plötzlichen Uebernahme der Redaction nicht sofort zu beseitigen.

Reclamationen bitten wir, soweit sie den Inhalt der einzelnen Berichte betreffen, nicht an uns, sondern direct an die durch ihre Chiffre bezeichneten Herren Berichterstatter zu richten.

Die Jahrgänge XXIII und XXIV für 1867 und 1868 werden voraussichtlich im nächsten Jahre erscheinen.

Berlin im September 1869.

Dr. **G. Quincke.** Dr. **B. Schwalbe.**

Erklärung der Citate.

Ein Kreuz (†) bedeutet, dass der Berichterstatter den citirten Abdruck nachgelesen, ein Sternchen (*), dass der Berichterstatter sich von der Richtigkeit des Citats überzeugt hat.

Eine eingeklammerte (arabische) Zahl vor der (römischen) Bandzahl bezeichnet, welcher Reihe (Folge, Serie) einer Zeitschrift der betreffende Band angehört.

Zeitschriften, von welchen für jedes Jahr ein Band erscheint, sind nach dieser Jahreszahl citirt, welche von der Jahreszahl des Erscheinens manchmal verschieden ist.

Eine Zahl, welche zwischen der (römischen) Bandzahl oder der (arabischen) Jahreszahl und den (Anfangs- und End-) Seitenzahlen steht, bedeutet die verschiedenen Abtheilungen (Hefte, Nummern, Lieferungen u. s. w.) des betreffenden Bandes oder Jahrganges. Eine zweite Abtheilung ist immer von der zweiten neuen Paginirung an gerechnet. Wenn sich also die Paginirung einer zweiten Abtheilung an die der ersten anschliesst, so ist die Angabe der zweiten Abtheilung fortgelassen.

Der im Folgenden mitgetheilte Titel jeder Zeitschrift ist der des ersten für diesen Jahrgang excerpirten Bandes.

Manche nähere Angaben über die citirten Zeitschriften sind zu finden im Berl. Ber. 1852. p. VIII-XXIV und 1854. p. X-XII.

Citate aus Zeitschriften, welche weder der Redaction, noch dem Berichterstatter vorgelegen haben, sondern nur aus andern Zeitschriften übernommen sind, sind eingeklammert.

Abh. d. Berl. Ak. bedeutet: Mathematisch-physikalische Abhandlungen der Königlichen Akademie der Wissenschaften zu Berlin aus dem Jahre 1865. Berlin 1866. 4.

Abh. d. naturf. Ges. zu Halle bedeutet: Abhandlungen der naturforschenden Gesellschaft zu Halle. 1865. 4.

Actes de la soc. Helvétique vergl. Verhandlungen der schweizerischen naturforschenden Gesellschaft.

Ann. d. chim. bedeutet: Annales de chimie et de physique, par Chevreul, Dumas, Pelouze, Boussingault, Regnault. (4) VII. Paris 1866. 8.

Ann. d. l'éc. norm. bedeutet: Annales scientifiques de l'école normale supérieure publiées sous les auspices du ministre de l'instruction publique par Mr. L. Pasteur avec un comité de rédaction composé de Mrs. les maîtres de conférences. III. Paris 1866. 4.

Ann. d. l'observ. d. Brux. bedeutet: Annales de l'observatoire Royal de Bruxelles, par A. Quetelet. XVIII. Bruxelles 1866. 4.

Ann. d. l'observ. phys. centr. d. Russie bedeutet: Annales de l'observatoire physique central de Russie, par A. T. Kupffer. Année 1863. Saint-Pétersbourg 1866. 4.

Ann. d. Münchn. Sternw. bedeutet: Annalen der Königlichen Sternwarte bei München, von J. Lamont. München 1866. 8.

Arch. f. Anat. bedeutet: Archiv für Anatomie, Physiologie und wissenschaftliche Medicin, herausgegeben von C. B. Reichert und E. du Bois-Reymond. Berlin 1866. 8.

Arch. f. Artill. Off. bedeutet: Archiv für die Officiere der Königlich preussischen Artillerie und Ingenieurcorps. Berlin 1866. 8.

Arch. f. Heilk. bedeutet: Archiv für Heilkunde, unter Mitwirkung von C. A. Wunderlich, W. Roser, W. Griesinger und K. Vierordt, redigirt von Prof. E. Wagner in Leipzig. Leipzig 1866. 8.

Arch. sc. phys. bedeutet: Bibliothèque universelle de Genève. Archives des sciences physiques et naturelles. (2) Genève 1866. 8.

Astr. Nachr. bedeutet: Astronomische Nachrichten, begründet von H. C. Schumacher, herausgegeben von C. A. F. Peters. LXII. Altona 1866. gr. 4.

Athen. bedeutet: The Athenaeum, Journal of literature, science, and the fine arts. For the year 1866. London 1866. gr. 4.

Ausl. bedeutet: Das Ausland, Ueberschau der neuesten Forschungen auf dem Gebiete der Natur-, Erd- und Völkerkunde, herausgegeben von Dr. O Peschel. Augsburg 1866.

Berl. Ber. bedeutet: Die Fortschritte der Physik im Jahre 1866, dargestellt von der physikalischen Gesellschaft zu Berlin. XXII. Berlin 1869. 8.

Berl. Monatsber. bedeutet: Monatsberichte der Königlichen preussischen Akademie der Wissenschaften zu Berlin. Aus dem Jahre 1866. Berlin 1866. 8.

Brem. Verh. bedeutet: Abhandlungen, herausgegeben vom naturwissenschaftlichen Verein zu Bremen. Bremen 1866. 8.

Brit. J. of phot. bedeutet: British Journal of photography. 1866.

Brix Z. S. bedeutet: Zeitschrift des deutsch-österreichischen Telegraphenvereins, von P. W. Brix. XIII. Berlin 1866. 4.

Bull. d. Brux. bedeutet: Bulletins de l'Académie Royale des sciences, des lettres et des beaux-arts de Belgique. (2) XIX, XX. Bruxelles 1866. 8.

Bull. d. Brux. (Cl. d. sc.) bedeutet: Académie Royale des sciences, des lettres et des beaux-arts de Belgique. Bulletins des séances de la Classe des sciences. 1866. Bruxelles 1867. 8.

Bull. d. Moscou bedeutet: Bulletin de la Société Impériale des naturalistes de Moscou. Année 1866. Moscou 1866. 8.

Bull. d. St. Pét. bedeutet: Bulletin de l'Académie Impériale de St.-Pétersbourg. IX. St.-Pétersbourg et Leipzig 1866. Folio.

Bull. Soc. Chim. bedeutet: Bulletin de la Société Chimique de Paris par Mrs Barreswil, Bouis, Friedel, Kopp, Leblanc, Scheurer-Kestner et Wurtz. Paris 1866. 8.

Bull. d. l. Soc. d'enc. bedeutet: Bulletin de la Société d'encouragement pour l'industrie nationale, par Combes et Peligot. Paris 1866. 4.

Bull. d. l. Soc. géol. bedeutet: Bulletin de la Société géologique de France. (2) XXIII. Paris 1866. 8.

Bull. Soc. Vaud. bedeutet: Bulletin des séances de la Société Vaudoise des sciences naturelles. No. 53. Lausanne 1866. 8.

Carl Repert. bedeutet: Repertorium für physikalische Technik, für mathematische und astronomische Instrumentenkunde. Herausgegeben von Dr. Ph. Carl. II. München 1866 und 1867. gr. 8.

Chem. C. Bl. bedeutet: Chemisches Centralblatt für 1866. Herausgegeben von R. Arendt. Leipzig. 1866. 8.

Cimento bedeutet: Il nuovo Cimento, Giornale di fisica, di chimica e scienze affini, da C. Matteucci, R. Piria, G. Meneghini. Torino e Pisa 1866. 8.

Cosmos bedeutet: Cosmos, revue encyclopédique hebdomadaire des progrès des sciences et de leurs applications aux arts et à l'industrie. Paris 1866. 8.

C. R. bedeutet: Comptes rendus hebdomadaires des séances de l'Académie des sciences. LXI, LXII. Paris 1866. 4.

Crelle J. bedeutet: Journal für die reine und angewandte Mathematik, begründet von A. L. Crelle, herausgegeben von C. W. Borchardt. Berlin 1866. 4.

Dingler J. bedeutet: Polytechnisches Journal, von E. M. Dingler. Stuttgart und Augsburg. 1866. 8.

Dublin. J. bedeutet: The Dublin Quarterly Journal of Science edited by the Rev. S. Haughton. Dublin 1866. 8.

Edinb. Trans. bedeutet: Transactions of the Royal Society of Edinburgh. Edinburgh 1866. 4.

Erdmann J. bedeutet: Journal für praktische Chemie, von O. L. Erdmann und G. Werther. XCVII-XCIX. Leipzig 1866. 8.

Erman Arch. bedeutet: Archiv für wissenschaftliche Kunde von Russland, von A. Erman. XXIV. Berlin 1866. 8.

Giorn. di Pal. bedeutet: Giornale di scienze naturali ed economiche publicato per cura del consiglio di perfezionamento annesso al R. Istituto tecnico di Palermo 1866. II. 4.

Götting. Nachr. bedeutet: Nachrichten der Königlichen Gesellschaft der Wissenschaften und der Georg-August-Universität zu Göttingen. Vom Jahre 1866. Göttingen 1866. 12.

Greenwich obs. bedeutet: Astronomical, magnetical and meteorological observations made at the Royal observatory, Greenwich, in the year 1864, by G. B. Airy. London 1866. 4.

Jahrb. d. k. k. geol. Reichs. bedeutet: Jahrbuch der k. k. geologischen Reichsanstalt. Wien 1866. XV. gr. 8.

Jahresber. d. Frankfurt. Ver. bedeutet: Jahresbericht des physikalischen Vereins zu Frankfurt a. M. 1865-1866. Frankfurt 1866. 8.

Jahresber. d. Wetterauer Ges. bedeutet: Jahresbericht der Wetterauer Gesellschaft für die gesammte Naturkunde zu Hanau. Hanau 1866. 8.

J. d. physiol. bedeutet: Journal de la physiologie. Paris 1866. 8.

Inst. bedeutet: L'Institut, Journal universel des sciences et des Sociétés savants en France et à l'étranger. Première section. Sciences mathématiques physiques et naturelles. 1866. Paris 1866. gr. 4.

Int. Obs. bedeutet: The intellectual observer Review of natural history, microscopic research and recreative science. London 1866. 8.

J. chem. Soc. bedeutet: The Journal of the chemical Society of London by B. C. Brodie, T. Graham, A. W. Hofmann, J. Stenhouse. (2) IV. London 1866. 8.

Leipz. Abh. bedeutet: Abhandlungen der Königlich sächsischen Gesellschaft der Wissenschaften. Leipzig 1866. 4.

Leipz. Ber. bedeutet: Berichte über die Verhandlungen der Königlich sächsischen Gesellschaft der Wissenschaften zu Leipzig. Mathematisch-physikalische Classe. 1865. Leipzig 1866. 8.

Liebig Ann. bedeutet: Annalen der Chemie und Pharmacie, von F. Wöhler, J. Liebig und H. Kopp. CXXXVII-CXL. Leipzig u. Heidelberg 1866. 8.

Liouville J. bedeutet: Journal de mathématiques pures et appliquées ou recueil mensuel des mémoires sur les diverses parties des mathématiques, par J. Liouville. (2) XI, XII. 1866. Paris 1866. 4.

Medic. C. Z. bedeutet: Allgemeine Medicinische Centralzeitung. Berlin 1866. 4.

Mém. cour. d. Brux. bedeutet: Mémoires couronnés et mémoires des savans étrangers publiés par l'Académie Royale des sciences de Belgique. Bruxelles 1865. 4.

Mém. cour. d. Brux. Coll. en 8vo. bedeutet: Mémoires couronnés etc. de l'Académie de Belgique Collection en 8vo. Bruxelles 1866. 8.

Mém. d. Brux. bedeutet: Mémoires de l'Académie Royale des sciences, des lettres et des beaux-arts de Belgique. XXXVI. Bruxelles 1866. 4.

Mém. d. Cherbourg bedeutet: Mémoires de la société des sciences de Cherbourg Paris et Cherbourg 1866. 8.

Mém. d. l'Ac. d. Paris bedeutet: Mémoires de l'Académie des sciences de l'Institut de France. Paris 1866. 4.

Mém. de Nancy bedeutet: Mémoires de l'Academie de Stanislas à Nancy. 1865. 8.

Mém. d. St.-Pét. bedeutet: Mémoires de l'Académie Impériale des sciences de St.-Pétersbourg. St.-Pétersbourg 1866. Folio.

Memor. dell' Acc. di Bologna bedeutet: Memorie dell' Accademia delle science dell' Istituto di Bologna. Bologna 1866. 4.

Memor. dell' Acc. di Torino bedeutet: Memorie dell' Accademia della scienze di Torino. Torino 1866. 4.

Memor. dell' Ist. Lomb. bedeutet: Memorie del R. Istituto Lombardo di scienze, lettere ed arti. Milano 1866. Folio.

Mem. of Manch. bedeutet: Memoirs of the literary and philosophical society of Manchester. (3) II. Manchester 1866. 8.

Mitth. d. k. k. geogr. Ges. bedeutet: Mittheilungen der Kaiserlich-Königlichen geographischen Gesellschaft zu Wien, redigirt von Fötterle. VIII. 1865. Wien 1865. 8.

Mitth. d. naturf. Ges. in Bern bedeutet: Mittheilungen der naturforschenden Gesellschaft in Bern aus dem Jahre 1865. Bern 1866 8.

Mondes bedeutet: Les Mondes, revue hebdomadaire des sciences et de leurs applications aux arts et à l'industrie par M. l'Abbé Moigno. 2. Paris 1866. 8.

Monit. Scient. bedeutet: Le Moniteur Scientifique. Journal des sciences pures et appliquées à l'usage des chimistes de pharmaciens et des manufacturiers avec une revue de physique et d'astronomie par Mr. R. Radau. Huitième année de publication par le Dr. Quesneville. VIII. Paris 1866. 4.

Monthly Not. bedeutet: Monthly Notices of the Royal Astronomical Society. XXVI. London 1866. 8.

Münchn. Ber. bedeutet: Sitzungsberichte der Königlich bayerischen Akademie der Wissenschaften zu München 1865-1866. München 1865-1866. 8.

Nyt Mag. bedeutet: Nyt Magazin for Naturvidenskaberne, ved Sars og Kjerulf. XIV. 4 1866. 8.

Öfvers. af Förhandl. bedeutet: Öfversigt af Kongl. Vetenskaps-Akademiens Förhandlingar. Stockholm 1866. 8.

Petermann Mitth. bedeutet: Mittheilungen aus J Perthes' geographischer Anstalt über wichtige neue Erforschungen auf dem Gesammtgebiete der Geographie, von A. Petermann. 1866. Gotha. 4.

Phil. Mag. bedeutet: The London, Edinburgh, and Dublin philosophical Magazine and Journal of science, by D. Brewster, R. Kane, W. Francis. (4) XXXI, XXXII. London 1866. 8.

Phil. Trans. bedeutet: Philosophical transactions of the Royal Society of London. For the year 1865. London 1866. gr. 4.

Pogg. Ann. bedeutet: Annalen der Physik und Chemie, herausgegeben zu Berlin von J. C. Poggendorff. CXXVII-CXXIX. Leipzig 1866. 8.

Polyt. C. Bl. bedeutet: Polytechnisches Centralblatt, unter Mitwirkung von J. A. Hülsse und W. Stein, herausgegeben von G. H. E. Schnedermann und E. T. Böttcher. Leipzig 1866. 4.

Prag. Ber. bedeutet: Sitzungsberichte der königl. böhmischen Gesellschaft der Wissenschaften zu Prag vom Jahre 1865. Prag 1866. 8.

Proc. Amer. Soc. bedeutet: Proceedings of the American philosophical Society. Philadelphia 1866. 8.

Proc. Edinb. Soc. bedeutet: Proceedings of the Royal Society of Edinburgh. VI. Edinburgh 1866. 8.

Proc. Irish. Ac. bedeutet: Proceedings of the Royal Irish Academy. Dublin 1866. 8.

Proc. Manch. Soc. bedeutet: Proceedings of the literary and philosophical Society of Manchester. III and IV. Manchester 1866.

Proc. of Philad. bedeutet: Proceedings of the Academy of Natural Sciences of Philadelphia. 1866. gr. 8.

Proc. Roy. Soc. bedeutet: Proceedings of the Royal Society of London. XIV. London 1866. 8.

Qu. J. of geol. Soc. bedeutet: The quarterly Journal of the geological Society. XXII. London 1866. 8.

Qu. J. of math. bedeutet: The quarterly Journal of pure and applied mathematics, by J. J Sylvester, N. M. Ferrers, G G. Stokes, A. Cayley, M. Hermite. London 1866 8.

Rendic. di Bologna bedeutet: Rendiconto delle sessioni dell' accademia delle scienze dell' Istituto di Bologna. Anno accademico 1864-1865. Bologna 1866. 8.

Rendic. di Napoli bedeutet: Rendiconto dell' accademia delle scienze fisiche e matematiche di Napoli. V. 1866. 4.

Rendic. Lomb. bedeutet: Reale Istituto Lombardo di scienze el lettere. Rendiconti. Classe di scienze matematiche e naturali. Milano 1866. 8.

Rep. Brit. Assoc. bedeutet: Report of the XXXVth meeting of the british Association for the advancement of science, held at Birmingham 1865. London 1866. 8

Schrift. d. Königsb. Ges. bedeutet: Schriften der Königlichen physikalisch-ökonomischen Gesellschaft zu Königsberg. VII. Königsberg 1866. 4.

Schweiz. Denkschr. bedeutet: Neue Denkschriften der allgemeinen Schweizerischen Gesellschaft für die gesammten Naturwissenschaften. Bern 1866. XXI. (= (3) I.) 4.

Schweiz polyt. Z. S. bedeutet: Schweizerische polytechnische Zeitschrift. I. 1866.

Silliman J. bedeutet: The american Journal of science and arts, by Prof. B. Silliman, B. Silliman jun. and James D. Dana. (2) XLII. New Haven 1866. 8.

Smithson. Contribut. bedeutet: Smithsonian contributions to knowledge. XVI. Washington 1866. Folio.

Smithson. Rep. bedeutet: Smithsonian Report 1864. Annual report of the board of regents of the Smithsonian Institution, showing the operations, expenditures, and condition of the Institution, for the year 1865. Washington 1866. gr. 8.

Trans. of Amer. Soc. bedeutet: Transactions of the American philosophical Society. Philadelphia. XIII. 2. 8.

Verh. d. naturf. Ver. zu Brünn bedeutet: Verhandlungen des naturforschenden Vereins zu Brünn. IV. Jahrg. 1865. Brünn 1866. 8.

Verh. d. naturh. Ver. d. Rheinl. bedeutet: Verhandlungen des naturhistorischen Vereines der preussischen Rheinlande und Westphalens. XXII. Bonn 1865. 8.

Verh. d. naturf. Ges. in Basel bedeutet: Verhandlungen der naturforschenden Gesellschaft in Basel. Basel 1866. 8.

Verh. d. schweiz. naturf. Ges. bedeutet: Verhandlungen der schweizerischen naturforschenden Gesellschaft bei ihrer 49. Versammlung zu Genf im Jahre 1865. Genf 1866. 8.

Verh. d. Ver. z. Bef. d. Gew. i. Pr. bedeutet: Verhandlungen des Vereins zur Beförderung des Gewerbfleisses in Preussen. 1866. 4.

Versl. en Mededeel. bedeutet: Verslagen en Mededeelingen d. kon. Akademie van Wetenschappen te Amsterdam. Amsterdam 1865. 8.

Vetensk. Ak. Handlingar bedeutet: Konglige Svenska Vetenskaps-Akademiens Handlingar. Stockholm 1866. 4.

Vidensk. Selks. Forh. bedeutet: Forhandlingar i Videnskabs-Selskabet i Christiania Jar 1865. Christiania 1865. 8.

Virchow Arch. bedeutet: Archiv für pathologische Anatomie und Physiologie und für klinische Medicin, herausgegeben von R. Virchow. Berlin 1866. 8.

Wien. Ber. bedeutet: Sitzungsberichte der mathematisch-naturwissenschaftlichen Klasse der Kaiserl. Akademie der Wissenschaften. (Zweite Abtheilung: Enthält die Abhandlungen aus dem Gebiet der Mathematik, Physik, Chemie, Physiologie, Meteorologie, physischen Geographie und Astronomie). Wien 1866. 8.

Wien. Denkschr. bedeutet: Denkschriften der Kaiserlichen Akademie der Wissenschaften. Mathematisch-naturwissenschaftliche Klasse. Wien 1866. gr. 4.

Wolf Z. S. bedeutet: Vierteljahrsschrift der naturforschenden Gesellschaft in Zürich, von R. Wolf. XI. Zürich 1866. 8.

Würzb. Z. S. bedeutet: Würzburger naturwissenschaftliche Zeitschrift, herausgegeben von der physikalisch-medicinischen Gesellschaft, redigirt von J. Eberth, F. Sandberger, A. Schenk. VII. Würzburg 1866. 8.

Z. S. d. geol. Ges. bedeutet: Zeitschrift der deutschen geologischen Gesellschaft. Berlin 1866. 8.

Z. S. f. Chem. bedeutet: Zeitschrift für Chemie und Pharmacie. Kritisches Journal, Correspondenzblatt und Archiv. Herausgegeben von E. Erlenmeyer. IX. Heidelberg 1866. 8.

Z. S. f. Erdk. bedeutet: Zeitschrift für allgemeine Erdkunde, mit Unterstützung der Gesellschaft für Erdkunde zu Berlin, herausgegeben von W. Koner. Berlin 1866. 8.

Z. S. f. Math. bedeutet: Zeitschrift für Mathematik und Physik, von O. Schlömilch, E. Kahl und M. Cantor. X, XI. Leipzig 1866. 8.

Z. S. f. Meteor. bedeutet: Zeitschrift der österreichischen Gesellschaft für Meteorologie. Redigirt von Dr. C. Jelinek. 1866. I. 8.

Z. S. f. Naturw. bedeutet: Zeitschrift für die gesammten Naturwissenschaften, herausgegeben von dem naturwissenschaftlichen Vereine für Sachsen und Thüringen in Halle, redigirt von C. Giebel u. W. Heintz. XXVII, XXVIII. Berlin 1866. 8.

Z. S. f. rat. Med. bedeutet: Zeitschrift für rationelle Medicin, von J. Henle und C. v. Pfeufer. Berlin 1865. 8.

Nachrichten über die physikalische Gesellschaft.

Im Laufe der Jahre 1867 und 1868 wurden folgende neue Mitglieder in die Gesellschaft aufgenommen:

Im Jahre 1867.

Dr. C. Schultz, Dr. G. Krech, Dr. Sklarek. Wieder neu eingetreten: Hr. Matzdorff.

Ausgeschieden: Dr. Steinbart.

Im Jahre 1868.

Dr. O. Braun, Dr. Reinicke, Dr. Ohrtmann, Dr. Warburg, Herr Fischer, Dr. Butzon, Dr. v. Cölln, Hr. Buchner, Dr. Overbeck, Prof. Dr. v. Bezold in München, Dr. Gusserow, Dr. Hutt, Dr. Kossack.

Ausgeschieden: Prof. Dr. Kühne, so dass am Ende des Jahres 1868 Mitglieder der Gesellschaft waren:

Hr. Prof. Dr. Aronhold.
— Prof. Dr. d'Arrest in Kopenhagen.
— Artopé in Elberfeld.
— Dr. August.
— Dr. Auvers.
— Prof. Dr. Barentin.
— Dr. Becker in Darmstadt.
— Prof. Dr. Beetz in München.
— Prof. Dr. Bertram.
— Prof. Dr. v. Bezold in München.
— Prof. Dr. E. du Bois-Reymond.
— Prof. Dr. P. du Bois-Reymond in Heidelberg.
— Dr. O. Braun.
— Dr. Brill in Giessen.
— Dr. Brix.
— Prof. Dr. Brücke in Wien.
— Telegraphendirector Brunner in Wien.
— Buchner.
— Dr. Burckhardt in Basel.
— Dr. Butzon.
— Prof. Dr. Buys-Ballot in Utrecht.
— Prof. Dr. Christoffel in Zürich.
— Prof. Dr. Clausius in Bonn.

Hr. Prof. Dr. Clebsch in Göttingen.
— Dr. v. Cölln.
— Dr. Dehms.
— Prof. Dr. Dellmann in Kreuznach.
— Prof. Dr. Dub.
— Dr. Dumas.
— Prof. Dr. Eichhorn.
— Dr. Erdmann.
— Prof. Dr. Erman.
— Dr. Ewald.
— Prof. Dr. v. Feilitzsch in Greifswald.
— Prof. Dr. Fick in Würzburg.
— Prof. Dr. Finkener.
— Fischer, Telegrapheningenieur.
— Dr. Flight.
— Dr. Flohr.
— Prof. Dr. Förster.
— Dr. Franz.
— Dr. Freund.
— Dr. Friedländer.
— Prof. Dr. Fuchs.
— Director Gallenkamp.
— Prof. Dr. Grossmann.
— Mechaniker Grüel.
— Dr. Gusserow.

Hr. Prof. Dr. Hagenbach in Basel.
— Telegraphenfabrikant Halske.
— Prof. Dr. Hankel in Erlangen.
— Prof. Dr. Heintz in Halle.
— Prof. Dr. Helmholtz in Heidelberg.
— Dr. Hempel.
— Dr. Hermes.
— Dr. d'Heureuse.
— Dr. Heusser in Brasilien.
— Dr. Hoppe.
— Dr. Hutt.
— Dr. Jagor.
— Dr. Jochmann.
— Dr. Jungk.
— Prof. Dr. G. Karsten in Kiel.
— Kiessling in Flensburg.
— Prof. Dr. Kirchhoff in Heidelberg
— v. Kiréewsky in Russland.
— Prof. Dr. Knoblauch in Halle.
— Dr. Kossack.
— Dr. Krech.
— Dr. Kremers in Mainz.
— Prof. Dr. Krönig.
— Prof. Dr. Kronecker.
— Dr. Kruse.
— Prof. Dr. Kundt, in Zürich.
— Prof. Dr. Kuhn in München.
— Dr. Kukkuk.
— Prof. Dr. Lamont in München.
— Dr. Levisseur.
— Prof. Dr. Lieberkühn in Marburg.
— Dr. Luchterhandt.
— Prof. Dr. Ludwig in Leipzig.
— Dr. Matzdorff.
— Oberst v. Morozowicz.
— Prof. Dr. Munk.
— Papierfabrikant Dr. Müller.
— Dr. Natani.
— Prof. Dr. Neumann in Tübingen.
— Prof. Dr. v. Oettingen in Dorpat.
— Dr. Ohrtmann.
— Dr. Overbeck.

Hr. Prof. Dr. Paalzow.
— General Palm.
— Prof. Dr. Pringsheim.
— Prof. Dr. Quetelet in Brüssel.
— Geh. Med.-Rath Dr. Quincke.
— Prof. Dr. G. Quincke.
— Prof. Dr. Radicke in Bonn.
— Dr. Reinicke.
— Prof. Dr. Roeber.
— Commerzienrath Rohrbeck.
— Prof. Dr. Rosenthal.
— Prof. Dr. Roth.
— Dr. Rüdorff.
— Prof. Dr. Schellbach.
— Dr. C. Schultz.
— Dr. Schulze.
— Dr. Schumann.
— Dr. Schwalbe.
— Dr. W. Siemens.
— Dr. Sklarek.
— Dr. Söchting.
— Soltmann.
— Dr. Sonnenschein.
— Splitgerber.
— Prof. Dr. Spörer in Anklam.
— Prof. Dr. Tyndall in London.
— Dr. Vettin.
— Prof. Dr. Virchow.
— Dr. Vögeli am Bodensee.
— Dr. Wangerin.
— Dr. Warburg.
— Prof. Dr. Weierstrass.
— Dr. Weingarten.
— Dr. Weissenborn.
— Dr. Wendland.
— Dr. Wernicke.
— Prof. Dr. Werther in Königsberg.
— Prof. Dr. Wiedemann in Karlsruhe.
— Dr. Worpitzky.
— Prof. Dr. Wüllner in Poppelsdorf bei Bonn.
— Dr. Wunschmann.
— Prof. Dr. Zöllner in Leipzig.

Im drei- und vierundzwanzigsten Jahre des Bestehens der physikalischen Gesellschaft wurden folgende Originaluntersuchungen von Mitgliedern in den Sitzungen vorgetragen:

1867.

8. Febr. Dr. WANGERIN. Ueber die Theorie der NEWTON'schen Ringe.

22. - Dr. H. KIESSLING. Ueber Interferenzerscheinungen an Stimmgabeln und transversalschwingenden Stäben.

8. März. Dr. W. SIEMENS. Wagebalken-Alkoholometer-Controllapparat. Elektrische Wasserstandszeiger.

22. - Dr. KUNDT. Ueber einen Apparat zur Demonstration der Druckdifferenzen bei tönenden Luftsäulen.

— — Ueber HAIDINGER'sche Polarisationsbüschel.

Prof. FÖRSTER. Ueber die Analogien zwischen Sternschnuppen und Cometenbahnen.

5. April. Dr. KIESSLING. Ueber eine optische Täuschung bei der Bewegung.

26. - Prof. GROSSMANN. Ueber die zwischen zwei Kreisen sich bildende PLATEAU'sche Fläche.

10. Mai. Prof. QUINCKE. Ueber einige neue Methoden Capillaritätsconstanten zu bestimmen und deren Resultate.

7. Juni. Prof. RÖBER. Ableitung der Gleichung der Flüssigkeitsmembranen für den Fall, dass sie Umdrehungsflächen sind.

21. - Prof. FÖRSTER. Ueber Bestimmungen der sogenannten Stromzeit bei telegraphischen Längenbestimmungen.

18. Oct. Prof. RÖBER. Berechtigung der WEBER'schen Formel für die Magnetisirung des Eisens.

Dr. DUB. Ueber das Eintreten des magnetischen Sättigungszustandes.

1. Nov. Dr. DUMAS. Ueber die Bewegung von Pendeln mit beweglichen unter sich fest verbnndenen Aufhängepunkten.

15. - Dr. DEHMS. Methode zur Calibrirung von Drähten. Methode zur genauen Aufmultiplicirung von Widerständen.

13. Dec. Prof. QUINCKE. Ueber die Gesetze der Elektricitätsleitung durch Leiter von grossem Widerstande und grosser Oberfläche sowie Vorlesungsversuche um dieselben zu zeigen.

1868.

3. Jan. Dr. Kundt. Ueber die Schallgeschwindigkeit der Luft in Röhren.

24. - Prof. Quincke. Ueber Interferenzapparate für Lichtwellen und Beugungserscheinungen durchsichtiger Lamellen.

7. Febr. Dr. Munk. Ueber die Flüssigkeitsfortführung durch den galvanischen Strom in einfachen und zusammengesetzten feuchten porösen Körpern.

21. - Dr. Kundt. Schwingungen der elastischen und tropfbaren Flüssigkeitsplatten hervorgebracht durch tönende feste Scheiben.

6. März. Prof. Quincke. Ueber die Capillaritätsconstanten fester Körper.

20. - — — Ueber objective Darstellung von Multiplicatorablenkungen für Vorlesungen.

Dr. Kundt. Ueber eine neue Methode zur Erzeugung und zum Studium akustischer Schwingungscurven.

— — Ueber die Schwingungsformen und Klangfiguren tönender Luftscheiben.

3. April. Dr. Wernicke. Ueber Herstellung spiegelnder Metallflächen auf chemischen Wege.

29. Mai. Prof. Förster. Ueber Apparate zur Bestimmung constanter persönlicher Messungsfehler.

12. Juni. Prof. Quincke. Ueber die Capillaritätsconstanten geschmolzener Körper.

3. Juli. Prof. Spörer. Ueber Sonnenflecken.

27. Nov. Dr. Dehms. Ueber eine im Anfange des Jahres vorgenommene Reproduction der Siemens'schen Widerstandseinheit.

Verzeichniss der im Jahre 1867 und 1868 für die physikalische Gesellschaft eingegangenen Geschenke[1].

A. Von gelehrten Gesellschaften.

Berlin.

Monatsberichte der k. Akademie der Wissenschaften. 1867: Jan.-Dec. 1868: Jan.-Aug. 8.

Bern.

Neue Denkschriften der allgemeinen schweizerischen Gesellschaft für die gesammten Naturwissenschaften. XXII. = (3) II, 1867. 4.

Meteorologische Beobachtungen auf der Sternwarte. 1866: Sept. — Nov. 4.

Mittheilungen der naturforschenden Gesellschaft. 1867: No. 603-618, 1868: No. 619-653. 8.

Bologna.

Memorie dell' accademia delle scienze dell' Istituto di Bologna. T. V. 1, 2, 3, 4. T. VI. 1, 2, 3, 4. 4.

Rendiconti delle sessioni dell' accademia delle scienze dell' Istituto di Bologna. 1865-1866, 1866-1867. 8.

Bremen.

Abhandlungen, herausgegeben vom naturwissenschaftlichen Verein zu Bremen. I. 1, 2. 1867. 4.

Brünn.

Verhandlungen des naturforschenden Vereins in Brünn. 1864. III, 1865. IV, 1866. V. 8.

Brüssel.

Annuaire de l'Académie Royale des sciences des lettres et des beaux-arts de Belgique. 1867: 33. année; 1868: 34. année. 8.

Bulletins de l'Académie Royale des sciences des lettres et des beaux-arts de Belgique. 1867: Année 35. (2) T. XXII (1866), année 36. (2) T. XXIII (1867), année 36. (2) T. XXIV. 8.

---

[1]) Die geehrten Gesellschaften, mit welchen wir im Tauschverkehr stehen, werden ergebenst ersucht, uns ihre Publicationen möglichst bald nach dem Erscheinen zugehen zu lassen; da es sonst nicht immer möglich ist, dieselben noch für den entsprechenden Jahrgang der „Fortschritte der Physik" zu benutzen. D. Red.

Cherbourg.

Mémoires de la Société Impériale des sciences naturelles de Cherbourg, publiés sous la direction de M. le Dr. LE JOLIS. 1867: XII (2. sér. II), 1868: XIII (2. sér. III). 8.

Chicago.

Proceedings of the Chicago Academy of sciences. 1867. I. 8.

Transactions of the Chicago Academy of sciences. 1868. I. Part. I. 8.

Christiania.

Forhandlingar i Videnskabs-Selskabet i Christiania. 1867: für das Jahr 1864, 1868: für das Jahr 1865-1866. 8.

Det Kongelige Norske Frederiks Universitets Aarsberetning for Aaret 1866 med Bilage. 8.

Index scholarum in Universitate regia Fredericianae. 1867.

Nyt Magazin for Naturvidenskaberne. Utgives af den physiographiske Forening i Christiania veg SARS og TH. KJERUKF. 1868: XIV. 4. 1866, XV. 1, 2. 1866-1867.

Danzig.

Schriften der naturforschenden Gesellschaft. 1867: I. 3, 4; 1868: Neue Folge II. 1. 4.

Edinburgh.

Proceedings of the Royal Society of Edinburgh. 1866: Session 1864-1865; 1867: Session 1865-1866; 1867: Session 1866-1867. 8.

Transactions of the Royal Society of Edinburgh. 1867: XXIV. p. 2. 1865-1866; 1868: XXIV. p. 3. 1866-1867. 4.

Frankfurt a. M.

Jahresbericht des physikalischen Vereins zu Frankfurt a. M. 1867: Jahresber. f. 1865-1866; 1868: Jahresber. f. 1866-1867. 8.

Halle.

Zeitschrift für die gesammten Naturwissenschaften, herausgegeben von dem naturwissenschaftlichen Verein für Sachsen und Thüringen, von C. GIEBEL und W. HEINTZ, nachmalig C. GIEBEL und M. SIEWERT. 1867: XXVIII. (1866); 1868: XXX. (1867), XXXI. (1868.) 8.

Klagenfurt.

Jahrbuch des naturhistorischenLandesmuseums von Kärnthen. 1867: Hft. 6. 1863.

Königsberg i. Pr.

Schriften der physikalisch-ökonomischen Gesellschaft zu Königsberg. 1867: VI. 2, XII. 1, 2 (1866); 1868: VIII. 1, 2 (1867). 4.

Kopenhagen.

Oversigt over det kongelige Danske Videnskabernes Selskabes Forhandlinger og dets medlemmers arbeider. Kjöbenhavn. 1867: Aaret 1866. No. 1-5 af Prof. STEENSTRUP, Aaret 1862 u. 1863 (2|Vol.), Aaret 1867. No. 1-5; 1868: Aaret 1865 u. 1866. No. 7, 1867. No. 4, 5. 8.

Det kongelige Danske Videnskabernes Selskabs Skrifter. Femte Raekke Naturvidenskabelig og mathematisk Afdeling. Kjöbenhavn 1867. 1868. Sjett Bd 1867. VI, Syvende Bd 1868. VII. 4.

Königl. Akademie in Kopenhagen: Questions mises au concours pour l'année 1867. Pris opgaver for Aaret 1867. 8.

Lausanne.

Bulletin de la Société Vaudoise. 1867: No. 56. IX., No. 57. IX.; 1868: No. 58. IX., No. 59 bis Schluss. 8.

Leipzig.

Berichte über die Verhandlungen der kgl. sächsischen Gesellschaft der Wissenschaften zu Leipzig. Mathematisch-physikalische Klasse. 1867: 1866. I-III, IV, V.; 1868: 1867. I, II. 8.

Abhandlungen der mathematisch-physikalischen Klasse der kgl. sächsischen Gesellschaft der Wissenschaften. 1867: VIII. 1-4. 8.

London.

Philosophical Transactions of the Royal Society. 1867: 1867. CLVII. Part 1; 1868: 1867. CLVII. Part 2. 4.

Proceedings of the Royal Society. 1867: XV. 87-93, XVI. 94; 1868: XVI. 95-100. 8.

The Royal Society of London. 1867: Jahrg. 1866. Nov. 30; 1868: Jahrg. 1867. Nov. 30 4.

Memoirs of the Royal Astronomical Society. 1867: XXXIV. 1864-1865; 1868: XXXV., XXXVI. 1865-1866, 1866-1867. 4.

Mailand.

Solenni adunanze del Reale Istituto Lombardo di scienze e lettere. 1867: 7 Agosto 1866; 1868: 7 Agosto 1867.

Memorie del Reale Istituto Lombardo di scienze, lettere ed arti. 1867 X. 3; 1868: X. 4, 5. Fol.

Reale Istituto Lombardo di scienze e lettere. Rendic. Classe di scienze matematiche e naturali. 1867: II. 9-10, III. 1-9; 1868: III. 10, IV. 1-10 (1866), Serie II. Vol. I. 1-10 — Maggio 1868. Classe di lettere e scienze morali e politiche. 1867: III. 1-10, II. 8-10; 1868: IV. 1-10. 8.

Moskau.

Bulletin de la Société Impériale des naturalistes de Moscou. 1867: Jahrg. 1866. No. 3, 4, 1867. No. 1; 1868: Jahrg. 1867. No. 2, 3, 4, 1868. No. 1. 8.

München.

Sitzungsberichte der königl. bayerischen Akademie der Wissenschaften. 1867: Jahr 1866. II. 2-4, 1867. I. 1-4, II. 1; 1868: Jahr 1867. II. 2-4, 1868. I. 1-4, II. 1. 8.

Annalen der königl. Sternwarte zu München. 1867: Supplementbd. V.; 1868: XV., XVI. 8.

Neapel.

Rendiconto dell' accademia delle scienze fisiche e matematiche. Società Reale di Napoli. 1867: IV. (1865) fasc. 5-12, V. (1866) fasc. 1-12, VI. (1867) fasc. 1-4. 4.

Atti dell' accademia delle scienze fisiche e matematiche. 1867: II. (1865.) 4.

Atti della Reale accademia delle scienze e belle lettere di Napoli dalla fondazione fine all' anno 1787. Napoli 1788. 4.

New-Haven (Connecticut).

Transactions of the Connecticut Academy of arts and sciences. 1867: I. Part 1.

Nürnberg.

Abhandlungen der naturforschenden Gesellschaft zu Nürnberg. 1867: III. 2, IV. 8.

Palermo.

Giornale di scienze naturali ed economiche, publicato per cura del consiglio di perfezionamento annesso al R. Ist. tecnico di Palermo. 1867: II. 2-4, III. 1-3; 1868: III. 4. 4.

Pesth.

Mathematikai és természettudonványi közleményck. 1867: III. 8.

Königl. Akad. in Pesth. Than. A vegyelemek, parány súlyárdi. Pesth 1864. 4.

Magyar Tudományos Akademia Almanach. 1867: Jahrg. 1864-1866. 8.

A'Magyar Tudós Tarsaság Eókönyvli. Budán 1835. 1867: II-VIII. 1835-1860. 4.

A'Magyar Tudományos Akademia Jegyzökönvvei. 1867: I-III (1863-1865. 8.

Königl. Akad. in Pesth. Spiegler. Uj módszer 1858. Pesth. 8.

Petényi S. János hátrahagyott munkái I. Pesth 1864. 8.

Magyar Akademiai Éstesitö hattem és termész ettudományi osztályok közlönye. 1867: Jahr 1859. 1-5, 1863-1864. 4 Hft., 1865. 2 Hft. 8.

St. Petersburg.

Bulletin de l'Académie Impériale des sciences de St. Pétersbourg. 1867: X. 1-4, XI, 1-4, XII. 1; 1868: XII. 2-5. 4.

Mémoires de l'Académie Impériale des sciences de St. Pétersbourg. Sér. 7. 1867: X. (1866) 3-15, X. 16, XI. 1-8; 1868: XI. 9-18. Fol.

Compte rendu annuel par le directeur de l'observatoire physique central A. T. Kupffer (supplément aux annales de l'observatoire phys. centr.). 1867: Jahrg. 1864.

Annales de l'observatoire physique central de Russie. 1867: Jahrg. 1863. 1-2, 1864. gr. 4.

Philadelphia.

Proceedings of the American philosophical Society. 1867: X. 75-76; 1868: X. 77. 8.

Prag.

Sitzungsberichte der kgl. böhmischen Gesellschaft der Wissenschaften in Prag. 1867: Jahrg. 1865. 1, 2, 1866. 1, 2, 1868: Jahrg. 1867. 1 u. 2. 8.

Abhandlungen der kgl. böhmischen Gesellschaft der Wissenschaften. 1867: XIV. 1865-1866; 1868: 6. Folge. I. 4.

Presburg.

Verhandlungen des Vereins für Naturkunde zu Presburg. 1867: VIII. Jahrg. 1864-1865; IX. Jahrg. 1866. 4.

Schweiz.

Actes de la Société Helvétique des sciences naturelles. 1868: 50. Session. Neufchâtel 1866, 51. Session. Rheinfelden 1867.

Denkschriften der allgemeinen schweizerischen Gesellschaft für die gesammten Naturwissenschaften. XXII. Jahr 1867. 4.

Upsala.

Nova acta regiae societatis scientiarum Upsaliensis. 1867: VI. 1, V. 2; 1868: VI. 2. 4.

Utrecht.

Von dem kgl. niederländischen meteorologischen Institut: 1867: Annuaire météorologique des Pays Bas. Pour l'année 1866. 1, 1866. 2 (Nederlandsch meteorologisch Jaarboek 1866); 1868: Nederlandsch Jaarboek voor 1867. 1 u. 2. 4.

Washington.

Report of the commissioner of patents for the year 1863. Arts and manufactures. Washington government printing office 1866. 1868: I., II. 1863, I., II. 1864, I., II., III. 1865. 8.

Smithsonian Report. 1867: Jahrg. 1865; 1868: Jahrg. 1866. 8.

Annual report of the surgeon general. United States army 1866. 8.

List of works published by the Smiths. Inst. January 1866. 8.

War departement. Report on amputations at the Hip Joint in military surgery. Circular No. 7. Washington 1867.

War department, surgeon general's office. Washington. Report on epidemic cholera (ydeoco fever en the U. S.). Army during 1867. 4.

War department, .surgeon general's office. Washington. Report on epidemic cholera. Circular No. 5. Washington 1867, 4.

Wien.

Sitzungsberichte der k. k. Akademie der Wissenschaften zu Wien. (Mathem.-phys. Klasse.) 1867: 1866. I. 6-8, II. 5-7, 10, 1867. I. 1-6, II. 3-7; 1868: 1867. I. 7-10, II. 8-10. 8.

Jahrbuch der k. k. geologischen Reichsanstalt. 1867: XVI. 3-4, XVII. 1-3; 1868: XVIII. 1-3, XVI. 2. 8.

Denkschriften der k. k. Akademie der Wissenschaften zu Wien. 1868: XXVII. 4.

Verhandlungen der k. k. geologischen Reichsanstalt. 1867: Jahrg. 1867. 1, 6-9; 1868: Jahrg. 1868. 1-6.

Zeitschrift der österreichischen Gesellschaft für Meteorologie, redigirt von C. Jelinek. 1868: II. 19-23, III. 9-20.

Jahrbücher d. k. k. Centralanstalt für Meteorologie und Erdmagnetismus von C. Jelinek und C. Fritsch. 1868: Neue Folge III. (1866.) 4.

Würzburg.

Würzburger naturwissenschaftliche Zeitschrift, herausgegeben von der physikalisch-medicinischen Gesellschaft, redigirt von C. Claus, H. Müller, A. Schrenck. 1867: VI. 3; 1868: VI. 4 und neue Folge I. 1-3.

Zürich. Meteorologische Centralanstalt der schweizerischen naturforschenden Gesellschaft, unter Direction des Prof. Dr. R. Wolff. (Schweizerische meteorologische Beobachtungen.) 1867: Jahrg. 1864. (I), 1865. (II), 1866. (III), 1867. (IV) (Jan. und Febr.); 1868: 1867. Juni-Dec., 1868. (IV.) Jan.-Febr. 4.

Vierteljahrsschrift der naturforschenden Gesellschsaft in Zürich. 1867: IX. 1-4, X. 1-4, XI. 1-4 (1864-1866). 8.

B. Von den Herren Verfassern, Herausgebern und Mitgliedern der Gesellschaft.

1867.

Ascher und Comp. Catalog. LXXXIII. 8.

C. M. Bauernfeind. Die Bedeutung moderner Gradmessungen. (Münchn. Abh.) 4.

H. Bertram. Ueber H. Tresca's Theorie des Ausflusses fester Körper. 4.

C. Braun. Ueber zwei neue geographische Entwurfsarten. (Heis Z. S.) 8.

Dr. W. Brix. Zeitschrift für Telegraphie. 1867: Jahrg. 1867. p. 1-12; 1868: Jahrg. 1868. p. 1-7.

— — Der Typendruck-Telegraph von Hughes. (Brix Z. S. XIII.) 4.

E. du Bois-Reymond. Athen. 1867, 1868.

— — Ueber die elektromotorische Kraft der Nerven und Muskeln. (du Bois u. Reichert Arch.). 8.

— — Ueber die Erscheinungsweise des Muskel- und Nervenstroms bei Anwendung der neuen Methoden zu deren Ableitung. (du Bois-Reymond u. Reichert Arch.) 8.

Buys-Ballot. Over eenige periodische Warmtewerkingen van Zon en Maan. (v. d. Osiander'schen Buchhandlung in Tübingen und Rottenburg (Rieckes' Verlagshandlung). 8.

Christoffel. Sul problema delle temperature stazionarie e la rappresentazione di una data superficie. (Tortolini Ann.) 4.

E. B. Christoffel. Ueber einige allgemeine Eigenschaften der Minimumsflächen. (Crelle J. 1867.) 4.

R. Clausius. Abhandlungen über die mechanische Wärmetheorie. 2. Abth. Braunschweig 1867. 8.

F. Dehms. Vorschlag zu einer veränderten Construction der Wheatstone'schen Brücke und Bemerkungen über die Messung mit derselben. (Brix Z. S.) 4.

L. Dufour. Recherches sur les courants électriques terrestres. (Bull. Soc. Vaud.) Lausanne 1866. 8.

— — Sur la polarisation secondaire des conducteurs métalliques plongés dans le sol. (Biblioth. univers.). Genève 1866. 8.

Elsner. Ueber die Flüchtigkeit (Sublimation) einiger Körper in der Weissglühhitze. (Erdmann J.) 8.

E. O. Erdmann. Bildung von Anilinfarben aus Protëinkörpern. (Erdmann J.) 8.

A. Erman. 1867: Erman Arch. XXV. 1-4.

— — Zur Theorie der Sternschnuppen. Berlin 1867. (Erman Arch. XXV. 3.) 8.

R. Felici. Esperienze per determinare la legge di oscillatione di un corpo elastico. (Annali delle Univ. Tosc. IX.) Pisa 1867. 4.

— — Nuovo Cimento. Jahrg. 1867, 1868.

Friedländer. Büchercatalog. (Physik u. Chemie.) No. 163. 1867. 8.

O. Hermes. Ueber Strahlensysteme der ersten Ordnung und der ersten Klasse. (Crelle J.) 4.

G. Hinrichs. On planetology. 8.

— — On the spectra and composition of the elements. 8.

— — Atomechanik oder die Chemie eine Mechanik der Panatome. (Lithographirt.). 4.

— — A programm of Atomechanics or chemistry as a mechanic of the panatoms. Aug. 1867. 4.

R. Hoppe. Surfaces également illuminées. (Extr. Act. Ups. III. 6.) Upsal. 1867. 4.

— — Sur les sommes des séries divergentes. Upsal. 1867. 4.

— — Ueber den Gebrauch der unendlichen Grössen im mathematischen Unterricht. (Z. S. f. Gymnasialwesen. (2) I. 2.). 8.

C. G. Jungk. Beobachtungen über die Diffusion des Wasserdampfes. (Pogg. Ann. CXXX.) 8.

H. Kiessling. Ueber die Schallinterferenz einer Stimmgabel. (Pogg. Ann. CXXX.) 8.

Knoblauch. Die Interferenzfarben der strahlenden Wärme. (Pogg. Ann.) 8.

Kubíji. A Teve és ló. Pesth. 4. (Geschenk d. königl. Ak.)

K. Kuhn. Bemerkungen üb. Blitzschläge. München 1867. (Münchn. Ber.)8.

Dr. Lampe. Ueber die Bewegung einer Kugel, welche in einer reibenden Flüssigkeit an einem senkrechten Durchmesser als feststehende Axe rotirend schwingt. Danzig 1866. (Gymnas.-Progr.)

J. v. Liebig. Die Entwicklung der Ideen in der Naturwissenschaft. München 1866. (Ak. Abh.) 4.

R. O. Meibauer. Ueber die physische Beschaffenheit der Sonne. Berlin 1866. 8.

C. F. Meissner. Ueber die geographischen Verhältnisse der Lorbeergewächse. München 1866. (Ak. Abh.) 4.

C. A. Müller. Grundzüge einer Morphologie der Wärme. Tübingen 1867. 8.

H. Munck. Untersuchungen über das Wesen der Nervenerregung. I. 8.

S. Newcomb. An investigation of the orbit of Neptune. Washington 1866. (Gesch. v. Smithson. Inst.) gr. 4.

Niaudet-Breguet. Application de diaspason à l'horlogerie. (2 Exemplare.) 8.

Pisko. Bericht über die physikalischen und mathematischen Instrumente auf der Pariser Weltausstellung. 1867. 8.

Quaritch. Catalogue No. 2. Oct. 1867. 8.

— — Catalogue of works on geography, travels etc. No. 238. London 1867. 8.

Quetelet. Sur l'heure des chutes d'aërolithes. (Bull. d. Brux.) 8.

— — Notices extraites de l'annuaire de l'observatoire Royal de Bruxelles pour 1867.

— — Observations des phénomènes périodiques. 1864. 4.

R. Radau. Études sur l'exposition universelle. 8.

Recknagel. Volumveränderung des Weingeistes durch die Wärme. (Münchn. Ak.) 8.

v. Reichenbach. Aphorismen über Sensitivität und Od. Wien 1866. XXII-XXV. (Geschenk des Hrn. Prof. Röber.) 8.

M. R. Rühlmann. Untersuchungen über die Aenderungen der Fortpflanzungsgeschwindigkeit des Lichts im Wasser durch die Wärme. 1867. (Pogg. Ann.) 8.

G. Schmidt. Besprechung der Grundzüge der mechanischen Wärmetheorie von Dr. G. Zeuner. (Oestr. Ing.- und Arch. Ver. IX-XII. Heft. 1860.) 8.

A. Schrauf. Physikalische Studien, die gesetzmässigen Beziehungen von Materie und Kraft. (Geschenk der Verlagsbuchh. Gerold's Sohn.) Wien 1867. 8.

M. Strausky. Grundzüge zur Analyse der Molecularbewegung. Brünn 1867. 8.

Szabo. Pest Buda Körne vyékének. Königl. Ak. der Wissenschaften in Pesth 1858. 8.

Tageblatt der 41. Versammlung deutscher Naturforscher und Aerzte in Frankfurt a. M. vom 18.-24. September 1867. 4.

Gauthier-Villars. Catalogue des livres de fonds et d'assortiment. Paris 1866. 8.

A. Wangerin. Newton'sche Farbenringe. (Pogg. Ann.) 8.

J. Worpitzki. Ueber die Endlichkeit von bestimmten Integralen und Reihensummen. Berlin 1867. 8.

1868.

Archives du Musée Teyler. I. fasc. 3. Harlem 1868. gr. 8.

F. August. Ein Steiner'scher Satz über Krümmungskreise bei Kegelschnitten und ein allgemeiner Steiner'scher Satz über oscillirende Kegelschnitte bei Curven dritten Grades. (Crelle J. 1868.) 4.

A. Auwers. Bestimmung der Bahn des Kometen III. 1860. (Abh. d. Berl. Ak.) Berlin 1867. 4.

— — Bestimmung der Parallaxe des Sterns 34. Groombridge. Berlin 1867. 4.

— — Untersuchungen über veränderliche Eigenbewegungen. II. Theil.

— — Bestimmung der Elemente der Siriusbahn. (Astr. Ges. VII.)

A. Bettendorff u. A. Wüllner. Einige Versuche über die specifische Wärme allotroper Modificationen. (Pogg. Ann.) 8.

Th. L. W. Bischoff. Ueber die Brauchbarkeit der in verschiedenen europäischen Staaten veröffentlichten Resultate des Rekrutirungsgeschäfts zur Beurtheilung des Entwicklungs- und Gesundheitszustandes ihrer Bevölkerungen. München 1867. 8.

E. du Bois-Reymond. Widerlegung der von L. Hermann kürzlich veröffentlichten Theorie der elektromotorischen Erscheinungen der Muskeln und Nerven. (Berl. Monatsber.) 8.

— — Neue Versuche über den Einfluss gewaltsamer Formveränderung der Muskeln auf deren elektromotorische Kraft. (Berl. Monatsber.) 8.

— — Voltaire in seiner Beziehung zur Naturwissenschaft. Berlin 1867. 8.

— — Die kgl. Akademie der Wissenschaften zu Berlin Hrn. Christian G. Ehrenberg. (Berl. Monatsber.) 8.

E. B. Christoffel. Beweis des Fundamentalsatzes der Invariantentheorie. (Crelle J. 1868.) 4.

— — Theorie der bilinearen Functionen. (Crelle J. 1868.) 4.

R. Clausius. Ueber den zweiten Hauptsatz der mechanischen Wärmetheorie. Braunschweig 1867. (Vortrag in Frankfurt a. M. 41. Versammlung deutscher Naturforscher.) 8.

G. R. Dahlander. Om den mekaniske effekt, som utöfvas af mättad vettenånga under dess expansion. (Ofvers. K. Vet. Ak. Förh.) 8.

DEHMS. Ueber eine Reproduction der SIEMENS'schen Widerstandseinheit. 4.

DUB. Rede zur Feier des Wohlthäterfestes im Berlinschen Gymnasium. 4.

L. DUFOUR. Recherches sur le Föhn du 23 Septembre 1866 en Suisse. Lausanne 1868. (Bull. Soc. Vaud.) 8.

A. ERMAN. Ueber den permanenten oder mittleren Zustand der Erdatmosphäre. 4.

— — Ueber einige Ortsbestimmungen und die dazu gebrauchten Mittel. 4.

J. FINGER. Studien aus der Physik. I, II. Prag 1867, 1868. (Ellbogen Programm.) 8.

C. M. GULDBERG et P. WAAGE. Études sur les affinités chimiques. Christiania 1867. 4.

C. M. GULDBERG. Bidrag til Legemernes Molekylartheorie. (Vidensk. Selsk. Förh.) 1867. 8.

J. HANN. Charakteristik der Winde des adriatischen Meeres. (Wien. Sitzungsber.) 8.

— — Temperaturabnahme mit der Höhe als Function der Windesrichtung. 8.

P. A. HANSEN. Tafeln der Egeria. (K. sächs. Ges. d. Wiss. 4.) Leipzig 1867. 8.

— — Von der Methode der kleinsten Quadrate und ihrer Anwendung auf die Geodäsie. (Ebenda VIII. 5.) Leipzig 1867.

G. HINRICHS. Résumé français du programme de l'atomécanique. Jowa city. Jowa state. 1867. 4.

— — L'atomécanique ou la chimie une mécanique des panatomes. Jowa city. États unis. 1867. 4.

H. KIESSLING. CH. HUYGENS de circuli magnitudine inventa. Als ein Beitrag zur Lehre vom Kreise, für die Lehrbücher elementar entwickelt. Flensburg 1867. 4.

H. LANDOLT. Bericht über die chemischen Analysen, welche bei den auf Veranlassung des königl. preuss. Ministeriums für Handel etc. im Herbst 1866 zu Köln angestellten Raffinirungsversuchen mit Rüben-Rohzucker ausgeführt worden sind. (Verh. d. Gewerb.-Ver.) 1867. 4.

— — Untersuchungen über die Dampf-Tensionen homologer Verbindungen. Bonn 1864. 4.

R. LENZ. Ueber den Zusammenhang zwischen Dichtigkeit und Salzgehalt des Seewassers. (Petersb. Akad.) 4.

MEIBAUER. Der Novemberschwarm der Sternschnuppen. Berlin 1868. 8.

F. MELDE. Experimentaluntersuchungen über Blasenbildung. I. Theil. Libellenblase. Marburg und Leipzig. 1868. (Ges. Bef. ges. Naturw. in Marburg XI.) 8.

H. MUNK. Ueber die Präexistenz der elektrischen Gegensätze im Muskel und Nerven. (DU BOIS-REYMOND und REICHERT Arch.) 8.

A. v. Oettingen. Meteorologische Beobachtungen, angestellt in Dorpat im Jahre 1867. 8.

Programme de la société Batave de philosophie expérimentale de Rotterdam 1867. 8.

B. Quaritch. A rough list of valuable, rare and curious books. Febr. 1868. No. 242. London 1868. 4.

— — Catalogue of miscellaneous and choice books. No. 243. London 1868. 8.

— — Catalogue. No. 244. June 1868. 4.

— — Catalogue. No. 245. August 1868. 4.

— — Catalogue. Nov. 1868. 4.

Quetelet. Notices extraites de l'annuaire de l'observatoire Royal de Bruxelles. 1867. 12.

G. Quincke. Optische Experimentaluntersuchungen. VIII, IX, X, XI. (Pogg. Ann. CXXXII.) 8.

— — Capillaritätsconstanten geschmolzener Körper. 1868. (Berl. Monatsber.) 8.

J. F. Roloff. Elektromagnetismus insbesondere als Triebkraft. Berlin 1868. 8.

G. Schmidt. Die Zustandsgleichung des Wasserdampfes. 1867. (Z. S. d. Ver. deutsch. Ing.) 8.

— — Ueber die physikalischen Constanten des Wasserdampfes. Prag 1867. 4. (2 Exempl.)

A. Schyanoff. Essai sur la métaphysique des forces (2 ed.). Kiew 1868. 8.

L. Seidel und E. Leonhard. Helligkeitsmessungen an 200 Fixsternen. München 1867. 4.

Splittgerber. Scientific Review. June 1, 1868. III. No. 6. 4.

G. Spörer. Beobachtungen der Sonne. (Pogg. Ann.) 8.

— — Sonnenflecke am 13. Juli 1865. (Berl. Monatsber.) 8.

— — Beobachtungen von Sonnenflecken. Anklam 1868. 4.

B. G. Teubner. Mittheilungen der Verlagsbuchhandlung. 1. 1868. 8.

O. Ule. Populäre Naturlehre. Leipzig 1867. 8.

A. Waszmuth. Ueber die Ströme in Nebenschliessungen zusammengesetzter Ketten. (Wien. Ber. II. Jan. 1868.) 8.

A. v. Waltenhofen. Ueber die elektromotorische Kraft der Daniell'schen Kette nach absolutem Maass. (Pogg. Ann.) 8.

W. Weber. Catalog neuer Bücher. Jahrg. 14. 8.

A. Wüllner. Ueber die Beziehung zwischen Brechungsexponenten des Lichts und der Körperdichte. (Pogg. Ann. CXXXIII.) 8.

— — Spectra des glühenden Wasserstoffs. (Niederrhein. Ges.) 4.

F. Zöllner. Farbenbestimmung der Gestirne. 4.

Inhalt[1].

Erster Abschnitt.

Allgemeine Physik.

Seite

1. Maass und Messen.

[1]) Ueber die mit einem Sternchen (*) bezeichneten Aufsätze ist kein Bericht erstattet.

2. Dichtigkeit.

Zweiter Abschnitt.

A k u s t i k.

8. Physikalische Akustik.

12. Objective Farben, Spectrum, Absorption.

17. Physiologische Optik.

18. Optische Apparate.

Vierter Abschnitt.

Wärmelehre.

19. Theorie der Wärme.

20. Ausdehnung durch die Wärme, Thermometrie.

24. Verbreitung der Wärme.

A. Wärmeleitung.

B. Wärmestrahlung.

Fünfter Abschnitt.

Elektricitätslehre.

25. Allgemeine Theorie der Elektricität und des Magnetismus.

26. Elektricitätserregung.

27. Elektrostatik.

40. Anwendungen der Elektricität.

Sechster Abschnitt.

Physik der Erde.

41. Meteorologische Optik.

Erster Abschnitt.

Allgemeine Physik.

1. Maass und Messen.

Le Boulengé. Mémoire sur un Chronographe électro-balistique. Paris et Liège 1841. Bull. d. Brux. (2) XVII. 92-126.

Kuhn. Ueber den elektroballistischen Chronographen von Le Boulengé. Dingler J. CLXXIX. 30-50.

Das Instrument dient, um die Zeit zu messen, in welcher ein Geschoss eine gewisse Strecke zurücklegt und zwar mittelbar dadurch, dass ein Messungsstab während dieser Zeit von einer bekannten Höhe herabfällt, und die Fallhöhe welche dieser Zeit entspricht durch Markirung an ihm angegeben wird.

Die Einrichtung ist im Wesentlichen folgende. Beim Erfolgen des Schusses wird ein Draht zerrissen und dadurch ein elektrischer Strom unterbrochen. Dies bewirkt, dass der erwähnte Stab (Chronometer) vertical von einem eingeschalteten Elektromagneten herabfällt. Um von diesem Elektromagneten vorher festgehalten zu werden, ist der Stab nämlich am oberen Ende mit einem magnetischen Aufsatze versehen. Hat nun die Kugel eine gewisse bekannte Strecke zurückgelegt, so zerreist ein zweiter Draht, ein zweiter Strom wird unterbrochen, ein zweiter in diesen eingeschalteter Elektromagnet verliert seinen Magnetismus. Dies bewirkt vermöge eines einfachen Gewichts- und Federapparats das Hervortreten eines Meissels der eine Marke auf den vorbeifallenden Chronometer, oder vielmehr auf eine ihn umgebende Hülse macht. Da vor Eintritt der Bewegung auf einer zweiten unteren Hülse an der Stelle, wo sich der Meissel beim Ruhen des Instruments befindet ebenfalls eine Marke gemacht ist, so giebt die Entfernung beider Marken die Fallhöhe an, welche der bekannten zurückgelegten Strecke des Geschosses entspricht, woraus auch die Anfangsgeschwindigkeit und die Schusszeit leicht ermittelt werden kann.

Das Instrument soll eine Vereinfachung des NAVEZ'schen ballistischen Apparats bezwecken, wo an Stelle des fallenden Stabes sich eine Pendelvorrichtung befindet. *N.*

A. D'ABBADIE. Sur l'hypsomètre. Inst. 1866. p. 258; C. R. LXIII. 286-289.

— — Note relative à sa communication sur l'hypsomètre et son usage et à la réclamation qu'a faite a ce sujet Mr. GRELLOIS. C. R. LXXII. 473-474; CARL Repert. II. 238-241.

Der Verfasser hat das WOLLASTON'sche Hypsometer, d. h. das Thermometer zur Bestimmung der Siedetemperatur in verschiedenen Höhen während seiner Reise nach Aethiopien im Jahre 1839 zu verschiedenen Malen zu Höhenmessungen verwendet. Hierbei hat er als einen Hauptübelstand die Variation des Nullpunktes gefunden, und um diesem nach Möglichkeit abzuhelfen, schlägt er vor, drei Thermometer nach einander in das siedende Wasser zu tauchen, aus ihren Differenzen ist dann ein Schluss auf den Fehler des Resultats gestattet.

Ferner schlägt er vor einem dieser Instrumente eine andere Scala zu geben, und zwar der Controlle wegen, um sich vor Fehlern des Ablesens oder Schreibens zu schützen. Diese Scala stellt nichts anders als die Höhe des Ortes selbst im Metern vor. Für dieselbe hat der Verfasser nämlich folgende Näherungsformel gefunden:

$$h = 286^{\mathrm{m}}(100 - T)\left(1 + \frac{3(100 - T)}{1000}\right)\left(1 + \frac{2t + t'}{1000}\right),$$

wo h die Höhe in Metern, T die Siedetemperatur des Ortes, t seine Lufttemperatur, t' die Lufttemperatur am Meeresufer ist.

Von dem Factor $\left(1+\frac{2(t+t')}{1000}\right)$ ist jedoch bei der Theilung selbst Abstand genommen, und muss daher das abgelesene Resultat mit demselben noch multiplicirt werden. Der Hauptvorzug dieser Scala besteht darin, dass die Differenzen der Höhen *h*, denen der Siedepunkte *T* annähernd proportional sind, wie die obige Formel ergiebt.

Die zweite Note begegnet einem Anspruche auf Priorität von GRELLOIS. Der letztere will nämlich die Barometerhöhen welche den Siedepunkten entsprechen als Theilungsscala nehmen, was allerdings dem obigen Vorschlage nicht entspricht, da dieselben nicht wie die Ortshöhen selbst den Siedetemperaturen annähernd proportional sind. *N.*

J. BRUNN. Beschreibung einer elektrischen Uhr von TIEDE in Berlin. Polyt. C. Bl. (2) XX. 1089-1095.

Diese Uhr ist im Auftrage von HEIS in Münster für die dortige Sternwarte angefertigt. Bei ihr ist die KRILL'sche Contactvorrichtung in compendiöserer Gestalt angewandt, und ausserdem das Hemmungsrad von 30 Zähnen so eingerichtet, dass bei jedem Hin- und jedem Hergange dasselbe um einen halben Zahn fortgeschoben wird. Auf diese Weise ist der Strom immer je eine Secunde geöffnet und geschlossen, und somit der Doppelschlag der Uhr vermieden. Als Batterie dient ein Zink-Kupfer-Element nach SIEMENS' Construction. *N.*

J. P. JOULE. Neue Wage. Chem. News April 1866. p. 175; DINGLER J. CLXXXII. 15-16.

Das Princip dieses Instruments ist folgendes: Der Wagebalken trägt an einem Ende ein Bleigewicht, welches der ganzen Wage und ihrer Belastung das Gleichgewicht hält. Der Wagebalken selbst wird von einem Drahte getragen, der in der Art um ersteren geführt ist, dass durch ihn auch die Wage selbst aufgehängt ist. Kreuzförmig angeordnete Querstücke sind durch Seidenfäden mit einander verbunden und tragen vermöge anderer Seidenfäden die eigentliche Wage selbst. Die Einrichtung ist der Art, dass durch eine Veränderung der Lage der Gewichte, die Torsion des Drahtsystems nicht verändert wird. Soll die Wage nicht benutzt werden, so befindet sich auf einer Brücke ein Gewicht von gegebener Grösse, welche das am Wagebalken befindliche Bleigewicht so wie das Gewicht des Wagebalkens selbst im Gleichgewicht hält. Beim Gebrauch entfernt man das Gegengewicht, legt den zu wiegenden Gegenstand auf eine andere Brücke, und an die Stelle des entfernten Gegengewichtes so viel andere Gewichte, bis die Wage einspielt. Die Differenz dieser beiden letztgenannten Gewichte ist das Gewicht des zu bestimmenden Gegenstandes. Ein Zeiger an der oberen Axe des Wagebalkens giebt die feineren Gewichtsdifferenzen an, welche die Zunge nicht mehr angiebt. Ein Gefäss an demselben dient zur Aufnahme von Schrot oder Sand, zur Regulirung der Empfindlichkeit der Wage. JOULE bestimmt mit diesem Instrument Gewichte von 3000 Grain noch bis auf $\frac{1}{100}$ Grain.

Auch wendet er das Princip auf Galvanometer zur Messung der Ströme nach absolutem Maasse an. *N.*

C. v. LITTROW. Ueber eine Modification des HANSEN'schen Registrirapparats. Wien. Ber. LII. 2. 546-549.

Behufs der mitteleuropäischen Gradmessung hat der Verfasser den HANSEN'schen Apparat zwar völlig bewährt gefunden, jedoch liess die leichtere Transportabilität den Fortfall des die Bewegung hervorbringenden Gewichtes wünschen, dasselbe ist daher durch einen Elektromotor ersetzt. Dadurch ist auch erreicht, dass das Instrument nicht mehr aufgezogen zu werden braucht, sondern so lange wirkt als die Batterie in Thätigkeit ist. Die Anfertigung des Instruments ist den Mechanikern MAYER und WOLF übertragen worden, die auf gleichem Princip beruhende Registratoren zur Bestimmung der Geschwindigkeit von Locomotiven schon früher verfertigt haben. *N.*

LIPPICH. Ein neuer Fallapparat. Wien. Ber. LII. 2. p. 549-563.

Das Instrument beruht auf folgendem Princip, wie es ähnlich schon von LABORDE aufgestellt worden ist (Application du principe de l'enregistration des vibrations moléculaires à l'étude de divers phénomènes physiques, Cosmos XVII), was jedoch dem Verfasser erst nach der ersten Veröffentlichung seines Apparats bekannt geworden ist.[1]) Ein schwingender verticaler Stab trägt an seinem unteren Ende einen Stift, der senkrecht zur Schwingungsebene angebracht ist. Vor diesem Stabe fällt eine mit berusstem Papier bespannte Schiene herunter, und zwar parallel der Schwingungsebene, somit verzeichnet der Stift auf derselben eine Wellenlinie, welche den Gesetzen des freien Falles entspricht. Von dem LABORDE'schen Apparat unterscheidet sich der LIPPICH'sche dadurch, dass bei letzterem die Schiene frei fällt, bei ersterem zwischen 2 Säulen, und die Reibung durch ein Gewicht compensirt wird.

Da die Höhe des Preises für das in Rede stehende Instrument 35 Gulden österreichisch nicht überschreiten soll, so glaubt der Verfasser, dass es sich wohl zum Ersatz der ATWOOD'schen Fallmaschine eigene, was doch in Bezug auf den eigentlichen Zweck der letzteren, unmittelbar die Fallgesetze einer lernenden Versammlung experimentell, wenn auch mit geringer Präcision zu veranschaulichen, fraglich bleiben muss. Inwiefern die Vorrichtung auf die Höhe eines Präcisionsinstrumentes zur Werthermittlung der örtlichen Acceleration gebracht werden kann, muss dahin gestellt bleiben. Der Verfasser findet für Prag die Acceleration mittelst seines Apparats gleich 9,80751 als Mittelwerth aus drei Versuchen, während die Rechnung 9,81005 ergiebt. *N.*

WINKLER. Allgemeine Sätze zur Theorie der unregelmässigen Beobachtungsfehler. Wien. Ber. LIII. 2. p. 6-42.

Die Arbeit enthält einige Betrachtungen über die in der Methode der kleinsten Quadrate vorkommenden Integrale, namentlich über die Mittelwerthe der Potenzen der Beobachtungsfehler.

Ein Auszug würde dem Zweck dieser Zeitschrift zu fern liegen. *N.*

---

[1]) Anm. d. Red. v. BABO u. J. MÜLLER in Freiburg haben vor längerer Zeit ganz ähnliche Versuche nach derselben Methode angestellt.

C. Bohn. Ueber ein Instrument zum Messen der horizontalen Entfernung und des Höhenunterschiedes. Pogg. Ann. CXXIX. 238-272.

Das Instrument ist eine verbesserte Ausführung des von Hogrewe 1800 vorgeschlagenen und von Stampfer 1845 wieder in Erinnerung gebrachten Instrumentes. Dasselbe (vgl. Stampfer, praktische Anleitung zum Nivelliren u. s. w. 1845 und Bauernfeind, Elemente der Vermessungskunde) besteht aus einem Fernrohr, welches durch eine Mikrometerschraube um eine Axe gedreht wird. Aus der Anzahl der Drehungen wird durch Rechnung auf den Winkel geschlossen, welchen die Absehlinie beschrieben hat. Man bestimmt zunächst auf diese Weise den Winkel unter dem ein auf dem gesuchten Punkte vertical stehender Gegenstand von bekannter Ausdehnung erscheint, woraus sich die Entfernung dieses Gegenstandes ergiebt. Der Winkel, welchen die Absehlinie nach einem Punkte des gesuchten Gegenstandes mit der Horizontalen bildet, giebt dann die Höhe desselben über der Fernrohraxe. Die Theorie der Winkelmessung wie sie Stampfer giebt, leidet aber an Ungenauigkeit, insofern dabei vorausgesetzt ist, dass sich die Absehlinie des Fernrohrs um einen festen Punkt drehe, was im Allgemeinen nicht der Fall ist. Wollte man genauere Formeln dafür geben, so würde die Berechnung sehr complicirt sein. Der Verfasser gelangt nun zu einfacheren und genaueren, also nicht blossen Annäherungsformeln für den Fall, dass sich die Drehaxe des Fernrohrs um den optischen Mittelpunkt des Objectivs dreht, wie dies leicht an dem verbesserten Instrumente zu erreichen ist, und dass die Schraube vertical steht, was dadurch erreicht wird, dass diese und die Mutter derselben mit einem Dreifuss verbunden ist, an dem sich feine Stellschrauben befinden. Die Richtigkeit der Aufstellung zeigt eine an der Mikrometerschraube angebrachte Libelle.

Diese Aenderungen bringt der Verfasser an dem älteren Instrumente an.

Die Mittheilung der genaueren Theorie des Bohn'schen Instrumentes würde hier zu weit führen. *N.*

J. MARTINS. Ueber Distanzmesser ohne Standlinie und ohne Winkelmessung. CARL Repert. II. 29-33.

Der Verfasser giebt eine Kritik der betreffenden Instrumente, z. B. dessen von MENSDORF und MERZ, wie sie namentlich zu artilleristischen Zwecken vorgeschlagen sind.

Bekanntlich haben alle diese Instrumente das gemeinschaftliche Princip, dass aus der Vereinigungsweite der von einem Object kommenden Lichtstrahlen auf die Entfernung des Objectes selbst geschlossen wird. Den Hauptfehler dieses Principes findet der Verfasser darin, dass das Auge nicht in einem bestimmten Punkte den der absolut grössten Schärfe, sondern in einem kleinen Raume völlig deutliche Bilder erkennt. Bei grösseren Entfernungen, wo die Unterschiede der Vereinigungspunkte nur gering sind, fallen nur Theile dieser Räume bei weiten Objectunterschieden zusammen, und machen den beabsichtigten Schluss illusorisch. So z. B. ist bei einem Fernrohr von 2 Dec.-Fuss Brennweite und 3000 Schritt Objectiventfernung, die Vereinigungsweite, 2,000666 Fuss bei 2950 Schritt nur 0,000012 Fuss grösser, eine Entfernung welche in der bezeichneten Fehlergrenze liegt. Die Trefffähigkeit der neueren gezogenen Geschütze aber verlangt noch Distanzen von 5000 Fuss zu messen.

Diesen Instrumenten gegenüber empfiehlt der Verfasser das Princip, welches den Distanzmessern der preussischen Artillerie zu Grunde liegt, wie sie unter seiner Leitung angefertigt werden. Die Standlinie ist hier ein Lineal von 2 Dec.-Fuss Länge, an einem Ende ist ein 30 Mal vergrösserndes Fernrohr rechtwinklig zum Lineal, am andern ein ähnliches um einen verticalen Zapfen drehbares Fernrohr befestigt. Der Winkel welchen beide Fernröhre auf dasselbe Object gerichtet bilden, giebt dann die Entfernung des Objects. Die Einrichtung ist der Art, dass diese Entfernung dann unmittelbar auf einer Scala statt des Winkels abgelesen werden kann. Die zwei Fernröhre können auch durch ein einziges und zwei Spiegel ersetzt werden.

N.

T. Humphrey. Cycloskop zum Abstecken von Eisenbahncurven. Ann. d. Genie civil Aug. 1866. p. 578; Dingler J. CLXXXII. 268-269.

Das Instrument soll für Eisenbahnarbeiten den Theodoliten ersetzen. Es beruht auf dem Principe der gleichzeitigen Vorführung von direct gesehenen Gegenständen und Reflectionsbildern.

An den Enden zweier in einander verschiebbaren Röhren befinden sich zwei Planspiegel. Durch Schrauben kann der Winkel des einen beweglichen Spiegels *B* mit dem festen Spiegel *A* verändert werden. An einer Stelle des Spiegels *A* ist die Belegung weggenommen, so dass man hierdurch auf *B* hinsehen kann. Dieser letztere Spiegel ist nur halb belegt, so dass man das Object und die Bilder desselben gleichzeitig sehen kann. Während man nun das Instrument nach einem bestimmten Alignement richtet, kann man mehrere Talons errichten lassen. Der Verfasser empfiehlt sein Instrument übrigens auch zum Messen der Winkel von Krystallen. *N.*

Johnson. Apparat über Seetiefenmessungen. Engineer Sept. 1866. p. 194; Dingler J. LXXXII. 270-271.

Das Instrument dient zunächst, um den Druck des Wassers in irgend einer Tiefe, und hieraus diese Tiefe selbst zu bestimmen.

Die Hauptbestandtheile sind eine Glasröhre, die in eine Kugel ausläuft; letztere ist mit mehreren kleinen Löchern versehen, an denen sich ein elastischer Kautschukverschluss befindet, welcher weder den Austritt noch den Eintritt des Wassers in Bezug auf die Röhre gestattet. Am anderen Ende der Röhre ist ein sich nach innen öffnendes Ventil angebracht. Mit diesem Apparat in directer Verbindung steht eine enge genau calibrirte Röhre *B*, deren Theilung einem gewissen Theile der Hauptröhre ($\frac{1}{2000}$) entspricht. Beim Gebrauch wird die Hauptröhre mit Wasser gefüllt, und in's Meer versenkt. Der Druck des Meerwassers öffnet das Ventil, das Meerwasser tritt zum Theil in die Röhre *B*, zum Theil aber in die Hauptröhre, was wegen der Elasticität der unteren Verschlüsse geschehen kann. Hebt man nun den Apparat wieder empor, so ist zunächst der Wasserstand in der Röhre *B* zu bestimmen, dann durch Lüften einer Schraube, das die Kautschukverschlüsse ausspannende Wasser zu entfernen, wobei auf den veränderten Stand des Wassers in der Röhre *B* zu achten ist, woraus sich dann das eingedrungene Wasserquantum ergiebt.

Bei Tiefen bis zu 40 Faden, — weiter reichen die bisjetzt angestellten Versuche nicht, — ergiebt sich, dass die Drucke sich fast genau wie die Wassertiefen verhalten. Durch weitere Versuche an der irischen Küste soll zunächst diese Beziehung auch für grössere Tiefen ermittelt werden. Der Erfinder hofft dann, seinen Apparat bis zu Tiefen von 1000 Faden benutzen zu können.

N.

PH. CARL. Die Schraube in ihrer Anwendung auf physikalische, mathematische und astronomische Instrumente. CARL Repert. II. 37-55.

Die Arbeit enthält ausser einer kurzen allgemeinen Theorie der Schraube deren Anwendung als Verbindungsschrauben, Schrauben zur Herstellung einer gewissen Lage, zur Herstellung einer gewissen Bewegung, endlich als Mess- oder Mikrometerschrauben. *N.*

H. v. SCHLAGINTWEIT. Neue Exemplare des Skalenrädchens. Münchn. Ber. 1866. I. 293-295.

Der kleine Apparat soll dazu dienen, auf Plänen oder Karten befindliche krumme Linien, Flüsse, Strassen u. s. w. vorstellend, schnell zu messen oder mit einander zu vergleichen. Er besteht aus einem kleinen Rade an einer Handhabe, der Umfang des ersteren ist gleich der gewählten Längeneinheit und in kleinere Theile getheilt. Indem man die Rädchen an dem zu bestimmenden Linienstück entlang vom Nullpunkt an rollen lässt, ist die Länge dann leicht abzulesen. Um für längere Linien die Anzahl der ganzen Umdrehungen leicht zählen zu können, befindet sich noch dem Nullpunkt gegenüber eine kleine Spitze, die bei jeder Umdrehung eine tönende Feder berührt, so dass man nur die Anzahl der Schläge zu zählen braucht. Th. Ackermann in München (vormals J. Oberndorfer's Antiquarlager) fertigt dies Instrument für 2 Guld. 24 Kr. nach Metermaass an.

N.

Zech. Theorie der Fehler des Prismenkreises von Pistor und Martins. Carl Repert. II. 106-124.

Die Arbeit ist im Wesentlichen eine Modification der von Encke für die Fehler des Spiegelsextanten gegebenen Formeln. Zugleich zeigt der Verfasser aber auch wie die einzelnen Fehler durch den Gebrauch des Prismenkreises selbst ermittelt werden können. *N.*

Niaud et Breguet. Application du diapason à l'horlogerie. C. R. LXIII. 991-992; Inst. 1867. p. 12; Dingler CLXXXIII. 285-286; Phil. Mag. (4) XXXIII. 240.

Da jetzt vielfach die Stimmgabel zur Messung kleiner Zeitintervalle angewandt wird, so kommt es dem Erfinder darauf an, die Schwingungen einer solchen auf eine beliebige Zeit auszudehnen. Er erreicht dies einfach dadurch, dass er die Stimmgabel an der Stelle der Haarfeder als Regulator eines Uhrwerks verwendet. Das letztere erhält dadurch einen der Schwingungsdauer der Gabel entsprechenden Gang, die letztere aber bei jeder Schwingung von dem Räderwerke einen kleinen Stoss, welcher ihre Bewegung fortsetzt. Um sich zu überzeugen, dass die Stimmgabel hierbei nichts von ihrer regelmässigen Schwingungsart einbüsst, hat der Verfasser dieselbe mit einer freischwingenden nach Lissajous optischem Verfahren verglichen. Um demselben Apparat verschiedene Schwingungsdauer geben zu können, werden die beiden Zinken der Gabel mit gleichen und symmetrischen Massen belastet, und dadurch ihre Schwingungsdauer in gewissen Grenzen beliebig verzögert. *N.*

Foucault. Regulator zur Herstellung gleichförmiger Bewegnng bei Uhrwerken. Carl Rep. II. 289-298.

Das Uhrwerk, dessen Regulator von Foucault angegeben

ist, dient zur Bewegung des Aequatorials für die Pariser Sternwarte. Jedenfalls zur Erzielung eines continuirlichen Ganges ist hierbei das Centrifugalpendel benutzt.

Der Herausgeber des Repertoriums entnimmt die Theorie und Beschreibung des letzteren einer handschriftlichen Mittheilung, da ausser einem kurzen Bericht von Hrn. SÉCRETAN dem Verfertiger des Instrumentes, in den Mondes (31. Mai 1866) bis jetzt nichts darüber veröffentlicht ist.

Die Theorie ist folgende:

Wenn ein WATT'sches Pendel durch irgend einen Mechanismus mit gleichförmiger Winkelgeschwindigkeit um seine Axe gedreht wird, so wird sich in kürzester Zeit eine ganz bestimmte Steigung des Pendels gegen die Verticale herstellen, welche dann unveränderlich ist, so lang sich die Winkelgeschwindigkeit nicht ändert. Ist α nämlich der Winkel des Pendels mit der Verticalen, l die Pendellänge, ϑ die Winkelgeschwindigkeit, so entsteht eine Centrifugalkraft $\vartheta^2 l \sin\alpha$ vermöge der Rotation, welche eine Bewegung um den Schwingungspunkt veranlasst. Die nach der Tangente dieser Bewegungsrichtung zerlegte Componente dieser Kraft ist aber $= \vartheta^2 l \sin\alpha \cos\alpha$. Für den stabilen Zustand des Pendels ist dieser Ausdruck der nach derselben Richtung zerlegten Componente der Schwere $g \cos\alpha$ gleich zu setzen, woraus sich ergiebt:

$$\vartheta^2 l \cos\alpha = g, \quad \text{und} \quad \vartheta = \sqrt{\left[\frac{g}{l\cos\alpha}\right]}.$$

Dieser Winkelgeschwindigkeit entspricht die Umdrehungszeit:

$$T = 2\pi \sqrt{\left[\frac{l\cos\alpha}{g}\right]}.$$

Da nun dieser Ausdruck mit $\sqrt{\cos\alpha}$ proportional ist, und α selbst von dem Anstosse den die Pendelvorrichtung durch das Uhrwerk erhält, abhängig ist, so lässt sich nur dann ein gleichmässiger Gang hervorbringen, wenn die Schwere g durch irgend eine Gegenwirkung im Verhältnisse $g \cos\alpha$ vermindert wird, in welchem Falle man erhält

$$T = 2\pi \sqrt{\frac{l}{g}},$$

also einen von α unabhängigen Ausdruck.

Foucault erreicht dies annähernd und für gewisse allerdings engere Grenzen des Winkels α durch ein Hebel- und Gewichtsystem, welches einen Druck auf das Widerlager ausübt, welches wie gewöhnlich beim Watt'schen Pendel zur Stütze der Arme desselben an der Verticalstange angebracht ist. Dies System ist jedoch zu complicirt, um hier ohne die Hülfe einer Zeichnung wiedergegeben werden zu können. Erleichtert wird dies dadurch, dass angenommen werden kann, dass der Winkel α sich nur um eine unendlich kleine Grösse ändert, ist dann $d\alpha$ die Aenderung dieses Winkels, so muss die des Druckes $-g \sin \alpha_0 d\alpha$ sein, wo α_0 constant und gleich dem Mittelwerthe von α ist *N.*

Hirsch. Ueber ein Marinechronometer mit elektrischer Registrirung. Carl Repert. II. 245-249.

Das Instrument ist dem elektrischen Chronographen nachgebildet. Um dasselbe aber leichter transportiren zu können, ersetzt der Verfasser die Pendeluhr durch ein Marinechronometer. Es ist dies thunlich, da sich für astronomische Pendeluhren ein Gangfehler von etwa $\frac{1}{10}$ Secunde täglich, für gute Marinechronometer aber der nur wenig grössere von $\frac{2}{10}$ - $\frac{5}{10}$ Secunden ergiebt. Der Unterschied des neuen Instruments von dem älteren ist lediglich der, dass bei ersterem die Vorrichtung zum Oeffnen und Schliessen des Stromes nicht an dem Chronometer selbst angebracht werden kann. In der That würde bei der feinen mechanischen Einrichtung desselben dies einen nachtheiligen Einfluss auf den Gang der Uhr ausüben.

Das Unterbrechen des Stromes muss daher durch ein zweites Uhrwerk bewirkt werden, welches durch eine eigene Feder bewegt, aber durch das Hauptchronometer regulirt wird. Eine dieser Bedingung genügende Einrichtung ist von W. du Bois aus Locle und Hipp aus Neuchâtel ausgeführt worden. Der Versicherung des Verfassers zufolge, verspricht das Instrument gute Erfolge. *N.*

L. FRANK. Ueber ein neues Nivellirinstrument mit Distanzmesser. Polyt. C. Bl. XX. 1326-1329.

Das Instrument soll sowohl dazu dienen die Steigung einer Linie in Fussen und Zollen als auch im Verhältniss zur Entfernung ohne Anwendung der Ketten kennen zu lernen, ausserdem zum Distanzmesser. Es besteht im wesentlichen aus einem horizontalen in einem Punkte festen Fernrohr, dessen Ocularende durch eine Mikrometerschraube gehoben und gesenkt werden kann, die Länge des Schraubenganges ist bekannt, und wird die Anzahl der Drehungen durch eine Scheibe und einen Zeiger bestimmt. Die zum Visiren nöthige Hebung oder Senkung des Ocularendes wird durch die Anzahl der dazu erforderlichen Schraubengänge sehr schnell gemessen, und eine Tabelle bestimmt hieraus die sich leicht ergebende gesuchte Grösse.

N.

J. B. DUMAS. Das Hypsogoniometer, ein verbesserter Theodolit. Polyt. C. Bl. XX. 856-859.

Das Instrument besteht wie der gewöhnliche Theodolit aus einem Horizontal- und einem Verticalkreis, der erstere mit Luftblasenniveau versehen. Die Verbesserung liegt darin, dass zu beiden Kreisen nur ein einziges Fernrohr gehört, welches ebenfalls mit einem Niveau versehen ist. *N.*

Verbesserter Parallelmaassstab. Polyt. C. Bl. XX. 6. p. 1329-1330.

Die Schlitze in den Parallelarmen sind an der unteren Seite ausgesprengt, um die Köpfe der Nadeln an den Kreuzarmen aufzunehmen. Beim Gebrauch gleiten die Nadeln in den Schlitzen, so dass das Instrument sich weiter öffnen kann als ein gewöhnliches Lineal. Die Enden der Arme sind mit Spitzen versehen, wodurch der Gebrauch als Tastzirkel möglich gemacht wird. Auch ist an einem Arm ein Maassstab angebracht, der auch zurückgeschlagen werden kann, wenn er nicht gebraucht werden soll. *N.*

B. Stewart and Benj. Loewy. An account of the base observations made at the Kew observatory with the pendulums to be used in the Indian trigonometrical survey. Received june 13, read june 15, 1865. Proc. Roy. Soc. XIV. 425-439.

Das englisch-indische Gouvernement hat auf Ansuchen der Royal Society beschlossen, in verschiedenen Stationen Indiens Pendelversuche anstellen zu lassen, um den Einfluss zu ermitteln, welchen in der nördlichen Gegend dieses Landes das Himalayagebirge auf die Richtung des Bleilothes ausübt, und demgemäss die bei der früheren trigonometrischen Aufnahme dieses Landes erhaltenen bedeutenden Fehler eliminiren zu können. Capitain Basevi, welcher mit der Führung dieser Expedition beauftragt ist, wurde daher angewiesen sich vor seiner Abreise auf der Kewer Sternwarte über die hierzu nöthigen Instrumente und die Beobachtungsweise genau zu instruiren. Diese Vorübungen sind vom September bis Mitte November 1864 auf besagter Sternwarte angestellt und wird er hierüber der Royal Society berichten. *N.*

J. F. Tennant. Determination of the error of excentricity in a sextant. Monthly Not. XXV. 56-57.

Die Bemerkung betrifft die Verbessernng eines Irrthums, den Simm in seiner Abhandlung: „The sextant and its applications“ (abgedruckt in der oben angeführten Zeitschrift XXV. 5 und besonders gedruckt London 1858. p. 4, 34) in einer Formel gemacht, und der dem Verfasser von nicht unbedeutendem Einflusse scheint. *N.*

John M. Blake. A method of giving and of measuring the angles of crystals, for the determination of species, by the use of reflecting goniometer. Silliman J. (2) XLI. 308-311.

Um eine allgemeinere Anwendung der Winkelmessinstrumente zur Bestimmung der Krystallspecies möglich zu machen, erscheinen dem Verfasser die gewöhnlicheu Methoden der Messung zu weitläuftig und die verschiedenartigen Symbole, deren sich die verschiedenen Schriftsteller bedienen, zu schwierig für die Orientirung, er schlägt also eine andere Methode vor, welche weiter keinen directen Bezug auf die Krystallisationssysteme hat. Diese Methode der Messung und Bezeichnung schliesst sich der bekannten Gruppirung der Krystalle nach Zonen an und bestimmt die einzelnen Species durch Messung der Lage dieser Zonen gegen einander. *N.*

C. A. JOUNG. On a proposed printing chronograph. SILLIMAN J. (2) XLII. 99-104.

Der Verfasser giebt die Beschreibung eines selbst druckenden Chronographen, den er unabhängig von HILGARD und HOVE, welche ähnliche Apparate beschrieben haben, gefunden hat. Die Beschreibung des Apparats würde ohne Figur schwer verständlich sein. *N.*

H. L. SMITH. On a mechanical finger for use with the microscope. SILLIMAN J. XLI. 331-337.

Zur Untersuchung der Structur von Thier- und Pflanzentheilen unter dem Mikroskop ist es oft nöthig deren Stellung während der Untersuchung zu ändern; zu dem Ende müssen dieselben mittelst eines Haares befestigt und so an das Mikroskop angebracht werden, dass man sie in verschiedener Richtung bewegen kann. Der Verfasser hat zu dem Ende eine zweckmässige an das Mikroskop selbst anzubringende Vorrichtung ersonnen, die er zum allgemeinen Gebrauch vorschlägt. *N.*

EDWIN DUNKIN. On some peculiar instances of personal equation in zenith distance observations. Mem. astr. Soc. XXXIV. 17-24, 215-216.

Bekanntlich ist beim Gebrauch der Meridianinstrumente aus bekannten Gründen der von der Persönlichkeit des Beobachters herrührende Fehler von solcher Bedeutung, dass er in keiner Weise ausser Rechnung bleiben darf, wenn die Beobachtung auf Genauigkeit Anspruch macht. Aber auch bei Messung von Azimuth und Höhe, also beim Gebrauch des Theodolithen, und ähnlicher Instrumente, stellen sich persönliche Ungleichheiten heraus, von allerdings geringer, aber in vielen Fällen von nicht zu unterschätzender Bedeutung. Der Verfasser giebt hiervon einige Beispiele und deutet die Mittel an, wie die hieraus fliessenden Fehler zu eliminiren sind. Schwieriger würde der Grund dieser Ungleichheiten anzugeben sein. Wahrscheinlich rühren sie aus verschiedenen Gründen her. Jedoch meint der Verfasser aus den Resultaten folgern zu können, dass bei dem grösseren Theile der Beobachtungen der Gebrauch des Fadenkreuzes in Verbindung mit dem getheilten Kreise eine Hauptfehlerquelle dieser Art sei. *N.*

A. Bertin. Nouveaux opuscules de physiques. Grand in 4 de 50 pages. Strassbourg (Berger-Levraut).

Der verdienstvolle Verfasser giebt in diesem Hefte folgende Abhandlungen:

Experiment über Induction und den mechanischen Disjunctor;
Eine Arbeit über unterbrochene Ströme;
Eine Untersuchung über den Voltameter;
Untersuchungen über die optischen Eigenschaften des Eises;
Verbesserungen verschiedener physikalischer Instrumente. *N.*

N. J. Heineken. Measuring small intervals and counting meteors. Inst. obs. X. 398.

Die kurze Notiz schlägt zum Messen kleiner Zeiträume, die zum Zurückspringen einer gespannten und plötzlich nachgelassenen Sprungfeder nöthige Zeit vor. Wenn man an irgend einer Stelle das Zurückspringen hemmt, so lässt sich diese Zeiteinheit noch beliebig theilen, wenn auch diese Zeittheile den entsprechenden Raumtheilen nur als annähernd proportional betrachtet werden können. — Um bei sehr dichten Meteorfällen die Anzahl derselben zu zählen bedient sich der Verfasser eines „alten Perkins'schen Schrittmessers". Bei diesem Instrument werden die einzelnen Schritte durch das Anziehen einer Schnur angedeutet. Der Verfasser hält dies Instrument mit der einen Hand, und zieht die Schnur mit der andern so lange an, als das Meteor sichtbar ist. *N.*

Fernere Litteratur.

W. FÖRSTER. Ueber Zeitmaasse und ihre Verwaltung durch die Astronomie. Berlin 1866.

F. KAISER. Sur la détermination de l'erreur personelle dans les observations astronomiques. Arch. Need. I. 193-209.

RADAU. Ueber ein Hypsometer mit directer Ablesung. CARL Repert. II. 238-241.

E. FISCHER. Ueber Pantographen. CARL Repert. I. 257-276.

---

2. Dichtigkeit.

C. OUDEMANS. Das specifische Gewicht der Essigsäure und ihrer Gemische mit Wasser. Bonn 1866. p. 1-60; im Auszuge Z. S. f. Chem. 1866. p. 750†; Polyt. C. Bl. XXI. 285-286.

Aus den Untersuchungen des Verfassers über das specifische Gewicht der Essigsäure und ihrer Gemische mit Wasser bei verschiedenen Temperaturen heben wir hervor: das specifische Gewicht des sorgfältig gereinigten Essigsäurehydrats wurde bei 15° = 1,05533 gefunden, der Schmelzpunkt lag bei 16,45°. Der Siedepunkt konnte nicht ganz constant erhalten werden, bei 763^{mm} Barometerstand stieg derselbe von 117 bis 118,2°. Ferner wurde gefunden dass das Dichtigkeitsmaximum der Gemenge von Wasser und Essigsäure in keinem Zusammenhange steht mit einem festen Aequivalentverhältniss von Essigsäurehydrat und Wasser, das Maximum wechselt mit der Temperatur, so dass der grössten Dichtigkeit bei 0° ein Gehalt von 81 Proc. und der bei 40° ein Gehalt von 76 Proc. Essigsäure entspricht.

In Bezug auf die mitgetheilten Tabellen, welche die Dichtigkeit für alle Concentrationsgrade zwischen den Temperaturen von 0-40° angeben, muss auf die Originalabhandlung verwiesen werden. *Rdf.*

B. STEWART. On the specific gravity of mercury. Proc. Roy. Soc. XV. 10-11; Inst. 1866. p. 333-334; Z. S. f. Chem. 1866. p. 221.

Verfasser fand das specifische Gewicht des reinen Quecksilbers bei +4° auf den luftleeren Raum reducirt und auf Wasser von 4° als Einheit bezogen zu 13,594. *Rdf.*

R. HERMANN. Specifisches Gewicht der Zirkone und der Zirkonerde. ERDMANN J. XCVII. 326-330†.

Das specifische Gewicht der echten Zirkone fand der Verfasser nach dem Glühen zwischen 4,438 und 4,707 und das der Zirkonerde im Mittel 5,45. *Rdf.*

A. GRABOWSKI. Methode und Apparat zur Bestimmung der Dampfdichte. Wien. Ber. LIII. 2. p. 84-94†; LIEBIG Ann. CXXXVIII. 174-186; Inst. XXXIV. 215-215; Z. S. f. Chem. 1866. p. 301-307.

Der Verfasser schlägt eine Verbesserung der von GAY-LUSSAC herrührenden und später von NATANSON veränderten Methode zur Bestimmung der Dampfdichte vor. *Rdf.*

A. WURTZ. Sur les densités de vapeur anomales. C. R. LXII. 1182-1186†; LIEBIG Ann. CXL. 171-178; Inst. XXXIV. 187-189; Z. S. f. Chem. 1866. p. 367-368; Chem. C. Bl. 1866. p. 586-589*.

In Verfolg seiner Untersuchungen (vgl. Berl. Ber. 1865. p. 24) über die Dampfdichte der Amylenverbindungen fand der Verfasser, dass das bromwasserstoffsaure Amylen noch 75°, das chlorwasserstoffsaure Amylen noch 100° über ihrem Siedepunkte eine constante Dampfdichte zeigen. Dagegen scheint beim jodwasserstoffsauren Amylen schon wenige Grade oberhalb des Siedepunktes eine theilweise Zersetzung zu beginnen. Leitet man Bromwasserstoff und Amylen in einen auf 130° erhitzten Apparat (vgl. Berl. Ber. 1863. p. 10), so findet eine Temperaturerhöhung von 4-5° statt; war der Apparat auf 215° erhitzt, so betrug die Temperatur nur 0,5°. Der Verfasser schliesst hieraus dass im letzteren Falle nur eine theilweise Vereinigung stattgefunden habe und nimmt an, dass die Dampfdichte obiger Amylenverbindungen eine normale sei. *Rdf.*

H. St. Claire-Deville. Sur les densités de vapeur. C. R. LXII. 1157-1160†; Liebig Ann. CXL. 166-171; Erdmann J. XCIX. 7-11; Inst. XXXIV. 169-171; Mondes XI. 212-213; Chem. C. Bl. 1868. p. 586-587.

Zur Entscheidung der Frage ob beim Erhitzen des Phosphorchlorids über seinen Siedepunkt dasselbe in Chlorür und Chlor zerfalle, hat der Verfasser folgenden Versuch angestellt. Er erhitzte in einem Oelbade zwei gleich lange, an den Enden mit Glasplatten verschlossene Röhren, von denen die eine Phosphorchlorid, die andere ein Gemenge von Chlor und Luft enthielt gleichzeitig und fand dass sich in der Phosphorchlorid haltenden Röhre die grüngelbe Farbe des Chlors deutlich erkennen lasse und um so deutlicher wurde je höher die Temperatur stieg. Auch bei Anwendung von Jodquecksilber trat die violette Farbe des Joddampfes auf, so dass an einer theilweisen Zersetzung dieser Dämpfe in höherer Temperatur nicht zu zweifeln ist. Hiernach hält es der Verfasser für wenig wahrscheinlich, dass das Chlorammonium wenige Grade über seinem Siedepunkte sich völlig zersetze und dass hierin die bekannte abweichende Dampfdichte ihren Grund habe. *Rdf.*

A. Cahours. Recherches sur les densités de vapeurs. C. R. LXIII. 14-18†; Liebig Ann. CXLI. 39-45; Z. S. f. Chem. 1866. p. 407-408; Chem. C. Bl. 1866. p. 941-944.

H. St. Claire-Deville. Remarques sur cette note. C. R. LXIII. 18-21†; Liebig Ann. CXLI. 45-49; Chem. C. Bl. 1866. p. 941-944; Inst. XXXIV. 210.

Der Verfasser behandelt die Frage, ob ein und derselbe Körper nicht bei verschiedenen Temperaturen verschiedene Dampfdichten und eine diesen Dampfdichten entsprechende moleculare Gruppirung zeigen könne. So repräsentirt Schwefel bei 500° 3 Vol. Dampf, bei 860-1040° 1 Vol., Essigsäure bei 150° und

Ameisensäure bei 120° 3 Vol., Phosphorchlorid bei 185° 6 Vol. Wenn aber diesen Dampfdichten ein verschiedener Gleichgewichtszustand entspreche, so müsste sich eine Constanz in den Dampfdichten, wenn auch nur von 10 zu 10° zeigen, die genannten Dampfdichten sind aber von 5 zu 5° veränderlich. Stellt man die von 5 zu 5° beobachtete Dampfdichte der Essigsäure durch eine Curve dar, so zeigt sich, dass sich dieselbe der Abscissenaxe nähert und dann innerhalb eines Temperaturintervalls von 200° derselben parallel läuft. Erhitzt man die Essigsäure bis über 400°, so geht die gerade Linie in Folge eines theilweisen Zerfalles der Essigsäure in Grubengas und Kohlensäure wieder in eine Curve über, die bei weiterem Erhitzen in eine gerade Linie verläuft und dadurch einen zweiten constanten Gleichgewichtszustand anzeigt.

Ameisensäure zeigt ein ähnliches Verhalten.

Versuche über die Dampfdichte von Phosphorchlorid führten den Verfasser zu der Ansicht, dass diese Verbindung aus gleichen Volumen Phosphorchlorür und Chlor bestehe und ihre Dampfdichte im unzersetzten Zustande 8 Vol. entspricht. Auch beim Salmiak und Cyanammonium nimmt er eine Condensation auf 8 Vol. an, so dass das Molecül der gasförmigen Verbindungen entweder 4 oder (wiewohl in seltenen Fällen) 8 Vol. repräsentirt, dass aber eine Condensation auf 3, 6 oder ein anderes Vol. keiner besonderen molecularen Gruppirung entspricht.

Zu diesen Bemerkungen von Cahours fügt Deville hinzu, dass auch das Jodquecksilberjodammonium in Dampfform eine Condensation auf 8 Vol. zeigt. Da das Jodquecksilber 4 Vol., das Jodammonium 8 Vol. repräsentirt, so müsste die Doppelverbindung beim Zerfallen eine 12 Vol. entsprechende Dampfdichte zeigen. *Rdf.*

Fernere Litteratur.

G. Gerlach. Specifische Gewichte der Lösungen von Eisen- und Kupfervitriol. Polyt. C. Bl. (2) XX. 1085; Z. S. f. Chem. 1866. p. 541; Dingler J. CLXXXI. 129-132.

J. Kolb. Ueber die Dichtigkeit der Salpetersäure. C. R. LXIV. 314; Dingler J. CLXXXII. 43-45; Z. S. f. Chem. 1866.

p. 638; Chem. C. Bl. 1866. p. 1022-1023; Polyt. C. Bl. XX. 1642-1644.

J. Kolb. Ueber die den Baumé'schen Araeometergraden entsprechenden specifischen Gewichte und Säureprocente der verdünnten Salpetersäure. Dingler. J. CLXXXII. 233-235.

H. Sprengel. On determining the weight of heterogeneous liquids. J. chem. Soc. (2) IV. 72-80.

J. Newlands. Abgeändertes Verfahren zur Bestimmung des specifischen Gewichtes der Flüssigkeiten. Chem. News XIII. 50; Dingler J. CLXXX. 163.

J. F. Brown. Tables for calculation of vapour density determination. J. chem. Soc. (2) IV. 72-80.

Th. Gerlach. Ueber die Eintheilung des Model bei den Araeometern mit gleichgradiger Scala. Polyt. C. Bl. XX. 1555-1558.

---

3. Molecularphysik.

Fr. Schulze. Die Sedimentärerscheinungen und ihr Zusammenhang mit verwandten physikalischen Verhältnissen. Pogg. Ann. CXXIX. 366-384†.

Schon früher waren vom Verfasser einige Versuche in dieser Richtung angestellt, indem er Feldspathpulver aus verschiedenen Flüssigkeiten absetzen liess, ohne indessen weitere Resultate zu erhalten. Jetzt berichtet der Verfasser über das Verhalten feingepulverter suspendirter Substanzen gegen Niederschlagsmittel wie Alaunlösung, Leim, kohlensaure Ammoniaklösung etc., welche alle die Suspension schnell aufheben, so dass die feinzertheilte Substanz zu einem flockigen käsigen Aggregate zusammentritt. Von den angewandten Klärmitteln erwies sich eine Abkochung von Hausenblase als das beste, und es lässt sich dieselbe auch anwenden um schwer filtrirbare Niederschläge, wie schwefelsauren Baryt leicht filtrirbar zu machen. In allen Fällen erwies sich das Volumen des Bodensatzes grösser als das der Sedimente welche aus reinem Wasser abgesetzt waren, die sich indessen schwerer aufschütteln lassen als die ersteren. Das verschiedene Klärungsvermögen der einzelnen Flüssigkeiten scheint von ihren Capillaritätsverhältnissen abzuhängen, indem gefunden wurde, dass eine wässrige Lösung um so mehr die Klärung begünstigt, wenn dieselbe auf ein um so höheres Niveau zurücksinkt, — verglichen mit dem, bis zu dem sie durch ihr eigenes capillares Emporsteigen gehoben wird, — sobald sie durch Aufsaugen noch höher gehoben war. Bei reinem Wasser und Lösungen die die Klärung nicht begünstigen sind beide Niveaus gleich, bei den klärenden Lösungen wächst die Differenz der beiden Niveaus mit der Verengung der Capillarröhre. Die Versuche über die Volumvergrösserung der sedimentirten Körper führten zu keinem Ziele. *Sch.*

E. v. Sommaruga. Ueber die Aequivalente von Kobalt und Nickel. Chem. C. Bl. 1866. p. 1009-1017†.

Der Verfasser sucht die Frage zu entscheiden, ob die Aequivalentgewichte von Nickel und Kobalt einander gleich sind. Er findet das Aequivalentgewicht des Kobalts = 29,996 und das des Nickels = 29,013. *Sch.*

Stas. Sur les poids atomiques des corps simples. C. R. LXII. 1112-1114; Z. S. f. Chem. 1866. p. 522-540†; Bull. Soc. Chim. (2) VI. 298-308; Ann. d. chim. (4) IX. 215-243†; Mém. d. Brux. XXXV. 1865. p. 1-311.

Stas giebt das Resultat seiner langjährigen Arbeiten, aus denen hervorgeht, dass die Atomgewichte der Elemente nicht Multipla des Atomgewichts des Wasserstoffs sind und dass somit das Prout'sche Gesetz als falsch zu beseitigen ist. Alle früheren Einwendungen von Marignac und Dumas, dass etwa Druck und Temperatur auf die Zusammensetzung der Verbindungen Einfluss haben könnten, wurden durch die sorgfältigsten Untersuchungen widerlegt, ebenso wurde auch die Annahme dass das Gesetz der multiplen Proportionen nicht genau den Thatsachen entspreche, indem in den einzelnen Verbindangen leicht ein Ueberschuss des einen oder andern Elementes enthalten sein könne, sowohl durch Synthese als Analyse verschiedener Verbindungen als unbegründet erwiesen. Ist H = 1 so ergeben sich nach STAS die Atomgewichte der untersuchten Körper folgendermaassen:

O =	15,960	N =	14,009
Ag =	107,660	Br =	79,750
Cl =	35,368	J =	126,533
Li =	7,004	K =	39,040.
Na =	22,980		

Woraus hervorgeht, dass die Atomgewichte incommensurable Zahlen sind. *Sch.*

C. MARIGNAC. Sur les poids atomiques des éléments. Observations sur le mémoire de Mr. STAS. Ann. d. chim. (4) IX. 243-249; Bull. Soc. Chim. (2) VI. 308-311†.

MARIGNAC verwahrt sich gegen den Vorwurf von STAS, als habe er das Gesetz der multiplen Proportionen umstossen wollen. Er tritt dann den Behauptungen von STAS im Wesentlichen bei und berechnet 0,068 als die Grösse, um die die einzelnen Atomgewichte von dem PROUT'schen Gesetze abweichen. *Sch.*

A. DUPRÉ. Supplément à la première partie du mémoire sur le travail et les forces moléculaires. Ann. d. chim. (4) 189-190†.

Der Verfasser bezieht seine früher aufgestellte Formel für Verdampfungswärme (Ann. d. chim. 1865. p. 283), auch auf latente Schmelzungswärme und schliesst daraus, dass die Schmelzungswärme proportional der Temperatur der Schmelzung ist + 274,3. *Sch.*

A. WURTZ. Lezioni sopra alcuni punti di filosofia chimica tenute il 6 e 20 Marzo 1863 davante la Società Chimica di Parigi. (Traduzione di ANTONIO ROLTI.) Cimento XXIII-XXIV. 48-76† (Fortsetzung von XXI-XXII. 280 etc.).

Die Vorträge enthalten allgemeine Betrachtungen über das Atomgewicht verschiedener Körper, in Beziehung auf ihre specifische Wärme, und andere physikalische Eigenschaften, wie

Dichtigkeit etc., ohne wesentlich neue physikalische Thatsachen zu enthalten. *Sch.*

Maumenée. Ueber das Volumgesetz von v. Semenoff. Chem. C. Bl. 1866. p. 1006-1007†.

Die Arbeit enthält nur die Notiz dass Maumenée das von v. Semenoff (Berl. Ber. 1865. p. 26) aufgestellte Gesetz: „Die Moleculargleichungen für Doppelzersetzungen sind auch Volumgleichungen" nicht für richtig hält, da bei verschiedenen Verbindungen z. B. KCl etc., die Summe der Molecularvolume der einwirkenden Substanzen sich nicht gleich der Summe der Volumina der Producte ist. *Sch.*

H. B. Buff. Ueber eine Beziehung des Gesetzes der multiplen Proportionen zu dem specifischen Volumen. Z. S. f. Chem. 1866. p. 374-376†; Liebig Ann. Suppl. IV. 129.

Der Verfasser sucht einen Einfluss der verschiedenen Valenz einzelner Elemente (C) auf das specifische Volum nachzuweisen, indem er durch Vergleichung verschiedener Verbindungen zu dem Schlusse kommt, dass der zweiwerthige Kohlenstoff ein grösseres specifisches Volum hat als der vierwerthige. *Sch.*

St. Claire-Deville. Affinity and heat. Phil. Mag. (4) XXXII. 365-378†; Chem. C. Bl. XI. 385-395; Arch. sc. phys. XXV. 211.

Zuerst wird der Begriff der chemischen Verbindungen, zu denen auch die Lösungen gezählt werden, charakterisirt, indem der Verfasser als Hauptkennzeichen die Veränderung des Aggregatzustandes verbunden mit der der chemischen und physikalischen Eigenschaften aufstellt; Lösungen und Verbindungen unterscheiden sich dann dadurch, dass bei ersteren nur die physikalischen Eigenschaften, bei letzteren aber auch die Substanz geändert werden; eine scharfe Grenze giebt es indessen nicht, wie das verschiedene Verhalten einer concentrirten und schwachen Boraxlösung beweist. Die Diffusion der Gase unterscheidet sich von der Lösung zweier Flüssigkeiten in einander wesentlich dadurch, dass dabei keine Wärme frei wird und keine Volumveränderung eintritt, falls nicht eine chemische Verbindung entsteht. Da die Verhältnisse bei Auflösung von festen Körpern zu complicirt erscheinen, so wurden nur die Wärmeverhältnisse beobachtet beim Zusammenbringen zweier Flüssigkeiten, die sich lösen oder verbinden und zwar so, dass wieder eine Flüssigkeit entsteht. In allen Fällen ziehen sich die Körper beim Auflösen zusammen. Unter Zusammenziehungswärme nun (heat of contraction), versteht der Verfasser die Menge Wärme, welche nothwendig ist, um nach dem Mischen der Flüssigkeiten das verkleinerte Volum wieder auf das ursprüngliche zu bringen. Diese Wärmemenge wurde bei sehr verschiedenen Substanzen bestimmt (Wasser und Schwefelsäure, Wasser und Alkohol, Wasser und Essigsäure, Sodalösung und Schwefelsäure), und überall stellte sich heraus, dass die Mischungstemperatur der beiden Flüssigkeiten kleiner ist als die Temperatur bis zu der das Gemisch erhitzt werden muss, damit es wieder das Volumen der ursprünglichen Flüssigkeiten einnimmt. Daher wird ein Theil der Wärme, die beim Mischen entsteht, latent. Eine Ausnahme machte nur Soda und Schwefelsäure, welche gemischt sich ausdehnen. Die latente Wärme muss wieder erscheinen bei der Krystallisation oder Concentration der Flüssigkeitsgemische. Aus obigem erklärt auch der Verfasser die Zersetzung durch Dialyse, bei der der Körper, im Zustande unbegrenzter Ausdehnung durch die dabei absorbirte Wärme zersetzt wird, was er durch verschiedene Beispiele zu begründen sucht. *Sch.*

L Cailletet. De la dissociation des gaz dans les foyers métallurgiques. C. R. LXII. 891-895†; Bull. Soc. Chim. (2) VI. 104-107; Chem. C. Bl. XI. 959-960; Mondes X. 676-680.

Alle Gase bis auf eine bestimmte sehr hohe Temperatur erhitzt zerfallen in ihre Elemente; man muss jedoch nach dem Erhitzen die zerlegten Gase sehr schnell abkühlen, damit sie sich nicht wieder vereinigen. So wurden mittelst eines eigenthümlich construirten Apparats die Hohofengase untersucht und gefunden dass in den Zonen der höchsten Temperatur der Sauerstoff fast ohne Wirkung auf den Kohlenstoff ist, indem hier nur wenig Kohlensäure und Kohlenoxyd auftreten, deren Menge in den weniger heissen Zonen sich bedeutend vermehrt. Die angestellten Versuche bestätigen die schon früher von DEVILLE in dieser Richtung erhaltenen Resultate (vergl. Berl. Ber. 1865. p. 29). *Sch.*

A. CHIZYNSKI. Ueber die chemische Massenwirkung. Chem. C. Bl. XI. 465-478†; LIEBIG Ann. Suppl. IV. 226.

Das von BERTHOLLET aufgestellte Gesetz, dass die chemischen Wirkungen zweier Körper auf einen dritten proportional den Massen sind, fand schon BUNSEN für Gase nicht bestätigt, wohl aber dass die Masse überhaupt einen bestimmten Einfluss ausübt. Aus den Versuchen die DEBUS mit einer Kalk- und Barytlösung, die durch Kohlensäure zum Theil gefällt wurde — anstellte — schliesst der Verfasser, dass bei einer Mischung (Kalk und Baryt) welche dem Einflusse eines dritten Körpers (CO_2) ausgesetzt wird, die Wirkung desjenigen steigt (CaO), welcher eine grössere Verwandtschaft zu dem dritten (CO_2) besitzt. Aehnliche Versuche stellte CHIZYNSKI an, indem er Phosphorsäure auf Gemenge von Chlorcalcium- und Chlormagnesiumlösung wirken liess, welche sehr verschieden zusammengesetzt waren. Die Niederschläge enthiefteu oft mehr Kalk und Magnesia als die Phosphorsäure überhaupt zu binden vermag, ein Umstand, den der Verfasser durch Annahme von überbasischen Verbindungen zu erklären sucht. Auch diese Versuche führten zu dem Schlusse, dass die Wirkung eines Körpers auf andere von der Verwandtschaft und Masse abhängig ist, so dass ein Körper von geringer Verwandtschaft und grosser Masse dasselbe leisten kann wie ein anderer von grosser Verwandtschaft und geringer Masse. Hieraus folgt unmittelbar, dass wenn die Massen der beiden Körper in gleichem Verhältniss zu dem dritten zunehmen, die chemische Wirkung des mit stärkerer Verwandtschaft begabten Körpers nicht der Zunahme der Massen entspricht, sondern schneller steigt als man den Massen gemäss erwarten sollte. *Sch.*

BABINET. Sur les forces moléculaires. C R. LXIII. 903-907†.

Die Arbeit enthält theoretische Betrachtungen über das Wesen der Wärme, welche dadurch entstehen soll, dass zwei Atome um ihren Schwerpunkt rotiren, woraus dann gefolgert wird, dass jedes Molecül zwei Atome enthalten muss. *Sch*

J. GAUDIN. Harmonie de la molécule d'alun ammonical. C. R. LXIII. 673-677†.

Die Arbeit enthält einige Speculationen über die Gestalt der Molecüle und ihren Bau und der Verfasser kommt zu dem Schlusse, dass das Ammoniakalaun Molecül viereckig sein müsse; auch die Construction der Granatmolecüle wird angegeben. *Sch.*

E. BAUDRIMONT. Ueber die Natur des weissen Phosphors. ERDMANN J. XCVII. 491-493†; C R. LXI. 857.

Der gewöhnliche farblose Phosphor überzieht sich bei längerem Aufbewahren unter Wasser ohne Zutritt starken Lichtes mit einer weissen matten Kruste, dem weissen Phosphor. Zur Bildung dieses Phosphors ist der im Wasser gelöste Sauerstoff nothwendig, da Phosphor in luftfreiem ausgekochten Wasser klar bleibt, während er sich in gewöhnlichem Wasser mit der weissen Kruste überzieht. Das Aufbewahrungswasser reagirt dann stets sauer durch die entstandene phosphorige Säure. Der weisse Phosphor ist also nur gewöhnlicher an seiner Oberfläche unregelmässig angegriffener Phosphor. *Sch.*

W. SCHMIDT. Ueber Phosphornebel. ERDMANN J. XCVIII. 414-418†; DINGLER J. CLXXXIII. 414-418.

Die eigentliche Ursache der Phosphornebel ist die Entstehung von Säuren des Phosphors, nebenher bildet sich auch Wasserstoffsuperoxyd und salpetersaures Ammoniak. In ganz reinem Wasserstoff treten weder Nebel noch Leuchten auf, beides zeigt sich aber sofort, sowie Spuren von Sauerstoff hinzutreten, so dass sich der Phosphor oxydiren kann. Reiner Sauerstoff giebt immer Nebelbildung, die Bildung von Ozon oder Antozon wird aber niemals bemerkt, wenn trockener Phosphor angewandt wird. Mit feuchtem Phosphor entstehen zunächst Nebel und phosphorige Säure, erst beim Erwärmen tritt Ozon und Phosphorsäure auf. Der eigenthümliche Geruch des Phosphor rührt vom Phosphordampf her. *Sch.*

VOGEL. Ueber Krystallbildung in vegetabilischen Geweben. Münchn. Ber. 1866. I. 182-187†.

Es war schon früher beobachtet dass Leinwand durch Zuckerlösung morsch wird. Der Verfasser untersuchte hieran anschliessend den Einfluss verschiedener Lösungen auf die Tenacität des Papiers und fand dass sie immer dieselbe stärker verringern als Wasser. *Sch.*

T. HOPPE-SEYLER. Ueber das Verhalten des Gypses in Wasser bei höheren Temperaturen und die Darstellung von Anhydrit. POGG. Ann. CXXVII. 161-166†.

Erhitzt man Gyps mit Wasser in zugeschmolzenen Glasröhren auf 140°, so wird er zu einer krystallinischen Masse von $S_2O_8Ca_2HO$, wird er dagegen mit gesättigter Chlornatriumlösung auf 125-130° erhitzt, so wird er zu krystallinischem Anhydrit. *Sch.*

C. RAMMELSBERG. Ueber die Krystallform der Lithionsalze und deren Isomorphie mit Natronsalzen. ERDMANN J. XCVII. 178-186; POGG. Ann. CXXVIII. 311-327†.

Lässt man schwefelsaures Lithion und schwefelsaures Kali zusammen krystallisiren, so erhält man zuerst das Kalisalz, nachher aber ein Doppelsalz in sechsgliedrigen Formen, ebenso lässt sich das Doppelsalz von schwefelsaurem Natron und schwefelsaurem Lithion in denselben Formen erhalten. Auch das unterschwefelsaure Lithion ist isomorph mit dem betreffenden Natronsalze. *Sch.*

J. Loschmitt. Ueber die Grösse der Luftmolecüle. Chem. C. Bl. 1866. p. 481-482; Wien. Ber. LXI. 2. p. 395†.

Nach der Theorie von der Constitution der Gase leitet der Verfasser die Grösse der Luftmolecüle ab, deren Durchmesser er $= \frac{1}{10000000}$ eines Millimeters findet. *Sch.*

Naquet. De l'hypothèse d'Avogadro et d'Ampère. Monit. Scient. VIII. 862-865, 953-956†.

Die Abhandlung enthält eine Darstellung des bekannten Satzes, dass in gleichem Volum verschiedener Gase eine gleiche Anzahl von Molecülen enthalten ist. *Sch.*

Fernere Litteratur.

Paradan. Constitution intime des corps. Mondes (2) I. 195-199.

C. S. Cornelius. Grundzüge einer Molecularphysik. Halle 1866. p. 1-144.

W. A. Norton. On molecular physics. Phil. Mag. XXXI. 265-283, XXXII. 283-289.

G. Guiseppe. Considerations sur la constitution moléculaire des corps aériformes.

Berthelot. Théorie des corps pyrogénés. Bull. Soc. Chim. (2) VI. 282-288.

A. Scacchi. Sull' efficacia delle soluzioni dei tartrati nel rendere emiedrici i cristalli che in esse s'ingrandiscone. Cimento XXIII-XXIV. 427-432.

L. Lavizzari. Nuovi fenomeni dei corpi cristallizati. Cimento XXI-XXII. 129-141.

Ch. Blondeau. Les bases de la chimie actuelle. Monit. Scient. VIII. 999-1014.

de Cizancourt. Ueber die allotropischen Zustände des Eisens und ihre Bedeutung für die Metallurgie. Dingler J. CLXXIX. 198-202; C. R. LXI. 578.

— — Ueber die durch die metallurgischen Processe bewirkte Umwandlung und Modification der allotropischen Zustände des Eisens. C. R. LXI. 706; DINGLER J. CLXXIX. 203-208.

A. und P. DUPRÉ. Ueber die Anziehungskraft der Elemente. C. R. LXII. 791-794; Z. S. f. Chem. 1866. p. 251.

GRIMAUX. Equivalents, atomes, molécules. Monit. Scient. VIII. 716-721 und Paris 1866. p. 1-109.

NAQUET. Sur l'hypothèse de PROUT. Monit. Scient. VIII. 772-776.

P. S. VAN KRECKHOFF. De l'atomicité et de l'affinité. Arch. Needr. I. 76-80.

S. E. MAUMENÉ. Théorie générale de l'exercice de l'affinité. (3. Mém.) Paris 1866. p. 1-62; Mondes XI. 457.

Die Arbeit enthält nur Einwände gegen Substitutions und Typentheorie. *Sch.*

P. E. HARDER. Das Moleculargesetz mit besonderer Anwendung auf das Wasser der Dampfmaschinen und die Luft. Hamburg 1866. p. 1-169.

A. DUPRÉ. Sur le nombre des molécules contenues dans l'unité de volume. Monit. Scient. VIII. 106.

WAGGE. Studies af affiniteten. Vidensk. Selsk. Forh. 1864. p. 35-45, p. 92-94.

GULDBERG. Om sorene for affiniteten. Vidensk. Selsk. Forh. 1864. p. 111-120.

G. MANN. Kraft und Wärme der Organismen entnommen einer Quelle. Stuttgart 1866. p. 1-56; Z. S. f. Naturw. XXVII. 319-320.

4. Mechanik. — 5. Hydromechanik. — 6. Aerodynamik.

Die Referate hierüber erfolgen am Schluss des Bandes.

7. Cohäsion und Adhäsion.

A. Elasticität und Festigkeit.

W. H. BESANT. Note on tension. Qu. J. of math. VIII. 35-39†.

Zwischen den durch einen Normaldruck p erregten Spannungen t, t' in zwei auf einander senkrechten Richtungen längs einer Fläche und den tangentialen Spannungen T, T', welche letztere im Gleichgewicht einander gleich sein müssen, findet die Relation statt

$$\frac{t}{\varrho}+\frac{t'}{\varrho'}+2T\frac{\partial^2 z}{\partial x \partial y}=p,$$

wo ϱ, ϱ' die Krümmungsradien der Normalschnitte in den betreffenden Richtungen, in welchen auch die Coordinaten x, y genommen sind, bezeichnen. Hierfür wird der Beweis geliefert.

He.

DE ST.-VENANT. Quatrième complément au mémoire lu le 10 août 1857 sur l'impulsion, la résistance vive et les vibrations des pièces solides. C. R. LXII. 130-134†.

Im Berl. Ber. 1865 ist eine Reihe von Arbeiten desselben Verfassers besprochen, welche die Bewegung eines elastischen Stabes in Folge eines Stosses mit Berücksichtigung der Theilnahme des stossenden Körpers an der Vibration behandeln. Die gleichzeitigen verschiedenen Perioden und die von der Längenabscisse abhängigen Coefficienten waren durch gemeinsame Gleichungen dargestellt; die Constanten hingegen mussten für jeden Fall besonders berechnet werden. Es ist nun der Zweck der gegenwärtigen Abhandlung, auch für letztere eine allgemeine Ausdrucksform aufzustellen. Das Mittel besteht in einer Integration über das ganze betheiligte Massensystem an Stelle einer solchen über die Länge des Stabes. Der Verfasser löst dann nach dem neuen Princip die allgemeinere Aufgabe betreffend 1) einen aus vielen verschiedenen Prismen zusammengesetzten Stab, an deren Grenzpunkten sich noch beliebige Massen, stossende oder nicht stossende, befinden können, 2) einen Stab von beliebig variirendem Querschnitt, und findet schliesslich, dass auch hier der von ihm im zweiten Nachtrag (vergl. Berl. Ber. 1865. p. 86-87) aufgestellte Satz von der Zerlegung der lebendigen Kraft in die der einzelnen Vibrationen bestätigt wird. *He.*

DE ST.-VENANT. Note sur les pertes apparentes de force vive dans le choc des pièces extensibles et flexibles, et sur un moyen de calculer élémentairement l'extension ou la flexion dynamique principale de celles-ci. Mondes XI. 243-245†.

Betrachtet man das Verhältniss der Geschwindigkeit jedes Elements zweier sich stossenden Massen zur Geschwindigkeit an der Berührungsstelle als bekannt, so giebt einerseits das Princip der virtuellen Geschwindigkeiten, andererseits die Gleichung der verlorenen Kraft die resultirende Geschwindigkeit und somit die lebendige Kraft nach dem Stosse, woraus weiter die Totaldehnung oder Biegung hervorgeht, und zwar übereinstimmend mit dem ersten Term der Reihe, wenn die vollständige Lösung nach Potenzen des Massenverhältnisses entwickelt wird. Diese Uebereinstimmung beruht auf der Zerlegung der lebendigen Kräfte, welche bei Vibrationen stattfindet: die verlorene Kraft findet sich wieder in den vernachlässigten Composanten der Geschwindigkeit, durch welche die nach einfachen Gesetzen erfolgenden Composanten zur vollen wirklichen Bewegung ergänzt werden. *He.*

REBHANN. Ueber die Festigkeit verschiedener Ziegelgattungen. Z. S. d. österr. Ing. 1866 p. 1†; Polyt. C. Bl. XX. 1030-1031†.

In ersterer Schrift ist der Gang der Versuche, in letzterer sind die Resultate dargestellt. Die Bruchfestigkeit von 10 untersuchten Ziegelgattungen variirt von 39,9-86, ihre rückwirkende Festigkeit von 156-247,3 Kil. per Quadratcentimeter. *He.*

W. J. M. Rankine. Ueber die Zerreissungsfestigkeit einiger Fasersubstanzen. Dingler J. CLXXX. 273-275†.

Die mitgetheilten Versuchsresultate geben das Verhältniss der Festigkeit zum Gewicht der Stoffe. Die zerreissende Last ist mit der Länge multiplicirt, welche der Gewichtseinheit entspricht. Diese Bestimmungsweise wird zuerst auf bekannte Angaben zur Vergleichung der Faserstoffe mit Metallen angewandt. Die eigenen Versuche des Verfassers an Leinengarn und Seide ergeben für die relative Zerreissungsfestigkeit des ersteren 95000, für zwei Sorten der letzteren 113000 und 119700 Fuss Pfund, dreimal soviel als für Gussstahl. Ausserdem ist der Elasticitätsmodul der Seide untersucht, und, wiewohl viele hindernde Umstände die Messung unsicher machten, auf 1300000 Pfund per Quadratzoll berechnet. *He.*

Ch. O'Neill. On an apparatus for measuring tensile strengths especially of fibres. Mem. Manch. Soc. (3) II. 389-394.

— — On the tensile strength of cotton as affected by various chemical treatments. Proc. Manch. Soc. (3) II. 235-240.

— — Experiments and observations npon cotton. Mem. Manch. Soc. (3) II. 394-422.

Die einfache Vorrichtung, welche hier zur Messung der Festigkeit von Baumwollenfäden diente, besteht in Folgendem. An einem festen Arme wird der zu prüfende Faden aufgehängt, und an seinem unteren Ende an einem Cylinder befestigt, der in verticaler Stellung in einem cylindrischen Gefäss mit Wasser schwimmt, und beim Einsinken an einem kurzen Hebelarm einen Zeiger längs einer Scala vertical bewegt. Die Menge des Wassers, welches durch einen Hahn allmählig abgelassen wird, bis der Faden reisst, und die an der Scala beobachtete Dehnung liefern die Data, aus denen sich die Spannung beim Zerreissen leicht berechnet. Bei den Versuchen ward der Hebel horizontal gestellt, sobald der Faden gerade gestreckt war, die Dehnung und Spannung erst von diesem Punkte an gerechnet.

In der zweiten Schrift werden einige Resultate der Anwendung des Apparats auf Baumwollenfabrikate nach verschiedener chemischen Behandlung mitgetheilt. Der Umstand jedoch, dass die chemische Wirkung sich bald mehr bald weniger auf die äussersten Fasern beschränkt, veranlasst den Verfasser, Bündel von 10 und 20 losen Baumwollenhaaren besonders zu untersuchen. Die in der dritten Schrift mitgetheilten Ergebnisse vergleichen die Baumwolle nach den Orten ihrer Erzeugung. *He.*

W. Wedding. Messinstrument für Biegungs- und Bruchversuche mit verschiedenen Materialien. Dingler J. CLXXX. 320-321†.

Das in der kurzen Mittheilung empfohlene, von Hrn. Wedding erfundene Instrument, besteht (wie wir nur wörtlich aus jener wiedergeben können) aus einem zweiarmigen Hebel, dessen einer Arm unmittelbar in Berührung mit der zu messenden Linie gebracht wird, während der andere Arm einen Kolben von mehreren Zollen Durchmesser trägt, der in ein mit Quecksilber gefülltes Gefäss von unten eindringt. Dieses Gefäss läuft oben in eine lange, enge, schneckenförmig in der Ebene gebogene und mit Theilung versehene Glasröhre aus, in der bei geringer Hebung oder Senkung des ersten Hebelarmes das Quecksilber sogleich einen bedeutenden Raum rück- oder vorwärts durcheilt. Das vorgezeigte Instrument hatte solche Abmessungen, dass eine Bewegung des Hebelarmes um $\frac{1}{1000}$ Zoll ein Voreilen des Quecksilberfadens um $\frac{1}{10}$ Zoll bewirkt. Ohne praktische Schwierigkeit können die Dimensionen so gewählt werden, dass $\frac{1}{1000000}$ Zoll noch mit Sicherheit angegeben wird.

Die Erfolge bereits angestellter Versuche lassen den Erfinder hoffen, bedeutende Correctionen der bisher angewandten Coefficienten erlangen zu können. *He.*

K. Zöppritz. Theorie der Querschwingungen schwerer Stäbe. Pogg. Ann. CXXVIII. 139-156†.

Die Abhandlung enthält die Berechnung der Transversalschwingungen eines elastischen Stabes, welcher in verticaler Stellung an einem Ende festgeklemmt ist, und auf welchen nur seine eigene Schwere wirkt. Nachdem in bekannter Weise und unter gewöhnlichen vereinfachenden Annahmen die Differentialgleichung für beliebige Kräfte entwickelt, und, auf den betreffenden Fall angewandt, in der Form

$$\frac{\partial^4 y}{\partial x^4}+\frac{l}{b^2}\frac{\partial^2 y}{\partial t^2}=\pm p\frac{\partial}{\partial x}\left[(l-x)\frac{\partial y}{\partial x}\right]$$

aufgestellt ist, wo die x die Längenrichtung des Stabes, die y die Richtung der Bewegung, und l die Länge bezeichnet, wird, von dem Falle $p=0$ ausgehend, die dem Einfluss der Schwere entsprechende Correction erster Ordnung gesucht. Die ziemlich umfangreiche Berechnung der Constante, um welche allein es sich hier handelt, die jedoch höchst übersichtlich vollzogen wird, führt schliesslich zu folgender einfachen Bestimmung der Schwingungsdauer T:

$$T=\frac{\pi}{b}\left(\frac{l}{\lambda}\right)^2;\quad \lambda=\lambda_0\pm\frac{gl^3}{b^2\lambda_0^3}k,$$

wo λ_0, dem Falle ohne Schwere entsprechend, durch die Gleichung

$$1+\frac{e^{\lambda_0}+e^{-\lambda_0}}{2}\cos\lambda_0=0$$

bestimmt ist, und die Werthe von

$$k=\tfrac{1}{2}-\frac{\lambda_0}{4}\cot\frac{\lambda_0}{2}+\frac{\lambda_0^2}{8}\cot^2\frac{\lambda_0}{2}$$

aus den einzelnen Wurzeln als reine Zahlen hervorgehen. *He.*

F. KOHLRAUSCH. Beiträge zur Kenntniss der elastischen Nachwirkung. POGG. Ann. CXXVIII. 1-20, 207-227, 399-419†.

Die elastische Nachwirkung kann, mit Uebergehung der meistens sehr kurzen Dauer der widerstandslosen Rückkehr elastischer Körper nach Dehnung, Biegung oder Torsion in die Ruhelage, während welcher sie nur einen Theil der wirklichen Bewegung vertritt, dem jedesmaligen Abstande von der Ruhelage gleich gerechnet werden. Diese Verzögerung ist, wie die Versuche augenscheinlich darthun, ein selbständiger, neben der elastischen Bewegung bestehender, von den Unvollkommenheiten der Elasticität und den durch Ueberschreitung der Elasticitätsgrenze bedingten Aenderungen der Ruhelage unabhängiger, gesetzmässiger Vorgang. Es liegt die Vermuthung nahe, dass auch die langsam verschwindenden Rückstände der Elektricität und des Magnetismus gleiche oder analoge Ursache haben. Auch spricht die Abhängigkeit von der Temperatur für die Annahme, dass diese Ursache in der Wärme liege. Diejenige Molecularbewegung, welche bei deren Rückgang einem Widerstande begegnet, kann man als eine Drehung der Molecüle denken; wenigstens scheint bei anfänglicher Dehnung eine andere nicht als möglich übrig zu bleiben.

Das Gesetz der Nachwirkung empirisch zu erforschen ist die Aufgabe der vorliegenden Arbeit. Sie untersucht deren Abhängigkeit von allen variirenden Umständen mit Ausnahme des Materials, sofern alle Versuche an demselben Silberdraht (125^{mm} lang und 0,046^{mm} dick und ausschliesslich durch Torsion angestellt wurden.

Theoretisch zu Grunde gelegt ward, dass die Geschwindigkeit der Abnahme des Abstandes von der Ruhelage dem Abstande direct und dann einer negativen Potenz der Zeit proportional sei. Es erwies sich als zulässig, die Zeit vom Beginn der freien Bewegung an zu rechnen.

Zunächst sollten die Resultate der Torsion mit denen der Drehung in Uebereinstimmung gebracht werden. Ueber letztere lagen die von Weber an einem Messingdraht angestellten Beobachtungen vor, bei welchen die Geschwindigkeit dem einfachen Quotienten des Abstandes und der Zeit proportional gefunden war. Es ergab sich, dass auch die Torsionsresultate in geringerer Ausdehnung mit dem Exponenten —1 stimmten, stärkere Torsionen hingegen einen absolut kleinern Exponenten verlangten. Der Coefficient der Geschwindigkeit war in allen Fällen constant = 0,3875. Offenbar muss jedoch diese Zahl bei variirendem Exponenten in geringerem Maasse mit variiren, weil sie nur für den Exponenten —1 von der willkürlichen Zeiteinheit unabhängig ist.

In dem zur Beobachtung der Torsion des Drahtes bestimmten Apparate ist dessen oberes Ende in einem drehbaren Zapfen befestigt, welcher durch einen Zeiger der anfangs zu ertheilenden Torsion entsprechend festgestellt wird, das untere Ende am

Halter eines Spiegels, welcher während des Einstellens festgehalten wird, dann der freien Bewegung des Drahtes folgt, und, nachdem diese hinreichend langsam geworden ist, zur Beobachtung des Durchgangs der Scalenstriche mittelst eines Fernrohrs dient. Zur Vermeidung der Schwankungen des Spiegels geht dessen unterer Rand in Oel.

In Betreff der Elasticitätsgrenze kann die Unabhängigkeit der Nachwirkung zwar nicht durch die Versuche für erwiesen gelten, doch zeigte sich selbst bei sehr verschiedenen Torsionen eine so grosse Uebereinstimmung mit der Formel, dass die Annahme einer stetig veränderten Ruhelage unnöthig erscheint, und nach Ueberschreitung der Elasticitätsgrenze die Nachwirkung auf die neue Ruhelage bezogen werden kann. Frühere Versuche, welche zu der Folgerung einer Aenderung der Ruhelage bei jeder Verrückung führten, insbesondere die von WERTHEIM, hält der Verfasser nicht für entscheidend, weil die Nachwirkung noch nie getrennt berücksichtigt worden sei.

Die gewählte Aufgabe erforderte nun die isolirte Beobachtung der Abhängigkeit der Nachwirkung 1) von der Temperatur, 2) von der Grösse, 3) von der Dauer der anfänglichen Torsion. Es ist in Folgendem stets der ganze Verlauf der succedirenden Notirungen, welcher sich durchgängig in ähnlichen Curven darstellt, in Rechnung gezogen worden.

Bei einer anfänglichen Torsion = 180°, welche 1 Minute dauerte, wurden 11 verschiedene Temperaturen von 3,5 bis 33° C. angewandt, und ergaben bei constantem Geschwindigkeitscoefficienten, mit Ausnahme der 3 höchsten Temperaturen über 22°, einer der Temperatur proportionalen Nachwirkungscoefficienten, wenn man den Nullpunkt auf —21,5° setzt. Darüber hinaus wuchs derselbe in stärkerem Verhältniss.

Bei Prüfung der zweiten Frage war die Dauer 20 Secunden, die Temperatur zwischen 14,4° und 20°; der Torsionswinkel variirte von 45° bis 341°. Der Coefficient zeigte sich diesem Winkel proportional; doch schreibt der Verfasser dieser Versuchsreihe die mindeste Genauigkeit zu.

Endlich ward bei der Torsion = 180° die Dauer von 5 bis 600 Secunden verändert: der Nachwirkungscoefficient nahm in vermindertem Verhältniss zu und liess sich einer Potenz der Dauer proportional setzen, deren Exponent den Werth 0,587 ergab.

Stellt man die Resultate zusammen, so erhält man folgende Formel:

$$x = 0{,}00009093\, T^{0{,}587} \varphi \frac{\tau + 21{,}5^0}{34^0} t^{-0{,}3875},$$

wo x den Torsionsrückstand nach Verlauf von t Minuten vom Beginn der freien Bewegung an bezeichnet, vor welcher bei der Temperatur τ die Torsion φ T Secunden lang bestanden hat.

Bis hierher ist in der Grundrelation

$$-\frac{\partial x}{\partial t} = C \frac{x}{t^{1-m}}$$

die Grösse m als Null betrachtet worden. Eine neue Beobachtung, welche von einer 9 Stunden dauernden Torsion $= 585^0$ ausging und $\frac{1}{2}$ Jahr lang fortgesetzt ward, ergab einen anfänglichen Werth $m = 0{,}3478$, der sich lange constant erhielt, dann aber allmälig sich verminderte. Von der ersten Notirung (nach 1 Minute) an, wo der Torsionsrückstand 30^0 betrug, nahm derselbe während des $\frac{1}{2}$ Jahrs um $26\frac{1}{2}{}^0$, und zwar mit befriedigender Regelmässigkeit dem früheren Gesetze gemäss ab.

Es folgt schliesslich eine Zusammenstellung der theoretischen Resultate, aus welcher, da das Meiste schon genannt ist, nur noch erwähnt werden mag, dass der Coefficient der Geschwindigkeit 0,3875 als specifisch für den Stoff, also hier für den Silberdraht anzusehen ist, während er für Messingdraht 0,1643 und für Cocon 0,1719 beträgt; ferner, dass zwar die Nachwirkung bei höherer Temperatur grösser ist, dass jedoch deren Erhöhung während der rückgängigen Bewegung diese beschleunigt. *He.*

J. D. Everett. Account of experiments on the flexural and torsional rigidity of a glass rod leeding to the determination of the rigidity of glass. Phil. Trans. 1866. I. 185-191†.

Die durch Auflegen von Gewichten auf einen horizontalen Glasstab, beziehungsweise auf einen daran festen hölzernen Arm erzeugte Biegung und Torsion ist gemessen durch die Abweichung zweier Schatten, welche ein feiner Messingdraht, von einer in gleicher Höhe aufgestellten Lampe durch eine nahe am Draht befindliche Linse beleuchtet, und durch zwei in gemessenen Abständen am Stabe befestigte Spiegel reflectirt, auf eine Tafel wirft.

Aus den Ergebnissen der Messung sind zunächst berechnet: die Biegungssteifigkeit oder der reciproke Werth der Krümmung für die Längeneinheit des Stabes und die Einheit des Biegungsmoments nach Centimeter und Gramm

$$f = 11533000,$$

und die Torsionssteifigkeit in entsprechendem Sinne

$$t = 9168200,$$

hieraus und aus dem Radius r des Stabes nach den Formeln

$$M = \frac{4f}{\pi r^4}, \quad n = \frac{2t}{\pi r^4}, \quad \frac{1}{3k} = \frac{3}{M} - \frac{1}{n}, \quad \sigma = \frac{f}{t} - 1$$

abgeleitet: der Elasticitätsmodul

$$M = 614330000,$$

die absolute Steifigkeit oder der reciproke Werth der Verschiebung für die Einheit der verschiebenden Kraft

$$n = 244170000,$$

der Widerstand gegen Compression

$$k = 423010000,$$

und das Verhältniss der Transversalcontraction zur Längendehnung

$$\sigma = 0{,}258.$$

He.

M. J. BOURGET. Mémoire sur le mouvement vibratoire des membranes circulaires. Ann. d. l'éc. norm. III. 1866. p. 55-95†.

Die Bewegung einer Membran, welche homogen und im Ruhezustand eben und nach allen Richtungen gleich gespannt ist, wird durch eine Differentialgleichung bestimmt, welche der Verfasser als bekannt aufnimmt, und die, auf Polarcoordinaten r, ϑ übertragen, lautet:

$$\frac{\partial^2 w}{\partial t^2} = c^2\left(\frac{\partial^2 w}{\partial r^2} + \frac{1}{r}\frac{\partial w}{\partial r} + \frac{1}{r^2}\frac{\partial^2 w}{\partial \vartheta^2}\right).$$

Hier bezeichnet w die normale Verrückung, c^2 den Quotienten der Spannung durch die Dichtigkeit.

Nachdem Poisson diese Bewegung unter andern für eine kreisförmige Begrenzung, aber unter der speciellen Beschränkung auf Schwingungen in concentrischen Kreisen, behandelt hatte, wird die gleiche Aufgabe hier allgemein gelöst, nur mit der Annahme, dass die Verrückung im Anfang überall gleichzeitig Null sei.

Die Bewegung zerfällt in eine beliebige Anzahl einfacher Schwingungen, deren jede einem particulären Integral entspricht, bestehend aus drei Factoren, einzeln Functionen von r, ϑ, t allein. Geht man von dieser Annahme aus, so ergiebt die Integration:

$$w = r^n U(H \cos n\vartheta + K \sin n\vartheta) \sin (qct),$$

$$U = \frac{1}{1(n+1)}\left(\frac{qr}{2}\right)^2 + \frac{1}{1.2(n+1)(n+2)}\left(\frac{qr}{2}\right)^4 + \ldots,$$

$$= \frac{2.4\ldots 2n}{1.3\ldots(2n-1)} \frac{2}{\pi} \int_0^{\frac{1}{2}\pi} \sin^{2n} w \cos (qr \cos w)\, \partial w,$$

wo n, q, H, K aus den Grenzbedingungen zu bestimmende Constanten sind. Wegen der natürlichen Periodenlänge 2π für ϑ ist n ganze Zahl, bedeutet die Anzahl der diametralen Knotenlinien, bleibt aber als solche willkürlich. Die Constante q, welche der Tonhöhe proportional ist, wird durch die Bedingung bestimmt, dass am festen Rande der Membran $w = 0$, also auch $U = 0$ sein muss. Ist $r = 1$ deren Radius, und $U = U(qr)$, so ergiebt die Auflösung der transcendenten Gleichung $U(q) = 0$ nach q eine unbegrenzte ins unendliche steigende Reihe von Werthen

$$q_n^{(1)}, \quad q_n^{(2)}, \ldots q_n^{(5)}, \ldots$$

entsprechend jedem n, mithin eine Reihe möglicher Töne, die von einem bestimmten tiefsten Tone an jede Höhe übersteigen, deren System aber für jede Theilungszahl des Umkreises ein anderes ist. Fixirt man einen Ton $q_n^{(5)}$, so entspricht ihm wieder eine Reihe concentrisch kreisförmiger Knotenlinien, deren Radien die Gleichung

$$U(q_n^{(5)} r) = 0$$

bestimmt. Die Wurzeln der letzteren sind bereits als $q_n^{(1)}$, $q_n^{(2)}$, ... bekannt, so dass die gesuchten Radien sind:

$$r_1 = \frac{q_n^{(1)}}{q_n^{(5)}};\ r_2 = \frac{q_n^{(2)}}{q_n^{(5)}};\ \ldots\ r_5 = 1.$$

Die Constanten H, K bestimmen sich durch den Anfangszustand.

Ausser den genannten diametralen und concentrischen Knotenlinien können zunächst für die einfache Vibration keine existiren. Doch auch bei einem System gleichzeitiger Vibrationen kommen andere nicht vor, weil für verschiedene n auch die q nie gleich sind. Der Mittelpunkt ist stets Knotenpunkt, ausser wenn $n = 0$ ist.

Aus jeder beliebig gegebenen Anfangsgeschwindigkeit

$$\frac{\partial w}{\partial t} = F(r, \vartheta)$$

geht ein System gleichzeitiger Schwingungen

$$w = \Sigma w_n^{(5)}$$

hervor, welche in den oben aufgestellten sämmtlich enthalten sind; denn man kann die Constanten H, K mittelst folgender Formeln

$$\int_0^{2\pi} \partial\vartheta \int_0^1 F(r, \vartheta) r^{n+1} U_n^{(5)} \cos n\vartheta \partial r = c\pi q_n^{(5)} H_n^{(5)} \int_0^1 (r^n U_n^5)^2 r \partial r,$$

$$\int_0^{2\pi} \partial\vartheta \int_0^1 F(r, \vartheta) r^{n+1} U_n^{(5)} \sin n\vartheta \partial r = c\pi q_n^{(5)} K_n^{(5)} \int_0^1 (r^n U_n^5)^2 r \vartheta r$$

stets der Bedingung gemäss bestimmen.

Ein grosser Theil der Abhandlung ist nun der numerischen Auflösung der transscendenten Gleichung gewidmet, aus welcher die Werthe von q gefunden werden. Die Berechnung wird durch Reihenentwickelungen so vorbereitet, dass sie für jeden Fall leicht vollzogen werden kann. Unmittelbar instructiv ist die folgende Beziehung zwischen den Differenzen der successiven Wurzeln und diesen selbst:

$$q_n^{(5+1)} - q_n^{(5)} = \frac{\pi}{\sqrt{\left[1 - \frac{4n^2-1}{4\mu^2}\right]}},$$

wo μ ein Mittel zwischen den zwei Wurzeln zur Linken bezeichnet. Sie giebt nach Berechnung der kleinern Wurzeln einen Näherungswerth für die nächst grössere, und zeigt, dass die nächsten immer durch ein Intervall getrennt sind, das gegen die Grenze π variirt und (für $n > 0$) $> \pi$ ist.

Die nach den aufgeführten Methoden berechnete Tafel der Töne und Knotenlinien ist zu umfangreich zur Mittheilung. Sie ist bis zu 5 diametralen Knotenlinien fortgesetzt, und es sind jedesmal die 9 tiefsten Töne nebst den zugehörigen Stadien der Knotenkreise angegeben. Der ganze Tonumfang beträgt bis dahin fast 4 Octaven.

Zur experimentellen Bestätigung der Resultate wählte der Verfasser Papier als das beste Material, in welchem eine gleiche Dichtigkeit und Spannung am genauesten zu erreichen ist, und erzeugte die Vibrationen durch Orgelpfeifen, deren Ton er durch beweglichen Ansatz stetig ändern konnte. Die diametralen Knotenlinien waren der Theorie gemäss, die concentrischen zeigten sich bis zu zwei noch deutlich; dagegen entsprachen die Radien immer tieferen Tönen als den angegebenen. Bestätigt ward aber namentlich das theoretische Resultat, dass die Membran nicht mit jedem Ton im Einklang schwingen kann. Endlich zeigte sich auch nie der von Savart beobachtete Fall, wo die diametralen Knotenlinien in Parallelen übergingen, was demnach wohl nur von ungleicher Spannung hergerührt haben mag; vielmehr waren alle Knotenlinien durchaus unveränderlich. Es bleibt daher nur noch der Grund der ziemlich beträchtlichen Abweichung in der Tonhöhe (bis zum Verhältniss 1:1,58) in Frage. Der der Abhandlung beigefügte Bericht der Akademie vermuthet ihn in der unvermeidlichen Theilnahme des Randes an den Vibrationen. Indess würde eine Vergleichung der ideellen Bedingungen, unter denen die Differentialgleichung von Lamé entwickelt worden ist, und die hier nicht weiter untersucht werden, mit den Umständen des Experiments noch andere Differenzen zur Erklärung liefern. *He.*

Fernere Litteratur.

H. Klein. Die Festigkeit kreisförmig gebogener Körper. Programm des Vitzthum'schen Gymnasiums. Dresden 1865. p. 1-61.

K. Zöppritz. Berechnung der Kupffer'schen Beobachtungen über die Elasticität schwerer Metallstäbe. Pogg. Ann. CXXIX. 219-238.

B. Capillarität.

Roger. Mémoire sur les phénomènes capillaires. C. R. LXII. 134-138†; Monit. Scient. VIII. 100-109.

Die anziehenden Kräfte, von denen die Erscheinungen der Capillarität abhängen, sollen nicht vollkommen verschwinden, sobald die wirkenden Theilchen in für unsern Sinn unmerklicher Entfernung von einander liegen. Der Verfasser setzt voraus, dass die Flüssigkeitstheilchen in unmittelbarer (infiniment) Nähe der Contactlinie allein der anziehenden Kraft der Wand unterworfen sind, jedoch müsse man nothwendiger Weise zugeben, dass diese Theilchen von allen Theilchen der festen Wand angezogen würden, von den am nächsten bis zu den in einer unbestimmten Entfernung gelegenen. Die Rechnung führt den Verfasser zu folgendem Ausdruck für die Steighöhe H einer Flüssigkeit in einer Röhre vom Durchmesser D

$$HD + \frac{4}{\pi}\frac{Y}{D} = k + \frac{k'}{D^2} + \frac{k''}{D^4} + \cdots,$$

wo Y das Volumen des Meniskus, und k, k', k'' willkürliche Constanten sind, die von der physikalischen Beschaffenheit der Flüssigkeit und der Wand abhängen. Der Verfasser findet, dass Versuche von Simon (Berl. Ber. 1850-51. p. 25) mit diesem Ausdruck übereinstimmen. Da jedoch die Versuche von Simon nach eigenthümlichen Methoden angestellt sind, und ihre Resultate zum Theil von denen anderer Beobachter abweichen, so würde wohl die Richtigkeit des obigen Ausdrucks noch an anderen Beobachtungen geprüft werden müssen. In Betreff der Rechnung selbst verweisen wir auf die Originalabhandlung. *Q.*

E. Chevreul. Extrait d'un mémoire sur des phénomènes d'affinités capillaires. C. R. LXIII. 61-77†.

Wenn die Oberfläche eines festen Körpers mit zwei Flüssigkeiten gleichzeitig in Berührung gebracht von der einen leichter, als von der anderen benetzt wird, so nennt der Verfasser dies auswählende Capillarverwandtschaft. Aus Bleiweiss, Kaolin oder einem grauen Thon von Gentilly wurde mit Wasser oder Leinöl ein Teig gemacht, dieser in Glasröhren gedrückt, und auf den öligen Teig Wasser gegossen. Es zeigte sich dass das Oel das Wasser aus den Poren des wässrigen Bleiweissteiges, das Oel aus den Poren des öligen Kaolin oder Thonteiges vertrieb, während umgekehrt der ölige Bleiweissteig und der wässrige Kaolin- oder Thonteig ungeändert blieben. Das durch den Teig hindurchgegangene Leinöl erscheint gebleicht und trocknet leichter wie gewöhnliches.

Eine Schicht reines Leinöl auf Bleifolie gestrichen, trocknet (erstarrt durch Oxydation) in 24 Stunden, auf Porcellan nach 48 Stunden, auf Eichenholz nach 31 Tagen. Der Verfasser glaubt daher, dass gewisse Körper wie Blei das Trocknen beschleunigen. andere wie Eichenholz dasselbe verzögern. Schliesslich wird auf die Wichtigkeit dieser Erscheinungen für das praktische Leben hingewiesen und analoge Erscheinungen, die der gedüngte Erdbodeu oder versteinerte organische Gebilde zeigen. *Q.*

J. Broughton. Ueber einige Eigenschaften der Seifenblasen. Phil. Mag. (4) XXXI. 228; Pogg. Ann. CXXVIII. 641-644†; Mondes X. 697-698.

Um die Wanddicke von Seifenblasen zu bestimmen, die man aus der von Hrn. Plateau angegebenen Lösung von ölsaurem Natron und Glycerin erhält, füllte der Verfasser diese Blasen mit einem Gemisch aus 1 Vol. Wasserstoff und 16 Vol. Luft, so dass die Blase gerade in der Luft schwebend erhalten wurde, ohne merkliche Tendenz zum Steigen oder Sinken. Nennt man $2r$ den Durchmesser der Seifenblase, h, c und s die Dichtigkeiten des Wasserstoffs, der atmosphärischen Luft und der Plateau'schen Flüssigkeit, so ist die Wanddicke t

$$t = \frac{cr.(1-h)}{51.s},$$

der Versuch ergab

$$r = 45^{\text{mm}}, \qquad s = 1{,}1, \qquad t = 0{,}000965^{\text{mm}}.$$

Andere Bestimmungen schwankten zwischen $0{,}00134^{\text{mm}}$ und $0{,}000726^{\text{mm}}$. *Q.*

H. LACOUTURE S. J. Actions moléculaires. Mondes XI. 73-80†.

Lässt man eine Flüssigkeit aus geringer Höhe auf eine ebene Oberfläche derselben Flüssigkeit tropfen, so bilden sich bekanntlich auf dieser Oberfläche kleine Tröpfchen, deren Entstehung und Eigenschaften der Verfasser näher untersucht hat.

Von der benetzten festen Wand werden die Tröpfchen abgestossen, während sie sich untereinander anziehen, ohne darum immer sofort in einen grösseren Tropfen zusammen zu fliessen. Sie verhalten sich also wie Körper, die die Flüssigkeitsoberfläche nicht benetzen. Lässt man Flüssigkeit aus einer MARIOTTE'schen Flasche durch ein verticales Rohr ausfliessen, so entstehen mehrere Tropfen oder eine grössere schwimmende Fläche von 2 bis 3□^{cm} horizontalem Querschnitt, je nachdem man den undurchsichtigen oder durchsichtigen Theil des Strahles auf die Flüssigkeitsoberfläche auffallen lässt. Durchmesser und Beständigkeit der schwimmenden Tropfen ändern sich mit der Natur der Flüssigkeit. Wasser und wässrige Salzlösungen zeigen die Erscheinung nur schwierig, Schwefelkohlenstoff, Alkohol, Schwefeläther geben leicht kleine Tropfen, Terpenthinöl, Steinöl etc. viele Tropfen von mittlerer Grösse. Die schönsten Resultate geben Seifenwasser, Bier, Olivenöl, Nussöl etc. Die Leichtigkeit, dergleichen Tropfen zu bilden, entspricht nicht genau anderen bekannten Eigenschaften und nimmt durch Erwärmen ab. Lässt man einen verticalen Flüssigkeitsstrahl aus einer Glasröhre von 7^{mm} Durchmesser ausfliessen und fängt ihn mit einer widerstehenden Fläche (Watte, oder einer elastischen Platte) auf, so bleibt er durchsichtig, verliert aber seine cylindrische Form. Er zerfällt dabei in eine Reihe einzelner sich berührenden Kügelchen gleicher Grösse, die wie Perlen auf einer Schnur auf der Axe des Strahles aneinandergereiht liegen, deren Grösse zu- und deren Anzahl abnimmt, je näher der Ausflussöffnung der Strahl aufgefangen wird. Die ausgeflossene Flüssigkeitsmenge nimmt dabei ab. *Q.*

PLATEAU. Quelques remarques sur les expériences du P. LACOUTURE. Mondes XI. 237-237†.

Die eben beschriebenen Versuche werden dadurch erklärt, dass die widerstehende Platte die Ausflussgeschwindigkeit vermindert. Da sich ein continuirlicher Strahl nach den SAVART'schen Versuchen um so später in Tropfen auflöst je grösser der Druck oder die Ausflussgeschwindigkeit ist, so zeigen die Strahlen des Hrn. LACOUTURE schon in geringem Abstand von der Ausflussöffnung Tropfen, welche sich bei der geringen Geschwindigkeit leicht wahrnehmen lassen. Q.

NÄGELI und SCHWENDENER. Ueber Versuche betreffend die Capillarwirkungen bei vermindertem Luftdruck. Münchn. Ber. 1866. I. 353-376, 473-492†.

NÄGELI. Ueber die Theorie der Capillarität. Münchn. Ber. 1866. I. 597-627†.

Zur Entscheidung der Frage, ob die Steighöhe einer Flüssigkeit grösser sein kann, als dem Druck einer Atmosphäre entspricht, haben die Verfasser eine Reihe interessanter Versuche angestellt.

Fein ausgezogene Glasröhren von 0,003 bis 0,01^{mm} Weite wurden mit Wasser gefüllt, mittelst eines Korkes in das umgebogene untere Ende *A* einer langen aufrechten Röhre *AB* so eingefügt, dass die feine Spitze nach innen gekehrt war und hierauf verkittet. Wurde nun in den langen Schenkel *B* Quecksilber eingegossen, welches die Luft unterhalb *A* comprimirte, so musste sich zeigen auf welche Höhe der Druck gesteigert werden konnte, bis das Wasser aus der Capillarröhre verdrängt und durch Luft ersetzt wurde. Berechnet man die Steighöhe des Wassers in Metern (die Steighöhe in einem Rohr von 1^{mm} Radius zu 15^{mm} angenommen), so war der Druck einer gleich hohen Wassersäule sehr nahe zu gleich dem beobachteten Werthe von x. Bei Röhrchen von 0,001 bis 0,002^{mm} Durchmesser wurde die Wassersäule selbst durch einen Tage lang angewandten Druck von 3 bis 4 Atmosphären nicht verschoben. Zum Theil lag dies in den Luftbläschen, die sich bei längerem Stehen in solchen

Röhrchen ausscheiden, den Zusammenhang der Flüssigkeitssäule unterbrechen, und selbst bei frisch gezogenen Röhren und ausgekochtem Wasser auftreten.

Wurde die Steighöhe des Wassers in Capillarröhren unter der Glocke der Luftpumpe beobachtet, so fand ein Sinken der Flüssigkeit in der Capillarröhre statt, wenn das Barometer der Luftpumpe auf 4^{mm} bis 1^{mm} sank. Das Sinken war um so auffallender, je länger das leere Ende der Capillarröhre über dem Flüssigkeitsmeniskus war. So fiel Beispielsweise in einer Capillarröhre von $0{,}215^{mm}$ Durchmesser die Steighöhe von 136^{mm} um 104^{mm}, wenn die Luft bis auf einen Quecksilberdruck von 4^{mm} verdünnt wurde, und das leere Ende über dem capillaren Niveau 100^{mm} betrug. Wurde das leere Ende abgebrochen, so dass das Wasser bis an das obere Ende der Capillarröhre reichte, so blieb die Steighöhe ungeändert durch das Evacuiren. Nach längerer Zeit beobachtet man in letzterem Falle ein langsames Sinken der Flüssigkeit um einen Bruchtheil eines Millimeters, indem zeitweise eine grössere Menge Wasser verdunstet, als durch die Capillarität ersetzt werden kann.

Das Sinken der Flüssigkeit im ersten Falle ist um so schneller und stärker, je energischer die Verdampfung der Flüssigkeit ist. Concentrirte Schwefelsäure und fette Oele zeigen die Erscheinung gar nicht. Bei höherer Temperatur beginnt das Sinken früher oder erreicht einen tieferen Grad. Alkohol zeigte die Erscheinung leichter als Wasser, Aether leichter als Alkohol.

Besondere Versuche zeigten, dass das Sinken der Flüssigkeit in der Capillarröhre wirklich von dem Druck der in der Röhre entwickelten Flüssigkeitsdämpfe herrührte.

An verschiedenen Stellen einer verticalen Capillarröhre wurden Erweiterungen mit kleinen Oel Manometern angebracht, der untere Theil des Capillarrohrs wurde mit Wasser gefüllt, in Wasser getaucht oder unten verschlossen und der ganze Apparat unter die Glocke der Luftpumpe gebracht. Die Manometer messen die Spannung oder den Druck der beim Evacuiren entwickelten und aus dem oberen Theil der Capillarröhre abgeleiteten Dämpfe an den erweiterten Stellen derselben. Je näher die Erweiterung dem offenen Ende der Capillarröhre lag, um so kleiner war die

Dampfspannung, welche proportional der Röhrenlänge abnahm. Die durch die Capillarröhre strömenden Dämpfe verhielten sich also wie ein Gas, das durch eine solche Röhre strömt.

Die Verfasser nennen Gesammtkraft die Summe der an einer Stelle des strömenden Gases wirklich mit dem Manometer gemessenen Spannung und derjenigen Spannung, die zu der ersteren noch hinzukommen würde, wenn das Gas die Geschwindigkeit Null hätte.

Die Messungen der Spannung der Wasserdämpfe an den verschiedenen Stellen der Capillarröhre ergeben, dass die Gesammtkraft am offenen Ende der Röhre mit den Manometerständen am offenen Ende derselben zunimmt, dass sie bei niederen Spannungen sogar unter Null, d. h. unter die Grösse heruntersinkt, welche der Spannung im Recipienten entspricht. Die Verfasser erklären diese letztere Erscheinung aus den Diffusionsströmungen, die zwischen dem reinen Dampf im Capillarrohr und dem mit Luft gemischten Dampf im Recipienten stattfinden. Die Neigung der geraden Linie, deren Ordinaten den Gesammtdruck für eine bestimmte Stelle der Röhre als Abscisse geben, gegen die Abscissenaxe ändert sich mit dem Wassergehalt der äusseren Luft. Sie betrug unter den Bedingungen der vorliegenden Versuche 15 bis 16°.

Bei einer unten geschlossenen Capillarröhre von 0,2^{mm} mittlerer Weite, einem Quecksilberdruck von 1^{mm} im Recipienten der Luftpumpe und einer Temperatur von 7 bis 8° C. zeigte das Manometer einen

Wasserdruck von	81^{mm}	80^{mm}	79^{mm}	79^{mm}	78^{mm}	60^{mm}
im Abstande . . .	162^{mm}	122^{mm}	82^{mm}	41^{mm}	20^{mm}	11^{mm}

vom offenen Röhrenende.

Daraus ergiebt sich, dass die entwickelten Wasserdämpfe schon bei einem verhältnissmässig geringen Abstande vom Röhrenende im Stande sind einen continuirlichen Druck auszuüben, der einer Wassersäule von 75^{mm} entspricht oder die capillare Steighöhe in einer solchen Röhre um 75^{mm} zu erniedrigen. Die Dämpfe entwickeln hiernach nicht weniger als $\frac{1}{4}$ der vollen Spannkraft, die sie unter gleichen Bedingungen in einer oben geschlossenen Röhre entwickeln würden.

Aehnliche Erscheinungen zeigten sich, wenn das untere offene Ende der Capillarröhre statt geschlossen zu sein in ein Probirröhrchen mit Wasser tauchte, auf welches eine Oelschicht gegossen war.

In manchen Fällen reichte die am Meniskus wirksame Gesammtkraft der Dämpfe nicht aus, um den Stand des Niveaus zu erklären; in manchen Fällen sank das Niveau sogar tiefer, als es der vollen Spannkraft der Wasserdämpfe zu Folge hätte stehen sollen. In anderen Fällen stand es höher, als jener Gesammtkraft entsprach. Rascheres Evacuiren hatte stets einen niedrigeren Stand des Meniskus zur Folge.

Der Berichterstatter neigt zu der Ansicht, dass in den Fällen, wo ein zu niedriger Stand der Flüssigkeit beobachtet wurde, die schnelle Verdampfung eine unvollkommene Benetzung der Glaswände des Capillarrohres herbeigeführt hatte, welche Auffassung den vom Verfasser hervorgehobenen Widerspruch mit der sogenannten LAPLACE'schen Capillaritätstheorie sehr einfach beseitigen würde.

In der letzten der oben citirten Abhandlungen geht NÄGELI auf die Erklärung der beschriebenen Erscheinungen und einiger anderen näher ein, besonders auf die bekannte Thatsache, dass eine Wassersäule in einer Capillarröhre unbeweglicher wird, sobald sie längere Zeit in Ruhe bleibt. Dem Verfasser zu Folge soll mit Abnahme des Röhrendurchmessers die Widerstandsfähigkeit der ruhenden Wassersäule in steigender Progression zunehmen, jedoch gegen Vor- und Zurückgehen denselben Widerstand leisten und dieser im Meniskus allein seinen Sitz haben. Es sei eine grössere Kraft nöthig um eine stillstehende Wassersäule auf- oder abwärts zu bewegen als um einer im Sinken oder Steigen begriffenen die entgegengesetzte Bewegung mitzutheilen. Man müsse daher in der Oberflächenschicht einer Flüssigkeit, besonders wo diese an Luft grenze, eine andere dem festen Zustande ähnliche Anordnung der Flüssigkeitstheilchen annehmen, als im Innern der Flüssigkeit. Bei der Bildung dieser festeren Oberflächenschicht würde stets Wärme frei, wobei es aber nicht nothwendig sei, dass die Flüssigkeit an der Oberfläche grössere Dichtigkeit wie im Innern habe. Auf befriedigende Weise seien die oben angeführten Erscheinungen nur durch die von Clausius (Berl. Ber. 1857. p. 285) aufgestellte Theorie über die Natur der Flüssigkeiten zu erklären. Als Beweis des Freiwerdens von Wärme bei der Benetzung fester Oberflächen wird die Bildung von Gasblasen angeführt, die sich an der Oberfläche frisch gezogener Capillarröhren stets abscheiden, sobald man sie unter der Glocke der Luftpumpe bei einem Quecksilberdruck von 2 bis 4^{mm} in ausgekochtes Wasser tauche. Bei der durch Benetzung freigewordeuen Wärme werde der Rest der noch in dem Wasser enthaltenen Luft frei und zugleich Wasserdampf gebildet.

Einer verminderten Beweglichkeit entspreche eine grössere Festigkeit des Oberflächenhäutchens der Flüssigkeit.

Die von Laplace aufgestellte Theorie der Capillarität reiche zur Erklärung der angeführten Thatsachen nicht aus. An der freien Oberfläche einer Flüssigkeit finde eine Dichtigkeitszunahme von aussen nach innen, an der Oberfläche gegen benetzte Körper eine Dichtigkeitszunahme von innen nach aussen statt. An der ebenen Oberfläche eines benetzten Körpers finde gleichwie an der freien ebenen Oberfläche weder Zug noch Druck statt.

Abgesehen von diesem letzteren Satze, der sich wohl bestreiten liesse, und den Molecularbewegungen der Clausius'schen Theorie sind die angeführten Anschauungen, in Betreff deren Einzelheiten wir auf die Originalabhandlung verweisen müssen, ähnlich denjenigen die schon, vor Laplace, Thom. Young hatte.

Für eine Aenderung in der Anordnung der Flüssigkeitstheilchen einer Oberflächenschicht, sobald diese eine Weile in Ruhe bleiben, sprechen auch die Temperaturänderungen beim Benetzen pulverförmiger Substanzen, die von Pouillet (Ann. d. chim. (2) XX. 141) nur als Temperaturerhöhungen beobachtet waren, von denen aber in neuerer Zeit Jungk (Berl. Ber. 1865. p. 334) nachgewiesen hat, dass sie der oben angeführten Ansicht des Verfassers entgegen auch in einer Temperaturerniedrigung bestehen können; ferner die von G. Rose (Berl. Ber. 1848. p. 37) beobachteten Fehler, welche in der Bestimmung des specifischen Gewichtes der Körper entstehen, wenn man dieselben im Zustande der feinsten Vertheilung wägt; ferner die von Faraday mit dem Namen Regelation (Berl. Ber. 1859. p. 350) bezeichneten Erscheinungen, sowie die von FRANKENHEIM (Cohäsionslehre 1835. p. 69) und G. HAGEN (Berl. Ber. 1845. p. 21) bei Wasser und wässrigen Lösungen, vom Berichterstatter (Berl. Ber. 1858. p. 46) bei Quecksilber beobachteten Aenderungen der Capillaritätsconstante, sobald die Flüssigkeit nicht bewegt wird. Freilich ist diese Aenderung eine Abnahme, während nach den theoretischen Ansichten des Verfassers, falls sie hier richtig aufgefasst wurden, eine Zunahme zu erwarten sein würde.

Die schwere Verschiebbarkeit des Wassers in Capillarröhren hat nach den Beobachtungen des Berichterstatters nicht im Meniskus allein ihren Sitz und beruht wahrscheinlich zum Theil auf einer Auflösung der Glaswandung, die sich aus der Zunahme des elektrischen Leitungsvermögens des Wassers ergiebt (vergl. Berl. Ber. 1861. p. 459). Die bei Wasser besonders oft auftretenden Anomalien in der capillaren Steighöhe und die Versuche von JAMIN (Berl. Ber. 1860. p. 83) deren auch der Verfasser erwähnt, scheinen mit dieser Auflösung des Glases und dem Absetzen einer dünnen Salzkruste am Rande des Meniskus zusammenzuhängen. Bei Alkohol sind wenigstens die erwähnten Anomalien und besonders die durch längeres Stehen hervorgerufene Unbeweglichkeit weit weniger auffallend, wie bei Wasser und wässrigen Lösungen.

Schliesslich bemerkt der Verfasser, dass das Wasser in einem Capillarrohr nur so hoch steigen kann, bis durch die verminderte Spannung Gasbildung und damit eine Unterbrechung der Flüssigkeitssäule eintritt. Gewöhnliches, absorbirte Gase enthaltendes Wasser könne sich wegen der ausgeschiedenen Luftblasen in Capillarröhren nicht über 32 Fuss erheben. Da aber ausgekochtes Wasser in weiten Gefässen bei gewöhnlicher Temperatur unter der Luftpumpe und im Vacuum nicht koche, und da das Kochen überhaupt um so schwieriger erfolge, je enger die Capillarröhre, so gestatte die Dampfbildung dem ausgekochten Wasser jedenfalls in capillaren Röhren auf eine viel grössere Höhe zu steigen, als es das luftführende Wasser im Stande sei. Die grossen Reibungswiderstände in engen Capillarröhren verlangsamten aber die Bewegung des Wassers so sehr, dass in

Wirklichkeit durch Bildung des Oberflächenhäutchens die Steighöhe stets nur wenige Fuss betrüge.

Brachte der Verfasser mit Wasser gefüllte unten verschlossene Capillarröhren unter die Glocke der Luftpumpe bei einem Quecksilberdruck von 1,5^{mm} und einer Temperatur von 7,5° C., so verdunstete in derselben Zeit eine längere Flüssigkeitssäule in dem engen als in dem weiten Capillarrohr. Beispielsweise sank in Glasröhren von 0,910^{mm} und 0,384^{mm} Durchmesser in 10 Minuten das Niveau um 3,2^{mm} respective um 8^{mm}. Der Verfasser schliesst aus diesen Versuchen, dass eine concave Flüssigkeitsoberfläche die Verdunstung befördere, eine convexe Fläche sie hemme.

Wurde mit einem Aspirator Luft durch Capillarröhren gesogen, so zeigten sich die hindurchgeströmten Luftmengen umgekehrt proportional der Röhrenlänge, proportional dem constanten Druck, der die Luft hindurchtrieb, und nahezu wie die vierten Potenzen der Röhrendurchmesser. Wasserstoff strömte durch Capillarröhren mit derselben Geschwindigkeit wie atmosphärische Luft (vergl. den Abschnitt über Aerodynamik), die Bewegung der Gase in engen Röhren erfolgt also, wie dies auch schon früher bekannt war, nach denselben Gesetzen, wie die Bewegung von Flüssigkeiten. *Q.*

J. Plateau. Recherches expérimentales et théoriques sur les figures d'équilibre d'une masse liquide sans pesanteur. Sér. VII; Mém d. Brux. XXXVI. 1-66†; Ann. d. chim. (4) VIII. 362-374; Pogg. Ann. CXXX. 264-276; Mondes XII. 292-302; Phil. Mag. (4) XXXIII. 32-48; C. R. LXII. 1221-1222; Cimento XXIII-XXIV. 135-137; Smithson. Rep. 1864. p. 285-369.

Der vorliegende Aufsatz bildet die Fortsetzung einer Reihe von Untersuchungen, welche schon früher in diesen Berichten besprochen worden sind (vergl. Berl. Ber. 1846. p. 77, 1849. p. 49, 1856. p. 142, 1858. p. 91, 1861. p. 113).

Während die früher vom Verfasser angegebene Glycerinflüssigkeit mit Marseiller Seife hergestellt (Berl. Ber. 1861. p. 114) unter günstigen Umständen Seifenblasen von 100^{mm} Durchmesser lieferte, die sich 16 Stunden in freier Luft hielten, giebt eine Glycerinflüssigkeit bei der man die Seife durch reines ölsaures Natron ersetzt unter ähnlichen Bedingungen Blasen, die sich 24 Stunden in freier Luft und 50 Stunden in geschlossenen Räumen halten. Die Farben der Seifenblasen steigen anfangs gegen die ersten Ordnungen auf, und sinken dann bis zum Roth und Grün der letzten Ordnungen, ja bis zum Weiss herab, welche sonderbare Erscheinung daher rührt, dass die Glycerinflüssigkeit Feuchtigkeit aus der umgebenden Luft absorbirt.

Der Verfasser hat in den früheren Mittheilungen die Lamellen betrachtet, welche durch Luftblasen an Flüssigkeitsoberflächen entstehen oder an Drahtgerippen, welche man in Glycerinflüssigkeit eintaucht und wieder herauszieht. In dem vorliegenden Aufsatz werden noch andere Arten flüssiger Lamellen beschrieben.

Fasst man mit beiden Händen eine mit etwas Glycerinflüssigkeit gefüllte Flasche, hält sie horizontal, giebt ihr eine solche Bewegung, dass die ganze Innenwand von der Flüssigkeit benetzt wird, und stellt die Flasche wieder auf den Tisch, so zeigen sich eine oder mehrere horizontale Lamellen, die die Flasche quer durchsetzen, sich sehr lange halten und deren Färbung das Schwarz der ersten Ordnung der NEWTON'schen Ringe erreicht. Bei einer cylindrischen Flasche von 70^{mm} Durchmesser hielt sich eine Lamelle 18 Tage. Die Lamellen bilden sich dadurch, dass von dem oberen Theil der horizontalen Cylinderfläche Flüssigkeit beim Aufhören der Rotation an einigen Stellen vorzugsweise herabtropft, hier zuerst eine Flüssigkeitswand von grösserer Dicke bildet, die allmälig durch weiteres Herabfliessen um so langsamer dünner wird, je geringer ihre Dicke ist.

Eigenthümliche zuerst von SAVART 1833 beschriebene Lamellen bilden sich bei der Ausbreitung von Flüssigkeitsstrahlen, wenn diese auf eine kleine feste Scheibe treffen, oder wenn zwei Flüssigkeitsstrahlen in entgegengesetzten Richtungen aufeinander stossen.

Bei einer mässigen Druckhöhe breitet sich die auf die Scheibe stossende Flüssigkeit ringsum zu einer vollkommen zusammenhängenden Lamelle, von Gestalt einer umgekehrten grossen Schale aus, deren schwach gezahnter Rand eine grosse Anzahl

Tröpfchen aussendet, die von den Hervorragungen der Zahnung ausgehen. Nimmt die Druckhöhe ab, so krümmt sich die Lamelle immer mehr, und endlich schliesst sie sich unten. Treffen zwei Flüssigkeitsstrahlen unter gleichem Druck aus kreisförmigen Oeffnungen aufeinander, so entsteht eine flüssige Scheibe senkrecht gegen die Axen beider Strahlen. Sie ist bei einer mässigen Druckhöhe von einem kleinen Wulst umgeben, aus welchem eine Unzahl von Tröpfchen entweichen. Die von SAVART für den Durchmesser der Scheiben aufgestellten Gesetze hat schon HAGEN aus Capillaritätswirkungen erklärt, und daraus sogar den Werth der Capillaritätsconstante für Wasser abgeleitet (Berl. Ber. 1849. p. 47); für die Tropfenbildung gab es dagegen noch keine befriedigende Erklärung.

Der Verfasser betrachtet den Vorgang, wahrend der Durchmesser der flüssigen Scheibe wächst. Die Scheibe bildet eine Umdrehungsfigur, deren Meridianschnitt an ihrem Aequator oder Rande eine sehr starke Krümmung hat. Diese starke Krümmung erzeugt einen kräftigen capillaren Druck in der Richtung des Scheibenradius im entgegengesetzten Sinne der Bewegung; dadurch staut sich das Wasser am Rande der Scheibe und bildet einen Wulst. Dieser Wulst von der Form eines ringförmigen Cylinders bildet eine nicht stabile Figur und löst sich also in lauter kleine Tröpfchen auf. Krümmt sich bei schwachen Druckhöhen die gebildete Lamelle unter dem Einfluss der Schwere, so entsteht eine glockenförmige Lamelle mit einem nach der concaven Seite der Glocke gerichteten capillaren Druck, so dass die Krümmung vergrössert, und unter Umständen die glockenförmige Lamelle vollständig geschlossen wird.

In gleicher Weise erklärte sich die Bildung der von F. PLATEAU (Berl. Ber. 1862. p. 18) und G. VAN DER MENNSBRUGGHE (Berl. Ber. 1864. p. 72) beobachtete Bildung von Blasen bei verschiedenen Flüssigkeiten die man von grösserer Höhe herabschleudert, so dass sie dünne gekrümmte Lamellen bilden, die dann durch den Capillardruck der krummen Oberfläche in geschlossene Hohlräume übergehen und Kugelform annehmen.

Lässt man Wasser aus einer geradlinigen Spalte in der Seitenwand eines Gefässes ausfliessen, so dass diese Spalte vom

Boden bis über das Niveau der Flüssigkeit reicht, so bildet sich eine grosse flüssige verticale Lamelle, die durch einen geradlinigen gegen den Horizont geneigten Wulst begrenzt ist. Diese gerade Linie fällt nahe mit derjenigen zusammen, welche unter 45° gegen den Horizont geneigt die Umhüllungslinien derjenigen Ausflussparabeln ist, die den einzelnen Theilen des Spaltes, falls jeder Theil allein vorhanden wäre, entsprechen. Bis zu der geraden Umhüllungslinie kann jedes Wassertheilchen ungehindert seinen Weg beschreiben; von hier ab aber hindern sich die einzelnen Ausflussfäden, stauen sich längs der Umhüllungslinie an, und tragen dadurch in Verein mit den capillaren Kräften zur Entstehung des Wulstes bei. An dem unteren Rande der verticalen Wasserlamelle bildet sich ebenfalls ein Wulst. Dieser ist jedoch kleiner als der eben besprochene, da er von den capillaren Kräften allein herrührt. Ein cylindrisches Gefäss von 500^{mm} Durchmesser, 540^{mm} Höhe und einer Ausflussspalte von 2^{mm} Breite zeigte die Erscheinungen sehr deutlich. In Betreff anderer besonderer Eigenthümlichkeiten der beiden Begrenzungswulste verweisen wir auf die Originalabhandlung.

Theilt sich eine instabile Flüssigkeitsfigur von selbst in zwei Massen, die noch vor ihrer Trennung in zwei besondere Figuren durch einen mehr oder weniger cylindrischen flüssigen Faden zusammenhängen, so zerfällt dieser in gesonderte Kügelchen, die ebenfalls wie die Gebilde der flüssigen Lamellen in der Cohäsion und Viscosität der Flüssigkeit ihre Erklärung finden.

Schliesslich spricht der Verfasser folgendes allgemeine Princip aus für die Darstellung von Oberflächen flüssiger Lamellen mit der mittleren Krümmung gleich Null:

Eine Fläche mit der mittleren Krümmung gleich Null sei gegeben; man denke sich auf ihr irgend eine geschlossene Curve gezogen, die bloss den Bedingungen unterliegt: 1) einen endlichen Theil der Oberfläche zu umschliessen, 2) nicht die feste Grenze (limite de stabilité) zu überschreiten, wenn die gegebene Oberfläche solche Grenzen hat. Giebt man dann einem Eisendraht genau die Gestalt jener geschlossenen Curve, oxydirt ihn ein wenig mit verdünnter Salpetersäure, taucht ihn ganz in Glycerinflüssigkeit und zieht ihn heraus, so wird sich an ihm eine flüssige Lamelle zeigen von der Gestalt des betreffenden Theils besagter Fläche.

Natürlich muss die Drahtfigur mit einem Ansatz versehen sein, an welchem man sie halten kann. *Q.*

G. VAN DER MENNSBRUGGHE. Discussion et réalisation expérimentale d'une surface particulière à courbure moyenne nulle. Bull. d. Brux. XXI. 530-531, 552-566†; Mondes (2) XII. 13-13, 192-194; Inst. XXXIV. 376-376.

Bedeutet m eine Constante, so ist die durch die Gleichung

$$4 \sin mz = \pm (e^{mx} - e^{-mx})(e^{my} - e^{-my})$$

dargestellte Oberfläche von der mittleren Krümmung gleich Null. Nach dem am Schlusse des vorigen Aufsatzes von PLATEAU ausgesprochenen Princip lässt sich diese Fläche, wie der Verfasser zeigt, durch eine Flüssigkeitslamelle leicht erhalten, da es auf ihr eine aus geraden Linien gebildete geschlossene Curve giebt. Bildet man aus Eisendraht zwei Rechtecke, deren Ebenen sich unter rechtem Winkel in der idealen Verbindungslinie der Mittelpunkte der grösseren Rechtecksseiten schneiden und taucht diese Drahtfigur in Glycerinflüssigkeit, so bildet sich beim Herausziehen eine Figur aus Flüssigkeitslamellen, die an dem Eisendrahte haften, und ausserdem eine ebene Flüssigkeitslamelle von elliptischer Form in der Halbirungsebene des von beiden Rechtecken gebildeten Winkels. Bei dem Sprengen dieser ebenen Fläche durch Berührung mit Fliesspapier bildet sich von selbst ein Theil der durch jene Gleichung bestimmten Fläche. Der Verfasser benutzte zu den Versuchen Rechtecke von 30^{mm} Höhe und 120^{mm} Basis. *Q.*

G. VAN DER MENNSBRUGGHE. Sur la tension des lames liquides. Bull. d. Brux. XXII. 272-292†; POGG. Ann. CXXXIII. 277-292.

Der Verfasser beschreibt einige recht interessante Versuche, welche die von TH. YOUNG, HAGEN, PLATEAU u. A. angenommene oder nachgewiesene Spannung der Flüssigkeitsoberflächen sowie den Satz, dass die Oberfläche der Flüssigkeit immer möglichst klein ist, sehr anschaulich machen. Er wurde auf dieselben durch einen Versuch von DUPRÉ (siehe unten p. 62) geführt.

Bildet man aus Eisendraht eine geschlossene ebene Curve, befestigt an zwei Punkten desselben die Enden eines feinen und biegsamen Seiden- oder Baumwollenfadens, und taucht das von einer passenden Gabel gehaltene System in Glycerinflüssigkeit, so bildet sich beim Herausziehen eine ebene Flüssigkeitslamelle, auf welcher der Faden mit unregelmässiger Form schwimmt. Sprengt man durch Berührung mit einem Stückchen Filtrirpapier die Lamelle im Inneren der von Faden und Eisendraht gebildeten Curve, so bildet der Faden sofort einen vollkommenen Kreisbogen. Der Versuch gelingt auch, wenn man das zwischen den Fadenenden gelegene Drahtstück fortnimmt.

Bei zu grosser Fadenlänge verschwindet beim Sprengen die Lamelle ganz, oder es bleiben nur kleine Stückchen in den Winkeln zwischen den festen Drahttheilen und dem Faden übrig.

Knüpft man einen Faden von passender Länge an den Enden zusammen, so dass er eine geschlossene Curve bildet, benetzt ihn mit Glycerinflüssigkeit, legt ihn auf eine horizontale Lamelle und sprengt diese innerhalb der vom schwimmenden Faden gebildeten unregelmässigen geschlossenen Curve, so bildet der Faden sofort eine Kreisperipherie und behält auch diese Gestalt, bei jeder beliebigen Lage der ebenen Flüssigkeitslamelle.

In ähnlicher Weise lässt sich auch auf gekrümmten Flüssigkeitslamellen, sobald deren mittlere Krümmung gleich Null ist, der im Innern der Fadencurve gelegene Theil der Lamelle sprengen. Eine solche Lamelle ist z. B. die Catenoide, die nach dem von PLATEAU angegebenen Verfahren (Berl. Ber. 1861. p. 114) gebildet wird, wenn man zwei Drahtringe in Glycerinflüssigkeit taucht, die ebenen Flüssigkeitslamellen zur Berührung bringt, die Lamelle innerhalb des kleineren Drahtringes sprengt und dann beide Drahtringe auseinander zieht. Sehr geeignet für diese Versuche sind Ringe von 70^{mm} Durchmesser, deren einer von drei kleinen Drahtfüssen, deren anderer von einer Drahtgabel getragen wird. Dem Seidenfaden gab der Verfasser 140^{mm} Länge. Nach dem Sprengen der Lamelle nahm der Seidenfaden beim Nähern und Entfernen der Drahtringe verschiedene stabile Formen von Curven doppelter Krümmung an.

Aehnliche Versuche hat der Verfasser mit der im vorigen Aufsatz beschriebenen Lamellenoberfläche angestellt.

Lässt man Steifigkeit, Dehnbarkeit und Gewicht des Fadens unberücksichtigt, so sind die Spannung des biegsamen Fadens und der Krümmungsradius der von ihm gebildeten Curve constant; das Verhältniss beider ist gleich der Spannung der Flüssigkeitslamelle.

Um das letzte Gesetz auch durch messende Versuche zu prüfen, befestigte der Verfasser an der Seite *ab* eines quadratischen Eisendrahtes von etwa 200^{mm} Seite, der von einer passenden Gabel gehalten wurde, das eine Ende eines Seidenfadens. Am anderen Ende des Seidenfadens wurde ein kleines Gewicht, eine Wachskugel, angebracht, der Eisendraht und der Seidenfaden an seinem festgeknüpften Ende mit Glycerinflüssigkeit benetzt, der benetzte Theil des Fadens auf die Flüssigkeitslamelle im Innern des Drahtvierecks gelegt, der freie Theil des Fadens mit der Wachskugel am Ende von der Hand in verticale Lage gebracht, und die Flüssigkeitslamelle im Innern der vom Faden und dem geraden Eisendraht gebildeten Curve gesprengt. Der Faden spannte sich sofort, das Wachskügelchen wurde gehoben und ein Stück des benetzten Fadens über den Draht fort nach der Flüssigkeitslamelle hingezogen. Waren Spannung des Fadens und das spannende Gewicht am Ende desselben nahezu im Gleichgewicht, so drehte man das Drahtviereck um die horizontale Seite *ab*, bis die Flüssigkeitslamelle vertical stand, liess das Gewicht los und beobachtete in welchem Sinne es sich bewegte. Sank es, so war die von der Flüssigkeitslamelle ausgeübte Spannung zu klein, und der Radius des vom Faden gebildeten Kreises musste vergrössert werden, d. h. die Länge des vom Faden begrenzten Drahtstückes oder des der Lamellenwirkung unterworfenen Fadentheiles musste vermehrt werden. War durch Probiren die Gleichgewichtslage gefunden, so wurde die Länge des vom Faden begrenzten Drahtstückes oder der Durchmesser des Fadenkreises gemessen, der vom Draht herabhängende Theil des Seidenfadens mit der Wachskugel abgeschnitten und gewogen.

Im Mittel ergaben die Messungen bei zehn verschiedenen spannenden Gewichten $P = 531^{mgr}$ bis 60^{mgr}, und den Krümmungsradien $\varrho = 95^{mm}$ bis $9{,}5^{mm}$ für das Verhältniss $\frac{P}{\varrho}$ die Zahl 6,029. Da die Spannung der Flüssigkeitslamelle von der Vorder- und Hinterfläche derselben herrührt, so würde sich daraus eine Oberflächenspannung $\alpha = 3{,}014^{mgr}$ per Millimeter für die angewandte Glycerinflüssigkeit ergeben.

Aehnliche Messungen hat der Verfasser auch an der Catenoide angestellt: Ein Eisendraht von $0{,}6^{mm}$ Dicke bildete einen Ring von $53{,}3^{mm}$ Durchmesser und wurde von drei 25^{mm} langen Füssen aus $0{,}25^{mm}$ dickem Eisendraht getragen. Der ebenen horizontalen Flüssigkeitslamelle dieses Ringes wurde eine ähnliche in einem grösseren Ring ausgespannte Lamelle, bis zur Berührung genähert. Beim Heben des grösseren Ringes wird dann der kleinere von der Flüssigkeitslamelle mit in die Höhe gehoben, ein Versuch der wohl schon mehrfach seit dem Bekanntwerden des PLATEAU'schen Aufsatzes angestellt worden ist. Der Verfasser benutzt ihn aber um aus dem von der Flüssigkeitslamelle getragenen Gewicht P die Spannung der Flüssigkeitslamelle abzuleiten. Nennt man α die Spannung einer Fläche, r den Radius des unteren Ringes, φ den Winkel, den die Tangente im tiefsten Punkte der Meridiancurve der Catenoide mit der Verticalen bildet, so ist

$$2\pi r \cdot 2\alpha . \cos\varphi = P, \qquad \alpha = \frac{P}{4\pi r . \cos\varphi}.$$

Das grösste Gewicht $\overline{P}$, welches die Flüssigkeitslamelle tragen kann, wird für $\varphi = 0$ beobachtet werden, und man hat dies Gewicht in Milligrammen nur durch die in Millimetern gemessene Peripherie des Ringes zu dividiren um die Spannung 2α der Flüssigkeitslamelle zu erhalten.

Der Verfasser bestimmte das Gewicht $\overline{P}$, indem er die ebene Lamelle des unteren Ringes sprengte, und so lange Sand auf ein zwischen den 3 Füssen dieses Ringes befestigtes Papierblatt brachte, bis der untere Ring nicht mehr getragen wurde. Ring, Papierblatt und Sand geben dann das Gewicht $\overline{P}$. Als Mittel aus 10 Versuchen folgte

$\bar{P} = 1020{,}4^{\text{mgr}}$, $2r\pi = 167{,}45^{\text{mm}}$, $2\alpha = 6{,}093^{\text{mmgr}}$, welcher Werth mit dem oben für dieselbe Glycerinflüssigkeit gefundenen sehr gut übereinstimmt. *Q.*

A. Dupré. Travail et forces moléculaires ... Force de contraction des surfaces liquides. Ann. d. chim. (4) VII. 246-282†.

— — Mésure des forces de réunion. Ann. d. chim. (4) VII. 406-428†.

— — Réflexions générales. Lois des attractions moléculaires. Phénomènes. Ann. d. chim. (4) IX. 328-384†.

Der Verfasser hat eine Reihe von Aufsätzen über mechanische Wärmetheorie veröffentlicht. Die in demselben beschriebenen Versuche sind von ihm und seinem Sohne P. Dupré gemeinschaftlich angestellt worden. Ein Theil derselben beschäftigt sich auch mit Capillarität indem mit Hülfe der mechanischen Wärmetheorie eine Reihe übrigens grösstentheils bekannter Sätze abgeleitet werden.

Wenn die Oberfläche einer Flüssigkeit ohne Erschütterungen um eine bestimmte Grösse zu- oder abnimmt, so ist die verbrauchte oder geleistete Arbeit immer gleich der Vereinigungskraft F der betreffenden Flüssigkeit multiplicirt mit der Oberflächenänderung. Die Arbeit wird in Millimetern und Milligrammen gemessen. F drückt gleichzeitig die Arbeit aus, welche nöthig ist um zwei Flächen der Substanz von der Grösse eines Quadratmillimeters von einander zu trennen.

Ferner ergiebt sich, dass in der Oberfläche einer Flüssigkeit eine Spannung stattfindet, die die Oberfläche so klein wie möglich zu machen strebt, dass der capillare Druck in der Richtung der Flüssigkeitsnormalen proportional der Summe der umgekehrten Krümmungsradien der Oberfläche ist, ein schon von Th. Young (lect. II. 658) gegebener Ausdruck für den Cosinus des Randwinkels u. s. w.

In Betreff der theoretischen Betrachtungen, gegen welche sich wohl manches einwenden liesse, verweisen wir auf die Originalabhandlung. Von den Versuchen mögen die folgenden, obwohl auch zum Theil bekannt, hier erwähnt werden.

Um die Oberflächenspannung von Flüssigkeiten zu zeigen, giesst man Wasser auf eine horizontale Unterlage, legt eine zu $\frac{2}{3}$ benetzte Karte herauf, und beobachtet dann, wie dieselbe ganz auf die Wasseroberfläche heraufgezogen wird, sobald man sie loslässt.

Ein viereckiger flacher Metallkasten hat drei feste Wände und eine vierte bewegliche. Die letztere dreht sich um ihre horizontale Basis, auf der sie einfach frei ruht, und ist nach Aussen geklappt, so dass sie etwa einen Winkel von 45° mit dem Horizonte bildet. Ein passend angebrachter Faden hält sie in dieser Lage fest. Giesst man eine benetzende Flüssigkeit in den Kasten, und brennt den Faden ab, so wird die bewegliche Wand aufgerichtet und so weit wie möglich nach der Flüssigkeit hingezogen.

Auf der unteren Seite einer verticalen Metallplatte befindet sich ein rechteckförmiger Ausschnitt. Legt man auf die Metallplatte eine andere sehr leichte Platte von grösserer Breite als der Ausschnitt, und benetzt beide Platten mit Seifenwasser, so zieht die Flüssigkeitslamelle im oberen Theil des Ausschnitts die leichte Platte in die Höhe. Die Platte fällt herab, sobald man die Flüssigkeitslamelle sprengt. Statt der leichten Platte kann man auch einen Faden benutzen, diesen an der einen Seite des Ausschnitts der grösseren Platte festknüpfen und das andere bewegliche Ende auf einen kreisförmigen Draht schieben, der die andere Seite des Ausschnitts vertritt.

Diese Versuche zeigen alle das Bestreben der capillaren Oberfläche möglichst klein zu werden oder die Spannung der Flüssigkeitsoberfläche. Um diese Spannung zu messen, benutzt der Verfasser verschiedene Methoden.

Auf der oberen Platte einer Tralles'schen Senkwage wird ein flaches Gefäss mit einer Flüssigkeit angebracht, und die Aräometerspindel mit so viel Gewichten belastet, dass sie bis zur Marke einsinkt. Taucht man jetzt einen horizontalen Ring in die Flüssigkeit auf der oberen Platte der Senkwage eben ein, so steigt dieselbe an beiden Seiten des Ringes in die Höhe. Die Gewichte, welche man auflegen muss um den alten Stand der Aräometerspindel herbeizuführen geben das Gewicht des gehobenen Flüssigkeitsmeniskus, oder mit der ganzen (inneren +

äusseren) Peripherie des Ringes dividirt die Spannung der Flüssigkeitsoberfläche.

Statt den Ring in ein Gefäss mit Flüssigkeit auf der oberen Platte der Senkwage zu tauchen, kann man ihn auch am unteren Theil des Rahmens der Senkwage aufhängen, und in eine feste Schale mit Flüssigkeit tauchen. Natürlich muss dann die Belastung des Aräometers um das Gewicht des gehobenen Flüssigkeitsmeniskus verkleinert werden.

Diese Methode ist schon von G. Hagen (Abh. d. Berl. Ak. 28. Mai 1846. p. 12), freilich mit einer gewöhnlichen Hebelwage, benutzt worden, sowie von Waterston (Berl. Ber. 1858. p. 39) welcher auch theoretische Betrachtungen angestellt hat, die denen des Verfassers sehr ähnlich sind.

Mit den beschriebenen Methoden fand der Verfasser die Vereinigungskraft F oder die von uns in diesen Berichten mit α bezeichnete Capillaritätsconstante (vgl. Berl. Ber. 1863. p. 68-74) für Wasser bei 12,5° C. = 7,01^{mgr} per Millimeter. Durch Zusatz von $\frac{2}{10000}$ Gewichtstheilen Seife sank dieser Werth auf 3,67^{mmgr}, durch Zusatz von $\frac{18}{10000}$ Theilen auf 2,717^{mmgr}. Für käuflichen Schwefelkohlenstoff war α = 3,62^{mmgr}.

Ferner wurde mit einem Manometerapparate, der dem zuerst von Plateau angegebenen (Berl. Ber. 1861. p. 115) sehr ähnlich war, der Druck p gemessen, den eine hohle Seifenblase vom Durchmesser $2r$ auf die in ihr befindliche Luft ausübt und der der Theorie nach bekanntlich $= \frac{8\alpha}{2r}$ ist. Die Versuche ergaben bei einer Glycerinflüssigkeit α = 2,40^{mmgr}, während nach dem ersten Verfahren α = 2,68^{mmgr} gefunden worden war. Eine grössere Uebereinstimmung beider Methoden liess sich erreichen, als man die Seifenblasen am umgebogenen verticalen Ende eines calibrirten gegen den Horizont geneigten Manometerschenkels entstehen liess und das Luftvolumen mass, welches beim Steigen der Sperrflüssigkeit (Alkohol) im Manometerrohr aus diesem in die Seifenblase übergetreten war. Das Steigen des Alkohols wurde durch allmähliges Einsenken eines Schwimmers in ein grösseres Gefäss bewirkt, das mit dem geneigten Manometerschenkel communicirte. — Bei einem dritten Apparat bestand der enge Schenkel des Alkoholmanometers, der mit einem weiten Gefäss durch einen Hahn verbunden war, aus drei Theilen: einem weiteren und einem engeren gegen den Horizont geneigten Glasrohr, und einem an das letztere angesetzten Kautschucksack. Das weitere Glasrohr bildete den eigentlichen Manometerschenkel; das engere war calibrirt und der Bodentheil des mit Quecksilber gefüllten Kautschucksacks. Die Blasen der betreffenden Flüssigkeit wurden an einem zwischen dem engeren und weiteren Glasrohr befindlichen Zwischenstück erzeugt, indem man durch allmählige Compression des Kautschuckschlauches das Quecksilber in das engere Glasrohr, und die Luft aus diesem in die Seifenblase drängte. Das Volumen oder der Durchmesser der letzteren ergiebt sich aus dem Volumen des Quecksilbers welches in das calibrirte Glasrohr eingetreten ist. Der Druck, an Wasserblasen von 3,5^{mm} bis 2,5^{mm} Durchmesser beobachtet, stimmte mit demjenigen bis auf $\frac{1}{30}$ überein, der durch Rechnung aus den Versuchen der ersteren Methode gefunden war.

Mit denselben Manometerapparaten wurde auch der Druck im Innern einer Luftblase gemessen, wenn diese an der oberen oder unteren Oeffnung eines verticalen Rohres im Innern einer Flüssigkeit entstand. Für Wasser stimmten berechnete und beobachtete Werthe bis auf $\frac{1}{30}$ mit einander überein. Aehnliche Versuche hat übrigens schon SIMON (Berl. Ber. 1850-51. p. 26) angestellt.

Theoretische Betrachtungen führten den Verfasser zu dem, übrigens schon von LAPLACE ausgesprochenen Gesetz, dass bei demselben Körper die Capillarconstanten unter verschiedenen Umständen proportional dem Quadrate des specifischen Gewichtes wären. Die Vereinigungskräfte (Capillarconstanten) der einfachen Körper sollen auf die Einheit des specifischen Gewichts reducirt, umgekehrt proportional den chemischen Aequivalenten sein. Es würde also diese vom Verfasser mit f bezeichnete Grösse $= \frac{\alpha}{\Delta^2}$ sein, wo α die Capillarconstante, Δ das specifische Gewicht der betreffenden Substanz bedeutet. Die Vereinigungskräfte der zusammengesetzten Körper sollen umgekehrt proportional ihren Aequivalenten sein; die Vereinigungskräfte zweier einfacher Körper gleich der Vereinigungskraft des Wasserstoffs multiplicirt mit der Summe der Aequivalente und dividirt durch ihr doppeltes Product. Der Verfasser nennt das Aequivalent einer chemischen Verbindung $A^a B^b C^c$, die also aus respective a, b, c Aequivalenten der Stoffe A, B, C besteht die Grösse

$$\frac{Aa + Bb + Cc}{a + b + c} = \frac{\Sigma Aa}{\Sigma a}$$

und es soll nun sein

$$f = \frac{\alpha}{\Delta^2} = 26{,}69 \frac{\Sigma a}{\Sigma Aa} = f_H \frac{\Sigma a}{\Sigma Aa},$$

indem die auf die Einheit des specifischen Gewichts reducirte Vereinigungskraft des Wassers $= f_H$ gesetzt wird. Um diese Gesetze mit der Erfahrung vergleichen zu können, giebt der Verfasser die folgende Tabelle, die wir hier abdrucken, da sie die von dem Verfasser mit den verschiedenen Methoden gefundenen Werthe von α enthält. Der untere Index 0 bedeutet, dass sich die betreffende Constante auf die Temperatur 0° bezieht. Es ist jedoch zu bemerken, dass mehrere Werthe der Tabelle sehr erheblich von den Angaben anderer Beobachter abweichen, z. B. für Phosphor, und dass die berechneten Grössen f für Na, K, Se durchaus nicht mit denjenigen stimmen, die sich aus den Angaben anderer Beobachter für α berechnen lassen.

Tabelle I.

Substanz	Formel	Aequival.	Δ_0	α_0 mmgr	f	f ber.
Lithium	Li	7	0,59	—	—	3,81
Schwefel bei 128°	S	16	1,80	4,5	1,4	1,67
Natrium	Na	23	—	—	—	1,16
Phosphor bei 46°	P	10,0?	1,75	8,407	2,745	2,67
Kalium	K	39	—	—	—	0,684
Selen	Se	40	—	—	—	0,667
Brom	Br	80	3,187	3,785	0,37	0,334
Quecksilber	Hg	100	13,596	49,17	0,266	0,267
Benzin	$\frac{C^2H}{3}$	4,33	0,897	3,154	3,920	3,920
Terpenthinöl	$\frac{C^5H^4}{9}$	3,78	0,876	2,910	3,792	3,792
Wasser	$\frac{HO}{2}$	4,5	1	7,5	7,5	7,5
Alkohol	$\frac{C^2H^3O}{6}$	3,83	0,815	2,471	3,719	3,719

Substanz	Formel	Aequival.	$\varDelta_0$	α_0 mmgr	f	f ber.
Aether	$\frac{C^4H^5O}{10}$	3,7	0,726	1,883	3,570	3,633
Amyl-Alkohol	$\frac{C^5H^6O}{12}$	3,667	0,827	2,583	3,776	3,610
Essigäther	$\frac{C^2H^2O}{5}$	4,4	0,896	2,586	3,221	3,352
Chlorkohlenstoff	$\frac{C.Cl^2}{3}$	25,7	1,619	2,980	1,137	1,104
Chloroform	$\frac{C^2HCl^3}{6}$	19,92	1,521	2,960	1,279	1,263
Flüssigkeit der Holländer	$\frac{C^2H^5Cl}{5}$	9,9	1,268	3,480	2,164	2,190
Schwefelkohlenstoff	$\frac{CS^2}{3}$	12,7	1,293	3,570	2,135	2,107
Einfach Chlorschwefel	$\frac{S^2Cl}{3}$	22,5	1,628	4,747	1,791	—
Chlorphosphor	$\frac{PCl^3}{4}$	22,9?	1,616	3,042	1,19	1,165
Bromwasserstoffäther	$\frac{C^4H^5Br}{10}$	10,9	1,473	2,420	1,115	—

Lässt man verschiedene Flüssigkeiten aus demselben verticalen Rohr tropfen, so soll

$$f\sqrt[3]{\left[\frac{\varDelta^5}{Q^2}\right]} = N$$

sein, wo N eine Constante, Q das Tropfengewicht und die übrigen Grössen dasselbe wie früher bezeichnen.

Bei verschiedenen Temperaturen sollen die Tropfengewichte derselben Flüssigkeit proportional den Quadratwurzeln aus der der fünften Potenz Dichtigkeiten sein.

Die Verfasser haben aus dem verticalen Schenkel eines Heberrohrs von 2,413^{mm} und 2,921^{mm} Durchmesser Tropfen verschiedener Flüssigkeiten abfallen lassen. Die folgende Tabelle giebt die Gewichte Q und $Q_{\prime}$ für diese Röhren. Durch Interpolation wurden daraus die Tropfengewichte $Q_{\prime\prime}$ für einen anderen Röhrendurchmesser $d_{\prime\prime}$, und dadurch der Werth der Constante N für diesen Durchmesser $d_{\prime\prime}$ gefunden, der in der letzten Spalte enthalten ist. Der Werth von f wurde der Tabelle I. entnommen.

Tabelle II.

Substanz	$d = 2{,}413^{mm}$ Q	$d_1 = 2{,}921^{mm}$ Q_1	N
Essigäther	13,55	14,90	0,4425
Benzin	17,10	18,47	0,4461
Flüssigkeit der Holländer	18,10	19,50	0,4431
Alkohol	12,80	14,30	0,4407
Aether	9,75	10,60	0,4351
Chlorkohlenstoff . . .	14,75	16,35	0,4318
Terpenthinöl	15,30	16,85	0,4444
Schwefelkohlenstoff . .	18,67	20,30	0,4348
Chloroform	15,52	16,95	0,4093

Temperatur 20 bis 28° C.

Aehnliches ergab sich bei Tropfen, die von einem Messingkegel abfielen, dessen Winkel an der Spitze 12° 29′ oder 19° 51′ betrug.

In einer horizontalen polirten Stahlplatte mündete der engere Schenkel einer communicirenden mit Quecksilber gefüllten Röhre. Durch Schliessen eines Hahnes und Drehen einer Schraube konnte man kleine Quecksilbertropfen verschiedener Grösse aus der Oeffnung austreten lassen, und den von ihnen ausgeübten Druck an dem Quecksilberstande im weiteren Schenkel bestimmen. Nach einem bekannten, von Th. Young herrührenden Theorem, dem Bertrand eine etwas andere Form gegeben hat, ist das Volumen des Tropfens gleich einem Cylinder von gleicher Basis wie der Tropfen, und einer Höhe, die bis zum Niveau des Quecksilbers im weiteren Schenkel reicht. Die Beobachtungen bei Tropfen von $0{,}72^{mm}$ bis $2{,}26^{mm}$ Durchmesser ergaben $f = 0{,}2$ bis $0{,}25$, oder Werthe der Capillarconstante $\alpha = 36{,}98^{mmgr}$ bis $46{,}23^{mmgr}$. Dabei ist freilich die Form der kleinen Tropfen als ein Kugelabschnitt angenommen, was nach den Beobactungen des Berichterstatters nicht mit der Wirklichkeit übereinstimmt. Unter derselben Annahme liess sich der Randwinkel von Quecksilber gegen Stahl berechnen, da der Durchmesser des Tropfens und seiner Basis gemessen war. Er schwankte bei den verschiedenen Tropfen zwischen 37° 6′ und 51°.

Für eine Reihe von Flüssigkeiten wurde auch die Steighöhe in Glasröhren von 0,74 und $0{,}368^{mm}$ mittlerem (?) Radius gemessen und stimmte dieselbe nahezu mit derjenigen überein, die sich aus den Bestimmungen der ersten (Araeometer) Methode berechnen liess. *Q.*

DELEUIL. Expériences de capillarité. Mondes XII. 302-303†.
DUPRÉ. Réclamation. Mondes XII. 369-369†.

Die von DELEUIL ausgeführten Apparate zur Demonstration der Oberflächenspannung der Flüssigkeiten finden sich oben p. 62 beschrieben. *Q.*

R. FELICI. Cenni di alcune esperienze sulle superficie di capillaritá. Cimento XXIII-XXIV. 151-168†.

Der Verfasser hat mittelst eines für photographische Zwecke construirten Vergrösserungsapparates das Profil der capillaren Flüssigkeitsoberfläche neben einer verticalen ebenen Glasplatte oder der Aussenfläche einer verticalen cylindrischen Glasröhre auf einen Schirm projicirt und nachgezeichnet. In Betreff der Orientirung von Projectionsapparat und Stellung des Gefässes verweisen wir auf die Originalabhandlung. Die von dem Brennpunkt einer Sammellinse ausgehenden Strahlen bilden einen die capillare Oberfläche berührenden Strahlenkegel, so dass das auf dem Schirm sichtbare Bild die conische Projection der Berührungslinie dieses Strahlenkegels mit der Flüssigkeitsoberfläche ist, während die Theorie den Durchschnitt der Flüssigkeitsoberfläche mit einer zur Glaswand senkrechten Ebene ergiebt, welcher mit jener Projection nicht genau übereinstimmt. Es war deshalb namentlich bei den Beobachtungen an der 15^{mm} breiten ebenen Glasplatte eine Correction erforderlich. Um diese zu bestimmen, wurde der capillaren Oberfläche eine schräge bewegliche Metallspitze genähert, deren Bild das Profil der Oberfläche auf dem Schirm berühren musste in demselben Augenblicke, in welchem die Spitze selbst die Flüssigkeit berührte. Entsprach die Erscheinung auf dem Schirm nicht der Wirklichkeit, so trat im Bilde die Berührung früher ein; aus der Anzahl Schraubenumdrehungen die die wirkliche Berührung der Spitze herbeiführten, ergab sich die Correction.

Die Gestalt der Flüssigkeitsoberfläche ist für eine ebene

Platte (vgl. HAGEN Berl. Ber. 1845. p. 20) durch die Gleichung gegeben

$$x = -\frac{a}{\sqrt{2}} \log \operatorname{tang} \frac{\varphi}{2} - \sqrt{2}a . \cos\varphi + c,$$

wo

$$\sin\varphi = \frac{z}{a\sqrt{2}}$$

und x die horizontalen, z die verticalen Ordinaten bezeichnet. Der Verfasser fand eine hinreichende Uebereinstimmung zwischen Theorie und Beobachtung. *J.*

F. J. STAMKART. Sur l'influence de l'action capillaire et de la pression de l'air dans la construction et l'emploi des aréomètres. Détermination expérimentale de la quantité de liquide soulevée par l'action capillaire à la surface extérieure des tubes. Versl. en Mededeel. (2) I. 1866; Arch. Neerl. I. 355-373†.

In dem ersten Theile dieser Mittheilung wird der Einfluss des capillar gehobenen Meniskus auf die Angaben eines Aräometers besprochen, welcher bekanntlich um so grösser ist, je grösser der Durchmesser des oberer Aräometerrohres und je grösser der Unterschied der Capillarconstanten der betreffenden Flüssigkeiten und des Wassers.

Im zweiten Theile benutzt der Verfasser ein Verfahren, welches dem schon früher von WILHELMY (Berl. Ber. 1863. p 60) angewandten sehr ähnlich ist, um das Gewicht des capillar gehobenen Flüssigkeitsmeniskus mittelst Wägung zu finden, und daraus die Capillarconstante α, das Gewicht der per Millimeter Peripherie gehobenen Flüssigkeitsmenge abzuleiten. Eigenthümlich ist nur die Bestimmung des Volumens der eingetauchten mit etwas Quecksilber belasteten und an beiden Seiten zugeschmolzenen cylindrischen Glasröhren, welches dadurch erhalten wird, dass man sie bald mit dem einen, bald mit dem anderen Ende in die betreffende Flüssigkeit bis zu einem Punkte eintauchen lässt, der an einer im Innern der Glasröhre angebrachten Scala abgelesen wird. Für beide Wägungen wird die Capillarconstante ungeändert angenommen, was wohl nur angenähert der Fall sein wird, besonders bei Wasser. Die Messungen an Röhren von 15,1^{mm} bis 56,3^{mm} Peripherie schwankten für diese Flüssigkeit zwischen 4,28^{mgr} und 6,97^{mgr} und ergaben im Mittel $\alpha = 5{,}33^{mmgr}$ bei 20° C. *Q.*

Fernere Litteratur.

C. E. JULLIEN. Les affinités capillaires et les phénomènes de la trempe mis en présence. Paris 1866.

C. Lösung und Diffusion.

K. v. HAUER. Ueber die Löslichkeitsverhältnisse isomorpher Salze und ihrer Gemische. Wien. Ber. LIII. 2. p. 221-235; ERDMANN J. XCVIII. 137-151†; Z. S. f. Chem. 1866. p. 546-552; Jahrb. d. geol. Reichsanst. 1866. p. 425-429.

Nach dem Verfasser findet ein wesentlicher Unterschied statt wenn eine gesättigte Salzlösung mit einem anderen Salz in Berührung gebracht wird, ob dieses Salz dem gelösten isomorph ist oder nicht. Während nämlich eine gesättigte Lösung eines Salzes von einem diesem nicht isomorphen Salze stets eine bestimmte Menge aufzulösen im Stande ist, ist dieses bei isomorphen Salzen nicht immer der Fall. Das zweite Salz wird nur dann in nennenswerthen Mengen gelöst, wenn es leichter löslich ist als das in der Lösung enthaltene isomorphe Salz. Von zwei isomorphen Salzen kann das leichter lösliche das schwerer lösliche fast vollständig aus der Lösung verdrängen. Die Thatsache, dass ein Krystall, in der gesättigten Lösung eines isomorphen Salzes fortwachsen kann ohne von der Flüssigkeit angeätzt zu werden, zeigt deutlich, dass die Gegenwart des einen Salzes in der Flüssigkeit dieser das Vermögen, von dem andern noch etwas aufzulösen, in manchen Fällen gänzlich nehmen kann. Fast noch auffallender zeigt sich diese absolute Neutralisation der Auflöslichkeit dadurch, dass von zwei isomorphen Salzen sogar ein Krystall des leichter löslichen von beiden in der Auflösung des schwerer löslichen unmittelbar fortwachsen kann, wenn zuvor die Flüssigkeit mit einem dritten isomorphen Salze, welches löslicher als beide ist, gesättigt wird. Isomorphe Salze können sich in ihren Lösungen in einem gewissen Verhältniss ersetzen und dieses Verhältniss suchte der Verfasser zu ermitteln. Derselbe hat sowohl die Löslichkeit der einzelnen isomorphen Salze als auch die gleichzeitige Löslichkeit je zweier oder dreier derselben bestimmt, wenn das Salzgemisch mit einer unzureichenden Menge warmen Wassers in Berührung gebracht wurde und durch Abkühlung auf die gewöhnliche Temperatur gebracht war.

Die wichtigsten Resultate sind in folgender Tabelle zusammengestellt:

t^0	100 Theile Lösung enthielten an wasserfreiem Salz:			
19°	$BaNO^6$ 8,7	$PbNO^6$ 35,8	$SrNO^6$ 45,9	—
-	$(BaPb)NO^6$ 33,9	$(PbSr)NO^6$ 45,9	$(BaSr)NO^6$ 45,9	$(Ba, Sr, Pb)NO^6$ 45,9
15°	KCl 25,3	KBr 39.0	KJ 58,0	—
-	K(Cl, Br) 37,5	K(Cl, J) 57,8	K(Br, J) 57,9	K(Cl, Br, J) 57,9
18°	NaCl 26,5	NaBr 46,0	NaJ 62,9	—
-	Na(Cl, Br) 45,6	Na(Cl, J) 62,3	Na(Br, J) 63,1	Na(Cl, Br, J) 63,2
-	$MgSO^4$ 26,0	$NiSO^4$ 30,7	$ZnSO^4$ 35,3	—
-	$(Mg, Ni)SO^4$ 30,9	$(Mg, Zn)SO^4$ 35,4	$(Ni, Zn)SO^4$ 35,4	$(Mg, Ni, Zn)SO^4$ 35,6
16°	KSO^4 10,5	$AmSO^4$ 42,7	$(KAm)SO^4$ 37.7	—
14°	KNO^6 16.4	$NaNO^6$ 43,9	$(KNa)NO^6$ 52,2	—

Aus den mitgetheilten Beobachtungen ergaben sich zwei verschiedene Fälle: die Salze der ersten Gruppe vertreten sich dem absoluten Gewichte nach. Bei den Salzen der zweiten Gruppe tritt zu der gesättigten Lösung des einen Salzes, noch die in 100 Theilen der Lösung des andern Salzes enthaltene Salzmenge. Addirt man zu der gesättigten Lösung von schwefelsaurem Kali (89,5 Wasser + 10,5 KSO_4) noch 42,7 $AmSO_4$ (welche in 100 Theilen Lösung enthalten sind), so erhält man in 142,7 Theilen Lösung 53,2 Theile Salz, also in 100 Lösung 3,73, mithin fast die gefundene. Beim Salpeter löst sich dieser in der Lösung des salpetersauren Natrons. *Rdf.*

C. Eckhardt. Der gegenwärtige experimentelle Thatbestand der Lehre von der Hydrodiffusion durch thierische Membranen. Pogg. Ann. CXXVIII. 61-100†.

Vorliegende Mittheilung ist ein Auszug aus einer besonderen Schrift des Verfassers „Beiträge zur Anatomie und Physiologie". In Betreff der angestellten Versuche muss auf das Original verwiesen werden; der Verfasser bediente sich zu denselben thierischer Membranen, besonders Herzbeutel von Kalb oder Kuh; Thonscheidewände sind unbrauchbar. Die allgemeinen Ergebnisse stellt der Verfasser in folgenden Sätzen zusammen: Die Bestimmung der endosmotischen Aequivalente ist bei passender Wahl der thierischen Membranen von befriedigender Genauigkeit; die Grösse des Aequivalents ist von der Temperatur unabhängig, sie nimmt mit der Concentration der Salzlösung ab und zu, die Richtung der Diffusion (ob horizontal oder vertical) ist ohne Einfluss. Die Diffusionsgeschwindigkeit ist von der Diffusionsrichtung unabhängig, sie wächst aber mit der Zunahme der Temperatur nach dem Gesetz: $y = \alpha + \beta t + \gamma t^2$, in welchem α, β, γ Constanten, t die Temperatur und y den Salz- oder Wasserstrom bedeutet. Das endosmotische Aequivalent und die Diffusionsgeschwindigkeit sind abhängig von der Natur der Salzlösung. Die Grösse des Salzstromes ist vom Druck innerhalb ziemlich weiter Grenzen unabhängig; sehr hoher vermindert die endosmotische Strömung. *Rdf.*

DUBRUNFAUT. Note sur la diffusion et l'endosmose. C. R. LXIII. 838-840†; Monit. Scient. VIII. 1072-1073; Inst. XXXIV. 394-395; Ann. d. chim. (4) X. 145-146.

TH. GRAHAM. Sur l'endosmose et dialyse. C. R. LXIII. 937-939†; Inst. XXXIV. 402-403.

Hr. DUBRUNFAUT reklamirt die Priorität der Entdeckung der Dialyse, indem er schon 1844 ein darauf sich stützendes Verfahren zur Trennung von Salzen aus Melasse angewandt habe. Hr. GRAHAM antwortet auf diese Note. *Rdf.*

DUBRUNFAUT. Observations sur l'endosmose et dialyse. Mondes XII. 626; C. R. LXIII. 994-998†.

Die Abhandlung enthält einige Erörterungen gegen Herrn GRAHAM, welche die Eigenthümlichkeit von dessen Diffusionsmethode bestreiten. *Sch.*

G. GORE. Das Lösungsvermögen des Schwefelkohlenstoffs. Phil. Mag. (4) XXX. 414; ERDMANN J. XCVIII. 238†.

Der Verfasser fügt den im Schwefelkohlenstoff als löslich bekannten Körpern Phosphor, Schwefel, Jod, Selen, Brom noch hinzu die Chloride, Bromide und Jodide von Phosphor, Arsen, Antimon, Schwefel und Selen, Wasserstoffsupersulfid, Titan- und Zinnchlorid. *Rdf.*

R. WARRINGTON. Ueber die Löslichkeit des phosphorsauren und kohlensauren Kalkes. Z. S. f. Chem. 1866. p. 577-579†; Chem. Soc. J. (2) IV. 296-318†; Bull. Soc. Chim. (2) VI. 32.

1 Th. basisch phosphorsaurer Kalk erfordert bei 7° 89448 Th. reines und 1788 Theile mit Kohlensäure gesättigtes Wasser. 1 Theil kohlensaurer Kalk löst sich in 1015 Theilen mit Kohlensäure gesättigten Wassers. *Rdf.*

BLONDLOT. Sur la cristallisation du phosphore. C. R. LXIII. 397-399; Mondes (2) XII. 43-44; Inst. 1865. p. 273-294; Z. S. f. Chem. 1866. p. 637.

Da die bis jetzt eingeschlagenen Methoden den Phosphor krystallisirt zu erhalten durch Lösung in Schwefelkohlenstoff und Schmelzung keine genügenden Resultate geben, versuchte der Verfasser durch Sublimation ausgebildete Krystalle zu erhalten, indem er den Phosphor in ein Glasgefäss einschmolz; der Phosphor absorbirte den Sauerstoff und wurde dann erwärmt, wodurch baumförmige Sublimationen erhalten wurden. *Sch.*

J. REGNAULT. Sur les changements inverses de volume consécutifs à la formation des sels ammoniacaux et des sels alcalins au sein de l'eau. C. R. LXIII. 1124-1128; Arch. sc. phys. XXVIII. 69-75†.

Die Arbeit enthält Untersuchungen über die Ursache der Volumveränderungen der wässrigen Lösung der Basen bei ihrer Verbindung mit aufgelösten Säuren. Es wurden Lösungen von Ammoniak, Kali, Natron und zwar Aequivalente in 100^{cc} Flüssigkeit mit verschiedenen Säuren gemischt um neutrale Salze zu erhalten. Bei dem Mischen der Ammoniaklösung mit Säuren wurde eine Contraction, in den übrigen Fällen eine Volumvergrösserung beobachtet und zwar bei allen angewandten Säuren. Auch Nicotin und Aethylamin verlieren beim Sättigen mit Säuren an Volum, während alle Hydrat bildenden Metalloxyde sich wie Kali und Natron verhalten. *Sch.*

PAYEN. Sur la porosité du caoutschouc et de la gutta-percha. Inst. 1866. p. 312; C. R. LXIII. 532-537†; Mondes (2) XII. 217; Chem. C. Bl. 1867. p. 93.

GRAHAM hatte dem Kautschuk, da er für die Gase undurchdringlich ist, alle Porosität abgesprochen; jedoch schon die Untersuchung mit dem Mikroskop liess kleine Hohlräume erkennen, in denen beim vulcanisirten Kautschuk Schwefel abgelagert ist. Auch Capillaritätsversuche bewiesen dasselbe, da dünne Stückchen Kautschuk in Wasser getaucht stets ihr Gewicht vermehrten, indem sie zugleich undurchsichtig wurden. Auch Gutta-Perchastreifen zeigten eine poröse Structur. *Sch.*

LE ROUX. Sur une propriété du caoutchouc. Inst. XXXIV. 377; C. R. LXIII 917-918†.

Kautschuk, welcher längere Zeit in Wasser liegt, nimmt Wasser auf, indem zugleich sein specifisches Gewicht abnimmt, woraus der Verfasser auf die Porosität des Kautschuk schliesst. *Sch.*

LIONNET. Ueber die natürliche und künstliche Bildung von krystallisirtem Kohlenstoff. C. R. LXIII. 213; ERDMANN J. XCIX. 62-63; DINGLER J. CLXXXII. 349-350†.

Nimmt man einen langen und dünnen Gold- oder Platinstreifen, rollt ihn mit einem eben solchen von Zinn zusammen und taucht beide in ein Bad von Schwefelkohlenstoff, so verbindet sich der Schwefel mit dem Zinn und am Platin scheidet sich der Kohlenstoff krystallisirt aus. *Sch.*

E. FRÉMY. Sur un mode général de cristallisation des composés insolubles. C. R. LXIII. 714-717; Mondes XII. 392-393; Z. S. f. Chem. 1866. p. 733-734; Chem. C. Bl. 1867. p. 140-141.

Ein grosser Theil unlöslicher Verbindungen kann dadurch krystallisirt entstanden sein, dass zwei Körper sehr langsam in doppelte Zersetzung eingetreten sind. Diese Art der Krystallisation lässt sich auch künstlich einleiten, indem man die beiden Flüssigkeiten, die durch doppelte Zersetzung die unlösliche Verbindung geben, durch eine poröse Scheidewand hindurch langsam zu einander treten lässt. So wurden schwefelsaurer Baryt, schwefelsaurer Strontian, oxalsaurer Kalk etc. krystallisirt erhalten. Auch kieselsaure Alkalien wurden in das poröse Gefäss gebracht und der langsamen Wirkung verschiedener Säuren ausgesetzt: es bildeten sich zwar krystallinische weisse Massen, die das Glas ritzten, jedoch löslich in Alkalien waren, und neben Kieselsäure immer noch Alkali und Wasser enthielten. *Sch.*

MONIER. Note sur l'oxalate de chaux cristallisé. Inst. XXXIV. 393; C. R. LXIII. 1015†.

Man erhält Krystalle von oxalsaurem Kalk, indem man eine Lösung von Oxalsäure auf eine viel dichtere Kalklösung giesst, auch phosphorsaure Ammoniak-Magnesia kann man in ähnlicher Weise erhalten. *Sch.*

WETHERILL. Ueber Krystallisation von Schwefel. Chem. C. Bl. 1866. p. 479-480†; SILLIMAN J. (2) XL. 338.

Alkohol der mit Schwefelwasserstoff und Ammoniak gesättigt war, setzte nach einiger Zeit perlmutterglänzende Krystalle ab, während die Lösung braunroth geworden war. Die Krystalle erwiesen sich als unterschwefligsaures Ammoniak und in der davon abgegossenen Flüssigkeit entstanden Krystalle von prismatischem Schwefel; rhombischer Schwefel setzte sich erst nach einigen Tagen auf dem prismatischen, der inzwischen rissig geworden war, ab. *Sch.*

FR. STOLBA. Ueber die Anwendung gesättigter wässriger Lösungen zur Bestimmung der Dichte der ihnen entsprechenden löslichen Körper. ERDMANN J. XCVII. 503-510†.

Der Verfasser benutzt zur Bestimmung des specifischen Gewichtes der im Wasser löslichen Substanzen die gesättigten Lösungen der betreffenden Salze und findet mit den auf andere Weise ermittelten Werthen hinreichende Uebereinstimmung.

Rdf.

THOMAS. Crystallization at various temperatures. Inst. Obs. IX. 320-320†.

THOMAS liess das Doppelsalz $MgOSO^3 + ZnOSO^3$ bei verschiedenen Temperaturen krystallisiren und erhielt bei 35° eigenthümlich gestaltete kreuzförmige Krystalle, bei höherer Temperatur wurden die Formen jedoch undeutlich. Dasselbe erhielt er mit schwefelsaurem Kupferoxyd und schwefelsaurer Magnesia.

Sch.

STOLBA. Sur la crystallisation de quelques métaux. Bull. Soc. Chim. (2) VIII. 109-110†; ERDMANN J. XCVI. 178.

Die leicht schmelzbaren Metalle wurden in gewöhnlicher Weise zum Krystallisiren gebracht, doch waren meistentheils die Formen nicht deutlich ausgebildet. So wurde das Zinn in viereckigen Täfelchen erhalten, Zink prismatisch oder pyramidal, leicht spaltbar nach der hexagonalen Pyramide, Wismuth in gewöhnlicher Form, nur bisweilen in dreieckigen biegsamen Täfelchen und Blei in Octaedern. *Sch.*

B. DE CHANCOURTOIS. Sur la production naturelle et artificielle du diamant. C. R. LXIII. 22-25; Chem. C. Bl. 1866. p. 1037-1038†.

Der Verfasser glaubt, dass ebenso wie krystallinischer Schwefel bei unvollständiger Verbrennung des Schwefelwasserstoffs in

Vulcanen abgeschieden wird, der Diamant in ähnlicher Weise durch Verbrennung von Kohlenwasserstoffen entstehen könne. Auch durch Galvanismus wurde schon früher von LIONNET (vergl. oben p. 75) der Kohlenstoff krystallinisch abgeschieden, indem er Platin und Zinnblech in Schwefelkohlenstoff stellte.

Sch.

D. GERNEZ. Sur les phénomènes dits de surfusion. Monit. Scient. VIII 738, Z. S. f Chem. 1866. p. 107-109†; C. R. LXI. 847.

Die angeführten Versuche wurden zur Widerlegung JEANNEL's angestellt, der behauptet, dass die Krystallisation übersättigter Lösungen unabhängig vom Staube der Luft sei. Eine übersättigte Lösung krystallisirt nicht, wenn sie mit einer Lösung desselben Salzes übergossen wird. Dies tritt erst dann ein, wenn durch Auskrystallisiren eine Spur festen Salzes entsteht. Ein Einfluss der Gefässoberfläche wurde nicht beobachtet, dagegen bringt eine starke Temperaturverminderung alle übersättigten Lösungen zur Krystallisation. (Vergl. Berl. Ber. 1865. p. 125.)

Sch.

D. GERNEZ. Sur le dégagement des gaz de leurs solutions sursaturées. C. R. LXIII. 883-886†; Inst. 1866. p. 370; Z. S. f. Chem. 1866. p 716-717; Phil. Mag. (4) XXXIII. 479.

Die Gasentwickelung, welche beim Eintauchen fester Körper in die Lösungen von Gasen eintritt, wird durch die an den festen Körpern haftende Luftschicht bewirkt. Nimmt man den festen Körpern diese durch längeres Eintauchen in Wasser, so sind sie auf Gaslösungen ohne Wirkung. *Rdf.*

F. LINDIG. Ueber das Verhalten von Glaubersalzlösungen bei Temperaturerniedrigung. POGG. Ann. CXXVIII. 157-159†; Chem. C. Bl. 1866. p. 784; Phil. Mag. (4) XXXII. 235.

H. SCHIFF. Ueber sogenannte übersättigte Salzlösungen. POGG. Ann. CXXIX. 292-300†.

LINDIG. Erwiderung auf vorstehende Mittheilung. POGG. Ann. CXXX. 144-146†.

LINDIG hat beobachtet, dass eine Glaubersalzlösung beim Abkühlen nur so lange ihr Volumen verringert als keine Krystallausscheidung erfolgt, tritt diese aber ein, so dehnt sich bei fernerem Abkühlen die Lösung aus. SCHIFF macht darauf aufmerksam, dass das Auffallende der Ausdehnung verschwindet, wenn man bedenkt, dass man es mit einer Lösung in der sich fortwährend Krystalle ausscheiden zu thun haben. LINDIG erwidert dass diese Erscheinung nicht bei allen Salzlösungen unter ähnlichen Umständen eintrete. *Rdf.*

D. GERNEZ. Séparation des tartrates gauches et des tartrates droits, à l'aide de solutions sursaturées. C. R. LXIII. 843-843; Inst. 1866. p. 362-362; Mondes (2) XII. 494; Z. S. f. Chem. 1866. p. 754†.

Eine übersättigte Lösung von linksweinsaurem Natron-Ammoniak krystallisirt nicht in Berührung mit einem Krystall des rechtsweinsauren Salzes und ebenso scheidet die übersättigte Lösung des rechtsweinsauren Salzes auf Zusatz von linksweinsaurem keine Krystalle ab. Fügt man zu der übersättigten Lösung von traubensaurem Natron-Ammoniak einen Krystall des rechts- oder linksweinsauren Salzes, so scheidet sich nur das betreffende Salz aus. *Rdf.*

D. GERNEZ. Sur les phénomènes dits de surfusion. C. R. LXIII. 217†; Inst. 1866. p. 242; ERDMANN J. XCIX. 59; Z. S. f. Chem. 1866. p. 543.

Der Verfasser macht auf die Analogie zwischen den übersättigten Lösungen und überschmolzenen Substanzen aufmerksam. *Rdf.*

JEANNEL. Sur les moyens d'utiliser les phénomènes de sursaturation. Monit. Scient. VIII. 967-968; DINGLER J. CLXXXII. 473-473; C. R. LXIII. 606-608; Chem. C. Bl. 1867. p. 175-175†.

Nach dem Verfasser lässt sich die Uebersättigung zur Reinigung der Salze benutzen. Man stellt sich von den Salzen (schwefelsaures Natron, schwefelsaure Magnesia und Zinkoxyd und kohlensaures Natron) übersättigte Lösungen dar, bringt sie durch Hineinwerfen eines Stückchens der krystallisirten Verbindung zur Krystallisation und giesst die Mutterlauge von den Krystallen ab. Auch zur Trennung einiger Salze lässt sich die Uebersättigung anwenden. In einer siedenden Lösung von 335 Theilen essigsaurem Kali in 100 Wasser lösen sich 300 Theile Alaun; beim Abkühlen der Lösung scheidet sich reines essigsaures Kali aber kein Alaun aus, welcher in übersättigter Lösung zurückbleibt.

Rdf.

CH. VIOLLETTE. Mémoire sur la sursaturation. Ann. d. l'éc. norm. III. 205-253†.

Die Arbeit behandelt fast genau denselben Gegenstand wie die gleichzeitig erschienene von GERNEZ, nur dass Hr. VIOLLETTE fast ausschliesslich das Verhalten der übersättigten Lösung des schwefelsauren Natrons untersucht. Auch alle seine Versuche, die mit den verschiedensten Körpern angestellt wurden, beweisen, dass nur ein Krystalltheilchen von $NaOSO_3 + 10$ aq. die Krystallisation zu veranlassen vermag. Zugleich finden die von GERNEZ angegebenen Temperaturgrenzen, in denen die übersättigte Lösung zu bestehen vermag, ihre Bestätigung und werden zugleich für einige andere Substanzen wie schwefelsaure Magnesia (-20 bis $+101^0$) bestimmt. Hr. VIOLLETTE macht sodann noch auf die Möglichkeit die übersättigten Lösungen in der qualitativen Analyse anzuwenden als scharfes Reagens für die betreffenden Substanzen aufmerksam, worauf auch schon Hr. GERNEZ hingewiesen hatte.

Sch.

D. GERNEZ. Recherches sur la cristallisation des solutions sursaturées. Ann. d. l'éc. norm. III. 167-205†.

Die Arbeit enthält nach einer ausführlichen historischen Einleitung die verschiedenartigsten Versuche über Krystallisation verschiedener übersättigter Lösungen. Als solche wurden namentlich Lösungen von Glaubersalz und essigsaurem Natron benutzt, die beliebig lange aufbewahrt werden konnten, wenn sie nur gegen den Zutritt der Luft geschützt waren. Alle Versuche, die mit den verschiedensten Substanzen, festen, flüssigen und gasförmigen angestellt wurden, ergaben nun, dass nur ein Krystall des betreffenden Salzes die Lösung zum Krystallisiren zu bringen vermag und dass die Luft auch nur dann und dadurch wirkt, wenn sie Theilchen des Salzes im Staube mit sich führt. Isomorphe Salze brachten die Krystallsation nur in einigen Fällen hervor. Für die erwähnten übersättigten Lösungen wurde auch die Temperatur festgestellt, bei der Krystalle derselben Substanz unwirksam wurden, dies war beim Glaubersalz bei 33° und beim essigsauren Natron bei 78° der Fall; die Temperatur der Lösung selbst so wie deren Concentration hatten im Allgemeinen keinen weiteren Einfluss, wenn dieselbe beim Glaubersalz nicht über 33° erhitzt oder unter —8° abgekühlt wird, da sich in diesen Fällen wasserfreies Salz ausscheidet. Beim essigsauren Natron sind die Temperaturgrenzen, in denen die übersättigte Lösung existiren kann —20 bis +78°. *Sch.*

BABINET. Sur un dégagement de gaz dans une circonstance remarquable. C. R. LXIII. 726-727†; Inst. 1866. p. 345-345; Z. S. f. Chem. 1866. p. 735-735.

Uebergiesst man gebrannten und gemahlenen Kaffee mit kaltem Wasser, so entwickelt sich ein dem Volum des Kaffee gleiches Volum Gas. Der Kaffee verhält sich also der Kohle ähnlich, nur wird das Gas hier von dem eindringenden Wasser ausgetrieben. *Rdf.*

Fernere Litteratur.

G. S. Melder. Ueber die Löslichkeit von Salzen in Wasser. Z. S. f. Chem. 1866. p. 258-266.

— — Ueber die Löslichkeit einiger Salze. Z. S. f. Chem. 1866. p. 479-480; Arch. Neerl. I. 82.

Jeannel. Nouvelles recherches sur les solutions salines sursaturées et critique de la pancristallie. C. R. LXII. 37-39; Monit. Scient. VIII. 104.

A. W. Hofmann. Der Graham'sche Versuch einer mechanischen Trennung der Bestandtheile der atmosphärischen Luft. Abh. d. Berl. Ak. 1866. p. 690-691.

Hoppe-Seyler. Sur les phénomènes de diffusion. Bull. Soc. Chim. (2) VI. 194-195.

D. Absorption.

Aronstein und Sirks. Ueber Diffusion der Gase durch Kautschuck. Z. S. f. Chem. 1866. p. 260-261†; Phil. Mag. (4) XXXII. 320-320; Mondes XII. 240-241; Arch. sc. phys. (2) XXVI. 143-144.

Aus den angestellten Versuchen geht hervor, dass durch eine Röhre von vulcanisirtem Kautschuk von 1,2^{mm} Wandstärke $5\frac{1}{2}$ Proc. Wasserstoff in 3 Tagen ausströmen und $1\frac{1}{2}$ Proc. Luft einströmen, durch ein Rohr von entvulcanisirtem Kautschuk ging in 12 Tagen 6,6 Proc. Wasserstoff und 1,7 Proc. Luft, durch ein Rohr von nicht vulcanisirtem Kautschuk von 1,3^{mm} Wandstärke ging in 28 Tagen 22,7 Proc. Wasserstoff in der einen gegen 5,9 Proc. Luft in der anderen Richtung. Um Kautschukröhren für Gase undurchdringlich zu machen, müssen dieselben mit einer Auflösung von Asphalt in Theer bestrichen werden.

Rdf.

R. Fresenius. Ueber das Verhalten der gebräuchlichsten Mittel zum Trocknen der Gase gegen feuchte und trockene Luft. Z. S. f. analyt. Chem. IV. 177; Chem. C. Bl. 1866. p. 202-205†.

Durch besonders angestellte Versuche hat sich der Verfasser überzeugt, dass die zum Trocknen feuchter Gase angewendeten Substanzen in ihrer Wirkung sehr verschieden sind. Die geprüften Substanzen ordnen sich in Bezug auf ihre wasseranziehende Kraft in folgender Reihe, in welcher jede folgende, jede vorhergehende übertrifft: gebrannter Kalk, entwässerter Kupfervitriol, geschmolzenes Chlorcalcium, concentrirte Schwefelsäure, Phosphorsäureanhydrit.

Leitet man feuchte Luft in langsamem Strome durch mit obigen Substanzen gefüllte Glasröhren, so findet keine Gewichtszunahme in einem zweiten mit derselben Substanz gefüllten Rohre statt, wohl aber (eine zwar geringe), wenn das zweite Rohr eine in obiger Reihe weiter nach hinten stehende Substanz enthält. *Rdf.*

TH. GRAHAM. Ueber die Absorption und dialytische Trennung der Gase durch Colloidscheidewände. POGG. Ann. CXXIX. 548-616†; C. R. LXIII. 471-473; Mondes (2) XII. 710-711. XIII. 120-121; Phil. Mag. (4) XXXII. 401-420, 503-531; Arch. sc. phys. (2) XXVII. 267-269; Proc. Roy. Soc. XV. 223-224; Inst. XXXIV, 297-297, 315-316; Monit. Scient. VIII. 939-941; ERDMANN J. XCIX. 126-126; DINGLER J. CLXXXII. 307-310; Chem. C. Bl. 1866. p. 1017-1018, 1867. p. 113-120, p. 129-140; Z. S. f. Chem. 1867. p. 139.

Der Verfasser hat das Verhalten der Gase zu Colloidsubstanzen untersucht, von denen er annimmt, dass dieselben für Gase undurchdringlich seien, dass sie aber gleich den Flüssigkeiten das Vermögen besitzen Gase unter Ueberführung in den flüssigen Zustand in sich aufzunehmen und so in Folge einer Flüssigkeitsdiffusion von denselben durchdrungen werden. Schon früher hat MITCHEL in Philadelphia entdeckt, dass Kautschukmembranen von Gasen durchdrungen werden (vgl. POGG. Ann. XXVIII. 334, 352) und GRAHAM benutzte zu seinem Versuche eben dieselbe Substanz. Der Apparat — das Diffusiometer — mit dem er experimentirte, bestand aus einem 1^{m} langen und 22^{mm} breiten Glasrohr, welches an einem Ende offen, am andern durch eine dünne Gipsplatte verschlossen war. Eine feine Kaut schukmembran war über das mit Gips verschlossene Ende gespannt, mit Draht festgebunden und mit flüssiger Guttapercha an das Glas festgekittet. Kehrt man das mit Quecksilber gefüllte Glasrohr um und stellt das offene Ende in Quecksilber, so entsteht im oberen Theil ein Vacuum, in welches allmälig die atmosphärische Luft durch die Kautschukhaut eindringt und das Quecksilber zum Sinken bringt (die Gipsplatte dient der Kautschukhaut nur als Stütze). Um das Durchdringen anderer Gase zu untersuchen wird auf das obere Ende des Apparates eine Kappe von dickem Kautschuk gekittet, welche mit zwei Glasrohren versehen ist, durch welche die Gase ein- und ausgeleitet werden können.

Mit Hülfe dieses Apparats wurden für folgende Gase die Zeiten ermittelt, in welchen gleiche Volumen derselben durch die Membran drangen. Es fanden sich diese Zeiten für

CO_2	H	O	CH_4	Luft	CO	N
1	2,47	5,32	6,33	11,85	12,20	13,58

Nimmt man die Zeiten gleich, so drückt das durchgehende Volumen eines jeden Gases die Geschwindigkeit des Durchdringens aus. Kautschuk wird in gleichen Zeiten von folgenden Gasen mit der darunter stehenden Geschwindigkeit durchdrungen:

N	CO	Luft	CH_4	O	H	CO_2
1	1,11	1,15	2,15	2,56	5,50	13,58

Diese Zahlen zeigen nicht die Beziehungen wie die Coefficienten der Gasdiffusion (vgl. Berl. Ber. 1863. p. 83), sie stellen annähernd die relative Absorption und Liquefaction der verschiedenen Gase durch die Substanz des Kautschuk dar.

Der Durchgang der Gase durch Kautschuk zeigt sich noch bei kleinen Ballons, welche mit Wasserstoff oder Kohlensäure gefüllt sind, dieselben fallen nach kurzer Zeit merklich zusammen. Füllt man dieselben mit Stickstoff, so dehnen sie sich aus da von aussen mehr Sauerstoff eindringt als Stickstoff austritt. Füllt man das oben erwähnte Diffusiometer mit Wasserstoff, so steigt das Quecksilber mit abnehmender Geschwindigkeit während mehrerer Tage bis aller Wasserstoff verschwunden und durch etwa $\frac{1}{8}$ seines Volumens atmosphärischer Luft ersetzt ist.

Bei Versuchen über den Einfluss der Temperatur auf die Durchdringlichkeit des Kautschuk fand sich eine Zunahme derselben mit der Temperatur. Durch Seidenzeug, welches auf einer Seite mit Kautschuk überzogen war, drang durch 1^{m} Oberfläche in 1 Min. bei 0^{0} $0{,}56^{cc}$ bei 14^{0} $2{,}25^{cc}$ und bei 60^{0} $6{,}63^{cc}$ Luft. Ferner constatirt der Verfasser eine Absorption der Gase durch die Substanz des Kautschuk. Dieser Stoff längere Zeit der Einwirkung von Sauerstoff ausgesetzt, hatte 6,8 Volumprocente dieses Gases absorbirt.

Setzt man einen mit Wasserstoff gefüllten Kautschukballon der Luft aus, so fällt derselbe zusammen, indem mehr Wasserstoff aus- als Luft eintritt und nach ungefähr 3 Stunden ist der Inhalt sauerstoffreicher als die atmosphärische Luft. Nach Abzug des Wasserstoffs bestand das Gasgemenge aus 41,6 Thl. Sauerstoff und 58,4 Thl. Stickstoff. Bei einem mit Kohlensäure gefüllten Ballon fand ein ähnliches Verhalten statt, das Gasgemenge erwies sich nach Entfernung der Kohlensäure durch Kali so sauerstoffreich, dass ein glimmender Span darin entflammte. Bei längerer Einwirkung der Luft auf einen solchen Ballon nimmt das ursprünglich darin enthaltene Gas mehr und mehr ab, zugleich wird aber das Verhältniss zwischen Sauerstoff und Stickstoff in der Luft gleich, indem der Sauerstoff wieder zurückfliesst. Auch bei der Dialyse der atmosphärischen Luft in das Vacuum drangen durch eine Kautschukplatte gegen 40 Proc. Sauerstoff und nur 60 Proc. Stickstoff.

Der Verfasser führte dialytische Versuche mit den verschiedensten Kautschuksorten aus. Zur Herstellung des Vacuums sowie zur Untersuchung der diffundirten Gase bediente sich derselbe einer Sprengel'schen Quecksilberluftpumpe, eines nach dem Princip des Wassertrommelgebläses construirten Apparates. Derselbe besteht aus einem $2\frac{1}{2}^{mm}$ weiten Barometerrohr, welches oben mittelst eines Kautschukstückes mit einem weiten Trichter verbunden ist. Die Kautschukverbindung lässt sich durch einen Quetschhahn verschliessen und mehr oder weniger öffnen. Unterhalb des Quetschhahns zweigt sich das Rohr seitlich ab und führt zu dem auszupumpenden Ballon oder sonstigem Behälter. Das untere Ende des Barometerrohres, welches in Quecksilber taucht, ist nach oben umgebogen und ein darüber gestürzter Glascylinder nimmt das durch das fallende Quecksilber aus dem Ballon ausgesaugte Gas auf.

Der zweite Theil der Abhandlung handelt von dem Durchgang der Gase durch Metalle in der Glühhitze wie dieselbe zuerst von Deville beobachtet wurde, und zeigt dass das Platin in der Glühhitze für Wasserstoff durchdringlicher ist als Kautschuk bei gewöhnlicher Temperatur. Es ging in der Minute per Quadratmeter durch eine Platinplatte von 1,1^{mm} Dicke bei heller Rothgluth 489,2^{cc} Wasserstoff, während durch eine Kautschukplatte von 0,014^{mm} Dicke bei 20° C. 127,2^{cc} Wasserstoff gingen. Bei Wiederholung der Versuche mit anderen Gasen ging durch dieselbe Platinplatte in der Stunde nur 0,3^{cc} atmosphär. Luft, so dass also glühendes Platin für Sauerstoff und Stickstoff kaum merklich permeabel ist: dasselbe Resultat ergab sich für Chlor, Chlorwasserstoff, Kohlensäure, Wasserdampf, Ammoniak, Kohlenoxyd, Sumpfgas, ölbildendes Gas und Schwefelwasserstoff.

Nach Graham's Ansicht geht dem Durchdringen eines Gases durch eine Colloidscheidewand eine Absorption durch die Substanz der Scheidewand voraus, und der Verfasser zeigt dass Platin und andere Metalle in der Glühhitze Wasserstoff absorbiren und beim Erkalten festhalten. Die Nachweisung dieser Thatsache geschah durch folgenden Apparat: Ein innen und aussen glasirtes Porcellanrohr, welches die zu untersuchenden Metalle enthielt, war an der einen Seite mit der Sprengel'schen Luftpumpe in Verbindung, an der anderen mit Kork verschlossen, durch welchen Glasröhren führten, welche die Füllung des Porcellanrohrs mit verschiedenen Gasen ermöglichten. Die Metalle wurden in den verschiedenen Gasen zur Rothgluth erhitzt und dem Erkalten überlassen. Nachdem durch einen Strom von Stickstoff das nicht absorbirte Gas ausgetreten war, wurde das Porcellanrohr ausgepumpt, zum Glühen erhitzt, das entweichende Gas aufgefangen und analysirt. Es zeigte sich, dass

Platin in den verschiedenen Zuständen seiner Vertheilung namhafte Mengen Wasserstoff absorbirte. Unter allen sonst untersuchten Metallen ragt Palladium besonders hervor, in Form von Blech absorbirte dasselbe bei gewöhnlicher Temperatur sein 376 faches, bei 90° sein 643 und bei 245° sein 526 faches Volumen Wasserstoff. Auch für einige Flüssigkeiten wie Wasser Alkohol, Aether zeigt Palladium ein sehr merkliches Absorptionsvermögen. Andere Metalle wie Gold, Silber, Kupfer, Eisen zeigten ebenfalls eine Absorption für Wasserstoff, wenn auch in geringem Grade. Versuche mit Antimon liessen keine Gasabsorption nachweisen. *Rdf.*

CARON. De l'absorption de l'hydrogène et de l'oxyde de carbone par le cuivre en fusion. C. R. LXIII. 1129-1131†; Inst. 1866. p 410-411; ERDMANN J. C. 197; DINGLER J. CLXXXIII. 384; Z. S. f. Chem. 1867. p. 91-91.

Kupfer wurde in einem Porcellanrohre in einem Wasserstoffstrome geschmolzen, zuerst bläht es sich auf, später wird die Oberfläche glatt und das Gas scheint nicht weiter einzuwirken. Beim Erkalten entlässt das Kupfer kurz vor dem Festwerden eine grosse Menge Gas, so dass es fast wie siedend erscheint; das erkaltete Kupfer enthält eine Menge Hohlräume und sein specifisches Gewicht ist = 7,2. Kohlenoxydgas verhält sich ebenso. Das Antimon absorbirt ebenfalls Wasserstoff, nicht aber das Silber und Zinn. *Sch.*

Fernere Litteratur.

E. REICHARDT. Ueber die Bestimmung der von festen Körpern absorbirten Gase. Chem. C. Bl. (2) XI. 753-765, ERDMANN J. XCVIII. 458-479.

E. BLUMTRITT. Ueber die Gase, welche durch Erhitzen von trocknen Körpern entfernt werden können. ERDMANN J. XCVIII. 418-458; Z. S. f. Chem. 1867. p. 53-55.

F. C. HENRICI. Ueber den Wassergehalt durchnässter Erdmassen. POGG. Ann. CXXIX. 437-443.

E. Reibung, Adhäsion.

C. J. H. Lampe. Ueber die Bewegung einer Kugel, welche in einer reibenden Flüssigkeit um einen senkrechten Durchmesser als feststehende Axe rotirend schwingt. Ein Beitrag zur Theorie der inneren Reibung der Flüssigkeiten. Programm d. städt. Gymnas. zu Danzig 1866. p. 1-32.

Der Verfasser, welcher sich gleichzeitig mit O. E. Meyer mit der Theorie der innern Reibung der Flüssigkeiten in Folge einer Preisaufgabe der Königsberger Universität vom Jahre 1857 beschäftigt hatte, giebt in dem vorliegenden Programm die mathematische Lösung des Problems: die Bewegung einer Kugel zu bestimmen, welche in einer reibenden Flüssigkeit um einen senkrechten Durchmesser als feststehende Axe rotirend schwingt.

Die Hypothese über die Reibung der Flüssigkeiten ist die auch von Meyer (s. Berl. Ber. 1860. p. 101) bei seiner Untersuchung über eine rotirende Scheibe zu Grunde gelegte Newton'sche, nämlich, dass die Reibung, welche zwei parallel zu ihrer Berührungsfläche bewegte Schichten aufeinander ausüben, proportional dem Unterschiede der Geschwindigkeiten und der Grösse der Berührungsfläche, dagegen unabhängig vom Druck und der absoluten Geschwindigkeit ist. Die Lage eines Flüssigkeitselements wurde durch Kugelcoordinaten ausgedrückt, und es bezeichnen r die Entfernung vom Kugelmittelpunkte, φ die (geographische) Länge und ϑ das Complement der Breite.

Es seien ferner

ψ, D, η, Umdrehungsgeschwindigkeit, Dichte und innerer Reibungscoefficient der Flüssigkeit;

$r_{\prime}\varphi_{\prime}\psi_{\prime}D_{\prime}M$ Radius, Ablenkungswinkel, Umdrehungsgeschwindigkeit, Dichte und Trägheitsmomente der Kugel;

$r_{\prime\prime}\varphi_{\prime\prime}\psi_{\prime\prime}M'$ die analogen Grössen des ebenfalls kugelförmigen, concentrischen, drehbaren Gefässes;

τ und τ' die Torsionsmomente der Drähte, an denen die Kugel und das Gefäss aufgehängt sind;

t die Zeit;

E und E' die äusseren Reibungscoefficienten für die Reibung der Flüssigkeit an der Kugel und Gefässwand.

Wird sodann noch die Annahme gemacht, dass die Umdrehungsgeschwindigkeit $\psi_{\prime}$ immer klein sei, so lässt sich die Bewegung der Flüssigkeit nach der Richtung des Meridians vernachlässigen, da sie von der Centrifugalkraft herrührt und also von der Ordnung ψ^2 ist.

Unter dieser Annahme ergeben sich sowohl direct als auch aus den allgemeinen hydrodynamischen Gleichungen für die Bewegung der Flüssigkeit, Kugel und des Gefässes die Differentialgleichungen

$$Dr^4 \sin^3\vartheta \frac{d\psi}{dt} = \eta \left\{ \sin^3\vartheta \frac{d\left(r^4 \frac{d\psi}{dr}\right)}{dr} + r^2 \frac{d\left(\sin^3\vartheta \frac{d\psi}{d\vartheta}\right)}{d\vartheta} \right\},$$

$$M_{\prime} \frac{d\psi_{\prime}}{dt} = -\tau\varphi_{\prime} + 2\pi\eta r_{\prime}^4 \int_0^\pi \sin^3\vartheta \left(\frac{d\psi}{dr}\right)_{r=r_{\prime}} d\vartheta,$$

$$M' \frac{d\psi_{\prime\prime}}{dt} = -\tau'\varphi_{\prime\prime} - 2\pi\eta r_{\prime\prime}^4 \int_0^\pi \sin^3\vartheta \left(\frac{d\psi}{dr}\right)_{r=r_{\prime\prime}} d\vartheta.$$

Dazu kommen noch die Grenzbedingungen für die Oberfläche der Kugel und der Gefässwand,

$$E(\psi_{\prime} - \psi) + \eta \frac{d\psi}{dr} = 0, \quad \text{für } r = r_{\prime},$$

$$E_{\prime}(\psi_{\prime\prime} - \psi) - \eta \frac{d\psi}{dr} = 0, \quad \text{für } r = r_{\prime\prime},$$

und die Bedingungen, welche den Anfangszustand der Bewegung ausdrücken,

$$\text{für } t = 0, \quad \varphi_{\prime} = \Phi_{\prime}, \quad \psi_{\prime} = \Psi_{\prime}, \quad \psi = \Psi \text{ etc.}$$

Die Integration dieser Gleichungen wird nun mit Hülfe von Kugelfunctionen genau durchgeführt unter der Annahme, dass die Flüssigkeit an der Kugel und Gefässwand vollkommen haftet und das Gefäss in Ruhe ist; dann ist

$$E = E_{\prime} = \infty, \quad \psi_{\prime\prime} = 0$$

und es folgt aus den Grenzbedingungen

$$\psi = \psi_{\prime}, \quad \text{für } r = r_{\prime},$$
$$\psi = 0, \quad \text{für } r = r_{\prime\prime}.$$

Die Bewegungsgleichung für das Gefäss fällt weg. Um nun die Integration auszuführen, werden die Gleichungen zunächst durch die Substitution

$$\mu = \cos\vartheta \quad \text{und} \quad P = r^2\psi \sin\vartheta$$

transformirt; die Grösse P wird alsdann in eine Reihe entwickelt, welche nach Functionen

$$P_{,h} = \sqrt{[1-\mu^2]} \cdot \frac{dP_h(\mu)}{d\mu}$$

fortschreitet, wenn unter $P_h(\mu)$ nach Dirichlet die Kugelfunction eines Arguments verstanden wird, welches der Differentialgleichung

$$\frac{d\left\{(1-\mu^2)\dfrac{dP_h(\mu)}{d\mu}\right\}}{d\mu} + h(h+1)P_h(\mu) = 0$$

genügt.

Die particulären Integrale hängen alsdann von den Wurzeln einer transcendenten Gleichung ab, welche zu einer algebraischen wird, wenn $r_{,,} = \infty$ gesetzt wird. Diese Vereinfachung, welche dem Falle entspricht, dass das Gefäss so gross ist, dass sich die von der Kugel der Flüssigkeit mitgetheilte Bewegung nicht bis zur Gefässwand fortpflanzt, wird daher auch der Discussion der Gleichung zu Grunde gelegt. Um endlich angenäherte Werthe der Wurzeln zu erhalten und vermittelst derselben Endformeln zu finden, welche sich zur Prüfung durch das Experiment und zur Ermittelung von η eigenen, nimmt der Verfasser an, dass $D_1 > D$, die Kugel homogen, D wenig von 1 verschieden, die Schwingungsdauer T_0 der Kugel in der Luft kleiner als 100π Secunden, $r_, > 1$ Zoll und $\sqrt{\eta} \leqq 0{,}003$ (für Secunden und Zolle als Einheiten) sei.

Es ergeben sich damit die Endformeln

$$\psi = -\Phi_1 \sqrt{\frac{\tau}{M}} \left(\frac{r_1}{r}\right)^2 \sin\left(2\mu\nu t - \mu(r-r_1)\sqrt{\frac{D}{\eta}}\right) . e^{-\nu(r-r_1)\sqrt{\frac{D}{\eta}}} . e^{-(\mu^2-\nu^2)t},$$

$$\varphi_1 = \Phi_1 \cos(2\mu\nu t) . e^{-(\mu^2-\nu^2)t},$$

$$\psi_1 = -\Phi_1 \sqrt{\frac{\tau}{M}} \sin(2\mu\nu t) . e^{-(\mu^2-\nu^2)t},$$

worin

$$\mu = \left(\frac{\alpha}{\sqrt{2}} + \frac{\sqrt{2}}{\alpha} \cdot \frac{\sigma}{4} s^2 (1 - \tfrac{3}{16}\sigma) - \alpha^2 s^2 \sqrt{\eta} (\tfrac{1}{8}\sigma^2 - \sigma + 1) - \cdots\right),$$

$$\nu = \left(\frac{\alpha}{\sqrt{2}} - \frac{\sigma s}{4} - \frac{\sqrt{2}}{\alpha} \cdot \frac{\sigma}{4} s^2 (1 - \tfrac{3}{16}\sigma) + \cdots\right)$$

ist, wenn zur Abkürzung

$$\alpha = \sqrt[4]{\frac{\tau}{M}},$$

$$\sigma = \frac{sD}{D_1}$$

und

$$s = \frac{1}{r_1} \cdot \sqrt{\frac{\eta}{D}}$$

gesetzt wird.

Aus diesen Formeln folgt die Schwingungsdauer T der Kugel und der Flüssigkeitstheilchen

$$T = \frac{\pi}{2\mu\nu} = \pi \sqrt{\frac{M}{\tau}} \left\{1 + \frac{\sigma s}{2\sqrt{2}\alpha} + \left(\frac{\sigma s}{2\sqrt{2}\alpha}\right)^2 + \ldots\right\}.$$

Die Phase der Flüssigkeitstheilchen ist jedoch eine verschiedene und zwar geht ein Theilchen in der Entfernung $(r - r_1)$ von der Kugel um das Zeitintervall

$$\frac{r - r_1}{2\nu} \sqrt{\frac{D}{\eta}}$$

später, als die Kugel durch die Gleichgewichtslage.

Die Amplituden der Schwingungen nehmen nach einer geometrischen Reihe mit den Exponenten

$$e^{-\frac{(\mu^2 - \nu^2)\pi}{2\mu\nu}}$$

ab, daraus folgt das logarithmische Decrement

$$l = \frac{(\mu^2 - \nu^2)}{2\mu\nu}\pi = \frac{\sigma s}{2\sqrt{2}\alpha} + \sigma\left(1 - \frac{\sigma}{8}\right)\frac{s^2}{\alpha^2} + \ldots$$

Die Winkelgeschwindigkeit der Flüssigkeit nimmt proportional der Grösse

$$\frac{1}{r} \cdot e^{-\nu(r - r_1)\sqrt{\frac{D}{\eta}}}$$

also mit wachsender Entfernung von der Kugeloberfläche sehr rasch ab.

Sowohl T als auch l lassen sich nun beobachten und aus

jeder dieser Grössen lässt sich s also auch η finden, so dass aus der Uebereinstimmung der Werthe für η die Zulässigkeit der Annahme $E = \infty$ sich beurtheilen lässt. Leider ist der Verfasser bis jetzt noch nicht in der Lage gewesen, diese Beobachtungen zu machen, er hofft jedoch, dies später ausführen zu können. (Vergleiche die Untersuchungen von A. Moritz Berl. Ber. 1846. p. 17; Helmholtz und v. Piotrowsky Berl. Ber. 1860. p. 101; O. E. Meyer Berl. Ber. 1861. p. 79.) *Gn.*

Zweiter Abschnitt.

Akustik.

8. Physikalische Akustik.

E. Reusch. Ueber einen Gasbrenner zur Intonation grosser Röhren. Pogg. Ann. CXXVII. 168-172†; Phil. Mag. (4) XXXI. 401-403; Z. S. f. Naturw. XXVII. 325.

Zur Intonation von 2 bis 3^m langen und 7 bis 8^{cm} weiten Blechröhren bedient sich der Verfasser eines weiten Bunsen'schen Brenners. Das verticale Hauptrohr des Brenners ist 125^{cm} lang und 17^{cm} weit. In dasselbe wird mittelst eines cylindrischen, halbkugelförmig endenden, hölzernen Stabes eine Kappe aus eisernem Drahtnetz von 170 bis 200 Maschen auf $1\square^{cm}$ geschoben, so dass die Kuppe des Netzes in der Ebene der oberen Mündung liegt. Die Ausflussstelle des Gases ist 90^{cm} unter dem Rohrende.

Man zündet den Brenner ausserhalb der Klangröhre an, und lässt ihn gehörig heiss werden. Dann reducirt man den Gaszufluss, bis die Flamme etwa 2^{cm} hoch ist, wobei sich ein anfangs im Innern der Flamme auftretender grüner Lichtkegel allmälig herabsenkt und als grüner Lichtring zwischen Netz und Rohrende legt, und der Brenner manchmal zu tönen anfängt. Man führt nun den regulären Brenner in das Blechrohr, so dass die Flamme sich 5 bis 7^{cm} über der unteren Oeffnung befindet. Das Rohr tönt dann gewöhnlich sofort, andernfalls kann man dasselbe sicher zum Tönen bringen, wenn man einige Zeit die Hände unter die untere Oeffnung hält. Der Ton ist vermöge der Menge harmonischer Obertöne, die ihn begleiten, von einer

Fülle, wie sie kaum ein anderes musikalisches Werkzeug hervorzubringen im Stande ist.

Um die Flamme zu beobachten, versieht man das Blechrohr unten mit einem gläsernen Ansatze. Während des normalen Tönens glüht das Netz fortwährend, und macht im Dunkeln den Eindruck einer Erdbeere, die von einem grünen Lichtring umflossen ist, ein schwacher violetter Lichtpinsel erhebt sich wenige Millimeter über das Brennrohr. Beobachtet man die singende Flamme im rotirenden Spiegel, so giebt das glühende Netz ein dunkelrothes Band, an welches in gleichen Abständen hellgrüne Ringe angereiht erscheinen, und über welchem sich von Ring zu Ring ein schwach blaues Band wellenförmig hinzieht, entsprechend dem Auf- und Abflackern der oberen Theile der Flamme. Die grösste Breite des blauen Bandes findet sich in der Nähe der grünen Ringe Die Schärfe dieser Ringe zeigt, dass sie nur während eines kleinen Theils der Schwingungsdauer gebildet werden. Die Spectralbeobachtung ergiebt, dass das grüne Licht das des Kohlenwasserstoffs ist. *Rb.*

J. B. Zoch. Einiges zur Kenntniss der chemischen Harmonika. Pogg. Ann. CXXVII. 580-593†; Mondes (2) II. 723-724.

Der Verfasser sagt, Sondhaus habe durch seine Versuche (Berl. Ber. 1860. p. 123) nachgewiesen, „dass die tönende Flamme nichts Anderes sei, als eine vibrirende Zunge". Er habe mit seinem Apparat, durch welchen jede Röhre ohne Nachhülfe zum vollkommenen Tönen gebracht werden könne, die Sondhaus'schen Versuche mannigfach wiederholt, und die meisten seiner Resultate bestätigt gefunden. Ausserdem sei er im Besitze noch anderer Beweise, aus denen hervorgehe, dass die chemische Harmonika nur eine Zungenpfeife sei.

Wie Hr. Reusch bedient sich der Verfasser als Ausflussrohr eines modificirten Bunsen'schen Brenners. In eine lange, schmale Röhre wird durch eine engere, durch den unteren Verschluss bis etwa zur halben Höhe der ersteren gehende Röhre das brennbare Gas, Leucht-, Wasserstoff-, Schwefelwasserstoffgas, und durch ein unten seitlich einmündendes Rohr aus einem

Gasometer das zur vollkommenen Verbrennung erforderliche Volumen atmosphärischer Luft geleitet. Bei Leuchtgas muss sich das Volum des Gases zu dem der atmosphärischen Luft wie 3:5—6 verhalten.

So erzeugte Flammen, welche die Kerne der Oxydations- und der Reductionsflamme deutlich von einander begrenzt zeigen, löschen schwierig aus, und bringen jede Klangröhre zum Tönen. Die Grösse der Flamme ist für den Ton gleichgültig, doch ist, wenn man den Luftzug nicht nach Belieben regeln kann, ein gewisses Verhältniss der Grösse der Flamme zur Klangröhre zu berücksichtigen. Eine gedeckte Röhre tönt leichter, wenn sich die Flamme in der oberen Hälfte befindet.

„Bei gleicher Verbrennung und gleichem Luftzuge, also bei denselben Vibrationen, oder, wenn wir es mit der Zungenpfeife vergleichen wollen, bei gleich grosser Zunge," wurden, übereinstimmend mit SONDHAUS folgende Resultate erhalten. Theilt man die Röhre der Länge nach in 2, 3, 4, 5, 6, 7, 8, 16 gleiche Theile, und bringt die Flamme in die Höhe der Theilstriche der verschiedenen Theilungen, so erhält man, wenn der Grundton der Röhre 1 ist die Töne 2, 3, 4, 5, 6, 7, 8, 16. Weiter wollte der Versuch nicht gehen.

„Aus dieser Reihe ist ersichtlich, dass die Flamme stets nur multiple Schwingungen ihrer ursprünglichen Schwingung (des Grundtons der Röhre) zu erregen im Stande ist, gerade so, wie es bei den Zungepfeifen stattfindet."

Wird eine Klangröhre verlängert, so geht der Ton schleichend in die Höhe, springt aber, so wie die Länge sich verdoppelt, plötzlich auf die untere Octave. Setzt man Röhren von den Längen 1, $\frac{1}{2}$, $\frac{1}{3}$ etc. nach einander auf dieselbe „Flammenzunge", so erhält man mit der grössten Reinheit (?) die harmonischen Töne.

„Da diese Gesetze ganz analog den Gesetzen der Zungenpfeifen (?) sind, so kann man mit der vollkommensten Sicherheit den Satz aufstellen, dass die chemische Harm ika eine Zungenpfeife ist."

Die Stopfungen von SONDHAUS fand der Verfasser nicht nothwendig, und er überzeugte sich durch ein KÖNIG'sches Membranometer, dass sich die Schwingungen in der Ausflussröhre selbst durch eine Stopfung von losem Sande von mehreren Centimetern Länge, gehalten durch einen Baumwollenpfropf, rückwärts fortpflanzen. Bei einem Gasdruck von 18^{mm} Wasserhöhe war eine Stopfung von losem Sande von 20^{cm} nothwendig, um diese Fortpflanzung der Schwingungen gänzlich zu verhindern.

„Durch das Verkürzen der Zunge bei einer Zungenpfeife oder durch starkes Anblasen kann man die harmonischen Töne der ersten Octaven hervorrufen. Dasselbe geschieht bei der chemischen Harmonika." Durch einen gutschliessenden Kork wurde in ein Klangrohr *A* bis in die obere Hälfte desselben ein Rohr *B* geführt, durch dasselbe Gas wird seitlich durch den Kork ein Luftstrom in die Klangröhre geleitet. „Bei gleichmässiger Steigerung des Luftstroms wird der Ton erst langsam und schleichend höher, auf einmal springt die Flamme, die Knoten werden geändert, und es ertönt der nächstfolgende harmonische Ton, dies wiederholt sich mehrere Mal (5—6), zuletzt, wenn der höchste Ton erreicht worden ist, springt die Flamme nochmals, und giebt den tiefsten, wobei sie dann, falls man den Luftzug noch mehr vergrössert, auslöscht. Das Wechseln der Knoten ist etwas früher zu sehen, als der entsprechende Ton erfolgt". Der Ton ist also von dem durch die Klangröhre geführten Luftstrom abhängig, dessen Geschwindigkeit grösser sein muss als die des ausströmenden Gases. Wurde die Flamme zwischen zwei aliquote Theile der Klangröhre gebracht, so erfolgten bei einem gewissen Luftzuge zwei deutlich wahrnehmbare Töne, meist nahe in dem Verhältniss einer Octave oder Quinte, welche Stösse gaben, die man mit einem rotirenden Spiegel sehr schön und äusserst deutlich sah.

Nimmt man das Rohr *A* nur halb so lang als das Ausflussrohr *B*, so brennt die Flamme inmitten des aufsteigenden Luftstroms ganz ruhig, analysirt man sie aber, so zeigt sie Schwingungen. Ein selbstständiges Tönen, wie Sondhaus beim Anblasen einer Flamme, hörte der Verfasser nicht, wohl ein Schwirren.

Sind Ausflussrohr und Klangrohr gleich lang, und führt man durch ersteres einen Luftstrom, durch letzteres Schwefelwasserstoffgas, so tönt auch dieses.

Durch den Kork einer Flasche, in welche man Gas leitet gehen zwei Röhrchen von ungleichen Ausflussöffnungen in verschiedenen Höhen. Hält man eine Klangröhre über die grössere Flamme, so tönt sie nicht, eben so nicht die kleinere, weil sie auslischt. Wohl aber entsteht ein Ton, wenn die Klangröhre sich über beiden Flammen befindet, wobei nur die kleinere Flamme schwingt. Sind die Flammen einander nicht zu nahe, „so kann man recht gut beobachten, wie die kleinere Flamme sich in Zwischenräumen entzündet, und so die Zunge bildet." Statt der grösseren Flamme kann man über der kleineren Flamme einen durch eine Batterie glühend erhaltenen Draht anbringen, und den Luftstrom durch einen Blasebalg bewirken. „Man ersieht nun, dass die Schwingungen durch ein rasch nacheinander erfolgendes Brennen und Verlöschen, welches durch den Luftzug hervorgebracht wird, entstehen."

Die Schwingungen kann man auch sehr gut beobachten, wenn man die Gasausflussröhre bis in die obere Hälfte der Klangröhre führt, durch letztere einen sehr schwachen Luftstrom leitet, und eine Flamme darüber hält. „Das ausströmende Gas zündet sich von oben an, wodurch es, leichter werdend, durch den Luftstrom schnell fortgerissen wird und verbrennt, dabei wurde die nächste Schicht weniger dicht, ihre Expansion für die vorhandene Temperatur ist zu gross, sie zieht sich zusammen und kann nicht früher entzündet werden, als bis das nachfolgende Gas alles ausgleicht, darauf folgt wieder derselbe Vorgang, und es entstehen stehende Schwingungen, die wir, weil sie weit langsamer sind, sehr gut beobachten können." In ähnlicher Weise erklärt der Verfasser das Tönen der chemischen Harmonika, und auf denselben Principien beruhe das Poltern des Feuers im Ofen oder in einem Rauchfangfeuer, das Flackern der Flamme durch einen hineingeblasenen Luftstrom.

Von den noch kurz angeführten Daten erwähnen wir, dass bei schneller Rotation der Ausflussröhre die Flamme nicht schwingt, und ferner die wichtige Thatsache, dass durch Verbrennen von Kohle in einer Klangröhre mittelst durchgeleiteten Sauerstoff ebenfalls ein Ton entsteht. Das Tönen durch Temperaturerhöhung aber sei von dem Tönen der Flammen ganz verschieden, und noch ein Räthsel.

Durch die Einrichtung seiner Apparate hat Hr. Zoch für das weitere Studium der chemischen Harmonika entschieden ein wesentliches Hülfsmittel geliefert. Wenn er aber aus seinen Versuchen wie aus denen von Sondhaus den Schluss zieht, dass die Flamme nichts als eine von dem Luftstrom angeblasene Zunge sei, so erlauben wir uns zu bemerken, dass Sondhaus die Flamme nur für das Analogon der Zunge erklärt hat. Aber auch von einem Analogon kann kaum noch die Rede sein, wenn eine und dieselbe, unveränderte Flamme des von dem Verfasser construirten Brenners mit jeder Röhre, also in jeder Höhe tönt, während nach den Versuchen von Weber (Pogg. Ann. 1829) eine Zunge ihre Schwingungszahl je nach der Länge der mit ihr verbundenen Pfeife nur innerhalb ziemlich enger Grenzen ändert. Nach unserer Ansicht beruht der Ton der sogenannten chemischen Harmonika in allen Fällen auf dem einen Grunde, dass durch die Schwingungen der Luftsäule an einer Stelle in der Klangröhre eine Periodicität der Verbrennung oder der Temperaturerhöhung oder der Temperaturerniedrigung und dadurch eine Aenderung des Gaszustandes bewirkt wird, durch welche wiederum die Schwingungen begünstigt werden. Wenn man will, kann man dann freilich auch die verbrennende Kohle oder das erwärmende oder abkühlende Drahtnetz als Analogon der Zunge ansehen. *Rb.*

A. Töpler. Das Princip der stroboskopischen Scheiben als vortheilhaftes Hülfsmittel zur optischen Analyse tönender Körper. Pogg. Ann. CXXVIII. 108-125†.

Zur Analyse der Schwingungsbewegung tönender Körper bedient sich der Verfasser einer geschwärzten, rotirenden Scheibe mit concentrischen Lochreihen. Die Bewegung wird durch ein Federuhrwerk bewirkt. Durch Aufziehen der sehr starken Feder mittelst Schlüssel und Sperrrad kann die Scheibe in schnelle Rotation versetzt werden. Eine Regulirung der Bewegung ist nicht vorhanden, so dass die Geschwindigkeit nach dem Anfangs erreichten Maximum wieder abnimmt. Für grosse Umdrehungsgeschwindigkeiten eignen sich am Besten Scheiben von nicht zu starkem, undurchsichtigen Papier, wie sie MAGNUS zur Beobachtung des Ausflussstrahls anwandte, da sie sich von selbst in die Rotationsebene legen, während dickere Scheiben oder noch so dünne Metallscheiben stets schlagen. Auf dem Fuss des Apparats ist auf einer Seite ein drehbarer Arm befestigt, durch welchen die Mündung eines Gummischlauchs vor eine beliebige Lochreihe gebracht werden kann. Ein gleicher Arm auf der anderen Seite trägt eine kleine um ihren Mittelpunkt drehbare Metallscheibe, welche in der Nähe des Randes mit verschiedenen Löchern versehen ist, die den Löchern der verschiedenen rotirenden Lochreihen congruent sind. Durch Drehung des Arms und der Metallscheibe kann diese dicht vor die rotirende Scheibe so gestellt werden, dass die entsprechenden Löcher sich momentan decken, oder ein auf die Metallscheibe aufgeschraubtes kleines astronomisches Fernrohr von $1\frac{1}{2}$ bis 2maliger Vergrösserung einer bestimmten Lochreihe gegenübersteht.

Durch Anblasen der Scheibe mit dem Gummischlauch und Herstellung des Einklangs ihres Tones mit dem Ton des zu beobachtenden Objects findet man angenähert die passende Umdrehungsgeschwindigkeit. Das weitere Abstimmen geschieht durch Beobachtung der scheinbaren Schwingungsdauer des durch die Lochreihe gesehenen Objects, bis man es dahin gebracht hat, dass die scheinbare Schwingungsdauer 2 bis 5 Secunden beträgt. Um nun die Geschwindigkeit so constant zu erhalten, dass man einige Minuten hindurch die scheinbaren Schwingungen gut beobachten kann, ist allerdings eine fortdauernde Handhabung des Schlüssels erforderlich. Durch eine Hülfsperson kann indess die Regulirung in folgender Weise ausgeführt werden. Man bestimmt die Schwingungszahl des zu untersuchenden tönenden Objects, und ermittelt durch Abzählen der Zähne des Räderwerks das Umdrehungsverhältniss der Axe der Scheibe zur Axe der Feder. Daraus ergiebt sich die Zeit, in welcher die Feder, wenn die angeblasene Scheibe mit dem tönenden Object im Einklang ist, um eben so viel abläuft, als sie durch Umdrehen des Schlüssels um einen Sperrhahn aufgezogen wird. Diese Zeit lässt man durch ein Metronom oder ein Fadenpendel angeben, und mit jeder Pendelschwingung den Schlüssel um einen Sperrhahn weiter drehen. Sind die scheinbaren Schwingungen noch zu rasch, so genügt eine kleine Correction am Pendel. Nach diesem Verfahren sind von dem Verfasser die Untersuchungen über singende Flammen ausgeführt. Die Schwingungen erschienen so gleichförmig und langsam, dass es nicht nöthig war, sich nach anderen Mitteln der Regulirung umzusehen.

Ist das Verhältniss des Durchmessers eines Lochs zu seinem Abstande vom folgenden $1:p$, und ist die Scheibe zum tönenden Körper richtig gestimmt, so verfliesst während des Vorübergehens eines Loches $\frac{1}{p}$ der Schwingung des Objects. Das Bild muss also um so mehr verzerrt sein und in das nächstfolgende übergreifen, je kleiner p ist. Dennoch wurden bei sehr vielen schwingenden Objecten deutliche Bilder erhalten, als p nicht mehr als 10 bis 12 betrug, was der Verfasser folgendermassen erklärt. Ist das Loch kreisförmig und von gleicher Grösse mit der Pupille, so nimmt beim Vorübergehen des Lochs vor der Pupille die Helligkeit allmälig zu, erreicht ihr Maximum, wenn Loch und Pupille sich decken, und nimmt dann wieder ab. Der im Auge zurückbleibende Lichteindruck muss nun derjenigen Stellung des schwingenden Objects entsprechen, welche mit dem momentanen Helligkeitsmaximum zusammenfällt, indem die benachbarten Stellungen oder Formen, welche bei geringerer Helligkeit wahrgenommen werden, in der Empfindung zurücktreten. Daher erklärt es sich, dass man bei Löchern von nicht mehr als dem Pupillendurchmesser selbst sehr zarte Objecte, wie schwingende Saiten oder Faden, noch recht gut beobachten kann, wenn p nicht mehr als 20 bis 25 beträgt. Löcher vom doppelten Pupillendurchmesser aber geben selbst dann undeutliche Bilder, wenn ihr gegenseitiger Abstand auch auf das Doppelte und darüber gesteigert wird. Am passendsten sind bei den Beobachtungen mit blossem Auge wegen der Erweiterung der Pupille bei lichtschwachen Objecten Löcher von 3 bis 4^{mm} Durchmesser. Löcher von kleinerem als dem Pupillendurchmesser geben weniger deutliche Bilder, weil sie, so lange sie vor der Pupille weilen, eine constante Lichtmenge in's Auge lassen. Will man aber, z. B. bei hohen Tönen, kleinere Löcher anwenden, so muss man vor dem Auge noch ein zweites, eben so kleines Schauloch einstellen, um ein momentanes Helligkeitsmaximum zu erzielen. Hierzu dient die vor der rotirenden Scheibe angebrachte kleine drehbare Metallscheibe. Zweckmässig sind rechteckige Oeffnungen von radialer Längsrichtung und gleicher Breite mit dem Pupillendurchmesser. Bei geringerer Breite ist eine congruente Spalte der Metallscheibe vorzuschieben. Zu enge Spalten geben Verzerrungen der Bilder durch Lichtbeugung.

Wenn man mit blossem Auge durch eine rotirende Lochscheibe die relativen Bewegungen von Theilen eines grösseren schwingenden Körpers beobachten will, welche sich in einer der Bewegungsrichtung des Lochs parallelen Richtung befinden, so entsteht ein parallaktischer Fehler dadurch, dass die Linie, welche den Mittelpunkt des Auges mit dem Mittelpunkt des Lochs verbindet, die verschiedenen zu beobachtenden Theile nicht gleichzeitig, sondern nach einander trifft. Aus diesem Grunde erklärt sich die auffallende Erscheinung, dass die Zinken einer grossen Stimmgabel nicht gleichzeitig gegen einander zu schwingen scheinen, und ein an einem Ende eingeklemmter Stahldraht, dessen Längsrichtung mit der Bewegungsrichtung des Lochs übereinstimmt, aus einiger Entfernung durch die Scheibe beobachtet, nicht einfach gebogen, sondern schlangenartig gekrümmt erscheint. Der Fehler nimmt zu mit der Entfernung des Auges vom Loch, und würde verschwinden, wenn diese Entfernung gleich Null gemacht werden könnte. Daher lässt er sich durch Anwendung eines kleinen astronomischen Fernrohrs, welches auf die Metallscheibe so aufgeschraubt wird, dass das Objectivglas dicht vor die betreffende Oeffnung kömmt, fast vollständig beseitigen. Die Helligkeit wird dadurch zwar etwas vermindert, allein man kann nun nach Maassgabe der Vergrösserung auf der Metallscheibe und der rotirenden Scheibe grössere Löcher bis zu 6 und 7^{mm} Durchmesser benutzen. Das Fernrohr ist so einzurichten, dass es auch auf Entfernungen von 6 bis 8 Zoll deutlich eingestellt werden kann. Durch die Erweiterung des Gesichtsfeldes sieht man die Schwingungen der

Zinken einer Stimmgabel vollkommen gleichzeitig und einander entgegengesetzt.

Der Verfasser giebt folgende, mit diesem, „Vibroskop" genannten, Apparat auszuführende Versuche an.

1) Bei einem an einem Ende eingeklemmten Stabe, den man entweder vor einer hellen Fläche anbringt, oder vor einer dunkeln Fläche beleuchtet, sieht man nicht allein auffallend deutlich die langsamen Formveränderungen, sondern bei einigermaassen constanter Rotation des Vibroskops ist es sehr leicht, die Geschwindigkeit zu beurtheilen, welche der schwingende Körper auf jedem Punkte der Bahn hat.

2) „Die Bänder einer angeblasenen natürlichen oder künstlichen Stimmritze zeigen ihre Formveränderung in den verschiedenen Phasen der Schwingung sehr deutlich. Es ist nicht zu bezweifeln, dass mit Hülfe des Rachenspiegels und intensiver Beleuchtung das Vibroskop auch geeignet wäre, physiologische Studien an der lebenden Stimmritze während des Tönens zu machen."

3) Die Versuche von Magnus über den Ausflussstrahl lassen sich mit dem Vibroskop leicht wiederholen, wenn man eine geringe Geschwindigkeit und Lochzahl anwendet.

4) Schwingende Saiten lassen sich ihrer ganzen Länge nach bequem beobachten, wenn das Vibroskop ungefähr in der Richtung der Saite so aufgestellt wird, dass diese verkürzt erscheint. Am besten bedient man sich langer beleuchteter Saiten über geschwärzter Unterlage.

5) Sehr gut zeigen sich die Schwingungsphasen einer singenden Flamme im dunkeln Raume; sie verträgt sogar einige Vergrösserung.

6) Instructiv ist die Beobachtung des Wheatston'schen Kaleidophons. Man klemme einen Stahlstab so ein, dass das halbkugelförmige, hell beleuchtete, freie Ende eine der rotirenden Scheibe parallele Ellipse beschreibt. Das Vibroskop löst die Lichtlinie in einen Punkt auf, welcher sich langsam vorwärts oder rückwärts bewegt oder stillsteht, je nachdem der Ton der angeblasenen Scheibe ein wenig tiefer oder ein wenig höher als der Ton des Stabes oder demselben völlig gleich ist. Dasselbe

geschieht, wenn der Ton der Scheibe eine oder mehrere Octaven tiefer ist, nur sieht man dann statt der Punkte Lichtstreifen. Ist aber der Ton der Scheibe sehr nahe *n* Octaven höher als der Ton des Stabes, so sieht man auf der Ellipse *n* Punkte, wie eine Perlenschnur, langsam rotiren. Im Fall eines Kreises sind die Lichtpunkte gleichweit von einander entfernt. Bei einer Ellipse sind sie an den Endpunkten der grossen Axe dichter gedrängt, und der Abstand zweier benachbarten Lichtpunkte ist das Maass der Geschwindigkeit an dieser Stelle der Curve.

„Dreht man unter Benutzung der Scheibe mit 24 oder 36 Löchern das Uhrwerk stark auf und lässt es dann ohne Nachstimmung ablaufen, so sieht man Anfangs eine grosse Zahl von Lichtpunkten rotiren, welche in einem gewissen Augenblicke stillstehen und ihre Bewegungsrichtung umkehren. Von jetzt ab wird die scheinbare Bewegung immer rascher, bis sich das Bild verwirrt. Dann allmälig entwirrt es sich wieder, hat aber einen Punkt weniger und steht zuletzt wieder still, um die Bewegung umzukehren. Dieser Vorgang wiederholt sich unter jedesmaligem Verschwinden eines Lichtpunktes, bis zuletzt nur ein einziger Lichtpunkt die Bahn beschreibt." Analoge Erscheinungen geben die complicirteren Lichtfiguren des Kaleidophons.

Die Beobachtung schwingender Körper, z. B. schwingender Saiten, durch ein auf die höhere Octave gestimmtes Vibroskop hat den wesentlichen Vortheil, entgegengesetzte Schwingungszustände, welche um eine halbe Schwingungsdauer voneinander abstehen, gleichzeitig erkennen zu lassen.

Macht der schwingende Körper *n* Schwingungen, während *m* Löcher am Auge vorbeigehen, und ist $n:m$ sehr nahe ein einfaches Zahlenverhältniss, so erhält man periodisch sich ändernde, zuckende Bilder, welche „im optischen Sinne das reproduciren, was im akustischen Sinne die sogenannten Combinationstöne sind."

7) Wenn in einer Lochreihe die Löcher nach zwei verschiedenen Eintheilungen geordnet sind, so lassen sich durch dieselbe zwei Objecte von verschiedener Schwingungsdauer analysiren, die beiden Locheintheilungen stören sich nur unerheblich.

8) Eine überraschende Vervollkommnung dieser Versuche

erlangte der Verfasser durch Anwendung intermittirender Beleucntung mittelst des Vibroskops.

Das von einem gewöhnlichen Heliostaten, wie man ihn beim Sonnenmikroskop benutzt, horizontal reflectirte Licht wurde durch eine Linse zu einem kleinen Sonnenbilde vereinigt, und jenseits desselben das Vibroskop in solcher Entfernung aufgestellt, dass der Lichtkegel die vorübereilenden Löcher gerade ausfüllte. Zur Beseitigung des Seitenlichts wurde über die Röhre des Sonnenmikroskops noch ein Rohrstück aufgeschoben, welches fast bis zur Lochscheibe reichte. „Setzt man diese in Rotation, so erscheint bei einer gewissen Geschwindigkeit der ausfahrende Strahlenkegel constant. Betrachtet man bei dieser Beleuchtung nun irgend einen tönenden Körper, z. B. eine Saite, welche mit der Lochscheibe nahezu gleich gestimmt ist, so kann man die Schwingungen mit einer Deutlichkeit und Bequemlichkeit studiren, welche nichts zu wünschen übrig lässt. Man hat hierbei nicht allein den Vortheil, dass viele Personen zugleich das Object betrachten können, sondern man kann nun selbst mikroskopische Schwingungen mit der Lupe aus beliebiger Nähe untersuchen. Bei Saiten und Stimmgabeln kann man ebenfalls die früher besprochene Verdoppelung der Bilder auch für die Schattenfiguren auf einem Schirm nachweisen. Die Gestalt des scheinbar langsam schwingenden Objects erscheint viel deutlicher begrenzt, als man von vorn herein vermuthen sollte. Benutzt man anstatt eines Strahlenkegels einen feinen Strahlencylinder, der auf passend combinirte Stimmgabeln mit Stahlspiegeln fällt, so lassen sich die Lissajous'schen Lichtfiguren leicht objectiv in einen oder viele Lichtpunkte auflösen". *Rb.*

A. Töpler. Vibroskopische Beobachtungen über die Schwingungsphasen singender Flammen (der chemischen Harmonika) mit Benutzung des Schlierenapparates. Pogg. Ann. CXXVIII. 126-139†.

Zu den Versuchen dienten vier Klangröhren. Um die singende Flamme auch mit dem Schlierenapparat beobachten zu können, waren drei Röhren so hergestellt, dass zwei parallele

Streifen von vollkommen ebenem, möglichst schlierenfreiem Spiegelglas mit zwei parallelen Holzleisten ein Rohr von quadratischem Querschnitt bildeten. Die Fugen waren mit Papier verklebt. Die Längen dieser Röhren betrugen 623 bis 624,5^{mm} und die Seiten der quadratischen Querschnitte 15 bis 24^{mm}. Die vierte Röhre war cylindrisch, 677^{mm} lang und 2^{mm} weit. Diese Klangröhren wurden combinirt mit vier gläsernen Brennröhren mit ausgezogenen Spitzen, deren Ausflussöffnungen 0,6^{mm} bis 1,6^{mm} weit waren.

Die chemische Harmonika wurde in einer Entfernung von etwa 10 Zoll vom Vibroskop auf einem soliden Gestell befestigt, und das Vibroskop so regulirt, dass die scheinbare Schwingung eine Dauer von 2 bis $3\frac{1}{2}$ Secunden beibehielt. Mittelst Schätzung wurde dann eine Schwingung meist in 6 Phasen von gleicher Dauer zerlegt. Eine wesentliche Erleichterung in der Beurtheilung der Ab- und Zunahme der Flammenhöhe bot die (in der vorhergehenden Besprechung erwähnte) gleichzeitige vibroskopische Beobachtung zweier um eine halbe Schwingungsdauer von einander abstehender Phasen. In allen Fällen war die Zeit der Zunahme der Flammenhöhe grösser als die Zeit der Reduction. Die Beobachtungen geschahen zum Theil mit dem Fernrohr, namentlich um bei sehr kleinen Flammen die einzelnen Zonen noch zu unterscheiden, doch ist das Fernrohr bei den meisten Versuchen entbehrlich.

Die durch Zeichnungen erläuterten Erscheinungen sind im Wesentlichen folgende:

Leuchtgasflamme.

Mit blossem Auge bemerkt man an der nicht schwingenden Leuchtgasflamme von etwa $\frac{1}{4}$ bis $\frac{1}{8}$ Zoll Höhe im Innern eine leuchtende Spitze (*a*), welche nach unten in eine blaue Zone (*b*) übergeht, und mit dieser einen wahrscheinlich ganz dunkeln Raum (*d*) einschliesst, der nur darum matt bläulich erscheint, weil man durch den blauen Mantel (*b*) hindurch sieht. Die Beobachtnng mit dem Schlierenapparat ergiebt, dass dieser dunkle Raum hauptsächlich unzersetztes Gas von verhältnissmässig niedriger Temperatur enthält. Die innere aus (*a*) und (*b*) bestehende Flamme ist dann noch von einer in schwachem, röthlich gelbem Licht schimmernden Hülle (*c*) umgeben. Bei sehr kleinen Flammen strahlt auch die Spitze (*a*) in blauem Licht, und die Hülle (*c*) ist bei kleinen Flammen deutlicher als bei grossen.

Wird nun in eine der quadratischen Röhren ein Brenner mit der Ausflussöffnung von $0{,}9^{mm}$ Weite bei kleiner (weniger als $\frac{1}{3}''$ hoher) Flamme auf 55^{mm} eingeführt, so sieht das blosse Auge beim Tönen einfach das auf 14^{mm} angewachsene lang gestreckte Bild der oben beschriebenen Figur. Die Anwendung des Vibroskops aber ergiebt, wenn man 6 Phasen annimmt, folgende Phasenunterschiede. Zu Anfang jeder Schwingung bricht aus der glühenden Brennrohrspitze nur ein blauer, nach oben durchaus nicht scharf abgeschlossener Theil hervor, welcher das Ansehen eines lichtblauen, oben offenen Cylindermantels hat. In der zweiten Phase hat sich dieser blaue Theil oben begrenzt, und umschliesst schon in der Spitze die Anfänge des leuchtenden Theiles *a*; gleichzeitig bemerkt man schon Spuren der äusseren Zone *c*. Bei der dritten Phase ist der leuchtende Theil schon deutlich entwickelt, der blaue Theil ist von der Ausflussmündung losgerissen. In der vierten Phase ist die blaue Zone ganz verschwunden, die helle Spitze *a* hat das Maximum der Grösse erreicht, desgleichen die Hülle *c*, deren untere Verlängerung sich einschnürt und die Ausflusspitze noch berührt. Hierauf verschwindet *a*, und es bleibt nur die Zone *c*, welche als matt gelbrothes, birnförmiges Wölkchen in einiger Entfernung über dem Brenner schwebt. Dieser letztere zeigt noch den unteren Rest der Zone *c*. Die sechste Phase zeigt, wie das ganze obere Flammenbild verschwunden ist, und nur noch auf der Ausflussöffnung ein kaum sichtbares Licht lagert, aus welchem sich in der folgenden Schwingung dieselbe Reihenfolge von Erscheinungen entwickelt."

Als derselbe Brenner in das cylindrische Klangrohr 95^{mm} weit eingeschoben wurde, wobei das Maximum der Tonintensität eintrat, zog sich die kleine Flamme auf 17^{mm} in die Länge. Die Lichtphasen stimmten fast genau mit denen im vorigen Versuch überein. „Nur in den letzten drei Phasen fehlt der untere Theil der Flamme, so dass man zu Ende der Schwingung in der sechsten Phase, thatsächlich nur die glühende Brennerspitze sieht. Dies ist der einzige Fall, in welchem ein totales Verschwinden des Flammenbildes zweifellos beobachtet wurde. Es ist jedoch, wie aus den folgenden Versuchen hervorgeht, wahrscheinlich, dass sich der untere Flammenrest genau bis in die Ebene der glühenden Ausflussspitze zurückgezogen hatte, und somit in diesem Ausnahmefalle von der Seite her nicht sichtbar war."

Als der Brenner von $1{,}6^{mm}$ Oeffnung mit kleiner Flamme in dem cylindrischen Rohr angewandt wurde, betrug die grösste Höhe der Flamme nur 9^{mm}. Das blaue Licht legte sich zu Anfang der Schwingung als Cascade weit über die Ausflussspitze, ging dann in die Höhe, und löste sich ab. Der Flammentheil *c* aber blieb bis zum Verschwinden mit dem auf der Spitze lagernden Lichtrest in Verbindung.

Wird bei diesem letzten Versuch der Gasdruck hinreichend gesteigert, so breitet sich die Flamme oben lateral aus, indem sie sich mit einer unruhigen Scheibe bedeckt, die sich bei weiterem Anwachsen der Flamme, in der sechsten Phase, von dem mittleren Theil der Flamme, so wie dieser von der Ausflussspitze ablöst, so dass die Flamme an zwei Stellen zerreisst. Der Ton ist unrein, die Cascadenbildung dieselbe wie vorhin.

Wasserstoffflamme.

Das blosse Auge bemerkt bei der Wasserstoffflamme keine so deutlichen Zonenunterschiede, wie bei der Leuchtgasflamme. Nur am unteren Theile zeigt die ruhige Flamme ausser der allgemeinen, matten Helligkeit einen äusserst schmalen blauen Saum, der aber bei den angewandten gläsernen Brennern bald verschwand, indem durch das Natron der glühenden Mündung, namentlich beim Singen, wo dieselbe heller erglüht, und bei kleinen Flammen, die ganze Flamme gleichförmig gelb gefärbt wird.

Die vibroskopische Auflösung der singenden Flamme zeigt, dass auch hier eine vollständige Lostrennung des stossweise hervortretenden Gases erfolgt. Die scheinbare gleichmässige Helligkeit ist also nur eine Folge der Summe der Eindrücke während einer Schwingung. Bei $1{,}2^{mm}$ Brennerweite und grosser Flamme von 2″ Höhe zeigte sich eine auffallend starke, über das Ausflussrohr greifende Cascadenbildung, welche sich im Verlauf der Schwingung in die Höhe zog. Als derselbe Brenner mit $\frac{3}{4}$″ hoher Flamme in das Klangrohr 63^{mm} hoch eingeführt wurde, erfolgte ein im Verlauf der Schwingung zunehmendes starkes Zurückschlagen der Flamme in das Innere des Ausflussrohres mit matt violettem Licht, während sich der obere Theil der Flamme hob, ablöste und zuletzt verschwand.

Der Brenner von $1{,}6^{mm}$ Weite ergab mit gesteigertem Gasdruck für das blosse Auge oscillirende horizontale Erweiterungen (Schichtungen) der Flamme, welche sich mittelst des Vibroskops als die Folge eines vollständigen Zerreissens der Flamme erwiesen.

Nach diesen Versuchen hält es der Verfasser für „höchst unwahrscheinlich, dass bei irgend einer tönenden Flamme zwischen den Augenblicken des stärksten Aufleuchtens ein vollkommenes Erlöschen stattfinde." Ein solches Erlöschen wurde scheinbar nur in einem einzigen Versuch beobachtet. Der Einwand aber, dass in den anderen Versuchen das Erlöschen innerhalb des Zeitraums, in welchem ein Loch der rotirenden Scheibe am Auge vorbeiging, erfolgt, und darum nicht wahrgenommen sei, erledigt sich dadurch, dass die Wiederholung jenes Versuchs mit einer Lochscheibe von fast doppelt so grossen Löchern ganz dasselbe Resultat gab. „Die Anschauung, als ob kleine Gasportionen stossweise aus dem Brennrohr hervortreten und sich an der glühenden Rohrmündung entzünden, um dann durch die ermöglichten rasch aufeinander folgenden Explosionen den Ton zu erzeugen, ist also wenigstens im Allgemeinen zu verwerfen. Es bleibt hingegen wahrscheinlich stets ein, wenn auch noch so kleiner Rest der Flamme übrig, welcher beim Abwärtsschwingen der Lufttheilchen entweder im Innern des Brennrohres verweilt oder ausserhalb über den Rand herabschlägt."

„Die Tonbildung ist aber eben so wenig begleitet von einem einfachen Grösser- und Kleinerwerden der Flamme. In allen Fällen ist die gänzliche oder theilweise Lostrennung der Flamme von dem austretenden Gasstrome beobachtet worden. Tritt ein einfaches Abreissen ein, so ist der Ton rein, zerreisst jedoch die Flamme in mehrere Abtheilungen, so pflegen unharmonische Obertöne einzutreten."

Bereits früher hatte der Verfasser durch den Schlierenapparat (Berl. Ber. 1864. p. 166) [1]) ermittelt, dass sämmtliche Flammen von einem äusseren stark markirten Mantel, dessen Durchmesser den Durchmesser der mit blossem Auge gesehenen Flamme um das 2 bis $2\frac{1}{2}$fache übertrifft, umgeben sind, und ausserdem im Inneren der Gasflammen ein dem blossen Auge unsichtbarer, centraler Kegel von ziemlich scharfer Begrenzung vorhanden ist. Um die singende Flamme mit dem Schlierenapparat und dem Vibroskop zu beobachten, wurde eine hellbrennende Lampe dicht hinter die breite, verticale Spalte eines Tubus gestellt, welcher zum Linsensystem führte. Dicht vor den Linsen war die zu beobachtende Flamme in einer Röhre mit parallelen Glaswänden so aufgestellt, dass der von den Linsen ausgehende, convergirende Strahlenkegel durch die Flamme und die benachbarten Schichten hindurchging. In 10 bis 12 Fuss Entfernung von den Linsen an der Kreuzungsstelle der Strahlen, welche durch einen verticalen Schirm so abgeblendet wurden, dass hauptsächlich die unregelmässig gebrochenen Strahlen in's Auge gelangten, befand sich das Objectiv eines scharf auf die Flamme eingestellten Fernrohrs. Wo sich die Strahlen dicht vor dem Ocular des Fernrohrs wieder vereinigten, wurde die Scheibe des Vibroskops aufgestellt, und mit dem Auge unmittelbar vor demselben beobachtet. Bei der grossen Helligkeit des Gesichtsfeldes waren die dem blossen Auge sichtbaren Flammenzonen kaum zu erkennen.

Der parabolische, äussere Mantel zeigte sich wegen des stärkeren Luftzuges viel schlanker als bei freier Flamme. Er erfüllte bei der Wasserstoffflamme nach oben fast die ganze Klangröhre, und wogte mit den Schwingungen auf und ab, ohne selbst bei heftigem Tönen seine Form erheblich zu ändern. Die Weite der Oscillationen seines unter der Brennerspitze befindlichen Scheitels dürfte daher die Schwingungsweite der an dieser Stelle

[1]) Bestimmungen nach einer neuen optischen Methode. Bonn 1864.

befindlichen Lufttheilchen abgeben. Der innere scharf gezeichnete, wohl aus unverändertem Wasserstoff bestehende Kegel tritt mit Beginn der Schwingung in Form einer Nadel oder Zunge aus der Brenneröffnung, erhebt sich dann über dieselbe und verschwindet. Wenn bei starkem Gasdruck die Flamme in mehrere Theile zerreisst, so zerfällt entsprechend auch die Zunge in mehrere Tropfen. *Rb.*

G. Quincke. Ueber Interferenzapparate für Schallwellen. Pogg. Ann. CXXVIII. 177-192†.

Zum Auslöschen des Tons einer a_1 Gabel von 440 Schwingungen in der Secunde diente folgender handliche Apparat. An eine Glasröhre von der Form dreier aneinander stossenden Seiten eines Rechtecks ist in der Mitte, in entgegengesetzter Richtung mit den parallelen Seiten, ein kurzes Glasrohr angeschmolzen. Die Enden der parallelen Seiten sind mit den gegenüberstehenden parallelen, in etwas anderem Abstande voneinander befindlichen, Seiten einer gleichgestalteten Glasröhre auf der einen Seite durch ein kurzes Kautschuckrohr, auf der anderen Seite durch einen Kautschuckschlauch von etwa 390^{mm} Länge (der halben Wellenlänge von a_1) verbunden. Ueber eines der beiden angeschmolzenen Glasrohre wird ein kurzes Gummirohr, über das andere ein langer Gummischlauch aufgeschoben. Man bringt das kurze Gummirohr in ein Ohr, verschliesst das andere Ohr, und hält die angeschlagene Gabel vor die Oeffnung des langen Gummischlauchs, oder steckt in diesen den Stiel der Gabel und schlägt dann die Gabel an, oder streicht die Gabel auf einem Resonanzkasten mit dem Violinbogen, und legt das Ende des Gummischlauchs in den Kasten. Der Ton durchläuft nun auf der einen Seite des Apparats einen um eine halbe Wellenlänge längeren Weg als auf der anderen Seite, wodurch der Grundton ausgelöscht wird, und die (nebst den incommensurabeln höheren Tönen) isolirte Octave deutlich hervortritt. Der Verfasser konnte auf diese Weise in dem Klang aller von ihm untersuchten Gabeln die Octave nachweisen, die im Allgemeinen mit einer überraschenden Intensität auftrat, da es selbst geübten Ohren schwer wird, neben dem Grundton die Octave zu erkennen.

Hat sich mit der Temperatur die Wellenlänge des Tons geändert, so lässt sich durch Verschieben des längeren verbindenden Kautschuckschlauchs über die Röhren der Interferenzapparat leicht wieder stimmen. Füllt man den Apparat mit Leuchtgas oder einem andern Gase, dessen Dichtigkeit von der der atmosphärischen Luft verschieden ist, so löscht er nicht mehr denselben Ton aus.

Ein anderer Interferenzapparat besteht aus einem aus Glasröhren zusammengesetzten länglichen Rechteck, an welches in der Nähe der Enden einer der kürzeren Seite symmetrisch zwei kurze Glasröhren für den Eintritt und Austritt des Schalls angeschmolzen sind. Die Mitte dieser kürzeren Seite und zwei einander gegenüberliegende Stellen der längeren Seiten sind durch kurze Kautschuckrohre ersetzt. Durch Verschieben der längeren Seiten in den Kautschuckverbindungen kann der Apparat gestimmt, und durch Einsetzen einer anderen an beiden Enden rechtwinklig umgebogenen Glasröhre für einen beliebigen Ton eingerichtet werden.

Einfache Töne werden durch solche Interferenzapparate vollkommen ausgelöscht. An eine Zinke einer Gabel wurde mit Wachs ein Kartenblatt geklebt, und dasselbe dem offenen Ende einer gedeckten Pappröhre, deren Länge ein Viertel der Wellenlänge des Gabeltons betrug, genähert. Die Röhre konnte nur den Grundton der Gabel verstärken, und das Ohr nahm durch den auf denselben gestimmten Interferenzapparat keinen Ton wahr. Wurde aber einer der Schallwege geschlossen, so trat der Ton deutlich hervor. Gewöhnlich wird freilich, auch wenn ein Ohr durch die offene Interferenzröhre und das andere durch einen Siegellackpfropfen fest verschlossen ist, wegen anderweitiger Schallleitung noch ein schwacher Ton gehört.

Der Apparat löscht nicht nur die Töne aus, für welche der Wegunterschied eine halbe Wellenlänge, sondern überhaupt alle Töne, für welche der Wegunterschied ein ungerades Vielfaches der halben Wellenlänge ist.

Bringt man das Ende des Zuleitungsrohrs des sorgfältig abgestimmten Apparates in den aus der Mundöffnung einer gedeckten Pfeife ausströmenden Luftstrom, so hört man nur das

Geräusch des Windes und etwa einen schwachen musikalischen Klang.

Ein in der Mitte fixirter, geriebener Glasstab kann, wie eine gedeckte Pfeife, nur die Tonreihe a, $3a$, $5a$ etc. geben, und der Luftsäule einer darüber geschobenen Klangröhre mittheilen. Durch einen auf den Grundton des Stabes möglichst genau abgestimmten Interferenzapparat konnte jedoch der Klang des Stabes nicht ausgelöscht werden; im Gegentheil war der Klang fast noch unangenehmer als ohne Interferenzröhre. Der Verfasser schreibt dies zum Theil dem Auftreten der Combinationstöne zu.

Klänge, welche nicht, wie die von gedeckten Pfeifen, bloss von ungeraden Partialtönen begleitet werden, erleiden durch eine auf den Grundton oder einen der Obertöne gestimmte Interferenzröhre eine Aenderung der Klangfarbe. So klingt eine offene Orgelpfeife; eine Zungenpfeife; Physharmonika; eine über einen Resonanzkasten, in dessen Oeffnung das Zuleitungsrohr geführt wird, gespannte Monochordsaite (besonders wenn man sie auf $\frac{1}{2}$ oder $\frac{1}{4}$ der Länge zupft); die Saite eines Klaviers verschieden, je nachdem man die Interferenzröhre einseitig schliesst, oder beide Schallwege offen lässt.

Verbindet man zwei Interferenzröhren, von welchen eine auf den Ton n, die andere auf den Ton m gestimmt ist, so dass der Ton eine nach der anderen durchläuft, so werden in dem Klange die Tonreihen n, $3n$, $5n$ etc. und m, $3m$, $5m$ etc. ausgelöscht.

„Behorcht man den Klang einer Stimmgabel durch eine solche Combination von Interferenzröhren für Grundton und Octave, so treten die unharmonischen Nebentöne derselben sehr deutlich hervor. Wegen der Schallleitung durch den Körper hört man aber niemals Grundton und Octave vollständig verschwinden." Schwingende Luftsäulen, der Klang eines Vocals lassen auf diese Weise die begleitenden, die Klangfarbe bestimmenden Geräusche wahrnehmen.

Die Interferenzröhren eignen sich ferner zur Untersuchung der Stösse und Combinationstöne.

Zwei nahe gleich hohe Stimmgabeln gaben mit einer auf

ihren Grundton gestimmten Interferenzröhre, wenn sie ganz offen ist, die Stösse der Octaven, wenn einseitig geschlossen, die halb so schnellen Stösse der beiden Grundtöne, welche die der Octaven überdecken. Durch eine Verbindung zweier, auf Grundton und Octave gestimmten Interferenzröhren verschwinden beide Arten von Stössen. Dasselbe findet bei zwei Monochordsaiten statt.

Zwei Stimmgabeln, deren Grundtöne nahe eine Octave bilden, gaben mit einer auf den Grundton der tieferen Gabel gestimmten Interferenzröhre starke Stösse, wenn die Interferenzröhre einseitig geschlossen, schwache Stösse, wenn sie ganz offen ist. Die Geschwindigkeit der Stösse ist in beiden Fällen dieselbe, da ein Ton dieselbe Anzahl Stösse giebt mit einem nahe gleichen Ton oder dessen tieferer Octave. Schwieriger sind die schwächeren Stösse der Quinte zu beobachten.[1])

„Die Schwebungen zweier gedeckten Pfeifen hört man ungemein stark bei (einseitig) geschlossener, weit schwächer bei offener auf den Grundton gestimmter Interferenzröhre. Die Schwebungen folgen aber stets in denselben Zeitabschnitten auf-

[1]) Wir erlauben uns, eine Anwendung der wichtigen Untersuchungsmethode des Verfassers auf diesen Fall näher auszuführen. Da die Töne pn und $qn \pm s$, wenn p und q relative Primzahlen sind, und s eine kleine Zahl ist, ps Stösse geben, so geben 2 Töne 1) von $2n$ und $3n + s$ Schwingungen $2s$ Stösse, 2) von $4n$ und $3n + s$ Schwingungen $4s$ Stösse, 3) von $2n$ und $6n + 2s$, oder von $1 . 2n$ und $3 . 2n + 2s$ Schwingungen $2s$ Stösse, 4) von $4n$ und $6n + 2s$, oder von $2 . 2n$ und $3 . 2n + 2s$ Schwingungen $4s$ Stösse. Wendet man nun eine Combination zweier auf die Grundtöne $2n$ und $3n + s$ gestimmten Interferenzröhren an, und schliesst beide Interferenzröhren einseitig, so geben die unveränderten Töne alle 4 Arten von Stössen, also $2s$ und $4s$ Stösse; löscht man $3n + s$ aus, so erhält man die Stösse (3) und (4), also wieder $2s$ und $4s$ Stösse; löscht man den Ton $2n$ aus, so hat man (2) und (4), also nur $4s$ Stösse; lässt man beide Interferenzröhren offen, so hat man den Fall (4) mit nur $4s$ Stössen.

Da die Gabeln erfahrungsmässig zugleich die Octaven, diese aber in allen Fällen doppelt so viel Stösse als die Grundtöne geben, so muss der eigenthümliche Charakter der Stösse von Gabeln wesentlich geändert werden, wenn man die Octaven ausschliesst.

einander. Dasselbe ist bei offenen Orgelpfeifen oder einer Physharmonika der Fall, doch sind die Schwebungen bei offener Interferenzröhre lauter als bei gedeckten Pfeifen."

Von den rein gestimmten Gabeln c_1, e_1, g_1, c_2 wurden zwei gleichzeitig angestrichen, um den Combinationston zu beobachten, während der Schall durch eine auf den Grundton einer der Gabeln gestimmte Interferenzröhre zum Ohr gelangte. Als die Interferenzröhre einseitig geschlossen war, trat der Combinationston deutlich hervor. Dasselbe, wiewohl weniger deutlich, glaubt der Verfasser auch zuweilen bei Summationstönen wahrgenommen zu haben.[1])

Als derselbe Versuch mit einer rein gestimmten Physharmonika gemacht wurde, trat der Combinationston mehr hervor, wenn die Interferenzröhre einseitig geschlossen war, war aber auch bei offener Interferenzröhre deutlich zu vernehmen.

„Im Klange einer gedeckten Pfeife oder Clarinette bemerkt man, wenn sie stark angeblasen werden, die Octave des Grundtons mit einer offenen, auf den letzteren abgestimmten Interferenzröhre. Die Octave muss in dem Klange des Instruments als Combinationston des ersten und dritten Partialtons vorhanden sein."

„Man sieht daraus, dass sowohl Schwebungen als Combinationstöne bei kleinen Amplituden der schwingenden Körper (Stimmgabeln) im Ohre erzeugt werden. Bei grösseren Amplituden (Orgel- oder Zungenpfeifen) dagegen bilden sich die Combinationstöne schon in dem schwingenden Luftraume."

„Diese letztere Bemerkung hat bereits Helmholtz (Lehre von den Tonempfindungen 1863. p. 249) gemacht auf Grund der

[1]) Wir haben (Berl. Ber. 1856. p. 213-217) die Gründe angegeben, weshalb wir der mathematischen Entwickelung von Helmholtz, nach welcher durch das Zusammentreffen zweier Töne Combinationstöne und Summationstöne als einfache Töne entstehen sollen, nicht beistimmen können. Wohl können unter Umständen scheinbare Summationstöne vorkommen. Wenn z. B. zwei Töne p und q von ihren Octaven $2p$ und $2q$ begleitet werden, so entsteht aus dem Ton $2p$ und dem Ton $p - q$ der Ton $p + q$, derselbe ist aber dann nicht ein Summationston, sondern ein Differenzton.

Beobachtung, dass Resonatoren und passend gestimmte Membranen durch Combinationstöne in Mitschwingung versetzt werden können. Die blosse Analogie der Erscheinungen, welche Schwebungen und Combinationstöne bei der Untersuchung mit Interferenzröhren zeigen, würde demnach keinen hinreichenden Grund abgeben, die von HELMHOLTZ (POGG. Ann. IC. 532) aufgestellte Theorie der Combinationstöne zu verwerfen gegenüber der älteren zuerst von LAGRANGE ausgesprochenen, und später auch von YOUNG [1]) vertretenen Ansicht, nach welcher die Combinationstöne (Differenztöne) schnelle Schwebungen sein sollen."

Um die Töne objectiv nachzuweisen, wurde folgende Vorrichtung angewandt. Ueber einen kurzen Cylinder, welcher unten mit einer Flansche versehen ist, ist eine sehr dünne Kautschukmembran gebunden. Drei Schrauben, welche von Spiralfedern umgeben sind, verbinden die Flansche mit der Flansche eines engeren und etwas längeren concentrischen Cylinders, und pressen denselben gegen die Membran. In diesen engeren, an einem Träger zu befestigenden Cylinder können nun Glasglocken von verschiedener Länge, die Halsöffnung nach unten, mit der aufgekitteten Messingfassung geschoben werden. Durch Spannen der Membran und Verschieben der Glocken kann der Apparat gestimmt werden. Durch drei Glocken von 125^{mm}, 92^{mm} und 64^{mm} Höhe wurde die Membranflasche respective auf $e_{,}$, $g_{,}$ und $c_{,,}$ gestimmt, und es entstand die entsprechende Sandfigur, wenn einer dieser Töne vor der Oeffnung der Flasche angegeben wurde. Der Eigenton der Membran war sehr tief.

Von der auf den Ton der Membranflasche abgestimmten Interferenzröhre wurde nun das Ende eines der Gummischläuche an die Mündung der Flasche und das Ende des anderen Schlauchs an die Tonquelle geführt. Bei offener Interferenzröhre zeigte dann der Sand keine oder geringe Bewegung, die Klangfigur erschien aber sobald die Interferenzröhre einseitig geschlossen wurde.

Vermittelst der Methode von KUNDT lässt sich ebenfalls die Interferenz des Schalls objectiv nachweisen.

[1]) Misc. Soc. Taur. I. 1759. p. 104; TH. YOUNG, Lect. nat. phil. II. 1807. p. 544.

Die über den Glasstab des KUNDT'schen Apparates geschobene Klangröhre wurde mit einer der Oeffnungen einer Interferenzröhre verbunden, in welcher der eine Schallweg 4, der andere 9 halbe Wellenlängen (die halbe Wellenlänge 50^{mm}) betrug. Die andere Oeffnung wurde mit einer geraden Glasröhre verbunden, und in diese ein Korkstempel so geschoben, dass seine Entfernung vom zugekehrten Ende des Stabes eine ganze Anzahl halber Wellenlängen betrug. In den Apparat gleichförmig vertheiltes Lycopodium ordnete sich beim Erregen des Longitudinaltons des Glasstabes zu den von KUNDT beschriebenen Figuren in sämmtlichen Röhren mit Ausnahme der an die Interferenzröhre angefügten Glasröhre. Die Figuren erschienen aber sofort auch hier, wenn einer der Schallwege verlängert wurde, so dass der Unterschied etwas mehr als 5 halbe Wellenlängen betrug, und waren am deutlichsten bei einem Wegunterschied von einem geraden Vielfachen einer halben Wellenlänge. Als durch Einsetzen eines anderen U förmigen Rohres in den Interferenzapparat der Wegunterschied 13 halbe Wellenlängen betrug, liess sich durch Erwärmen des längeren Weges mit einer Spirituslampe die Schallgeschwindigkeit so ändern, dass die Figur auch in der angefügten Röhre erschien.

Um eine directe Schallwelle mit einer reflectirten interferiren zu lassen, kann man einfach den einen kurzen Zweig eines in zwei Zweige endigenden Glasrohrs mittelst Kautschuckverbindung durch ein Glasrohr mit beweglichem Stengel oder durch einen Kautschuckschlauch verlängern. Befindet sich der Stengel von der Kreuzungsstelle um $\frac{1}{4}$ Wellenlänge entfernt, oder drückt man den Kautschuckschlauch in dieser Entfernung zu, so interferirt die an dieser Stelle reflectirte Welle mit der durch den anderen Zweig direct hindurchgehenden. Die Interferenz ist jedoch wegen der geringeren Intensität der reflectirten Welle unvollständig, und man hört einen schwachen Ton, der aber bedeutend stärker wird, wenn man den kurzen Zweig an seinem Ende schliesst, oder den Ton in der Entfernung einer halben Wellenlänge von der Kreuzungsstelle reflectiren lässt.

Die Interferenz durch Reflexion lässt sich auch mit den vorher beschriebenen Interferenzapparaten durch Zudrücken einer an passender Stelle des längeren Röhrenweges angebrachten Kautschuckverbindung bewerkstelligen. Um störende Reflexionen zu vermeiden, ist es daher zweckmässig, die zum einseitigen Verschluss dienenden Kautschuckverbindungen in der Nähe der Stellen anzubringen, wo sich die Schallwege verzweigen. *Rb.*

E. C. O. NEUMANN. Ueber einen Apparat zur directen Messung der Schallgeschwindigkeit in der atmosphärischen Luft. POGG. Ann. CXXVIII. 307-311†; Phil. Mag. (4) XXXIII. 36-38; SILLIMAN J. (2) XLII. 417.

Ein 82^{cm} langer, 66^{cm} breiter, 7^{cm} hoher Holzkasten ist durch verticale, unten und oben anschliessende Leisten in hin- und hergehende Kanäle getheilt, und an der Mitte einer Seite mit zwei horizontalen, neben einander liegenden, durch 65^{mm} weite Blechröhren *K* und *L* verlängerte Ausmündungsröhren versehen. Die Röhren *K* und *L* münden in derselben Verticalebene, und sind durch Kautschuckmembranen geschlossen, auf deren Mitten Holzklötzchen geleimt sind, die 5^{mm} lange und 1^{mm} dicke, eiserne, an den Enden mit Druckerschwärze versehene Stifte *f* und *g* tragen. Der Schall wird durch Abfeuern eines, in einem mit dem Kasten verbundenen äusseren Rohr befindlichen, kleinen mit 2^{0}(?) Pulver geladenen Geschützes erzeugt, tritt an der *K* benachbarten Ecke in den Kasten ein, und hat bis zur Mündung von *L* einen um 6^{m} längeren Weg zurückzulegen als bis zur Mündung von *K*. Parallel mit den Mündungen von *K* und *L* befindet sich in 6^{mm} Abstand von den Stiften *f* und *g* eine drehbare, mit weissem Papier bedeckte Scheibe, deren Axe von *f* und *g* 30^{cm} entfernt ist.

Wird nun das kleine Geschütz abgefeuert, so markiren die nach einander an die Scheibe anschlagenden Stifte auf derselben zwei schwarze Punkte, welche sich auf einer Kreisperipherie von 30^{cm} Durchmesser befinden, und, wenn die Scheibe ruht, immer ein gleiches Bogenstück einschliessen. Wurde aber die Scheibe in der Secunde einmal umgedreht, so war je nach der Richtung der Drehung das Bogenstück zwischen den markirten Punkten um $16\frac{1}{3}^{mm}$ grösser oder kleiner als bei ruhender Scheibe. Ist allgemein a die Geschwindigkeit eines Punktes der Kreisperipherie, b der Weg, welchen dieser Punkt in der Zeit zurücklegt, in welcher der Schall den Unterschied l der beiden Wege durchläuft, so ist die Schallgeschwindigkeit gegeben durch

$$c = \frac{al}{b}.$$

Aus den obigen Werthen ergiebt sich

$$c = \frac{\pi . 0,3 . 6 . 1000}{16\frac{1}{3}} m. = 346,247^{m}$$

bei 22° C. *Rb.*

A. Kundt. Ueber die Erzeugung von Klangfiguren in Orgelpfeifen und über die Wirkung tönender Luftsäulen auf Flammen. Pogg. Ann. CXXVIII. 337-355†.

Als der Verfasser nach einer hinreichend unveränderlichen, unorganischen Substanz suchte, welche die Staubfiguren mit derselben Leichtigkeit und Schärfe zeige wie Lycopodium, ergaben sich als solche sehr fein geschlammter Quarzsand und aus Kieselfluorgas dargestellte Kieselsäure. Das Kieselfluorgas wurde durch Quecksilber in Wasser geleitet, die erhaltene Kieselsäure geglüht dann zerrieben und durch ein feines Gewebe gesiebt.

Die so erhaltene Kieselsäure zeigte vor anderen Pulvern ein eigenthümliches Verhalten. In eine verschlossene Glasröhre gebracht, deren Luftsäule durch die Longitudinalschwingungen eines Glasstabes in Schwingung versetzt wird, wandert nämlich die Kieselsäure, auch wenn die Länge der Luftsäule ein Vielfaches einer halben Wellenlänge ist, nicht zu den Knotenpunkten, sondern wirbelt, wie der Sand, zwischen den Knotenpunkten auf, und bildet, wie dieser, feine parallele Rippen. „Diese Rippen der Kieselsäure unterscheiden sich jedoch merklich von denen des Sandes. Während nämlich diejenigen des Sandes nur am Boden der Röhre vorhanden sind, und der Sand während des Tönens nur wenig vom Boden in die Höhe gehoben wird, bilden die Rippungen der Kieselsäure, so lange der Ton anhält, Querwände in der Röhre, deren Höhe oft über die Hälfte des Durchmessers der Röhre beträgt. Einzelne Schichten erstrecken sich sogar bisweilen über den ganzen Querschnitt der

Röhre. Diese Querwände von Kieselsäure sind ausserordentlich dünn, wie ein dünnes Blatt Papier, und wenn der Apparat horizontal liegt, stehen sie oft in ihrer ganzen Ausdehnung so lange als der Ton anhält, ganz still. Neigt man den Apparat etwas, so fangen meist die sämmtlichen Querwände an zu wandern, und wandern langsamer oder schneller zu den Knotenpunkten. Der Abstand der einzelnen Schichten ist verschieden, im Allgemeinen lässt sich nur zeigen, dass der Abstand der Schichten von einander an den Stellen am grössten ist, an denen sich vor dem Tönen die grösste Menge Kieselsäure befand."

Das eigenthümliche Verhalten und die leichte Beweglichkeit der Kieselsäure veranlasste nun den Verfasser auch die früher misslungenen Versuche mit Orgelpfeifen wieder aufzunehmen. Auf das Mundstück einer Labialpfeife wurde ein Glasrohr gesetzt, und nach Hineinschütten von Kieselerde mit einem Kork gedeckt. Als die horizontal gehaltene Pfeife angeblasen wurde, bildete die Kieselsäure aufrechtstehende Querwände, die, so lange der Ton anhielt, stillstanden, oder langsam wanderten. Wurde die Pfeife so angeblasen, dass sie mehrere Knoten enthielt, so markirten sich diese ebenfalls sehr gut, wenn die Kieselsäure gleichförmig vertheilt, und der entsprechende Ton kurz und bestimmt angegeben war. Die Figur ist der des Lycopodiums mit den Löchern ähnlich. „Zwischen den Knotenpunkten legt sich die Kieselsäure in lauter parallele Rippen, nach den Knotenpunkten selbst wandert dieselbe nicht. An diesen bleibt der wenige Staub, der dort gelegen, ruhig liegen, und dieselben sind mit einem Ring von Kieselsäure umgeben."

Die angewandten Glasröhren waren 1 bis 5 Fuss lang und ½ bis 2 Zoll weit. Bei mehr als 1½ Fuss Länge war es schon schwer, den Grundton zu erhalten, die Pfeife gab mit Leichtigkeit und Stärke meist nur die Obertöne an, etwa vom 3. bis 7., alsdann aber war es bei gleichförmiger Vertheilung der Kieselsäure über die ganze innere Wandung der Röhre leicht, die Figur zu erhalten. Die Viertelwelle zunächst dem Labium zeigte wegen des zu starken Aufwirbelns selten scharfe Lagerung des Staubes. Die anderen Wellen werden jedoch alle gleichmässig gut ausgebildet. Da sich die Knotenpunkte in der Kieselfigur ganz gut angeben lassen, so konnte die Länge der Halbwellen mit ziemlicher Genauigkeit gemessen werden. Sie fanden sich alle von gleicher Länge, nur die Viertelwelle am Labium war bedeutend zu klein. Auch in offenen Orgelpfeifen erhält man die Staubfigur, nur wird die Lagerung durch den Luftstrom etwas gestört.

Wenn man eine Signal- oder Lockpfeife, oder eine kleine Pfeife, wie sie als Spielzeug für Kinder dient, etwa 1 Zoll vom Labium abschneidet, und dann mittelst Kautschuckröhren Glasröhren von geringerem Querschnitt von verschiedenen Längen ansetzt, so erhält man Pfeifen, die eine ganze Reihe von Obertönen geben. Wird in das Glasrohr Kieselsäure geschüttet, dasselbe durch einen Kork gedeckt und dann die Pfeife angeblasen, so sieht man die Kieselsäure Querwände in grosser Anzahl bilden, aus deren Gruppirung sich schon die Anzahl der Wellen erkennen lässt. Neigt man dann die Röhre etwas, so fangen die Schichten an zu wandern, und die Kieselsäure legt sich in kleinen Häufchen auf die Knotenpunkte. Giebt man einen anderen Ton der Pfeife an, so bewegen sich die früheren Staubhäufchen, und legen sich in anderer Anzahl und an anderen Stellen wieder nieder. In einer kleinen gedeckten Pfeife dieser Art von etwas über 1 Fuss Länge erhielt man 3 bis 9 Knotenpunkte mit Leichtigkeit, in einer anderen von 4 Fuss Länge und $\frac{1}{2}$ Zoll Weite 8 bis 30 Knotenpunkte. Die Staubhäufchen entstehen nur, wenn die Pfeife geneigt wird, liegt sie horizontal, so bilden sich nur die Querschichten. Dasselbe findet statt in Pfeifen mit tiefen Tönen. Hat man in einer Orgelpfeife die Staubfigur mit den Löchern erzeugt, und senkt dann das gedeckte Ende, so fangen die Schichten an, nach dem Ende hin zu wandern, aber nur bis an die Staubringe, welche die Knoten umgeben; hebt man das Ende der Röhre, so wandert der Staub in entgegengesetzter Richtung, um sich in Häufchen an die andere Seite der Staubringe zu legen. Je grösser die Wellenlänge ist, um so grösser ist auch der Raum um die Knoten, in welchen der Staub sich nicht hineinbewegt. Als eine gedeckte Orgelpfeife ihren 5. Ton gab, war die Länge dieses Raumes 95^{mm}, beim 7. Ton 25^{mm}, beim 8. Ton nur 14^{mm}.

Dieselbe Eigenthümlichkeit, dass der Staub nicht bis zu den Knotenstellen wandert, zeigt sich auch in dem früheren Apparat des Verfassers zur Erzeugung von Staubwellen. Ist die Länge der Luftsäule gleich der von $\frac{2n+1}{4}$ Schallwellen, so dass die Figur mit den Löchern entsteht, so wandert beim Neigen des Apparats der Staub nach den Knotenpunkten, ohne sich jedoch auf dieselben zu bewegen. Enthält die Luftsäule $\frac{n}{2}$ Schallwellen, und befindet sich sehr wenig Lycopodium in der Röhre, so bilden sich auf den Knotenpunkten nicht die Staubhäufchen, sondern der sich heranbewegende Staub bleibt von denselben auf beiden Seiten durch scharfe parallele Linien, zwischen welchen der Raum staubfrei ist, getrennt.

FERMOND beobachtete, als er eine Pfeife mit Tabakrauch anblies, dass sich derselbe in einer Spirale bewegte. Hebt man das gedeckte Ende einer Pfeife, in der sich Kieselsäure befindet, während des Tönens allmählig, so dass die Kieselsäure nach unten fällt, so bleibt dieselbe zum grössten Theil oberhalb des Labiums schweben, und bewegt sich hier in spiralformiger Bahn, von der man oft zwei oder mehr Umgänge erkennen kann. Entfernt man während des Tönens den deckenden Kork, so zieht sich die Spirale bedeutend in die Höhe, ohne jedoch die oberen Theile zu erreichen. Auch zeigen die regelmässigen Schichten der Kieselsäure in den von dem Labium entfernten Theilen, welche als ebene Flächen durch den Querschnitt gehen, dass dort die Bewegung im ganzen Querschnitt dieselbe ist.

Die Abstände der Querschnitte sind nicht constant. Oft sind die Rippen in einer Halbwelle nahe gleich weit von einander entfernt; aber mit der Menge und Vertheilung der Kieselsäure ändern sich die Abstände und Anordnungen. Wenn eine Pfeife so angeblasen wird, dass sie neben dem Grundton die Octave giebt, so zeigen sich in der Mitte zwischen den grösseren, offenbar dem Grundton angehörigen Schichten kleinere, anscheinend von der Octave herrührende Schichten.

Um die Schichtung an einer noch beweglicheren Materie als Kieselsäure zu studiren, wurde eine Gasflamme angewandt.

Bringt man eine Gasflamme von 1 bis 1½″ Höhe in eine verticale Pfeife, so zeigt sie, wenn man die Pfeife anbläst, Schichtungen, welche um so deutlicher sind, je mehr man die Flamme der Wand nähert, und sie theilt sich vollständig in über einander liegende helle und dunkele Schichten, wenn die Flamme die Wand berührt. Um das Springen des gläsernen Pfeifenrohrs zu verhüten, und die Flamme bequem an jede Stelle innerhalb desselben bringen zu können, wurde die Hälfte der inneren Wandung der ganzen Länge nach mit einem durch federnde Ringe festgehaltenen gebogenen Messingblech bedeckt, und durch eine mit dem oberen Rand Röhre der verbundene Hülse mit Reibung ein dünnes, unten umgebogenes, in eine conische, erst vertical, dann schräg aufwärts gerichtete Spitze endigendes Gasrohr eingeführt. Lässt man nun die etwa 1½″ hohe Flamme gegen das Blech brennen, und bläst die Pfeife mit einem Gebläse oder durch einen Schlauch mit dem Munde an, so sieht man die Schichtung sehr deutlich, und kann es durch richtige Einstellung und Abgleichung der Flamme erreichen, dass die dunkeln Stellen ganz schwarz erscheinen, und die hellen Schichten ganz isolirt von einander, eine über der andern stehen.

„Die über einander liegenden hellen Schichten der Flamme stehen, so lange der Ton anhält, vollkommen still, man erhält die Schichten in jeder Höhe der Pfeife, sowohl in Knotenpunkten wie zwischen denselben, nur zunächst dem Labium werden sie unregelmässig, undeutlich und zeigen sich zuweilen dort gar nicht."

Die Abstände der Schichten sind einander ziemlich gleich, nur im oberen Theil der Flamme etwas kleiner. Beim Grundton der Pfeife sind die Schichten etwa doppelt so gross als bei der Octave. Mit der Länge der Pfeife nimmt der Abstand der Schichten zu. In drei Pfeifen von 385^{mm}; 595^{mm} und 800^{mm} Länge war der Abstand der Schichten in der Länge der Pfeife respective 77,5, 71,7, 68,4 Mal enthalten. Auch hängt die Grösse der Schichten in einer Pfeife an einer und derselben Stelle etwas von der Grösse der Flamme ab.

In einem rotirenden Spiegel betrachtet giebt die geschichtete Flamme, wie die Flamme der chemischen Harmonika, alternirende Bilder, aber nicht, wie letztere, einfache, etwas schief gezogene Flammenbilder, sondern parallel neben einander stehende treppenförmige Lichtbänder, von welchen die horizontale Stufen den hellen Schichten, und die die Stufen verbindenden fast vertical aufsteigenden Lichtbänder den dunkeln Schichten angehören.

Daraus folgt, dass das Gas in den dunkeln Schichten sich sehr rasch aufwärts bewegt, während es in den hellen Schichten fast still steht. Die dunkeln Schichten entstehen also nicht durch Abwesenheit des Lichts, etwa in Folge einer vollkommenen Verbrennung des Kohlenstoffs, sondern ihre Dunkelheit ist nur eine relative, bedingt durch die geringe Dauer des Lichteindrucks der rasch durch sie hindurchgehenden leuchtenden Theile.

In der von dem Verfasser gegebenen Zeichnung stehen die drei treppenförmigen Flammenbilder so neben einander, dass man — zwar nicht genau, weil die Schichten nach oben enger werden — aus einer Treppe die folgende erhält, wenn man sie — mit Weglassung der ersten und Hinzufügung der auf die letzte folgenden Stufe — um eine Stufe senkt. Die Stufen sind vorn und hinten abgerundet, und, wie die Zeichnung, namentlich der oberen Stufen anzudeuten scheint, in ihrer vorderen Hälfte nach oben, in der hinteren Hälfte nach unten etwas gewölbt.

Wir glauben daraus und aus der Zeichnung der direct gesehenen geschichteten Flammen schliessen zu können, dass von der nahe über der Ausflussöffnung des Gases befindlichen Stelle, an welcher die Schichtung anfängt deutlich zu werden, mit jeder ganzen Schwingung eine leuchtende Wolke rasch, sprungweise, in die Höhe steigt und dann stille steht, oder sich etwas abwärts bewegt und mit jeder folgenden Schwingung die gleiche Bewegung weiter nach oben zu wiederholen, bis durch vollständige Verbrennumg des in ihr enthaltenen Gases die fernere Bewegung der unmittelbaren Beobachtung entzogen wird, vielleicht aber noch durch einen Schlierenapparat ermöglicht werden könnte. Durch diese auf einander folgenden Bewegungen bildet die leuchtende Wolke die über einander liegenden Schichten, während des raschen Aufsteigens eine dunkle, während des Stillstandes, oder der geringen auf- und abwärts gehenden Bewegung, eine helle Schicht. Der Abstand einer Wolke von der nächsten beträgt nach den treppenförmigen Bildern etwa das 3 bis 4fache der verticalen Dicke, welche die Wolke im Zustande der geringen Bewegung besitzt. Während des Aufsteigens bis gegen die Mitte der Flamme dehnen die Schichten sich seitlich aus, und verdecken vielleicht durch eine geringe verticale Ausdehnung die Abnahme der Geschwindigkeit des aufsteigenden Gasstroms. In dem oberen Theil der Flamme wird der brennende Theil der Wolke kleiner, und die Geschwindigkeit des Gasstromes nimmt merklich ab, weshalb die Lichtbänder schmäler, die Schichten und Treppenstufen enger und die Bewegungen nach abwärts grösser werden. Die von dem Verfasser gezeichnete Flamme enthält 10 bis 11 deutliche Schichten, welche demnach durch 10 bis 11 über einander befindliche leuchtende Wolken gebildet werden.

Durch eine rotirende, mit einigen Schlitzen versehene Scheibe beobachtet man ebenfalls das in die Höhe Brennen, und sieht, dass die hellen Schichten auf und ab hüpfen. Wie man sich durch die rotirende Scheibe oder den rotirenden Spiegel überzeugen kann, sind die Schichten auch in der Nähe des Labiums vorhanden, werden aber hier, da sie bei der unregelmässigen Luftbewegung beständig ihren Ort wechseln, der unmittelbaren Wahrnehmung entzogen.

Es liegt nahe, die Schichten der Flamme und die Rippen der Kieselsäure als analoge Erscheinungen anzusehen, und ihren gemeinsamen Grund in Obertönen der Pfeife zu suchen. Indem der Verfasser zeigt, wie eine solche Gruppirung wohl aus Obertönen abgeleitet werden könne, weist er jedoch auf die Schwierigkeit hin, dass die Schichtung in der Nähe der Wandung der Röhre viel deutlicher ist als in der Mitte, und die Abstände der Rippen so variabel und von der Menge des Sandes abhängig sind. *Rb.*

A. Kundt. Nachtrag zum (vorstehend besprochenen) Aufsatz. Pogg. Ann. CXXVIII. 496-496†.

Durch Anwendung von Pfeifen mit verstellbarem Labium, die einen sehr vollen starken Ton gaben, gelang es dem Verfasser die Klangfiguren der Kieselsäure auch mit Lycopodium zu erhalten. Die Querrippen waren zwar nicht so gut, aber bei geneigter Lage der Pfeife erhielt man die Knotenpunkte sehr scharf. Auch zeigte sich die Spiralbewegung in der Nähe des Labiums, und zwar konnte durch Aenderung der Richtung des aus dem Kernspalt kommenden Windbandes mittelst eines auf der einen oder der anderen Seite schräg vorgehaltenen Stückchens Blech oder Papier nach Belieben eine rechts oder links gewundene Spirale erhalten werden. Die Spiralbewegung ist also nur eine Folge zufälliger Unregelmässigkeiten des Kernspalts oder des Labiums. *Rb.*

W. BEETZ. Ueber die Töne rotirender Stimmgabeln.

POGG. Ann. CXXVIII. 490-495†; Phil. Mag. (4) XXXII. 534-539.

Der Verfasser hat seine früheren Versuche (Berl. Ber. 1850-51, p. VIII) über die Töne rotirender Stimmgabeln wieder aufgenommen. Es wurden besonders zwei Stimmgabeln von den Tönen c_1 und c_2 angewandt. Die Querschnitte der Zinken waren Rechtecke, an den Enden der c_1 Gabel 11^{mm} lang und, in der Richtung der Zinkenebene, 6^{mm} breit, an den Enden der c_2 Gabel 14^{mm} lang und 6^{mm} breit. In einer Drehbank befestigt, zum Tönen gebracht und dann um die Axe mit der Geschwindigkeit von 12 Umdrehungen in der Secunde gedreht, erhöhte sich der Ton der c_1 Gabel um etwa $\frac{3}{4}$, der der c_2 Gabel um etwa $\frac{1}{2}$ Ton. Daneben wurden bei jeder Umdrehung zwei Stösse gehört. Durch ein unter die Gabel gestelltes Resonanzgefäss kann die Tonerhöhung auch einem wenig musikalischen Ohr bemerklich gemacht werden. „Ist das Gefäss auf den Ton der Gabel gestimmt, so hört man bei langsamer Drehung nur die von den Gebrüdern WEBER beobachtete Interferenzerscheinung. Dreht man schneller, so zieht sich der Ton heulend in die Höhe, stimmt man aber das Gefäss allmählig höher, so tönt es mit der gedrehten Gabel immer heller mit, bis die oben angegebene Höhe erreicht ist." Eben so hört man die Tonerhöhung vortrefflich durch einen HELMHOLTZ'schen Resonator von dem Ton der gedrehten Gabel. „Diese Erscheinung hat aber mit der Mittheilung des Schalles an die Luft und mit der Fortpflanzung desselben in der Luft gar nichts zu schaffen, denn man hört sowohl die Tonerhöhung als die Schwebungen ganz eben so gut, ja besser, wenn man den Kopf mit verstopften Ohren an irgend einen Theil der Drehbank anstemmt. Die Erscheinung ist also durchaus objectiv, die Schwingungen der Gabel werden in der That beschleunigt. Sie ist nichts als eine andere Gestalt des FOUCAULT'schen Pendelversuchs. Die Schwingungen haben das Bestreben, in der Ebene, in welcher sie erregt werden, zu verharren, sie gehen also gleichsam auf einen Stab von grösserer Dicke über, und erzeugen deshalb einen höheren Ton. Die Elongation der Schwingungen wird dabei kleiner, sie wächst aber allmählig wieder, und erreicht jedesmal ein Maximum, wenn die Gabel wieder ihre ursprüngliche oder eine um 180° gegen diese gedrehte Stellung einnimmt. Dadurch entstehen die Schwebungen, deren Zahl natürlich nur halb so gross ist, als die der Stösse, welche man beim WEBER'schen Interferenzversuch hört. Wird die Gabel nur langsam gedreht, so folgt die Schwingungsebene der Drehung der Masse, man hört nur den Grundton und keine Stösse; bei schnellerer Drehung treten bald, auch objectiv, die Stösse auf, dann zieht sich der Ton in die Höhe, aber nie so weit, dass er den Schwingungen eines Stabes von der grösseren Dicke der Gabelzinken entspräche."

Zur Prüfung dieser Erklärung wurden zwei Gabeln, die eine g_1 deren Zinken 6^{mm} breit und, in der Richtung der Zinkenebene, $1{,}5^{mm}$ dick, die andere cis_2, deren Zinken $1{,}5^{mm}$ breit und 6^{mm} dick waren, auf einer geräuschlos laufenden Rotationsmaschine 25mal in der Secunde um die Axe gedreht. Der Ton der g_1 Gabel zog sich durch die Rotation um eine Quinte in die Höhe, der Ton der cis_2 Gabel ging um einen halben Ton herunter. Neben diesem vertieften Ton der cis_2 Gabel aber hörte der Verfasser noch einen Ton, welcher höher als cis_2 war, und der uns nur dann mit der obigen Erklärung vereinbar erscheint, wenn cis_2 einer anderen Schwingungsrichtung als der in der Zinkenebene angehört, da das Trägheitsmoment des Zinkenquerschnitts in Bezug auf jede schief durch den Schwerpunkt gehende Gerade ein Mittelwerth zwischen den Trägheitsmomenten in Bezug auf die den Seiten parallelen Hauptaxen ist.

Ein Stahlstab von 1^m Länge, 16^{mm} Breite und 8^{mm} Dicke wurde an einem Ende an einem Faden aufgehängt, so dass der Faden die Verlängerung der Axe bildete. In einem Knoten mit zwei Fingern gehalten und in der Richtung der Breite angeschlagen gab der Stab bei 5 Knoten den Ton g_1, in der Richtung der Dicke angeschlagen den Ton *g*. Liess man nun den Stab einen der beiden Töne geben, und drehte ihn um 90°, so gab er den anderen Ton; die Schwingungsebene blieb also constant. Wurde der Faden gedrillt, so hörte man beide Töne, und dazwischen ein Gebrumm von anderen, den Uebergängen der Schwingungsrichtung entsprechenden Tönen. Geht man mit dem Ohr an dem ruhig hängenden, tönenden Stab herum, so hört man nur einen Ton. Hält man aber den gedrillten Faden mit den Zähnen, nachdem man die Ohren verstopft hat, so hört man den Tonwechsel und die Stösse. Ein cylindrischer Stab ändert den Ton durch Drehung nicht.

Der Verfasser versuchte nun diese Erscheinungen mittelst eines WHEATSTON'schen Kaleidophons von KÖNIG mit 6 Stäben sichtbar zu machen. Beim cylindrischen Stab blieb, wie FOUCAULT (Berl. Ber. 1850-51. p. 130) angegeben, die Schwingungsfigur des vom Knopf gespiegelten Lichtpunktes, mochte sie eine gerade Linie, eine Ellipse oder ein Kreis sein, constant. Die anderen Stäbe aber zeigten so verwickelte Figuren, dass der Verfasser durch einen senkrecht gegen die Seitenfläche des ruhenden Stabes geführten Stoss nur die gerade Linie entstehen liess. Bei der Drehung bildeten sich statt dieser Linie Figuren, welche von der Drehungsgeschwindigkeit abhängen, und bei allen Stäben, von den verschiedensten Dickenverhältnissen, dieselben sind. Der leuchtende Punkt bewegte sich um die Ruhelage in Schleifen, welche in gleichen Winkelabständen langsamer auf einander folgten, als der Stab gedreht wurde. Die Anzahl der Schleifen nahm mit zunehmender Rotationsgeschwindigkeit ab, so dass die Figur aus einer klaren, in sich zurücklaufenden Linie durch verwischte Bilder in eine andere in sich zurücklaufende Linie mit weniger Schleifen überging. Bei noch weiter gesteigerter Rotationsgeschwindigkeit reducirt sich endlich die Figur auf zwei concentrische Kreise mit matt beleuchteter Fläche.

Nach den mitgetheilten Zeichnungen scheint der leuchtende Punkt congruente, rotirende Ellipsen zu beschreiben, welche mit zunehmender Umdrehungsgeschwindigkeit des Stabes schneller rotiren und etwas breiter werden, also weniger und breitere Schleifen bilden, bis endlich nur die äussere und innere Umhüllungscurve als zwei concentrische leuchtende Kreise deutlich hervortreten. *Rb.*

A. Terquem. Mémoire sur les vibrations des plaques carrées. (Extrait par l'auteur.) C. R. LXIII. 378-381†; Mondes (2) XII. 43-44; Inst. 1866. p. 274.

Chladni führte die von ihm erhaltenen Knotenlinien quadratischer Scheiben auf gerade, den Seiten parallele Linien zurück, indem er sie als Störungen der letzteren ansah, und bezeichnete sie durch das Symbol $m|n$. Wheatstone erklärte 1823 die Chladni'schen Figuren durch die Coexistenz zweier transversalen Vibrationen. Sind A und B zwei an einander stossende Seiten des Quadrats, und giebt die Platte einen Ton mit m Linien parallel A und n Linien parallel B, so wird vermöge der Symmetrie zugleich ein Ton mit m Linien parallel B und n Linien parallel A entstehen. Aus der Coexistenz dieser Schwingungen resultiren dann Knotenlinien, welche durch die Punkte gleicher und entgegengesetzter Bewegung gehen. König (Berl. Ber. 1864. p. 122) bestätigte durch Versuche die Theorie von Wheatstone, und Hr. Terquem findet nun Folgendes.

1) „Wenn, in dem Symbol $m|n$, $m+n$ ungerade ist, so weiss man, dass die Figur eine Diagonale enthält, und in Bezug auf dieselbe symmetrisch ist, man kann also zwei identische aber umgekehrt liegende Figuren erhalten, die genau demselben Ton entsprechen."

2) „Wenn $m+n$ gerade ist, so hat man zwei verschiedene Figuren mit zwei auch ein wenig verschiedenen Tönen; eine der Figuren enthält die beiden Diagonalen, in der anderen ist der Mittelpunkt ein Schwingungsbauch, so wie die Ecken."

3) „Wenn m und n ungerade sind, so hat man nothwendig die durch den Mittelpunkt gehenden Parallelen zu den Seiten; sind m und n gerade, so hat man sie nicht."

Wenn man irgend eine Figur untersucht, so ist es oft schwer, die Anzahl der primitiven Knotenlinien zu erkennen, von welchen sie abzuleiten ist. Eine sehr bequem zu befolgende praktische Regel ist:

a) „Man zähle die Anzahl der Knotenlinien, welche die Ränder treffen, indem man die Diagonalen mitrechnet, und als zwei Linien jede convexe Linie zählt, die den Rand berührt, oder demselben nahe kommt. Diese Zahl giebt die grössere der beiden Zahlen m und n. Es sei diese grössere Zahl m; für die andere befolge man folgende Regel:"

b) „Wenn $m+n$ ungerade ist, so zähle man die Anzahl der Linien, welche die Diagonale schneiden, die keine Knotenlinie ist; diese Zahl ist $m+n$."

c) „Ist $m+n$ gerade, so giebt es zwei verschiedene Figuren, von welchen nur eine die beiden Diagonalen enthält, auf die andere Figur wendet man die vorstehende Regel an. In derjenigen, welche die Diagonalen enthält, zählt man auf einer durch den Mittelpunkt parallel zu den Seiten gelegten Geraden, wie oft die verschiedenen Linien den Sinn ihrer Krümmung ändern, indem man die beiden Diagonalen zählt wie zwei Curven von entgegengesetzter Krümmung; diese Zahl, vermehrt um 1, und dann abgezogen von m, giebt n; man zählt nicht die den Seiten parallelen Linien, wenn sie existiren."

Der Verfasser hat verificirt, dass jede Figur des Symbols $m|n$ übereinstimmend mit der Theorie WHEATSTONE's, m^2+n^2 feste Punkte hat; sie liegen sichtlich auf Parallelen zu den Seiten der Platte.

Die Platte wird von Zangen, analog den von CHLADNI angewandten unterstützt, aber in keinem Punkte imprimirt. Sie ruht auf vier mit starker Reibung verschiebbaren Stäben des Trägers, von welchem ein Arm frei auf einem Tisch liegt, und welcher durch einen Läufer von Blei an einem unteren Arm im Gleichgewicht gehalten wird. Es ist besser, die Unterstützungspunkte in der Nähe der Mitte als in der Nähe des Randes anzubringen.

Wenn man vier der m^2+n^2 festen Punkte unterstützt, so kann man durch Anstreichen der Platte mit dem Violinbogen an verschiedenen Stellen nach einander die beiden Figuren des Symbols $m|n$ erhalten. Lässt man die Figuren schnell abwechseln, so sammelt sich der Sand um die festen Punkte in oscillirenden Häufchen.

Ist $m+n$ ungerade, so sind die beiden entsprechenden Töne identisch; man hört periodische Verstärkungen des Tons, begleitet von Oscillationen des Sandes, welcher strebt abwechselnd die beiden symmetrischen Figuren zu bilden.

Ist $m+n$ gerade, so unterscheiden sich die beiden Töne um einen halben Ton; man kann den Sand noch zwingen, sich in Häufchen zu sammeln, wobei man gleichzeitig die beiden dissonirenden Töne hört.

Ueber die Lage der festen Punkte kann der Verfasser nichts Gewisses sagen. Die primitiven Knotenlinien scheinen jedoch nach Allem dieselbe Lage zu haben wie bei einem an beiden Enden freien, transversal schwingenden Stabe. Die Abweichungen finden sich namentlich bei geringer Anzahl der Knotenlinien, wie 2, 3, 4 und selbst 5; bei den sichern Knotenzahlen betragen die Abweichungen gegen die Mitte nicht über 1^{mm} bis 2^{mm}. Es ist zweckmässig, nach den von SEEBECK berechneten Zahlen die Durchschnittspunkte der Knoten zu berechnen, und danach die Unterstützungspunkte zu bestimmen.

Die Unregelmässigkeiten der Knotenlinien sind nicht immer eine Folge des Mangels der Platte an Homogenität, da einige derselben bei Platten von verschiedenen Dicken und Massen vorkommen. Eine der häufigsten ist die Transformation zweier Linien, die sich schneiden sollten in zwei getrennte Curven. Um den Durchschnittspunkt ist in einer ziemlichen Ausdehnung die Bewegung so gering, dass man dort oft den Sand sich anhäufen sieht. In Folge eines Mangels an Symmetrie oder einer Intensitätsdifferenz der beiden coëxistirenden Bewegungen aber kann dieser Raum an den Schwingungen zweier auf entgegengesetzten Seiten desselben belegenen Abtheilungen Theil nehmen, wodurch dann die so gewöhnliche Trennung der beiden Curven entsteht. Eine andere Irregularität rührt daher, dass eine der m Knotenlinien einer der n Linien sehr nahe liegt, wie in 6|2, 7|4, 9|3. Sie fallen jedoch niemals zusammen, wie CHLADNI annahm, da die einzigen geraden Linien welche man erhalten kann, die Diagonalen oder die durch den Mittelpunkt gehenden Parallelen zu den Seiten sind. Eben so sind, wegen zu grosser Nähe der Knoten, die Figuren 7|6, 6|5, 6|4, ... an den Rändern und besonders an den Ecken unregelmässig. *Rb.*

J. B. ZOCH. Ueber ein neues Verfahren zur Messung der Schallgeschwindigkeit in Gasen. POGG. Ann. CXXVIII. 497-511†.

In der Mitte einer Pfeife, deren Schwingungszahl genau bekannt ist, befindet sich eine Büchse, welche nach innen durch eine Membran geschlossen ist, die an dieser Stelle die innere Wand der Pfeife ersetzt. Von der Büchse führen zwei parallele Röhrenleitungen, erst horizontal, dann vertical aufwärts, wieder horizontal, dann vertical abwärts und endlich horizontal fortlaufend, jede zu einem Membranometer. Die Röhren dieser Leitung sind 10^{mm} bis 15^{mm} weite Glasröhren, und an den Ecken luftdicht mit Siegellack in hölzerne Kniee gekittet, welche innerhalb, für die Reflexion des Schalls, mit glatten unter 45^0 geneigten Blechplatten belegt sind. Die verticalen Theile der Leitung bestehen aus verschiebbaren, mittelst Stückchen Gummirohr luftdicht über einander greifenden Röhren, durch deren Verschiebung ein beliebiger Gangunterschied der hindurch gehenden Wellenzüge bewirkt werden kann. Die an den Enden durch die Membranen geschlossenen beiden Röhrenleitungen werden mittelst gabelförmig verzweigter Gummischläuche mit dem Gase gefüllt, dessen Schallgeschwindigkeit bestimmt werden soll. In die von der Röhrenleitung abgewandten Theile der beiden Membranometer wird Leuchtgas geleitet, welches durch gleich lange Gummischläuche zu je einem Brenner gelangt und auf die Flamme desselben die Schwingungen der Membran des entsprechenden Membranometers überträgt. Der Durchmesser der Brennermündung ist gleich der Dicke einer Nadelspitze. Die Flammen werden durch einen rotirenden Spiegel beobachtet, und durch einen umgebenden Glascylinder vor äusserer Luftbewegung geschützt. In dem Cylinder befindet sich ein verticaler, drehbarer bis zur halben Höhe der Flammen reichender, Spiegel, welcher so gestellt wird, dass die reflectirten Strahlen der unteren Hälfte der dem Rotationsspiegel näheren Flamme und die über den Spiegel hinweggehenden directen Strahlen der oberen Hälfte der anderen Flamme in derselben Richtung auf den Rotationsspiegel fallen, und, von demselben reflectirt, während der Ruhe sich zu einem vollständigen Flammenbilde ergänzen. Die übrigen Strahlen der Flammen werden durch einen im Cylinder befindlichen Schirm von dem Rotationsspiegel abgehalten, und die innere Wand des Cylinders ist zur Vermeidung störender Reflexionen berusst bis auf die Lücke für den Durchgang der Strahlen zum Rotationsspiegel. Um eine Diffusion der Gase zu verhindern, sind die Membranen und die hölzernen Kniestücke gefirnisst.

Lässt man nun die Pfeife tönen, und macht beide Röhrenleitungen gleich lang, so sieht man in dem rotirenden Spiegel schiefe, neben einander liegende, vollständige Flammenbilder. Verlängert oder verkürzt man dann eine der beiden Leitungen durch Verschieben der verticalen Röhren über einander, so verschieben sich die entsprechenden halben Flammenbilder, bis durch weitere Veränderung der Länge eines der Schallwege, verbunden etwa mit einer Veränderung der Länge des anderen Schallweges in entgegengesetztem Sinne, der Gangunterschied der an den Membranometern anlangenden Schallwellen eine ganze Wellenlänge beträgt, und die Bilder der halben Flammen wieder über einander stehen. Die Wellenlänge ist dann der doppelte Unterschied zwischen der Höhe der beiden Schallleitungen. Die Unsicherheit in der Bestimmung des Uebereinandertreffens der Bilder beträgt bei einiger Uebung ungefähr 2^{cm} der Verschiebung, bei Kohlensäure weniger, bei Wasserstoff mehr. Sie wird geringer, wenn man höhere Pfeifen anwendet, jedoch erschwert dann das nahe Zusammenrücken der Bilder die Beobachtung. Der Verfasser wandte Pfeifen von den Tönen c_1, g_1, c_2 an. Durch Multiplication der Wellenlänge mit der Schwingungszahl erhält man die Schallgeschwindigkeit mit einer Unsicherheit von etwa 5^m.

Vor der Beobachtung werden die Quetschhähne der Gummiröhren, welche zum Zu- und Ableiten des zu untersuchenden Gases dienen, geschlossen, vor dem Verschieben der verticalen Theile der Röhrenleitung aber geöffnet, damit die Membranen nicht gesprengt werden. Lässt man die Quetschhähne geschlossen, während man die Röhren zusammen schiebt, so ändert sich auf einige Secunden die erhaltene Schallgeschwindigkeit, ob durch Verdichturg des Gases oder durch Aenderung der Membranen konnte nicht ermittelt worden. Leitet man während des Versuchs einen Luftstrom in der Richtung der Fortpflanzung des Schalls durch die Leitung, so wird die Schallgeschwindigkeit grösser ausfallen, als wenn der Luftstrom in entgegengesetzter Richtung durchgeführt wird.

Durch Vergleichung der Wellenlängen erhielt der Verfasser, wenn die Schallgeschwindigkeit in der Luft zu 332,05^{m} angenommen wird, für die Schallgeschwindigkeit in Wasserstoff 1286,362^{m}, in Kohlensäure 281,910^{m} und in Leuchtgas 490,437^{m}.

Rb.

A. KUNDT. Beobachtung der Schwingungsform tönender Platten durch Spiegelung. POGG. Ann. CXXVIII. 610-613†.

Eine spiegelnde Klangscheibe von etwa 10″ Durchmesser ist in ihrer Mitte an einem um eine verticale und eine horizontale Axe drehbaren Arm eines Gestells befestigt. Ihr gegenüber ist in etwa 10′ Entfernung ein quadratischer Rahmen aufgestellt, welcher mit geschwärztem Papier bespannt ist, in dem sich eine Anzahl gleichweit von einander abstehender Löcher befindet. Die hintere Seite des durchlöcherten Papiers ist mit durchscheinendem, weissem Seidenpapier überzogen, so dass gegen das Tageslicht oder mehrere hinter dem Rahmen vertheilte Gaslichter alle Löcher gleich hell erscheinen. Stellt sich nun ein Beobachter etwas seitwärts vom Rahmen, so kann durch Drehung der Klangscheibe immer eine solche Lage gegeben werden, dass sie durch die gespiegelten Löcher des Papiers ganz und gar mit weissen Punkten bedeckt erscheint. Wird dann die Scheibe zum Tönen gebracht, so beschreibt jeder Punkt je nach der Stelle des Spiegels von der er reflectirt wird eine Linie von bestimmter Richtung und Grösse, und die sämmtlichen Linien geben ein Bild der Schwingungsform der Platte.

Der Verfasser hat die Bilder einiger einfachen Schwingungen quadratischer und kreisförmiger Scheiben mitgetheilt. Die leuchtenden Linien sind nur an den Schwingungsbäuchen gerade, sonst aber kleine Bogenstücke, was daher rührt, dass die einen leuchtenden Punkt reflectirende Stelle während der Schwingung ihren Ort auf der Scheibe ändert. An den Knoten sind die Linien lang gestreckt und senkrecht gegen die Knotenlinien, weil sich die schwingende Platte um diese als Axen bewegt. Die Schwingungsfiguren sind denen sehr ähnlich, welche MELDE durch Bewegung des Sandes auf mit dünnem Kalkbrei bedeckten Klangscheiben erhielt. Bei einer während des Tönens nicht an einer Stelle des Randes festgehaltenen Kreisscheibe erkennt man die Ortsveränderung der Knotenlinien daran, dass die leuchtenden Linien in sich fortwährend ändernde Ellipsen übergehen, die sich nach einiger Zeit wieder zu einfachen Linien reduciren, um sich auf's Neue zu öffnen.

Für Klangscheiben von 10″ Durchmesser schien 1″ die geeignetste Entfernung der Löcher von einander zu sein. Um doppelte Bilder zu vermeiden sind polirte Metall- oder versilberte Glasplatten als Klangscheiben anzuwenden. *Rb.*

A. KUNDT. Ueber einige Arten der Erzeugung von Tönen durch Flammen. POGG. Ann. CXXVIII. 614-621†.

Zuweilen hört man bei breiten Gasflammen, welche, wie in den Strassenlaternen, durch zwei gegen einander geneigte Gasströme hervorgebracht werden, einen deutlichen, anhaltenden Ton. Um die Ursache dieses Tons aufzufinden, stellte der Verfasser folgende Versuche an.

Lässt man aus zwei Spitzen Windströme austreten, und richtet sie unter irgend einem Winkel gegen einander, so vernimmt man gewöhnlich einen oder eine Anzahl sehr hoher, leiser Töne. Durch eine übergeschobene Glasröhre ändert sich der Ton wohl, aber der Eigenton der Röhre tritt wenig hervor.

Führt man mittelst der beiden Spitzen zwei Leuchtgasflammen geneigt gegen einander, so erhält man, wenn beide Gasströme gleich stark und genau gegen einander gerichtet sind, so dass ihre Axen sich schneiden, die gewöhnliche Form der Strassenflammen, aber keinen Ton. Ist jedoch der eine Gasstrom stärker als der andere, oder treffen sie nicht genau auf einander, so hört man gewöhnlich einen schwachen Ton, der indessen stärker ist als der vorige. Schiebt man über beide Flammen eine Röhre, so giebt auch diese, wenn beide Flammen gleich stark sind, und ihre Axen sich schneiden, keinen Ton. Aendert man aber eine der Flammen oder ihre Richtung, so dass sie ein wenig an einander vorbeigehen, so tritt, wie bei der chemischen Harmonika, der Eigenton der Röhre mit grosser Intensität auf. Dabei verlängert sich eine der Flammen, oder die aus beiden gebildete, und zeigt, wenn auch etwas unregelmässig, die von dem Verfasser bei seinen früheren Arbeiten beobachtete helle und dunkle Schichtung, die am besten hervortritt, wenn die Wandung der Röhre die Flamme fast berührt. Gehen die beiden Gasströme so an einander vorbei, dass man zwei Flammen sieht, so ist die Schichtung gewöhnlich nur schwach angedeutet.

Geben die beiden gegen einander brennenden Flammen einen deutlichen Ton, so zeigen auch beide oder die aus ihnen gebildete ganz dasselbe Verhalten wie die Flamme der chemischen Harmonika. Im rotirenden Spiegel sieht man, dass sie beide gleichzeitig in die Höhe brennen und verlöschen.

Der Vorgang der Tonerregung ist jedoch nicht vollständig derselbe wie bei der chemischen Harmonika. Bei der chemischen Harmonika wird durch den Luftzug die Flamme in Vibrationen versetzt, die sich dem Eigenton der Röhre gemäss anordnen. In ähnlicher Weise ist hier die Einwirkung der beiden glühenden Gasströme auf einander die eigentliche Quelle der Tonerregung, zu welcher dann noch die Wirkung des Luftstroms hinzutritt. Der Ton hört auf, wenn man eine der Flammen auslöscht, oder die Flammen einander gleich macht, und gegen einander brennen lässt. „Es ist zur Tonerzeugung nöthig, dass die Flammen entweder ungleich sind, oder etwas neben einander vorbei brennen. Nur dann gerathen sie, sei es durch eine Art

Reibung der einen gegen die andere, wie ein Luftstrom, der gegen das Labium einer Pfeife geht, sei es auf eine andere Weise, in kleine Vibrationen, von denen dann diejenigen, die dem Eigenton des Rohres entsprechen, besonders verstärkt werden. Ist keine Röhre übergeschoben, so entsteht immer nur ein ziemlich hoher Ton, und dieser ist auch der, den man bei den Gasbrennern so oft hört."

Bläst man durch eine der beiden Spitzen, statt Leuchtgas, Luft, selbst Kohlensäure, gegen die aus der anderen Spitze strömende Flamme, so hört man den Ton des übergeschobenen Rohres ebenfalls. Lässt man nicht allzuviel Kohlensäure zu, so verlischt die Flamme nicht, und der Ton tritt mit grosser Deutlichkeit auf.

War in diesen Versuchen die Reibung der Gasströme gegen einander der erste Anlass der Tonbildung, so musste ein Ton auch entstehen, wenn man eine Flamme gegen eine feste Wand brennen liess. In der That, als durch Löschen einer der Flammen der Ton aufgehoben und dann die andere Flamme der Röhrenwand genähert wurde, entstand der Ton sogleich wieder mit sehr schöner Schichtung der Flamme. Da die gläserne Klangröhre jedesmal springt, wenn die Flamme einige Zeit gegen dieselbe brennt, so wurden unter der Röhre zwei verschiebbare Brettchen angebracht, von welchen eines die Gasröhre mit der schräg nach oben gehenden gläsernen Spitze, das andere eine in die Klangröhre ragende Messingstange trug, an welcher oben ein 9'' hohes und 1'' breites, halb cylinderförmig gebogenes Messingblech befestigt war. Diese Vorrichtung gestattete, für jede Klangröhre die günstigsten Bedingungen der Tonerregung leicht herzustellen. Die gegen das Blech brennende Flamme muss sich, wie bei der chemischen Harmonika, im unteren Drittel der Röhre befinden. Ist der Apparat richtig eingestellt, so klingt der Grundton der Röhre sehr voll und stark, und die Flamme zeigt regelmässig und scharf dieselbe, von der Länge der Klangröhre abhängige, Schichtung wie in den früheren Versuchen des Verfassers mit Orgelpfeifen.

Während hier durch die Reibung, wird in den Versuchen von Rijke, Boscha und Riess die Tonbildung veranlasst durch die Temperaturdifferenz zwischen dem erhitzten in die Röhre geschobenen Drahtnetz und der durchströmenden kalten Luft, oder dem abgekühlten Drahtnetz und dem durchströmenden glühenden Gas. Der Verfasser hat ein einfaches Mittel gefunden, die Temperatur des Drahtnetzes und somit den Ton constant zu erhalten. Man schiebt von oben in den unteren Theil der Klangröhre eine Schaale von Drahtgewebe, die sich darin festhält, und wirft Platinschwamm, Platindraht oder feine Schnitzelchen von Platinblech hinein. Lässt man nun von unten Leuchtgas zuströmen, so wird durch dieses und die zutretende Luft das Platin glühend, und theilt seine Wärme dem Drahtnetz mit, welches, wenn auch nicht glühend, doch sehr heiss wird. Sobald das Platin glüht, fängt auch der Ton des Rohres an, und bleibt constant, so lange das Gas zuströmt. Zündet man das oben aus der Röhre entweichende Gas an, so ändert sich der Ton etwas, bleibt aber deutlich und constant. Auch gelingt es leicht, das Gas in der Röhre oberhalb des Drahtnetzes zu entzünden, und dadurch das Netz ohne Anwendung von Platin dauernd zu erwärmen. Es entsteht dann ein starker Ton, und die Flamme zeigt eine unregelmässige Form, in der aber die Schichtung sehr deutlich hervortritt. Der Versuch ist jedoch nicht rein, da auch wohl die Flamme zur Tonerzeugung beitragen wird. Die angewandten Drahtnetze waren von Eisen und hatten ungefähr 700 Maschen auf den Quadratzoll. *Rb.*

STEFAN. Ueber ein neues akustisches Experiment. Inst. 1866. p. 327; Z. S. f. Math. 1866. p. 545-546; Wien. Ber. LIII. (2) p. 696-714.

Bedeckt man die in demselben Sinne schwingenden Abtheilungen einer mit radialen Knoten tönenden Platte mit den Händen oder mit einem Fächer aus Pappe, so wird der Ton verstärkt. Dreht man den Fächer vor der Platte, so hört man den Ton abwechselnd anschwellen und verlöschen.

„Je rascher man den Fächer dreht, desto schneller folgen die Schwebungen auf einander, bis sie endlich nicht mehr unterschieden werden können. Dann verschwindet aber zugleich der

Ton der Platte, und an seine Stelle treten zwei, ein höherer und ein tieferer, die um so mehr vom primären Tone abweichen, je schneller der Fächer gedreht wird. Bei einer Platte, die den Ton fis_1 giebt, wurden bei zehn Umdrehungen in der Secunde zwei Töne erhalten, die nahe an f_1 und g_1 lagen."

„Sind die Sectoren grösser oder kleiner als die Abtheilungen der Platte, so hört man auch den primären Ton mit. Meistens erscheint der höhere Ton als der intensivere."

„Anstatt den Schirm vor der Platte zu drehen, kann man auch die Platte vor dem Schirm drehen, auch letzteren weglassen, und nur die Platte allein drehen. Denn bei einer vor dem Ohr langsam gedrehten Platte hört man den Ton abwechselnd anschwellen und verlöschen. Dasselbe ist bei einer Stimmgabel der Fall. Diese, in rasche Drehung versetzt, giebt dieselbe Erscheinung. Man kann auch eine Resonanzröhre vor die Platte oder Stimmgabel geben und dieselbe drehen, oder aber Platte oder Stimmgabel vor der Resonanzröhre rotiren lassen."

Eine Platte mit 4, 6, 8 Schwingungsabtheilungen zeigt das Phänomen mit Fächern von 2, 3, 4 Sectoren. Ein Fächer mit 4 Sectoren vor einer Platte, die in 4 Abtheilungen schwingt, zeigt das Phänomen nicht, ebenso nicht ein Fächer mit 2 Sectoren vor einer Platte mit 6, 8 Abtheilungen.

„Die Versuche wurden an der Schwungmaschine, an der Drehbank mit verschiedenen Platten, Stimmgabeln und Fächern gemacht."

„Die Erscheinung kann auf folgende Weise erklärt werden. Die in Folge eines einfachen Tones erzeugte Bewegung in einem mitschwingenden Körper kann dargestellt werden z. B. durch die Formel $a \sin 2n\pi t$, wenn n die Schwingungszahl des Tones, a die Amplitude ist. Aendert sich diese mit der Zeit, so ist sie ebenfalls von der Zeit t abhängig. Aendert sie sich periodisch, so dass n' Perioden auf die Secunde kommen, so kann man im einfachsten Falle a durch $x \sin 2n'\pi t$ ersetzen, worin x constant ist. Es lässt sich nun in $x \sin 2n'\pi t . \sin 2n\pi t$ das Product der Sinus auflösen in die Cosinus der Differenz und der Summe der beiden Winkel, welche zwei Ausdrücke dann einfache Schwingungen repräsentiren, gehörig zu Tönen von den Schwingungszahlen $n-n'$ und $n+n'$."

„Die hier beobachteten Töne bilden eine neue Art von Combinationstönen, indem mit dem primären Tone der Rhythmus der Unterbrechung nach Summe und Differenz sich combinirt. Um diese Töne durch einen eigenen Namen von den anderen zu unterscheiden, könnte man sie etwa Interferenztöne nennen." *Rb.*

R. RADAU. Sons résultants. Monit. Scient. VIII. 792-793; Mondes XI. 524-531†.

Hr. RADAU bemerkt zu dem „neuen Experiment" des Herrn STEFAN:

1) Die Verstärkung und Schwächung des Tons einer mit radialen Knoten schwingenden Platte, je nachdem durch einen Fächer in gleichem Sinne schwingende Abtheilungen oder die Hälften benachbarter Abtheilungen bedeckt werden, sei der sehr bekannte Versuch von LISSAJOUS.

2) Das Entstehen der beiden resultirenden Töne bei schneller Drehung des Fächers sei von ihm ein Jahr früher (Monit. Scient. 1. Mai 1865. p. 430) beschrieben und in folgender Weise erklärt worden.

Die Schwingungen einer kreisförmigen Platte mit $2n$ radialen Knoten werden durch

$$R \,.\, \sin n\varphi \,.\, \sin 2\pi h t$$

dargestellt, wo h die Schwingungszahl, φ der von einem Knoten aus gerechnete Winkel und R eine Function der Entfernung vom Centrum und der Anzahl ($2n$) der Knoten ist. Ist die Platte mit einem Schirm von $2n$ abwechselnd vollen und leeren Sectoren bedeckt, so giebt das Integral des vorstehenden Ausdrucks von $\varphi - \frac{\pi}{n}$ bis φ, nämlich:

$$A \cos n\varphi \,.\, \sin 2\pi h t,$$

die Bewegung an, welche ein entfernter Punkt erhält, wenn der Schirm ruht, und einer seiner Sectoren die Platte von φ bis $\varphi + \frac{\pi}{n}$ bedeckt.

Macht aber der Schirm in der Secunde m Umdrehungen, so ist $\varphi = 2\pi mt$, und die Formel wird:

$$A \cos 2\pi nmt \,.\, \sin 2\pi ht = \tfrac{1}{2}A \sin 2\pi(h - nm)t + \tfrac{1}{2}A \sin 2\pi(h + nm)t.$$

Es bilden sich also zwei resultirende Töne, $h + nm$ und $h - nm$, welche $2nm$ Stösse in der Secunde geben.

In dem Versuch des Hrn. STEFAN war

$$m = 10, \quad n = 2, \quad h = 373.$$

Die resultirenden Töne mussten also sein:

$$373 - 20 = 353 \quad \text{und} \quad 373 + 20 = 393.$$

Hr. STEFAN fand

$$f_1 = 352 \quad \text{und} \quad g_1 = 396.$$

Ausserdem bemerkt der Verfasser, dass die beiden resultirenden Töne einer rotirenden Stimmgabel zuerst von HELMHOLTZ[1]) (Tonempfindungen 2. Aufl. p. 233, p. 597) mit Anwendung eines Resonanzkastens beobachtet seien. Hr. STEFAN habe für diese Töne den Namen „Interferenztöne" vorgeschlagen. Durch Interferenz von Tönen aber entstehen die Stösse und Combinationstöne, während diese Töne durch Variation eines einfachen Tones gebildet werden; man könne sie „Variationstöne" nennen.

Rb.

W. THOMSON. Sound emitted by air suddenly subjected to electric force. Proc. Manch. Soc. III. 159-160†.

Als Hr. THOMSON einen Condensator von zwei durch eine 0,007 Zolldicke Luftschicht von einander getrennte Metallplatten, welche mit der Spannung von 800 DANIELL'schen Elementen geladen waren, durch eine galvanische Rolle entlud, hörte er einen scharfen, sehr schwach nachhallenden Ton, der aus dem Innern des Condensator-Behälters zu kommen schien. Der Ton entstand nicht durch Ueberspringen eines Funkens innerhalb des Condensators, und wurde ferner eben so gehört, wenn die Stelle des entladenden Funkens so weit entfernt wurde, dass das Geräusch des letzteren nicht wahrzunehmen war. Entladung des Condensators durch den Körper oder einen kurzen Draht, so

[1]) Die ersten Beobachtungen der Veränderung des Tons einer Stimmgabel durch Rotation sind von WEBER und BEETZ.

wie eine plötzliche Ladung durch ein geladenes Kabel gaben denselben Ton.

Der Verfasser hält hierdurch für erwiesen, dass eine Luftplatte durch eine plötzliche Aenderung einer auf sie einwirkenden Kraft zum Tönen gebracht werde. Während des Blitzes höre man zuweilen einen Ton in Räumen, welche beträchtlich von jedem Punkt der Entladungslinie entfernt sind, was Einige veranlasst habe, einen Fehler in der Theorie des Schalls anzunehmen. Hr. MACFARLANE glaube im Augenblick eines Blitzes einen Ton wie von einem schweren auf die Erde fallenden Körper gehört zu haben, während der Donner merkliche Zeit nachher erfolgte.

Wir möchten vermuthen, dass durch das mit der Zuführung oder Ableitung beträchtlicher Elektricitätsmengen verbundene plötzliche Auftreten oder Verschwinden starker elektrischer Anziehungen der Condensatorplatten diese über die jedesmalige Gleichgewichtslage einander genähert oder von einander entfernt und dadurch in Schwingungen versetzt seien, welche sich, ähnlich wie die Bewegungen der Zinken einer Stimmgabel, der umgebenden und der zwischen den Platten befindlichen Luft als tönende Schwingungen mittheilten. *Rb.*

J. BOURGET. Sur le mouvement vibratoire d'une corde formée de plusieurs parties de matières différentes. (Extrait par l'auteur.) C. R. LXIII. 328-330†.

Die Untersuchung des Verfassers über die Schwingungen elastischer Membranen hatte eine beträchtliche Abweichung des reellen Intervalls einer Membran von dem theoretischen Intervall ergeben. Die Aufsuchung der Ursachen dieser Anomalie führte ihn indirect zum Studium der Schwingungsbewegung einer aus verschiedenen Theilen bestehenden Saite. POISSON hatte bereits (J. d. l'école polyt. XI.) das Problem der Bewegung einer aus verschiedenen Theilen bestehenden Saite behandelt. In den Ausdruck des allgemeinen Integrals hat sich indess ein Fehler eingeschlichen, und einige der Behauptungen über den Ton der ganzen Saite sind nicht genau.

Hr. Bourget giebt nun an, dass er in seinem Memoire für diesen ersten Fall das auf eine viel einfachere Weise abgeleitete allgemeine Integral gebe, den Fehler von Poisson nachweise, ferner für eine aus beliebigen, verschiedenen Theilen zusammengesetzte Saite die particulären Integrale, welche die Obertöne der ganzen Saite geben, finden lehre, und zu dem allgemeinen Integral für einen beliebigen Anfangszustand gelange.

Einige der Resultate des Calculs, welche experimentell verificirt werden können, sind folgende:

Aus den Längen und den Grundtönen der Theile lässt sich der Ton der zusammengesetzten Saite berechnen. Dieser Ton ist im Allgemeinen incommensurabel mit den Tönen der Theile.

Der Grundton und die höheren Töne der zusammengesetzten Saite werden durch dieselbe Formel angegeben; sie sind im Allgemeinen incommensurabel zu einander.

Die Kenntniss der Obertöne führt zur Kenntniss der entsprechenden Knoten.

Besteht die Saite aus zwei Theilen von gleicher Tonhöhe, so giebt sie die tiefere Octave, wie in dem bekannten Falle einer homogenen Saite.

Besteht die Saite aus drei Theilen von demselben Grundton n und den Längen l, l', l'', so ist, wenn $L = l + l' + l''$ und N die Schwingungszahl der zusammengesetzten Saite ist,

$$\operatorname{tg} \pi \frac{N}{n} = \sqrt{\frac{l'L}{ll''}};$$

der Grundton und die Obertöne bilden also eine arithmetische Reihe. Ist $ll'' = l'L$, mithin die zusammengesetzte Saite durch die Verbindungsstellen harmonisch getheilt, so ist $N = \frac{n}{4}$, oder der Grundton der ganzen Saite die doppelte Octave unter dem Grundton jedes Theils.

Wenn für den Fall dreier Theile die beiden äusseren Theile als sehr klein vorausgesetzt werden, so folgt aus dem Calcul der Einfluss der Beweglichkeit der Endpunkte einer homogenen Saite auf ihren Ton.

Die Versuche zur Prüfung der Theorie waren nicht zahlreich, bestätigten aber dieselbe auf eine bemerkenswerthe Weise.

In dem mitgetheilten Versuch bestand die zusammengesetzte Saite aus einer 420^{mm} langen Stahlsaite und einer 580^{mm} langen Darmsaite. Die Stahlsaite gab an verschiedenen Tagen einen Ton von 223 bis 240 Schwingungen, die Darmsaite einen Ton von 157,2 bis 170 Schwingungen in der Secunde. Der beobachtete Ton der ganzen Saite hatte 90,6 bis 99,75, der berechnete Ton 92,3 bis 98 Schwingungen, und in keinem der 6 Versuche erreichte die Abweichung 2 Schwingungen. *Rb.*

NIAUDET-BRÉGUET. Application du diapason à l'horlogerie. Mondes XII. 666-668†.

Statt des Pendels wird eine Stimmgabel zur Regulirung eines Uhrwerks angewandt. Vermittelst der optischen Methode kann der Einklang der Stimmgabel mit einer anderen Gabel constatirt werden, und die Zeiger der Uhr geben dann die Schwingungszahl der letzteren an. Um die Gabel zu stimmen, werden gleiche, symmetrisch placirte Gewichte an den Zinken verschoben und behufs der genaueren Correction mittelst Schrauben bewegt. Ist der Einklang einmal hergestellt, so besteht er fort, selbst wenn das Bewegungsgewicht des Apparats verdoppelt oder verdreifacht wird. Die zuerst angewandte Stimmgabel machte 50 Schwingungen in der Secunde; als später, ohne sonst am Apparat etwas zu ändern, eine Gabel von 100 Schwingungen angewandt wurde, functionirte diese ganz eben so gut. Der Verfasser hofft, indem er nöthigenfalls die Dimensionen des Echappements modificirt, viel höhere Gabeln anwenden zu können. *Rb.*

C. FOSTER. Note on the paper by Prof. BEETZ: On the tones produced by rotating tuning-forks. Phil. Mag. (4) XXXII. 539-540†.

Uebereinstimmend mit den Versuchen von BEETZ erhöhte sich der Ton einer g_1 Gabel von 384 Schwingungen, deren Zinken 115^{mm} lang, 15^{mm} breit und 7,5^{mm} dick waren, als die Gabel in der Secunde 18 bis 20 Mal um ihre Axe gedreht wurde, fast genau um eine kleine Terz.

Das Princip der Erklärung von Beetz wurde in folgender Weise durch ein Pendel illustrirt, dessen Schwingungszeiten nach zwei auf einander senkrechten Ebenen verschieden waren, und zu welchem W. Thomson dem Verfasser die Idee früher mitgetheilt hatte.

In zwei, in einer Horizontallinie 20½″ von einander entfernten Punkten werden die Enden eines Fadens von solcher Länge befestigt, dass ein in der Mitte an einem 14″ langen Faden aufgehängtes Gewicht 56″ von der Horizontalen entfernt ist. Die Dauer der Schwingungen in der gegen die Horizontale senkrechten Ebene ist also doppelt so gross als in der durch die Horizontale gehenden Verticalebene. Schwingt nun das Pendel in einer der beiden Ebenen, und dreht man dann die Horizontale schnell um 90°, so geschehen die Schwingungen noch fast ausschliesslich in der früheren Ebene, aber mit entsprechender Veränderung der Schwingungsdauer. Dreht man die Horizontale langsam, so dreht sich die Schwingungsebene fast mit derselben Geschwindigkeit. *Rb.*

H. Valerius. Sur un nouvel analyseur acoustique. Inst. 1867. p. 13-14†.

Der Verfasser schlägt folgende Modification der Quincke'schen Interferenzröhre vor. Die parallelen Schenkel einer U förmigen Messingröhre enthalten beide in der Mitte symmetrische Ausbiegungen, welche mit kleinen Röhren zum Ein- und Austritt des Schalls versehen sind. Ueber die beiden Schenkel werden die Schenkel einer anderen U förmigen Röhre geschoben, welche nur bis zu den Ausbiegungen reichen. Man erhält so ein geschlossenes längliches Viereck, in welchem die beiden Schallwege einander gleich sind. Durch Ausziehen der Röhren werden die Wege verändert. Um eine directe Welle mit einer reflectirten interferiren zu lassen, werden in die Schenkel der ersten U Röhre an passenden Stellen Stempel geschoben. *Rb.*

E. MACH. Ueber eine Vorrichtung zur mechanisch-graphischen Darstellung der Schwingungscurven. POGG. Ann. CXXIX. 464-466†; Phil. Mag. (4) XXXIII. 159-160.

Drei Räder von den Radien 1, $\frac{1}{2}$, $\frac{1}{3}$, sind zur gegenseitigen Uebertragung ihrer Bewegung am Umfange mit Kautschuck überzogen und gegen einander gepresst. An dem ersten Rade ist in der Entfernung $\frac{a}{2}$, an dem zweiten in der Entfernung $\frac{b}{2}$, an dem dritten in der Entfernung $\frac{c}{2}$ vom Mittelpunkt ein Stift befestigt. Jeder Stift gleitet in einem horizontalen Schlitz eines vor dem Rad befindlichen, vertical beweglichen Schiebers, welcher eine kleine Rolle trägt. Ein an einem Ende befestigter Faden ist über feste und diese drei beweglichen Rollen so geleitet, dass sich die Bewegung der letzteren doppelt auf ein am Ende des Fadens angehängtes Gewicht überträgt. Oberhalb des Gewichts trägt der Faden einen Schreibstift, welcher auf einer Tafel, die durch einen auf dem Umfang des ersten Rades sich aufwickelnden Faden horizontal fortgezogen wird, die Curve

$$y = a \sin(x + \alpha) + b \sin(2x + \beta) + c \sin(3x + \gamma)$$

verzeichnet, wenn α, β, γ die, in geeignetem Sinne genommenen, Winkel sind, welche die Linien, die die Mittelpunkte der Räder mit den an diesen verbundenen Stiften verbinden, zu Anfang der Bewegung mit der Horizontalen machen. Lässt man den Schreibstift nach einer Richtung und die Tafel nach irgend einer anderen hin- und herziehen, so erhält man LISSAJOUS'sche Figuren. *Rb.*

LISSAJOUS. Sur la soufflerie de précision de M. A. CAVAILLÉ-COLL et sur quelques applications de cet appareil à des expériences d'acoustique. Mondes X. 707-708†.

Das zu den Versuchen dienende, bereits Berl. Ber. 1863. p. 94 besprochene, Präcisionsgebläse besteht aus zwei mit einander verbundenen Blasebälgen, von welchen einer einspringende, der andere ausspringende Falten hat. Die einzelnen Oeffnungen der Windlade können mit besonderen Regulatoren mit Laufgewicht zur gleichzeitigen Regelung verschiedener Luftdrucke versehen werden.

Vermittelst 5 auf Regulatoren gestellter Labialpfeifen von den Tönen *a, c, cis* und zwei Hülfstönen wurde aus den Stössen die absolute Schwingungszahl der Töne bestimmt. „Cette méthode, imaginée par Sauveur en 1701, était demeurée à l'état de théorie par suite des difficultés pratiques qui s'opposaient à son expérimentation. Elle devient aujourd'hui on ne peut plus facile à vérifier au moyen de ce nouvel appareil." Wir bemerken hierzu, dass wir, Berl. Ber. 1856. p. 230, eine ähnliche Bestimmungsweise der absoluten Schwingungszahlen mit nur vier Stimmgabeln angegeben haben, eine solche Methode aber erst durch die von uns (Pogg. Ann. 1834; Rep. d. Phys. Berlin 1839. p. 44) aufgestellten Gesetze der Stösse ermöglicht wurde.

Die absolute Schwingungszahl wurde ferner unter Anwendung des Regulators durch eine Sirene bestimmt.

Alsdann wurden 32 Pfeifen, deren Schwingungszahlen vom *Contra-A* ab sich zu einander wie die Zahlen 1, 2, 3 ... 32 verhielten, gleichzeitig angeblasen. Der Ton war ein sehr energischer, von der Tonalität des *A*, aber durch die harmonischen Töne in seinem Klange modificirt. *Rb.*

L. Dufour. Influence de mouvement sur les sons. Bull. Soc. Vaud. IX. 28-99†.

Hr. Cauderay hatte beobachtet, dass in einem Eisenbahnzug mit zunehmender Geschwindigkeit des Zuges die tieferen Töne eines Pianos vor den höheren verschwinden. Um diese Beobachtung zu prüfen, machte Hr. Dufour mit einem Violoncello die Fahrt von Lausanne nach Cully in einer ihm ausschliesslich zur Disposition gestellten Abtheilung eines Eisenbahnwaggons. Bei jeder Geschwindigkeit vibrirten die Saiten ebenso, als wenn der Zug in Ruhe war; weder in der Amplitude der Schwingungen noch im Aussehen der Saiten war eine Veränderung zu bemerken. In dem Maasse jedoch, wie die Geschwindigkeit zunahm, wurde bei einiger Entfernung des Ohrs von dem Instrument der tiefste Ton desselben weniger hörbar. Das Auslöschen des Tons ist indess nur scheinbar, und rührt daher, dass derselbe durch das tiefe, mit der Geschwindigkeit zunehmende Geräusch des Zuges verdeckt wird. Wurde das Instrument aufgehängt, und dadurch der Berührung mit dem Fussbodem entzogen, so hörte man mit angelegtem Ohr den tiefen Ton inmitten des allgemeinen Geräusches sicher wieder. Die höheren Töne wurden während der Fahrt deutlich gehört. Der Effect ist also nur ein physiologischer. *Rb.*

H. Valerius. Ueber die Schwingungen von Glasfäden, die an einem ihrer Enden befestigt sind. Mém. d. l'Ac. Belg. XVII.; Pogg. Ann. CXXIX. 308-330†.

Die Glasfäden von ungefähr 1^{mm} Dicke und 8^{mm} bis 82^{mm} Länge wurden, vertical herabhängend, mit Wachs an eine horizontale Stimmgabel befestigt, und von parallelen Strahlen Sonnenlicht oder künstlichen Lichts beleuchtet. Jenseits des Glasfadens befand sich eine Linse, welche auf einen verticalen, in conjugirter Entfernung aufgestellten, Schirm ein scharfes, etwa sechsfach vergrössertes Schattenbild des Fadens projicirte. Wurde der Faden vor Luftzug geschützt, und die Stimmgabel in passenden Zeitintervallen mit dem Bogen angestrichen, so konnte das Schwingungsbild hinreichend constant erhalten werden, um dessen Umrisse auf dem Schirm mit dem Bleistift zu verfolgen, und auf der Zeichnung den Abstand der Knoten zu messen. Da bei demselben Ton der Stimmgabel der Faden sich durch transversale Impulse in eine grössere Anzahl von Schwingungsabtheilungen theilt als durch longitudinale Impulse, so wendete der Verfasser vorzugsweise die ersteren an.

Die Ergebnisse, welche der Verfasser aus den mitgetheilten numerischen Werthen glaubt nachgewiesen zu haben, sind:

1) Bei passender Länge des Fadens folgen die Längen der Schwingungsabtheilungen genau den Gesetzen der an beiden Enden frei schwingenden elastischen Stäbe, nur wird der am Befestigungspunkt liegende, die erste Abtheilung einschliessende, Theil des Fadens dadurch modificirt, dass die Schwingungsamplitude der Gabel an dieser Stelle eine andere ist, als die des freien Stabes.

Die Abtheilungen sind entweder nur von der Natur und Dicke des Stabes und von der Schwingungsdauer abhängig — normale Abtheilungen —, oder alle in demselben Verhältniss vergrössert oder verkleinert — reducirte Abtheilungen.

2) Bei anderen Längen des Fadens findet ein gezwungener Schwingungszustand statt, welcher die Längen der Abtheilungen verändert. Anomale Abtheilungen.

3) Bei Glasfäden von gleicher Dicke verhält sich die Anzahl der Schwingungen umgekehrt wie das Quadrat der Länge der normalen Abtheilungen derselben Art.

4) Die Fortpflanzungsgeschwindigkeit der longitudinalen Impulse ist bei Glasfäden doppelt so gross wie die der transversalen.

Der Verfasser schliesst nämlich aus den Versuchen von Melde (Berl. Ber. 1860. p. 137), nach welchen die Schwingungsabtheilungen eines biegsamen Fadens bei longitudinalen Impulsen doppelt so gross sind, als bei transversalen, dass sich die ersteren doppelt so schnell fortpflanzen als die letzteren, und glaubt dasselbe Verhältniss der Fortpflanzungsgeschwindigkeiten für den Glasstab aus den grösseren Schwingungsabtheilungen bei longitudinaler Erregung ableiten zu können. Es scheint uns aber, dass die doppelte Schwingungszahl bei transversalen Impulsen einfach aus der Richtung der Impulse erklärt werden könne.

Von allen Schwingungsweisen eines an eine Stimmgabel befestigten elastischen Fadens, Glasfaden, Schweineborste, Pferdehaar, hat diejenige, bei welcher der Faden als Ganzes, ohne Abtheilungen, schwingt, die grösste Amplitude und die längste Dauer. Ist durch Versuch die passende Länge für eine an eine Orchesterstimmgabel befestigte Borste gefunden, so kann man durch einen einzigen Strich des Violinbogens eine Zeichnung von mehr als 6000 einfachen Schwingungen erhalten, die durch Amplitude, Schärfe und Regelmässigkeit ausgezeichnet ist. Die weitesten und dauerndsten Schwingungen wurden erhalten mit Borsten von der Länge: 26^{mm} für die Stimmgabel ut_2 des Lissajous'schen Apparats; 42^{mm} für die Stimmgabel ut_1 desselben Apparats; 9^{mm} für eine quadratische Messingscheibe von 26^{cm} Seite, die in der Mitte befestigt war, und ihren tiefsten Ton gab.

Wir bemerken, dass LIPPICH (Berl. Ber. 1865. p. 147) analoge Untersuchungen angestellt hat. *Rb.*

J. STEFAN. Ueber den Einfluss der inneren Reibung in der Luft auf die Schallbewegung. Wien. Ber. 1866. p. 529-537†.

Die Abhandlung zeigt, dass sich die bekannte Ableitung der Schallgesetze aus den allgemeinen aerodynamischen Differentialgleichungen auf den Fall der Mitwirkung der Reibung ausdehnen lässt, wenn man die demselben entsprechenden, in den Wien. Ber. XXXXVI. 8 aufgestellten Grundgleichungen anwendet. Die erforderlichen Annahmen zur Vereinfachung erstrecken sich nicht auf die durch die Reibung eingeführten neuen Terme und blieben daher dieselben. Die Vereinfachung besteht in einer Vertauschung der Bewegungsänderung des Massenelements in seiner Bahn mit der am Orte stattfindenden. Zur Rechtfertigung soll die Annahme dienen, dass die Geschwindigkeiten und ihre Aenderungen sehr klein seien. Sie ist an sich völlig unbestimmt und zur beabsichtigten Folgerung unzureichend. Dagegen genügt dazu die weit einfachere und offenbar gestattete Voraussetzung, dass die grösste Schwingungsamplitude klein sei gegen die Wellenlänge.

Wendet man die genannte Vertauschung an, berücksichtigt ferner die Dichtigkeitsdifferenz

$$\sigma = \frac{\varrho - \varrho_0}{\varrho_0}$$

nur in erster Potenz, und bestimmt den Druck p durch die Dichtigkeit ϱ gemäss der Relation, welche bei constanter Wärmemenge stattfindet,

$$\frac{p}{p_0} = \left(\frac{\varrho}{\varrho_0}\right)^{\frac{c}{c_1}},$$

so geht aus den allgemeinen Bewegungsgleichungen folgende hervor:

$$\frac{\partial^2 \sigma}{\partial t^2} = k\Delta\sigma + h\Delta\frac{\partial\sigma}{\partial t},$$

wo

$$k = \frac{p_0}{\varrho_0}\frac{c}{c_1}; \quad h = \frac{\lambda + 2\mu}{\varrho_0}; \quad \Delta = \frac{\partial^2}{\partial x^2} + \frac{\partial^2}{\partial y^2} + \frac{\partial^2}{\partial z^2}$$

ist, und λ, μ constante Reibungsgrössen bezeichnen.

Die Integration wird zunächst für ebene Schallwellen in der Richtung der x durchgeführt, und ein Ausdruck von σ in vier Termen aufgestellt, der sich jedoch ohne Einbusse der Allgemeinheit auch in zwei Termen folgendermaassen schreiben lässt:

$$\sigma = Ce^{-\alpha x}\sin(\gamma t - qx) + C'e^{\alpha x}\sin(\gamma t + qx),$$

so dass nicht, wie angegeben ist, vier, sondern nur zwei Wellenzüge in entgegengesetzter Richtung entstehen. Die Schwingungszahl oder Tonhöhe $\frac{\gamma}{2\pi}$ wird als gegeben betrachtet; der Modul der im geometrischen Verhältniss ab- und zunehmenden Amplitude ist in erster Näherung

$$a = \frac{h\gamma^2}{2k\sqrt{k}}$$

die Fortpflanzungsgeschwindigkeit

$$\frac{\gamma}{q} = \sqrt{k} + \tfrac{3}{8}\frac{h^2\gamma^2}{k\sqrt{k}}.$$

Zur Anwendung auf Kugelwellen, deren Radius r sei, hat man nur $r\sigma$ für σ und r für x zu setzen.

Endlich wird noch ein Ausdruck in der Form

$$\sigma = f(t)\sin\beta x$$

für den Fall stehender Wellen entwickelt, der sich leicht ergiebt, und welcher zeigt, dass dieser Fall nur stattfinden kann, wenn die Wellenlänge den Werth $\lambda = \frac{\pi h}{\sqrt{k}}$ überschreitet.

He.

Fernere Litteratur.

ZOCH. Physikalische Notizen. (Vorlesungsversuche.) Z. S. f. Math. XI. 365-367.

J. TYNDALL. Experiments on the vibrations of stringes. Phil. Mag. (4) XXXII. 68-76; Mondes XI. 531-538.

J. DELBOEUF. Détermination rationale des nombres de la gamme chromatique. Bull. d. Brux. (2) XXI. 313-324, 339-365; Inst. XXXIV. 309, 312.

G. RITTER. Sur la théorie de la gamme. Arch. sc. phys. (2) XXVI. 68-72.

G. SCHUBRING. Ueber die Berechnung der Tonleiter. Z. S. f. Naturw. XXVII. 485-503.

P. BLASERNA. Sulla formazione del suono. Giorn. sc. nat. II. 1. p.66-67.

9. Physiologische Akustik.

J. CZERMAK. Ueber den Spiritus asper und lenis und über die Flüsterstimme, nebst Bemerkungen zur phonetischen Transscription der Kehlkopflaute. Wien. Ber. LII. 2. p. 623-642†.

Der Anfall der Luft an die Wände der Rachen- oder Nasenhöhle kann einen Laut hervorbringen, welchen Hr. CZERMAK als „einfachen Hauch" bezeichnet. Um jedoch diesen in einen *H*-Laut überzuführen, genügt es nicht, den Expirationsdruck zu verstärken, sondern es muss dazu, wie die laryngoskopische Beobachtung und subjective Empfindung gleichmässig lehren, eine Veränderung der Stimmritze erfolgen, welche dabei aus ihrer eiförmigen Gestalt durch Aneinandernäherung der Processus vocales mehr der Spaltform sich annähert. Beim Auscultiren des Kehlkopfs erscheint der *H*-Laut auch viel bestimmter im Kehlkopf localisirt. Bei noch stärkerer Näherung der Stimmbänder wird der *h*-Laut schärfer und durch gleichzeitiges Vorspringen des Epiglottiswulstes und Näherung der falschen Stimmbänder rauher. Im äussersten Falle kann durch Aneinanderlagerung der Processus vocales und Auflagerung der Epiglottis auf die falschen Stimmbänder der vordere Theil der Stimmöffnung ganz geschlossen und der hintere in eine Röhre verwandelt werden, durch welche die Luft bei verstärktem Expirationsdruck mit einem sehr scharfen blasenden Reibungsgeräusch hervorbricht.

Ganz verschieden ist die Tonerzeugung im Kehlkopf, wobei der hintere Glottistheil ganz geschlossen, der vordere entweder ebenfalls geschlossen oder doch bis zur Möglichkeit der Tonerzeugung verengt ist. Beim vocalischen Anlaut kann nun entweder die Verengerung allmählig erfolgen, dann geht dem Vocal ein leises Reibungsgeräusch vorher (aspirirter Ton); oder der Ton setzt plötzlich ein (explosiver Ton). Diese letztere Art des Anlautes hält Hr. CZERMAK für den Spiritus lenis der Griechen, während der Spiritus asper unserem *H* entspricht. Dieser letztere ersetzt auch beim Flüstern den Kehlkopfton. Das für die Flüsterstimme von BRÜCKE eingeführte Zeichen muss daher in der phonetischen Transscription auch als Zeichen des *h* gelten, während BRÜCKE's Zeichen für die weit geöffnete Stimmritze statt für *h* zweckmässiger für den „einfachen Hauch" zu verwenden ist.

Rs.

MALININ. Ueber die physiologische Rolle der häutigen Bogengänge (canales semicirculares) des Labyrinths. C. Bl. f. d. med. Wissensch. 1866. p. 673-675†.

Die anatomische Untersuchung der halbzirkelförmigen Kanäle und Experimente mit schematischen Vorrichtungen führen Hrn. MALININ zu dem Schluss, dass die von beiden Enden her in einen Kanal eintretenden Schallwellen vollkommen mit einander interferiren, und dass daher nur die Erregung der Nervenendigungen in den Ampullen und Vorhofssäckchen wirksam sein kann, die Kanäle selbst aber die Function haben, die Wellenbewegung nach ihrem Eintritt in das innere Ohr zu vernichten.

Rs.

Fernere Litteratur.

E. FOURNIÉ. Physiologie de la voix et de la parole. Paris 1866.

PANOFKA. Sur la trachée-artère et sur la production de la voix humaine. C. R. LXII. 381-382†.

MICHEL. Théorie géométrique de la gamme. Mondes X. 564-574, XI. 54-55†.

ROZÉ. Théorie de la gamme. Mondes X. 705-707†.

R. F. La teoria della pércezione de' suoni considerata come base alla teoria della musica. Per H. HELMHOLTZ. Cimento XXI-XXII. 337-372†. (Auszug aus dem Werke von HELMHOLTZ.)

V. HENSEN. Ueber das Gehörorgan von Locusta. Z. S. f. wiss. Zool. XVI. 190-208†. (Nur von vergleich. anatomischem Interesse.)

BUHL. Präparate vom Innern der knöchernen Gehörorgane. Münchn. Ber. 1866. II. 2. p. 194. (Blosse Anzeige.)

A. v. OETTINGEN. Harmoniesystem in dualer Entwickelung. Leipzig 1866.

Dritter Abschnitt.

Optik.

10. Theorie des Lichts.

LEVISTAL. Recherches d'optique géométrique. C. R. LXIII. 458†.

Der Gegenstand der Abhandlung ist die Ausdehnung respective Erweiterung der gewöhnlich nur für isotrope Mittel gewonnenen Sätze der geometrischen Optik für beliebig homogene Mittel. Da diese Sätze vornehmlich auf den Gesetzen der Reflexion und Refraction beruhen, so konnte als Grundlage für ihre Herleitung in der erweiterten Form jenes HUYGHENS'sche, von FRESNEL näher begründete Princip bezeichnet werden, nach welchem, wenn die Punkte einer Oberfläche 0 gleichzeitig oder successiv von einer, einem Lichtpunkt entsprungenen Vibrationsbewegung erreicht werden — die einem gegebenen Moment entsprechende Wellenfläche sich als Einhüllungsfläche der von den Punkten jener Fläche ausgegangenen, auf eben diesen Moment bezogenen Elementarwellen betrachten lässt. Im besondern Fall wird bei der Brechung oder Reflexion zur Fläche 0 die Grenzfläche des brechenden oder reflectirenden Mittels gewählt. Man kommt mittelst dieses Princips namentlich z. B. auf die Erweiterung des GERGONNE'schen Satzes (d. h. des Satzes, dass in isotropen Mitteln die von einem Punkte ausgegangenen Strahlen nach beliebigen Brechungen und Reflexionen stets auf einerlei Fläche senkrecht stehen), welcher, wenn man Strahlen derselben Art solche nennt, welche dieselben Reflexionen und Brechungen erlitten haben, und Strahlen von derselben Natur solche vorstellen, welche in einem doppeltbrechenden Mittel gleichzeitig gewöhnliche oder gleichzeitig ungewöhnliche sind — in der erweiterten Form so lautet: Wenn Strahlen derselben Art, welche von demselben Punkte ausgegangen sind, nach einer beliebigen Zahl Brechungen und Reflexionen sich in irgend einem homogenen Mittel verbreiten, so besteht zwischen der Richtung der Berührungsebene an der Welle und der Richtung desjenigen Strahls, welcher durch den Berührungspunkt geht, eine bestimmte Verbindung, welche allen Strahlen derselben Natur in demselben homogenen Mittel gemeinsam ist. Um bei gegebener Richtung der Berührungsebene die Richtung des Strahls zu erhalten, beschreibt man um einen beliebigen Punkt des Mittels als Centrum den der Natur des Strahls entsprechenden Zweig der Wellenfläche, legt daran eine, der gegebenen Ebene parallele Tangentialebene und verbindet das Centrum mit dem Berührungspunkt der letzteren. Die umgekehrte Construction führt von der Richtung des Strahls auf die der Berührungsebene seiner Welle.

Hierauf gründet sich dann leicht der folgende, für isotrope Mittel schon von Huyghens aufgestellte Satz:

Sollen alle von einem Punkte ausgegangene Strahlen derselben Art nach einer beliebigen Zahl Reflexionen und Refractionen in einem beliebigen homogenen Mittel in einen (reellen oder virtuellen) Brennpunkt zusammenlaufen, so ist es nothwendig und genügend, dass die diesen Strahlen entsprechende Welle in ihren auf einander folgenden Lagen mit dem aus dem Brennpunkt als Centrum beschriebenen, der Natur der Strahlen zugehörigen Zweige der Wellenfläche in dem betreffenden Mittel zusammenfalle.

Daraus folgt dann, dass die Welle beim Durchgang durch den Brennpunkt sich auf diesen Punkt reducirt; ferner dass, falls der Brennpunkt reell ist, alle Strahlen in derselben Zeit den Weg vom strahlenden Punkt bis zum Brennpunkt zurücklegen. Demnach werden auch die Strahlen bei ihrer Ankunft in derselben wegen ihrer Phasengleichheit keinerlei Interferenz unter einander erfahren, und man hat somit die Grundlage für die Theorie der aplanatischen Oberflächen. Namentlich erhält folglich der Satz allgemeine Gültigkeit, dass es, damit bei gegebenen strahlenden Punkt und Brennpunkt eine Oberfläche für Reflexion und Refraction aplanatisch sei, nöthig sei und genüge, dass die Zeiten, welche das Licht braucht, um vom Lichtpunkt einerseits, und vom Brennpunkt andrerseits nach demselben Punkt der Oberfläche zu gelangen, eine constante Summe oder Differenz geben. Constante Summen entsprechen dem Fall, wo beide Punkte reell oder beide virtuell sind, eine constante Differenz dem Fall, wo der eine Punkt reell, der andere virtuell ist. Rückt der eine Punkt in's Unendliche, so ist die entsprechende (respective die einfallende oder die reflectirte oder gebrochene) Welle eben.

Für ebene aplanatische Flächen findet schliesslich der Verfasser folgende Resultate.

1) Damit eine Ebene in jeder Richtung für Reflexion aplanatisch sei (einfallende und reflectirte Strahlen von derselben Natur angenommen) ist es nöthig und genügend, dass die Wellenfläche vom zweiten Grade sei, dass also das Mittel zu den isotropen oder zu den doppelbrechenden mit einer optischen Axe gehöre.

2) Eine Ebene kann nicht für Reflexion aplanatisch sein, wenn die einfallenden und reflectirten Strahlen von verschiedener Natur sind.

3) Soll eine ebene Trennungsfläche zweier homogenen Mittel aplanatisch für Reflexion sein, so ist es nothwendig und ausreichend, dass, wenn diese Ebene zur Ebene der xy genommen wird und die Gleichung der Wellenfläche des ersten Mittels, vom Ursprung als Centrum beschrieben, und der Zeiteinheit entsprechend, $f(x, y, z) = 0$ ist, dass die analoge Wellenfläche des zweiten Mittels $f(mz + x, nz + y, pz) = 0$ (unter m, n, p unbestimmte Parameter gedacht) sei.

4) Ist eine Ebene für Reflexion oder Refraction aplanatisch für eine bestimmte Lage des Licht- und Brennpunkts, so ist sie auch für jede Lage des (reellen oder virtuellen) Lichtpunktes aplanatisch.

5) Umgekehrt ist eine Oberfläche, welche bei jeder Lage des Lichtpunkts für Reflexion oder Refraction aplanatisch ist, nothwendig eine Ebene. *Rd.*

M. G. Farmer. Note on the mechanical equivalent of light. Phil. Mag. (4) XXXI. 403†.

Es wird hier eine Bestimmung des mechanischen Aequivalents des Lichts mitgetheilt, welche eine bemerkenswerth genaue Uebereinstimmung mit dem Werthe zeigt, auf welchen Thomsen gekommen war, nämlich mit dem Werthe von 13,1 Fusspfund per Minute für das Aequivalent des Lichts einer Spermacetkerze, die 26½^{grm} per Stunde verzehrt. Die von Farmer angeführte Auswerthung wurde durch das elektrische Licht vermittelt, welches durch eine Bunsen'sche Batterie von 250 Elementen (bei Gelegenheit einer Erleuchtung in Boston am 4. Juli 1863) erzeugt wurde, und welches nach der Bestimmung des Prof. W. Rogers dem Licht von 10000 bis 13000 Musterkerzen gleich kam. Die ausgeführte Rechnung führt in der That auf 10,1 bis 13,1 Fusspfund per Minute für das Licht einer einzelnen solchen Kerze. *Rd.*

Mascart. Sur la direction des vibrations dans la lumière polarisée. C. R. LXIII. 1005†.

Verfasser theilt neue Beugungsversuche mit, welche auf dem von Stokes angegebenen und beschrittenen Wege zur Entscheidung der Frage über die Schwingungsrichtung im linear-polarisirten Licht führen sollten. Die Versuche wurden, wie die von Stokes, mit Glasgittern angestellt, die mit Diamant eingerissen waren, und zwar die eingerissene Seite nach hinten oder nach vorn, je nachdem gebrochenes oder reflectirtes Licht benutzt werden sollte. Das Abweichende von der Stokes'schen Beobachtungsweise bestand darin, dass Hr. Mascart die Beugungsspectra, welche dem parallel und dem senkrecht zur Gitterrichtung polarisirten Einfallslicht entsprachen, über einander fallen liess, indem er selbiges durch eine Kalkspathplatte leitete, welche die beiderlei Strahlen hinreichend trennte. Von einem Beugungswinkel von 30° an wurde das von den parallel zum Gitter polarisirten Strahlen erhaltene Licht entschieden schwächer, als das andere — entsprechend der Fresnel'schen Schwingungshypothese, und auch das durch Messung bestimmte Amplitudenverhältniss in den beiderlei gebeugten Strahlen stimmte mit dem von

STOKES gegebenen Gesetze (nach welchem es sich nach dem Cosinus des Beugungswinkels richten soll) mit einer Genauigkeit, welche in Rücksicht auf die nicht allzu grosse Schärfe der Messungsmittel und auf die Schwierigkeit der Beobachtungsweise sich als genügend ansehen lässt. *Rd.*

CORNU. Théorie nouvelle de la réflexion cristalline d'après les idées de FRESNEL. C. R. LXIII. 1058†.

Hr. CORNU berichtet hier, es sei ihm gelungen, eine vollständige Theorie der Reflexion an Krystallen auf Grundlage der FRESNEL'schen Schwingungshypothese herzustellen, und glaubt dadurch eine Lücke in der Lichttheorie auszufüllen, da die von MAC CULLAGH und NEUMANN herrührenden Theorien von der weniger natürlichen entgegengesetzten Schwingungshypothese ausgegangen seien. Er ignorirt also das, was von CAUCHY in dieser Beziehung geschehen ist. Die Gleichungen, welche er zur Bestimmung der Elemente des reflectirten Lichts benutzt hat, wurden aus einem besonders formulirten Princip der Continuität der Bewegungen vom Orte des Ueberganges aus einem Mittel in's andere hergeholt, und stellen sich dar 1) als der Ausdruck für die Gleichheit der, mit der Trennungsfläche der Medien parallelen Componenten der Schwingungsimpulsionen; 2) als Ausdruck für die Aequivalenz der Bewegungsgrössen der auf der Trennungsfläche senkrechten Componenten, und 3) als Ausdruck für die Aequivalenz der lebendigen Kräfte der Vibrationen — und zwar für jede Orientirungsrichtung.

Es wird schliesslich bemerkt, dass sich die Rechnungen sehr vereinfachen, wenn man sich des von MAC CULLAGH angewendeten Kunstgriffs bedient, die beiden Fälle besonders zu betrachten, in denen der eine der beiden gebrochenen Strahlen verschwindet.

Endlich wird angeführt, dass die schliesslichen Intensitätsformeln mit denen von MAC CULLAGH (unter selbstverständlichen Aenderungen betreffs der Variabeln) übereinstimmen. *Rd.*

E. Mathieu. Note sur la surface de l'onde. Liouville J. (2) XI. 298-304†.

Diese Note bildet eine Ergänzung zu einer früheren Abhandlung, welche der Verfasser in demselben Bande desselben Journals (p. 49) unter dem Titel „Sur la dispersion de la lumière" veröffentlicht hat. In dieser Abhandlung wurde eine Theorie der doppelten Brechung nach dem Muster der von Cauchy in seinen Exercices de mathématiques gegebenen entwickelt, die sich im wesentlichsten von der letzteren dadurch unterscheidet, dass als Ausgangspunkt die von Lamé in seiner Theorie de l'élasticité aufgestellten Gleichungen genommen werden, bei deren Aufbau die Wirkung der Molecüle auf einander nicht wie bei Cauchy als Function der Entfernung specialisirt, sondern ganz unbestimmt gelassen worden ist. Der Verfasser hielt diese Gleichungen insbesondere für geeigneter, die Dispersion auch in nicht isotropen Mitteln zu behandeln. Vorliegende Ergänzung bezieht sich speciell auf die Form der Gleichung für die vollständige Wellenfläche. *Rd.*

Fernere Litteratur.

Colnet d'Huart. Leçons sur la théorie mathématique du mouvement de translation et du mouvement de rotation des atomes. Ire partie. Détermination de la relation qui existe entre la lumière et la chaleur de conduction. Luxembourg 1866.

---

11. Fortpflanzung, Spiegelung und Brechung des Lichts.

Ch. Briot. Sur la réflexion et la réfraction de la lumière. C. R. LXVIII. 1112-1116†.

Bei der Herleitung der Formeln für die Brechung und Reflexion an der Gränze zweier isotropen Medien setzt Fresnel, wenn die Schwingungen $\ddagger$ der Einfallsebene stattfinden, die algebraische Summe der den brechenden Flächen $\ddagger$ Componenten des einfallenden und reflectirten Strahles gleich derselben Componente für den gebrochenen Strahl; Neumann dagegen setzt sowohl die der brechenden Fläche ‡ Componenten als auch die dazu senkrechten derselben Strahlen einander gleich, und zeigt dass die Gleichung für die senkrechten Componenten eine Folge ist aus der für die ‡ Componenten und der aus dem Princip der Erhaltung lebendigen Kraft unter Voraussetzung der Constanz der Dichtigkeit und der Verschiedenheit der Elasticität des Aethers abgeleiteten. Diese Voraussetzung ist nach des Verfassers Ansicht widerlegt durch die Versuche von Fizeau.

Es wird deshalb eine neue Theorie aufgestellt, bei der die Fresnel'sche Theorie über die Verschiedenheit der Dichtigkeiten aufrecht erhalten wird und bei der „sämmtliche Schwingungsbewegungen berücksichtigt werden, die im Aether existiren können, so wohl die, die sich fern von der Oberfläche fortpflanzen, als auch die in der Nähe derselben concentrirt bleiben, so dass sie in kleiner Entfernung unmerklich werden."

Ein in beliebigem Azimuth polarisirter, einfallender Strahl erzeugt durch Brechung und Reflexion in jedem Medium transversale und longitudinale Schwingungen. Hinsichtlich der letzteren können zwei Fälle eintreten, entweder pflanzen sie sich mit ungeschwächter Intensität auf grössere Entfernungen von der brechenden Fläche fort und erzeugen nicht leuchtende Wellen; oder sie verlieren schnell an Intensität, wenn sie sich von der brechenden Fläche entfernen. „Die Schwingungen sind dann elliptisch und bestehen nur in der Nähe dieser Fläche; sie pflanzen sich ‡ der Schnittlinie der Einfallsebene und brechenden Fläche mit einer Geschwindigkeit fort, welche derjenigen gleich ist, mit der die einfallende Welle der (brechenden) Fläche die Erschütterung mittheilt".

Finden die Aetherschwingungen im einfallenden Strahl senkrecht zur Einfallsebene statt, so fehlen die longitudinalen Schwingungen und es ergeben sich für das reflectirte und gebrochene Licht die Fresnel'schen Formeln.

Erfolgen die Schwingungen parallel der Einfallsebene, und pflanzen sich die longitudinalen Schwingungen auf grössere Entfernungen nach der Reflexion und Brechung fort, so ist für die transversalen Schwingungen die Amplitude des reflectirten Strahles

$$-\frac{\sin(\alpha-\alpha')}{\sin(\alpha+\alpha')}\cdot\frac{\cos(\alpha+\alpha'+\alpha_1-\alpha'_1)}{\cos(\alpha-\alpha'-\alpha_1+\alpha'_1)},$$

die der gebrochenen Strahlen

$$\frac{2\sin\alpha'\cos\alpha}{\sin(\alpha+\alpha')},\quad \frac{\cos(\alpha_1-\alpha'_1)}{\cos(\alpha-\alpha'-\alpha_1+\alpha'_1)},$$

wo α und α' den Einfalls- und Brechungswinkel, α_1 und α'_1 die Winkel bezeichnen, die die longitudinalen Strahlen mit der Normale der brechenden Fläche bilden. Wenn $\alpha_1 = \alpha'_1$, d. h. die Fortpflanzungsgeschwindigkeiten der beiden longitudinalen Tangenten in beiden Medien gleich sind, so stimmen die Formeln mit den FRESNEL'schen. Die beiden Componenten $\#$ und $\perp$ zur Einfallsebene polarisirt, haben keinen Gangunterschied, so dass ein geradlinig polarisirter Strahl durch Reflexion und Brechung wieder einen geradlinig polarisirten erzeugt.

Existiren dagegen bei Schwingungen des einfallenden Strahles in der Einfallsebene, die longitudinalen, reflectirten und gebrochenen Schwingungen nur in der Nähe der brechenden Fläche, so ist die Amplitude des reflectirten Strahles

$$-\frac{\operatorname{tg}(\alpha-\alpha')}{\operatorname{tg}(\alpha+\alpha')}\cdot\frac{\cos\delta'}{\cos\delta},$$

die des gebrochenen Strahles

$$\frac{2\sin\alpha'\cos\alpha\cos\delta'}{\sin(\alpha+\alpha')\cos(\alpha-\alpha')}$$

und die $\#$ und $\perp$ zur Einfallsebene polarisirten Componenten haben einen Gangunterschied $\delta+\delta'$ im reflectirten, δ' im gebrochenen Licht, wo δ und δ' bestimmt sind durch

$$\operatorname{tg}\delta = \varepsilon\operatorname{tg}(\alpha+\alpha'),\quad \operatorname{tg}\delta' = \varepsilon\operatorname{tg}(\alpha-\alpha').$$

$$\varepsilon = \frac{\sqrt{\left[1-\frac{\omega^2}{\omega_1^2\sin^2\alpha}\right]}-\sqrt{\left[1-\frac{\omega^2}{\omega_1^2\sin^2\alpha}\right]}}{1-\sqrt{\left[\left(1-\frac{\omega^2}{\omega_1^2\sin^2\alpha}\right)\left(1-\frac{\omega^2}{\omega_1'^2\sin^2\alpha}\right)\right]}},$$

wo ω die Fortpflanzungsgeschwindigkeit der Schwingungen im ersten Medium bedeutet, ω_1^2 und $\omega_1'^2$ positive oder negative Grössen von der Art, dass sie, wenn sie positiv sind, die Quadrate der Fortpflanzungsgeschwindigkeiten der longitudinalen Schwingungen in beiden Medien bedeuten: diese Formeln stimmen mit denen von CAUCHY. Aus einem geradlinig polarisirten einfallenden Strahl entstehen also elliptisch polarisirte, gebrochene und reflectirte Strahlen. *Kr.*

M. A. CORNU. Theory of reflexion and refraction of polarized light (isotropic media). Athen. 1866. 2. p. 307-307†.

Den beiden Theorien von FRESNEL und NEUMANN über die Schwingungsrichtung des Aethers gegen die Polarisationsebene, wird eine dritte hinzugefügt, welche zur Voraussetzung hat, dass erstens die Aetherschwingungen transversal sind, und zweitens im gebrochenen Strahl senkrecht gegen die im einfallenden und reflectirten erfolgen. Der Verfasser gesteht zu, dass kein Grund vorhanden sei, diesen letzten Satz a priori zuzugeben, findet aber, dass es nicht mehr Schwierigkeit mache seinen Satz anzunehmen, als den von der constanten Dichtigkeit oder Elasticität des Aethers. Aus der Theorie ergeben sich Formeln, welche für das gebrochene Licht mit den FRESNEL'schen, für das reflectirte mit den NEUMANN'schen übereinstimmen. Der Theorie zufolge muss sich die Schwingungsrichtung, bei senkrechter Incidenz beim Eintritt in das zweite Medium um 90° drehen. Eine experimentelle Prüfung dieser Folge scheint dem Verfasser schwierig, weil eine ungerade Anzahl von Brechungen erforderlich ist. *Kr.*

E. O. BERMANN. Ueber die durch einfache Brechung an einer ebenen Grenzfläche bewirkte scheinbare Aenderung des Ortes und der Gestalt. Theil II. Programm des Gymnasiums zu Liegnitz 1866. p. 3-23†.

Es werden berechnet das Flächen- und Linienstück auf den beiden diakaustischen Gebilden der von einem Punkt unter Wasser ausgehenden an der horizontalen Oberfläche desselben gebrochenen Strahlen, von welchem die in die Pupille gelangenden Strahlen ausgehen. Ferner wird eine Tabelle mitgetheilt zur Bestimmung der wahren Tiefe eines Punktes unter der Oberfläche des Wassers aus der scheinbaren für verschiedene Neigungen der Augenaxe gegen die Oberfläche des Wassers. — Endlich wird die Frage beantwortet: wie gestaltet das im Wasser befindliche Object sein müsse, damit es dem in Luft befindlichen Auge unter einem Umriss von vorgeschriebener Form, oder auf einer vorgeschriebenen Fläche (Kugel, Kegel, Ebene) erscheine; dabei wird auf einen in physikalischen Lehrbüchern verbreiteten Fehler aufmerksam gemacht, wonach bei einer Zeichnung, welche den Verlauf eines auf Wasser fallenden und dann gebrochenen Strahles darstellt, — wenn man dieselbe bis zur gezeichneten Wassergrenze in Wasser taucht —, die den gebrochenen Strahl darstellende Linie bei jeder Stellung des Auges, die Verlängerung der den einfallenden darstellenden sein soll. Es ist dies nur der Fall, wenn man in der Richtung des einfallenden Strahles sieht. *Kr.*

E. O. Bermann. Ueber die mehrfachen Bilder in ebenen Glasspiegeln. Pogg. Ann. CXXVII. 450-454†; Z. S. f. Naturw. XXVII. 505-506.

Hr. Stratingh hat in Pogg. Ann. CXXII. 462-473 (Berl. Ber. 1864. p. 155) die Lage der von einem ebenen Spiegel erzeugten zehn ersten Bilder eines leuchtenden Punktes berechnet und gefunden, dass die aufeinander folgenden Bilder in zunehmender Tiefe unter der spiegelnden Fläche auftreten, aber nicht auf der vom leuchtenden Punkt auf die Spiegelfläche gefällten Senkrechten liegen, sondern sich mehr und mehr von dieser Senkrechten in der Richtung nach dem Auge zu entfernen, so dass die späteren Bilder dem Auge scheinbar näher liegen als das erste. Dies Resultat der Rechnung stimmte in vielen Fällen mit dem Versuch; wurde aber der Spiegel umgekehrt, so lagen häufig die späteren Bilder scheinbar vom Auge entfernter. Hr. Stratingh forderte zu einer Erklärung der Erscheinung auf. Hr. Bermann zeigt, dass dieselbe auf mangelhafter Parallelität der Spiegelflächen beruht und hält unter Hinweis auf den ersten Theil seiner Arbeit: Ueber die schaubare Aenderung des Ortes u. s. w. (Berl. Ber. 1863. p. 181), die alte Annahme, dass die Bilder sämmtlich in der vom leuchtenden Punkt auf den Spiegel gefällten Normale liegen, für vollkommen planparallele Spiegel aufrecht. Für nicht genau parallele Spiegel fallen die Bilder nicht auf die Normale; ihre Lage ist nur durch höchst complicirte Rechnungen genau zu bestimmen. *Kr.*

M. J. Stefan. Ueber eine neue Methode die Längen der Lichtwellen zu messen. Wien. Ber. LIII. 2. p. 521-529†; Inst. XXXIV. 271-272; Z. S. f. Math. 1866. p. 544-550.

Lässt man polarisirte parallele Lichtstrahlen senkrecht auf eine Quarzsäule mit parallel zur optischen Axe geschliffenen Flächen fallen und zerlegt die durchgegangenen Strahlen mit einem Nicol'schen Prisma und einem Glasprisma, so bekommt man ein Spectrum, durchzogen von dunklen Streifen, parallel den Fraunhofer'schen Linien, welche durch die Interferenz der als ordentliche und ausserordentliche durchgegangenen Strahlen erzeugt werden [1]). Bezeichnet D die Dicke der Quarzsäule, λ und λ' die Wellenlängen zweier Strahlen, μ_0 und μ_e, μ'_0 und μ'_e die zugehörigen Brechungsexponenten der ordentlichen und ausserordentlichen Strahlen, x die Anzahl der Interferenzstreifen im Spectrum zwischen den Stellen, die durch die Wellenlängen λ und λ' bestimmt sind, so kann man mit Hülfe der Gleichung

$$\text{(a)} \quad . \quad . \quad . \quad . \quad x = \frac{D(\mu'_e - \mu'_0)}{\lambda'} - \frac{D(\mu_e - \mu_0)}{\lambda}$$

λ' berechnen, wenn die übrigen Grössen bekannt sind, d. h. nach derselben Methode, wie mit Talbot'schen Streifen, aus der bekannten Wellenlänge eines Strahles, die der übrigen ableiten [2]).

Variirt man die Dicke der Quarzsäule, etwa dadurch, dass man zwei keilförmige Quarzstücke gegeneinander verschiebt, so verschieben sich die Interferenzstreifen. Bezeichnet y die Anzahl der Streifen, welche bei Abnahme der Dicke von D zu D' die der Wellenlänge λ entsprechende Stelle des Spectrums passiren, so liefert die Gleichung

$$\text{(b)} \quad . \quad . \quad . \quad . \quad . \quad \lambda = \frac{(D - D')(\mu_e - \mu_0)}{y}$$

eine Methode um λ unmittelbar zu finden, mit einem Fehler, der bei der DLinie höchstens 4 Einheiten der vierten der vier Ziffern 5888 beträgt.

[1]) Vgl. Brewster, Phil. Trans. II. 245; Fizeau u. Foucault, C. R. XXI. 1156; Ann. d. chim. (3) XXVI. 146; Broch, Dove Rep. VII. 113.

[2]) Vgl. Berl. Ber. 1855. p. 271.

Aendert man die Quarzdicke durch Aenderung des Einfallswinkels von 0° bis i^0, so kann man mit einem einfachen Quarz λ bestimmen durch

$$\text{(c)}\quad \lambda = \frac{D}{y}\left\{(\sqrt{[\mu_e^2 \sin^2 i]} - \sqrt{[\mu_0^2 - \sin^2 i]}) - (\mu_e - \mu_0)\right\}.$$

Nach dieser Formel ist mit Hülfe der von Rudberg bestimmten Brechungsexponenten als Mittel aus 4 Messungen für die Linie *D* bestimmt

$$\lambda = 0{,}0005893^{\text{mm}},$$

und hieraus nach Gleichung (a)

für die Linie	*B*	*C*	*E*	*F*	*G*	*H*
$\lambda =$	0,0006873^{mm}	6578^{mm}	5271^{mm}	4869^{mm}	4291^{mm}	3959^{mm}

Werthe die mit den durch Beugungserscheinungen gefundenen gut übereinstimmen (vergleiche die Zusammenstellung Berl. Ber. 1865. p. 225). *Kr.*

J. Landerer. Mesure du champ des lunettes. Mondes XI. 521-521†.

Um das Gesichtsfeld eines Fernrohrs zu bestimmen, beobachte man die Zeit t, in welcher ein Stern auf einem beliebigen Parallelkreise, dessen Abstand vom Pol aber grösser ist als 40°, das Gesichtsfeld durchläuft.

$$T = t\cos\delta,$$

wo δ die Declination des Sternes bedeutet, ist die Zeit, in der ein Stern des Aequators das Gesichtsfeld durchläuft. Bestimmt man diese Zeit in Stunden und multiplicirt mit 15, so erhält man die Grösse des Gesichtsfeldes in Graden. *Kr.*

Note sur le mouvement apparent décrit par l'image réfléchie d'un point lumineux, dans un instrument à réflexion quand on donne à l'instrument un mouvement de rotation autour de l'axe optique. Mondes X. 306-313†.

Beobachtet man durch das Fernrohr eines Spiegelsextanten das reflectirte Bild eines leuchtenden Punktes, so durchläuft derselbe, bei Drehung des Instrumentes um die optische Axe des

Fernrohrs, gegen die Fäden des Fadenkreuzes einen Kegelschnitt (Ellipse wenn D zwischen 0° und 45° oder 135° und 180°, Parabel für $D = 45°$ oder 135°, Hyperbel D zwischen 45° und 135°. D Winkeldistanz eines auf der optischen Axe in grosser Entfernung liegenden und des leuchtenden Punktes). Bezieht man die Bewegung auf zwei ausserhalb des Instrumentes liegende Axen, eine horizontale und eine verticale, so verläuft die Curve symmetrisch gegen die Verticale, und hat bei $D = 90°$ 2 Asymptoten ⟂ derselben, so dass also nicht, wie von einigen Autoren angegeben wird, das Bild eines im Zenith stehenden Sternes bei der Drehung des Instrumentes den Horizont durchläuft. *Kr.*

Listing. Ueber einige merkwürdige Punkte in Linsen und Linsensystemen. Pogg. Ann. CXXIX. 466-472†.

Object- und Bildpunkt können bei einer Linse oder einem Linsensystem mit gemeinschaftlicher Axe in einen Punkt der Axe zusammenfallen. Solche Punkte werden symptotische genannt.

Die Entfernung k der beiden symptotischen Punkte vom ersten (Gauss'schen) Hauptpunkt ist bestimmt durch

$$k = -\tfrac{1}{2}\varepsilon \pm \sqrt{[\varepsilon(\tfrac{1}{4}\varepsilon + f)]}.$$

(ε Entfernung zwischen den beiden Hauptpunkten — positiv, wenn von der Seite her, von welcher der Strahl einfällt, der erste Hauptpunkt vor dem zweiten liegt —, f die Brennweite — positiv im Fall eines collectiven Systems, — k positiv vom ersten Hauptpunkt nach vorn hin).

	Bedingung	Zahl der Symptosen
1)	$\varepsilon = 0$	eine
2)	ε und f gleiche Zeichen	zwei
3)	ε und f ungleiche Zeichen $f < \frac{1}{4}\varepsilon$	zwei
4)	- - - $f = \frac{1}{4}\varepsilon$	eine
5)	- - - $f > \frac{1}{4}\varepsilon$	keine

Die Vergrösserungsverhältnisse haben in beiden Symptosen gleiche Vorzeichen und sind reciprok. Bei 1) hat Object und Bild gleiche Stellung und gleiche Grösse; bei 4) umgekehrte Stellung und gleiche Grösse; bei 2) gleiche Stellung und ungleiche

Grösse; bei 3) umgekehrte Stellung und ungleiche Grösse; — bei 2) und 3) erscheint das Bild in der einen Symptose vergrössert, in der anderen in demselben Verhältniss verkleinert.

Sind ε und f für ein Linsensystem bekannt, so verzeichne man auf einer Geraden die vier Punkte F, E, E', F' (F und F' die Brennpunkte, E und E' die Hauptpunkte), errichte in F nnd F' Lothe $FG = FG' = f$. Die Schnittpunkte des Halbkreises über $GG_{\prime}$ und der Geraden FF' sind die symptotischen Punkte (Construction von Möbius). *Kr.*

L. d'Henry. Condensateurs de la lumière ou appareils propres à projeter la lumière; basés sur les propriétés de l'ellipsoïde de révolution allongé, de l'hyperboloïde de révolution à deux nappes du plan et de la sphère. Mondes XII. 321-325†.

Beim Projiciren optischer Erscheinungen auf einen Schirm mit Hülfe eines Apparates von Soleil und Duboscq wird, nach Angabe des Verfassers, im günstigsten Fall 0,06, zuweilen aber nur 0,00009 der Stärke der Lichtquelle nutzbar gemacht. Zu einer fast vollständigen Ausnutzung der Lichtquelle wird folgender Apparat vorgeschlagen. An dem einen Ende der Rotationsaxe eines verlängerten Rotationsellipsoides mit möglichst vollkommen spiegelnder Innenfläche, befindet sich eine kreisförmige Oeffnung. Die Lichtquelle (Lampen-, Kalk-, elektrisches Licht) wird in dem der Oeffnung zunächst liegenden Brennpunkt angebracht. Ein Theil der Strahlen tritt dann unmittelbar durch die Oeffnung aus dem Ellipsoid heraus; ein zweiter erleidet an den Wänden eine gerade Anzahl von Reflexionen und tritt, nachdem er zuletzt durch den dieLichtquelle enthaltenden Brennpunkt gegangen ist, ebenfalls durch die Oeffnung heraus; ein dritter Theil endlich würde, weil wegen der Oeffnung ein Theil des Ellipsoides fehlt, nach einer ungeraden Anzahl von Reflexionen von dem anderen Brennpunkt aus durch die Oeffnung heraustreten. Um dies zu verhindern ist der Oeffnung gegenüber ein Hohlspiegel angebracht, dessen Mittelpunkt mit dem ersten Brennpunkt zusammenfällt. Dieser vereinigt die Strahlen der dritten Gruppe nach einmaliger Reflexion wieder im ersten

Brennpunkt und sendet sie durch die Oeffnung. Sämmtliche Strahlen divergiren also bei ihrem Heraustritt vom ersten Brennpunkt und werden durch eine Linse parallel gebrochen. — Ob die Construction des Apparates gelungen ist, ist nicht angegeben. *Kr.*

R. TEMPLETON. Remarks suggesting doubts respecting the received value of μ, the index of refraction of the lens. Phil. Mag. (4) XXXII. 425-433†.

Beobachtet man einen kleinen Fleck nach einander durch eine Reihe von Oeffnungen, deren Durchmesser δ von $0{,}15^{mm}$ bis $1{,}52^{mm}$ wächst, so wächst die Entfernung D, in welcher der Fleck deutlich sichtbar ist, von 28^{mm} bis 260^{mm}, doch ist dabei $\frac{D}{\delta}$ constant, und entspricht einem Winkel von 19′ 8″. Berechnet man für jede Oeffnung und die zugehörige Entfernung den Durchmesser des Zerstreuungskreises auf der Netzhaut, so ergiebt sich der für jede Oeffnung und die zugehörige Entfernung constante Werth $0{,}041^{mm}$. Hält man eine Platte vor das Auge, welche Oeffnungen von δ $0{,}15^{mm}$, $0{,}25^{mm}$, $0{,}32^{mm}$ und eine vierte durch welche entfernte Gegenstände deutlich gesehen werden können, so sieht man gleichzeitig Gegenstände deutlich, deren Entfernung vom Auge D (entsprechend δ) $= 28^{mm}$, 43^{mm}, 63^{mm} und unendlich ist. Bringt man eine concave Linse vor das Auge, und schaltet Oeffnungen von δ $0{,}25^{mm}$ bis $0{,}55^{mm}$ zwischen Linse und Auge ein, so kann man durch dieselben deutlich sehen. Der übrige Theil der Abhandlung enthält Betrachtungen über den Werth von μ, den Brechungsindex der Linse, ob derselbe in allen Theilen derselben der nämliche ist. Ausserdem führt der Verfasser aus dem Thierreiche Beispiele an, die beweisen, dass oft sehr verschiedene Thiere eine gleichgestaltete Linse haben und umgekehrt. Ueberall ist dabei die Entfernung der Linse von der Retina zu berücksichtigen. *Kr.*

PH. GILBERT. Sur la concordance des rayons lumineux aux foyers des lentilles. C. R. LXIII. 800-803†.

In der geometrischen Optik berücksichtigt man gewöhnlich

nur die Richtung der gebrochenen und reflectirten Strahlen, namentlich in den Brennpunkten von Spiegeln und Linsen, und lässt die Frage nach dem Gangunterschiede der nach diesen Punkten convergirenden Strahlen unberücksichtigt. In seinem Traité d'optique physique hat Billet diese Frage untersucht, für den Fall der Brechung von einer Kugelfläche, wenn die Strahlen von einem Punkt ausgehen. Er hat aber bei seiner Behandlung Grössen vernachlässigt, die die Wellenlängen der einzelnen Farben um ein bedeutendes übertreffen, die also gerade von Wichtigkeit sind.

In der vorliegenden Arbeit wird auf einfache Art ein Satz von Dupin bewiesen: Wenn die Strahlen eines Strahlenbündels Normalen einer beliebigen Fläche sind, so bleiben sie, nachdem sie eine beliebige Anzahl ungleicher Brechungen und Reflexionen erlitten haben, stets Normalen einer Fläche. Daraus ergiebt sich der Satz: Wenn die einfallenden Strahlen Normalen einer Fläche und die Aetherbewegungen der einzelnen Strahlen auf dieser Fläche von gleicher Phase sind, so sind die Aetherbewegungen in den gebrochenen Strahlen von gleicher Phase auf allen Flächen, für welche die gebrochenen Strahlen Normalen sind, welches auch die Form der brechenden Fläche (u) sein mag.

Bei einer Linse sind die einfallenden und gebrochenen Strahlen Normalen von Kugelflächen, deren Mittelpunkte der leuchtende Punkt und sein conjugirter Brennpunkt sind, und es findet deshalb in dem letzteren kein Gangunterschied der in ihm vereinigten Strahlen statt. *Kr.*

Fernere Litteratur.

Niemtschik. Neue Construction der auf ebenen und krummen Flächen erscheinenden Reflexe und hierauf bezügliche Theoreme. Wien. Ber. LIII. (2) 577-664†. VIII Tafeln (rein mathematisch).

A. Smith. Optical phenomenon. Proc. Manch. Soc. III. 39-40†. (Beschreibung zweier Fälle, in denen bei nebligem Wetter nahe liegende Gegenstände stark vergrössert erschienen.)

Montigny. Comparaison des pouvoirs réfrangibles et calorifiques des gaz. Mondes XI. 245-249.

SCHRAUF. Beziehungen zwischen Materie und Licht. Inst. 1866. p. 416-416.

— — Notiz über die Refractionsäquivalente und optische Atomzahlen der Grundstoffe. POGG. Ann. CXXVII. 175-176, 344-347; Phil. Mag. (4) XXXI. 483-484; Z. S. f. Chem. 1866. p. 232-234. Vergl. Berl. Ber. 1865. p. 208.

---

12. Objective Farben, Spectrum, Absorption.

W. WEBB. Cometary Light-Nebulae-Occultations. Int. Obs. X. 281-288†.

Die Arbeit enthält nur eine Zusammenstellung früherer Beobachtungen. DONATI (vgl. Berl. Ber. 1864. p. 207), welcher zuerst das Spectrum eines Cometen beobachtete, bemerkte, dass dasselbe zwei dunkle Banden enthielt, die breiter waren, als die leuchtenden Zwischenräume, woraus er schloss, dass das Licht derselben nicht reflectirt war. HUGGINS, der einen andern Cometen beobachtete, fand das Spectrum des Cometenkerns fast übereinstimmend mit dem eines planetarischen Nebels $^{37}H^{V}$, welcher sehr viele Streifen zwischen *F* und *b* enthielt. Schon hieraus ist auf eine verschiedene Beschaffenheit des Cometen zu schliessen, was dadurch noch wahrscheinlicher gemacht wird, dass dieselben oft verschieden gefärbt sind; ja sogar die Färbung ein und desselben Cometen ist an verschiedenen Stellen verschieden. Beobachtungen des Schweifes zeigten, dass derselbe reflectirtes Licht aussendet, was durch die SECCHI'sche Angaben bestätigt wurde, der beobachtete, dass dasselbe polarisirt war, während der Kern kein polarisirtes Licht zeigte. Hieran schliesst der Verfasser einige Betrachtungen über die Nebelflecke, welche jedoch ebenfalls nur eine Zusammenstellung früherer Beobachtungen enthalten. *Sch.*

W. HUGGINS. On the spectrum of comet I, 1866. Phil. Mag. (4) XXXI. 233-235†; Proc. Roy. Soc. XV. 5-8; Inst. 1866. p. 331-332.

– — Spectre de la comète de TEMPEL. Mondes (2) I. 251-252†.

Der Schweif des von TEMPEL entdeckten Cometen giebt ein continuirliches Spectrum, während der Kern Linien giebt, so dass man annehmen muss, dass der Kern selbst leuchtend ist, während der Schweif reflectirtes Sonnenlicht ausstrahlt. *Sch.*

A. SECCHI. Spectre de la comète de TEMPEL. C. R. LXII. 210†; Mondes (2) I. 182-183; Monit. Scient. VIII. 178; Int. Obs. IX. 157-158.

Das Spectrum des Cometen von TEMPEL besteht nur aus drei Linien, deren deutlichste zwischen *b* und *f* liegt und eine grüne Farbe besitzt. Die beiden andern Linien, von denen die eine auf Seite des Roth, die andere in Violett lag, waren zu undeutlich um eine Bestimmung der Lage zuzulassen. Hiernach gehört der Comet zu den gasförmigen Körpern, ähnlich den Nebelflecken. *Sch.*

The coming meteor shower. — The spectra of meteors. Int. Obs. X. 38-40†.

Zur Beobachtung der Spectra der Sternschnuppen wurde von HERSCHEL und BROWNING ein Spektroskop construirt, dessen Prisma so gestellt und geschliffen war, dass das eintretende Licht nach der Brechung beim Eintritt in das Glas zweimal reflectirt und abermals gebrochen austritt parallel dem einfallenden Strahl; die Spaltvorrichtung fehlte bei diesem Apparat. Beobachtungen der Spectra der Sternschnuppen enthält der Bericht nicht. *Sch.*

A. S. HERSCHEL. Prismatic spectra of the August meteors 1866. Int. Obs. X. 161-170†.

Der Verfasser benutzte zu seinen Beobachtungen ein binocular eingerichtetes Spektroskop (vergleiche vorhergehende Abhandlung) mit sehr stark zerstreuendem Prisma. Eine Reihe in der Nacht vom 9. bis 10. August angestellter Beobachtungen zeigte im Spectrum des Schweifes, den die Sternschnuppen beim Durchschneiden der Atmosphäre zurücklassen, deutlich die Linie des Natriumlichts, nur bei den phosphorescirenden Streifen trat dieselbe nicht deutlich hervor. Hieraus schliesst der Verfasser, dass diese leuchtenden Streifen Natrium enthalten, in einigen vermuthet der Verfasser auch Phosphor, Kalium und Schwefel. Das Spectrum der Kerne hingegen war, wenn es beobachtet werden konnte, ähnlich dem gewöhnlichen Spectrum, also dem eines glühenden Körpers. *Sch.*

W. HUGGINS. On the disappearance of the spectrum of ε Piscium at its occultation of January 4th 1865. Monthly Not. XXV. 60-63†.

Frühere Beobachtungen (vgl. Berl. Ber. 1864. p. 203-204) des Mondlichts hatten ergeben, dass dem Monde keine Atmosphäre zukomme. Der Verfasser beobachtete nun das Spectrum eines Sternes, welcher vom Monde bei seiner Fortbewegung bedeckt wurde, indem er annahm, dass das Spectrum desselben durch eine etwa vorhandene Mondatmosphäre wesentlich verändert werden musste, so dass dunkle Streifen oder theilweise Absorption dadurch hervorgebracht wurden. Es wurde daher der Stern ε Piscium fünf Minuten vor seiner Verdeckung durch den Mond constant beobachtet und der Verfasser bemerkte kurz vor der vollständigen Verdeckung des Sternes einige dunkle Linien im Spectrum, die vorher nicht sichtbar waren, jedoch nach Ansicht des Verfassers als dem Sternspectrum ursprünglich angehörig zu betrachten sind. Weitere positive Resultate ergab die Beobachtung nicht.

Sch.

Lettre de M. W. HUGGINS à l'éditeur der astronomischen Nachrichten. Mondes XI. 239-241†.

Der Brief enthält eine Beschreibung des Spectrums eines glänzenden Sternes, welcher sich plötzlich in dem Sternbild der Krone gezeigt hat. Der Haupttheil des Spectrums desselben ist dem Sonnenspectrum analog und zeigt daher eine Anzahl dunkler Linien. Dieses Spectrum wird jedoch überlagert von einem andern, welches eine Anzahl heller Linien besitzt und daher vom Licht glühender Gase herrühren muss; es zeigt namentlich drei helle Streifen, von denen der hellste ungefähr bei *F* liegt, also mit den Wasserstofflinien zusammenfällt. *Sch.*

W. Huggins. Note sur le spectre de l'étoile d'Orion avec quelques remarques sur une lettre du R. P. Secchi. Mondes (2) XII. 149-150†; Monthly Not. XXV. 155-157.

Die Notiz enthält die Angabe, dass mit der Veränderung der Intensität und Farbe des Lichtes von α Orionis auch die Streifen im Spectrum des Sterns andere werden. Hieran schliessen sich einige Bemerkungen über das Sirius- und Rigelspectrum. *Sch.*

W. Huggins and W. A. Miller. On the spectra of some of the fixed stars. Phil. Mag. (4) XXXI. 405-425, 515-522†.

W. Huggins and W. A. Miller. On the spectra of some of the nebulae a supplement to the paper „on the spectra of some of the fixed stars". Phil. Mag. (4) XXXI. 523-532†.

Die Arbeit ist nur eine Erweiterung der schon früher in den Phil. Trans. 1864 (vergl. Berl. Ber. 1864. p. 203-206) veröffentlichten Arbeit über den nämlichen Gegenstand. *Sch.*

A. Secchi. Analyse spectrale de la lumière de quelques étoiles et nouvelles observations sur les taches solaires. C. R. LXIII. 364-368†; Monit. Scient. VIII. 829.

Die Arbeit enthält eine Beschreibung des Spectrums des Sterns Antares, welches dem des α Orion (vgl. Berl. Ber. 1863. p. 205) ziemlich ähnlich ist. Das Spectrum scheint gebildet von abwechselnden dunklen und leuchtenden Banden, die besonders im Grün breit sind. Um die Streifen besser hervortreten zu machen, construirte Secchi ein neues Spectrometer, das sich von dem gewöhnlichen dadurch unterschied, dass in einer Entfernung von 10^{cm} vor dem Ocular eine achromatische cylindrische Linse angebracht wurde und zwischen beiden ein stark zerstreuendes Prisma. Mittelst dieses Apparates wurde auch der Arkturus beobachtet, dessen Spectrum eine grosse Menge sehr feiner Linien zeigt; auch fehlen bei dessen Spectrum die breiten Absorptionsbanden, wie sie die Spectra der farbigen Sterne z. B. Antares haben. Seine frühere Eintheilung (vergl. Berl. Ber. 1863. p. 205-208) der Sterne in zwei Klassen ersetzt Secchi durch eine in die 1) gefärbte Sterne z. B. α Orion; 2) weisse, schwach gefärbte Sterne mit einem Spectrum mit sehr feinen Linien wie beim Arkturus; 3) blaue Sterne, z. B. Sirius, Vega etc., die bei weitem zahlreichsten, die im Blau des Spectrums einen breiten Absorptionsstreifen zeigen, ebenso am Anfang und Ende des Violett. Hieran schliesst der Verfasser einige Beobachtungen über Sonnenflecken. *Sch.*

Secchi. Nouvelles recherches sur l'analyse spectrale de la lumière des étoiles. C. R. LXIII. 621-628†; Inst. XXXIV. 347-349; Mondes XII. 304-305, 352.

Mit dem verbesserten Spektroskop setzte Secchi seine Untersuchungen fort, indem er das Spectrum einer grossen Anzahl von Sternen bestimmte. Es fand sich auch jetzt wiederum die grosse Gleichmässigkeit der Spectra bestätigt, so dass sich alle beobachteten Sterne unter die erwähnten drei Gruppen unterordnen lassen. Am häufigsten fand er das Spectrum der sogenannten blauen (Gruppe 3 der vorigen Abhandlung) Sterne (α Lyrae), das durch eine starke schwarze Bande im Grünblau anstatt der Linie *F* im Sonnenspectrum charakterisirt ist, während sich eine zweite im Violett und eine dritte im äussersten Violett befindet; fast die Hälfte aller sichtbaren Sterne gehört zu dieser Gruppe. Einige Sterne jedoch wie γ Cassiopejae zeigen hierzu ein fest complementäres Spectrum, indem sie anstatt der dunklen Bande bei *F* eine helle besitzen, auch β Lyrae zeigt dieselbe Erscheinung. Ebenso haben die Sterne des Orionsternbildes (ausgenommen α) ein eigenthümliches Spectrum: eine mehr oder weniger deutliche Bande bei *F* und undeutliche Banden im Violett. Dieser Typus findet sich nur in der Zone des Orion. Das Spectrum der zweiten Gruppe von Sternen (1 der vorigen Abhandlung) besitzt Banden im Roth oder Orange, z. B. α Orionis, α Tauri etc., und zwar so dass dunkle und helle Streifen ziemlich regelmässig abwechseln. Das Spectrum der dritten Klasse (Gruppe 2) (Arkturus, Pollux etc.) gleicht am meisten dem Sonnenspectrum, indem es eine grosse Menge sehr feiner Linien enthält, von denen einige mit den FRAUNHOFER'schen Linien zusammenfallen; indessen finden verschiedene Uebergänge zu den übrigen Spectren statt. Hieran schliesst der Verfasser einige allgemeine Betrachtungen und ein Verzeichniss der von ihm beobachteten Sternenspectra, auch führt er eine genaue Messung der Linien bei α Herculis und ϱ Perseus an. *Sch.*

W. HUGGINS. Further observations on the spectra of some of the nebulae with a mode of determining the brightness of these bodies. Phil. Mag. (4) XXXI. 475-476; Proc. Roy. Soc. XV. 17-19; Phil. Trans. 1866. p. 381-397†; Inst. 1866. p. 342-343.

Der Verfasser untersuchte mit dem bei seinen früheren Untersuchungen (vgl. Berl. Ber. 1864. p. 204-206) angewandten Instrumente die Spectra einiger Nebel, indem er zugleich die Lichtintensität derselben zu bestimmen versuchte. Auch jetzt fand er bestätigt, dass die Sternhaufen und Nebel entweder ein continuirliches Spectrum geben oder ein aus einer, zwei oder drei hellen Linien bestehendes. Dunkle Linien liessen sich in dem continuirlichen Spectrum nicht auffinden. Die Intensität des Lichtes der hellen Linien bei den Spectren der gasigen Nebel war im Allgemeinen grösser als die beim Lichte gleicher Brechbarkeit in den continuirlichen Spectren. Es wurden 41 Nebel mit continuirlichem und 19 mit discontinuirlichem Spectrum untersucht, welche letztere also gasiger Natur sind, während die erstern als Sternhaufen angesehen werden müssen. Mittelst einer am Ocularende angebrachten Vorrichtung versuchte alsdann HUGGINS die relative Intensität der einzelnen Nebel zu bestimmen, indem er ihr Licht verglich mit dem einer gewöhnlichen Sechspfundkerze, 440 Ellen entfernt, deren Licht durch eine dicke Glasplatte geschwächt war. Er fand so z. B. das Licht eines

Nebels in der Lyra der nur eine helle Linie im Spectrum giebt auf $\frac{1}{6182}$ von der Intensität des Kerzenlichts. Hieran knüpft der Verfasser einige Grössenmessungen verschiedener Nebel.

Sch.

A. SECCHI. Sur l'origine des raies atmosphériques du spectre solaire. Arch. sc. phys. XXVIII. 49-52†.

Hr. SECCHI nimmt die Priorität der Entdeckung der atmosphärischen Linien im Sonnenspectrum in Anspruch gegen JANSSEN, der dieselbe gegen COOKE beansprucht hatte. SECCHI hat jedoch schon früher die Ansicht ausgesprochen, dass der Wasserdampf in der Atmosphäre verschiedene Linien im Spectrum hervorzubringen vermag, je nachdem er in grösserer oder geringerer Menge darin enthalten ist; eine Ansicht der zuerst JANSSEN (vergl. Berl. Ber. 1863. p. 205-208) und später VOLPICELLI (vgl. Berl. Ber. 1863. p. 197-198) widersprachen, welche beide annahmen, dass die Anzahl dieser Linien nur von der Stellung der Sonne abhinge. Später stellte SECCHI durch den directen Versuch, indem er eine weit entfernte Gasflamme mit einem sehr genauen Spektroskop untersuchte, fest, dass das Spectrum derselben Linien enthielt, die also durch den in der Luft befindlichen Wasserdampf hervorgebracht sein mussten. *Sch.*

JANSSEN. Sur le spectre de la vapeur d'eau. Monit. Scient. VIII. 818-820; Phil. Mag. (4) XXXII. 313-315; C. R. LXIII. 289-294†; Z. S. f. Chem. 1866. p. 638-639; Arch. sc. phys. XXVII. 188-189; Cimento XXIII. 376-377; SILLIMAN J. (2) XLIII. 90-91.

Schon BREWSTER hatte (1833) die Existenz der atmosphärischen Linien im Spectrum angedeutet, indem er bemerkte dass die Anzahl der Linien im Spectrum sich vermehrte, wenn die Sonne in der Nähe des Horizontes stand, während sie zum grössten Theil verschwinden, wenn die Sonne im Meridian steht, so dass BREWSTER die Entstehung aller FRAUNHOFER'schen Linien aus der Absorption der Atmosphäre ableiten zu können glaubte Der Verfasser versuchte nun die Lage und Beschaffenheit der atmosphärischen Linien und ihre Abhängigkeit von dem Sonnenstande genau zu bestimmen und dieselben von den FRAUNHOFER'schen Linien scharf zu trennen. Die Banden, welche BREWSTER beobachtete bestehen aus einer grossen Anzahl feiner Linien, deren Intensität mit dem Stande der Sonne wechselt; dass die Intensität derselben mit der Erhebung der Sonne über den Horizont abnimmt und dieselben durch den Wasserdampf der Atmosphäre entstehen, hatte der Verfasser schon durch seine Untersuchungen auf dem Faulhorn und am Genfersee bewiesen (vergl. Berl. Ber. 1864. p. 208), nachdem er früher die gleiche Ansicht von SECCHI bestritten (vergl. vorige Abhandlung). Die atmosphärischen Linien befinden sich hauptsächlich im roth, orange und gelb, und sind bedeutend zahlreicher als die der Sonnenatmosphäre angehörigen Linien an diesen Stellen. Ihre Anzahl und Intensität ändert sich mit dem Feuchtigkeitsgehalte der Luft: den directen Beweis, dass diese Linien von der Absorption des Wasserdampfes herrühren, giebt JANSSEN dadurch, dass er Gaslicht durch ein 37^{m} langes Rohr, das mit Wasserdampf gefüllt war, gehen liess, wobei er fand, dass eine Anzahl von Linien entstand, welche mit denen des Sonnenspectrums im Allgemeinen übereinstimmten. Der violette Theil des Spectrums zeigte sich sehr abgeschwächt, während der gelbe und rothe fast seine ganze Intensität behielt. Die Versuche des Verfassers sind noch nicht beendet. *Sch.*

ÅNGSTRÖM. Remarques sur quelques raies du spectre solaire. C. R. LXIII. 647-648†; Inst. XXXIV. 329, 349-350; Phil. Mag. (4) XXXIII. 76-78†.

JANSSEN hatte beobachtet, dass der Wasserdampf der Atmosphäre im Sonnenspectrum fünf Gruppen von Absorptionsstreifen zwischen *D* und *A* hervorbringt. Nach ÅNGSTRÖM sind auch *A* und *B* atmosphärische Linien, die aber nicht durch den Wasserdampf hervorgebracht werden. Derselbe beobachtete das Sonnenspectrum bei einer Temperatur von —27° und fand, dass die meisten atmosphärischen Linien bei *C* und *D* und *a* verschwunden waren, während die bei *A* und *B* und C_1 besonders stark hervortraten, die Intensität der Liniengruppen wechselte mit der Sonnenhöhe und wahrscheinlich sind diese Linien der Absorption durch die Kohlensäure der Atmosphäre zuzuschreiben. — Dass das Licht welches von der Mitte der Sonne ausgeht, die Fraunhofer'schen Linien stärker zeigt, als die vom Rande ausgehenden Strahlen, während es der Theorie nach umgekehrt sein müsste, erklärt sich nach dem Verfasser dadurch, dass im Spectrum der Randstrahlen auch die schwächern Linien stärker hervortreten, so dass dann keine besonders auffallenden Linien zu bemerken sind. Aehnliches ergiebt sich, wenn man das Licht zweier Eisenelektroden von 50 Elementen vergleicht mit denen eines Ruhmkorff'schen Apparats. Im ersteren Falle treten bedeutend mehr Linien des Eisens von gleichmässiger Stärke hervor, in letzterem Falle ist die Anzahl viel geringer aber einige sind bedeutend stärker als die andern. Bei diesen Untersuchungen wurde zugleich die Gegenwart des Mangans und Wasserstoffs in der Sonnenatmosphäre constatirt. *Sch.*

Remarks on the observations on certain lines of the solar spectrum by Mr. Ångström. By Mr. Janssen. C. R. LXIII. 728-730; Inst. XXXIV. 365; Phil. Mag. (4) XXXIII. 78-79†.

Janssen giebt in diesen der vorigen Arbeit sich anschliessenden Bemerkungen zu, dass auch ausser dem Wasserdampf andere Bestandtheile in der Atmosphäre Linien im Sonnenspectrum veranlassen können. *Sch.*

Cooke. Ueber die Wasserlinien des Sonnenspectrums. Pogg. Ann. CXXVIII. 298-307†; Proc. Amer. Soc. VII. 1-8; Silliman J. (2) XLI. 178-184; Phil. Mag. (4) XXXI. 337-343; Arch. sc. phys. (2) XXVI. 137-143.

Der Verfasser berichtet über seine Beobachtungen über die Fraunhofer'sche Liniengruppe *D*, welche er mittelst seines neuen Spektroskops (vgl. Berl. Ber. 1865. p. 219-220) während längerer Zeit angestellt hat. Es zeigte sich, dass bei verschiedenem Wassergehalte der Luft verschiedene Linien zwischen den beiden *D* Linien mit verschiedener Intensität auftreten. Bei sehr trocknem Wetter blieb nur eine einzige (α) übrig, die ihre Intensität nie veränderte und die daher der Verfasser als der Sonnenatmosphäre eigenthümlich zuschreibt; bei sehr feuchter Luft hingegen traten noch 7 scharf begrenzte Linien zwischen den beiden *D* Linien hinzu und bei D_2 zeigte sich sogar noch ein breiter nebliger Streifen. Die Intensität und Zahl dieser Linien änderte sich mit Ausnahme von α mit dem Feuchtigkeitsgehalte der Luft. Alle Versuche wurden unter möglichst gleichen Umständen bei klarem Himmel angestellt. Die Wasserlinien sind nur mit sehr starken Instrumenten sichtbar, und es erwiesen sich Schwefelkohlenstoffprismen nicht so brauchbar wie die von Flintglas. Auch in den übrigen Theilen des Spectrums zeigen sich solche Wasserlinien, namentlich treten sie in der gelben Region des Spectrums in grosser Anzahl auf. Aus seinen Beobachtungen glaubt der Verfasser die schon früher aufgestellte Ansicht, dass die blaue Farbe des Himmels vom Wasserdampf abhinge, bestätigt, indem derselbe hauptsächlich die gelben und rothen Strahlen absorbirt. *Sch.*

STEWART. On Mr. COOKE's obervations of the solar spectrum. Phil. Mag. (4) XXXI. 503-505†.

Die Notiz enthält die Beobachtungen, welche in Kew mittelst eines grossen Spektroskops angestellt wurden über den Einfluss des Wasserdampfes auf das Sonnenspectrum, namentlich in der Gegend der *D* Linie. Die Beobachtungen ergaben, abweichend von denen von COOKE, dass keine der beiden Linien zwischen den beiden starken *D* Linien zu irgend einer Zeit verschwunden sei, ganz gleich ob viel oder wenig Wasserdampf in der Luft war; eine Intensitätsveränderung der Linien wurde zu gewissen Zeiten jedoch ebenfalls beobachtet. *Sch.*

JANSSEN. Note sur la cause des raies telluriques du spectre solaire, en réponse à la note de Mr. COOKE sur le même sujet. Arch. d. sc. phys. (2) XXVII. 185-188†.

JANSSEN nimmt, ohne SECCHI's Angaben zu berücksichtigen die Priorität der Entdeckung der atmosphärischen Linien im Sonnenspectrum für sich in Anspruch, indem er durch Anführung seiner Untersuchungen auf dem Faulhorn (1864) und am Genfersee (vergl. Berl. Ber. 1865. p. 208) beweist, dass die Annahme, dass diese Linien von dem in der Luft enthaltenen Wasserdampf herrühren, von ihm zuerst aufgestellt und bewiesen ist, während COOKE in SILLIMAN J. 1866 seine Beobachtungen ohne Berücksichtigung derer von JANSSEN veröffentlichte. *Sch.*

D. BREWSTER. Note sur l'histoire de l'analyse spectrale. C. R. LXII. 17-19†; Monit. Scient. VIII. 105.

BREWSTER erinnert daran, dass schon vor KIRCHHOFF und BUNSEN TALBOT (1826) und er selbst (1833) verschiedene Beobachtungen über die Spectra gefärbter Flammen veröffentlicht und zuerst auf die Wichtigkeit dieses Gegenstandes aufmerksam gemacht habe. *Sch.*

GALLARDO-BASTAUT. Sur le diamant qui devient rose par l'action de la chaleur. C. R. LXII. 1193†.

Einige schwach gelblich gefärbte Diamanten nehmen beim Erwärmen eine röthliche Farbe an, ebenso wie der Topas. Der Verfasser schreibt diese Farbenänderung einer Absorption von Kohlensäure zu. *Sch.*

NICKLÈS. Sur des effets de coloration et d'extinction de couleurs produits par des lumières artificielles. C. R. LXII. 91-93†; Inst. 1866. p. 9-10; Monit. Scient. 1866. p. 127-129; Ann. d. chim. (4) VIII. 293-302; POGG. Ann. CXXX. 175.

CHEVREUL. Remarques sur la Note de Mr. NICKLÈS. C. R. LXII. 93-94†; Monit. Scient. 1866. p. 129-130.

Bei der Bereitung einer Lösung von Mangansuperchlorid ($MnCl_2$) bemerkte NICKLÈS, dass die grüne Farbe desselben beim Lampen-, Kerzen- und Gaslicht ganz schwarz erscheint, beim Magnesiumlicht dagegen unverändert bleibt. Dieselbe Beobachtung machte er bei verschiedenen gefärbten Körpern, und fand auch dass Gemälde im Magnesiumlicht genau die Farbennüancen zeigen wie im diffusen Tageslicht. Der Verfasser glaubt nun annehmen zu müssen, dass die gewöhnlichen Flammen durch

Natrium etwas gefärbt seien und dadurch die Veränderung hervorbringen, indem es ja bekannt ist, dass die meisten Farbstoffe im Lichte der gelben Natriumflamme anders gefärbt erscheinen: so z. B. mangansaurer Baryt schwarz, rothes Nitroprussidnatrium etc. schwarz, gelbes chromsaures Bleioxyd weiss etc. Eine weitere Erklärung der Erscheinung wird nicht hinzugefügt. Chevreul bemerkt im Anschluss hieran, dass das elektrische Licht zweier Kohlenelektroden dieselbe Eigenschaft wie das Magnesium- und Tageslicht besitze und fügt hinzu, dass er selbst schon früher die Veränderung verschiedener Farben bei verschieden gefärbten Flammen (Alkohol mit Salz, Kupferchlorür etc.) untersucht habe, ohne zu einer genügenden Erklärung zu kommen.

Sch.

Splitgerber. Note sur la coloration du verre. C. R. LXII. 352; Polyt. C. Bl. (2) XX. 1085-1086; Mondes X. 322†.

Die gelbe Farbe des weissen Glases entsteht oft dadurch dass die in demselben enthaltenen schwefelsauren Salze zu Schwefelalkalien reducirt werden. Ist die Färbung ziemlich dunkel geworden, so lässt dasselbe nur rothes Licht bestimmter Brechbarkeit hindurch. Wird das Glas bis zum Schmelzen erhitzt, so wird es gelblich, beim abermaligen Erhitzen dunkelbraun; eine Erscheinung die der Verfasser dadurch zu erklären sucht, dass er in den verschieden gefärbten Gläsern verschieden gefärbte Modificationen des Schwefels annimmt. Nach Pelouze (C. R. LXI. 615; Dingler J. CLXXIX. 381-383) bewirkt Selen eine ganz ähnliche gelbe Färbung. *Sch.*

O. N. Rood. On the green tint produced by mixing blue and yellow powders. Silliman J. (2) XLI. 369-371†.

Betrachtet man eine Scheibe, abwechselnd in blaue und gelbe Sectoren getheilt durch ein Spektroskop, so sieht man, während dieselbe rotirt, ein Spectrum fast dem normalen Spectrum ähnlich; betrachtet man hingegen einen Streifen Papier der durch Mischung des gelben und blauen Farbstoffs grün gefärbt ist, so erhält man ein ganz anderes Spectrum, das sich aus den Strahlen, welche den Spectren des gelben und blauen Farbstoffes gemein sind, zusammensetzt. Der Verfasser findet hierdurch die Ansicht von HELMHOLTZ: dass das entstandene grün die Absorptionsfarbe beider Farbstoffe ist, bestätigt. *Sch.*

W. PREYER. Ueber die quantitative Bestimmung des Farbstoffs im Blute durch das Spectrum. LIEBIG Ann. CXXXX. 187; Z. S. f. Chem. 1866. p. 757-758†.

Der rothe Farbstoff des Blutes, das Hämoglobin, lässt, in concentrirten Lösungen in einen KIRCHHOFF-BUNSEN'schen Spectralapparat eingeschoben, nur rothe Strahlen hindurch, selbst bei ziemlich starker Beleuchtung. Nimmt aber die Concentration ab, so wird zuerst auch im Orange und im Grün Licht hindurchgelassen. Weiss man daher den Gehalt einer Hämoglobinlösung, welche so weit verdünnt ist, dass gerade Grün hindurchgelassen wird, so kann man aus dem Vergleich mit derselben den Gehalt des Hämoglobin in jeder Blutmenge finden. Man bringt das Blut in ein Glasgefäss mit planparallelen 1^{cm} von einander entfernten Wänden, schiebt dies Gefäss in den Spectralapparat und verdünnt so lange, bis das grüne Licht im Spectrum auftritt. Aus der Menge des Verdünnungswassers (w), dem abgemessenen Blutvolum b und dem Gehalt der verglichenen Hämoglobinlösung k findet man den Procentgehalt des Blutes an Hämoglobin $x = \frac{k(w+b)}{b}$. Die erhaltenen Resultate ergeben sämmtlich einen etwas höhern Gehalt an Eisen — berechnet aus dem Hämoglobin — als andere Blutuntersuchungen: durchschnittlich 0,41 Proc. *Fe.*

Sch.

WINKLER. Die colorimetrische Bestimmung von Kobalt und Nickel. ERDMANN J. XCVII. 414-427†; Chem. C. Bl. 1866. p. 603-605.

WINKLER versucht nach der früher von A. MÜLLER angegebenen Methode (vergl. Berl. Ber. 1855, 1865) eine quantitative Bestimmung von Kobalt und Nickel. Da sich Glasplatten, deren Färbung der der Kobalt, und Nickelsolutionen vollständig complementär war, nicht auffinden liessen, so wurden anstatt derselben Nickel- oder Kobaltlösungen angewandt, die complementäre Färbungen besitzen. Es stellte sich hierbei zugleich heraus, dass bei gleichem Metallgehalte die Intensität der Färbung der Kobaltlösungen dreimal so gross war als bei den Nickellösungen. Mittelst solcher complementären Nickel- oder Kobaltchlorürlösungen gelang es die quantitative Bestimmung der Metalle auszuführen, wenn die zu untersuchenden Lösungen nicht zu verdünnt waren oder eine Substanz enthielten, die die Färbung beeinträchtigte. *Sch.*

MEMORSKY. Ueber die Farben des Tageslichts und einiger künstlicher Beleuchtungsmittel. Wien. Ber. LIII. (2) 345-348.

BRÜCKE. Ueber diffuses Tageslicht. ERDMANN J. XCVII. 447-448†; Inst. XXXIV. 254.

Nachdem Hr. BRÜCKE nachgewiesen hat, dass das gewöhnliche Tageslicht ziemlich stark röthlich ist, hat Dr. MEMORSKY versucht die Qualität des darin enthaltenen Roth näher zu bestimmen. Er fand dass dasselbe um $\frac{1}{72}$ des Farbenkreises vom äussersten Roth zum Purpur hin abweicht. Auch die gewöhnlichen Beleuchtungsflammen zeigten sämmtlich gelbes Licht, rein weiss war allein das elektrische, während Magnesiumlicht und brennender Phosphor violettes Licht zeigten. *Sch.*

J. MÜLLER. Spectralia. POGG. Ann. CXXVIII. 335-336†.

Nach SIMMLER (POGG. Ann. CXV. 431) ist das Absorptionsspectrum einer ziemlich verdünnten Lösung von Uebermangansäure die Umkehrung des Spectrums, welches eine mit Manganchlorür grün gefärbte Gasflamme giebt. Der Verfasser verglich das Absorptionsspectrum einer Lösung von übermangansaurem Kali mit dem Spectrum einer durch Manganchlorür gefärbten Flamme und fand, dass die hellen Linien der durch Manganchlorür gefärbten Flamme nicht die Lage der dunklen Absorptionsstreifen haben. Eine Manganchlorürlösung zeigte keine stark hervortretenden Absorptionsstreifen. *Sch.*

A. BELOHOUBEK. Beitrag zur spectral-analytischen Nachweisung der Alkalien. ERDMANN J. XCIX. 235-237†.

Um in Mineralien möglichst schnell Alkalien spectral-analytisch nachzuweisen, führt man dieselben irgendwie in salzsaure Lösung über und fällt mit Kieselfluorwasserstoffsäure und Weingeist. Der abfiltrirte und ausgewaschene Niederschlag wird unmittelbar mittelst Platindraht in die Flamme gebracht; die entweichenden Fluoralkalien geben die Spectren besonders schön.

Sch.

N. LOCKYER. Observations spectroscopiques du soleil. Mondes XII. 438-440†; Phil. Mag. (4) XXXII. 542-544; Proc. Roy. Soc. XV. 256-258.

Nach Angabe der beiden Theorien über Entstehung der Sonnenflecke (Durchscheinen des dunklern Sonnenkerns oder stellenweise Condensation der Sonnenatmosphäre durch auf- und absteigende Ströme) erklärt sich der Verfasser für die letztere Anschauung, welche er durch Spectralbeobachtungen der Sonnenflecke zu stützen sucht, indem er gleichzeitig ein Spectrum von einem Fleck und der leuchtenden Hülle daneben beobachtet hat. Das Spectrum der Flecke zeigte keine besonderen hellen Streifen, wohl aber dieselben dunkeln Linien wie die anliegenden helleren Theile, deren Spectrum heller war. Befriedigende Resultate ergab die Untersuchung nicht. *Sch.*

G. HINRICHS. On the spectra and composition of the elements. SILLIMAN J. (2) XLII. 350-368†.

Die Arbeit enthält die Bestätigung der frühern Mittheilungen des Verfassers (vgl. Berl. Ber. 1864. p. 203) über die Vertheilung der dunklen Linien der Elemente im Spectrum, jetzt jedoch begründet auf die bereits vorliegenden Bestimmungen der Wellenlängen einzelner Linien, angegeben von PLÜCKER (vgl. Berl. Ber. 1864. p. 195) und DITSCHEINER (Berl. Ber. 1864. p. 184ff., 1865. p. 224-225). Aus den für Wasserstoff, Chlor, Brom, Jod, Stickstoff, Sauerstoff, Quecksilber, Kohlensäure etc. ausgeführten Berechnungen geht hervor, dass die Wellenlängen der dunkeln Linien im Spectrum mehrerer Metalloide von einander um ein ganzes Vielfaches einer gewissen Zahl α, die für jedes Element einen besondern Werth hat, abstehen. Nach einer kurzen Vergleichung der Plücker'schen und Ditscheiner'schen Bestimmungen zieht der Verfasser aus letztern den nämlichen Schluss. Der Verfasser sucht sodann die Ansicht zu begründen, dass die dunklen Linien als Interferenzlinien aufzufassen sind und zwar hervorgebracht durch drei Interferenzsysteme, welche den Dimensionen der Atome entsprechen sollen. Hieran schliesst der Verfasser allgemeine Betrachtungen über Grösse und Gruppirung der Atome. *Sch.*

L. Ditscheiner. Notiz zur Theorie der Spectralapparate.

Pogg. Ann. CXXIX. 336-340†.

Der Verfasser leitet eine Gleichung ab aus der man den Werth von β, den Brechungswinkel für den das Spectrum die geringste Breite besitzt ableiten kann. Es ist nämlich

$$\operatorname{tg}^3\beta - \frac{2\mu^2-1}{\mu^2-1}\operatorname{tg}A\operatorname{tg}^2\beta - \frac{\mu^2+1}{\mu^2-1}\operatorname{tg}\beta + \frac{1}{\mu^2-1}\operatorname{tg}A = 0,$$

worin μ den Brechungsquotienten, α den Einfallswinkel, A den brechenden Winkel des Prismas bedeutet. Es geht daraus hervor, dass das Spectrum seine geringste Ausdehnung hat, wenn das Prisma so gestellt ist, dass die Spectrallinien am wenigsten gekrümmt erscheinen (vgl. Berl. Ber. 1865. p. 222-224). Werden die Eintritts- und Austrittswinkel dieser Stellung vertauscht, so erhält man die Stellung des Prismas bei der die Fraunhofer'schen Linien am undeutlichsten sind. Der Schluss der Abhandlung enthält eine kurze Betrachtung der Abhandlung von Mousson, der zu den entgegengesetzten Resultaten gelangt war, und eine Angabe, wie man die erwähnten Resultate zum genauen Einstellen der Fernröhre auf unendliche Entfernung benutzen kann. *Sch.*

Börsch. Spectralapparat und Reflexionsgoniometer.

Pogg. Ann. CXXIX. 384-393†.

Das beschriebene Instrument ist eine Verbindung des Spectralapparates mit dem Reflexionsgoniometer. *Sch.*

A. SCHIMKOW. Ueber das Spectrum der elektrischen Büschel- und Glimmlichts in der Luft. POGG. Ann. CXXIX. 508-528†.

Das Spectrum des elektrischen Funkens zeigt bekanntlich eine Anzahl Linien, welche durch den Stoff der Elektroden und das Medium, in dem der Funke übergeht, bestimmt werden. Das Spectrum des elektrischen Büschel- und Glimmlichtes war nur beiläufig von VAN DER WILLIGEN untersucht. Er fand dass das Licht an der positiven und negativen Elektrode im Spectrum Streifen von verschiedenem Aussehen zeigt. Der Verfasser untersuchte nun zuerst eingehender das mittelst einer HOLTZ'schen Maschine hervorgebrachte Büschellicht. Die Beobachtungen wurden mit einem HOFFMANN'schen Spektroskop mit 5 aneinanderliegenden Prismen angestellt bei einer Spaltenbreite von $0{,}3^{mm}$. Das Spectrum des Büschellichts war ausserordentlich schwach, namentlich im Roth und Gelb, im blauen und violetten Theile lassen sich jedoch Streifen erkennen; oft treten am Büschelspectrum schmale leuchtende Linien hervor, die durch kleine Funken entstehen, welche von Zeit zu Zeit von den Elektroden überspringen. Im blauen und violetten Theile ist das Spectrum des Büschellichts ähnlich dem von MORIN über den Stickstoff angegebenen, nämlich einzelne dicht an einander liegende Banden von fast gleicher Breite. Jede von diesen Banden fällt mit einer hellen Linie im Funkenspectrum zusammen. Um den leuchtenden Körper im Büschellicht zu entdecken, wurde dasselbe sowohl im reinen Sauerstoff als im reinen Stickgas erzeugt. Das im Stickgas hervorgebrachte Spectrum stimmt mit dem in der Luft erzeugten überein, im Sauerstoff hingegen konnte niemals ein gutes Büschellichtspectrum erhalten werden, so dass man also annehmen muss, dass das elektrische Büschellicht vom Leuchten des Stickstoffs herrührt. Das Spectrum des Glimmlichts in der Luft glich dem des Büschellichts, nur dass es etwas schwächer war; die Sauerstofflinien wie man sie bei der Funkenentladung wahrnimmt, fehlen auch hier gänzlich, dieselben treten erst bei höherer Temperatur auf (vgl. PLÜCKER Berl. Ber. 1864. p. 195-198 und VAN DER WILLIGEN Berl. Ber. 1864. p. 495). *Sch.*

Bettendorff. Zur Kenntniss der Berthelot'schen Verwandschaftslehre. Z. S. f. Chem. 1866. p. 641-645†.

Der Verfasser bestimmt die Absorptionsspectra einiger gefärbter Flüssigkeitsgemische, um aus den Absorptionslinien den Gehalt an festem Salz in denselben zu bestimmen und zu entscheiden ob in einer Lösung zweier Salze eine Umsetzung stattgefunden habe oder nicht. So wurde zuerst das Absorptionsspectrum des essigsauren Eisenoxyds bestimmt, dessen Lösung nachher mit Chlorkaliumlösung gemengt wurde, worauf das Spectrum auf's Neue untersucht wurde. Die Versuche ergaben, dass Chlorkalium und essigsaures Eisenoxyd in Lösung neben einander bestehen, während Eisenchlorid und essigsaures Kali sich umsetzen. *Sch.*

Church. Micro-spectroscope investigations (letter). Int. Obs. IX. 291-292†.

Die Farben veränderung welche eine gesättigte Chlorkobaltlösung beim Erwärmen zeigt, bringt auch im Absorptionsspectrum dieser Substanz wesentliche Veränderungen hervor, indem namentlich der blaue Theil des Spectrums hervortritt, der vorher dunkel war. Auffällig ist auch das Spectrum, das die pleochromatischen Krystalle des echten Zirkon zeigen, welche, wenngleich ganz farblos doch sieben dunkle Banden im Spectrum hervortreten lassen, ähnlich denen im Didymspectrum. Diese Erscheinung hängt nicht von der Färbung oder Erwärmung des Minerals ab, doch zeigen die Zirkone von Ceylon und Norwegen dieselbe am besten. Vielleicht rührt dies von einem Gehalte an dem hypothetischen Element Norium her. Es kann diese Eigenthümlickeit des Zirkons angewandt werden um denselben namentlich die Varietät Hyacinth von dem oft dafür verkauften Hessonit zu unterscheiden, der keine dunklen Absorptionsbanden im Spectrum zeigt. *Sch.*

Bahr und Bunsen. Ueber Erbinerde und Yttererde. Ann. d. chim. (4) IX. 484-493; Liebig Ann. CXXXVII. 1-33†.

Nach einer eingehenden Beschreibung der Darstellung der Erbinerde aus dem Gadolinit und deren Trennung von der

Yttererde beschreiben die Verfasser das Spectrum derselben, wodurch zugleich die Fragen über die Existenz der Erbinerde und Terbinerde gelöst werden. Schon DELAFONTAINE (vgl. Berl. Ber. 1865. p. 228-229) schrieb der Terbinerde ein eigenthümliches Absorptionsspectrum zu, dessen Streifen sich von den Didymstreifen durch die geringere Breite unterscheiden sollten. Bei der Vergleichung der Absorptionsspectra einer Lösung von salpetersaurer Erbinerde und salpetersaurem Didymoxyd stellte sich heraus, dass beide keine Absorptionslinie gemeinschaftlich haben. Die scharf begrenzten Linien änderten ihre Begrenzung nicht bei veränderter Intensität der Lichtquelle, so dass sich ihre Lage leicht genau bestimmen lässt; die Breite der verwaschenen Streifen hingegen schwankt mit der Lichtquelle und der Concentration oder Dicke der absorbirenden Schicht. Untersucht man die Absorptionsbanden der Terbinerdelösungen von DELAFONTAINE, so findet man, dass dieselben sich aus denen des Didym und Erbiumspectrums zusammensetzen, so dass keine ein eigenthümliches Spectrum gebende Terbinerde existirt. Bringt man feste Erbinerde in die nicht leuchtende Flamme, so erhält man ein continuirliches Spectrum mit einzelnen ausserordentlich hellen Streifen. Die Erbinerde glüht mit grünlichem Lichte ohne dass sich etwas davon verflüchtigt. Um die Intensität des ausgestrahlten Lichtes zu erhöhen, wurde die durch Glühen von salpetersaurer Erbinerde erhaltene poröse Erbinerde mit Phosphorsäurelösung getränkt und dann geglüht, bis ein möglichst intensives Spectrum entsteht; nimmt man zu viel Phosphorsäure so frittet die Masse leicht zusammen, es entsteht phosphorsaure Erbinerde und die Intensität des Spectrums nimmt ab. Bei der Vergleichung der hellen Streifen mit den dunkeln, welche das Absorptionsspectrum der Erbinerdelösungen zeigt, stellte sich heraus, dass dieselben genau coincidiren, also ähnlich wie beim Didymspectrum (vergl. Berl. Ber. 1864. p. 209), nur bei einigen Streifen war die Coincidenz nicht deutlich erkennbar. Ein Einfluss des Aggregatzustandes auf die Absorptionsstreifen liess sich nur beim schwefelsauren Didymoxyd ermitteln, indem ein Krystall desselben ausserordentlich viele und intensive Absorptionsbänder zeigt, vollendeter als in den concentrirtesten Lösungen, bei denen ja auch die Absorptionsstreifen mit der Concentration der Lösungen zunehmen. Verschiedene Erbinerdeverbindungen zeigten dieselben oben erwähnten Erscheinungen. Schliesslich geben die Verfasser noch eine Methode an um auf spectralanalytischem Wege den Gehalt einer Didymlösung quantitativ zu bestimmen. *Sch.*

R. Bunsen. Ueber die Erscheinungen beim Absorptionsspectrum des Didyms. Pogg. Ann. CXXVIII. 100-108†; Phil. Mag. (4) XXXII. 177-182; Z. S. f. Chem. 1866. p. 417-419.

Der Verfasser berichtet über seine Untersuchungen, die er über die Veränderungen des Absorptionsspectrums des Didyms angestellt hat, mittelst polarisirten Lichtes und unter Anwendung kräftiger Vergrösserung des Spectrums. Die Beobachtungen wurden mit zwei Spectralapparaten, einem kleineren mit einem Prisma und 8mal vergrösserndem Fernrohr und einem grösseren mit 4 Prismen und 40mal vergrösserndem Fernrohr angestellt, und als Material diente sorgfältig gereinigtes schwefelsaures Didymoxyd, welches monoklinometrisch krystallisirt. Vor dem Krystall wurde ein Nicol so aufgestellt, dass das Licht senkrecht zur Fläche *oP* durchging. Die Polarisationsebenen des gewöhnlichen und ungewöhnlichen Strahles bilden mit der Klino- und Orthodiagonale einen Winkel von 20°. Der Nicol wurde dann um den Strahl so gedreht, dass die Polarisationsebene desselben mit denen jener beiden Ebenen zusammenfiel (ortho- und klinodiagonale Stellung des Nicols). Bei Vergleichung der verschiedenen Beobachtungen wurde berücksichtigt, dass mit Concentration und Dicke der Schichten sich Anzahl und Intensität der verschiedenen Absorptionsstreifen ändern, so dass $d_1 l_1 = dl$, wo l und l_1 die Dicke der durchstrahlten Krystallschicht und der durchstrahlten Lösung bedeuten und d und d_1 den Gehalt an Didymoxyd in der Volumeinheit des Krystalls und der Lösung. Die Spectra des Krystalles, mittelst des kleineren Apparates in den zwei verschiedenen Stellungen des Nicols erhalten, unterscheiden sich hauptsächlich dadurch, dass die hellen Zwischenräume bei den Hauptstreifengruppen bei den Linien *D*, *E* und *F*, sich bei orthodiagonaler Stellung verdunkeln, so dass die Absorptionsbänder verwaschen werden. Noch auffallender und deutlicher waren diese Veränderungen bei Anwendung des grossen Apparats. Die Verhältnisse sind im Ganzen ähnlich denen wie sie beim Turmalin gefunden werden. Bei den Lösungen der Didymsalze waren die bei Aenderung der Stellung des Nicols erkennbaren Umgestaltungen der Spectren nur gering. Zugleich stellte sich bei den Untersuchungen verschiedener Didymsalzlösungen heraus, dass bei ihnen die Helligkeitsminima der verschiedenen Streifengruppen sich verschieben je nach der Beschaffenheit des Salzes und zwar werden die Streifengruppen um so mehr nach dem rothen Ende des Spectrums verschoben, je höher das Atomgewicht der Verbindung ist. *Sch.*

Fernere Litteratur.

A. LIDEGG. Die Spectralanalyse, Erklärung der Spectralerscheinungen und deren Anwendung für wissenschaftliche und praktische Zwecke. Weimar 1866.

F. ZANTEDESCHI. Breve riassunto storico di studii spectroscopici. Venezia 1865.

AKIN. Sur la théorie mathématique des phénomènes spectraux. Inst. XXXIV. 327.

STRACHEY. On the action of aqueous vapour on terrestrial radiation. Phil. Mag. (4) XXXII. 64-68.

W. HUGGINS. Sur l'analyse spectrale. Leçon faite à Nottingham. Mondes (2) XII. 108; Monit. Scient. VIII. 846-849.

DIACON. On the influence of the electronegative elements upon the spectra of the metals. Phil. Mag. (4) XXXI. 483-483.

F. BRASACK. Das Luftspectrum, eine prismatische Untersuchung des zwischen Platinelektroden überschlagenden Funkens. Z. S. f. Naturw. XXVIII. 1-20.

---

13. Intensität des Lichts, Photometrie.

H. E. Roscoe und J. Baxendell. Ueber die relativen chemischen Intensitäten des directen und zerstreuten Sonnenlichtes. Pogg. Ann. CXXVIII. 291-298†; Z. S. f. Chem. 1866. p. 509; Proc. Roy. Soc. XV. 20-24; Monit. Scient. VIII. 870-881; Chem. C. Bl. 1866. p. 1008; Arch. sc. phys. XXVII. 254-261.

Die Verfasser haben sich die Aufgabe gestellt, die Intensität der von der Sonne direct auf ein horizontales Flächenelement fallenden, chemisch wirksamen Strahlen mit der Intensität derjenigen zu vergleichen, die von der Atmosphäre als zerstreutes Tageslicht zurückgestrahlt werden.

Sie bedienen sich hierzu einer Methode, welche zuerst von Bunsen und Roscoe (Pogg. Ann. CXVII. 529) angewandt und später von Roscoe modificirt und verbessert (Pogg. Ann. CXXIV. 353) worden ist.

Die Methode besteht im Wesentlichen darin, dass mit Hülfe eines Pendelapparates photographisches Normalpapier für eine kurze, aber genau bestimmte Zeit dem Lichte ausgesetzt und dadurch ein Streifen von geschwärztem Chlorsilberpapier erhalten wird, welcher auf seiner ganzen Länge eine stetig abnehmende Schwärzung zeigt. Die Insolationsdauer für einen jeden Punkt dieses Streifens kann aus der Schwingungsdauer und Amplitude des Pendels genau innerhalb kleiner Bruchtheile von Secunden bestimmt werden. Als Maasseinheit wird hierbei diejenige Lichtmenge angenommen, welche in einer Secunde eine gegebene, willkürlich festgesetzte Schwärzung, die sogenannte Normalschwärzung hervorbringt; die reciproken Werthe der Zeit in Secunden ausgedrückt, welche nöthig ist auf dem Papiere Normalschwärzung hervorzurufen, giebt die Intensität des wirksamen Lichtes, ausgedrückt in der angeführten Maasseinheit. Die ganze Methode stützt sich ihrem Princip nach auf dem von Bunsen, Roscoe und Hankel geprüften Gesetze, dass „innerhalb sehr weiter Gränzen gleichen Producten aus Lichtintensität und Insolationsdauer, gleiche Schwärzungen auf Chlorsilberpapier von gleicher Sensibilität entsprechen".

Mit Hülfe dieser Methode wurden von den Verfassern an drei verschiedenen Orten Messungen ausgeführt:

1) in Owens College, Manchester 53° 29′ nördl. Breite und 0° 9′ 0″ westl. von Greenwich;
2) Observatorium in Cheetham Hill bei Manchester;
3) Gipfel des Königstuhles bei Heidelberg 1752′ über dem Meere, in 49° 24′ nördl. Br. und 0° 34′ 8″ östl. Länge.

Die Resultate dieser Messungen sind in der folgenden Tabelle gleichzeitig mit den von Clausius theoretisch bestimmten Werthen zusammengestellt, wobei Clausius die Hypothese zu Grunde legte [1]), dass das Tageslicht nicht von den Lufttheilchen oder von in der Luft schwebenden festen Körperchen herrühre, sondern von den kleinen Dunstbläschen, welche fortwährend in grosser Anzahl in der Atmosphäre enthalten sein sollen, und welche nach der Annahme der Meteorologen die Erscheinungen des Morgen- und Abendroths hervorrufen.

Die in den einzelnen Columnen befindlichen Zahlen drücken das Verhältniss des von dem sichtbaren Theile der Atmosphäre zerstreuten zu dem auf dasselbe Flächenelement fallenden, directen Sonnenlichte aus.

	Verhältniss des directen zum zerstreuten Sonnenlichte			
Sonnenhöhe	berechnet	beobachtet		
	(Clausius)	Heidelberg	Cheetham Hill	Owens College
20°	0,491	0,350	0,19	0,10
25	0,896	0,480	0,20	0,11
30	1,320	0,650	0,23	
35	1,690	0,820	0,26	
40	2,032	1,00		
50	2,634	1,37		
60	3,129	1,60		

Der Theorie zufolge sollte also, wenn die Sonne die Höhe von 20° erreicht hat, das zerstreute Sonnenlicht sich zu dem directen, wie 100 zu 49,1 verhalten; die Heidelberger Versuche ergaben das Verhältniss 100 : 35; die von Cheetham Hill 100 : 19 und die von Owens College 100 : 10.

Sehr bemerkenswerth ist der grosse Unterschied, welchen die Beobachter zwischen den obigen Verhältnissen unter übrigens

[1]) Vergl. Pogg. Ann. LXXII., LXXVI.

gleichen Umständen bei den chemischen und optischen Strahlen fanden. Sie bemerken unter Anderem hierüber Folgendes: „Bei einigen der Versuche in Cheetham Hill wurde mit einem kleinen Schirm ein Schatten auf eine horizontale weisse Papierfläche geworfen und die Helle der unbeschatteten und beschatteten Theile durch genaue Beobachtungen verglichen. Eine Vergleichung dieser Resultate mit denen, welche zu derselben Zeit für die chemischen Strahlen gefunden wurden, ergab, dass wenn die Sonne die Höhe von 25° 16′ hatte, das mittlere Verhältniss der chemischen Intensitäten des directen Sonnenlichtes zu der des zerstreuten = 0,23 und das der sichtbaren = 4,00 war."

Aus der ganzen Untersuchung scheinen sich folgende Resultate zu ergeben:

1) dass der Einfluss der Atmosphäre auf die brechbarsten und chemisch wirksamen Sonnenstrahlen durch Gesetze geregelt wird, welche gänzlich von denen verschieden sind, welche sich auf die Hypothese der Reflexion durch kleine Dunstbläschen stützen;

2) dass das Verhältniss der chemischen Intensität des directen Sonnenlichtes zum zerstreuten für eine bestimmte Sonnenhöhe an verschiedenen Orten kein constantes ist, sondern mit der Durchsichtigkeit etc. der Atmosphäre wechselt;

3) Dass dieses Verhältniss der „chemischen" Intensität nicht im geringsten übereinstimmt mit dem Verhältniss der „sichtbaren" Intensität, wie das Auge sie auffasst; indem die Atmosphäre eine 17,4 mal grössere Einwirkung auf die chemischen als auf die sichtbaren Strahlen ausübt, wenn die Sonne die Höhe von 25° 16′ hat, und eine 26,4 mal grössere bei der Sonnenhöhe von 12° 3′. *Zr.*

F. Zöllner. Einige Sätze aus der theoretischen Photometrie. Pogg. Ann. CXXVIII. 46-61†.

Der Verfasser gelangt unter Zugrundlegung des Lambert'schen Fundamentalgesetzes, nach welchem die Lichtmenge Q, die von einem mit der Intensität J leuchtenden Elemente dp auf ein in der Entfernung r befindliches Element dp' übergeht, ausgedrückt wird durch

$$Q = \frac{J dp dp' \cos \varepsilon \cos \varepsilon'}{r^2},$$

unter ε und ε' die Winkel verstanden, welche beziehungsweise die Normalen der beiden Elemente mit ihrer Verbindungslinie machen, zu folgenden Sätzen:

1) Sind drei beliebig grosse Kugeln gegeben, von denen zwei durch die dritte beleuchtet werden, so bleibt die zwischen den ersteren übergehende Lichtmenge dieselbe, wenn man die beiden beleuchteten Kugeln durch zwei gerade Kreiscylinder ersetzt, deren Axen normal zu der durch die drei Körper gelegten Ebene stehen, deren Basisdurchmesser mit den Durchmessern der entsprechenden Kugeln übereinstimmen und deren Höhen sich zu dem Durchmesser ihrer Grundflächen wie zwei zu drei verhalten.

2) Wird die Oberfläche eines geraden Kreiscylinders, dessen Höhe gleich dem Durchmesser seiner Basis ist, einer zur Axe senkrechten Strahlung ausgesetzt, so sendet die hierdurch erleuchtete Cylinderfläche auf ein zur Strahlenrichtung senkrecht und sehr entfernt gelegenes Flächenelement dieselbe Lichtmenge, wie die in derselben Entfernung senkrecht bestrahlte Basis des Cylinders.

3) Ersetzt man die oben betrachteten Kreiscylinder, unter übrigens gleichen Umständen, durch zwei Cylinder mit elliptischen Grundflächen, deren grosse Axen in die Verbindungslinie ihrer Mittelpunkte fallen, so unterscheidet sich der unter dieser Bedingung erhaltene Ausdruck von dem für Kreiscylinder erhaltenen nur durch Glieder, welche von höheren Potenzen der Excentricität abhängen.

4) Die Erleuchtung eines Körpers durch die Phase eines scharfkantig cannelirten Cylinders ist gleich der Erleuchtung durch einen homogenen Cylinder, welcher sich in einer, um den Elevationswinkel der Cannelirung verminderten Phase befindet.

5) Die Erleuchtung eines Körpers durch die Phase einer mit nicht abgestumpften Erhebungen bedeckten Kugel, ist gleich der Erleuchtung durch eine homogene Kugel, welche sich in

einer, um den mittleren Elevationswinkel jener Erhebungen verminderten Phase befindet.

Bei allen diesen Sätzen werden die Entfernungen der betreffenden Körper so gross vorausgesetzt, dass man die Abstände ihrer Mittelpunkte für die Abstände der einzelnen Punkte ihrer Oberflächen zu setzen berechtigt ist.

Die mitgetheilten Resultate gewähren vorzugsweise ein astronomisches Interesse, indem sie es gestatten die Erleuchtungsverhältnisse unseres Planetensystems einer wesentlich vereinfachten theoretischen Behandlung zu unterwerfen. *Zr.*

F. Zöllner. Resultate photometrischer Beobachtungen an Himmelskörpern. Pogg. Ann. CXXVIII. 260-269†; Mondes XI. 305, 491-493; Astr. Nachr. No. 1575. p. 225-232.

Die Abhandlung enthält eine kurze Zusammenstellung der in einer ausführlichen Schrift [1]) entwickelten Resultate.

Zunächst wird gezeigt, wie sich mit Hülfe der vorher angeführten Sätze eine einfache Formel entwickeln lässt, durch welche das Verhältniss der Lichtmengen zweier Mondphasen berechnet werden kann. Bezeichnen Q und Q' die Lichtmengen zweier Phasen v und v', und berücksichtigt man nur die oberen in der Nähe der Opposition liegenden Phasen, etwa von $v = 120^\circ$ bis $v = 240^\circ$, so stellt die Formel:

$$\frac{Q}{Q'} = \frac{\sin(v-52^\circ)-(v-52^\circ)\cos(v-52^\circ)}{\sin(v'-52^\circ)-(v'-52^\circ)\cos(v'-52^\circ)},$$

das Helligkeitsverhältniss der beiden Phasen mit einem wahrscheinlichen Fehler von circa 4,4 Proc. übereinstimmend mit den Beobachtungen dar. Die Constante 52° würde nach den vorangegangenen theoretischen Erörterungen den mittleren Elevationswinkel der Mondberge ausdrücken.

Für die Helligkeitsverhältnisse des Mondes und der oberen Planeten zur Sonne haben sich folgende Werthe ergeben, welche für die sogenannte mittlere Opposition gelten, d. h. für diejenige

[1]) Photometrische Untersuchungen mit besonderer Rücksicht auf die physische Beschaffenheit der Himmelskörper, von F. Zöllner. Leipzig 1865.

Lage, wo sich Sonne, Erde und Planet in gerader Linie befinden und die Erde sowohl als der Planet ihren mittleren Abstand von der Sonne haben. Für den Vollmond kann aus leicht ersichtlichen Gründen nur eine möglichst grosse Annäherung an diese Lage verstanden werden.

Das Helligkeitsverhältniss von Sonne und Vollmond ist nach zwei verschiedenen Methoden bestimmt worden: bei der ersten werden beleuchtete Flächen, bei der zweiten leuchtende Punkte mit einander verglichen.

Beim Saturn bezieht sich das angeführte Helligkeitsverhältniss lediglich auf die Kugel ohne Ring.

	Helligkeitsverhältniss	Wahrscheinl. Fehler
Sonne / Vollmond =	618000 1. Methode	1,6 Proc.
	619600 2. -	2,7 -
Sonne / Mars =	6994000000	5,8 -
Sonne / Jupiter =	5472000000	5,7 -
Sonne / Saturn =	130980000000	5,0 -
Sonne / Uranus =	8486000000000	6,0 -
Sonne / Neptun =	79620000000000	5,5 -

Mit Hülfe dieser Zahlen und der bekannten Entfernung und Grösse der beleuchteten Himmelskörper ist man im Stande das Verhältniss der senkrecht auf die Flächeneinheit gefallenen zu der gesammten von ihr reflectirten Lichtmenge, d. h. die sogenannte „Albedo" oder „lichtreflectirende Kraft" der beobachteten Himmelskörper zu bestimmen.

Es ergaben sich folgende Werthe:

	Albedo	Wahrsch. Fehler
Mond	0,1736	± 0,0035
Mars	0,2672	0,0155
Jupiter	0,6238	0,0355
Saturn	0,4981	0,0249
Uranus . . .	0,6400	0,0544
Neptun . . .	0,4648	0,0372

Um diese Zahlen mit den Werthen der lichtreflectirenden Kräfte irdischer Substanzen vergleichen zu können, wurden die folgenden Stoffe untersucht und die beigesetzten Werthe ermittelt. Die Unsicherheit der Resultate ist im Allgemeinen dieselbe wie den oben angeführten.

Die lichtreflectirenden Kräfte einiger irdischen Stoffe.

a) Mit zerstreuter Reflexion.

	Albedo
Frisch gefallener Schnee	0,783
Weisses Papier	0,700
Weisser Sandstein	0,237
Thonmergel	0,156
Quarz-Porphyr	0,108
Feuchte Ackererde	0,079
Dunkelgrauer Syenit	0,078
b) Mit spiegelnder Reflexion.	
Quecksilber	0,648
Spiegelmetall	0,535
Glas	0,040
Obsidian	0,032
Wasser	0,021.

Zr.

F. Bothe. Tangentenphotometer. Pogg. Ann. CXXVIII. 628-631†; Carl Repert. II. 313-314; Phil. Mag. (4) XXXII. 546-547.

Das vom Verfasser construirte Photometer unterscheidet sich vom Bunsen'schen nur dadurch, dass die auf beiden Seiten einer theilweise transparent gemachten Papierscheibe gleiche Beleuchtung nicht wie beim Bunsen'schen Photometer, durch Variation der Entfernung der zu vergleichenden Lichtquellen, sondern durch Aenderung des Bestrahlungswinkels hervorgebracht wird. Es wird hierbei die Annahme gemacht, dass die Stärke der Beleuchtung einer zerstreut reflectirenden Oberfläche unter übrigens gleichen Umständen proportional dem Cosinus des Winkels sei, welchen die Strahlenrichtung mit der Normale des betreffenden Flächenelements macht.

Stellt man daher die zu vergleichenden Lichtquellen in gleicher Entfernung so auf, dass ihre Strahlen sich rechtwinklig kreuzen und bringt an der Kreuzungsstelle einen theilweis transparent gemachten, drehbaren Papierschirm an, so wird bei gleicher Lichtstärke der Quellen der Bestrahlungswinkel auf beiden

Seiten gleich 45° sein müssen, wenn die transparente Stelle verschwinden soll.

Bei dieser Anordnung ist es leicht ersichtlich, wie das Intensitätsversältniss der Beleuchtung auf beiden Seiten des Papierschirms gemessen und verändert werden kann mit der Tangente des Drehungswinkels des beweglichen Papierschirms.

Abgesehen aber davon, dass in der vorliegenden Abhandlung keine Beobachtungsresultate mitgetheilt sind, welche dem Leser ein Urtheil über die Leistungsfähigkeit des Apparates gestatteten, muss Referent gegen die Richtigkeit des angenommenen Erleuchtungsgesetzes sehr erhebliche Zweifel aussprechen. Schon BOUGUER hat nachgewiesen, dass jenes Gesetz für verschiedene, zerstreut reflectirende Stoffe ein verschiedenes ist, und dass z. B. für holländisches Papier bei einem Bestrahlungswinkel von 45°, die Erleuchtung nur c. $\frac{3}{4}$, und für Gyps, bei demselben Winkel nur c. $\frac{4}{5}$ desjenigen Werthes beträgt, welcher nach dem oben angenommenen Gesetz stattfinden sollte. Bei einem Bestrahlungswinkel von 30° giebt der Versuch für holländisches Papier ungefähr nur $\frac{7}{8}$, für Gyps $\frac{3}{4}$ des theoretischen Werthes (vergl. BOUGUER, Traité d'optique p. 161 ff.)

Den Angaben des vom Verfasser construirten Tangenten-Photometers dürfte also nicht eher Vertrauen geschenkt werden, ehe nicht durch eine genügende Anzahl von Beobachtungen nachgewiesen ist, dass für den angewandten Papierschirm mit der transparenten Stelle das zu Grunde gelegte Erleuchtungsgesetz richtig ist. *Zr.*

SECCHI. Lettre relative au rapport des intensités lumineuses du centre et du bord du soleil. C. R. LXII. 1060†; Monit. Scient. VIII. 508-509.

Das im Focus eines Objectivs von 6″ Oeffnung erzeugte Sonnenbild wurde bis zu einem Bilde von circa 6′ Durchmesser vergrössert und mit Hülfe eines am Ocular befestigten Reflexionsprismas auf einen weissen Papierstreifen geworfen. Die auf diese Weise hervorgebrachte Abschwächung des Sonnenlichtes lässt den beträchtlichen Intensitätsunterschied zwischen den Central-

und Randtheilen deutlicher wahrnehmen, als dies sonst bei einem kleineren Bilde und grösserer Intensität desselben der Fall zu sein pflegt.

Um nun zwei einzelne Theile des so vergrösserten Sonnenbildes mit einander möglichst unabhängig vergleichen zu können, wurde vor dem oben erwähnten Schirme ein zweiter aus geschwärztem Blech aufgestellt, in welchem sich zwei kreisförmige Oeffnungen von 1^{cm} Durchmesser und 15^{cm} Abstand befanden.

Die hierdurch erzeugten Lichtscheiben konnten so photometrisch mit einander verglichen werden. Secchi wandte hierzu ein mit Ausschnitten versehenes und in schnelle Rotation versetztes Rad an, durch welches das hellere der beiden Bilder messbar abgeschwächt werden konnte. Auf diesem Weg ergab sich, dass das Licht, welches von einem Centraltheile der Sonnenscheibe ausgesandt wird ungefähr 3 bis 4 mal intensiver ist, als das von einem gleichen, nur 50 Secunden vom Sonnenrande entfernten, Theile ausgestrahlte Licht.

Bei einer Entfernung von nur 5 oder 6 Secunden vom Rande scheint dieses Verhältniss bis auf das 20fache zu steigen.

Bemerkenswerth ist noch der beträchtliche Farbenunterschied der beiden Bilder. Das von den Randstrahlen erleuchtete erscheint roth-grau (rouge enfumé), das von Centralstrahlen herrührende entschieden weiss. *Zr.*

Lottner. Die Leuchtkraft der elektrischen Sicherheitslampe von Dumas und Benoit. Dingler J. CLXXIX. 242-243†.

Diese Sicherheitslampe (Polyt. J. CLXXVI. 201) bringt im Wesentlichen das elektrische Licht einer Geissler'schen Röhre zur Anwendung, welches durch Fluorescenz des benutzten Glases verstärkt werden kann. Mit dieser Lampe sind auf den Steinkohlengruben zu Saarbrücken Versuche angestellt worden, über welche Hr. Bluhme in der preussischen Zeitschrift für das Berg-, Hütten- und Salinenwesen referirt. Seinem Aufsatze ist ein Bericht über die Versuche beigefügt, die Hr. Bergrath Lottner mit demselben Apparate bei der

Bergakademie in Berlin hinsichtlich seiner Leuchtkraft angestellt hat.

Es ergab sich, dass der Apparat in einem vollständig dunklen Raume ein zwar spärliches Licht giebt, „immerhin aber genug, um in der Entfernung von circa 1′ von der leuchtenden Röhre nicht zu kleine Druckschrift deutlich lesen zu können."

Genauere Bestimmungen der Lichtstärke wurden auf Wunsch des Hrn. LOTTNER von Hrn. Dr. RÜDORFF mit Hülfe des BUNSEN'schen Photometers angestellt.

Als Einheit diente — „wie dies gegenwärtig bei allen Gaswerken geschieht — eine Wallrathkerze, von denen 12 auf 1 Pfund englisch kommen, bei einem Consum von 120 Grains (engl.) per Stunde und der normalen Flammenhöhe von $\frac{5}{8}$ Zoll."

Als Resultat der Untersuchung ergab sich, dass, um das Licht einer solchen Normalkerze zu ersetzen,

4 gewöhnliche DAVY'sche Sicherheitslampen
2 HEROLD'sche Sicherheitslampen (Luftzutritt von unten)
2½ MÜSELER'sche - (mit Schornstein)
circa 2 CLANNY'sche - (ohne Schornstein)
30—40 DUMAS-BENOIT'sche Apparate erforderlich sein würden.

Zr.

W. R. DAWES. Description of an aperture-diminishing eye-piece, and of a Photometer of neutral-tint glass. Monthly Not. XXV. 228-230†.

Der vorstehende Aufsatz enthält eine kurze Angabe der Vorrichtungen, deren sich der Verfasser bereits seit 5 Jahren zu photometrischen Zwecken bedient.

Der erste Theil besteht in der Beschreibung eines in der Axe eines Fernrohres verschiebbaren Diaphragmas, durch welches je nach seinem Abstande vom Focus verschieden grosse Theile des Strahlenkegels abgeblendet werden können, der zweite Theil, in dem Vorschlage, die gegenwärtig in grosser Vollkommenheit angefertigten grauen Gläser zu photometrischen Zwecken zu benutzen. *Zr.*

---

14. Phosphorescenz, Fluorescenz.

F. Lucas. Étude théorique sur la phosphorescence. Mondes (2) I. 117-127†.

Hr. Lucas gelangt durch mathematische Betrachtungen der Phosphorescenzerscheinungen zu denselben Schlüssen, welche Hr. Becquerel empirisch aus seinen Untersuchungen gezogen hatte. An diese mathematischen Betrachtungen knüpft Hr. Lucas physiologische Speculationen über den Einfluss der Phosphorescenz der Retina auf die Nachdauer eines Lichteindrucks, auf die subjectiven Nachbilder, und gelangt im Verfolge derselben zu der Frage: ob nicht diese auch die physikalische Ursache unserer Gesichtserinnerungen (souvenir visuels) sei!

E. O. E.

V. Pierre. Sur la radiation thermique, provoquée par la fluorescence, et sur les phénomènes de fluorescence, qu'offrent certaines combinaisons organiques. Inst. XXXIV. 254-254; Pogg. Ann. CXXVIII. 621-628†; Wien. Ber. LIII. 2. p. 339-345; Z. S. f. Math. 1866. p. 540-545.

Die Frage: ob durch Fluorescenz auch ultrarothe Wärmestrahlen entstehen, hat Hr. Pierre dadurch zu entscheiden versucht, dass er die thermoskopische Wirkung der von der Oberfläche eines fluorescirenden Stoffes zurückgeworfenen Strahlen untersucht, welche entweder vor oder nach der Reflexion von der fluorescirenden Substanz durch eine die dunklen Wärmestrahlen absorbirende Platte gegangen waren. Die Versuche beantworteten obige Frage verneinend.

Dem entgegenstehende Versuche von Studnicka (vgl. Berl. Ber. 1861 p. 406) erklärt Hr. Pierre nach Meinung des Referenten nicht zutreffend. *E. O. E.*

Ed. Becquerel. Sur la phosphorescence de la blende hexagonale. Monit. Scient. VIII. 733-734; C. R. LXIII. 142-146†; Mondes XII. 521-523.

Hr. Becquerel hat künstliche Krystalle von Schwefelzink,

welche in hohem Grade durch Insolation phosphorescirten, mit seinem Phosphoroskope untersucht und in ihrem Verhalten den phosphorescirenden Schwefelverbindungen des Strontiums, Calciums und Bariums analog gefunden.

Ferner hat Hr. BECQUEREL die die Phosphorescenz zerstörende Kraft der wenigen brechbaren Strahlen des Spectrums dazu benutzt, um im ultrarothen Theil desselben den FRAUENHOFER'schen Linien entsprechende Streifen aufzufinden, wie dies den Hrn. FIZEAU und FOUCAULT auf thermometrischem Wege bereits gelungen war. *E. O. E.*

BENCE-JONES and DUPRÉ. On a fluorescent substance, resembling Quinine, in animals. Proc. Roy. Soc. XV. 73-93†; Athen. 1866. p. 597-597; Cimento XXXIII-XXXIV. 18-20.

Die vorstehend genannten Herren haben nachgewiesen, dass aus allen Geweben der Menschen und einiger Thiere eine fluorescirende Substanz ausgezogen werden kann, deren Existenz in der Krystalllinse der Menschen und Thiere man seit einigen Jahren kannte. Diese fluorescirende Substanz steht chemisch und optisch dem Chinin sehr nahe und kann, wenn es mit diesem gemischt ist, nicht wieder davon getrennt werden. Sie nennen es animalisches Chinin. *E. O .E*

H. EMSMANN. Prioritätsansprüche in Betreff der negativen Fluorescenz oder Calorescenz oder Calcescenz. POGG. Ann. CXXIX. 352-352†.

Ein Prioritätsstreit zwischen den Hrn. TYNDALL und AKIN in Betreff der von Ersterem Calorescenz, von Letzterem Calcescenz genannten Erscheinung giebt Hrn. EMSMANN Veranlassung seine Ansprüche daran so wie die von ihm dafür eingeführte Bezeichnung „negative Fluorescenz" (vgl. Berl. Ber. 1861. p.270) in Erinnerung zu bringen. *E. O. E.*

G. WYROUBOFF. Die färbenden Substanzen des Flussspaths. Z. S. f. Chem. 1866. p. 448-448; Bull. Soc. Chim. 1866. p. 334-347†.

Nach Hrn. WYROUBOFF sind die Flussspathe auf wässrigem Wege entstanden und verdanken ihre Farben (der von WÖLSENDORF auch seinen Geruch) einem Gehalt von verschiedenen Kohlenwasserstoffen, durch deren Zersetzung auch die Phosphorescenz bedingt sei. *E. O. E.*

V. PIERRE. Beiträge zur genaueren Kenntniss der Gesetze der Fluorescenzerscheinungen. Wien. Ber. LIII. 2. p. 704-727†; Inst. 1866. p. 327-328; Phil. Mag. (4) XXXII. 159-160; Z. S. f. Math. 1866. p. 546-549.

Von den Resultaten, die Hr. PIERRE aus einer grösseren Reihe von Versuchen über Fluorescenz gewonnen, hebt der Referent die folgenden hervor:

1) Strahlen von jeder Wellenlänge können im Allgemeinen eine Fluorescenz erregen.

2) Für jeden bestimmten Stoff giebt es eine bestimmte prismatische Farbe, bei der die Fluorescenz zuerst auftritt; weniger brechbare Strahlen als diese wirken nicht Fluorescenz erregend.

3) Die intensivste Fluorescenz erregen in der Regel die den sub 2 erwähnten nächst brechbareren Strahlen.

4) Welches auch die erregenden Strahlen sein mögen, die durch Fluorescenz erregten sind für jeden bestimmten Stoff stets dieselben.

5) Die Wellenlängen der durch Fluorescenz erzeugten Strahlen gehen nicht stetig in einander über, sondern es erzeugen sich in einem Fluorescenzspectrum dunkle Bänder.

6) Das Lösungsmittel und die Concentration des fluorescirenden Stoffs haben Einfluss auf die Fluorescenz desselben und zwar Ersteres mitunter auf die Art, Letztere auf die Intensität desselben.

7) Wenn verschiedene Substanzen nicht verändernd auf ihre Fluorescenzen einwirken, so lassen diese sich stets in die der einzelnen Stoffe zerlegen.

8) Einzelne Körper werden durch Alkalien, andere durch Säuren stark fluorescirend. (Nur Chlor und Jodwasserstoff zerstören die Fluorescenz.)

Auch Hr. Pierre ist wie Hr. E. Becquerel der Meinung, dass Fluorescenz und Phosphorescenz sich nur durch ihre Dauer von einander unterscheiden. *E. O. E.*

---

15. Interferenz, Polarisation, Doppelbrechung, Krystalloptik.

G. Quincke. Optische Experimentaluntersuchungen. III. Ueber die elliptische Polarisation des Lichtes bei gewöhnlicher Reflexion. Pogg. Ann. CXXVIII. 355-399†.

Im vorigen Jahresbericht (p. 253-260) war über den Anfang von umfassenden Untersuchungen des Hrn. Quincke, betreffend die Reflexion und Brechung, berichtet. Im Anschluss an die dort angeführten Untersuchungen über die elliptische Polarisation des bei totaler Reflexion eingedrungenen und reflectirten Lichtes kommt Hr. Quincke auf die elliptische Polarisation bei gewöhnlicher Reflexion. — Durch Beobachtungen von Jamin ist schon seit 1850 festgestellt, dass linear polarisirtes Licht durch Reflexion an der Oberfläche eines Körpers im Allgemeinen in elliptisch polarisirtes Licht verwandelt wird, und dass dabei die Strahlencomponente $\nparallel$ der Einfallsebene polarisirt gegen die andere Strahlencomponente für eine Klasse von Substanzen beschleunigt, für eine zweite Klasse dagegen verzögert ist. Jamin gebraucht dafür den Ausdruck positive und negative Reflexion, positive und negative Medien.

Aus der Cauchy'schen Theorie der Reflexion, aus der Jamin seine Beobachtungen zu erklären sucht, ergiebt sich ferner folgendes Theorem: Wenn bei der Reflexion an der Grenze zweier durchsichtigen Medien durch die Zurückwerfung in das eine Medium die Componente $\nparallel$ der Einfallsebene gegen die andre beschleunigt ist, so wird sie bei der Zurückwerfung in das andre Medium um ebensoviel verzögert; oder nach JAMIN's Ausdruck: Ist in dem einen Medium die Reflexion positiv, so ist sie im andern negativ. — Die experimentelle Untersuchung dieses theoretischen Satzes, sowie die Ermittelung exacter Zahlen bei dem Vorgang der Reflexion bilden den Gegenstand des vorliegenden Aufsatzes. Die Beobachtungsmethode ist dieselbe, wie die in der früheren Untersuchung über die elliptische Polarisation des Lichts bei totaler Reflexion (cf. Fortschritte der Physik 1865. p. 257-258). Die Phasendifferenz der Componenten wird unmittelbar durch die Anzahl der Umdrehungen des BABINET'schen Compensators gefunden. Das Amplitudenverhältniss k ergiebt sich aus der Formel

$$k = \frac{\operatorname{tg} \beta}{\operatorname{tg} \alpha},$$

wo α das Azimuth der ursprünglichen Polarisation, β der Winkel, um den man den analysirenden Nicol drehen muss, damit der schwarze Streifen zwischen den Parallelfäden des Compensators erscheint. — Statt des Prismenpaares der früheren Untersuchung wurde hier ein einfaches rechtwinkliges Flintglasprisma an dem Goniometer befestigt, an dessen Hypothenusenfläche die Reflexion entweder in Luft oder in Glas vor sich ging. Ausserdem wurde noch an folgenden Combinationen beobachtet: Wasser-Flintglas, Luft-Crownglas, Wasser-Crownglas, Luft-Eisenchlorid, Luft-Wasser. Die Flüssigkeiten waren bei der Combination mit Glas in einem gleichseitigen Hohlprisma mit einer offenen Seite enthalten, gegen welche das Glasprisma gedrückt wurde. Aus der graphischen Darstellung der Beobachtungen sieht man, dass die Werthe der Phasendifferenz d für die verschiedenen Einfallswinkel eine continuirliche Curve bilden, die bei gewissen Werthen von J sehr steil ansteigt.

Es ergab sich zunächst die genaue Richtigkeit des oben ausgesprochenen Satzes. Zugleich war das Verhältniss der Amplituden beider Componenten genau dasselbe bei correspondirenden Einfallswinkeln; d. h. bei der Reflexion in Luft an der Grenze von Flintglas unter dem Winkel J war das Amplitudenverhältniss dasselbe wie bei der Reflexion in Flintglas unter dem Winkel $J_{,}$, falls

$$\sin J = n \,.\, \sin J_{,},$$

unter n den Brechungsexponenten von Luft gegen Flintglas verstanden; ebenso bei allen übrigen Substanzen.

Aus den Beobachtungen ergab sich auch der Werth der Grösse, welche die CAUCHY'sche Theorie Ellipticitätscoefficient nennt, und von dem die Phasendifferenz und das Amplitudenverhältniss der Componenten in folgender Weise abhängen. Ist δ die Phasendifferenz bei der Reflexion in Luft, $\delta_{,}$ in Glas, und setzt man

$$\frac{\delta}{\lambda} 2\pi = \Delta_{,} + \Delta_{,,}$$

$$\frac{\delta_{,}}{\lambda} 2\pi = -\Delta_{,} + \Delta_{,,},$$

so ist

$$\operatorname{tg} \Delta_{,} = \varepsilon \sin J \,.\, \operatorname{tg}(J + J_{,})$$
$$\operatorname{tg} \Delta_{,,} = \varepsilon \sin J \,.\, \operatorname{tg}(J - J_{,}),$$

wo J der Einfallswinkel, $J_{,}$ der Brechungswinkel, ε der Ellipticitätscoefficient. $\Delta_{,,}$ ist übrigens verschwindend klein. Ferner ist das Amplitudenverhältniss k

$$k^2 = \frac{\cos^2(J + J_{,})}{\cos^2(J - J_{,})} \{1 + \varepsilon^2 \sin^2 J \operatorname{tg}^2 (J - J_{,})\}.$$

Diese Formeln wurden für den Fall angewandt, dass J der Polarisationswinkel (Haupteinfallswinkel), also $J + J_{,} = \frac{\pi}{2}$; dann ist $\frac{\delta}{\lambda} 2\pi = \frac{\pi}{2}$. Ist für diesen Winkel B das Azimuth der wiederhergestellten Polarisation, so ist

$$k^2 = \operatorname{tg}^2 B.$$

Aus Beobachtung von B und J lässt sich dann ohne Compensator nach den obigen Formeln ε und gleichzeitig aus dem Polarisationswinkel allein der Brechungsexponent finden. Folgende Tabelle, in der H und B die beobachteten Werthe von Polarisationswinkel und zugehörigem Azimuth der wiederhergestellten Polarisation, enthält die daraus abgeleiteten Werthe von n und ε. Die fünfte Reihe (η) enthält die Werthe des Ellipticitätscoefficienten, die aus den durch Compensatorbeobachtungen ermittelten Werthen von δ abgeleitet sind, und die ein wenig von den Werthen von ε abweichen. Die letzte Reihe

(μ) endlich enthält die durch Brechung bestimmten Werthe des Brechungsexponenten, die von den durch Reflexion bestimmten etwas abweichen.

Reflexion an der Grenze von	H	B	n	ε	η	μ
Luft	58° 8′	1° 16′	1,609	0,0233	0,0290	1,6160
Flintglas . .	31 52	1 60	$\frac{1}{1,609}$	−0,0327	−0,0505	—
Wasser . .	50 55	1 50	1,2312	0,0404	0,041	1,2096
Flintglas . .	39 05	1 24	$\frac{1}{1,2312}$	−0,0379	−0,052	—
Luft	56 29	0 23	1,510	0,0074	0,005	1,5149
Crownglas .	33 20	0 26	$\frac{1}{1,520}$	−0,0126	−0,0173	—
Wasser . .	49 10	0 19	1,157	0,0072	0,0075	1,1339
Crownglas .	40 50	0 32	$\frac{1}{1,157}$	−0,0101	−0,0095	—
Luft	53 45	0 26	1,364	−0,0089	−0,005	1,361
Eisenchlorid	36 27	0 26	$\frac{1}{1,354}$	—	0,0122	—
Luft	53 07	0 16	1,333	−0,0056	−0,0057	1,336
Wasser . .	37 16	0 24	$\frac{1}{1,314}$	0,0116	0,026	—

Die Ellipticitätscoefficienten sind alle kleiner und von entgegengesetztem Vorzeichen, wie die im dichteren Medium, verhalten sich jedoch nicht in der von der CAUCHY'schen Theorie angegebenen Weise wie die Brechungsexponenten n.

Im Ganzen bestätigen die Beobachtungen die zu ihrer Berechnung angewandten Formeln. Eine grössere Genauigkeit der Beobachtungen aber kann, wie Hr. QUINCKE anführt, schwerlich erreicht werden wegen der fortdauernden Molecularänderung der Oberfläche.

Die Versuche über die elliptische Polarisation des gebrochenen Lichtes, die in ähnlicher Weise wie oben angestellt wurden, ergaben nur einen äusserst kleinen Werth der Phasendifferenz der Componenten, so dass der Verfasser für möglich hält, dieselbe rühre nur von der Doppelbrechung her, die durch kleine Ungleichartigkeiten der Glasmasse verursacht ist. Ueberhaupt waren fast alle in dieser Hinsicht angestellten Versuche in Widerspruch mit der CAUCHY'schen Theorie.

IV. G. QUINCKE. Ueber die elliptische Polarisation des Lichtes bei metallischer Reflexion. POGG. Ann. CXXVIII. 541-564†.

Um seine Untersuchungen auf die Reflexion an Metallflächen auszudehnen, belegte Hr. QUINCKE die Hypotenusenfläche des bei den früheren Untersuchungen angewandten rechtwinkligen Crownglasprismas nach dem PETITJEAN'schen Verfahren mit Silber, polirte die völlig undurchsichtige Silberschicht und untersuchte dann das an dieser Schicht entweder in Luft oder in Crownglas reflectirte Licht mittelst des BABINET'schen Compensators nach den früheren Methoden. — Um einfarbiges Licht zu erhalten, wurde zwischen dem analysirenden Nicol und dem Auge ein rothes Glas eingeschaltet. — Die aus den Compensatorbeobachtungen ermittelten Werthe der Verzögerungsphase stimmten bis auf 0,05 von dem Viertel einer Wellenlänge mit den aus der CAUCHY'schen Theorie berechneten überein. Auch die Forderungen jener Theorie, dass für $J = 90^0$, d. h. für streifend auffallendes Licht die Verzögerungsphase $\delta = \frac{1}{2}\lambda$, für senkrecht auffallendes Licht $\delta = 0$, wurden durch die Beobachtungen erwiesen. Dieselben Beobachtungen wurden angestellt an einer Silberschicht auf Flintglas, einer Goldschicht auf Crownglas, einer Schicht von Spiegelfolie auf Flintglas. Während die Curven, welche die Phasendifferenzen bei der gewöhnlichen Reflexion darstellen, bei gewissen Werthen des Einfallswinkels (z. B. bei Luft-Wasser zwischen 36^0 und 38^0) plötzlich sehr steil ansteigen, ändern sich diese Curven bei der Metallreflexion ganz allmählich, einer Hyperbel ähnlich. Ein ähnliches Verhalten zeigte sich auch bei dem Amplitudenverhältnisse beider Componenten.

Es wurde ferner die Reflexion an Silber innerhalb verschiedener Flüssigkeiten untersucht, indem ein Metallspiegel durch eine Feder fest auf den Boden des mit der Flüssigkeit gefüllten, drehbaren Hohlprismas gedrückt wurde. Es fand sich hier, dass im Allgemeinen die Haupteinfallswinkel bei demselben Metall um so kleiner waren, je grösser der Brechungsexponent der Substanz war, in welcher die Reflexion stattfand. Ein Gleiches war auch bei den Hauptazimuthen, d. h. den zu den Hauptfallswinkeln gehörigen Azimuthen der wiederhergestellten Polarisation der Fall. Zum Schluss wurden für durchsichtige Metallschichten ähnliche Versuche mit durchgehendem Lichte angestellt, aus denen sich ergab, dass die Formeln der Theorie auch für diesen Fall die Phasendifferenz und das Amplitudenverhältniss ergeben.

VI. G. QUINCKE. Ueber NEWTON'sche Farbenringe und totale Reflexion des Lichtes bei Metallen. POGG. Ann. CXXIX. 177-207†.

Nachdem der Verfasser im fünften Abschnitt seiner Untersuchungen die Herstellung von Metallspiegeln behandelt, worüber in einem anderen Abschnitt berichtet ist, handelt es sich nun darum, die Tiefe zu bestimmen, bis zu der das Licht in das Metall eindringt. Dazu ist es erforderlich, die Dicke einer Metallschicht auf einer ebenen Glasplatte zu bestimmen. Letztere Aufgabe lösst der Verfasser mit Hülfe NEWTON'scher Ringe, indem er eine Glaslinse gegen die Grenze der Schicht und der freien Platte drückt. An jeder Stelle der Metallschicht erscheint dann eine bestimmte Farbe; die Dicke dieser Stelle der Metallschicht ist dann gleich der Dicke derjenigen Luftschicht, bei der dieselbe Farbe erscheint. — Eine zweite Methode, die aber nur bei Silber anwendbar, ist die von FIZEAU. Man legt ein Jodkorn auf das Silber, verwandelt dasselbe in Jodsilber und bestimmt die Farbe der NEWTON'schen Farbenstreifen der Jodsilberschicht. Dann ist die gesuchte Dicke D der Silberschicht:

$$D = 0{,}1086\,\varepsilon,$$

unter ε die Dicke der entsprechenden Luftschicht bei NEWTON'schen Farbenringen verstanden.

Nach Lösung dieser Voraufgabe wurde die Tiefe des Eindringens untersucht. Die Silberschichten, die entweder durch die MARTIN'sche oder die PETITJEAN'sche Versilberungsflüssigkeit hergestellt wurden, waren auf der einen Seite von der Glasebene, an der sie hafteten, auf der andern entweder durch eine Cylinder- oder eine Kugelfläche oder eine gegen die erste geneigte Ebene begrenzt. Hr. QUINCKE liess nun an den so erhaltenen Silberplatten Licht reflectiren, entweder in Luft (an der Kugelfläche etc.) oder in Glas, oder er liess Licht durch die Schicht hindurchgehen. In allen Fällen erschienen NEWTON'sche Ringe wie bei dem gewöhnlichen NEWTON'schen Farbenglase. Der centrale Fleck war bei Reflexion in Luft dunkel, bei Reflexion in Glas hell, bei durchgehendem Lichte ebenfalls hell. Nimmt man nun an, dass die durchsichtige Silberschicht auf die Farbenringe ebenso wirke wie eine Luft- oder Wasserschicht (und nur unter dieser Annahme gelten die folgenden Schlüsse), so folgt aus den Untersuchungen der Interferenzstreifen (resp. Interferenzkreise): 1) Dass das Licht bis zu einer Tiefe von drei Viertel Wellenlängen in das Metall eindringt und aus dem Innern zurückgeworfen wird. 2) Da der Abstand der Interferenzstreifen für rothe und blaue Strahlen gleich ist, so muss auch die Wellenlänge innerhalb des Silbers für beide Farben dieselbe sein. 3) Der Brechungsexponent ist für verschiedene Silberplatten verschieden, aber für alle grösser als der aller bekannten Brechungsexponenten, schwankend zwischen 6,769 und 7,372. 4) Da der Fransenabstand sich mit der Neigung der einfallenden Strahlen nicht ändert, so muss der Brechungswinkel im Metall eine constante Grösse sein, unabhängig vom Einfallswinkel. — Die letzten beiden Resultate widersprechen übrigens andern Versuchen des Verfassers und sind daher jedenfalls noch als unsicher zu betrachten.

Bei der Reflexion in Glas waren die Interferenzstreifen von den gewöhnlichen ganz verschieden, namentlich in der Nähe der totalen Reflexion. Aus ihrem Aussehen folgte, dass die verschiedenen Farben verschieden tief in das Metall eindringen. — Vergleichende Messungen der Tiefe des Eindringens bei verschiedenen Einfallswinkeln ergaben ferner für verschiedene Einfallswinkel dieselbe Tiefe; auch war in dieser Beziehung kein Unterschied dazwischen, ob die Reflexion in Luft oder in Glas stattfand, und ob das einfallende Licht parallel oder senkrecht zur Einfallsebene polarisirt war. Das Licht, der Einfallsebene polarisirt, dringt indess mit geringerer Intensität ein, so dass es allerdings bei schwacher Lichtquelle weniger tief einzudringen scheint.

Die bisherigen Versuche bezogen sich sämmtlich auf Silberschichten; Gold und Platin ergaben nicht genau dieselben Resultate, aber analoge. Indess sind die Resultate dieser Versuche noch nicht als befriedigend zu betrachten, theils weil Gold- und Platinschichten bei weitem schwerer herzustellen, theils weil hier eine so bequeme Bestimmung der Metalldicke nicht möglich war.

VII. G. Quincke. Ueber die Abhängigkeit der elliptischen Polarisation bei dem von Metallen reflectirten und durchgelassenen Lichte von der Dicke des Metalls. Pogg. Ann. CXXIX. 207-218†.

Schliesslich wurde noch das an den Metallschichten reflectirte und das durch dieselben hindurchgegangene Licht in Bezug auf seine Polarisation untersucht. Es wurden wieder, wie oben, Haupteinfallswinkel und Hauptazimuth direct beobachtet, aus denen sich dann Phasendifferenz und Amplitudenverhältniss der Componenten ergab. Die Resultate waren hier ganz andere, als die vorher (No. IV) bei der undurchsichtigen Silberschicht erhaltenen. Es fand sich, dass Haupteinfallswinkel und Hauptazimuth mit der Dicke der Schicht zunehmen, und zwar ersterer schneller, als letzteres. Der Haupteinfallswinkel näherte sich dabei einem constanten Werthe, da er, sobald die Metalldicke 0,00002^{mm} überstieg, nur sehr wenig zunahm. Daraus und aus directen Beobachtungen von δ mit dem Compensator (wobei derselbe eigenthümlich gekrümmte Interferenzstreifen statt der graden zeigte) folgte, dass auch Phasendifferenz (δ) und Amplitudenverhältniss der Componenten nicht mehr den Formeln der Cauchy'schen Theorie folgen, sondern dass beide sich mit der Dicke des Silbers in sehr complicirter Weise ändern, bei reflectirtem sowohl, als bei durchgehendem Lichte. Andre Metalle als Silber führten auch hier zu keinem sicheren Resultat. *Wn.*

D. Brewster. On the influence of the doubly refracting force of calcareous spar on the polarisation, the intensity, and the colour of the light, which it reflects. Edinb. Trans. XXIV. 233-247†.

Brewster giebt hier eine Fortsetzung seiner 1819 erschienenen Arbeit über Reflexion am Kalkspath. Es handelt sich darum, zu untersuchen, in wie weit der Vorgang der Reflexion von der Krystallgestalt, also von der Doppelbrechung abhänge. Die Beobachtungen wurden bei künstlichem Lichte sowohl, als bei Sonnenlichte an den folgenden Flächen angestellt:

Neigung der Fläche gegen die Axe	Polarisations-winkel
0° —	54° 3′
4 40′	53 16
22 30	55 22
45 23	57 12
50 51	— —
57 31	— —
67 30	59 16
84 30	59 38
90 0	59 59

Die Reflexion fand an diesen Flächen innerhalb verschiedener Flüssigkeiten statt, wie Cassia-Oel, Sassafras-Oel, Alkohol etc.

Folgendes sind die Hauptresultate der Untersuchung:

1) Bei der Reflexion des Lichtes wirken die Flächen des Kalkspaths in Berührung mit Flüssigkeiten in vielen Fällen ebenso wie gewöhnliche unkrystallisirte Oberflächen.

2) Bei der Reflexion gewöhnlichen Lichtes polarisiren sie dasselbe ausserhalb der Reflexionsebene; die Abweichung von dieser Ebene variirt mit Licht von verschiedenen Farben und mit dem Incidenzwinkel.

3) Bei der Reflexion von polarisirtem Licht ändert sich die Polarisationsebene desselben manchmal wie bei der Refraction, manchmal wie bei der Reflexion.

4) In einigen Fällen besteht das reflectirte natürliche Licht aus zwei entgegengesetzt polarisirten Bündeln.

5) Die Aenderungen in der Polarisationsebene stehen in Beziehung zur Axe der Doppelbrechung.

Auch BREWSTER bemerkt, dass Beobachtungen, an derselben Oberfläche zu verschiedenen Zeiten angestellt, ganz verschiedene Resultate ergeben. Das deutet offenbar auf moleculare Aenderungen der Oberfläche, aus denen wohl ein grosser Theil der Abweichungen von der Theorie zu erklären ist. *Wn.*

F. Pfaff. Ueber die Bestimmung der Brechungsexponenten doppeltbrechender Substanzen aus ihren Polarisationswinkeln. Pogg. Ann. CXXVII. 150-158; Z. S. f. Naturw. XXVII. 404-405; Mondes X. 624-624.

Descloizeaux. Bemerkungen zum letzten Aufsatz von Hrn. F. Pfaff. Pogg. Ann. CXXIX. 479-480.

Die Arbeit des Hrn. Pfaff hat zum Zweck, aus Beobachtungen des Polarisationswinkels bei einigen einfach brechenden und einigen optisch einaxigen Substanzen die Brechungsexponenten jener Substanzen zu ermitteln. Zur Bestimmung des Polarisationswinkels wird das Goniometer von Haidinger angewandt. Durch eine in einer andern verschiebbare Röhre konnte der zu untersuchende Krystall dem Fernrohr genähert oder von ihm entfernt werden. Das Fernrohr war mit der Ocularlinse dem Krystall zugekehrt und enthielt statt des Objectivs einen Nicol. Um den Krystall senkrecht zur Fernrohraxe zu stellen, war vor der Ocularlinse an einer durchbrochenen Scheibe ein schwarzes Kreuz angebracht, das mit dem Fadenkreuze im Rohr Winkel von 45° bildete. Der Krystall wurde in seinem Halter, einer drehbaren Kugelschale, so lange gedreht, bis das vom Krystall zurückgeworfene Bild des schwarzen Kreuzes sich mit den Armen des Fadenkreuzes in einem Punkte schnitt.

Das Maximum der Polarisation wurde nun daran erkannt, dass der Mittelpunkt des schwarzen Flecks, den der Nicol in dem ausgedehnten Gesichtsfelde erscheinen liess, durch Drehen des Nonius mit dem Kreuzungspunkte der Fäden zusammenfiel. Hr. Pfaff fand so bei gut spiegelnden Flächen von 10-12^{mm} Ausdehnung eine Abweichung von 5-10′ zwischen den einzelnen Beobachtungen. Kleinere und nicht gut spiegelnde Flächen gaben Abweichungen von 30′. Zur Berechnung der Brechungsexponenten aus den Polarisationswinkeln wurden die bekannten Formeln von Neumann und Seebeck benutzt.

Den Resultaten des Hrn. Pfaff stellt Hr. Descloizeaux seine eigenen Indexbestimmungen, sowie die von Grailich, v. Lang, Schrauf entgegen, die bei allen Substanzen mit unvollkommener Polarisation abweichend sind. Auf letztere Substanzen scheint daher das Pfaff'sche Verfahren nicht anwendbar zu sein. Wir geben hier die Resultate von PFAFF, die sogar bei einigen einaxigen Substanzen unmögliche Werthe ergeben, nur, soweit sie von DESCLOIZEAUX nicht bestritten werden.

Brechungsexponent einfach brechender Substanzen.

Flussspath		1,438
Serpentin		1,459
Obsidian		1,516
Lasurstein		1,534
Spinell		1,747
Rauchtopas (doppelt brechend)	ω =	1,515
- -	ε =	1,485.

Wn.

E. REUSCH. Ueber den Chrysolit im edlen Serpentin von REICHENSTEIN. POGG. Ann. CXXVII. 166-168†.

Hr. REUSCH fand, indem er den Chrysolit senkrecht zu den Fasern in dünne Scheiben zerschnitt, folgende von den Angaben von DESCLOIZEAUX abweichende Eigenschaften: die Faserrichtung ist zugleich die Mittellinie und der Krystall positiv. Winkel der optischen Axen in der Luft: 16° 31′ (nahe dem des Weissbleierzes), Dispersion der Axen unmerklich. *Wn.*

DESCLOIZEAUX. Nouvelles recherches sur les propriétés optiques des cristaux naturels ou artificiels et sur les variations que ces propriétés éprouvent sous l'influence de la chaleur. C. R. LXII. 987-990; POGG. Ann. CXXIX. 345-350; Inst. XXXIV. 139-141.

DELAFOSSE. Rapport sur un Mémoire de Mr. DESCLOIZEAUX, intitulé: Nouvelles recherches sur les propriétés etc. C. R. LXII. 1063-1069.

Die vorliegende Arbeit enthält eine Uebersicht über die Resultate einer sehr ausgedehnten Untersuchung über die optischen Eigenschaften der Krystalle. Hr. DESCLOIZEAUX beginnt mit einer Aufzählung derjenigen Substanzen, deren unsicheres Krystallsystem mittelst der optischen Eigenschaften bestimmt ist. Wir führen als eins der hervorragendsten Resultate an, dass der Boracit aus einer einfach brechenden Hauptmasse besteht, durchsetzt von doppeltbrechenden Lamellen. Nachdem dann mehrere zweifelhafte ältere Beobachtungen rectificirt, der Sinn der Doppelbrechung bei vielen Substanzen bestimmt und eine grosse Anzahl hervorragender Indices gemessen ist, geht der Verfasser zur Untersuchung der Modificationen über, welche die Wärme in den doppeltbrechenden Medien hervorbringt. Die hauptsächlichsten der mittelst des etwas veränderten NÖRREMBERG'schen Mikroskops (s. Berl. Ber. 1865. p. 263) gefundenen Resultate sind:

1) Keinen merklichen Einfluss hat die Wärme auf die Erscheinungen derjenigen einaxigen Krystalle, die in Folge von unregelmässiger Constitution ein verschobenes Kreuz im polarisirten Lichte zeigen. Hieraus kann man mit grosser Wahrscheinlichkeit schliessen, ob ein zweifelhafter Krystall einaxig ist.

2) Bei zweiaxigen Krystallen des rhombischen Systems, von denen 72 Substanzen untersucht wurden, zeigte sich bei einer Temperaturveränderung auch eine grössere oder geringere Aenderung der Axendivergenz. Die gleichzeitig auftretende Dispersion der Axen ist von der Aenderung ihrer Divergenz unabhängig.

3) Bei den Krystallen des klinorhombischen Systems (22 Substanzen untersucht) variirt nicht nur der Winkel der optischen Axen mit der Temperatur, sondern in der Regel auch die Lage der Axenebenen. Die gleichzeitige Aenderung der Mittellinie, die von NEUMANN 1835 für Gyps nachgewiesen ist, ist von DESCLOIZEAUX als ein fast allgemeines Phänomen erkannt.

4) Fünf aus dem doppeltschiefen Prisma herstammende Krystalle zeigten in der Divergenz der optischen Axen und der Lage der Axenebene keine merkliche Aenderung bei der Erwärmung.

Ueber die Beobachtungsmethode führen wir noch Folgendes an: Während GRAILICH und LANG bei ihren Untersuchungen über die Dispersion der Axen bei Krystallen des rhombischen Systems immer direct den Winkel der optischen Axen der verschiedenen Strahlen mit Hülfe homogener Gläser maassen, operirt Hr. DESCLOIZEAUX immer mit weissem Lichte. Er bringt die Axenebene in eine Neigung von 45° gegen die Polarisationsebene und beobachtet dann die Farben, welche sich um die Hyperbeln herum zeigen. Dadurch ist die oben erwähnte dreifache Aenderung gefunden; Dispersion der Axen, Aenderung der Axenebene und der Mittellinie.

Die numerischen Daten werden einer ausführlicheren Abhandlung vorbehalten. *Wn.*

Descoizeaux. Note sur la forme cristalline et les propriétés optiques de l'Adamine. C. R. LXII. 695-697†.

Der scheinbare Winkel der optischen Axen des Adamins in Oel war:

1) Bei einer Lamelle der gelben Varietät:
108°34′ für rothe und 111°39′ für blaue Strahlen.

2) Bei einer Lamelle eines durchsichtigen violetten Krystalls:
115°50′ für rothe und 113°52′ für blaue Strahlen. *Wn.*

Hartnack und Prazmowski. Das Polarisationsprisma. Carl Repert. II. 217-223; Ann. d. chim. (4) VII. 181-189; Pogg. Ann. CXXVII. 494-496, CXXVIII. 336-336.

Das Nicol'sche Prisma hat die Uebelstände, dass es 1) zu lang im Verhältniss zur Breite und daher für Apparate als Analysator ungeeignet ist; 2) dass das Gesichtsfeld zu klein wird; 3) dass wegen der Schiefe, mit der die Strahlen die Trennungsfläche treffen, ein Theil der Strahlen zu sehr abgeschwächt wird und daher eine Seite des Gesichtsfeldes viel dunkler ist, als die andere. Die Folge davon ist, dass, wenn Strahlen nach ihrem Durchgange durch das Prisma ein reelles oder virtuelles Bild geben, dies stets verwaschen oder schlecht begrenzt ist.

Um diesen Uebelständen abzuhelfen, trafen die Verfasser folgende Aenderungen:

1) Die Eintritts- und Austrittsfläche der Strahlen erhielt eine zur Axe des Prismas normale Richtung, während beim Nicol jene Flächen schief zur Prismenaxe sind.

2) Die Diagonalebene des Prismas (die Fläche, an der die beiden gleichen dreiseitigen Prismen aneinander geklebt werden) wird genau senkrecht zur Hauptaxe des Spaths geschnitten, was das absolute Maximum für die Winkelausdehnung des Gesichtsfeldes bei den zu verkittenden Substanzen giebt, deren Index sich dem ausserordentlichen Index des Spaths in der zur Krystallaxe

normalen Ebene nähert. Die Winkelgrösse des Gesichtsfeldes ist dann für verschiedene verkittende Substanzen folgende:

Canada 33°, Copahu 35°, Leinöl 35°, Mohnöl 28°.

Die Länge eines NICOL'schen Prismas aus demselben Stück Spath würde um mehr als ein Drittel länger, daher dessen Gesichtsfeld um ein Drittel kleiner sein. Die Strahlen endlich, welche das Gesichtsfeld an beiden Seiten begrenzen, besitzen jetzt eine gleiche Neigung gegen die Eintritts- und Austrittsfläche; und es ist daher das Gesichtsfeld in Bezug auf die Axe des Prismas symmetrisch erhellt. *Wn.*

A. BREZINA. Ueber eine neue Modification des v. KOBELL'schen Stauroskops und des NÖRREMBERGER'schen Polarisationsmikroskops. POGG. Ann. CXXVIII. 446-452†.

F. v. KOBELL. Zu Hrn. BREZINA's Vorschlag einer Modification des Stauroskops. POGG. Ann. CXXIX. 478-479†.

1) Das v. KOBELL'sche Stauroskop dient bekanntlich dazu, die optischen Hauptschnitte in jedem Krystall zu bestimmen, indem polarisirtes Licht zuerst durch den zu untersuchenden optisch zweiaxigen und darauf durch einen einaxigen Krystall geleitet wird, der senkrecht zur Axe geschnitten ist. Betrachtet man das austretende Licht durch einen Zerleger, so wird im Allgemeinen das von der einaxigen Lamelle herrührende schwarze Kreuz zerstört, ausser wenn die Hauptschnittsebenen im Krystall mit der Polarisationsebene des Nicols zusammenfallen, was durch Drehung des Krystalls bewirkt wird. Hr. BREZINA will in dem Instrument die Unbequemlichkeit finden, dass, nachdem der Träger des Krystalls bis zum Erscheinen des schwarzen Kreuzes gedreht ist, der Drehcylinder herausgenommen, die Platte sammt Krystall umgedreht und dann wieder abgelesen werden müsse. Von dieser Verfahrungsweise findet sich in der Abhandlung des Hrn. v. KOBELL indess nichts, sondern die Controlle des Winkels geschieht einfach durch Drehen nach links und rechts, wobei sich die Winkel zu 90° ergänzen. Die beschriebene Umdrehung ist daher unnöthig. Danach ist auch die Aenderung, die Herr BREZINA dem Stauroskop geben will, und die wesentlich darin

besteht, dass das Instrument in zwei getrennte Theile zerlegt wird, überflüssig. Diese Aenderung hat ferner, da der Polarisationsapparat nun ein offener ist, den Nachtheil, wegen des überall herzutretenden Lichtes das Beobachten kleiner Krystallplatten nicht zu gestatten.

2) Die angegebene Modification des Polarisationsmikroskops soll vorzugsweise dazu dienen, das Gesichtsfeld bis auf 130° zu erweitern und eine gleichzeitige Drehung des Zerlegers und des Polarisators zu ermöglichen. *Wn.*

A. CORNU. Théorèmes géométriques relatifs à la réflexion cristalline. C. R. LXII. 1327-1329. Vergl. Berl. Ber. 1865. p. 188-189.

Die Vorgänge bei Reflexion an Krystallflächen können nach einer früheren Arbeit des Verfassers geometrisch construirt werden mit Hülfe eines Kegels zweiten Grades, welcher der geometrische Ort der Durchschnittslinie zweier Ebenen ist, senkrecht gegen die Polarisationsebene des einfallenden respective des reflectirten Strahls. Ein zweiter Kegel ist der Ort der Durchschnittslinien der Polarisationsebenen selbst. Von beiden Kegeln gelten folgende Theoreme:

1) Die Quadratwurzel aus der Intensität des reflectirten Lichtes variirt, wenn die Intensität des einfallenden Lichtes unverändert bleibt, bei verschiedenen Azimuthen wie der Radius vector einer Ellipse. Die Axen dieser Ellipse, d. h. die Azimuthe der Polarisation, bei denen die Intensität ein Maximum oder Minimum ist, fallen zusammen mit den Azimuthen der Polarisation, welche den beiden Durchschnittslinien der obigen Kegel entsprechen.

2) Lässt man die Reflexionsebene um die Normale der reflectirenden Ebene herum sich um 180° drehen, ohne den Einfallswinkel zu ändern, so dass der neue einfallende Strahl mit dem ursprünglich reflectirten Strahle zusammenfällt, so sind nur die beiden Kegel mit einander vertauscht.

Das letztere Gesetz kann man leicht experimentell bestätigen, indem man den Gang der Lichtstrahlen umkehrt, d. h. sie vor der Reflexion durch den Analysator, nachher durch den Polarisator gehen lässt. Die Auslöschung des Lichts muss dann bei denselben Azimuthen von Analysator und Polarisator erfolgen, wie vorher. *Wn.*

L. Ditscheiner. Ueber einen optischen Versuch. Pogg. Ann. CXXIX. 340-345†.

Lässt man das durch ein Prisma in ein Spectrum zerlegte weisse Licht auf ein Beugungsgitter fallen, oder betrachtet man umgekehrt die Spectra eines Beugungsgitters durch ein Prisma, so sieht man in gewissen Beugungsspectren, die von der Mitte aus alle auf derselben Seite liegen, nicht mehr die reinen Spectralfarben, sondern Mischfarben, und zwar zeigen sich in den der Mitte näher gelegenen Spectren diejenigen Mischfarben, welche aus Strahlen mit grösserer Wellenlänge entstanden sind. Für diese Erscheinung wird theoretisch die Formel abgeleitet:

$$\lambda = \sqrt[3]{\left[\frac{2Q(b+c)\sin A}{n}\right]},$$

wo $b+c$ die Spaltenbreite des mit der zweiten Prismenfläche parallelen Beugungsgitters, A der Prismenwinkel, n die Zahl, welche angiebt, in dem wie vielten Beugungsspectrum, von der Mitte aus gezählt, die Beobachtung geschehen, Q der Coefficient in der Cauchy'schen Dispersionsformel:

$$\mu = P + Q \cdot \frac{1}{\lambda^2}.$$

Aus der obigen Gleichung bestimmt sich dasjenige λ, welches der Mischfarbe angehört, die im $n$ten Beugungsspectrum auftritt. Die Berechnung von λ ergab für verschiedene Gitter mit der Erfahrung übereinstimmende Resultate. — Die Formel gilt nur für die eine Seite der Spectren, für die andere Seite würde λ negativ werden, was mit der Erfahrung insofern übereinstimmt, als nur die eine Seite Mischfarben zeigt. — Dreht man das Gitter, während das Prisma festbleibt, so wandern die Streifen so, dass für dasselbe λ die Zahl n kleiner wird.

In Bezug auf die Ableitung der obigen Formel ist noch zu bemerken, dass sich ursprünglich eine complicirtere Formel ergiebt; da jedoch die Erfahrung zeigt, dass der Winkel, unter welchem das Licht auf das Prisma fällt, ohne erheblichen Einfluss ist, so ist jener Winkel $=0$ gesetzt; dadurch ist die obige Vereinfachung der Formel erreicht. *Wn.*

L. DITSCHEINFR. Theorie der Beugungserscheinungen in doppeltbrechenden Medien. Wien. Ber. LIV. 2. p. 523-553 Mondes XII. 608-610.

Die bisherigen Behandlungen der Beugungserscheinungen gingen immer von der Annahme aus, dass die einfallenden und die gebeugten Strahlen in demselben homogenen Medium sich fortpflanzen. Die vorliegende Arbeit behandelt nun den Fall, dass die Beugung an der Grenze zweier krystallinischen Medien; stattfindet, dass also beide Arten von Strahlen ihre Geschwindigkeit mit der Fortpflanzungsrichtung ändern.

Besteht das Beugungsgitter aus rechtwinkligen Streifen in der xz Ebene, deren Mitten alle in der x Axe, sind ferner α, β, γ die Winkel der Normalen der einfallenden Wellen gegen die Axen, α', β', γ' die der gebeugten Wellen, v die Fortpflanzungsgeschwindigkeit der ersteren, v' der letzteren, $b+c$ die überall gleiche Entfernung der Mittelpunkte je zweier benachbarten Spalten, so ergiebt sich, dass die Maxima der Intensität für folgende Lagen auftreten:

$$\frac{\cos\gamma}{v} - \frac{\cos\gamma'}{v'} = 0,$$

$$\frac{\cos\alpha}{v} - \frac{\cos\alpha'}{v'} = \frac{n.\tau}{b+c},$$

unter τ die Schwingungsdauer verstanden. n ist dabei eine beliebige positive ganze Zahl, 0 eingeschlossen. In der Formel sind v respectize v' Functionen von α, β, γ resp. α', β', γ'. Um die obigen Formeln auf isotrope Medien anwenden zu können, hat man nur v und v' constant zu setzen. — Wenn man die Beziehungen zwischen v und α, β, γ, v' und α', β', γ' entwickelt, so findet man, dass aus den beiden einfallenden Wellen, die zu derselben Wellennormale gehören, für ein bestimmtes n 16 verschiedene gebeugte Wellen entstehen. Jede einfallende Welle der einen Art erzeugt nämlich sowohl vier gebeugte Wellen derselben Art, als auch vier gebeugte Wellen der andern Art. Von diesen zusammengehörigen vier gebeugten Wellen gehen zwei durch die Ebene der Gitterlinien, während die zwei andern, ähnlich den reflectirten Wellen, in jenen Theil des Mediums zurückkehren, in welchem sich die einfallende Welle fortpflanzte. Für $n = 0$ jedoch werden von jeder einfallenden Welle nur vier erregt. Bei isotropen Medien entstehen für jedes n nur vier gebeugte Wellen.

Die durch den Coordinatenmittelpunkt gelegten Normalen der gebeugten Wellen derselben Art, welche ein und derselben einfallenden Welle ihre Entstehung verdanken, liegen, welchem n sie auch immer entsprechen, in einer Kegelfläche, die unabhängig ist von der Spaltenbreite des Gitters. Hr. Ditscheiner nennt sie Fläche der gebeugten Wellennormalen. Für jede einfallende Welle giebt es demnach zwei Flächen der gebeugten Wellennormalen, eine der ersten und eine der zweiten Art. Diesen Flächen entsprechen dann Flächen der gebeugten Strahlen, die ebenfalls Kegelflächen, welche im Allgemeinen nicht mit den ersten Flächen zusammenfallen. Eine interessante Beziehung dieser Flächen ist folgende: Lässt man die einfallende Welle an einer zu den Gitterlinien parallelen Cylinderfläche (deren Leitlinie beliebig, aber continuirlich) reflectiren und construirt die Flächen, welche alle Wellennormalen respective Strahlen der reflectirten Wellen enthalten, so sind diese Flächen völlig identisch mit den obigen der gebeugten Wellennormalen respective Strahlen.

Für einaxige Medien stellt der Verfasser die Gleichungen jener Kegelflächen, deren allgemeine Eigenschaften nur für zweiaxige Medien abgeleitet werden, wirklich auf und leitet daraus die Erscheinungen der Ringe ab, welche entstehen, wenn man einen leuchtenden Punkt durch einen fibrösen (d. h. von vielen Kanälen durchzogenen) Kalkspath beobachtet (Ueber diese Ringe vergl. Berl. Ber. 1865. p. 262). Die vom Verfasser selbst angestellten messenden Beobachtungen stimmten im Allgemeinen mit den theoretischen Resultaten überein. Zu derselben Art von Erscheinungen gehören noch die Beugungsspectra beim Durchsehen durch gewisse Varietäten des natürlich vorkommenden kohlensauren Bleioxydes und der zwölfstrahlige Stern, welchen eine aus Canada stammende Glimmervarietät zeigt. Das Beugungsgitter wird bei letzterer durch eingewachsene Cyanitkrystalle gebildet, bei ersteren durch parallele Linien, die durch Zwillingsbildung hervorgerufen sind. *Wn.*

L. DITSCHEINER. Ueber einen Interferenzversuch mit dem Quarzprisma. Wien. Ber. LIII. (2) p. 238-247; Inst. XXXIV. 248-248; Z. S. f. Math. XI. 263-264.

Fallen homogene Lichtstrahlen auf ein zur optischen Axe parallel geschnittenes gleichseitiges Quarzprisma, so dass die Schwingungsrichtung unter 45° gegen die Prismenkante geneigt ist, so zerlegen sie sich in dem Prisma in einen ordentlichen und einen ausserordentlichen Strahlenbündel, welche nach den wiederholten Reflexionen wieder parallel austreten. Wegen ihrer verschiedenen Fortpflanzungsgeschwindigkeit und der verschiedenen Wege haben diese einen Gangunterschied erlitten und bilden daher einen elliptisch polarisirten Strahl, weil ihre Schwingungsrichtungen senkrecht zu einander sind. Gradlinige Polarisation aber tritt dann ein, sobald der Gangunterschied ein ganzes Vielfaches einer halben Wellenlänge beträgt. Durch einen Analyseur betrachtet, können sie also im letzteren Falle ausgelöscht werden. Im weissen Lichte werden daher, wenn die Schwingungsrichtungen von Analyseur und Polariseur senkrecht sind, schwarze Interferenzstreifen dort entstehen, wo der Gangunterschied gleich einer geraden Anzahl von $\frac{1}{2}\lambda$; bei paralleler Stellung von Analyseur und Polariseur dort, wo der Gangunterschied eine ungerade Anzahl von λ. — Aus den Formeln, die der Verfasser für diesen Versuch ableitet, ergiebt sich die Anzahl der Interferenzstreifen zwischen irgend zwei Stellen, und diese befindet sich in genügender Uebereinstimmung mit den angestellten Beobachtungen. *Wn.*

M. J. STEFAN. Ueber Interferenzversuche mit dem SOLEIL'schen Doppelquarz. Wien. Ber. LIII. (2) p. 548-555; Inst. XXXIV. 318-319; Z. S. f. Math. XI. 367-368.

Hr. STEFAN behandelt zwei Versuche, um nachzuweisen, dass

im Quarz in der Richtung der optischen Axe sich rechts und links circular polarisirtes Licht mit verschiedener Geschwindigkeit fortpflanzt.

Eine Doppelplatte aus zwei gleich dicken, aber entgegengesetzt drehenden Quarzplatten wird so auf ein Interferenzprisma geklebt, dass die Kante des Prismas in die Trennungsebene der Platten fällt. Geht dann gewöhnliches oder linear polarisirtes Licht hindurch, so erscheinen die gewöhnlichen Interferenzstreifen wie ohne die Platte. Geht aber circular polarisirtes Licht hindurch, so verschieben sich die Interferenzstreifen nach der einen oder andern Seite, je nachdem das Licht rechts oder links circular polarisirt war. Also war die Geschwindigkeit beider Lichtarten im Quarz eine verschiedene [1]).

Man kann denselben Versuch noch auf folgende Weise anstellen. Die Interferenzstreifen bei der Beugung durch mehrere parallele Spalten verschieben sich, wenn man vor die eine Spalte ein Glimmerblättchen klebt, ein Beweis, dass das Licht sich im Glimmer langsamer fortpflanzt, als in der Luft. Wenn man nun ein solches Gitter aus zwei Spalten so auf die Doppelplatte klebt, dass eine Spalte auf den linksdrehenden, die andere auf den rechtsdrehenden Quarz fällt, so bleiben die Interferenzstreifen ungeändert, wenn gewöhnliches oder linear polarisirtes Licht hindurchgeht, verschieben sich aber bei circular polarisirtem Lichte, und zwar wie oben, verschieden je nach dem Sinne der Circularpolarisation.

Aus der Grösse der Drehung ($17{,}22^0$ für eine Platte von 1^{mm} Dicke) wird der Gangunterschied von rechts- und linksdrehenden Strahlen für diese Platte = 0,095 abgeleitet, womit die direct gemessene Verschiebung der Interferenzstreifen übereinstimmt. Bei der Ableitung ergiebt sich noch beiläufig, dass die FRESNEL'sche Theorie der Drehung der Polarisationsebene nichts anderes ist, als ein durch eine einfache trigonometrische Umformung gewonnener Ausdruck der Thatsache der Drehung.

Wn.

[1]) Vergl. BABINET C. R. IV. 1837. p. 900. Red.

H. SOLEIL. Sur la direction de l'axe optique dans le cristal de roche. Mondes X. 662-668†.

Begrenzt man eine Quarzplatte durch parallele Flächen, die unter 45° gegen die Axe geneigt sind, und beobachtet durch dieselben mit einer Loupe einen leuchtenden Punkt, so sieht man zwei Bilder. Sind die Grenzflächen parallel der Axe oder senkrecht zu derselben, so sieht man nur ein Bild.

Aus diesem Princip werden folgende Vorschriften abgeleitet, um in einem beliebig geformten Quarzstück die Lage der Axe zu bestimmen.

1) Ist ein Schnitt beinahe senkrecht zur Axe, so sieht man in dem NÖRREMBERGER'schen Polarisationsapparat die AIRY'schen Spiralen etwas verschoben. Man dreht dann den Krystall so lange, bis jene Spiralen die normale Lage haben. Aus dem Drehungswinkel und dem Brechungsindex kann man dann den Winkel finden, den die gegebene Fläche mit der zur Axe senkrechten bildet.

2) Ist der Krystall parallel zur Axe geschnitten, was man daran erkennt, dass kein doppeltes Bild eines leuchtenden Punktes erscheint, so dreht man ihn im NÖRREMBERGER'schen Apparat in seiner Ebene so lange, bis das Gesichtsfeld dunkel wird. Dann ist die Axe parallel dem Azimuth 0 oder 90°.

3) In allen andern Fällen wird man ein doppeltes Bild sehen, und die Linie, welche die Mittelpunkte beider Bilder verbindet, giebt dann die Ebene, in der die Axe sich befindet. Die Axe selbst wird dann wie oben gefunden.

Um zu untersuchen, ob eine Fläche der Axe parallel sei, wird noch folgende Vorschrift gegeben. Jene Quarzplatte wird auf ein Glimmerblättchen gelegt, so dass die Axe mit dem Hauptschnitt des Glimmers einen Winkel von 45° bildet. Durch einen Nicol betrachtet, erscheint dann das Gesichtsfeld gleichmässig blau. Hält man aber eine Loupe zwischen Krystall und Nicol, so bleibt das Gesichtsfeld nur dann blau, wenn die Fläche der Axe genau parallel ist. Sonst sieht man jetzt einen schwarzen Streifen, umsäumt von Interferenzfransen, die um so zahlreicher und gedrängter sind, je grösser der Winkel zwischen Axe und Fläche ist.

Zum Schluss theilt der Verfasser noch Resultate von Messungen mit, die angestellt wurden, um eine Beziehung aufzustellen zwischen dem wirklichen Winkel, den eine Fläche mit der Axe bildet, und dem scheinbaren. Es findet sich der Quotient der Sinus beider Winkel nahezu constant. *Wn.*

Fernere Litteratur.

D. Brewster. On the bands formed by the superposition of paragenic spectra produced by the grooved surfaces of glass and steels. Part II. Phil. Mag. (4) XXXI. 98-104. Siehe Berl. Ber. 1865. p. 251.

A. Wangerin. De annulis Newtonianis. Regimonti 1866. Inaug.-Diss. 1-28. Siehe nächsten Jahresbericht.

A. Schrauf. Ueber die optischen Werthe der Mineralvarietäten und allotropen Modificationen. Wien. Ber. LIV. (2) p. 336-343.

Circularpolarisation.

P. Desains. Untersuchung über die Drehwirkung, welche der Quarz auf die Polarisationsebene der weniger brechbaren Strahlen des Spectrums ausübt. Pogg. Ann. CXXVIII. 487-489; C. R. LXII. 1277-1279†; Inst. XXXIV. 226-227.

Ein Quarz, welcher die Polarisationsebene der Strahlen im mittleren Roth um 52° drehte, ertheilt der Polarisationsebene der dunkelen Strahlen, die im Spectrum in Bezug auf das äusserste Roth eine dem Blau und Gelb symmetrische Lage haben, eine Drehung von 8 bis 9°, respective 19°. Ging ein Bündel von Sonnenstrahlen durch eine Lösung von Jod in Schwefelkohlenstoff, welche nur Wärmestrahlen hindurchliess, so wurde die Polarisationsebene der durchgegangenen Strahlen im Quarz um 10° gedreht. Die Drehung im äussersten Violett ist nach Biot ungefähr 16mal so gross, so dass die Wellenlängen der beobachteten Strahlen 4mal so gross sind, wie die des Violett, wenn man annimmt, dass die Drehungen sich umgekehrt verhalten, wie die Quadrate der Wellenlängen. *Kr.*

JELLET. On a fluid possessing opposite rotatory powers for rays at opposite ends of the spectrum. Athen. 1866. 2. p. 306-306†.

Terpentin von pinus australis aus Nord-Carolina ist rechtsdrehend, Terpentin von pinus maritima aus Bordeaux linksdrehend. Amerikanisches Terpentin hat aber grössere Dispersion; d. h. die Polarisationsebenen der rothen und violetten Strahlen bilden nach der Drehung einen grösseren Winkel, als beim französischen. Eine Mischung von 67 Theilen amerikanischen und 33 Theilen französischen Terpentins drehte bei einer Dicke von 4 Zoll die äussersten (durch ein gefärbtes Glas gegangenen) rothen Strahlen 1° 35′ nach links, blaue (durch schwefelsaures Kupferoxyd-Ammoniak gegangene) um 2° nach rechts. Bei der Verschiedenheit des Drehungsvermögens des amerikanischen Terpentins sind die angegebenen Zahlen nicht allgemein gültig.

Kr.

HOPPE-SEYLER. Sur le pouvoir rotatoire spécifique du sucre du raisin. Bull. Soc. Chim. (2) VI. 239-239†; Z. S. f. Chem. 1867. p. 55-55†; Med.-chem. Unters. d. Laborat. f. Chem. zu Tübingen I. 163.

Harnzucker durch 12 Krystallisationen in Alkohol gereinigt zeigt für die FRAUNHOFER'schen Linien folgende specifische Drehungsvermögen

C	*D*	*E*	*b*	*F*	
42,5°	53,45°	67,9°	71,8°	81,3°	(Drehung nach rechts)

Der Werth für die Linie *D* stimmt nahezu überein mit dem von MITSCHERLICH für Lampenlicht angegebenen 53,5°. *Kr.*

C. SCHEIBLER. Ueber die Klärung der Zuckerlösungen zu Polarisationsversuchen. Z. S. f. Chem. 1866. p. 221-221†.

Gewöhnlich genügt ein Zusatz von Bleiessig. Erhält man hierbei trübe Filtrate, so versetzt man die Zuckerlösung mit 10 bis 20 Tropfen einer 5procentigen Gerbsäurelösung und fällt dann mit Bleiessig. Gerbsäure beeinflusst das Drehungsvermögen des Zuckers nicht. *Kr.*

H. Bodenbender. Ueber den Einfluss der Erden auf das Rotationsvermögen des Rohrzuckers. Z. S. f. Chem. 1866. p. 222-222†.

Gleiche Atomgewichte von Kalk, Baryt, Strontian heben den Polarisationseffect von gleichviel Zucker auf; die Concentration der Zuckerlösung ist dabei ohne Einfluss. Die angewandten Lösungen enthielten auf 1 Atom Zucker nicht über 1 Atom der Erden. *Kr.*

E. Sostmann. Ueber den Einfluss der Alkalien auf den Polarisationseffect des Rohrzuckers. Z. S. f. Chem. 1866. p. 480-480†.

Die Alkalien bewirken eine Verminderung des Drehungsvermögens, und heben in Lösungen stärkerer Concentration den Polarisationseffect grösserer Zuckermengen auf, als in Lösungen schwächerer Concentration. *Kr.*

Fernere Litteratur.

C. Anders. Ueber die technische Bestimmung des Zukkers durch die Polarisationsmethode und deren Fehlerquellen. Dingler J. CLXXXII. 331-334.

---

16. Chemische Wirkungen des Lichts.

H. E. Roscoe und J. Baxendell. Ueber die relativen chemischen Intensitäten des directen und zerstreuten Sonnenlichts. Pogg. Ann. CXXVIII. 291-298†; Z. S. f. Chem. 1866. p. 509; Proc. Roy. Soc. XV. 20-24; Monit. Scient. VIII. 870-881; Chem. C. Bl. 1866. p. 1008-1008; Arch. sc. phys. XXVII. 254-261. Vergl. p. 194 dieses Berichts.

Mittelst der im Berl. Ber. 1865. p. 272 beschriebenen Methode haben die Herren Roscoe und Baxendell in Gemeinschaft mit Hrn. Dr. Wolkoff die Intensität der direct auf ein horizontales Flächenelement fallenden Sonnenstrahlen mit der Intensität der von der Atmosphäre als zerstreutes Tageslicht zurückgestrahlten verglichen. Die Untersuchungen ergeben:

1) Dass der Einfluss der Atmosphäre auf die brechbarsten und chemisch wirksamen Sonnenstrahlen durch Gesetze geregelt wird, welche gänzlich verschieden sind von denen, welche sich auf die Hypothese der Reflexion durch kleine Dunstbläschen stützen.

2) Dass das Verhältniss der chemischen Intensität des directen Sonnenlichts zum zerstreuten für eine bestimmte Sonnenhöhe an verschiedenen Orten kein constantes ist, sondern mit der Durchsichtigkeit u. s. w. der Atmosphäre wechselt.

3) Dass dieses Verhältniss der „chemischen" Intensität nicht im geringsten übereinstimmt mit dem Verhältniss der „sichtbaren" Intensität, wie das Auge sie auffasst; indem die Atmosphäre eine 17,4 mal grössere Einwirkung auf die chemischen als auf die sichtbaren Strahlen ausübt, wenn die Sonne die Höhe von 25° 16′ hat, und eine 26,4 mal grössere bei der Sonnenhöhe von 12° 3′. *E. O. E.*

W. SCHMID. Zersetzung des Jodbleis durch Licht. POGG. Ann. CXXVII. 493-494†; Z. S. f. Chem. 1866. p. 317-317; Chem. C. Bl. 1866. p. 606-606; Arch. sc. phys. (2) XXVI. 247-248.

Die Untersuchungen des Hrn. SCHMID haben ergeben, dass trocknes Jodblei vom Licht nicht verändert wird; das feucht erhaltene erleidet nur im directen Sonnenlicht und bei Luftzutritt eine Zerlegung unter Bildung von freiem Jod, Bleisuperoxyd und kohlensaurem Bleioxyd. Jodabsorbirende Substanzen beschleunigen die sonst sehr langsam vor sich gehende Zerlegung.

Chlorblei wird durch Licht nicht verändert. *E. O. E.*

TRAILL TAYLOR. Gravure par les rayons du soleil. Impression en relief de Mr. WOODBURY. Mondes (2) XII. 28-32†.

Beschreibung einer Anwendung des POITEVIN'schen Verfahrens (vergl. Berl. Ber. 1861. p. 290). *E. O. E.*

Carey Lea. Ueber den Einfluss des Lichts auf die Glasversilberung. Dingler J. CLXXXII. 24-26†; Polyt. C. Bl. 1866. p. 1558-1560; Bull. Soc. Chim. (2) VI. 497-497; Chem. C. Bl. 1867. p. 141-142.

Hr. Carey Lea empfiehlt zur Herstellung einer durchweg gleichmässig spiegelnden Silberschicht das directe Sonnenlicht auf die auf der Glasplatte ausgebreiteten Lösungen einwirken zu lassen. *E. O. E.*

Miss Beckly. Photographie du soleil. Mondes (2) I. 417-417†; Athen 24 févr. 1866.

Miss Beckly photographirt Jahr aus Jahr ein die Sonne, um so die Veränderungen an der Oberfläche derselben zu verzeichnen. *E. O. E.*

Ch. R. Wright. Contributions to our knowledge of the chemical action of sun light upon sensitive photographic papers. J. of chem. Soc. (2) IV. 33-54†; Z. S. f. Chem. 1866. p. 285-285.

Hr. Wright hat ausgedehntere Arbeiten über denselben Gegenstand, wie Hr. Mac Dougall, über die in den Berl. Ber. 1865. p. 270 berichtet ist, gemacht und durch dieselben die Mac Dougall'schen Resultate bestätigt. Ausserdem hat Hr. Wright festgestellt, dass eine photochemische Induction bei chlorirten, bromirten und brom-jodirten Papieren nicht zu bemerken ist, und dass diese Papiere dem von Bunsen und Roscoe (vgl. Berl. Ber. 1862. p. 256) aufgestellten Satz folgen, nach welchem die Schwärzungen den Producten der Lichtintensitäten und Insolationsdauer proportional sind. *E. O. E.*

W. Reissig. Wirkung des Lichts auf Silberjodid. Polyt. C. Bl. 1866. p. 470-471; Wien. Ber. LII. 2. p. 655-667†; Chem. C. Bl. 1866. p. 497-504; Mondes XI. 194-195.

Ausführlichere Mittheilung der Untersuchungen, über die bereits in den Berl. Ber. 1865. p. 270 berichtet ist. *E. O. E.*

Carey Lea. Ueber das Verhalten des Jodsilbers im Licht. Z. S. f. Chem. 1866. p. 637-638†; Silliman J. (2) XLII. 198.

Bereits im Berl. Ber. 1865. p. 270 besprochen. *E. O. E.*

Schrötter. Aus einem Schreiben des Hrn. L. Rutherfurd. Wien. Ber. LIII. 2. p. 191-194†.

Das Schreiben des Hrn. Rutherfurd enthält nähere Angaben über die Anfertigung der Mondphotographien, über welche in den Berl. Ber. 1865. p. 274 berichtet ist. *E. O. E.*

Nièpce. Ueber die Heliochromie. Dingler J. CLXXII. 380-382; C. R. LXIII. 567-570†.

Hr. Nièpce giebt ein heliochromatisches Verfahren an, um Schwarz in derselben Zeit wie die übrigen Farben zu erhalten. Zu dem Zweck taucht er die chlorirte Silberplatte in ein Bad von alkoholischer Natronlösung, welches einen Zusatz von 20 Proc. Wasser und sehr wenig Kochsalz erhält und auf 60° erwärmt wird. Nach dem Bade wird die Platte gewaschen, dann angelassen, bis sie einen blau-violetten Ton annimmt; schliesslich überzieht man sie mit einem chlorbleihaltigen Dextrinfirniss. Auf solchen Platten erhält man alle Farben und gleichzeitig Schwarz. Auf Kosten der Lebhaftigkeit der Farben kann man das Schwarz intensiver machen, wenn man vorher die Chlorsilberschicht dem Licht aussetzt.

Hr. Nièpce erwähnt dann einer doppelten Wirkung des Lichts und der Wärme auf Chlorsilber. Wird nämlich eine wie oben behandelte aber nicht angelassene Platte, mit einer colorirten Lithographie bedeckt, dem Sonnenlicht exponirt, so entwickeln sich beim Erwärmen besonders Roth und Blau; bei nochmaliger Exposition entsteht dann das ganze Bild. Um es zu fixiren erwärmt man die Platte von Neuem. Auch in der Camera obscura entstehen diese farbigen Bilder, aber immer nur, wenn die chlorbleihaltige Dextrinschicht vorhanden ist. Nachträglich kann sie ohne Schaden entfernt werden.

Ueber die Empfindlichkeit des Chlorsilbers macht Hr. Nièpce

folgende Mittheilung: Das durch Licht oder Natron reducirte Chlorsilber ist nach dem Anlassen weniger empfindlich für das Licht, als das nicht reducirte.

Ein Uranglas, über die empfindliche Platte gedeckt, beschleunigt die Entstehung der Farben, und zwar um so mehr, je dicker es ist. Doch werden die Farben durch das Gelb der Urangläser modificirt.

Ein Zusatz von salz- oder salpetersaurem Uranoxyd zu der chlorbleihaltigen Dextrinschicht beschleunigt ebenfalls die Entstehung der Farben, aber auch ihr Vergehen. *E. O. E.*

Pocy. Actinograph und Ozonograph. Carl Rep. II. 60-62†.

Beschreibung des mechanischen Theils eines Apparats, der dazu dient den Ozongehalt der Luft und gleichzeitig die chemische Wirkung des Lichts zu registriren. *E. O. E.*

W. de la Rue. On a photo-engraving of a lunar photograph. Monthly Not. XXV. 172-172†.

Hr. de la Rue legt der astronomischen Gesellschaft einen Kupferstich, den Mond darstellend, vor, welcher in der gewöhnlichen Weise mit einer verstählten Kupferplatte gedruckt ist, die von Hrn. P. Pretsch nach einem Verfahren angefertigt war, welches nicht näher beschrieben ist, aber sicherlich auf das Poitevin'sche Verfahren hinausläuft (vgl. Berl. Ber. 1861. p. 290).
E. O. E.

W. de la Rue. Die Photographie des Himmels. Carl Rep. II. 202-216.

Der Aufsatz ist die Uebersetzung eines dem Qu. J. of. Sc. XI. July 1866. p. 358 entnommenen Berichts über die Entwickelung der astronomischen Photographie und den Antheil, den Hr. de la Rue daran hat. *E. O. E.*

Seely. Vulcanisation du caoutchouc. Bull. Soc. Chim. (2) VI. 507-507†; Dingler J. CLXXIX. 87.

Nach Hrn. Seely soll sich die Vulcanisation des Kautschuk durch Licht gerade wie durch Wärme bewerkstelligen lassen. *E. O. E.*

A. Gatty. Images photographiques de couleurs variées. Bull. Soc. Chim. (2) VI. 511-512†; Chem. News. Oct. 1866. p. 202.

Dadurch dass Hr. Gatty die grünlichen mit Blutlaugensalz und salpetersaurem Bleioxyd erhaltenen Photographien mit salpetersaurem Eisenoxyd, chromsaurem Kali oder salpetersaurem Kupferoxyd behandelt, giebt er ihnen blaue, grüne oder braune Farbentöne. *E. O. E.*

L. A. Poitevin. Gleichzeitige Einwirkung von Licht und Sauerstoffsalzen auf das violette Silberchlorid, ein Mittel für die Photographie, die natürlichen Farben auf Papier zu erhalten. Erdmann J. XCVIII. 233-234†.

Bericht über die im Berl. Ber. 1865. p. 271 besprochenen Untersuchungen von Poitevin. *E. O. E.*

Vogel jun. Ueber die Bestimmung der chemischen Wirkung des Lichts durch Berlinerblau. Münchn. Ber. 1866. II. 2. p. 142-148†.

Hr. Vogel hat mittelst des Roussin'schen Verfahrens (vgl. Berl. Ber. 1863. p. 265) Versuche über die chemische Wirkung des directen und des durch farbige Gläser gegangenen Tageslichts angestellt, nach denen auch die weniger brechbaren Strahlen (rothe, orange, gelbe) auf dieses Reagenz (Berlinerblau) stark einwirken. Da keine homogenen Strahlen angewendet wurden, so gestatten die erlangten Resultate keine näheren Angaben.

E. O. E.

Ehrenberg. Ueber wissenschaftliche bemerkenswerthe Fortschritte der Photographie in Amerika wie in Europa. Berl. Monatsber. 1866. p. 657-665†.

Ein Bericht über die bisherigen Leistungen der Mikrophotographie und Hinweis auf die zu verfolgenden Ziele und zu lösenden Aufgaben. *E. O. E.*

Fernere Litteratur.

G. Suckow. Entwurf zu einer Lehre vom Photochemismus. Z. S. f. Naturw. XXVIII. 159-172.

Moitessier. La photographie appliquée aux recherches micrographiques. Paris 1866. p. 1-388.

---

17. Physiologische Optik.

H. Scheffler. Die Statik der Netzhaut und die pseudoskopischen Erscheinungen. Pogg. Ann. CXXVII. 105-125†; Z. S. f. Naturw. XXVII. 327-328.

Der Verfasser bemüht sich, die sogenannten pseudoskopischen Erscheinungen durch die Annahme zu erklären, dass die Stäbchen der Netzhaut ihre Richtung und Stellung verändern könnten, dass die Richtung eines wahrgenommenen Objectes hingegen auf die Normalstellung des getroffenen Stäbchens bezogen werde. Eine solche Aenderung der Stellung der Stäbchen, beziehungsweise gegenseitige Annäherung, soll durch die Tendenz, eine Reihe von Punkten zu fixiren, hervorgerufen werden. Um auch den Einflüssen der Accommodation auf die genannten Erscheinungen Rechnung zu tragen, macht der Verfasser die Hypothese, dass die Beweglichkeit der Stäbchen von der Accommodation abhängig sei, ja dass sogar (p. 119) jede Nervenfaser für sich zu accommodiren strebe!! *Bd.*

F. Burckhardt. Die Contrastfarben im Nachbilde. Verh. d. naturf. Ges. in Basel IV. 263-285; Pogg. Ann. CXXIX. 529-548†.

In dieser Abhandlung theilt der Verfasser eine Reihe sehr hübscher Versuche mit über den gleichzeitigen Contrast (Einwirkung einer Farbenfläche auf eine benachbarte) im Nachbilde. Er nahm zu dem Ende verschiedene farbige Flächen (inducirende) welche auf einer benachbarten (erstreagirenden) Fläche durch Contrastwirkung eine Farbe hervorbringen (induciren), welche sich dann mit der Farbe der erstreagirenden zu einer erstresultirenden zusammensetzt. Diese Flächen fixirt er und wirft dann das erzeugte Nachbild auf einen Grund (zweitreagirende Fläche), wodurch eine zweitresultirende Farbe entsteht.

Zuerst nimmt er die Versuche mit einem farbigen Quadrat (inducirende Fläche) vor, welches in der Mitte ein kleineres weisses trägt (erstreagirende Fläche), und wirft das Nachbild der Reihe nach auf weissen, grauen und farbigen Grund. Dann vertauscht er das weisse Quadrat mit farbigen, hierauf theilt er ferner das grössere Quadrat durch Diagonalen in vier paarweise gleichgefärbte Flächen, während das kleine als erstreagirende Fläche beibehalten wird und führt nun die entsprechenden Versuche aus. Hierdurch sowie durch ähnliche Experimente gelangt er zu den Resultaten:

1) Der gleichzeitige Contrast tritt nicht bloss beim directen Sehen farbiger Flächen, sondern auch im Nachbilde auf.

2) Der gleichzeitige Contrast im Nachbilde ist immer stärker als im direct gesehenen Bilde; er tritt im Nachbilde mit grosser Bestimmtheit auf, wenn er im directen Bilde entweder ganz fehlt, oder auf jede Weise geschwächt worden ist.

3) Bei einem inducirenden und einem farblosen reagirenden Felde zeigt das Nachbild des reagirenden auf farblosem Grunde immer die Farbe des inducirenden. (NB. Nur der Art, nicht der Helligkeit nach, wie auch im Folgenden.)

4) Bei zwei inducirenden und einem farblosen reagirenden Felde zeigt das Nachbild des reagirenden auf farblosem Grunde:

a. entweder nach beiden Seiten hin eine verschiedene Farbe, und zwar jedesmal die abgeschwächte Farbe des inducirenden Feldes;

b. oder über die ganze Fläche dieselbe Farbe nämlich die Mischung der beiden inducirenden Farben.

5) Bei einem inducirenden und einem farbigen reagirenden Felde zeigt das Nachbild des reagirenden auf farblosem Grunde eine Farbe, welche besteht:

a. aus der Farbe des Nachbildes des reagirenden Feldes (ohne Induction);

b. aus der inducirenden Farbe.

6) Bei zwei inducirten und einem farbig reagirenden Felde zeigt das Nachbild des reagirenden Feldes auf farblosem Grunde:

a. entweder zwei getrennte Farben, von denen jede besteht
   α) aus der Nachbildsfarbe des reagirenden Feldes;
   β) aus der angrenzenden inducirenden Farbe;

b. oder nur eine gleichmässig verbreitete Farbe, bestehend aus der Mischung von drei Farben, nämlich:
   α) aus der Nachbildsfarbe des reagirendes Feldes;
   β) aus der Mischung beider inducirender Farben.

7) Ein farbiger Grund als zweitreagirende Farbe modificirt die Resultate in der Art, dass sich seine Farbe der auf farblosem Grunde wahrgenommenen beimischt, und bald verstärkend, bald aufhebend einwirkt. *Bd.*

W. v. Bezold. Ueber binoculares Sehen. Z. S. f. Biologie II. 178-187†.

Dieser kleine Aufsatz bildet einen Nachtrag zu der gleichbetitelten Abhandlung welche in derselben Zeitschrift (I. 237-262) erschienen ist (vgl. Berl. Ber. 1865. p. 281), und zwar enthält er erstens die Resultate der Messungen, nach welchen der Verfasser a. a. O. den empirischen Horopter construirte. Ausserdem findet man daselbst einen Versuch beschrieben, welcher zwischen zwei sich direct widersprechenden Angaben von Helmholtz und Hering über die Localisation der im Horopter gelegenen Punkte entscheiden soll. Während nämlich ersterer behauptet, dass solche Punkte mit grösster Schärfe localisirt werden, giebt letzterer an, dass sie sämmtlich in einer Ebene, der „Kernfläche" erscheinen. Indem der Verfasser versuchte bei festgehaltener Fixation und bei Ausschluss aller störenden Umstände feine schwarze Drähte so anzuordnen, dass sie in einer Ebene zu liegen schienen, erhielt er auch jedesmal nahezu eine solche und nicht, wie man nach Hering hätte erwarten sollen, den Längshoropter. Diese Thatsache veranlasst ihn die Existenz der sogenannten Kernfläche zu bestreiten und sich in der genannten Frage für Helmholtz auszusprechen. *Bd.*

A. WÜLLNER. Einleitung in die Dioptrik des Auges. Leipzig 1866†.

Dieses Schriftchen bezweckt, den Medicinern das Verständniss der bekannten Sätze über die Dioptrik des Auges zu erleichtern. *Bd.*

E. MACH. Ueber die Wirkung der räumlichen Vertheilung des Lichtreizes auf die Netzhaut. Wien. Ber. LII. 2. p. 303-322†; Inst. XXXIV. 190-191. S. Berl. Ber. 1865. p. 284-285*.

BABUCHIN. Ueber den Bau der Netzhaut einiger Lungenschnecken. Wien. Ber. LII. 1. p. 16-27†.

L. CLARKE. On the structure of the optic lobes of the cuttle-fish. Proc. Roy. Soc. XV. 260-261†.

Enthält eine Beschreibung des optischen Centralapparates (Gehirnlappens) des Tintenfisches. *Bd.*

F. PLATEAU. Sur la vision des poissons et des amphibies. Mondes (2) XII. 158-162†; Mem. cour. d. l'Ac. Roy. d. Brux. XXXIII.; Inst. 1866. p. 312-312; Arch. sc. phys. XXVII. 191-193; Monit. Scient. VIII. 888-889.

Der Verfasser untersucht hier die Frage, ob und wie es den Fischen und Amphibien möglich sei, in Wasser und in Luft deutlich zu sehen. Zur Beantwortung derselben stellt er zuerst eine theoretische Betrachtung über die Einrichtung eines idealen Auges an, bei welchem wässrige und Glasfeuchtigkeit den Brechungsexponenten des Wassers besitzen und zugleich der oben aufgestellten Bedingung Genüge geleistet ist. Dies ist der Fall, wenn die Hornhaut eben ist. Dann fällt nämlich im Wasser die ganze optische Wirkung der Linse anheim. Vereinigt nun ein solches Auge im Wasser parallele Strahlen genau auf der Netzhaut, so wird es in Luft das gleiche thun; denn Strahlen, welche parallel die ebene Hornhaut treffen, bleiben auch nach der Brechung an derselben parallel, und werden mithin ebenfalls wieder auf der Netzhaut vereinigt. Der Verfasser beweist nun zuerst durch anatomische Untersuchung, dass das Auge der genannten

Thiere wirklich nach diesem Schema construirt sei. Ausserdem weist er auch noch direct nach, dass solche Augen wirklich befähigt seien, ohne accommodative Veränderung im Wasser und in der Luft deutlich zu sehen. Er ersetzt nämlich die Retina frisch ausgeschnittener Augen durch matte Glastafeln und fängt auf diesen das Bild eines Drahtes auf, bringt er dann das Ganze unter Wasser, so bleibt doch das Bild so deutlich wie zuvor.

Bd.

J. Delboeuf. Notes sur certaines illusions d'optique. Essai d'une théorie psychophysique sur la manière dont l'oeil apprécie les distances, les angles et les grandeurs. Bull. d. Brux. (2) XIX. 523-523, XX.; Mondes XI. 391-398†. Vergl. Berl. Ber. 1865. p. 283.

Der Verfasser sucht die pseudoskopischen Erscheinungen durch die Ermüdung der Augenmuskeln zu erklären, und zwar sollen die Dimensionen irgend einer Figur nach der Anstrengung geschätzt werden, welche das Durchlaufen der Contouren den Augenmuskeln kostet. So hätte z. B. die Thatsache, dass spitze Winkel stets zu gross, stumpfe zu klein geschätzt werden, woraus sich die bekannte Zöllner'sche Pseudoskopie ergiebt, ihren Ursprung einfach dem Umstande zu verdanken, dass es dem Auge eine grössere Anstrengung verursacht, in einem spitzen Winkel mit dem Blicke zu wenden, als in einem stumpfen. Ebenso verhält es sich nach dem Verfasser mit dem Factum, dass eine mit Punkten oder Querstrichen versehene Linie stets länger erscheint als eine, abgesehen von diesen Punkten und Strichen ihr vollkommen gleiche; jeder Punkt oder Strich verursacht dem durchlaufenden Blicke einen Aufenthalt und damit vermehrte Anstrengung. Zur Erklärung der unrichtigen Beurtheilung des Verhältnisses verticaler und horizontaler Dimensionen nimmt der Verfasser die Hypothese zu Hülfe, dass der untere und obere gerade Augenmuskel schwächer sei als der äussere und innere.

Bd.

J. Landerer. Illusion optique. Mondes XI. 9-10†.

Hr. Landerer beschreibt folgenden Versuch:

Dreht man einen auf seinem Mantel mit gleichabstehenden der Axe parallelen Geraden versehenen Cylinder um seine Axe, so giebt es eine gewisse Geschwindigkeit, bei welcher die schwarzen Linien Hervorragungen zeigen, während bei noch rascherer Rotation das Ganze grau erscheint. Der Verfasser erklärt dies durch die Annahme, dass die Persistenz des Lichteindruckes auf den verschiedenen Theilen der Netzhaut eine verschiedene sei. *Bd.*

LABORDE. Impressions persistantes de la lumière; comment elles s'accomplissent dans les yeux. Mondes XI. 576-582†; Inst. Obs. X. 98-99; C. R. LXIII. 87-88; POGG. Ann. CXXIX. 660.

Um zu entscheiden, ob den einzelnen Farben aus welchen das weisse Licht besteht, die gleiche Nachwirkung des Lichteindruckes zukommt, macht der Verfasser folgendes Experiment:

In ein dunkles Zimmer fällt Licht von einem Heliostaten durch einen Spalt von 3^{mm} Breite und 6^{mm} Höhe, dicht dahinter befindet sich eine Scheibe mit mehreren dem Spalte gleichen Einschnitten. Durch Drehen der Scheibe kann man das schliesslich auf eine matte Glastafel fallende Licht abwechselnd zum Verschwinden und Wiedererscheinen bringen, bis endlich bei gehöriger Geschwindigkeit ein continuirlicher Eindruck entsteht. Hierbei fangen zuerst die Ränder des Bildes an sich zu färben und zwar erscheinen der Reihe nach die Farben blau, grün, rosa, weiss, grün, blau bis endlich bei noch weiter beschleunigter Rotation die ganze Fläche wiederum gleichförmig weiss wird. Um diese Erscheinungen zu erklären, macht der Verfasser die Annahme, dass im weissen Lichte die brechbarsten Farben die längste Nachwirkung erzeugen und zugleich früher zur Empfindung gelangen. Hierbei stützt er sich jedoch auf den längst widerlegten Satz, dass die Mischfarbe von blau und gelb grün sei.

Indem er die Versuche mit Spectralfarben wiederholt, kommt er zu dem Ergebnisse, dass violett, indigo und blau keine Veränderung erfahren, während roth Intensitätsänderungen erleiden gelb hingegen dieselben Modificationen wie das weisse Licht zeigen soll. Der Verfasser glaubt auch diese Thatsache erklären zu können, indem er zu der längst veralteten Hypothese BREW-

STER's (vgl. HELMHOLTZ in POGG. Ann. LXXXVI. 501 ff.), wonach das Sonnenspectrum aus drei übereinandergelagerten Spectren, einem rothen, gelben und blauen bestehe, seine Zuflucht nimmt. Schliesslich erkennt er jedoch selbst an, dass seine Erklärungsversuche noch bedeutende Zweifel zulassen. *Bd.*

O. FUNKE. Zur Lehre von den Empfindungskreisen der Netzhaut. Freib. Ber. III. 2. p. 89-116†.

Der Verfasser wendet sich in diesem Aufsatze gegen die von VOLKMANN (Physiolog. Unters. im Gebiete d. Optik. Leipzig 1863; vergl. Berl. Ber. 1863. p. 266-276 insbes. p. 272-274) aufgestellte Behauptung, dass die Stäbchen und Zapfen der Netzhaut nicht die empfindenden Elemente seien, sondern, dass letztere einen beträchtlich geringeren Durchmesser haben müssten. VOLKMANN kam zu diesem Resultate, indem er von dem geometrischen Netzhautbilde der kleinsten erkennbaren Distanz den Durchmesser des auch bei vollkommenster Accommodation immer noch vorhandenen Zerstreuungskreises abzog, während FUNKE zeigt, dass man mit demselben oder grösserem Rechte diesen Raum hinzu addiren kann. Nachdem nun der Verfasser durch diese Betrachtungen, die sich natürlich hier nicht reproduciren lassen, den Stäbchen und Zapfen ihre alte Bedeutung zu wahren gesucht, geht er noch weiter und gelangt auf Grundlage des bekannten HELMHOLTZ'schen Versuches über die scheinbare Verkrümmung der Stäbchen sehr feiner Gitter und durch Berücksichtigung des Uebereinandergreifens der einzelnen Zerstreuungskreise zu dem Resultate, dass selbst wenn sich empirisch die kleinste erkenntliche Netzhautdistanz unzweifelhaft etwas kleiner als der Durchmesser eines Zapfens herausstellte, damit die Bedeutung der Zapfen als Empfindungskreise nicht widerlegt wäre. Ferner bestreitet der Verfasser die von VOLKMANN für seine Anschauung verwerthete Thatsache, dass die kleinsten geometrischen Figuren, welche man zu erkennen im Stande ist, bei verschiedener Stellung zum Auge ihre Form nicht veränderten, er giebt vielmehr an, dass die Contouren eines sehr kleinen Quadrates einer beständigen Veränderung unterworfen seien, während die eines

Kreises unveränderlich scheinen. Diess spricht dafür, dass die Netzhautmosaik aus sechsseitigen Elementen vom Durchmesser eines Zapfens gebildet sei, und nicht wie VOLKMANN will, aus quadratischen. Alles zusammen genommen führt zu dem Schlusse, dass kein einziger der Beweise, welche VOLKMANN gegen die Zapfen als sensible Elementartheile der Netzhaut gewonnen zu haben glaubt, stichhaltig ist und dass keine einzige die Schärfe des Raumsinnes betreffende Thatsache vorliegt, welche zu ihrer Erklärung kleinere musive Elemente als die Zapfen des gelben Fleckes verlangt. *Bd.*

O. FUNKE. Zur Lehre vom blinden Fleck. Freib. Ber. III. 3. p. 1-15†.

E. H. WEBER kommt bei seinen Untersuchungen über den Tastsinn zu dem Satze, dass es zur Wahrnehmung einer Distanz zwischen zwei auf die Haut oder Netzhaut gemachten Eindrücken unerlässlich ist, dass zwischen zwei gereizten Empfindungskreisen wenigstens ein nicht getroffener liege. Es wäre demnach zu erwarten, dass eine Linie, deren Endigungen im Bilde auf beide Seiten des blinden Fleckes fallen, um die scheinbare Breite dieses Fleckes verkürzt wahrgenommen werde. WEBER selbst sowie VOLKMANN fanden diese Vermuthung nicht bestätigt, und beide suchten das Dilemma auf verschiedene Weise zu lösen, während v. WITTICH eine solche Verkleinerung des Sehfeldes wirklich beobachtete.

Zur Entscheidung dieser Controverse veränderte der Verfasser auf verschiedene Weise den VOLKMANN'schen Grundversuch, der im Wesentlichen darin besteht, dass man neun Buchstaben, deren einer in die Mitte eines Quadrates fällt, während die übrigen in die Ecken und in die Halbirungspunkte der Seiten zu liegen kommen, so fixirt, dass das Netzhautbild des Mittelpunktes den blinden Fleck trifft. Hierbei kommt er zu dem Ergebnisse, dass sobald sich ausser der Buchstabenfigur gar kein weiteres Object (eine einfache Fixationsmarke ausgenommen) im Sehfelde befindet, der Versuch bei allen Personen in dem von v. WITTICH angegebenen Sinne ausfällt, d. h. die Seiten des Quadrates eingebogen erscheinen. Befindet sich hingegen zwischen dem Mittelpunkte und der dem Fixationspunkte zugekehrten Buchstabenreihe eine ihr parallele Gerade, so erscheint diese Reihe selbst und die ihr gegenüberliegende sofort in ihrer wahren Gestalt. FUNKE schliesst aus diesen Versuchen, dass für die Beurtheilung der Lage in dem einen oder andern Falle ganz verschiedene Momente maassgebend sind, und dass nur bei Abwesenheit aller anderen Anhaltspunkte das WEBER'sche Princip das allein bestimmende ist. *Bd.*

H. GEROLD. Die zwiefach Planconvex-Brille. Ein Doppelocular von verschiedener Focaldistanz mit der Gesammtbrennweite eines einfachen Aequivalents, berechnet und construirt für eine bestimmte Hypermetropie. Arch. f. Ophthalm. XII. (1) 31-33†.

Um eine ganz genau entsprechende Nummer zu erhalten, construirt der Verfasser eine Convexbrille aus zwei Planconvexgläsern, deren Entfernung von einander durch einen dazwischen geschobenen Drahtring so normirt werden kann, dass der ganzen Combination genau die gewünschte Brennweite zukommt. *Bd.*

BÖTTCHER. Ueber Augenbewegung und binoculare Perspective. Arch. f. Ophthalm. XII. (2) 23-99†.

Der Verfasser beschreibt in dieser Abhandlung verschiedene Versuche, welche sich theils auf den Einfluss der Stellung der Visirebene auf die stereoskopische Wahrnehmung beziehen, theils Nachbildsversuche sind zur Erforschung der Augenbewegungen. Hierbei gelangt er hinsichtlich der Raddrehungen zu einigen Resultaten, welche von denen früherer Beobachter abweichen, Während er nämlich bei Aenderung der Blickrichtung die Neigung des verticalen Stammes eines im Nachbilde betrachteten stehenden Kreuzes in dem bekannten Sinne beobachtet, so tritt für ihn die scheinbare Drehung des horizontalen Astes erst jenseits einer gewissen Grenze ein. Da sich jedoch die erzielten Resultate sämmtlicher Versuche, sowie der auf die binoculare Perspective bezüglichen Betrachtungen nicht wohl im Auszuge wiedergeben lassen, so müssen wir deshalb auf die Originalabhandlung verweisen. *Bd.*

A. Steinheil. Ueber Brillengläserscalen und Accommodationsvergleichungen. Z. S. f. Biologie II. 366-376†.

Hr. Steinheil stellt sich die Aufgabe einen Brillenkasten in der Art einzurichten, dass man mit möglichst wenig Linsen, durch Combination zu zweien Brillen von allen erforderlichen Nummern herstellen könne. Hierbei schlägt er vor Allem statt der bisherigen Bezeichnungsweise der Stärke der Brillengläser eine für diesen Zweck jedenfalls einfachere vor. Nennt man nämlich den Abstand des Punktes, in welchem ein Strahl die Linse trifft, von der Linsenaxe die Einfallshöhe, so ergiebt sich, dass bei ein und derselben Linse und constanter Einfallshöhe jeder Strahl um den gleichen Winkel abgelenkt wird, welches auch die Richtung des einfallenden Strahles sein mag. Verständigt man sich nun über eine bestimmte Einfallshöhe als Einheit (der Verfasser wählt sie so, dass der einfallende Strahl bei der schwächsten in seinem Brillenkasten enthaltenen Linse d. i. eine Linse von 120 Zoll Brennweite um 1 Secunde abgelenkt wird), so kann man die Nummer (Brechungskraft) jeder Linse durch diesen Ablenkungswinkel, in Secunden ausgedrückt, angeben. Sind nun die Brechungskräfte zweier Linsen (Nummern) nach diesem Maasse gemessen c und d, so ist die ihrer Combination $y = c + d$, während man bei der gewöhnlichen Ausdrucksweise durch Brennweiten für die Combination der Linsen a und b die Aequivalentbrennweite $x = \frac{ab}{a+b}$ erhält. Dies vorausgeschickt, zeigt nun der Verfasser, dass bei geschickter Auswahl 10 positive und 10 negative Linsen für alle Bedürfnisse der Praxis genügen werden. Das Zusammensetzen derselben zu einer Combination wird erleichtert, wenn man sie sämmtlich auf einer Seite plan schleift. *Bd.*

A. Proctor. Deceptive figures; with remarks on Saturn's „square shouldered" phase. Int. Obs. X. 23-27†.

Der Verfasser beschreibt eine optische Täuschung, welche dadurch hervorgebracht wird, dass gerade Linien, welche symmetrisch liegend durch eine Anzahl concentrischer Kreise gezogen werden, gekrümmt erscheinen. Eine Erklärung der Erscheinung wird nicht versucht. Der Verfasser schliesst aber hieraus, dass eine in richtiger Weise durch solche concentrische Kreise gezogene krumme Linie gerade erscheinen und eine stark gekrümmte schwächer gekrümmt erscheinen kann. Diesen Schluss benutzt der Verfasser zur Erklärung der oft eigenthümlich 4eckig erscheinenden (square shouldered) Gestalt des Saturns, ohne indessen zu glauben dass dieselbe dadurch hinlänglich erklärt sei. Hieran schliessen sich einige Betrachtungen über die Höhe der Atmosphäre des Saturns, die auf ungefähr 500 engl. Meilen geschätzt werden muss, wenn man die der Erdatmosphäre auf 50 engl. Meilen annimmt. Der Verfasser kommt darauf zu dem Schluss, dass in der Breite von 40-45° die Höhe derselben 500-600 engl. Meilen betragen müsse und dass dieser bedeutende Unterschied wohl die eigenthümliche 4eckige Gestalt des Saturn hervorbringen könne. *Sch.*

Deceptive figures. Int. Obs. IX. 223-225†.

Es wird eine ziemlich bekannte optische Täuschung beschrieben, die darin besteht, dass von zwei gleich breiten Streifen Papier, Pappe oder dergl., deren untere Begrenzungslinien convex, die obere aber concav geschnitten sind, während die kürzern convergente gerade Linien bilden, beim Uebereinanderlegen der obere Streifen breiter erscheint. Die Erklärung scheint darin zu liegen, dass das Auge bestrebt ist den geraden Linien zu folgen, und deshalb das untere Stück Papier breiter schätzt. *Sch.*

Fernere Litteratur.

A. Nagel. Historische Notiz über Hyperopie und Astigmatismus. Arch. f. Ophthalm. XII. (1) 25-30†.

Vision under water. Int. Obs. VIII. 470.

---

18. Optische Apparate.

Die Referate hierüber erfolgen am Schluss des Bandes.

Vierter Abschnitt.

Wärmelehre.

19. Theorie der Wärme.

Clausius. Ueber verschiedene für die Anwendung bequeme Formen der Hauptgleichungen der mechanischen Wärmetheorie. Züricher Vierteljahresschrift X. 1-59.

— — Ueber die Bestimmung der Energie und Entropie eines Körpers. Z. S. f. Math. 1866. p. 31-46; Phil. Mag. (4) XXXII. 1-17.

Abhandlungen über die mechanische Wärmetheorie von Clausius. II. Theil.

Die beiden Hauptsätze der mechanischen Wärmetheorie in ihrer allgemeinsten Form lassen sich bekanntlich analytisch ausdrücken durch die Gleichungen

$$(I) \quad . \; . \; . \; . \; . \; . \; . \quad dQ = dU + dw$$

und

$$(II) \quad . \; . \; . \; . \; . \; . \; . \quad \int \frac{dQ}{T} \leqq 0.$$

Die erste Gleichung drückt den Satz von der Aequivalenz von Wärme und Arbeit aus und es bedeutet darin dQ die von einem Körper bei einer unendlich kleinen Zustandsänderung aufgenommene Wärmemenge; U ist die Summe der freien Wärme des Körpers und der zu innerer Arbeit verbrauchten Wärme. Die Arbeit, welche gewöhnlich in einem andern Maasse als die Wärme gemessen wird, kann man aber durch Multiplication mit dem Wärmeäquivalent A auf Wärmeeinheiten zurückführen und Clausius nennt die nach Wärmeeinheiten gemessene Wärme, kurz Werk; danach lässt sich U definiren als die Summe der inneren Wärme und des inneren Werks oder als Wärme und Werkinhalt; diese Grösse ist von THOMSON die Energie, von KIRCHHOFF die Wirkungsfunction des Körpers, von ZEUNER die innere Wärme genannt worden; w endlich ist das äussere Werk oder die in Wärmeeinheiten gemessene äussere Arbeit.

Der Zustand eines Körpers ist ferner im Allgemeinen durch zwei Grössen x und y bestimmt, z. B. Volumen und Druck oder Volumen und Temperatur; es ist deshalb auch U oder die Energie eine Function, welche diese beiden Grössen als unabhängige Veränderliche enthält; w jedoch ist abhängig von der Art und Weise wie die Veränderungen erfolgen und es ist daher noch eine Relation zwischen x und y erforderlich, wenn w bestimmt werden soll.

Die zweite Gleichung drückt den Satz von der Aequivalenz der Verwandlungen aus. Bei jeder Verwandlung von Wärme in Arbeit findet auch eine Wärmeüberführung statt, die man auch als Verwandlung von Wärme von einer Temperatur t_1 in solche von einer andern Temperatur t_2 betrachten kann und zwar sind beide Verwandlungen von einander abhängig; man kann sie daher als äquivalent annehmen. Es lässt sich nun der Werth einer Verwandlung mathematisch ausdrücken und zwar ist $\frac{Q}{T}$ der Aequivalenzwerth der Verwandlung einer Wärmemenge Q von der absoluten Temperatur T in Arbeit. Die verschiedenen Verwandlungen welche bei einem Kreisprocesse vorkommen, compensiren sich gegenseitig, wenn der Process umkehrbar ist; ist der Process nicht umkehrbar, so treten Verwandlungen auf, welche sich nicht compensiren und welche einem Uebergange von Wärme durch Leitung von einem wärmeren zu einem kälteren Körper entsprechen; diese sind daher immer Verwandlungen in demselben Sinne, welchen CLAUSIUS in diesem Aufsatze als positiv betrachtet.

Hr. CLAUSIUS führt nun den Verwandlungswerth des Wärmeinhalts ein, ferner den Verwandlungswerth, der der Anordnung der Bestandtheile entspricht, zu deren Aenderung Arbeit, innere und äussere, verbraucht wird und nennt diesen Verwandlungswerth Disgregation; endlich nennt Hr. CLAUSIUS die Summe dieser beiden den Verwandlungsinhalt oder die Entropie (S) des Körpers.

Für den umkehrbaren Kreisprocess muss nun

$$\int \frac{dQ}{T} = 0,$$

oder

$$\int \left(\frac{\left(\frac{dQ}{dx}\right) dx + \left(\frac{dQ}{dy}\right) dy}{T} \right) = 0$$

sein, so oft x und y dieselben Werthe annehmen, muss daher die Integrabilitätsbedingung erfüllt sein. Indem nun CLAUSIUS die Differenz

$$\frac{d}{dy}\left(\frac{dw}{dx}\right) - \frac{d}{dx}\left(\frac{dw}{dy}\right)$$

die auf xy bezügliche Werkdifferenz nennt und mit E_{xy} bezeichnet, erhält derselbe statt der früheren Gleichung die beiden folgenden

$$\frac{d}{dy}\left(\frac{dQ}{dx}\right) - \frac{d}{dx}\left(\frac{dQ}{dy}\right) = E_{xy},$$

$$\frac{dT}{dy} \cdot \frac{dQ}{dx} - \frac{dT}{dx} \cdot \frac{dQ}{dy} = TE_{xy}.$$

Diese Gleichungen werden weiter umgeformt, indem für dw sein Werth $Ap\,dv$ eingeführt wird; die Werkdifferenz wird dann

$$E_{xy} = A\left(\frac{dp}{dy} \cdot \frac{dv}{dx} - \frac{dv}{dy} \cdot \frac{dp}{dx}\right).$$

Werden nun zwei von den Grössen v, p und T als unabhängige Veränderliche statt x und y gewählt, so gehen die Gleichungen über in folgende:

für v und T als unabhängige Veränderliche

$$\frac{d}{dT}\left(\frac{dQ}{dv}\right) - \frac{d}{dv}\left(\frac{dQ}{dT}\right) = A\frac{dp}{dT},$$

$$\frac{d}{dT}\left(\frac{dQ}{dv}\right) - \frac{d}{dv}\left(\frac{dQ}{dT}\right) = \frac{1}{T} \cdot \frac{dQ}{dv} = A\frac{dp}{dT}$$

und daraus noch

$$\frac{d}{dv}\left(\frac{dQ}{dT}\right) = AT \cdot \frac{d^2p}{dT^2};$$

für p und T als unabhängige Veränderliche

$$\frac{d}{dT}\left(\frac{dQ}{dp}\right) - \frac{d}{dp}\left(\frac{dQ}{dT}\right) = -A\frac{dv}{dT},$$

$$\frac{1}{T}\cdot\frac{dQ}{dv} = -A\frac{dv}{dT}$$

und daraus noch

$$\frac{d}{dp}\left(\frac{dQ}{dT}\right) = -AT\frac{d^2v}{dT^2},$$

für p und v als unabhängige Veränderliche

$$\frac{d}{dp}\left(\frac{dQ}{dv}\right) - \frac{d}{dv}\left(\frac{dQ}{dp}\right) = A,$$

$$\left(\frac{dT}{dp}\cdot\frac{dQ}{dv} - \frac{dT}{dv}\cdot\frac{dQ}{dp}\right) = AT,$$

welches die von Zeuner zur Definition der Temperatur benutzte Gleichung ist.

Die vorstehenden Gleichungen wendet der Verfasser in dem citirten Aufsatz zunächst auf einen homogenen Körper von durchweg gleicher Temperatur an, welcher unter einem gleichmässigen normalen Oberflächendrucke steht und bei Temperatur- und Druckänderung sein Volumen, aber nicht seinen Aggregatzustand ändert.

Es sind dann

$$\left(\frac{dQ}{dT}\right)_{\bar{v}} = c \quad \text{und} \quad \left(\frac{dQ}{dT}\right)_{\bar{p}} = C$$

die specifischen Wärmen bei constantem Volumen und constantem Druck (die Indices $\bar{v}$ und $\bar{p}$ wendet Clausius bei den partiellen Ableitungen an, um die Grösse, welche als constant bei der Bildung der Ableitung betrachtet werden soll, anzudeuten). Aus den allgemeinen Gleichungen lassen sich dann die für die Anwendung bequemen vollständigen Differentialgleichungen

$$dQ = cdT + AT\left(\frac{dp}{dT}\right)_{\bar{v}} dv,$$

$$dQ = CdT - AT\left(\frac{dv}{dT}\right)_{\bar{p}} dp,$$

$$dQ = c\left(\frac{dT}{dp}\right)_{\bar{v}} dp + C\left(\frac{dT}{dv}\right)_{\bar{p}} dv,$$

ableiten, welche sämmtlich die Integrabilitätsbedingung nicht erfüllen; es muss deshalb noch eine Bedingung gegeben sein, durch die die Art der Veränderung bestimmt wird.

Für Gase die das MARIOTTE-GAY-LUSSAC'sche Gesetz befolgen, ist nun $pv = RT$; es gehen die letzten Gleichungen dann über in die folgenden

$$dQ = cdT + \frac{ART}{v} dv,$$

$$dQ = CdT - \frac{ART}{p} dp,$$

$$dQ = \frac{c}{R} vdp + \frac{C}{R} pdv$$

und daraus

$$C - c = AR.$$

Für Körper, deren Theile in verschiedenen Aggregatzuständen sich befinden, aber dieselbe Temperatur besitzen, erhält man, wenn die eine Unabhängige die Temperatur ist und $\frac{dp}{dx} = 0$ ist, da bei einer Volumenveränderung, wenn die Temperatur ungeändert bleibt, noch ein Theil des Körpers seinen Aggregatzustand ändern wird

$$\frac{d}{dT}\left(\frac{dQ}{dx}\right) - \frac{d}{dx}\left(\frac{dQ}{dT}\right) = A \cdot \frac{dp}{dT} \cdot \frac{dv}{dx} = \frac{1}{T} \cdot \frac{dQ}{dx}.$$

Diese Gleichungen auf Mischungen von Dampf und Flüssigkeit angewendet gaben die schon früher von dem Verfasser aufgestellten Gleichungen. Zur Bestimmung der Energie und Entropie erhält man die Differentialgleichung

$$dU = dQ - dw; \quad dS = \frac{dQ}{T}$$

oder

$$dw = Ap\,dv = Ap\left(\frac{dv}{dT} dT + \frac{dv}{dp} dp\right)$$

gesetzt, und T und p als unabhängige Variable betrachtet

$$dU = \left(C - Ap\frac{dv}{dT}\right) dT - A\left(T\frac{dv}{dT} + p\frac{dv}{dp}\right) dp,$$

$$dS = \frac{C}{T} dT - A\frac{dv}{dT} \cdot dp.$$

Beide Gleichungen erfüllen die Bedingung der Integrabilität

und es ist also, wie es sein muss, die Energie und Entropie eines Körpers nur von dem augenblicklichen Zustande abhängig, dagegen unabhängig von dem Wege, auf welchem der Körper in den Zustand gelangt ist.

In dem zweiten der in der Ueberschrift erwähnten Aufsätze, welcher als Zusatz zum ersten in der Sammlung der Aufsätze von Clausius erschienen ist, entwickelt der Verfasser noch einige allgemeinere Formeln für die Energie und Entropie unmittelbar aus den beiden Fundamentalgleichungen. Bei der Bestimmung der Entropie muss man stets von einem gewissen Anfangswerth S_0 ausgehen, da wenn man vom absoluten Nullpunkt ausgehen wollte, das Integral $\int \frac{dQ}{T}$ unendlich gross werden würde.

Für nicht umkehrbare Kreisprocesse wird der Werth der nicht compensirten Verwandlungen

$$N = S - S_0 - \int \frac{dQ}{T};$$

das letzte Integral ist von dem Wege, der durchlaufen wird, abhängig; es wird für nicht umkehrbare Processe auch nicht Null.

Zum Schlusse führt der Verfasser noch das Resultat einer Betrachtung an, in der er das Weltall als ein Ganzes betrachtet; daraus dass Verwandlungen in einem gewissen Sinne ohne Compensation geschehen können und geschehen, folgt, dass sich das Weltall einem Grenzzustande nähern muss, wie schon W. Thomson ausgesprochen hat; die den beiden Hauptsätzen der mechanischen Wärmetheorie entsprechenden Grundgesetze des Weltalls lassen sich dann in folgender Form aussprechen:

die Energie der Welt ist constant;

die Entropie der Welt strebt einem Maximum zu. *Gn.*

Boltzmann. Ueber die mechanische Bedeutung des zweiten Hauptsatzes der Wärmetheorie. Wien. Ber. LIII. 195-221†; Inst. XXXIV. 231-232.

Der Verfasser will den Hauptsatz der mechanischen Wärmetheorie auf rein analytischem vollkommen allgemeinem Wege beweisen, da er die bisherige Beweisart nicht für durchgängig sicher hält. Dabei ist der Verfasser genöthigt, eine Bestimmung des Begriffs der Temperatur zu geben und er gelangt, indem er von der Erfahrung dass gleich warme Körper sich keine Wärme mittheilen, ausgeht und die Annahme dass die Atome sich wie vollkommen elastische Körper beim Stosse verhalten, zu dem Resultate, dass die Temperatur eine Function der mittleren lebendigen Kraft eines Atoms ist. Diese Function wird nun so bestimmt, dass zu gleichen Temperaturerhöhungen desselben Körpers gleiche Wärmemengen nothwendig sind, wenn von der durch die Wärme geleisteten Arbeit abgesehen werden kann, und dass bei absoluten Gasen dies Product aus Druck und Volumen der (absoluten) Temperatur proportional ist; daraus ergiebt sich, dass auch die mittlere lebendige Kraft eines Atoms proportional der absoluten Temperatur ist; endlich wird die Grösse, welche die Proportionalität ausdrückt, gleich 1 gesetzt und auf diese Weise gefunden, dass die absolute Temperatur gleich der mittleren lebendigen Kraft eines Atoms ist.

In dem folgenden Abschnitt wird alsdann die Relation hergeleitet, welche zwischen der Bewegung eines aus mehreren Atomen zusammengesetzten Molecüls und derjenigen eines Atoms stattfinden soll; der Verfasser findet, dass die mittlere lebendige Kraft der progressiven Bewegung eines Molecüls gleich ist der mittleren lebendigen Kraft eines Atoms. Hierauf macht der Verfasser einige Anwendungen auf die Gase und begründet das Ampère'sche, Dulong-Petit'sche und Neumann'sche Gesetz.

Endlich wird der zweite Hauptsatz hergeleitet und gezeigt, dass er einer Verallgemeinerung des Princips der kleinsten Wirkung in ähnlicher Weise entspricht, wie der erste Hauptsatz, dem Satz von den lebendigen Kräften. *Gn.*

Dupré. Note sur la tendance d'un système materiel quelconque au repos absolu ou relatif. C. R. LIII. 548-551†.

Hr. Dupré bemerkt in dieser Note, dass jedes System, also auch das ganze Weltall, einem gewissen Endzustande sich unaufhörlich nähert, welchen er Zustand der Ruhe nennt, da dann keine sichtbare Bewegungen mehr existiren; dieselbe Betrachtung in allgemeiner und strengerer Form ist auch von Clausius angestellt worden; dieser Endzustand der Ruhe entspricht demjenigen bei welchem die Entropie ein Maximum ist; die Distance von diesem Endzustande nach DUPRÉ entspricht dem Abstand der Entropie von ihrem Maximum (vergl. CLAUSIUS Zürich. Vierteljahresschr. X. 1-59). *Gn.*

G. A. HIRN und CAZIN. Expériences sur la détente de la vapeur d'eau surchauffée. C. R. LXIII. 144-146†; Mondes (2) XIII. 118-120; Arch. sc. phys. (2) XVIII. 57-60.

Die Verfasser haben sich vorgenommen die folgende Frage experimentell zu behandeln: Ueberhitzter Wasserdampf expandirt, indem er einen seiner Spannkraft gleichen Druck in jedem Augenblick überwindet, so schnell und so weit, das er während dieser Ausdehnung Wärme weder aufnimmt noch verliert, und überhitzt bleibt; welches wird der Druck und die Temperatur am Ende sein?

Der Dampf befand sich in einem kupfernen Cylinder von 7 Litre Inhalt, der mit einem Dampfkessel von 180 Litre Inhalt in Verbindung gesetzt werden konnte, so dass der Druck sehr leicht constant erhalten wurde. Der Cylinder trug an beiden Endflächen Glasscheiben, so dass man hindurchsehen und die geringste Nebelbildung in demselben beobachten konnte. Der Cylinder lag in einem Oelbade, dessen Temperatur genau durch Thermometer bestimmt wurde, der Druck des Dampfes wurde durch ein offenes Manometer bestimmt. Nachdem der Cylinder mit Dampf gefüllt und man sich durch Hindurchsehen durch die Glasplatte überzeugt hatte, dass der Dampf vollkommen trocken war, wurde die Verbindung mit dem Kessel unterbrochen und ein grosser Hahn von 4 □^{cm} Oeffnung geöffnet; überhitzter Dampf strömt aus, bis der zurückbleibende nur noch die Spannung von ungefähr einer Atmosphäre hatte.

Eswäre nun fast unmöglich gewesen, die Temperatur des Dampfs in dem Augenblicke, wo er die Spannkraft von 1 Atmosphäre erreichte, durch Thermometer zu bestimmen, da diese zu langsam den Temperaturveränderungen folgen und in längerer Zeit der Dampf wiederum Wärme von den Wänden des Gefässes aufgenommen hatte. Die Verfasser schlugen daher einen indirecten Weg ein, indem sie den Druck und die Anfangstemperatur so bestimmten, dass der Dampf schliesslich beim Atmosphärendruck genau gesättigt war. Dies wurde daran erkannt, dass bei der geringsten Druckerhöhung oder Temperaturverminderung sich Nebel im Cylinder am Ende des Versuches zeigte. Durch diese Methode, deren Genauigkeit es gestattete den Anfangsdruck bis auf $\frac{1}{50}$ Atmosphäre zu bestimmen, erlangten sie folgende Resultate:

Anfangsdruck, in Atmosph.	Anfangs-temperatur	Enddruck, in Atmosph.	End-temperatur
1,397	131,5°	0,984	99,6°
1,685	151,8	0,984	99,6
2,115	174,0	0,981	99,5
2,219	179,0	0,981	99,5
2,451	189,2	0,979	99,4
2,528	192,2	0,981	99 5
2,636	197,8	0,975	99,3
3,231	219,4	0,975	99,3
3,743	239,0	0,967	99,1
4,275	254,7	0,967	99,1

Aus diesen Versuchsresultaten ergiebt sich, dass auch der überhitzte Wasserdampf nicht das MARIOTTE-GAY-LUSSAC'sche Gesetz befolgt und dass die verschwundene Wärme nicht allein auf Rechnung der unverrichteten äusseren Arbeit gesetzt werden kann, sondern dass auch innere Arbeit verrichtet wird. *Gn.*

CAZIN. Sur la détente des vapeurs saturées. C. R. LXII. 56-58; Phil. Mag. (4) XXXI. 163-164; Arch. sc. phys. (2) XXXV. 342-343; Mondes (2) I. 425-430†.

Die in den Berl. Ber. 1863. p. 319 mitgetheilten Resultate der Berechnungen von DUPRÉ hat Hr. CAZIN in dem vorliegenden Aufsatze wenigstens für Chloroform experimentell bestätigt. DUPRÉ (vgl. RANKINE p. 259) hatte nämlich aus einer Formel von CLAUSIUS gefunden, dass gesättigter Chloroformdampf bei Temperaturen unter 121° C. sich theilweise condensire, wenn er expandire; sich dagegen bei Temperaturen über 121° C. durch die Expansion überhitze. Der Chloroformdampf geht demnach nach DUPRÉ bei 121° aus der Klasse der bei der Expansion sich condensirenden Dämpfe über in die Klasse der sich überhitzenden. Der Apparat, dessen sich Hr. Cazin bediente, um diesen Uebergang nachzuweisen, bestand aus einem kupfernen Cylinder, der an beiden Endflächen Glasscheiben trug, durch die man die Nebelbildung im Innern des Cylinders beobachten konnte. In einem Oelbade wurde der Cylinder erhitzt, luftleer gemacht, dann wurde allmählig die zu untersuchende Flüssigkeit eingeführt, bis der Dampf im Cylinder gesättigt war. Darauf wurde das Innere des Cylinders mit einem kalten Luftbehälter in Verbindung gesetzt, in welchem eine geringere Spannung als die des Dampfes herrschte: der Dampf expandirte und man beobachtete nun, ob Nebelbildung eintrat oder nicht. Wasser und Aether verhielten sich ganz so, wie bei den Versuchen von Hirn; der Dampf des letztern condensirt sich niemals durch die Expansion, während der des ersteren sich stets condensirt. Mit Chloroform erhielt man folgende Resultate:

Druck im Luftbehälter	Ueberschuss des Dampfdrucks	Temp. des Dampfs	Beobachtete Wirkung während der Expansion
0,75^{m}	0,90^{m}	85°	Condensation
0,75	1,09	89	-
0,75	1,62	99	-
1,47	0,92	99	-
1,47	2,18	117	-
1,84	2,01	119	-
2,25	2,52	129	-
3,27	1,13	125	keine Condensation
3,50	1,10	127	-
3,94	2,50	143	-
4,01	2,64	145	-

Es geht daraus hervor dass der gesuchte Uebergangspunkt unterhalb 125° liegt. Der Versuch bei 129°, bei welchem, wie der Verfasser bemerkt, der Nebel erst am Ende der Expansion erschien, lehrt, dass die Expansion hierbei so stark war, dass der Uebergangspunkt überschritten wurde. Der Verfasser beabsichtigt noch Versuche zur genauen Bestimmung der Uebergangstemperatur sowohl bei dieser Substanz als auch bei andern Dämpfen anzustellen. *Gn.*

RANKINE. On the expansion of saturated vapours. Phil. Mag. (4) XXXI. 197-198†.

Hr. RANKINE wahrt seine Ansprüche auf die Entdeckung, dass es für jeden Dampf eine Temperatur gebe, bei welcher er aus der Klasse der sich durch Expansion condensirenden in die Klasse der sich überhitzenden übergehe. Hr. CAZIN schrieb diese Entdeckung Hrn. DUPRÉ zu, welcher sie im Jahre 1864 gemacht hat, ohne RANKINE's und CLAUSIUS' frühere darauf bezügliche Untersuchungen genau zu kennen. Die Entdeckung HIRN's, dass diese Uebergangstemperatur für einige Flüssigkeiten innerhalb der dem Experimente zugänglichen Grenzen liegt, soll durch die Reclamation von RANKINE nicht geschmälert werden. *Gn.*

RANKINE. On saturated vapours. Phil. Mag. (4) XXXI. 199-201†.

Inhaltsangabe eines Aufsatzes, der in der Royal Soc. of Edinb. (Edinb. Trans.) April 1865 gelesen wurde. Der erste Theil beschäftigt sich damit die Constanten A, B, C in der empirischen Formel

$$\log p = A - \frac{B}{t} - \frac{C}{t^2}$$

für die Spannung p des Dampfes bei der absoluten Temperatur t nach REGNAULT's Experimantaluntersuchungen für verschiedene Flüssigkeiten zu berechnen; die Formeln zeigen, wie auch REGNAULT aus den Experimenten geschlossen hatte, dass die Spannkraft des Dampfes nicht bis ins Unendliche mit der Temperatur wächst, sondern gegen eine Grenze convergirt.

In dem zweiten Theile wird der wirkliche Werth des Druckes gesättigter Dämpfe verschiedener Flüssigkeiten verglichen mit den Werthen, welche dieser Druck haben müsste, wenn die Dämpfe vollkommene Gase wären. Die allgemeinen Resultate zeigen, dass das wirkliche Volumen der Dämpfe geringer ist, als dasjenige, welches einem vollkommenen Gaszustande entsprechen würde, und dass die wirkliche latente Verdampfungswärme geringer als die latente Vergasungswärme ist; für Wasserdampf wachsen diese Differenzen nahezu proportional der absoluten Temperatur. *Gn*

Principe de thermodynamique par Mr. le Comte Paul de St.-Robert. Turin 1865.

Rankine. On thermodynamic and metamorphic functions, disgregation and real specific heat. Vgl. Berl. Ber. 1865. p. 325.

R. Clausius. Ueber die Bestimmung der Disgregation eines Körpers und die wahre Wärmecapacität. Pogg. Ann. CXXVII. 477-484†; Arch. sc. phys. XXIV. 117-124; Phil. Mag. (4) XXXI. 28-33. Vgl. Berl. Ber. 1865. p. 322.

P. de St.-Robert. Remarques à l'occasion d'une note de Mr. Clausius. Arch. sc. phys. (2) XXV. 34-43†.

Die Bestimmung der Disgregation hat zu einer Discussion Veranlassung gegeben, an deren Schlusse Hr. St.-Robert der Ansicht von Clausius (Berl. Ber. 1865) zustimmt, nach welcher die Disgregation und die Function $A\int\frac{dp}{dt}dv$ nicht übereinstimmen, wie Rankine und St.-Robert angenommen hatten, sondern sich noch um eine Function der Temperatur unterscheiden, welche nur für vollkommene Gase Null wird. Es würde demnach die von Rankine behauptete Gleichheit nur stattfinden, wenn alle Körper bei jeder Temperatur in den vollkommenen Gaszustand überzugehen im Stande wären, eine Vorstellung welche Hrn. Rankine keine besondere Schwierigkeit verursacht, während Hr. Clausius dieselbe nicht glaubt annehmen zu dürfen.

Gn.

Babinet. Théorie de la chaleur dans l'hypothèse des vibrations. C. R. LXIII. 581-588, 662-668, 756†; Inst. 1866. p. 321, p. 340-342, p. 345-346; Monit. Scient. VIII. 965-966.

Chevreul. Remarques sur l'explication de la combustion donnée de Mr. Stahl. C. R. LXIII. 588-589†.

Hr. Babinet giebt einen kurzen Abriss der Theorie der Wärme, die er bereits im Jahre 1838 dem Institut mitgetheilt hat und wo damals nur die Titel der einzelnen Kapitel veröffentlicht wurden. Hr. Babinet führt die Wärme der Körper auf die lebendige Kraft der Molecüle zurück und gelangt zu dem Resultat, dass das Molecül jedes Körpers wenn es von

0^0 bis 1^0 C. erwärmt wird, den 1200sten Theil der lebendigen Kraft gewinnt, welche es bereits besitzt. Gegenwärtig ist diese Theorie durch die neuere mechanische Wärmetheorie wohl überholt.

Hr. CHEVREUL bemerkt bei Gelegenheit der vorstehenden Mittheilung von BABINET, dass bereits STAHL bei Erklärung der Verbrennung den Molecülen eine Bewegung zuschreibt und sagt: Die Bewegung ist das Werkzeug der Chemie. *Gn.*

RANKINE. Ueber den Einfluss der Kolbenreibung auf die mechanische Arbeit des Dampfes. Polyt. C. Bl. 1866. 1297-1302; DINGLERJ. CLXXXI. 355-358.

Auf der Versammlung der British Association zu Nottingham besprach Hr. RANKINE den Einfluss der Reibung des Kolbens und der Kolbenstange auf die mechanische Wirkung und zeigte, dass der Wirkungsgrad des Dampfes sich erhöhe, wenn die durch die Reibung erzeugte Wärme vom Dampfe aufgenommen werde, dass diese Erhöhung aber den Verlust an Arbeit durch die Reibung nicht aufwiege. *Gn.*

J. C. DYER. Notes on some recent discoveries in elementar physics. Proc. Manch. Soc. III. 207-208†.

Kurzer Bericht über einen von DYER gehaltenen Vortrag, in welchem sich Hr. DYER gegen die mechanische Wärmetheorie und für Annahme eines Wärmestoffes ausspricht. *Gn.*

MAXWELL. On the dynamical theory of gases. Phil. Mag. (4) XXXII. 390-393†.

MAXWELL theilte in der Royal Society die Resultate einer Untersuchung über die Gase mit, nachdem er die Irrthümer in seinen früheren Arbeiten, welche von CLAUSIUS nachgewiesen worden waren, anerkannt hat.

In dieser Untersuchung, von welcher nur die Resultate in der angegebenen Quelle mitgetheilt sind, geht der Verfasser von der Annahme aus, dass die Molecüle einander abstossen, bevor sie in Berührung kommen und als harte elastische Körper auf einander wirken.

Die Abstossung erfolgt umgekehrt proportional mit der fünften Potenz der Entfernung. Der Verfasser hat nun das Verhältniss der Veränderungen der mittleren Werthe folgender Functionen der Geschwindigkeit der Molecüle bestimmt:

1) die Componente der Geschwindigkeit in einer gegebenen Richtung;
2) das Quadrat dieser Componente;
3) die Componenten der Geschwindigkeit multiplicirt mit dem Quadrat der ganzen Geschwindigkeit.

Darauf wird nachgewiesen, dass von 1 die Geschwindigkeit der fortschreitenden Bewegung, von 2 der Druck und von 3 das Wärmeleitungsvermögen abhängt.

Die schliessliche Vertheilung der Geschwindigkeit der Molecüle befolgt dasselbe Gesetz, nach welchem die Fehler unter die Beobachtungen bei der Methode der kleinsten Quadrate vertheilt sind und die durchschnittliche lebendige Kraft jedes Molecüls in den verschiedenen Systemen ist dieselbe, wie gross auch die Masse des Molecüls sei. Indem die obengenannten Grössen 1), 2), 3) in einem Gaselemente betrachtet werden, gelangt der Verfasser zu folgenden grösstentheils bekannten und erwiesenen Resultaten.

Aus 1) folgt:

In einer Mischung von Gasen, welche sich selbst unter der Einwirkung der Schwere eine hinlängliche Zeit überlassen ist, wird die Dichtigkeit jedes Gases an jedem Punkte dieselbe sein wie wenn die anderen Gase nicht vorhanden wären. Wenn diese Bedingung nicht erfüllt ist, werden die Gase diffundiren. Aendert sich die Zusammensetzung des Gases nur wenig von einem Punkt zum andern, so wird die Geschwindigkeit jedes Gases so klein sein dass die Wirkungen der Trägheit vernachlässigt werden dürfen.

Bei der ungestörten Diffusion zweier Gase ist das Volumen jedes Gases, welches in der Zeiteinheit durch die Flächeneinheit diffundirt ist, proportional dem Verhältnisse der Abnahme des Druckes in der zur Fläche normalen Richtung; die Proportionalität wird zusgedrückt durch den Coefficienten der Interdiffusion zweier Gase, welche experimentell für je zwei Gase zu bestimmen ist und sich direct wie das Quadrat der absoluten Temperatur, aber umgekehrt wie der Gesammtdruck der Mischung ändert; für atmosphärische Luft und Kohlensäure wurde dieser Coefficient von GRAHAM gefunden $D = 0{,}0235$ für engl. Zoll, Gran und Secunde als Einheit. Endlich leitet der Verfasser noch das GRAHAM'sche Gesetz über Diffusion der Gase durch kleine Oeffnungen her, wonach die diffundirten Volumina umgekehrt proportional den Quadratwurzeln der specifischen Gewichte sind.

Aus dem zweiten Verhältnisse folgert der Verfasser das Gesetz der äquivalenten Volumina, er entwickelt ferner daraus das Gesetz für die Abkühlung bei der Expansion, bestimmt die specifische Wärme bei constantem Druck und Volumen, den Coefficienten der inneren Reibung und bildet Bewegungsgleichungen für das Gas, welche mit den POISSON'schen übereinstimmen, leitet den Coefficienten für die innere Reibung einer Mischung zweier Gase aus den Coefficienten der Bestandtheile her und zeigt, dass die innere Reibung unabhängig vom Drucke, aber proportional der absoluten Temperatur sein muss.

Aus dem dritten Verhältniss wird ferner gefolgert, dass die Temperatur eines Gases in einem Gefäss schliesslich nach einem gewissen Gesetz vom Boden nach der Höhe zunehmen muss, entgegengesetzt der Temperaturabnahme mit der Höhe in der Atmosphäre; endlich wird das Wärmeleitungsvermögen der Gase aus der inneren Reibung hergeleitet. Für Wasserstoff ist es danach 7 Mal und für Kohlensäure $\frac{7}{9}$ Mal so gross, als für Luft.

Gn.

A. CAZIN. La théorie mécanique de la chaleur. Mondes XII. 373-378, 473-477, 710-716, XIII. 202-210, 311-318.

Eine elegante elementare Darstellung der mechanischen Wärmelehre, welche vor der Association Scientifique vorgetragen wurde. *Gn.*

SEGUIN. History of the dynamical theory of heat. Proc. Manch. Soc. III. 21-24†.

Abdruck eines Briefes, von SEGUIN an JOULE gerichtet, in welchem Hr. SEGUIN die Entdeckung des Grundprincips der mechanischen Wärmetheorie theils für MONTGOLFIER theils für sich selbst in Anspruch nimmt und seine Rechte zu wahren sucht.

Gn.

W. J. M. RANKINE. Graphische Darstellung des mittleren Druckes von expandirendem Dampfe. Engineer April 1866. p. 261; Deutsche Industriezeitung 1866. No. 19; DINGLER J. CLXXX. 422-423†.

Hr. RANKINE zeigt, dass sich das Verhältniss des mittleren Druckes expandirenden Dampfes während des ganzen Kolbenweges zum anfänglichen absoluten Druck des Dampfes mit einer bis auf 1 Proc. gehenden Genauigkeit darstellen lässt, durch das Verhältniss der Ordinate eines Kreisbogens; ein weiteres physikalisches Interesse knüpft sich an die für die Praxis bestimmte Construction nicht. *Gn.*

BAUSCHINGER. Ueber das Integral $\int \frac{dQ}{T}$. Z. S. f. Math. 1866. p. 152-162.

CLAUSIUS. Ueber das Integral $\int \frac{dQ}{T}$. Z. S. f. Math. 1866. p. 455-462. Vgl. Berl. Ber. 1865. p. 324.

In vorstehenden Aufsätzen ist eine Polemik über das $\int \frac{dQ}{T}$ enthalten, welche schliesslich auf ein Missverständniss des Herrn BAUSCHINGER hinauskömmt. *Gn.*

W. KÖHLER. Die mechanische Wärmetheorie in ihrer Anwendung auf permanente Gase. Bielefeld 1866†. (Schulprogramm.)

Eine leichtfassliche Herleitung der wichtigsten Ergebnisse der höheren Analysis in elementarer Weise, um diesen wichtigen Theil der mechanischen Wärmetheorie auch der Schule zugänglich zu machen. *Gn.*

J. Gill. Note on change of state as affecting communication of heat. Phil. Mag. (4) XXXII. 420-422†.

Hr. J. Gill macht darauf aufmerksam, dass Wasser, welches unter 0° abgekühlt ist, durch directe Berührung mit Eis keine Wärme erhalten kann, ebensowenig als Dampf von überhitztem Wasser, ohne dass zugleich eine Veränderung des Aggregatzustandes eintrete; diese und ähnliche Erscheinungen führen ihn dazu, die allgemeine Gültigkeit des Gesetzes, dass die Wärme bei der Berührung zweier Körper von verschiedener Temperatur immer vom wärmeren zum kälteren Körper übergehe, in Frage zu stellen. Obgleich er nun selbst zugiebt dass die oben erwähnten Erscheinungen einer andern Erklärung fähig sind, so glaubt er doch in der Erscheinung, dass der Dampf, der sich aus Salzlösungen entwickelt, nicht überhitzt ist, einen unumstösslichen Beweis für die Richtigkeit seiner Behauptung zu finden; der Verfasser kennt daher offenbar die Versuche von Magnus nicht, nach welchem das Factum nicht richtig ist. *Gn.*

Favre. Sur les réactions chimiques observées à l'aide de la chaleur empruntée à la pile. Mondes (2) XII. 42-42†; Monit. Scient. VIII. 830.

Hr. Favre glaubt gefunden zu haben dass bei der Zersetzung chemischer Verbindung durch den galvanischen Strom die verbrauchten Wärme grösser ist als diejenige, welche dieselben Elemente, wenn sie sich unter gewöhnlichen Umständen verbinden, entwickeln, so dass die Körper im Status nascens einen Ueberschuss an Wärme besitzen, welchen sie abgeben, wenn sie in den gewöhnlichen Zustand übergehen. *Gn.*

Delaunay. Note sur la question du ralentissement de la rotation de la terre. C. R. LXII. 1107†.

Hr. Delaunay theilt der Akademie mit, dass Airy vollständig der Ansicht Delaunay's zustimme, welcher in der Reibung des Meerwassers einen Grund für die Verzögerung der Umdrehungsgeschwindigkeit der Erde gefunden hatte. *Gn.*

Fernere Litteratur.

G. Gallo. Théorie mécanique de la chaleur notablement perfectionnée. Turin 1866.

C. Dyer. Notes on the action of heat and force upon matter. Proc. Manch. Soc. III. 77-81.

M. Rankine. Reply to Mr. Dyer's paper. Proc. Manch. Soc. III. 93-96.

G. A. Hirn. Exposition analytique et expérimentale de la théorie mécanique de la chaleur. 2. éd. p. 1-107.

A. Dupré. Supplément à la première partie du mémoire sur le travail et les forces moléculaires. Lois des chaleurs latentes de fusion. Ann. d. chim. (4) VII. 189-190.

— — Cinquième et sixième mémoire sur la théorie mécanique de la chaleur. Partie expérimentale. Ann. d. chim. (4) VII. 236-282, IX. 328-384; C. R. LXIII. 952-954.

Rennie. Sur le dégagement de la chaleur par l'agitation de l'eau. Mondes (2) X. 469.

K. Zöppritz. Die neueren Anschauungen vom Wesen der Wärme. Tübingen 1866.

Thermodynamische Maschinen.

Delabar. Ueber die weiteren Verbesserungen an Heissluftmaschinen. Dingler J. CLXXIX. 249-258.

— — Die Heissluft- und Gasmaschine von S. Million, Lanbereau's neue calorische Maschine. Dingler J. CLXXIX. 329-346.

A. Dinse. Ueber die Verwendung des überhitzten Dampfes in den Dampfmaschinen. Dingler J. CLXXX. 2-12.

20. Ausdehnung durch die Wärme, Thermometrie.

A. MATTHIESSEN. On the expansion of water and mercury. Phil. Mag. (4) XXXI. 149-153; Proc. Roy. Soc. XIV. 551; J. of chem. Soc. (2) IV. 30-32; POGG. Ann. CXXVIII. 512-541†; Phil. Trans. 1866. I. 231-249; Z. S. f. Chem. 1866. p. 219-219; Chem. C. Bl. 1866. p. 406-408; Jahresb. d. Chem. 1865. p. 22-23.

Hr. MATTHIESSEN giebt in dieser Abhandlung eine neue Bestimmung der Ausdehnung des Wassers und des Quecksilbers, zu welcher er veranlasst wurde, weil die Ausdehnung des Quecksilbers, durch Wägung in Wasser bestimmt, einen von dem REGNAULT'schen nicht unbedeutend abweichenden Coefficienten ergab, als er denselben mit den KOPP'schen Zahlen für die Ausdehnung des Wassers berechnete.

Zur Bestimmung der Ausdehnung des Wassers wandte Hr. MATTHIESSEN die zuerst von HALLSTRÖM angewandte Methode an: Abwägung eines Glaskörpers, dessen Ausdehnungscoefficient vorher bestimmt war in Wasser von verschiedener Temperatur.

In dem ersten Theile seiner Abhandlung beschreibt Hr. MATTHIESSEN die Methode zur Bestimmung der Ausdehnung zweier zu diesem Zwecke eigens verfertigter Glasstäbe, von deren Enden die zu den spätern Versuchen benutzten Glaskörper abgeschnitten waren. Die dazu benutzte Methode stimmt im wesentlichen mit derjenigen von ROY überein; der mit seinem einen Ende gegen ein festes Widerlager gelegte Glasstab drückt mit seinem andern Ende gegen eine, in einer zweiten weitern, aus der ihre Enden hervorragen, verschiebbare Glasröhre. Das Ende dieser Glasröhre ist in Contact mit einer Mikrometerschraube, deren Ende bei jeder Temperatur mit dem Ende der Glasröhre gerade zur Berührung gebracht wird. Die Drehung der Schraube misst daher die Ausdehnung des Stabes.

Ueber die Einzelnheiten der Anordnung möge auf die Originalabhandlung verwiesen werden, um so mehr, da dem Referenten der Hauptpunkt, in welcher Weise jedesmal der Contact des Endes der Mikrometerschraube mit der Glasröhre genau in derselben Weise erreicht wurde, aus der Beschreibung und

Zeichnung in Pogg. Ann. (die Phil. Trans. standen ihm nicht zu Gebote) nicht deutlich geworden ist.

Die Länge der beiden untersuchten Glasstäbe war $1,825^{m}$ die Temperaturen, innerhalb deren die Ausdehnung beobachtet wurde circa 18° C. und die Siedetemperatur. Die aus der direct beobachteten Ausdehnung für 100° berechnete ergab sich zu $1,331^{mm}$ mit Abweichungen von $\pm 0,008$. Der lineare Ausdehnungscoefficient dieser beiden Stäbe ist darnach 0,000729 von 0 bis 100°.

Vier Beobachtungen bei zwischenliegenden Temperaturen bei etwa 60° zeigten, dass der Ausdehnungscoefficient der Stäbe zwischen 18° und 100° constant war, so dass man die Länge L bei t^0 setzen kann

$$L = L_0 (1 + 0,00000729 t)$$

und das Volumen V

$$V = V_0 (1 + 0,00002187 t).$$

Bei der Ausführung dieser Versuche wurde eine interessante Beobachtung gemacht; wurde nämlich der Stab für eine erste Bestimmung am Morgen erwärmt, so wurde der Werth für die Ausdehnung des Glases grösser gefunden als bei spätern Bestimmungen desselben Tages, der Unterschied betrug 3 Proc. Es folgt daraus, dass der Stab nach dem Erwärmen erst nach einiger Zeit seine Normallänge wieder annimmt. Referent muss gestehen, dass ihm diese Bemerkung des Verfassers nicht ganz klar ist; wenn ein solcher Unterschied vorhanden, dann hätte Verfasser aus dem Zusammenziehen des Stabes beim Abkühlen die Ausdehnung stets kleiner erhalten müssen als aus der Verlängerung beim Erwärmen, während sich derartiges in den beiden Tabellen zur Bestimmung der Ausdehnung nicht findet. Ferner wenn der Grund der Erscheinung darin liegt, dass nach dem Erwärmen der Stab nicht auf seine frühere Länge sofort zurückgeht, hätte Verfasser den aus der ersten Ausdehnung gefundenen Werth des Ausdehnungscoefficienten als den wahren annehmen müssen, nicht den kleinern.

Im zweiten Theil seiner Abhandlung beschreibt der Verfasser ausführlich die Zusammenstellung der Apparate zur Bestimmung der Ausdehnung des Wassers. In den Boden der Wage und den Tisch, auf welchem dieselbe stand, war ein Loch eingeschnitten, durch welches ein Platindraht von 0,5mm Durchmesser hinabhing, der mit seinem oberen Ende an der Wagschale befestigt war. Das untere Ende des Drahtes war zu einem Haken geformt und an diesem ein feinerer Platindraht von 0,04mm Durchmesser aufgehängt, welcher das zu einem Doppelkeil geschliffene Glasstück trug, welches von den untersuchten Stäben abgeschnitten war und im Wasser abgewogen werden sollte. Das Glasstück hing deshalb in der Mitte eines mit destillirtem Wasser gefüllten Silbercylinders, der selbst wieder in einem mit Wasser gefüllten Zinkkasten stand. Letzterer Kasten war bedeckt und der Deckel hatte nur die nothwendigen Oeffnungen für Rührer, ein Zugrohr, welches zu einem gut ziehenden Kamine führend die in höheren Temperaturen sich entwickelnden, Wasserdämpfe ableiten sollte, den Platindraht und ein Thermometer zur Temperaturbestimmung des destillirten Wassers. Der Silbercylinder hatte nochmals einen besonderen Deckel um das Hineinfallen von Staub zu verhüten mit einer Oeffnung für den Platindraht und einer für das Thermometer. Die Heizung des Wassers im äusseren Kasten geschah durch Dampf.

Im dritten Theile seiner Abhandlung giebt der Verfasser dann drei Reihen von Wägungen, in denen er den Gewichtsverlust der Glasstücke im Wasser zwischen 4° und 100° bestimmt hat. Die Gewichtsbestimmungen werden bis auf 0,001gr genau, die Temperaturbestimmungen auf halbe Zehntel gegeben. Folgende Tabelle enthält eine Anzahl der beobachteten und nach den Interpolationsformeln berechneten Volumina zusammengestellt. Die Zahlen für die beobachteten Volumina sind auf folgende Weise erhalten. Ist V_0 das Volumen des Glasstückes bei 0°, a sein Ausdehnungscoefficient, so ist bei t^0 das Volumen des verdrängten Wassers

$$V_0(1 + at).$$

Ist das Gewicht dieses Wassers G_t, so ist

$$\frac{V_0(1 + at)}{G^t}$$

das Volumen der Gewichtseinheit Wasser bei t_0. Für 4° erhalten wir das Volumen der Gewichtseinheit

$$\frac{V_0(1+a.4)}{G_4}$$

und daraus das Volumen des Wassers bei t^0 bezogen auf das bei 4° als Einheit

$$\frac{G_4.(1+at)}{G_t.(1+a.4)}.$$

Diese Quotienten sind als beobachtete Volumina angegeben, indem bei der ersten Reihe direct der Werth G_4 beobachtet wurde.

Temperatur	Beobachtetes Vol. des Wassers bei $t^0 = V_t$	Berechnetes Vol. des Wassers bei t^0	Δ
4°	1,000000	1,000000	0,000000
6,60	1,000057	1,000049	+0,000008
8,90	1,000192	1,000181	+0,000011
12,25	1,000518	1,000510	+0,000008
16,70	1,001189	1,001175	+0,000014
20,45	1,001888	1,001911	−0,000023
24,80	1,002915	1,002932	−0,000017
30,45	1,004463	1,004475	−0,000018
46,40	1,010352	1,010352	±0,000000
60,40	1,017136	1,017178	−0.000042
70,35	1,022799	1,022858	−0,000059
85,10	1,032424	1,032387	+0,000037
94,30	1,038980	1,038917	+0,000063
98,40	1,041926	1,041964	−0,000038

Zur Berechnung wurden zwei Interpolationsformeln benutzt eine zwischen 4° und 32°

$$V_t = 1 - 0{,}0000025300(t-4) + 0{,}0000083890(t-4)^2 - 0{,}00000007173(t-4)^3,$$

die andere zwischen 32° und 100°

$$V_t = 0{,}999695 + 0{,}0000054724t^2 - 0{,}000000011260t^3.$$

Um zu zeigen, dass nicht etwaige Verunreinigungen des destillirten Wassers, welches zwar sorgfältig destillirt aber doch nicht wirklich chemisch rein war, d. h. ganz ohne Rückstand verdampfte, die Resultate beeinflussten, wurden einige Versuche mit dem nicht destillirten Wasser der in des Verfassers Laboratorium tretenden Wasserleitung gemacht. Die sich dabei ergebenden Zahlen stimmten fast vollkommen mit denen für das destillirte Wasser gefundenen.

Der Verfasser giebt schliesslich eine Tabelle der Wasservolumina zwischen 4° und 40° bezogen auf das Volumen bei 4° als eins und eine Tabelle, in welcher er die von ihm gefundenen Werthe mit der von andern Physikern gefundenen zusammenstellt. Für Temperaturen über 30° sind bereits (vgl. Berl. Ber. 1864. p. 337) die Werthe von MATTHIESSEN mit denen von den Herren JOLLY, KOPP und PIERRE zusammengestellt. Man sieht dort, dass die Werthe der Herren JOLLY und MATTHIESSEN über 50° im Allgemeinen besser zusammenstimmen als die Werthe beider zu denen des Hrn. KOPP. Unterhalb 50° ist das jedoch nicht der Fall, dort sind die Werthe des Hrn. MATTHIESSEN nicht unbeträchtlich grösser als die aller übrigen Beobachter mit der einzigen Ausnahme von DESPRETZ's, wie folgende Zusammenstellung der Werthe unter 30° C. zur Ergänzung der früheren Tabelle zeigt.

Temperatur	JOLLY	KOPP	PIERRE	HAGEN	DESPRETZ	MATTHIESSEN
4°	1,000000	1,000000	1,000000	1,000000	1,000000	1,000000
10	1,000254	1,000247	1,000271	1,000269	1,000268	1,000271
15	1,000846	1,000818	1,000850	1,000849	1,000875	1,000892
20	1,001713	1,001690	1,001717	1,001721	1,001790	1,001814
30	1,004234	1,004187	1,004195	1,004250	1,004330	1,004345

Im vierten Abschnitte seiner Abhandlung theilt Hr. MATTHIESSEN die Versuche zur Bestimmung der Ausdehnung des Quecksilbers mit. Das Quecksilber wurde zu dem Ende mit den erforderlichen Vorsichtsmaassregeln in kleinen Glaseimern, deren Ausdehnungscoefficienten an einer Röhre desselben Glases vorher bestimmt war, in Wasser von verschiedenen Temperaturen abgewogen, und aus dem Gewichtsverluste im Wasser das jedesmalige Volum des Quecksilbers bestimmt. Fünfmalige Versuche liefern mit den für das Wasser von dem Verfasser bestimmten Zahlen [1])

$$V_t = V_0(1 + 0{,}0001811 . t),$$

also 0,0001811 als mittleren Ausdehnungscoefficienten des Quecksilbers zwischen 0° und 96°, eine Zahl die nahe mit dem von REGNAULT bestimmten mittlern Ausdehnungscoefficienten zwischen

[1]) Die Gleichungen für die vier ersten Versuchsreihen sind vom Verfasser unrichtig gerechnet, sie liefern den Ausdehnungscoefficienten 0,0001814, 0,0001803, 0,0001802, 0,0001819, wenn man alle beobachteten Volumina zur Rechnung benutzt.

0° und 100° übereinkommt. Zum Schlusse zieht der Verfasser den Schluss, dass KOPP's Zahlen für die Ausdehnung des Wassers zu klein seien, ein Schluss, der für die Temperaturen über 50° mit den Resultaten von JOLLY übereinstimmt, während unter 50° die Zahlen des Verfassers wohl zu gross sind. *A. W.*

WEIDNER. Ausdehnung des Wassers bei Temperaturen unter +4° C. POGG. Ann. CXXIX. 300-308†; Arch. sc. phys. (2) XXVII. 363-364.

Hr. WEIDNER hat mit Hülfe von Dilatometern die Ausdehnung des Wassers von +4° bis —10° C. verfolgt, indem er das Volumen des in vier verschiedenen Dilatometern enthaltenen Wassers bei +4°, 0°, —5° und —9° oder —10° C. beobachtete. Die Beobachtungen bei +4° wurden in Wasser von dieser Temperatur, die bei 0° in schmelzendem Schnee und die übrigen in Kältemischungen aus Schnee und Salzsäure angestellt. Die Ausdehnungscoefficienten der angewandten Glassorten waren direct mit Hülfe von Quecksilber bestimmt. Die mit den vier verschiedenen Dilatometern erhaltenen Zahlen stimmen recht gut mit einander überein, so dass es nicht erforderlich gewesen wäre, für jede Reihe eine Interpolationsformel zu berechnen; die durch die drei letzten Gleichungen gegebenen Werthe weichen kaum von einander ab. Wir lassen die Zahlen der letzten Reihe zusammengestellt mit denen von DESPRETZ (POGG. Ann. LXII. 285) und PIERRE (POGG. Ann. LXXXVI. 460) hier folgen:

Temperatur	Volume des Wassers nach		
	WEIDNER	DESPRETZ	PIERRE
+4° C.	1,0000000	1,0000000	1,0000000
3	1,0000136	1,0000083	1,0000055
1	1,0000394	1,0000331	1,0000267
2	1,0000798	1,0000730	1,0000631
0	1,0001360	1,0001269	1,0001183
—1	1,0002090	1,0002138	1,0002145
2	1,0003010	1,0003077	1,0003172
3	1,0004140	1,0004222	1,0004300
4	1,0005490	1,0005619	1,0005565
5	1,0007080	1,0006987	1,0007002
6	1,0008910	1,0009148	1,0008648
7	1,0011010	1,0011354	1,0010538
8	1,0013487	1,0013734	1,0012709
9	1,0016070	1,0016310	1,0015196
10	1,0019070	—	1,0018034

Die Interpolationsformel für diese Reihe ist

$$V = 1 + 0{,}000007541 t + 0{,}00000558427 t^2 + 0{,}00000025762 t^3,$$

worin t die Temperatur von 4^0 an abwärts gerechnet, also bei 0^0 $t = 4$, bei -10^0 $t = 14$ zu setzen ist. *A. W.*

FIZEAU. Sur la dilatation des corps solides par la chaleur. Ann. d. chim. (4) VIII. 335-361; C. R. LXII. 1101-1106, 1133-1148; POGG. Ann. CXXVIII. 564-589†; Inst. 1866. p. 563-564.

Die Abhandlung des Hrn. FIZEAU zerfällt in zwei Theile; in dem ersten entwickelt er einige geometrische Sätze in Betreff der Ausdehnung krystallisirter Substanzen, in dem zweiten giebt er eine Fortsetzung seiner Messungen mit einem, gegen den früher benutzten, noch verbesserten Apparate.

Aus den Erscheinungen der Doppelbrechung, den von SÉNARMONT untersuchten Erscheinungen der Wärmeleitung und den von FRESNEL und MITSCHERLICH beobachteten Ausdehnungen der Krystalle folgt schon, dass sich die physikalischen Eigenschaften krystallinischer Substanzen um die drei zu einander senkrechten Elasticitätsaxen symmetrisch verhalten. Die Messungen des Hrn. FIZEAU haben ihm nun den directen Beweis geliefert, dass die hauptsächlichsten Phänomene der Ausdehnung der Krystalle von der Lage der Elasticitätsaxen in demselben Grade wie die übrigen physikalischen Eigenschaften abhängen. Es giebt deshalb für jeden Krystall 3 Hauptausdehnungscoefficienten α, α_1, α_2 parallel den drei Elasticitätsaxen. Die cubische Ausdehnung der Krystalle ist dann gleich der Summe $\alpha + \alpha_1 + \alpha_2$. Bei den regulären Krystallen sind $\alpha = \alpha_1 = \alpha_2$, bei den einaxigen $\alpha_1 = \alpha_2$, bei den übrigen sind alle drei verschieden. Um die cubische Ausdehnung oder auch die mittlere lineare, wie Hr. FIZEAU den dritten Theil der cubischen Ausdehnung nennt, zu erhalten, muss man daher im allgemeinen 3 Messungen parallel den 3 Elasticitätsaxen machen. Man kann indess auch einfacher dahin gelangen, entweder indem man nur nach drei beliebigen zu einander senkrechten Richtungen oder gar nur nach einer bestimmten Richtung misst.

Um dies zu zeigen sei eine beliebige Richtung im Krystall

gegeben, die mit den drei Axen die Winkel δ, δ_1, δ_2 bildet. Die Ausdehnung derselben erhält man leicht als Function der 3 Hauptausdehnungen und der 3 Winkel. Man lege durch die Axe α und die betrachtete Richtung eine Ebene. Diese Ebene schneidet jene der Ebene (α_1), (α_2) nach einer Geraden, die mit (α_1) den Winkel β bildet. Die Ausdehnung d der Längeneinheit parallel dieser Richtung kann man dann sofort schreiben

$$d = \alpha_1 \cos^2\beta + \alpha_2 \,.\, \sin^2\beta.$$

Damit kann man dann auch sofort die gesuchte Ausdehnung D schreiben

$$D = \alpha \,.\, \cos^2\delta + d \,.\, \sin^2\delta$$

und indem man für δ seinen Werth schreibt und beachtet, dass

$$\cos\beta \,.\, \sin\delta = \cos\delta_1, \quad \sin\beta \,.\, \sin\delta = \cos\delta_2$$

$$D = \alpha \,.\, \cos^2\delta + \alpha_1 \cos^2\delta_1 + \alpha_2 \,.\, \cos^2\delta_2.$$

Kennt man die Lage der Elasticitätsaxen, und handelt es sich nur um die cubische Ausdehnung, so kann man durch eine Messung dazu gelangen, indem man die Richtung wählt, bei welcher

$$\delta = \delta' = \delta'' = 54^0\,44'$$

ist, denn aus

$$\cos^2\delta + \cos^2\delta_1 + \cos^2\delta_2 = 1$$

folgt dann $\cos^2\delta = \frac{1}{3}$ und

$$D = \frac{\alpha + \alpha_1 + \alpha_2}{3}.$$

Denkt man sich in einem Krystall ein reguläres Octaeder dessen Flächen gegen die Elasticitätsaxen gleich geneigt sind, so findet in den zu den Octaederflächen senkrechten Richtungen immer die mittlere Ausdehnung statt, deren dreifaches uns die cubische Ausdehnung des Krystalls liefert.

Kennt man die Lage der Axen nicht, so hat man nur nach 3 beliebigen zu einander senkrechten Richtungen die Ausdehnung zu messen; die Summe der drei Ausdehnungen ist die cubische Ausdehnung.

Der zu den Messungen, die im zweiten Theile der Abhandlung mitgetheilt werden, benutzte Apparat hat im wesentlichen die Einrichtung, welche er bei den frühern Messungen hatte (Berl. Ber. 1864. p. 246, 1865. p. 326), nur ist der dort erwähnte Dreifuss durch einen solchen von Platin ersetzt. Auf den Teller des Dreifusses wird der zu untersuchende Krystall gelegt, dessen nach oben gerichtete Fläche etwas convex oder concav geschliffen und polirt ist. In kleinem Abstande darüber liegt auf drei den Teller des Dreifusses überragenden Spitzen eine Glasplatte; wird der Apparat mit dem Lichte der Kochsalzflamme beleuchtet, so entstehen in dem Zwischenraum zwischen dem Krystall und der Glasplatte Interferenzstreifen, deren Lage in Bezug auf mehrere in der Glasplatte markirte Punkte bestimmt wird. Erwärmt man den Apparat, so verschieben sich die Fransen und aus der Verschiebung derselben kann man mit der Wellenlänge des gelben Lichts die Aenderung des Zwischenraums zwischen der Krystall- und Glasplatte in bekannter Weise berechnen. Diese Aenderung ist die Differenz der Ausdehnung des Krystalls und des Platins, auf welchem die Glasplatte ruht. Um die Ausdehnung des Platins zu messen wurde ohne Zwischenschaltung eines Krystalls die Glasplatte auf den Dreifuss gelegt, der Apparat in den Erwärmungsapparat (Berl. Ber. 1862. p. 208) gelegt, und die Interferenzstreifen zwischen dem polirten Platin und der Glasplatte erzeugt und deren Verschiebung beim Erwärmen gemessen. Die Verschiebung rührt hier nur von der Ausdehnung des Platins her (nachdem man die in Folge der Ausdehnung der Luft erforderliche Correction angebracht) und gestattet deshalb direct die Ausdehnung zu berechnen.

Die Versuche ergaben, dass die Ausdehnung aller Substanzen mit der Temperatur sich ändert, dass sie aber innerhalb der Beobachtungsgrenzen, etwa von 10°-85° C., durch eine lineare Function dargestellt werden kann. Zur vollständigen Bestimmung der Ausdehnung genügt es daher den Coefficienten α_ϑ für irgend eine Temperatur und die einem Grade entsprechende Aenderung $\frac{\Delta\alpha}{\Delta\vartheta}$ zu bestimmen. Hr. FIZEAU giebt nun für die von ihm untersuchten Substanzen stets diese beiden Werthe und zwar α für $\vartheta = 40^\circ$ an.

Für das Platin ist

$$\overset{\text{lin}}{\alpha}_{\vartheta=40^\circ} = 0{,}00000883847, \quad \frac{\Delta\alpha}{\Delta\vartheta} = 0{,}7588,$$

worin für $\frac{\Delta\alpha}{\Delta\vartheta}$ die achte Stelle von α_ϑ als Einheit genommen ist.

Zunächst giebt Hr. Fizeau nun eine nochmalige Ausdehnungsbestimmung von Glas, Diamant und Kupferoxydul und findet die Werthe etwas anders als früher (Berl. Ber. 1865. p. 326), nämlich:

Spiegelglas von St.-Gobain $\overset{\text{cub}}{\underset{\vartheta=40^0}{\alpha}} = 0{,}00002331 \quad \frac{\varDelta\alpha}{\varDelta\vartheta} = 4{,}74,$

Diamant . . . . $\overset{\text{cub}}{\underset{\vartheta=40^0}{\alpha}} = 0{,}00000354 \quad \frac{\varDelta\alpha}{\varDelta\vartheta} = 4{,}32,$

Kupferoxydul . . . . . $\overset{\text{cub}}{\underset{\vartheta=40^0}{\alpha}} = 0{,}00000279 \quad \frac{\varDelta\alpha}{\varDelta\vartheta} = 6{,}30.$

Für die beiden letzten Substanzen folgt aus diesen Zahlen ein Dichtigkeitsmaximum und zwar für

Diamant . . bei $t = -42{,}3^0$ C.,
Kupferoxydul - $t = -\ \ 4{,}3$

Die neuen Bestimmungen sind folgende:

a) Reguläre Krystalle.

I. Senarmontit (antimonige Säure)

$$\overset{\text{cub}}{\underset{\vartheta=40^0}{\alpha}} = 0{,}00005889 \quad \frac{\varDelta\alpha}{\varDelta\vartheta} = 1{,}71.$$

II. Arsenige Säure

$$\overset{\text{cub}}{\underset{\vartheta=40^0}{\alpha}} = 0{,}00012378 \quad \frac{\varDelta\alpha}{\varDelta\vartheta} = 20{,}37.$$

III. Spinelle

1) Rubin. . . . $\overset{\text{cub}}{\underset{\vartheta=40^0}{\alpha}} = 0{,}00001787 \quad \frac{\varDelta\alpha}{\varDelta\vartheta} = 7{,}29,$

2) Pleonast . . $\overset{\text{cub}}{\underset{\vartheta=40^0}{\alpha}} = 0{,}00001805 \quad \frac{\varDelta\alpha}{\varDelta\vartheta} = 5{,}34,$

3) Gahnit . . . $\overset{\text{cub}}{\underset{\vartheta=40^0}{\alpha}} = 0{,}00001766 \quad \frac{\varDelta\alpha}{\varDelta\vartheta} = 5{,}19,$

4) Kreittonit . . $\overset{\text{cub}}{\underset{\vartheta=40^0}{\alpha}} = 0{,}00001750 \quad \frac{\varDelta\alpha}{\varDelta\vartheta} = 5{,}31.$

IV. Periclas

$$\overset{\text{cub}}{\underset{\vartheta=40^0}{\alpha}} = 0{,}00003129 \quad \frac{\varDelta\alpha}{\varDelta\vartheta} = 8{,}01.$$

b) Einaxige Krystalle.

I. Smaragd (Beryll von Sibirien dem hexagonalen System angehörig)

1) nach der Axe $\overset{\text{lin}}{\underset{\vartheta=40^0}{\alpha}} = -0{,}00000106 \quad \frac{\varDelta\alpha}{\varDelta\vartheta} = 1{,}14,$

es findet also mit steigender Temperatur eine zunehmende Contraction nach dieser Richtung statt.

2) senkrecht zur Axe. . $\alpha_{1\,\vartheta=40^0}^{\text{lin}} = 0{,}00000137 \quad \frac{\Delta\alpha_1}{\Delta\vartheta} = 1{,}33,$

Um die cubische Ausdehnung zu erhalten, hat man

$$\alpha^{\text{cub}} = 2\alpha_1 + \alpha; \quad \Delta\alpha^{\text{cub}} = 2\Delta\alpha_1 + \Delta\alpha$$

somit für den Smaragd

$$\alpha_{\vartheta=40^0}^{\text{cub}} = +0{,}00000168 \quad \frac{\Delta\alpha}{\Delta\vartheta} = 3{,}80.$$

Der Smaragd muss daher ein Maximum der Dichte bei $-4{,}2^0$ haben. Um dies zu constatiren liess Hr. FIZEAU aus einem grossen sibirischen Krystall eine Nadel schleifen, welche mit der Axe einen Winkel von $54^0\,44'$ machte. Da in dieser Richtung die mittlere Ausdehnung stattfindet, so ist zu erwarten, dass wenn man diese Nadel in flüssigem Stickoxydul bis etwa -78^0 C. abkühlt, man dann bei steigender Temperatur die Contraction beobachten kann.

II. Quarz (Bergkrystall)

1) nach der Axe . . . $\alpha_{\vartheta=40^0}^{\text{lin}} = 0{,}00000781 \quad \frac{\Delta\alpha}{\Delta\vartheta} = 1{,}77,$

2) senkrecht zur Axe . $\alpha_{1\,\vartheta=40^0}^{\text{lin}} = 0{,}00001419 \quad \frac{\Delta\alpha_1}{\Delta\vartheta} = 2{,}38,$

3) cubische Ausdehnung $\alpha_{\vartheta=40^0}^{\text{cub}} = 0{,}00003619 \quad \frac{\Delta\alpha}{\Delta\vartheta} = 6{,}53.$

III. Rutil (Titansäure)

1) nach der Axe . . . $\alpha_{\vartheta=40^0}^{\text{lin}} = 0{,}00000919 \quad \frac{\Delta\alpha}{\Delta\vartheta} = 2{,}25,$

2) senkrecht zur Axe . $\alpha_{1\,\vartheta=40^0}^{\text{lin}} = 0{,}00000714 \quad \frac{\Delta\alpha_1}{\Delta\vartheta} = 1{,}10,$

3) cubische Ausdehnung $\alpha_{\vartheta=40^0}^{\text{cub}} = 0{,}00002374 \quad \frac{\Delta\alpha}{\Delta\vartheta} = 4{,}45,$

IV. Kassiterit (Zinnoxyd)

1) nach der Axe . . . $\alpha_{\vartheta=40^0}^{\text{lin}} = 0{,}00000392 \quad \frac{\Delta\alpha}{\Delta\vartheta} = 1{,}19,$

2) senkrecht zur Axe . $\alpha_{1\,\vartheta=40^0}^{\text{lin}} = 0{,}00000321 \quad \frac{\Delta\alpha_1}{\Delta\vartheta} = 0{,}76,$

3) cubische Ausdehnung $\alpha_{\vartheta=40^0}^{\text{cub}} = 0{,}00001034 \quad \frac{\Delta\alpha}{\Delta\vartheta} = 2{,}71.$

V. Spartalit (Zinkoxyd hexagonal)

1) nach der Axe . . . $\overset{\text{lin}}{\alpha}_{\vartheta=40^0} = 0{,}00000316 \quad \frac{\Delta\alpha}{\Delta\vartheta} = 1{,}86,$

2) senkrecht zur Axe . $\overset{\text{lin}}{\alpha_1}_{\vartheta=40^0} = 0{,}00000539 \quad \frac{\Delta\alpha_1}{\Delta\vartheta} = 1{,}23,$

3) cubische Ausdehnung $\overset{\text{cub}}{\alpha}_{\vartheta=40^0} = 0{,}00001394 \quad \frac{\Delta\alpha}{\Delta\vartheta} = 4{,}32.$

VI. Korund (Reine Thonerde rhomboëdrisch)

1) nach der Axe . . . $\overset{\text{lin}}{\alpha}_{\vartheta=40^0} = 0{,}00000619 \quad \frac{\Delta\alpha}{\Delta\vartheta} = 2{,}05,$

2) senkrecht zur Axe . $\overset{\text{lin}}{\alpha_1}_{\vartheta=40^0} = 0{,}00000532 \quad \frac{\Delta\alpha_1}{\Delta\vartheta} = 2{,}25,$

3) cubische Ausdehnung $\overset{\text{cub}}{\alpha}_{40\vartheta=^0} = 0{,}00001705 \quad \frac{\Delta\alpha}{\Delta\vartheta} = 6{,}55.$

VII. Eisenglanz (rhomboedrisch)

1) nach der Axe . . . $\overset{\text{lin}}{\alpha}_{\vartheta=40^0} = 0{,}00000829 \quad \frac{\Delta\alpha}{\Delta\vartheta} = 1{,}19,$

2) senkrecht zur Axe . $\overset{\text{lin}}{\alpha_1}_{\vartheta=40^0} = 0{,}00000836 \quad \frac{\Delta\alpha_1}{\Delta\vartheta} = 2{,}62,$

3) cubische Ausdehnung $\overset{\text{cub}}{\alpha}_{\vartheta=40^0} = 0{,}00002501 \quad \frac{\Delta\alpha}{\Delta\vartheta} = 6{,}41.$

A. W.

J. Maistre. Nouveau système pour entretenir une température constante dans une étuve ou dans un appartement. Mondes (2) I. 271-273†.

Um constante Temperaturen zu erzeugen wird in den Raum ein Thermometer gehängt, in dessen Kugel ein Platindraht eingeschmolzen ist, welcher zum einen Pol einer galvanischen Batterie führt, in die Röhre des Thermometers wird von oben her ein zweiter Platindraht bis zu dem gewünschten Thermometergrad hinabgesenkt, der mit dem zweiten Pol der Batterie in Verbindung steht. Ist die gewünschte Temperatur erreicht, so wird der Strom geschlossen und dadurch ein Elektromagnet erregt, der dann einen Hahn dreht, durch welchen die Menge der einströmenden warmen Luft oder des zum Brenner strömenden Gases vermindert wird, oder der den Gasbrenner durch Anziehung eines Hebels weiter von dem zu erhitzenden Raum entfernt. *A. W.*

GIROUD. Températures constantes. Mondes (2) I. 475-475†.

Aus Anlass obiger Mittheilung bemerkt der Verfasser, dass man mit seinem Regulator, der das Gas stets unter constantem Drucke zum Brenner strömen lasse ebenso gut constante Temperaturen erhalten könne. *A. W.*

A. MATTHIESSEN. On the expansion by heat of metals and alloys. Proc. Roy. Soc. XV. 220-222; Phil. Mag. (4) XXXII. 472-474†.

Hr. MATTHIESSEN giebt hier die Resultate seiner Versuche über die Ausdehnung von Metallen und Legirungen, welche in derselben Weise angestellt sind wie die Versuche über die Ausdehnung des Quecksilber. Die Abhandlung enthält in 4 Tabellen die linearen und cubischen Ausdehnungscoefficienten einer Anzahl Metalle und Legirungen. Die cubischen Ausdehnungscoefficienten der untersuchten Metalle sind wieder gegeben durch Gleichungen von der Form

$$V_t = V_0(1 + at + b \cdot t^2)$$

und die Werthe von a und b sind

Metalle	a	b
Cadmium . . .	$10^{-4} \cdot 0{,}8078$	$10^{-6} \cdot 0{,}1400$
Zink	$10^{-4} \cdot 0{,}8222$	$10^{-6} \cdot 0{,}0706$
Blei	$10^{-4} \cdot 0{,}8177$	$10^{-6} \cdot 0{,}0222$
Zinn	$10^{-4} \cdot 0{,}6100$	$10^{-6} \cdot 0{,}0789$
Silber	$10^{-4} \cdot 0{,}5426$	$10^{-6} \cdot 0{,}0405$
Kupfer	$10^{-4} \cdot 0{,}4463$	$10^{-6} \cdot 0{,}0555$
Gold	$10^{-4} \cdot 0{,}4075$	$10^{-6} \cdot 0{,}0336$
Wismuth . . .	$10^{-4} \cdot 0{,}3502$	$10^{-6} \cdot 0{,}0446$
Palladium . .	$10^{-4} \cdot 0{,}3032$	$10^{-6} \cdot 0{,}0280$
Antimon . . .	$10^{-4} \cdot 0{,}2770$	$10^{-6} \cdot 0{,}0397$
Platin	$10^{-4} \cdot 0{,}2554$	$10^{-6} \cdot 0{,}0104$

Die Zahlen für die einzelnen Legirungen hier mitzutheilen wird überflüssig sein, nur sei der von Hrn. MATTHIESSEN am Schluss aufgestellte Satz erwähnt, nach welchem der Ausdehnungscoefficient der Legirungen nahezu der mittlere Ausdehnungscoefficient der Bestandtheile ist. *A. W.*

J. Tyndall. On the black bulb thermometer. Phil. Mag. (4) XXXI. 191-193†; Arch. sc. phys. XXV. 338-341*.

Im Februarheft des Phil. Mag. (p. 104) hatte Hr. Wilson aus einer Beobachtung Glaisher's, nach welcher die Angabe zweier Thermometer, deren eines mit geschwärzter Kugel der directen Wirkung der Sonnenstrahlen ausgesetzt, deren anderes mit nicht geschwärzter Kugel vor der Bestrahlung geschützt war, mit steigender Erhebung von der Erdoberfläche immer weniger differire, eine Reihe von Schlüssen gezogen. Die von den Sonnenstrahlen herrührende Wärme nehme mit steigender Erhebung von der Erde ab, so dass ausserhalb der Atmosphäre ein bestrahltes und ein unbestrahltes Thermometer dieselbe niedrige Temperatur anzeige. Wenn der Mond keine Atmosphäre habe, sei die beleuchtete und unbeleuchtete Hälfte gleich kalt. Wenn die Erde keine Atmosphäre habe, so sei sie ganz kalt. Gegen diese Schlüsse wendet sich Hr. Tyndall, indem er bemerkt, dass aus denselben folgen würde, dass die Wärme der Sonnenstrahlen erst in unserer Atmosphäre gebildet werde, oder mit andern Worten, dass irgend ein Agens, welches ausserhalb der Atmosphäre nicht Wärme sei, durch die Atmosphäre erst in Wärme umgewandelt werde. Ohne eine Erklärung der Beobachtung von Glaisher geben zu wollen, mit deren Details er nicht genug vertraut sei, wolle er nur folgende Sätze aus einer demnächst in den Phil. Trans. erscheinenden Abhandlung mittheilen.

1) Die zu uns kommende Sonnenwärme besteht aus sichtbaren und unsichtbaren Strahlen; ein Theil der letztern ist der hauptsächlich wärmende.

2) Das Thermometer mit schwarzer Kugel absorbirt die sichtbaren Strahlen, das schwarze Glas kann aber für die dunklen Strahlen sehr transparent sein.

3) Erhebt man sich in der Atmosphäre, so nimmt vorzugsweise die Intensität der dunklen Strahlen zu, da diese durch den Wasserdampf der Atmosphäre am meisten absorbirt werden.

4) Je höher man sich in der Atmosphäre erhebt um so diathermaner muss deshalb das Thermometer mit schwarzer Kugel werden. Es ist möglich dass an der Grenze der Atmosphäre die Hälfte der Sonnenwärme nicht absorbirt werde und deshalb zur Erwärmung des Thermometers nichts beitrage.

Die Richtigkeit dieser Sätze vorausgesetzt, wäre deshalb, besonders in grossen Höhen, das Thermometer mit schwarzer Kugel ganz unzuverlässig in seinen Angaben über die Wirkung der directen Sonnenstrahlen. *A. W.*

A. v. OETTINGEN. Ueber die Correction der Thermometer, insbesondere über BESSEL's Calibrirmethode. Dorpat 1865. p. 1-76†.

Die Arbeit des Hrn. v. OETTINGEN zerfällt in drei Theile. Der erste derselben enthält eine ganz ausführliche, an mehrfachen Beispielen erläuterte, Darlegung und in einzelnen Punkten eine Verbesserung respective Berichtigung der BESSEL'schen Calibrirmethode. Ein Auszug daraus ist nicht möglich. Der zweite Theil giebt eine kurze Uebersicht und kritische Würdigung der übrigen Calibrirmethoden von GAY-LUSSAC, RUDBERG, HALLSTRÖM und EGEN.

Der dritte Theil bespricht die Correction der festen Punkte. Was zunächst den Gefrierpunkt angeht, so macht der Verfasser darauf aufmerksam, dass die Lage desselben bei horizontaler Stellung des Thermometers eine andere sei als bei verticaler, und bestätigt dann durch eigene Versuche, dass die Lage des Gefrierpunkts auf dem Thermometer vom Barometerstande abhängig sei. Ist auch an einem und demselben Ort diese Schwankung nur klein — der Verfasser fand in Dorpat an einem sehr feinen Normalthermometer bei 739^{mm} den Gefrierpunkt um $0{,}02^{0}$ C. niedriger als bei 769^{mm} — so ist dieselbe entschieden in Rechnung zu ziehen, wenn man mit einem Thermometer in beträchtlich verschiedenen Höhen beobachtet. Durch Versuche an der Luftpumpe weist der Verfasser nach, dass die Aenderung der Verminderung des Luftdrucks proportional ist.

In Bezug auf die Veränderung des Nullpunktes mit der

Zeit oder nach vorhergehendem Erwärmen bestätigt der Verfasser durch eigene Versuche, dass jede Erwärmung die Lage des Nullpunktes ändert, auch wenn man das Thermometer nicht bis 0° abkühlt. Ein Thermometer bis 85° erhitzt zeigte bis 34° abgekühlt eine Depression der Skala von 0,03°, bis 100° erhitzt und bis 34° abgekühlt von 0,15°, und wurde es dann noch bis 13,5° abgekühlt, so zeigte sich die Depression gar = 0,20°. Starke Abkühlung änderte die Lage des Nullpunktes nicht.

Eine ähnliche Aenderung der Lage des Siedepunktes tritt nicht ein, wenn man nach Bestimmung desselben das Thermometer rasch auf 0° abkühlt, und dann das Thermometer wieder in den siedenden Dampf bringt.

Zum Schlusse bespricht der Verfasser die Correction der Thermometer wegen der Ausdehnung des Glases. *A. W.*

Ph. Carl. Ueber Thermometer. Carl Repert. II. 249-278†.

Die Mittheilung giebt eine übersichtliche Zusammenstellung der bei Herstellung der Thermometer, Bestimmung der festen Punkte und Correction der Skala zu nehmenden Maassregeln. In Bezug auf letzteres ist besonders die Methode von Lamont mitgetheilt, um bei regelmässig conischen Thermometerröhren eine richtige Skala herzustellen oder für die vorhandene Skala eine Correctionstabelle zu entwerfen.

Lamont betrachtet einen Quecksilberfaden an zwei Stellen. Sind seine Endpunkte das einemal λ_0 und $\lambda_0 + l_0$, das zweitemal λ_1 und $\lambda_1 + l_1$, und ist γ die Abnahme des Rohrquerschnitts für jeden Grad, der Querschnitt bei dem Anfangspunkt der Skala gleich 1 gesetzt, so kann man das Volumen des Quecksilberfadens einmal schreiben

$$l_0 \cdot \tfrac{1}{2}(1-\lambda_0 \cdot \gamma + 1-(\lambda_0+l_0)\cdot\gamma) = l_0(1-(\lambda_0+\tfrac{1}{2}l_0)\cdot\gamma)$$

und ebenso aus der zweiten Beobachtung

$$l_1(1-(\lambda_1+\tfrac{1}{2}l_1)\cdot\gamma),$$

Daraus erhält man

$$\gamma = \frac{l_1 - l_0}{\lambda_1 l_1 - \lambda_0 l_0 + \tfrac{1}{2}(l_1+l_0)(l_1-l_0)}.$$

Nimmt das Caliber vom Anfangspunkt an zu, so hat man in obigen Ausdrücken nur γ negativ zu setzen.

Für die Länge der Grade hat man nun, wenn man die Länge des Grades von 0—1 gleich L setzt

0—1	L
1—2	$L(1-\gamma)$
⋮	
$(n-1)-n$	$L(1-(n-1)\gamma)$.

Somit ist in L ausgedrückt die Länge der Skale von 0 bis n

$$(A) \quad \ldots\ldots \quad nL(1-\tfrac{1}{2}(n-1)\gamma).$$

Bei einem 100theiligen Thermometer ist deshalb in L gegeben die Länge der Skala von 0—100

$$100\,L(1-\tfrac{1}{2}(100-1).\gamma),$$

und diese Länge ist, da sie 100° bedeutet, gleich 100 zu setzen, daraus folgt in richtigen Graden ausgedrückt

$$L = \frac{1}{1-\tfrac{1}{2}(100-1).\gamma}.$$

Setzen wir diesen Ausdruck für L in A ein, so erhalten wir als die Temperatur t^0, wenn man n Scalentheile abliest

$$t^0 = n\,\frac{(1-\tfrac{1}{2}(n-1).\gamma)}{(1-\tfrac{1}{2}(100-1).\gamma)}.$$

Indem man nun schliesslich diesen Bruch entwickelt und bei der ersten Potenz stehen bleibt, wird

$$t^0 = n - \tfrac{1}{2}n(100-n).\gamma.$$

Hr. CARL theilt dann eine Tabelle der Werthe $\tfrac{1}{2}n(100-n)$ von -40^0 bis $+100^0$ von 5^0 zu 5^0 mit.

Ist das Rohr nicht regelmässig conisch, kann man es aber in mehrere conische Theile zerlegen, so kann eine ähnliche Betrachtung zum Ziele führen. Für gewöhnlich wird man indess zur Erzielung genauer Resultate die Methode von BESSEL in der Form wie sie Hr. v. OETTINGEN gegeben, anwenden müssen.

A. W.

Fernere Litteratur.

JOULE. Note respecting a new and extremely sensitive thermometer. Proc. Manch. Soc. III. 73-74.

A. Pleischl. Ueber die bleibende Ausdehnung von Gusseisen in der Hitze. Dingler J. CLXXXI. 155-155.

G. Hamilton. Self registering thermometer. Monthly Not. XXV. 30-32.

J. Rai. Ice does it expand or contract by cold? Athen. 1866. 2. p. 470-471.

---

21. Quellen der Wärme.

A. Mechanische.

B. Stewart and P. G. Tait. On the heating of a disk by rapid rotation in vacuo. Proc. Roy. Soc. XVI. 94†; Inst. 1866. p 324-326†; Arch. sc. phys. (2) XXVIII. 171-174†.

Die Verfasser, welche bereits im Jahre 1863 Versuche über die durch die Reibung an der Luft hervorgebrachte Erwärmung rotirender Scheiben angestellt hatten, construirten einen Apparat, um ihre Versuche auch auf den luftverdünnten Raum auszudehnen. Dieser Apparat bestand aus einer Scheibe von Aluminiummetall von 13″ (engl.) Durchmesser und $\frac{1}{10}$″ Dicke, welche vermittelst eines Uhrwerks unter dem Recipienten einer gewöhnlichen Luftpumpe um eine horizontale Axe in schnelle Rotation versetzt werden konnte. Der verticalen Scheibe gegenüber befand sich eine mit conischem Reflector versehene Thermosäule, deren wohl isolirte Drähte zu einem Spiegelgalvanometer führten; die Säule und ihr Reflector konnten durch Umhüllungen von Watte und Tuch vor Luftströmungen geschützt, der letztere ausserdem noch entweder durch eine Steinsalzplatte oder durch eine die Wärmestrahlen nicht durchlassende Substanz verschlossen werden. Für die Abhaltung der Feuchtigkeit war durch Schwefelsäure und Baryt Sorge getragen, so dass die Luft unter dem Recipienten als vollkommen trocken betrachtet werden konnte.

Nach Bestimmung des thermometrischen Werthes der Thermosäule ergab sich bei einer Rotationsgeschwindigkeit der Scheibe von 2500 Umdrehungen innerhalb 30 Secunden bei einem Luftdrucke von 0,3″ (engl.) im Mittel von mehreren Versuchen eine Temperaturzunahme der Scheibe von 0,84° F., bei einem Luftdruck von 0,65″ aber nur 0,75° F. Für diese Versuche war der Conus der Säule mit der Steinsalzplatte verschlossen; eine zweite, unter denselben Umständen, nur mit Fortlassung der Steinsalzplatte angestellte Versuchsreihe ergab bei einem Drucke von 0,37″ 0,92° und bei einem Drucke von 0,60″ 0,93° F. — Als dagegen der conische Reflector anstatt der Steinsalzplatte mit schwarzem Papier bedeckt wurde, zeigten die Ausschläge des Galvanometers eine sehr bedeutende Verminderung der Wärme an — ein Beweis, dass die Angaben der Thermosäule hauptsächlich der Wirkung der strahlenden Wärme zuzuschreiben sind.

Die Verfasser suchen nun zu zeigen, dass die beobachtete Wärme von der Ausstrahlung der Scheibe, und nicht etwa der sie umgebenden verdünnten Luftmasse herrührt. Sie stellen zu dem Zwecke die erwähnten Versuche, bei denen die rotirende Scheibe stets mit einer Schicht von Kienruss überzogen war, mit der ungeschwärzten Aluminiumscheibe an und finden unter sonst gleichen Umständen die Wirkung um $\frac{1}{4}$ vermindert. Die Verfasser setzen diese Verminderung allein auf Rechnung der geringeren Ausstrahlung der Scheibe; dem Berichterstatter scheint, dass ausserdem hier die Verminderung der Rauheit der Oberfläche eine Verminderung der Reibung derselben an der umgebenden Luft und hierdurch eine Verringerung des erzeugten Wärmeeffectes hervorgebracht haben muss.

Nachdem die Verfasser schliesslich nachgewiesen zu haben glauben, dass die bei ihren Versuchen erhaltenen bedeutenden Wärmeeffecte weder aus der Zapfenreibung noch aus den durch den Erdmagnetismus hervorgerufenen Inductionsströmen theilweise herzuleiten sind, scheinen ihnen für die Erklärung derselben nur zwei Ursachen vorhanden zu sein, nämlich die Reibung der rotirenden Scheibe gegen die im Recipienten zurückgebliebene Luft und den sie umgebenden Aether. Gestützt auf die erhaltenen, oben angeführten Zahlen, zufolge deren die beobachtete Erwärmung von der Dichtigkeit der zurückgebliebenen Luft nahezu unabhängig erscheint, und auf einen fast dieselben

Zahlen liefernden Versuch, bei welchem statt atmosphärischer Luft verdünnter Wasserstoff die Scheibe umgab, schreiben sie die erzeugte Wärme hauptsächlich der Einwirkung des Aethers zu — eine Ansicht, der wohl auch dann selbst die wenigsten Physiker beistimmen würden, wenn es den Verfassern gelungen wäre, den bei so schneller Rotation stets bedeutenden Einfluss der Zapfenreibung und der durch das Zahnräderwerk hervorgebrachten Vibrationen des ganzen Apparats zu eliminiren.

W. W.

B. Chemische Quellen der Wärme, Verbrennung.

A. Perrot. Sur un appareil destiné à produire des températures très-élevées au moyen du gaz d'éclairage mélangé à l'air. C. R. LXII. 148-149†; Inst. XXXIV. 35-35; Monit. Scient. VIII. 110-110; Polyt. C. Bl. (2) XX. 1351-1351.

Eine Anzahl Bunsen'scher Brenner wird so zusammen gestellt, dass ihre Flammen, ohne sich vollständig zu durchdringen, ein einziges Bündel bilden, und das auf diese Weise erhaltene Flammenbüschel wird in einen cylindrischen Ofen geleitet. Mittelst eines so einfachen Apparates, dessen Durchmesser nur 25^{cm} und dessen Höhe 80^{cm} betrug, auf welchen zur Beförderung des Luftzuges ein 2^{m} hohes Rohr von Eisenblech gesetzt wurde, will der Verfasser in 15 Min. 670^{grm} Silber und in 30 Min. 1^{kilogr} Kupfer geschmolzen haben. *W. W.*

Galy-Cazalat. Nouveau procédé pour convertir rapidement et économiquement une masse quelconque de fonte en acier fondu, homogène et bien épuré. Monit. Scient. 1866. p. 107-108†.

Das Verfahren des Hrn. Galy-Cazalat besteht darin, dass er in das geschmolzene Gusseisen überhitzten Wasserdampf einströmen lässt. Der Dampf wird in seine beiden Elemente zerlegt; der Sauerstoff oxydirt die Kohle, der Wasserstoff geht mit den andern im Gusseisen enthaltenen nicht metallischen Körpern, dem Schwefel, Phosphor etc. Verbindungen ein, welche ebenfalls in Gasform entweichen. Ist der Dampfstrom zu stark oder dauert die Zuleitung zu lange, so entsteht statt Gussstahl

Schmiedeeisen. Die Schwierigkeit des vollkommenen Gelingens besteht also auch hier, ähnlich wie früher beim BESSEMER-Verfahren, in der Regulirung des Dampfstroms, indem sich aus der Farbe der Flamme nicht mit völliger Sicherheit der Punkt erkennen lässt, wo man mit dem Zuleiten des Wasserdampfs aufhören muss. Das Verfahren soll aber vor dem 1856 patentirten Stahlbereitungsprocess BESSEMER's, der comprimirte Luft in das flüssige Gusseisen strömen lässt, hauptsächlich den Vorzug der grössern Wohlfeilheit haben. Vergleichungen in Bezug auf die Güte mit dem in neuerer Zeit mit so günstigem Erfolge zu Eisenbahnschienen verwendeten BESSEMER-Stahl sind nicht angegeben; ebenso fehlen Angaben über die verwendeten Eisenerze, was insofern von Wichtigkeit wäre, als auch der BESSEMER-Process nur aus besonders geeigneten Erzen ein brauchbares Product zu liefern vermocht hat. *W. W.*

H. CARON. Sur les soufflures de l'acier. Bull. Soc. Chim. (2) V. 473-475; C. R. LXII. 296-300†.

Hr. CARON hat Versuche über die im Moment des Festwerdens von geschmolzenem Gussstahl auftretende Gasentwickelung, das sogenannte Spratzen, angestellt und Mittel zur Verhütung dieser Erscheinung, welche Bildung von Blasen und Höhlungen im Gefüge des Stahls veranlasst, in Vorschlag gebracht. Wurde die Schmelze in gewöhnlichen kieselhaltigen Tigeln vorgenommen, so erhielt er stets ein mehr oder weniger mit Blasen erfülltes Metall, wurden dagegen Kalk- oder Magnesia-Tigel angewendet, so war der erhaltene Regulus vollständig frei davon. Dasselbe Resultat ergab sich bei Versuchen im Kleinen, wo der Gussstahl in Schiffchen von Porcellan oder Magnesia innerhalb eines Porcellanrohres geschmolzen wurde, auch wenn über das flüssige Metall während der ganzen Operation ein Strom Sauerstoff oder Kohlenoxyd geleitet wurde. Aus diesen Versuchen schliesst der Verfasser, dass keine directe Absorption des Sauerstoffs oder Kohlenoxydgases von Seiten des geschmolzenen Metalls stattfinde, dass vielmehr das Spratzen beim Gussstahl seinen Grund haben müsse einmal in der Zersetzung des durch die atmosphärische Luft in der Schmelze entstandenen Eisenoxyds, dann aber in der durch die Kohle des Stahls bewirkten Zerlegung des Eisensilicats, welches sich aus der Kieselsäure der Schmelztigel bildet. Dass die Zersetzung gerade im Augenblicke des Festwerdens des flüssigen Metalls auftritt, glaubt Hr. Caron durch die Annahme erklären zu können, dass gerade bei der Temperatur des Schmelzpunktes des Stahls die Verbindung des Eisens im Eisenoxyd mit der Kohle des Stahls vor sich gehe. — Für die Praxis empfiehlt der Verfasser sowohl als auch Hr. Balard in einer Bemerkung zur vorstehenden Abhandlung statt der irdenen Schmelztigel die Magnesiatigel, welche die Kalktigel an Dauerhaftigkeit weit übertreffen; bei dem gegenwärtigen Zustande der Magnesiaindustrie steht der Einführung jedoch der zu hohe Kostenpreis dieses Materials entgegen. *W. W.*

A. Vogel jun. Beobachtungen über Torfverkohlung.

Münchn. Ber. 1866. II. 19-42†.

Die Bereitung von Torfkohle und ihre Verwendung zum Hochofenprocess als Ersatz der Holzkohle, eine deutsche Erfindung, hat in neuerer Zeit auch in England Eingang gefunden, und man behauptet, dass diese Kohle in Bezug auf Härte und Dichtigkeit für den Schmelzprocess der besten Holzkohle gleichsteht und ein Torfkohleneisen liefert, das in seinen Eigenschaften auch von dem besten schwedischen nicht übertroffen wird. — Der Verfasser hat eine ähnliche Versuchsreihe angestellt, wie sie für die Darstellung der Holzkohle, namentlich zum Zwecke der Pulverfabrikation, Hr. Violette (Dingler J. CXXIII. 117) geliefert hat; die Untersuchung, welche sich vorzugsweise auf das Verhalten des Torfes bei verschiedenen Temperaturen bezieht, ist jedoch mehr für die Technik als für die Physik von Interesse; Berichterstatter beschränkt sich daher hier auf die Angabe der Hauptresultate.

Der zu den Versuchen verwendete künstlich getrocknete Maschinentorf aus einem Hochmoore erfuhr erst bei 230° C. eine partielle Zersetzung und hinterliess einen Rückstand von 80 Proc., der indess wegen der unvollständigen Verkohlung nicht als verkäufliches Kohlenmaterial betrachtet werden kann; die eigentlichen Verkohlungsversuche beginnen daher erst bei einer die Temperatur von 260° C. übersteigenden Erhitzung. Die Anwendung der verschiedenen Temperaturen geschah nach folgender Steigung: I. Schmelzendes Zinn; II. Schmelzendes Blei; III. Schmelzendes Zink; IV. BUNSEN'scher Gasbrenner; V. Gebläse, und lieferte folgende Zahlen für den erhaltenen Kohlenertrag:

Temperatur		Torf	Kohle	Kohle nach Proc.	
I. . . .	a)	24,74	16,05	64,9	= 64,3
	b)	31,40	20,01	63,7	
II. . . .	a)	30,66	13,75	44,8	= 46,4
	b)	22,20	10,64	47,9	
III. . . .	a)	36,25	12,16	33,5	= 34,1
	b)	17,37	6,02	34,6	
IV. . . .	a)	21,62	6,72	31,1	= 31,5
	b)	18,68	5,95	31,8	
V. . . .	a)	19,37	5,73	29,6	= 29,1.
	b)	12,06	3,44	28,5	
	c)	13,73	4,02	29,3	

Diese Resultate, in Verbindung mit den physikalischen und chemischen Eigenschaften der erhaltenen Producte, lehren, dass eine den Schmelzpunkt des Zinns wenig übersteigende Temperatur für die Verkohlung des Torfes die geeignetste ist. Um diese Temperatur gleichmässig der ganzen zu verkohlenden Torfmasse mitzutheilen, hält es der Verfasser für nothwendig, die mittelst einer kleinen abgesonderten Feuerung erzeugten Verbrennungsgase durch den zu verkohlenden Torf hindurchzutreiben. Die hierzu geeigneten Apparate, sowie die als Vorbereitung zur Verkohlung erforderlichen Trockenvorrichtungen sind ohne Zeichnung nicht verständlich und müssen daher in der Originalabhandlung nachgesehen werden. *W. W.*

PHIPSON. Ueber eine durch Legirung gewisser Metalle erzeugte Temperaturerniedrigung. Chem. C. Bl. (2) IX. 894-895; Bull. Soc. Chim. (2) 1866. p. 243-243†; Z. S. f. Chem. 1866. p. 383-384; Mondes (2) XI. 297-297.

Als ein günstiges Mischungsverhältniss schlägt Hr. PHIPSON 207grm Blei, 118grm Zinn, 284grm Wismuth und 1617grm Quecksilber vor; die Lufttemperatur, bei welcher der Versuch vorgenommen wurde, war + 17° und das Thermometer ging sofort auf — 10° herunter. Auch wenn die Verhältnisszahlen nicht genau in der angegebenen Weise gewählt werden, wird eine beträchtliche Kälte erzeugt. Der erste übrigens, welcher auf die durch Vereinigung von Blei, Zinn, Wismuth und Quecksilber entstehende Temperaturerniedrigung aufmerksam gemacht hat, ist DÖBEREINER. *W. W.*

POHL. Ueber Verbrennen des Leuchtgases ohne Flamme. Polyt. C. Bl. XX. 1639-1639†.

Eine ebenso einfache wie interessante Modification des bekannten in der Einwirkung des Platins auf dagegenströmende Gase beruhenden DAVY'schen Glühversuches. — Man erhitzt einen Platintigel durch eine Gasflamme bis zur Rothgluth, dreht dann den Gashahn zu und lässt nun, nachdem das Glühen des Tigels bereits vollständig aufgehört hat, von neuem kaltes Leuchtgas auf den noch heissen Tigel strömen. Derselbe geräth bald wieder in lebhaftes Glühen, welches beliebig lange unterhalten werden kann, ohne dass eine Entzündung des Gases eintritt. Bei einem Platintigel von 83grm Gewicht, der ausserdem noch 3,5grm eines Minerals enthielt, konnten nach dem Verlöschen der Flamme 42 Sec. verfliessen, ehe man den Gashahn wieder zu öffnen brauchte.

Der Verfasser meint, dass dieses Fortglühen des Platins in einem blossen Leuchtgasstrome für das Einäschern schwer verbrennbarer Substanzen mit Vortheil anzuwenden sei; man bringt die Substanz auf den Deckel eines Platintigels und behandelt denselben in der beschriebenen Weise; es soll dabei in Folge des vermehrten Luftzutritts der Process der Calcinirung beschleunigt werden. Auch für die Anstellung des LEIDENFROST'-

schen Versuches dürfte das Verfahren als zweckmässig zu empfehlen sein. *W. W.*

BERTHELOT. Théorie des corps pyrogénés. Ann. d. chim. (4) IX. 469-480†.

Der Verfasser sucht die Bildung der zahlreichen chemischen Verbindungen, welche unter dem Einfluss der Wärme vor sich gehen, namentlich die der organischen kohlenstoffhaltigen (Carbüre), auf drei Gruppen allgemeiner mechanischer Vorgänge zurückzuführen.

1) Die Molecularverdichtung (condensation moléculaire) und der entgegengesetzte Process der Zerlegung (décomposition) der zusammengesetzten Molecüle. Vermöge der Molecularverdichtung erzeugt ein Carbür polymere Verbindungen, indem sich mehrere Molecüle der ursprünglichen Verbindung zu einem einzigen vereinigen. So bildet sich beispielsweise aus dem Acetylen (C_4H_2) durch Vereinigung dreier Molecüle das Benzin ($C_{12}H_6$) und durch Vereinigung von vier das Styrolen ($C_{16}H_8$); zufolge des umgekehrten Processes der Zerlegung entsteht durch Trennung der Atomgruppen aus dem Styrolen und Benzin das Acetylen.

Bei der Molecularverdichtung findet stets Wärmeentwickelung, bei der Wiedererzeugung des nicht condensirten Körpers aus seinen Polymerien Wärmeabsorption statt. Dieser Verlust von Wärme im letztern Falle repräsentirt die zu leistende Arbeit, welche zur Trennung der Molecüle nothwendig ist; wenn daher bei einem geringeren Arbeitsaufwande eine Auflösung des zusammengesetzten Molecüls in seine Elemente oder die Bildung einer andern Verbindung vor sich gehen kann, so findet die umgekehrte Zerlegung (décomposition inverse) nicht oder nur unvollkommen statt. Das Acetylen (C_4H_2) erfordert z. B., um aus dem Benzin durch Spaltung erzeugt zu werden, eine weit grössere Wärmeabsorption als die, welche zur Auflösuug in seine Elemente Kohle und Wasserstoff nöthig ist; es bildet sich daher aus dem Benzin nur schwierig eine geringe Menge Acetylen, statt dessen aber Kohle, Wasserstoff und Phenyl, ein an Kohle reicherer Körper, indem der folgende Process eintritt.

2) Die directe Verbindung der Carbüre mit Wasserstoff und umgekehrt die Spaltung in Wasserstoff und niedere wasserstoffhaltige Körper; z. B. die Bildung des Aethylenhydrürs (C_4H_6) durch Vereinigung des Aethylens (C_4H_4) mit H_2, oder andererseits die Zerlegung des Aethylens (C_4H_4) in Acetylen (C_4H_2) und Wasserstoff (H_2).

Die directe Vereinigung der Carbüre mit Wasserstoff ist immer von Wärmeentwickelung begleitet, während die entsprechende Zerlegung mit Wärmeabsorption verbunden ist. — Um den Verbindungs- oder Trennungsprocess einzuleiten, ist hier in jedem Falle eine Temperaturerhöhung des betreffenden Körpers nothwendig, während die polymere Molecularverdichtung schon bei gewöhnlicher Temperatur durch blossen Contact mit gewissen Körpern wie Chlorzink, schweflige Säure etc. vor sich gehen kann.

3) Die directe Vereinigung der Carbüre untereinander (z. B. des Aethylens mit Acetylen oder des Benzins mit Acetylen) und die entsprechende Zerlegung (z. B. des Styrolens in Benzin und Acetylen).

Auch hier findet bei der Vereinigung stets Wärmeentwickelung und bei dem entgegengesetzten Process Wärmeverlust statt.

In der Mehrzahl der durch Erhitzung hervorgerufenen chemischen Processe treten von den aufgeführten drei mechanischen Vorgängen zwei gleichzeitig auf; die calorimetrische Wirkung setzt sich alsdann aus der Wärmeentwickelung oder dem Wärmeverlust zusammen, welchen die einzelnen Vorgänge hervorbringen würden. Bei der Bildung eines condensirten Carbürs mit Ausscheidung von Wasserstoff (erster und zweiter Fall) oder bei der Vereinigung zweier Carbüre mit Wasserstoffausscheidung (zweiter und dritter Fall) ist aber das Endresultat in allen bisher beobachteten Fällen eine beträchtliche Wärmeabsorption.

An diese aus zahlreichen Beobachtungen hervorgegangenen Resultate knüpft Hr. Berthelot Betrachtungen über den molecularen Zustand der Kohle, wie wir sie durch Abscheidung aus ihren Verbindungen kennen, Betrachtungen, welche die verschiedenen Anomalien in den physikalischen und chemischen Eigenschaften dieses Körpers, wenn nicht erklären, so doch auf einen gemeinsamen Entstehungsgrund zurückführen. Wird ein Carbür einer beständig steigenden Temperatur unterworfen, so findet zunächst mit der Ausscheidung eines Theiles seines Wasserstoffs Molecularverdichtung der Kohlenmolecüle statt, welche mit dem zurückgebliebenen Wasserstoff eine Verbindung mit höherem Aequivalent eingehen. So lange die neue Verbindung noch in den gasförmigen Zustand gebracht werden kann, lässt sich die Erhöhung des Aequivalents noch durch die Dampfdichte beweisen. Unter dem Einfluss der wachsenden Temperatur erhöht sich mit fortschreitender Absonderung des Wasserstoffs das Aequivalent des zurückbleibenden Carbürs beständig; die neu entstehenden Verbindungen nehmen in ihren physikalischen Eigenschaften: Farbe, Löslichkeit etc. immer mehr den Charakter der Kohle an; schliesslich bleibt der Kohlenstoff in dem Zustande der grössten Molecularverdichtung zurück, welche er überhaupt in seinen Verbindungen anzunehmen vermag. Die Kohle, wie wir sie durch Abscheidung aus ihren Verbindungen kennen, ist daher einem einfachen Körper nicht vergleichbar; sie ist vielmehr ein Carbür von sehr geringem Wasserstoffgehalt, von ausserordentlicher Molecularverdichtung. Nach dieser Auffassung erklären sich leicht die Verschiedenheiten, welche die Kohle in ihren mannigfachen Zuständen in Bezug auf ihre specifische Wärme zeigt; diese kann sich bekanntlich bis auf ein Viertel der Zahl vermindern, welche das DULONG'sche Gesetz liefert. Dass nämlich die specifische Wärme eines Körpers von zweifacher Molecularverdichtung stets etwas kleiner ist als die des ursprünglichen, glaubt Hr. BERTHELOT aus Analogie einiger Beispiele als allgemein gültiges Gesetz annehmen zu dürfen; hiernach muss der Unterschied wachsen, je weiter die Molecularverdichtung fortschreitet; nach einer so grossen Anzahl von Verdichtungen, wie sie die aus ihren Verbindungen durch Wärme abgeschiedene Kohle aufzuweisen hat, muss demgemäss die Differenz einen beträchtlichen Werth erreichen.

Auch die chemischen Anomalien der Kohle lassen sich nach der Anschauung des Verfassers leicht erklären. In der Mehrzahl der Fälle besteht eine gewisse Beziehung zwischen den Eigenschaften einer chemischen Verbindung und denen ihrer

Elemente; die zusammengesetzten Körper (Ammoniak, Wasser, Salpetersäure etc.) sind in der Regel weniger flüchtig als ihre Bestandtheile. Die einfachsten Verbindungen der Kohle mit dem Wasserstoff, dem Schwefel u. s. w. zeigen das Gegentheil wenn man die feste aus ihren Verbindungen abgeschiedene Kohle als Element betrachtet; sie stimmen aber mit dem allgemeinen Gesetze überein, wenn das Element Kohle gleichwie die ihm zugeordneten Elemente Stickstoff, Wasserstoff, Sauerstoff als gasförmig angenommen wird.

Aehnliche Betrachtungen lassen sich für die dem Kohlenstoff in ihren chemischen Eigenschaften nahe stehenden Elemente Bor und Silicium, aber auch für die Metalle anwenden, welche in dem Zustande wie wir sie durch Abscheidung aus ihren Erzen kennen, der aus ihren Verbindungen dargestellten Kohle, in ihren chemischen Eigenschaften aber einem einfachen Gase, dem Wasserstoff, vergleichbar sind. In der That geben auch die Oxyde vieler Metalle ihren Sauerstoff durch die Einwirkung einer steigenden Temperatur in ganz ähnlicher Weise ab wie die Carbüre unter denselben Umständen den Wasserstoff. — Wenn auch die Anschauung, dass die meisten nicht gasförmigen Elemente in dem Zustande, wie wir sie kennen, blosse Polymerien von gasförmigen sind, wegen der Schwierigkeit des experimentellen Nachweises immer noch Hypothese bleiben wird, so ist die Zulassung derselben doch für die Erklärung mancher chemischer und physikalischer Anomalien der Körper gerechtfertigt. *W. W.*

P. A. Favre. Mode de dégagement de la chaleur dans les combinaisons. Inst. XXIV. 273-273.

Favre et Commaille. Sur les états successifs dans les combinaisons chimiques. Inst. XXXIV. 291-293 (identisch mit dem vorigen).

P. A. Favre. Ueber Wärmeentwickelung bei chemischen Reactionen. Z. S. f. Chem. 1866. p. 612-613; Chem. C. Bl. 1866. p. 1018-1022 (identisch mit den beiden vorigen).

— — Étude sur les réactions chimiques à l'aide de

la chaleur empruntée à la pile. C. R. LXIII. 369-374† (identisch mit den vorigen).

Zu ähnlichen Ansichten über die Constitution der Körper, wie sie Hr. Berthelot im vorigen Aufsatze entwickelt hat, ist Hr. Favre auf ganz anderem Wege, nämlich dadurch gelangt, dass er den elektrischen Strom als Zersetzungsmittel der chemischen Verbindungen in Anwendung gebracht hat. Wenngleich auch einerseits dem Verfasser selbst manche der beobachteten Erscheinungen, wie er sagt, noch der Aufklärung bedürfen, andererseits die von ihm aus seinen Versuchen gezogenen Schlüsse eine weitere Begründung nöthig haben, so scheint doch die eingeschlagene Methode für die Untersuchung der Wärmeerscheinungen bei chemischen Processen erfolgreich zu sein und mag deswegen hier so vollständig dargestellt werden, als sie sich aus der kurz gehaltenen Abhandlung mit Deutlichkeit erkennen lässt. Der vom Verfasser angewandte Apparat war folgender: Vermittelst eines Quecksilbercalorimeters, welches eine aus 5 Elementen bestehende Säule von amalgamirtem Zink, Platin und verdünnter Schwefelsäure einschliesst, lässt sich die innere Arbeit derselben mit Genauigkeit bestimmen. In das Innere eines zweiten Calorimeters von gleicher Empfindlichkeit können nach einander gebracht werden: 1) ein den 5 genannten Paaren identisches Plattenpaar; 2) ein Voltameter von derselben Construction, nur dass die Zinkplatte durch ein Platinblech von gleicher Grösse ersetzt ist; 3) ein ähnliches Voltameter, dessen Platten aus Kupfer bestehen und in eine Auflösung von Kupfersulfat getaucht sind. Der Abstand der Platten betrug sowohl bei den Ketten wie den Voltametern in der Regel 3^{mm}, konnte aber bis zu 30^{mm} vergrössert werden; zur Messung der Stromstärke diente eine Tangentenbussole. Wurde nun eins der genannten Voltameter in den Stromkreis eingeschaltet, so gestattete das zweite Calorimeter, die während der Elektrolyse in ihm stattfindende Wärmeentwickelung zu messen, während mittelst des ersten Calorimeters die Wärme bestimmt werden konnte, welche dem Strom der Säule durch die Elektrolyse entzogen war.

Wenn das zweite Calorimeter das sechste Zink-Platin-Paar einschliesst, so ist die von ihm angezeigte Wärmemenge genau gleich $\frac{1}{5}$ von derjenigen, welche das erste, die 5 gleichen Elemente enthaltende, Calorimeter angiebt. Schliesst das zweite Calorimeter dagegen das Voltameter mit Platinplatten ein, so ist die gesammte in seinem Innern entwickelte Wärme dem Strom der Säule im ersten entlehnt, und dies giebt die Differenz genau an. Bringt man endlich das Voltameter mit den in Kupferlösung getauchten Kupferplatten in das zweite Calorimeter, so stammt die in ihm entwickelte Wärme aus zwei Quellen, nämlich aus dem Strom der Säule im ersten Calorimeter und aus den chemischen Processen, welche im Voltameter selbst auftreten. Diese Processe sind aber: 1) die Zersetzung des Kupfersulfats, wodurch dem in der Säule entwickelten Strom Wärme entzogen wird; 2) die Bildung einer gleichen Menge von Kupfersulfat, wodurch Wärme entwickelt wird, die den Strom verstärkt.

Der Verfasser giebt nun eine 10 Versuche enthaltende Tabelle[1]) an, welche folgende Resultate geliefert hat:

I. Bringt man das Voltameter mit Platinplatten und verdünnter Schwefelsäure in das erste, die Säule enthaltende, Calorimeter, so entzieht dasselbe, um die Zersetzung von 1 Aequivalent schwefelsauren Wasserstoffs (SO_4H) = 49^{grm} zu bewerkstelligen, dem Strom 34462 Wärmeeinheiten. Wird dagegen das Voltameter in das zweite Calorimeter gebracht, so giebt das erste Calorimeter für dieselbe Zersetzung ein Deficit von 59895 Wärmeeinheiten an; während gleichzeitig das zweite Calorimeter eine der Differenz beider Zahlen entsprechende Erwärmung beobachten lässt. Es fragt sich, woher rührt diese Differenz oder die bedeutende Erwärmung des zweiten Calorimeters? Die Wärmemenge, welche zur Ueberwindung des von der Flüssigkeit des Voltameters dem Durchgange des Stroms entgegengesetzten Widerstandes verbraucht wird, ist viel zu gering; sie beträgt höchstens 7975 Calorien; subtrahirt man diese, so bleiben immer noch wenigstens 51920 Wärmeeinheiten übrig. Um

[1]) Diese Tabelle wird hier nicht aufgeführt, weil die darin gegebenen Zahlen unzweifelhaft noch von andern nicht berücksichtigten Umständen, z. B. der Grösse der Platten, ihrem Material u. s. w. abhängig, und demgemäss als Masszahlen für die beobachteten Phänomene ohne Bedeutung sind. Ber.

die Differenz der Zahlen 34462 und 51920 oder die bedeutende Erwärmung des zweiten Calorimeters zu erklären, nimmt Herr FAVRE an, dass die in Freiheit gesetzten Bestandtheile des Wasserstoffsulfats (SO_4 und H) im Status nascendi eine grössere Wärmemenge als im gewöhnlichen Zustande besitzen, und dass sie diese Wärme abgeben, sobald sie aus dem ersteren Zustande in den zweiten übergehen. Von der Verschiedenartigkeit beider Zustände kann man sich eine Vorstellung bilden, wenn man annimmt, dass bei dem Uebergange vom Status nascendi in den gewöhnlichen mehrere elementare Atome zu einem einzigen Molecül sich vereinigen.

II. In ähnlicher Weise wie das Wasserstoffsulfat (SO_4H) wurde das schwefelsaure Kupfer (SO_4Cu) untersucht, und zwar auf zweierlei Weise, indem einmal ein Voltameter mit in Kupferlösung getauchten Platinplatten, und dann ein gleiches mit in Kupferlösung getauchten Kupferplatten in Anwendung gebracht war. Beide Versuche lieferten hinreichend übereinstimmende Resultate. In beiden Fällen wird nach Hrn. FAVRE durch die Elektrolyse des Kupfersulfates dem Strom die gesammte Wärmemenge entzogen, welche zur Abscheidung des Kupfers im Status nascendi erforderlich ist; in diesem Zustande aber hat das Kupfer einen Wärmeüberschuss, welcher bei dem Uebergange des Metalls in den gewöhnlichen Zustand nicht den Strom verstärkt, sondern bei Anwendung des Platinplattenvoltameters entwickelt und an das zweite es einschliessende Calorimeter abgetreten, bei Anwendung des Kupferplattenvoltameters zur Bildung einer äquivalenten Menge Kupfersulfats aus dem Kupfer der andern Elektrode verbraucht wird.

Indem der Verfasser seine in Bezug auf Wasserstoff- und Kupfersulfat gefundenen Resultate bei allen Elektrolyten als gültig voraussetzt, glaubt er folgenden allgemeinen Satz aussprechen zu können: „Die von der Säule den Körpern zu ihrer Zersetzung gelieferte Wärmemenge ist grösser als diejenige, welche ihre Bestandtheile bei ihrer Vereinigung entwickeln, weil die Körper im Status nascendi einen Wärmeüberschuss besitzen, den sie abgeben, sobald sie in den gewöhnlichen Zustand übergehen. Um die Verschiedenartigkeit beider Zustände zu erklären, wird man zu der Annahme geführt, dass bei der Verbindung, respective Zersetzung die Molecüle der Elemente selbst Modificationen erleiden, welche der Verbindung vorausgehen oder der Zersetzung folgen," wahrscheinlich also, dass die Körper in den Zuständen, wie wir sie isolirt kennen, Polymere sind, verglichen mit den Zuständen, in welchen sie sich in ihren Verbindungen befinden. Berichterstatter muss jedoch hierzu bemerken, dass ehe diese Interpretationen des Verfassers Beweiskraft gewinnen und namentlich, ehe man daran denken kann, Maasszahlen für die einem Körper zukommende Uebergangswärme aufstellen zu können, eine ganze Anzahl von Einflüssen zu untersuchen sind, die ohne Zweifel neben der vom Verfasser angegebenen Ursache die im Voltameter beobachteten Wärmeerscheinungen bedingen, hauptsächlich: 1) der Einfluss der Stromstärke der Säule; 2) die Grösse, das Material, der gegenseitige Abstand und die Polarisation der Platten des Voltameters; 3) die Concentration der angewandten Lösungen; 4) die Hydratation oder Deshydratation der gebildeten oder zersetzten Salze. *W. W.*

MÉNRAD. Machine à faire la glace. Mondes (2) XII. 142-143†.

Das Gefrieren des Wassers wird durch schnelles Verdampfen von flüssigem Methyläther bewirkt, dessen Dämpfe eine Luftpumpe aufsaugt, welche durch eine kleine Dampfmaschine von ungefähr einer Pferdekraft in Bewegung gesetzt wird. Diese Luftpumpe wirkt zugleich als Druckpumpe, verdichtet die Dämpfe und treibt den flüssigen Methyläther in die Eiserzeugungsbehälter zurück, von wo aus er zum zweiten Mal seinen Kreislauf beginnt. *W. W.*

A. LIEBEN. Sulla fiamma. Giorn. sc. nat. II. 76-78†.

Eine Aufzählung bekannter Thatsachen und älterer Ansichten über die Natur der Flamme; als Ursache des Leuchtens wird das Glühen fester Partikelchen der Kohle u. s. w. aufgeführt; dass in neuerer Zeit andere Ansichten hierüber geltend gemacht sind, wird gar nicht erwähnt. *W. W.*

Fernere Litteratur.

TH. SCHLÖSING. Sur les applications des hautes températures produites par les gaz combustibles et l'air. C. R. LXII. 187-190; Inst. XXXIV. 25-26; Mondes (2) I. 95-98; Monit. Scient. VIII. 177; Bull. Soc. Chim. (2) V. 470-472; Polyt. C. Bl. XX. 806-810 (802-806).

BOUSSIGNAULT. Sur la sensation de chaleur que le gaz acide carbonique fait naître dans son contact avec la peau. Ann. d. chim. (4) VIII. 381-385.

BOILLOT. Sur les phénomènes généraux de la combustion. Mondes (2) II. 586-588, 701-703; Monit. Scient. VIII. 737; Inst. XXXIV. 172-173; C. R. LXIII. 214-214.

DUMAS. Sur la fabrication de l'éther méthylique et son application artificielle de la glace et du froid. Mondes X. 561-564.

TH. WOODS. Das thermische Aequivalent des Magnesiums. ERDMANN J. XCVII. 187-187; Phil. Mag. (4) XXX. 49.

H. VAN DE STADT. Over warmte-ontwikkeling by scheikundige verbindingen. Leiden 1866.

SCHINZ. Verbrennungsprocess. DINGLER CLXXXI. 1-15, 81-94.

H. W. SCHRÖDER VAN DER KOLK. Ueber die DEVILLE'sche Dissociationstheorie. POGG. Ann. CXXIX. 481-508.

---

22. Aenderung des Aggregatzustandes.

A. Schmelzen, Erstarren, Gefrieren.

B. Sieden, Verdampfen, Verdunsten.

L. ELSNER. Ueber die Flüchtigkeit (Sublimation) einiger Körper in der Weissglühhitze. ERDMANN J. XCIX. 257-261†.

Der Verfasser theilt Versuche über die Flüchtigkeit einiger Substanzen in der Weissglühhitze des Porcellangutofenfeuers mit, welche gewöhnlich als feuerbeständig gelten. Die Temperatur dieses Ofens soll nach den angestellten Versuchen gegen 2500 bis 3000° C. betragen. Die Flüchtigkeit des Kohlenstoffs zeigte sich darin, dass Porcellangeschirre in Kapseln, welche mit einem Zusatz von Graphit hergestellt waren, geglüht, durch die ganze Masse braunschwarz wurden und sich mit einer spiegelnden Schicht bedeckten.

Silber, Gold und Platinlüster im Emailfeuer eingebrannt, hatten sich im Gutofenfeuer vollständigt verflüchtigt. Platinmohr schmolz zu kleinen, metallglänzenden Kügelchen. Auch Metalloxyde, wie Kobaltoxydul, Nickeloxydul, Eisen-, Kupfer-, Uran-, Chrom- und Iridiumoxyd erwiesen sich als flüchtig. *Rdf.*

L. Elsner. Ueber das Verhalten einiger Mineralien und Gebirgsarten in sehr hoher Temperatur. Erdmann J. XCIX. 262-269†.

Der Verfasser untersuchte eine Reihe von Mineralien und Gebirgsarten in ihrem Verhalten im Gutfeuer des Porcellanofens. Unter der grossen Anzahl der angewandten Mineralien erwiesen sich meist Quarz und Topas als unschmelzbar. Im Allgemeinen ergab sich dass ein Alkalien, Eisenoxydul, oder Eisenoxydgehalt die Silikate leichtflüssiger, dagegen Thonerde dieselben strengflüssiger macht. Es fand sich die schon anderweitig bekannte Thatsache bestätigt, dass das specifische Gewicht mancher Mineralien nach dem Schmelzen sich niedriger zeigt als vor demselben, am auffallendsten ist dieses beim Porcellan der Fall. Das verglühte Porcellan von Berlin hatte ein specifisches Gewicht von 2,613, das gutgebrannte 2,452. *Rdf.*

R. Bunsen. Flammenreactionen. Liebig Ann. CXXXVIII. 257-296†; Arch. sc. phys. (2) XXVII. 25-39; Phil. Mag. (4) XXXII. 81-107.

Diese Abhandlung, in welcher der Verfasser zeigt, wie man eine grosse Anzahl von Grundstoffen und chemischen Verbindungen mit grosser Sicherheit durch ihr Verhalten in der Flamme des Bunsen'schen Brenners erkennen kann, hat ein vorwiegend chemisches Interesse und muss hier auf das Original verwiesen werden. *Rdf.*

Boillot. L'oxygéne est un gaz combustible. Mondes XI. 83-84; C. R. LXII. 1024-1030†.

Weitläufige Beschreibung des bekannten Versuchs, dass Sauerstoff beim Einleiten in Wasserstoff sich scheinbar entzünden lässt. *Rdf.*

A. WÜLLNER. Ueber die Spannkraft der Dämpfe von Flüssigkeitsgemischen. POGG. Ann. CXXIX. 353-366†.

Der Verfasser theilt Versuche über die Bestimmung der Spannkräfte der Dämpfe einiger Mischungen von Flüssigkeiten mit. Derselbe bediente sich des schon früher (vgl. Berl. Ber. 1858. p. 336) von ihm zu ähnlichem Zweck angewandten Apparates. In der folgenden Tabelle sind die Resultate zusammengestellt. Die erste Columne enthält die Temperaturen, die folgenden die zugehörigen Spannkräfte der einzelnen Gemengtheile und der Mischungen. Unter $\frac{\mu}{\pi}$ ist der Quotient aus der Spannkraft des Dampfgemisches und der Summe der Spannkräfte der Gemengtheile angegeben. Die Spannkraftbestimmungen der Gemische von Schwefeläther und Schwefelkohlenstoff sind früheren Angaben von REGNAULT entnommen und der Quotient $\frac{\mu}{\pi}$ aus denselben berechnet.

Mischungen aus Wasser und Alkohol.

I. 1 Gwth. Wasser und 8 Gwth. Alkohol. II. 1 Wasser und 4 Alkohol. III. 1 Wasser und 2 Alkohol. IV. 1 Wasser und 1 Alkohol V. 2 Wasser und 1 Alkohol.

Temperatur	Wasser	Alkohol	Dampfspannungen von: Gemisch I.		Gemisch II.		Gemisch III.		Gemisch IV.		Gemisch V.	
	mm	mm	mm	$\frac{\mu}{\pi}$	mm	$\frac{\mu}{\pi}$	mm	$\frac{\mu}{\pi}$	mm	$\frac{\mu}{\pi}$	mm	$\frac{\mu}{\pi}$
11,8°	10,32	29,75	28,00	0,699	26,25	0,656	25,00	0,624	23,09	0,597	21,00	0,520
20,5	17,93	49,05	46,08	0,686	43,88	0,655	41,76	0,622	29,05	0,587	35,41	0,528
30,4	32,27	84,10	79,25	0,681	76,15	0,654	72,80	0,626	68,76	0,591	62,00	0,533
40,0	54,90	137,00	130,16	0,677	126,16	0,657	120,60	0,628	116,75	0,599	103,25	0,530
50,5	94,31	225,00	216,78	0,677	210,09	0,658	201,15	0,630	189,86	0,595	173,98	0,545
60,3	151,25	354,68	342,35	0,676	332,32	0,656	318,85	0,630	300,75	0,594	277,38	0,547
70,0	234,12	543,10	526,25	0,677	511,09	0,657	490,62	0,631	463,55	0,595	376,45	0,541
80,4	360,49	824,86	800,76	0,675	778,07	0,656	745,36	0,629	705,67	0,595	642,81	0,542
81,7	380,63	873,81	849,07	0,677	825,06	0,657	790,57	0,630	747,73	0,596	760,00	0,544

Mischungen von Alkohol und Aether.

I. 1 Gwth. Alkohol und 1 Gwth. Aether. II. 1. Alkohol und 1 Aether. III. 1 Alkohol und 4 Aether.

Temp.	Aether	Alkohol	Dampfspannungen von Gemisch I.		Gemisch II.		Gemisch III.	
				$\frac{\mu}{\pi}$		$\frac{\mu}{\pi}$		$\frac{\mu}{\pi}$
	mm	mm	mm		mm		mm	
7,2°	264,7	24,37	183,0	0,633	215,0	0,745	231,6	0,800
10,3	301,5	28,00	207,0	0,628	243,1	0,737	262,1	0,797
13,6	340,0	32,60	235,8	0,632	275,5	0,733	296,5	0,796
16,2	379,2	38,25	261,6	0,626	305,0	0,730	329,9	0,790
18,6	413,3	44,33	283,8	0,620	331,9	0,725	358,1	0,783
21,1	465,5	52,40	322,5	0,623	373,7	0,721	401,2	0,780
23,2	503,2	57,20	353,8	0,630	405,6	0,723	435,3	0,783
25,5	553,0	66,25	392,7	0,632	448,2	0,724	478,0	0,776
28,0	604,1	74,90	—	—	492,7	0,725	527,1	0,776

Gemische aus Aether und Schwefelkohlenstoff.

I. Gwth. Aether und 1 Gwth. Schwefelkohlenstoff. II. 56 Vol. Aether und 41 Vol. Schwefelkohlenstoff. III. 38 Vol. Aether und 62 Vol. Schwefelkohlenstoff.

Temp.	Aether	Schwefelkohlenstoff	Dampfspannungen von Gemisch I.		Gemisch II.		Gemisch III.	
				$\frac{\mu}{\pi}$		$\frac{\mu}{\pi}$		$\frac{\mu}{\pi}$
	mm	mm	mm		mm		mm	
—16,7°	80,3	56,3	136,6	0,590	—	—	—	—
— 8,4	122,5	85,2	122,7	0,590	—	—	—	—
0,0	182,3	126,5	182,9	0,592	—	—	—	—
+ 4,7	228,2	158,8	—	—	—	—	207,5	0,536
8,0	263,0	183,0	—	—	253,7	0,569	—	—
9,0	275,7	191,3	274,0	0,587	—	—	—	—
18,6	410,8	282,6	—	—	388,4	0,560	—	—
20,5	442,3	305,0	—	—	—	—	395,5	0,529
30,0	638,0	436,2	—	—	603,9	0,562	—	—
30,8	654,3	448,3	—	—	—	—	575,9	0,522
36,0	786,5	539,5	—	—	—	—	688,7	0,519

Es geht aus obigen Versuchen hervor, dass die Grösse des Quotienten $\frac{\mu}{\pi}$ von dem Mengenverhältniss der Bestandtheile abhängt, und dass derselbe bei Mischungen welche aus nahezu gleichen Gewichtstheilen der Bestandtheile zusammengesetzt sind, bei allen Temperaturen constant ist. Namentlich zeigt sich auch, dass ein Steigen oder Fallen dieses Quotienten mit steigender Temperatur nicht stattfindet, mag beim Mischen der Bestandtheile Wärme gebunden oder frei werden. *Rdf.*

Fernere Litteratur.

ENGELHARDT. Sur la formation de la glace au fond de l'eau (Grundeis des Allemands). Ann. d. chim. (4) VII. 204-225. Vgl. Berl. Ber. 1860. p. 349.

J. GILL. On regelation. Phil. Mag. (4) XXXI. 119-123; Giorn. sc. nat. I. 317-321; Mondes (2) X. 699-700; Arch. sc. phys. XXVI. 134-137.

H. HELMHOLTZ. On the regelation of ice. Phil. Mag. (4) XXXII. 22-23; Arch. sc. phys. (2) XXVI. 241-243.

J. DELAHARPE. Note sur le regel de la glace. Bull. Soc. Vaud. IX. 85-99.

J. TYNDALL. Plasticité de la glace. Mondes XII. 682-685.

A. MOUSSON. Ueber das Sieden einer rotirenden Flüssigkeit. WOLF Z. S. X. 310-317; POGG. Ann. CXXIX. 168-174; LIEBIG Ann. CXXXVIII. 257-297; Arch. sc. phys. (2) XXVIII. 52-56.

---

23. Specifische Wärme.

H. KOPP. Investigations of the specific heat of solid bodies. J. chem. Soc. (2) IV. 154-234. Siehe Berl. Ber. 1864. p. 378.

V. REGNAULT. Note sur les chaleurs spécifiques des graphites naturels et artificiels. Ann. d. chim. (4) VII. 450-462†; LIEBIG Ann. CXLI. 118-121*; Z. S. f. Chem. IX. 333-334.

Hr. REGNAULT theilt in dieser Abhandlung eine Reihe neuer Bestimmungen verschiedener Graphite mit, welche er im Jahre 1862 auf der Londoner Ausstellung erhalten hat; die von ihm zu diesen Versuchen benutzte Methode ist die Mischungsmethode in der Form, in welcher er sie zu fast allen seinen Versuchen angewandt hat.

Für drei Stücke eines Graphits aus Canada, welcher nach einer Analyse des Hrn. Cloëz 86,8 Proc. Kohle, 0,5 Proc. Wasserstoff, 12,6 Proc. Asche enthielt, fand Hr. Regnault bei Benutzung von circa 66,5gr Substanz die specifische Wärme

0,19885, 0,19765, 0,19949, Mittel 0,19866.

Die Asche bestand aus einem sehr schwach eisenhaltigen Thon. Trotz des hohen Aschengehalts braucht die specifische Wärme des Graphits doch nicht für denselben corrigirt zu werden, da die specifische Wärme dieses Thons jener des Graphits fast gleich ist. Für einen feuerfesten im Porcellanofen gebrannten Thon fand Hr. Regnault nämlich die specifische Wärme an zwei Portionen von 78,01gr und 92,89gr zu 0,1940 und 0,1939, also der des Graphits sehr nahe gleich.

Für einen zweiten Graphit von Canada, der 0,7 Proc. H und 23,4 Proc. Asche enthielt, fand Hr. Regnault bei Anwendung von 92,31gr und 89,93gr die specifische Wärme 0,20135 und 0,20262, Mittel 0,20198. Wollte man an diesen Zahlen wegen des Aschengehalts eine Correction anbringen, so würde nach der obigen Bestimmung die specifische Wärme dieses Graphits etwa 0,204 sein.

Ein dritter aus breiten glänzenden fettig anzufühlenden Blättern bestehender Graphit von Canada gab, in zwei Portionen ausgesucht reiner Stücke von 106,33gr und 105,52gr untersucht, die specifische Wärme 0,19091 und 0,19135, Mittel 0,19113. Dieser Graphit enthielt 1,34 Proc. H. und 0,20 Proc. Asche.

Graphit aus Sibirien, feinkörnig glänzend nach der Analyse aus 89,51 Proc. C, 0,60 Proc. H, 10,40 Proc. Asche bestehend gab bei zwei Versuchen mit 59,39gr und 58,74gr die specifische Wärme 0,20043 und 0,19715, Mittel 0,19879.

Die für diese Graphite gefundenen Werthe stimmen sehr gut mit dem von Hrn. Regnault früher für natürlichen Graphit von unbekannter Herkunft gefundenen Werthe 0,2019 (Ann. d. chim. (2) LXXIII. 5).

Künstlicher Graphit aus der Zersetzung von Kohlenwasserstoffen in sehr hoher Temperatur, in Gasretorten aus dem durch Erhitzen schwerer Theeröle erzeugten Gase in dicken Schichten abgeschieden, gab merklich dieselbe specifische Wärme. Drei Portionen von 82,43gr, 99,90gr und 101,50gr ergaben 0,1974, 0,1961, 0,1970; Mittel 0,1968. Die Gaskohle bestand aus 96,97 Proc. C, 0,76 Proc. H, 0,40 Proc. Asche, 1,87 Proc. Stickstoff und Verlust.

Zur Reinigung des Graphits, besonders um den etwaigen Einfluss des Wasserstoffs festzustellen, wurde dann eine Quantität des zuletzt untersuchten Graphits von Canada und der Gaskohle mehrere Stunden unter Rothglühhitze der Einwirkung eines Stromes von trocknem Chlor ausgesetzt. Der Graphit wurde in erbsengrossen Stücken in ein Porcellanrohr und dieses in einen Ofen gelegt. Während stark gefeuert wurde, liess man 4 bis 5 Stunden lang einen reichlichen Strom von Chlor durch das Rohr gehen. Nach dem Erkalten wurde der Graphit gewaschen und nochmals bis zur Rothgluht erhitzt.

Der Graphit von Canada enthielt nach dieser Operation keinen Wasserstoff mehr und nur 0,68 Proc. Asche; die specifische Wärme desselben fand sich bei 2 Versuchen 0,1953 und 0,20007, Mittel 0,1977.

Die Gaskohle enthielt nach der Reinigung noch 0,39 Proc. H und 0,80 Proc. Asche; ihre specifische Wärme war in 2 Versuchen 0,19967 und 0,20041, Mittel 0,20000.

Die Behandlung mit Chlor hatte also die specifische Wärme kaum geändert.

Hr. Kopp bemerkt in einer Anmerkung zur Mittheilung dieser Versuche in Liebig's Annalen, dass er auch diese neuen Versuche den seinigen gegenüber, welche die specifische Wärme des Graphits beträchtlich kleiner ergeben hätten, nicht als beweisend dafür ansehen könne, dass die specifische Wärme des Graphits so beträchtlich grösser sei als die des Diamants 0,1469. Bei allen diesen Versuchen sei der auf nahe 100° erhitzte Graphit in das Kühlwasser des Calorimeters getaucht, es trete deshalb zu der vom Graphit abgegebenen Wärme noch die durch das Benetzen des Graphits als poröser Substanz entwickelte

Wärme, welch' letztere unzweifelhaft beträchtlicher sei als sie sich beim Benetzen von nicht erhitztem Graphit ergiebt.

Referent darf dem entgegen wohl bemerken, dass Hr. Kopp hier dem Benetzen einen zu grossen Einfluss zuschreibt; eine grosse Zahl Versuche über die specifische Wärme der verschiedenen Modificationen des Kohlenstoffs nach der Methode des Hr. Kopp angestellt, über welche in einem spätern Jahrgang berichtet wird, haben ihm merklich dieselben Werthe geliefert wie sie Hr. Regnault gefunden, nämlich Gaskohle 0,2040, Graphit von Ceylon 0,1955, Hochofengraphit 0,1961, Diamant 0,1483. Die Graphite waren durch Behandeln mit Brom in Rothglühhitze gereinigt und enthielten nur äusserst geringe Mengen Asche.

A. W.

G. Schmidt. Ueber die Atomwärme. Wien. Ber. LII. 2. p. 417-453†; Inst. XXXIV. 191-191; Chem. C. Bl. 1866. p. 513-521.

Im ersten Theile dieser Abhandlung sucht der Verfasser den Nachweis zu liefern, dass eine von ihm im Jahre 1860 für die specifische Wärme der Gase aufgestellte empirische Relation (Berl. Ber. 1860. p. 318)

$$qc = an$$

für feste Körper und Gase gültig sei. In dieser Formel bedeutet q das Gewicht eines Aequivalents oder eines Molecüls einer in fester oder gasförmiger Gestalt untersuchten chemischen Verbindung; c die specifische Wärme bei constantem Druck; a eine empirische Constante, welche für die festen Körper den Werth a_1 für alle gasförmigen den Werth a_2 besitzt, und schliesslich n die Charakteristik der Verbindung, gebildet aus der Summe der Charakteristiken sämmtlicher in der Verbindung erscheinenden Atome. Die Charakteristik eines jeden Atoms ist eine ganze Zahl, welche in allen Verbindungen desselben Aggregatzustandes denselben Werth besitzt, jedoch für die zwei genannten Aggregatzustände verschiedene Werthe hat. Bei der Berechnung der Atomwärmen der sämmtlichen von Hrn. Kopp in seiner grossen Arbeit über die specifischen Wärmen der festen Körper aufgeführten Verbindungen (Berl. Ber. 1864. p. 378) lässt Verfasser für den Werth a_1 zwei Möglichkeiten zu, nämlich den Werth $\frac{3}{8}\frac{2}{6}$

und 0,8. Je nach Annahme des einen oder andern Werthes von a_1 werden auch die Charakteristiken der Atome anders. Im ersten Falle sind z. B. die Charakteristiken für Chlor, Brom, Jod und die Metalle 6, im zweiten Falle 8.

Hr. KOPP hat bekanntlich den Satz aufgestellt, dass die Atomwärme einer Verbindung gleich ist der Summe der Atomwärmen der Bestandtheile; mit diesem Satze fällt im Grunde die Rechnung des Verfassers zusammen, mit der Erweiterung, dass die Atomwärmen der Elemente als ganze Vielfachen von $\frac{32}{30}$ oder 0,8 angesehen werden können. Annähernd lassen sich die von KOPP bestimmten Atomwärmen so wiedergeben, und deshalb stimmen des Verfassers Werthe, welche er für die specifischen Wärmen der festen Verbindungen berechnet, nahezu so gut mit den beobachteten, wie die aus dem Satze des Herrn KOPP sich ergebenden, wie man in der vom Verfasser angegebenen Zusammenstellung erkennt.

Für die gasförmigen Verbindungen setzt der Verfasser $a_2 = 0,86$, wie er das schon früher in einer dem Referenten nicht bekannten Schrift gethan hat (Ueber den Unterschied der Aequivalentcapacität in festen und gasförmigen Verbindungen, Jahrb. d. k. k. Montan-Lehranstalten X. Prag 1861) und zeigt in einer Tabelle dass man mit passend gewählten Charakteristiken die specifischen Wärmen der von Hrn. REGNAULT beobachteten Gase und Dämpfe mit ziemlicher Annäherung berechnen kann. Im zweiten Theile der Abhandlung, überschrieben „Rationelle Atomwärme der Gase", bespricht der Verfasser eine von ihm früher aufgestellte empirische Relation zur Berechnung der specifischen Wärme der Gase bei constantem Volum. Bezeichnet q das Moleculargewicht des Gases (immer auf 4 Volume bezogen) L' die specifische Wärme bei constantem Druck, L jene bei constantem Volumen, so ist jene Relation

$$q(L'-L) = 2.$$

Als rationelle Atomwärme bezeichnet der Verfasser das Product qL, und diese ist nach obiger Gleichung

$$qL = qL'-2.$$

Referent kann in diesem ganzen Theile der Abhandlung nichts neues erkennen, da die Beziehung

$$q(L'-L) = \text{const.}$$

eine nothwendige Folge der mechanischen Wärmetheorie und in allen ihren Einzelnheiten bekannt ist. Der Werth 2, welchen der Verfasser der Constanten giebt ist nur ein annähernd richtiger, und deshalb unzulässig nach demselben die übrigen Constanten etc. zu corrigiren. Ueber die tiefe Bedeutung welche der Verfasser dem Werth 2 beilegt sehe man Berl. Ber. 1860. p. 318. *A. W.*

TOSELLI. Glacière nouvelle à vapeur d'eau. Mondes (2) I. 668-671.

Die Mittheilung enthält die Zeichnung eines von Hrn. TOSELLI construirten Eisapparates und, ohne vollständige Beschreibung, die Besprechung der wesentlichsten Theile desselben. Ein neues Princip kommt bei Construction des Apparates nicht zur Anwendung. *A. W.*

MEHAY. Sur la chaleur latente des corps raportée à un volume de vapeur saturée sous une même pression. Mondes (2) I. 265-267†.

Der Verfasser sucht in dieser Mittheilung den Nachweis zu liefern, dass die latente Wärme gesättigter Dämpfe bezogen auf gleiche Volume und gleichen Druck merklich dieselbe für alle Körper sei. Der Verfasser berechnet dazu aus der theoretischen Dampfdichte das Volumen der Dämpfe bei dem Siedepunkte einer Reihe von Flüssigkeiten und dividirt durch die so erhaltenen Zahlen die latenten Wärmen bei dem Siedepunkt. Welche Beobachtungsdaten er zu Grunde legt, giebt der Verfasser nicht an; wenn man indess dieselbe Rechnung mit den Angaben des Hrn. REGNAULT (Berl. Ber. 1862. p. 348 ff.) durchführt, so erhält man Zahlen, die noch mehr abweichen als die vom Verfasser berechneten, so dass man die Unterschiede nicht wie der Verfasser auf die nicht hinreichend genauen Dichtigkeitsbestimmungen schieben kann. Die Dichtigkeiten des gesättigten Dampfes bei der Siedetemperatur sind allerdings nicht bekannt, es ist aber sicher dass man für diese das GAY-LUSSAC'sche Gesetz nicht anwenden kann, deshalb ist die Berechnung der Dampfvolumina aus der Dampfdichte und dem Ausdehnungscoefficienten der Gase und damit die ganze Rechnung unzulässig.

A. W.

Clausius. Ueber die Bestimmung der Disgregation eines Körpers und die wahre Wärmecapacität. Pogg. Ann. CXXVI. 477-483; Z. S. f. Naturw. XXVII. 506-506.

Ueber diese Abhandlung ist bereits im Berl. Ber. 1865. p. 322 referirt.

A. W.

G. Vargiu. Observations sur un fait expérimental de chaleur spécifique. Mondes (2) I. 267-271†.

Der Verfasser gründet auf die Thatsache, dass die specifische Wärme des Wassers etwa 32 Mal so gross ist als jene des Quecksilbers und die dem Referenten nicht bekannte Thatsache, dass der absolute Ausdehnungscoefficient des Wassers 4 Mal so gross sei als der des Quecksilbers, eine Reihe von Speculationen, deren Basis der Satz ist: „Ein Temperaturgrad des Wassers hat ungefähr den 32fachen Werth eines solchen des Quecksilbers, oder in andern Worten, das Wasser neutralisirt und macht latent für jeden Grad seiner Temperatur 32° des Quecksilbers. *A. W.*

Bolley. Calorimètre à vapeur. Mondes (2) I. 444-446†.

Die Mittheilung enthält die Beschreibung eines nach den Angaben des Hrn. Bolley construirten Calorimeters zur Bestimmung des Brennwerths von Brennmaterialien. Dasselbe besteht aus einem vorsichtig umhüllten Dampfkessel, so dass derselbe nach aussen keine Wärme abgeben kann und einer sorgfältig angelegten Feuerung, auf der das Material verbrannt wird. Die Wärmemenge wird aus der Menge des bei 100° verdampften Wassers und der Temperaturerhöhung eines Hülfscalorimeters, in welchem die Verbrennungsgase abgekühlt werden, bestimmt.

A. W.

Fernere Litteratur.

Ueber eine Beziehung der Valenz der Atome zu der specifischen Wärme derselben. LIEBIG Ann. Suppl. IV. 164-167.

Anderweitige Wirkung der Wärme.

J. PERSONNE. Sur la décoloration de l'jodure d'amidon par la chaleur. Soc. chim. (2) V. 454-455; C. R. LXI. 993.

L. PFAUNDLER. Ueber die Wärmecapacität verschiedener Bodenarten und deren Einfluss auf die Pflanze, nebst kritischen Bemerkungen über die Methoden zur Bestimmung derselben. POGG. Ann. CXXIX. 102-135†; Inst. 1866. p. 335-336; Phil. Mag. (4) XXXIII. 56-61.

Die Abhandlung des Hrn. PFAUNDLER theilt die Resultate einer nicht unbeträchtlichen Anzahl von Bestimmungen specifischer Wärmen verschiedener Bodenarten mit, welche er angestellt hatte um den Einfluss der physikalischen Bodenbeschaffenheit auf die Vegetation zu untersuchen. Durch die Versuche des Prof. KERNER in Innsbruck sei constatirt, dass die chemische Zusammensetzung des Bodens, wenn auch von grossem so doch nicht von jenem entscheidenden Einflusse sei, wie man früher vermuthet hatte. Viele Pflanzenarten nehmen z. B. ohne wesentliche Aenderung anstatt einer gewissen Menge Magnesia eine entsprechende Menge von Kalk auf, während sie andererseits durch eine nur wenig geänderte physikalische Beschaffenheit ihrer Unterlage weit mehr afficirt werden. In dieser Beziehung sind die Wärmeverhältnisse für die Vegetation am bedeutungsvollsten.

Um den Einfluss der Bodenzusammensetzung für sich allein zu untersuchen, strebte man jenen der Wärme aus den Beobachtungen zu eliminiren, indem man Oertlichkeiten wählte, die bei verschiedener Unterlage gleichen Wärmezuflüssen ausgesetzt waren. Indess erhielt man dadurch keine reinen Resultate, indem bei gleichen Wärmezuflüssen die Bodentemperatur und der Gang derselben bei verschiedenen Bodenarten sehr verschieden sein kann. Der letztere insbesondere hängt vorzugsweise ab von der Wärmecapacität, innerer und äusserer Wärmeleitungsfähigkeit des Bodens u. s. w. Man muss deshalb diese Eigenschaften mit in Rechnung ziehen, wenn man den Einfluss der Wärme auf die Pflanzen bestimmen will, und als ersten Schritt dazu hat der Verfasser die specifischen Wärmen untersucht. Der Verfasser benutzt diese Gelegenheit gleichzeitig zu einer ausführlicheren Besprechung der REGNAULT'schen Methode zur Bestimmung der specifischen Wärme insbesondere der Berechnung der Correctionen wegen der Temperatur der Umgebung und zu einer Zurückweisung der von Hrn. PAPE gegen die Methode des Hr. REGNAULT erhobenen Einwürfe.

Die Versuchsanordnung des Hrn. PFAUNDLER weicht nur wenig von derjenigen des Hrn. REGNAULT ab; der Erwärmungsapparat besteht in einem flaschenförmigen Blechgefäss, durch dessen Hals, mit Kork in demselben dicht eingesetzt, ein Reagenzcylinder in dasselbe eingesenkt ist. In dem Blechgefäss befindet sich eine Quantität Wasser, in dem Glascylinder die zu untersuchende Substanz. Das Blechgefäss ist in verticaler Ebene drehbar in einem verschiebbaren Gestell aufgehängt; die eine Hälfte der Drehungsaxe dient zugleich als Abzugsrohr für den Dampf. Wird die Glasröhre geschlossen und der obere Theil des Apparates umhüllt, so ist im Innern der Röhre nach 35 Minuten langem Sieden genau die Temperatur der Dämpfe erreicht.

Das Calorimeter, in der Form wie sie Hr. REGNAULT stets benutzt, war in einem Kasten ein für allemal fest aufgestellt, um die zu untersuchende Substanz einzufüllen, wurde der vorher entfernt aufgestellte Erwärmungsapparat herangeschoben und durch Umkippen desselben die Substanz in das Calorimeter fallen gelassen. Diese Anordnung ist der REGNAULT'schen, bei der das Calorimeter verschiebbar ist, besonders deshalb vorzuziehen, weil man dann den Rührer des Calorimeters durch eine mechanische Vorrichtung in Bewegung setzen kann.

Das Thermometer des Calorimeters war mit einer willkürlichen Theilung versehen, deren 12 auf 1° C. gingen, man konnte 0,1 der Theilung somit $\frac{1}{120}$° ablesen.

Die Erden wurden theils als loses Pulver, theils, besonders

wenn sie sehr humusreich waren, in Stanniol oder in Büchsen von dünnstem Messingblech eingefüllt, untersucht.

Die Methode der Beobachtung war die REGNAULT'sche. Die Temperatur des Calorimeters wurde von 20 zu 20 Secunden beobachtet, man begann mit der Beobachtung 5 bis 10 Mal 20 Secunden vor dem Einbringen der Substanz und setzte sie nach Eintritt des Maximums so lange fort, bis die Differenzen der aufeinander folgenden Beobachtungen sich als constant erwiesen, und beobachtete schliesslich noch einige Intervalle zur sichern Bestimmung dieser constanten Differenz.

Zur Berechnung der specifischen Wärmen aus den Beobachtungen hat man zunächst die Correction wegen der Temperatur der Umgebungen zu berechnen. Der Verfasser wendet die Methode von REGNAULT an, welche von den Temperaturänderungen vor dem Eintauchen und nach dem Eintritte des Maximums ausgeht, wenn die Differenzen constant geworden sind; sie setzt voraus, dass der Unterschied zwischen der Temperaturänderung in Folge der Ausstrahlung nach aussen in irgend einem Intervall und der Temperaturänderung vor dem Eintauchen proportional sei der Differenz zwischen der mittlern Temperatur des betrachteten Intervalls und der Temperatur vor dem Eintauchen; dass ebenso auch der Unterschied zwischen der Temperaturänderung desselben Intervalles und der constanten Temperaturänderung nach Eintritt des Maximums proportional sei der Differenz zwischen der mittleren Temperatur des betrachteten Intervalls und der mittlern Temperatur während jener Zeit, in welcher die constante Temperaturabnahme beobachtet wird. Seien demnach

1) die mittlere Temperatur vor dem Eintauchen t, und die Temperaturänderung in Folge der Strahlung innerhalb 20″ während dieser Zeit v, positiv wenn die Temperatur sinkt, negativ wenn sie steigt.

2) die Temperatur im Momente des Eintauchens gleich ϑ_0, die am Ende jedes Intervalls von 20″ ϑ_1, ϑ_2 ... so dass ϑ_n diejenige Temperatur nach n mal 20″ ist, von wo aus die Abnahme sicher constant ist, und die als Endtemperatur des Versuches genommen wird.

3) die mittlere Temperatur jener Zeit, in welcher die constante Temperaturabnahme nach dem Eintritt des Maximums beobachtet wird t_1 und v_1 diese Temperaturabnahme selbst.

Die Temperaturänderung v_r wegen der Strahlung in dem $r$ten Intervalle nach dem Eintauchen lässt sich dann, wenn τ_r die mittlere Temperatur dieses Intervalles ist, ausdrücken durch

(1) . . . . . $v_r = v + c.(\tau_r - t)$,

(2) . . . . . $v_r = v_1 - c.(t_1 - \tau_r)$.

Die beiden Gleichungen gestatten die unbekannte Constante c zu eliminiren und geben

$$v_r = v + \frac{v_1 - v}{t_1 - t}(\tau_r - t).$$

Die Temperaturänderung in Folge der Ausstrahlung während der n Intervalle ist die Summe jener n Aenderungen; wir können dieselbe schreiben

$$C = nv + \frac{v_1 - v}{t_1 - t}(\tau_1 + \tau_2 + \tau_3 + \dots \tau_n - n.t).$$

Da nun ferner

$$\tau_1 = \frac{\vartheta_0 + \vartheta_1}{2}, \quad \tau_2 = \frac{\vartheta_1 + \vartheta_2}{2} \dots \tau_n = \frac{\vartheta_{n-1} + \vartheta_n}{2},$$

so wird schliesslich

$$C = nv + \frac{v_1 - v}{t_1 - t}\left(\vartheta_1 + \vartheta_2 + \dots \vartheta_{n-1} + \frac{\vartheta_0 + \vartheta_n}{2} - nt\right).$$

Mit der so berechneten Temperaturcorrection C wird dann die Temperaturzunahme des Calorimeters $\vartheta_n - \vartheta_0 + C$, aus der dann in bekannter Weise die specifische Wärme berechnet wird.

Die Berechnung der Correction C setzt die Richtigkeit des NEWTON'schen Abkühlungsgesetzes voraus, welches ohne Zweifel bei den kleinen hier vorkommenden Temperaturdifferenzen gültig ist, und ferner dass die Temperatur der Umgebung constant sei (oder auch der Zeit proportional sich ändere. Ref.); indess wenn auch diese Voraussetzung nicht genau erfüllt ist, so wird diese Art der Berechnung der Wahrheit doch am nächsten kommen.

Hr. PAPE hat bekanntlich (Berl. Ber. 1864. p. 373) die Berechnungsmethode des Hr. Regnault für C als nicht hinreichend genau angegriffen. Hr. Pfaundler schliesst deshalb an die Darlegung seiner Methode eine ausführliche Discussion der Genauigkeit, welche bei diesen Versuchen erreicht werden kann. Indem wir wegen der Einzelnheiten auf das Original verweisen, heben wir nur als Resultat hervor, dass es bei den Versuchen dieser Art vor allem auf die Genauigkeit in der Temperaturbestimmung des Calorimeters ankommt. Hr. Pape konnte die Temperaturzunahme seines Calorimrters nur auf 0,02° C. bestimmen, der dadurch mögliche Fehler übersteigt die sämmtlichen übrigen Fehlerquellen, besonders auch den einer etwa nicht ganz genauen Bestimmung der Erhitzungstemperatur, um ein bedeutendes. Referent kann darin dem Verfasser durchaus beipflichten und möchte noch besonders hervorheben, dass bei dieser Methode der Beobachtung, wenn nur ϑ_n hinreichend weit nach Eintritt des Maximums gewählt wird, auch dadurch kein Fehler entstehen kann, dass die Temperatur des Körpers im Moment des Maximum noch höher ist als die des Calorimeters.

Zur Prüfung der Methode theilt Hr. Pfaundler dann eine Reihe von Bestimmungen der specifischen Wärme von Kalkspath, der in grössere oder kleinere Stücken oder als Pulver untersucht wurde, und bei denen die Temperatur des Calorimeters so gewählt wurde, dass bei den verschiedenen Versuchen der Werth der Correction C von 0,0085° C. bis 0,085° C. zunahm, mit, aus denen sich im Mittel 0,20575 ergiebt. Die grösste Abweichung vom Mittel ist in 10 Versuchen 0,2063 und 0,2053. Die Extreme differiren also nur um 0,001.

Zwei Bestimmungen der specifischen Wärme des Wassers lieferten zwischen 15,6° und 97,9°, auf jene bei 0° C. gleich 1 gesetzt, 1,00664, während die Tabelle von Regnault 1,00568 liefert.

Die Resultate der Bestimmungen der specifischen Wärme der Erden im einzelnen mitzutheilen, wird überflüssig sein; nur möge als allgemeines Resultat erwähnt werden, dass die specifische Wärme der humusfreien Bodenarten nahe gleich 0,2, dass sie mit dem Humusgehalt bis auf 0,4143 oder beim Torfe gar bis 0,507 steigen kann.

In Bezug auf den Zweck der Untersuchung folgt, dass auf die Wärmeverhältnisse des Bodens die geognostische Beschaffenheit von geringerm Einflusse ist, dass Humusgehalt und Wasserhaltungsvermögen dort die Hauptrolle spielen. *A. W.*

---

24. Verbreitung der Wärme.

A. Wärmeleitung.

A. PICART. Solution géométrique d'un problème d'analyse qui se présente dans la question des lignes isothermes permanentes. Ann. sc. d. l'éc. norm. sup. III. 309-319†.

Das Problem, in einem unbegrenzten homogenen Körper, der anfänglich beliebig erwärmt ist, ein System von Linien zu finden, in deren ganzer Länge die Temperatur während des ganzen Verlaufs der Abkühlung gleichförmig bleibt, reducirt sich bekanntlich darauf, zwei Functionen α, β der Coordinaten x, y, z zu bestimmen, dergestalt dass die fünf Ausdrücke

$$\left(\frac{\partial\alpha}{\partial x}\right)^2+\left(\frac{\partial\alpha}{\partial y}\right)^2+\left(\frac{\partial\alpha}{\partial z}\right)^2,$$

$$\left(\frac{\partial\beta}{\partial x}\right)^2+\left(\frac{\partial\beta}{\partial y}\right)^2+\left(\frac{\partial\beta}{\partial z}\right)^2,$$

$$\frac{\partial\alpha}{\partial x}\cdot\frac{\partial\beta}{\partial x}+\frac{\partial\alpha}{\partial y}\cdot\frac{\partial\beta}{\partial y}+\frac{\partial\alpha}{\partial z}\cdot\frac{\partial\beta}{\partial z},$$

$$\frac{\partial^2\alpha}{\partial x^2}+\frac{\partial^2\alpha}{\partial y^2}+\frac{\partial^2\alpha}{\partial z^2},$$

$$\frac{\partial^2\beta}{\partial x^2}+\frac{\partial^2\beta}{\partial y^2}+\frac{\partial^2\beta}{\partial z^2}$$

nur von α und β abhängen.

Der Verfasser betrachtet nun α und β als variable Parameter zweier Klassen von Oberflächen und untersucht, welche Eigenschaften diese Oberflächen haben müssen, damit die obigen fünf Ausdrücke den geforderten Bedingungen genügen. Die drei ersten Bedingungen ergeben dann unmittelbar folgende Eigenschaften:

1) Zwei beliebige Oberflächen beider Systeme schneiden sich immer unter demselben Winkel, und längs jeder Schnittlinie bleibt der Abstand einer Fläche von der unendlich nahen derselben Art constant.

2) Jedes der beiden Oberflächensysteme bestimmt auf irgend einer Fläche des andern Systems eine Reihe paralleler Curven, die zu rechtwinkligen Trajectorien ein System geodätisoher Linien haben.

Die Untersuchung der Krümmungsradien und der sphärischen Krümmung der Flächen, die durch die beiden letzten Bedingungen bestimmt werden, ergiebt ferner,

3) dass jene Oberflächen betrachtet werden können als erzeugt durch je eine Linie, die, ohne deformirt zu werden, dergestalt bewegt wird, dass in jedem Augenblick das Element der Trajectorie jedes ihrer Punkte normal zur Osculationsebene in diesem Punkte ist.

Die weitere Untersuchung ergiebt dann, dass nur zwei Arten von Flächen allen Bedingungen genügen:

1) wenn die erzeugende Curve eben, zwei Systeme von Rotationsflächen mit derselben Axe

$$\alpha = \varphi(z, x^2+y^2),$$
$$\beta = \psi(z, x^2+y^2);$$

2) wenn die erzeugende Curve von doppelter Krümmung, zwei Systeme von Schraubenflächen:

$$\alpha = \varphi_1 \left\{ z - m . \arccos \frac{x}{\sqrt{[x^2+y^2]}}, \sqrt{[x^2+y^2]} \right\},$$
$$\beta = \psi_1 \left\{ z - m . \arccos \frac{y}{\sqrt{[x^2+y^2]}}, \sqrt{[x^2+y^2]} \right\},$$

wo φ, ψ, φ_1, ψ_1 beliebige Functionen sind, m ein unbestimmter constanter Factor.

Ausserdem können α und β auch lineäre Functionen der Coordinaten sein. *Wg.*

V v. Lang. Orientirung der Wärmeleitungsfähigkeit einaxiger Krystalle. Wien. Ber. LIII. 2. p. 163-176†.

Im Anschluss an die Untersuchungen Senarmont's über die Wärmeleitung natürlicher Krystalle sucht der Verfasser den

Charakter des Wärmeellipsoids für eine Reihe von künstlichen einaxigen Krystallen zu ermitteln. Das dabei angewandte Verfahren war das von SENARMONT. Von der betreffenden Substanz wurde eine möglichst dünne Platte parallel der morphologischen Axe hergestellt und durch die Mitte derselben ein enges Loch gebohrt. Sodann wurde eine Seite der Platte mit einem leichtschmelzenden Körper (Mischung von Wachs und Terpentin, deren Schmelzpunkt 40° C.) gleichförmig, aber möglichst dünn überzogen und in das Loch von der überzogenen Seite her eine Nähnadel gesteckt, die durch Einschaltung in die Leitung einer galvanischen Batterie erwärmt wurde. Das jetzt um die Nadel herum schmelzende Wachs wird durch eine Ellipse begrenzt, deren Axenverhältnisse durch ein mit einem Messtisch versehenes Mikroskop gemessen wurden. Daraus lässt sich zwar nicht ein genauer Werth für das Verhältniss der Leitungsfähigkeit senkrecht und parallel zur morphologischen Axe folgern, weil die Leitungsfähigkeit auch von der Temperatur abhängig ist; aber man kann doch mit Sicherheit entscheiden, ob der einaxige Krystall thermisch positiv ist (d. h. ein verlängertes Wärmeellipsoid besitzt), oder thermisch negativ (abgeplattetes Ellipsoid). Eine Zusammenstellung aller bisher untersuchten Krystalle ergab nun, dass in der Mehrzahl der Fälle (17 von 24) die Wärmeleitungsfähigkeit und der optische Charakter dasselbe Zeichen haben. Bei fast allen Gruppen isomorpher Substanzen hatten ferner die Substanzen einer Gruppe alle dasselbe thermische Zeichen; eine Ausnahme hiervon machte nur der unterschwefelsaure Kalk, der optisch sowohl, als thermisch das entgegengesetzte Zeichen mit dem entsprechenden Bleisalz hat. — Ein Zusammenhang zwischen Wärmeleitung und magnetischem Verhalten, der ursprünglich gesucht wurde, fand sich nicht.

Die untersuchten Substanzen waren:

Thermisch positiv: Ammonium-Kupferchlorid, essigsaurer Kupferoxydkalk, Harnstoff, Kalium-Cadmiumchlorid, Ammoniumchlorid, Nickel-Kieselfluorid, unterschwefelsaurer Kalk;

Thermisch negativ: Magnesium-Platincyanür, phosphorsaures Kali, phosphorsaures Ammoniak, arsensaures Kali, arsensaures Ammoniak, schwefelsaures Nickeloxyd, die Doppelverbindung $FeKa_2Cy_3 + NaO, NO_5 + KO, NO$, unterschwefelsaures Bleioxyd. *Wg.*

E. Gripon. Sur la conductibilité du mercure pour la chaleur. C. R. LXIII. 51-53†.

Der Verfasser sucht die Lücke, die in Betreff der Wärmeleitungsfähigkeit der Flüssigkeiten existirt, durch Untersuchung des Quecksilbers und Vergleichung desselben mit dem Blei auszufüllen.

Es wurden zwei cylindrische Bleistäbe von 45^{cm} Länge untersucht, deren Durchmesser 8,3 und 11^{mm} betrug. Die Stäbe wurden entweder durch ein dünnes, fest anliegendes Glasrohr bedeckt, oder durch Pappe. Eine genau gleiche Röhre von Glas respective Pappe enthielt das zu untersuchende Quecksilber. Die von einem Ende her fortschreitende Erwärmung wurde nach der Methode von Wiedemann und Franz durch vier im Abstand von 40^{mm} eingesenkte Thermoelemente bestimmt. Sind t_1, t_2, t_3, t_4 die so erhaltenen Temperaturüberschüsse über die umgebende Luft, so ergab sich, dass die Quotienten $\frac{t_1+t_3}{t_2}$, $\frac{t_2+t_4}{t_3}$ für Blei nahezu gleich waren, für Quecksilber nicht. Das Resultat der Vergleichung war, dass die Leitungsfähigkeit des Bleis 2,48 Mal grösser sei, als die des Quecksilbers. — Dasselbe Resultat (2,44) wurde erhalten durch Aufsuchen der Stellen, in denen bei Blei und Quecksilber dieselbe Temperatur herrschte. — Der Einfluss der Umhüllungen wurde möglichst dadurch beseitigt, dass diese gewechselt wurden.

Endlich wurde noch dieselbe Methode angewandt, durch die Pictet die Leitungsfähigkeit des Bleis bestimmt hat. Das Quecksilber war in einem durch zwei dünne Eisenplatten begrenzten Kästchen enthalten. Eine von diesen Platten bildete gleichzeitig die Wand eines Dampfkessels, die andere war mit kaltem Wasser in Berührung. Man beobachtete die Temperatur des Dampfes, des Wassers und die der umgebenden Luft, sowie die Zeit, die das Wasser zur Erwärmung gebrauchte. Nach Abzug der

Wärme, die durch Strahlung verloren ging, ergab sich dann, dass die Wärmemenge, welche in einer Secunde durch eine Quecksilberschicht von 1^{mm} Dicke und $1\square^{m}$ Grundfläche hindurchgeht, wenn die beiden Flächen eine Temperaturdifferenz von 1^0 C. zeigen, im Mittel = 1,67 ist. Für Blei ist die entsprechende Zahl nach PECLET 3,84; das Verhältniss somit 2,30, nahe übereinstimmend mit den vorigen Resultaten. — Die Leitungsfähigkeit des Quecksilbers für Wärme (3,54, wenn die des Silbers = 100) stimmt mit der für Elektricität (1,80) nicht mehr überein, wie bei den Metallen. *Wg.*

W. DUMAS. Bestimmung der Wärmeleitungsfähigkeit dünner Metallstäbe. POGG. Ann. CXXIX. 272-292, 393-412†.

In den Berl. Ber. 1861 hatte Hr. DUMAS über eine Arbeit von ÅNGSTRÖM zur Bestimmung der absoluten Wärmeleitungsfähigkeit von Metallstäben berichtet und gegen die Zuverlässigkeit der angewandten Methode einige Einwände gemacht. Diese Einwände, die von ÅNGSTRÖM als haltlos zurückgewiesen sind (cf. Berl. Ber. 1864. p. 396), zu rechtfertigen, ist der Zweck der vorliegenden Arbeit. Die hauptsächlichsten Streitpunkte sind folgende:

1) Die Methode von ÅNGSTRÖM besteht darin, dass man den zu untersuchenden Stab an einem Ende einer periodischen Erwärmung und Abkühlung unterwirft und an zwei andern Punkten in solchen Zeitintervallen die Temperatur beobachtet, dass man dieselbe in eine nach dem Sinus und Cosinus der Vielfachen der Zeit fortschreitende Reihe entwickeln kann. Für diesen Vorgang leitet Hr. DUMAS als allgemeine Lösung die Formel ab:

$$\begin{aligned} u = B_0 e^{-gx} + 2B_1 e^{-\lambda_1 x} \sin\left\{\frac{2\pi t}{\tau} - \mu_1 x + \beta_1\right\} \\ + 2B_2 e^{-\lambda_2 x} \sin\left\{\frac{4\pi t}{\tau} - \mu_2 x + \beta_2\right\} + \cdots \\ + C_0 e^{gx} + 2C_1 e^{\lambda_1 x} \sin\left\{\frac{2\pi t}{\tau} + \mu_1 x + \gamma_1\right\} \\ + 2C_2 e^{\lambda_2 x} \sin\left\{\frac{4\pi t}{\tau} + \mu_2 x + \gamma_2\right\} + \cdots, \end{aligned}$$

wo x die Entfernung eines Punktes von dem erwärmten Stabende, u die Temperatur dieses Punktes zur Zeit t, τ die Periode der Erwärmung und Abkühlung ist, ferner

$$g = \sqrt{\frac{\varepsilon p}{\omega k}},\quad \lambda_n = \sqrt{\left\{\sqrt{\left(\frac{\varepsilon^2 p^2}{4\omega^2 k^2} + \frac{n^2 c^2 \pi^2}{k^2 \tau^2}\right)} + \frac{\varepsilon p}{2\omega k}\right\}}$$

$$\mu_n = \sqrt{\left\{\sqrt{\left(\frac{\varepsilon^2 p^2}{4\omega^2 k^2} - \frac{n^2 c^2 \pi^2}{k^2 t^2}\right)} - \frac{\varepsilon p}{2\omega k}\right\}},$$

ω die Fläche, ε der Umfang des Querschnitts des Stabes, k die innere, p die äussere Leitungsfähigkeit, c die specifische Wärme bezüglich der Einheit des Volumens. Die übrigen Grössen sind zu bestimmende Constante.

Ångström hat von dieser Formel nur den ersten Theil, d. h. den mit den negativen Coefficienten von x benutzt, und dies Abbrechen der Reihe ohne ein Kriterium über die Grösse der weggelassenen Glieder bildet einen der Einwände von Dumas. Letzterer berechnet nun den Einfluss der genannten Glieder auf die Grösse von k in den Ångström'schen Beobachtungen und findet, dass bei einer Gesammtlänge des Stabes von 57^{cm} für $x = 18{,}5^{cm}$, z. B. der Ångström'sche Werth von k mit 1,14 zu multipliciren ist, für $x = 28{,}5^{cm}$ mit 1,15, während für $x = 35^{cm}$ der Fehler verschwindet. Die Fehler sind geringer, als Hr. Dumas früher aus Beobachtungen der stationären Temperatur abgeleitet hatte, aber immer noch gross genug, um seinen Einwand zu rechtfertigen.

2) Hr. Ångström hatte auch von der verkürzten Reihe zu seinen Berechnungen nur die drei ersten Glieder genommen. Hr. Dumas zeigt numerisch, dass daraus unter gewissen Bedingungen ein merklicher Fehler entstehen kann; dass ferner die angewandte Methode in ausserordentlichem Maasse von Beobachtungsfehlern abhängig ist, indem sich für die relative Leitungsfähigkeit des Kupfers gegen die des Eisens, die aus 6 Beobachtungen ermittelt wurde, ganz verschiedene Werthe ergeben, falls man die erste oder die letzte Beobachtung fortlässt. Aehnliches findet in Bezug auf die Grösse g der obigen Formel statt.

3) Hr. Dumas zeigt ferner, dass die Ångström'sche Bestimmung (durch Interpolation) der Veränderung von k mit der

Temperatur eine falsche. Aus den Gleichungen der Wärmebewegung, die für diesen Fall eigenthümliche sind, wird eine Methode abgeleitet, um in der Gleichung $k = k_0(1 + mu)$ den Coefficienten m zu bestimmen; doch sind die abgeleiteten Zahlenwerthe noch nicht als richtig zu betrachten.

4) Hr. ÅNGSTRÖM hatte den Satz aufgestellt, dass, wenn man einen schlechten Leiter an einen Metallstab von besserem Leitungsvermögen anlegt, eine Steigerung der Temperatur in den Contactpunkten stattfinde, und zwar um so grösser, je grösser der Unterschied zwischen dem Leitungsvermögen beider Körper ist. — Hr. DUMAS weist nun nach, dass dieser Satz falsch ist; dass allerdings an der Berührungsstelle eine Temperaturänderung stattfinden könne, die aber ebensowohl eine Erhöhung, als eine Erniedrigung sein könne, und dass unter gewissen Bedingungen die Temperatur constant bleibe. Die eintretende Aenderung ist ausser von dem Leitungsvermögen noch von der Länge der Stäbe abhängig, so dass eine Ungleichheit im Leitungsvermögen innerhalb gewisser Grenzen durch eine entsprechende Ungleichheit der Längen ausgeglichen werden kann. In einer Tabelle werden die Grenzlängen aufgestellt, die der bessere Leiter nicht überschreiten darf, wenn es eine äquivalente Länge des schlechteren geben soll. Endlich wird gezeigt, wie man die äquivalenten Längen selbst findet. — Hiermit wird der Einwand gegenstandslos, den Hr. ÅNGSTRÖM gegen die Methode von WIEDEMANN und FRANZ zur Bestimmung des Wärmeübergangs von einem Metall zum andern gemacht hat. *Wg.*

B. Wärmestrahlung.

Absorptionsvermögen des Wasserdampfs.

G. MAGNUS. Ueber den Einfluss der Absorption der Wärme auf die Bildung des Thaues. Berl. Monatsber. 1866. p. 73-83†; POGG. Ann. CXXVII. 613-624; Mondes (2) II. 725-727; Arch. sc. phys. (2) XXVII. 89-95; Ann. d. chim. (4) IX. 316-321; Phil. Mag. (4) XXXII. 111-118; Mondes XI. 616-618.

H. WILD. On the absorption of radiant heat by dry and by moist air. Phil. Mag. (4) XXXII. 241-256†; POGG. Ann. CXXIX. 57-78; Arch. sc. phys. XXVII. 233-242.

G. NEUMAYER. On aqueous vapour and terrestrial radiation. Phil. Mag. (4) XXXI. 510-515†; Arch. sc. phys. (2) XXVI. 326-329.

L. SORET. On aqueous vapour and solar radiation. Phil. Mag. (4) XXXII. 478-478†.

Die vorstehenden Abhandlungen beziehen sich auf die Differenz der Herren MAGNUS und TYNDALL, ob der Wasserdampf ein bedeutendes Absorptionsvermögen für die Wärme besitze oder nicht (vgl. Berl. Ber. 1861. p. 409-411, 1862. p. 374-377, 1863. p. 375-378, 1864. p. 401-406).

Von MAGNUS ist in der vorliegenden Arbeit nicht wie früher das Absorptionsvermögen trockener und feuchter Luft sondern das Emissionsvermögen untersucht. Da Absorptionsvermögen und Emissionsvermögen einander gleich, so müsste nach TYNDALL erhitzte feuchte Luft bedeutend mehr Wärme ausstrahlen als trockene, während nach MAGNUS heisse, feuchte und trockene Luft ein nahe gleiches Strahlungsvermögen besitzen müssen. Schon von FRANKLAND (cf. POGG. Ann. CXXIII. 418; Phil. Mag. (4) XXVII.; Berl. Ber. 1864. p. 879) ist in einer Abhandlung „Ueber die physikalischen Ursachen der Eiszeit“ ein Versuch beschrieben, der das grosse Ausstrahlungsvermögen der feuchten Luft oder des Wasserdampfes bestätigen soll. FRANKLAND liess durch einen kleinen Kohlenofen ein verticales Rohr gehen, durch das ein oben vertical austretender Strom von trockener Luft oder Wasserdampf geblasen werden konnte. — Der Strahlung dieses aufsteigenden Stromes wird eine mit einem Galvanometer verbundene Thermosäule ausgesetzt, die gegen die Strahlung des Ofens möglichst geschützt ist. Die Nadel des Galvanometers wird durch eine geeignete Compensation auf Null gebracht. Wird nun ein Dampfstrom durch das verticale Rohr geblasen, so tritt sofort eine Ablenkung der Galvanometernadel ein, die eine Ausstrahlung des Dampfes anzeigt, wird dagegen trockene Luft durch das Rohr geblasen, so erfolgt keine merkliche oder doch nur eine sehr kleine Ablenkung, „die Hitze des Ofens verhinderte die Condensation des Dampfes“, bemerkt FRANKLAND dabei.

Hiergegen äussert MAGNUS Bedenken, und bemerkt, dass wenn die Condensation des Dampfes nicht völlig vermieden gewesen, nicht der Wasserdampf, sondern der condensirte Nebel gestrahlt habe. Da Wasserdampf, der in kleinen Bläschen condensirt ist d. h. Nebel, ein starkes Absorptionsvermögen besitzt, so habe derselbe auch ein starkes Strahlungsvermögen.

Bei den Versuchen von Magnus gingen die Gase oder Dämpfe, deren Strahlung untersucht werden sollte durch ein horizontales Rohr, das durch untergesetzte Gasflammen erhitzt wurde; das der Thermosäule zugekehrte Ende des Rohres war in die Höhe gebogen, so dass der Luftstrom vertical in die Höhe stieg. Die Thermosäule befand sich in einem Kasten sorgfältig geschützt, und durch eine Oeffnung in der Vorderwand desselben erfolgte die Strahlung des heissen Gas- oder Dampfstromes.

Die Thermosäule war nach der Methode von Tyndall compensirt.

Die Temperatur des erhitzten Gasstromes wurde an einem 180^{mm} oberhalb der Rohröffnung angebrachten Thermometer abgelesen.

Die Gase konnten entweder, nachdem sie durch einen Trockenapparat gegangen waren, in die Messingröhre geblasen werden, oder nachdem sie durch einen Kolben gegangen waren, der entweder mit Wasser oder einer andern Flüssigkeit, deren Dampf untersucht werden sollte, gefüllt war. — Die Flüssigkeit in dem Kolben konnte nach Bedürfniss durch eine Lampe erwärmt werden.

Die Resultate der Versuche waren:

Wurde trockene atmosphärische Luft durch das erhitzte Messingrohr geblasen, so brachte diese eine höchst geringe Wirkung auf die Säule hervor. Der Ausschlag des sehr empfindlichen Spiegelgalvanometers betrug etwa 3 Scalentheile. War die Luft durch den Kolben mit Wasser gegangen, steigerte sich der Ausschlag nur um etwa 3 bis 5 Scalentheile.

Wurde statt der atmosphärischen Luft trockene Kohlensäure oder Leuchtgas durchgeleitet, so war der Ausschlag des Galvanometers 100 bis 120 Scalentheile.

Wurde Luft durch den Kolben geleitet, wenn das Wasser in demselben bis auf 60 bis 80^0 erwärmt war, so trat ein unregelmässiger Ausschlag ein, der bis zu 20^{mm} anwuchs.

Wenn das Wasser in dem Kolben so stark kochte, dass sich in der ausströmenden Luft Nebel zeigten, so gab das Galvanometer einen Ausschlag von mehr als 100 Scalentheilen. — Dasselbe trat ein, wenn keine Luft durchgeblasen war, sondern nur das Wasser so stark kochte, dass Dampf und Nebel aus dem Rohr strömten. Waren keine Nebel sichtbar, so gab das Galvanometer keinen grösseren Ausschlag als 20 Theile.

Aus der Unregelmässigkeit mit der auch noch dieser verhältnissmässig geringe Ausschlag eintrat, aus dem langsamen Vorrücken der Nadel, glaubt Hr. MAGNUS schliessen zu können, dass auch dieser Ausschlag noch von der Bildung von Nebeln herrührt, die sich an den Grenzen des aufsteigenden Luftstromes bilden und nur wegen ihrer geringen Menge dem Auge nicht wahrnehmbar sind.

Der „durchsichtige oder eigentliche“ Wasserdampf hat demnach ein sehr geringes und jedenfalls viel kleineres Emissions- und Absorptionsvermögen als Kohlensäure und Leuchtgas.

MAGNUS macht dann noch darauf aufmerksam, dass auch ohne alle Versuche die Erscheinung des Thaues einen Beweis dafür liefere, dass das Absorptionsvermögen des Wasserdampfes unbedeutend sei. — Der für's Thauen nöthige Wasserdampf würde, wenn er gut absorbirte, eine Decke über der Erde bilden die das Ausstrahlen derselben, wodurch der Thau entsteht, verhinderte wie ein Brett oder eine Wolke. — In den Tropen, wo die Atmosphäre besonders wasserreich ist, tritt aber gerade sehr starker Thau ein.

Ausser Luft, die mit Wasserdampf gemischt ist, sind dann noch einige Versuche mitgetheilt, wo die Luft durch den Kolben gegangen war, während derselbe Aethyläther, Alkohol, Amylalkohol, Methylalkohol, Essigäther, Borsäureäther enthielt.

Beim Durchströmen durch die heisse Röhre oxydiren sich diese Dämpfe meist, wobei eine starke Erwärmung eintritt, die sich an dem Thermometer über der Ausströmungsöffnung kund giebt. — Die Versuche sind daher nicht rein und vergleichbar.

Luft, durch absoluten Alkohol bei 15° C. geleitet, gab einen

Ausschlag des Galvanometers von etwa 30 Scalentheilen; war der Alkohol bis zum Kochpunkt erhitzt, von 80 oder 100 Theilen.

Einzelne der Flüssigkeiten geben nahe ihrem Kochpunkt einen noch bedeutenderen Ausschlag des Galvanometers.

In der Abhandlung von Hrn. WILD ist derselbe in den Streit von MAGNUS und TYNDALL mit eingetreten, und zwar glaubt Herr WILD nach seinen Versuchen sich auf Seite TYNDALL's stellen zu müssen.

In der Einleitung macht Hr. WILD zunächst darauf aufmerksam, dass die Resultate, welche die Herren MAGNUS und TYNDALL erhalten haben, bei näherer Betrachtung (— wenigstens in einigen Versuchsreihen —) nicht so sehr differiren, als es auf den ersten Anblick scheint. — Ein eigentlicher Widerspruch dagegen besteht zwischen den Resultaten, die MAGNUS und TYNDALL bei den Versuchen mit einer beiderseits offenen Röhre, beim Einlassen trockener und feuchter Luft erhalten haben.

MAGNUS hat gerade die entgegengesetzten Ausschläge des Galvanometers gefunden, wie TYNDALL. MAGNUS fand, dass seine entgegengesetzten Resultate daher rührten, dass die Thermosäule sich beim Gegenblasen feuchter Luft erwärme, trockener erkalte (Berl. Ber. 1863. p. 376, 1864. p. 401). Hr. WILD hat nun nach der Methode von TYNDALL (beiderseits offene Röhren, in die trockene oder feuchte Luft eingeblasen wird) drei Versuchsreihen angestellt.

Eine mit ihren Conen versehene Thermosäule ist in der Mitte aufgestellt, auf beiden Seiten den Conen gegenüber befinden sich zwei Messingröhren und hinter jeder Messingröhre als Wärmequelle ein Blechwürfel mit kochendem Wasser. Die Messingröhren können umschichtig, mit trockener und feuchter Luft gefüllt werden, indem an einem Ende einer jeden Luft eingeblasen werden kann, deren Ueberschuss am andern Ende durch eine Saugpumpe weggenommen wird. — Das Detail des Apparates ist im Original nachzusehen.

WILD findet nun, dass jedesmal beim Einblasen feuchter Luft in eine der Röhren eine entschiedene Absorption der Wärme stattfindet.

In der zweiten Versuchsreihe ist diese Absorption mit der

des Leuchtgases verglichen. — Es ergiebt sich dass 1 Fuss Leuchtgas ungefähr nur 16 Mal mehr Wärme absorbirt als 1 Fuss Luft die bei 18° mit Wasserdampf gesättigt ist.

In der dritten Versuchsreihe sind auf jeder Seite der Thermosäule zwei Röhren angebracht von ungleichen Längen, und zwar so, dass auf der einen Seite die kürzere, auf der andern die längere der Thermosäule zunächst lag. In je eine kurze und eine lange konnte dann immer gleichzeitig trockene oder feuchte Luft eingelassen werden.

Auch hier ergab sich, dass eine 45^{cm} dicke Schicht Leuchtgas etwa nur 15 Mal mehr absorbirte als eine ebenso dicke, bei 19° mit Wasserdampf gesättigte Luftschicht.

Im folgenden Jahre (1867) hat sodann Magnus, wie hier im Voraus bemerkt werden mag, die Versuche genau so angestellt, wie Wild sie beschrieben und auch fast genau dieselben Resultate erhalten. — Es ist aber auch zu gleicher Zeit von Magnus mit Bestimmtheit nachgewiesen, dass die beobachtete Absorption nicht der feuchten Luft, sondern den an den Röhrenwänden verdichteten Wasserdämpfen (der Vaporhäsion nach Magnus) zuzuschreiben ist (Pogg. Ann. CXXX. 207). — Ueber diese Arbeit wird im nächsten Jahre ausführlich berichtet werden.

Am Schluss seiner Abhandlung theilt Wild noch Versuche nach einer Methode von Magnus mit, bei der die Thermosäule sich in einer geschlossenen Röhre befindet, die selbst am andern Ende von aussen erwärmt wird. — Mit dieser Methode hat Wild keine entscheidenden Resultate erhalten können, und schiebt dies auf die geringere Empfindlichkeit und Unsicherheit der Methode.

In der im voraus erwähnten Abhandlung hat Magnus auch auf diese Einwände von Wild geantwortet.

Referent, der mit dem Originalapparate von Magnus eine längere Zeit beobachtet hat, kann gleichfalls versichern, dass derselbe stets hinreichend zuverlässige und genaue Resultate lieferte.

Hr. Neumayer zieht aus einer sehr grossen Zahl von Beobachtungen der Erdstrahlung mit gleichzeitiger Beobachtung des Feuchtigkeitsgehalts die Schlüsse:

1) der absolute Gehalt an Wasserdampf in der Atmosphäre

ist allein kein hinreichendes Kriterium für den Grad der Strahlung, wenigstens geben die Instrumente, bei der Genauigkeit die sie haben, keinen directen Zusammenhang beider.

2) Die relative Feuchtigkeit der Atmosphäre übt indess einen grossen Einfluss auf die Erdstrahlung aus, und zwar ist die Strahlung um so geringer je grösser der Feuchtigkeitsgehalt der Atmosphäre.

Es sollen demnach diese Beobachtungen eine bedeutende Absorption des Wasserdampfes constatiren.

Hr. Soret theilt mit, dass er in Bologna und Genf eine Bestimmung der directen Sonnenstrahlung gemacht habe. Obgleich der Himmel in Bologna klarer war, wurde die stärkere Strahlung in Genf erhalten. Die Spannung des Wasserdampfs war zu Bologna 10,7, in Genf nur 6,33. *Kt.*

G. v. Quintus-Icilius. Ueber die Abhängigkeit des Strahlungsvermögens der Körper von der Natur der umgebenden Mittel. Pogg. Ann. CXXVII. 30-45†; Z. f. Naturw. XXVII. 406-406; Mondes X. 627-628.

Clausius hat den Satz aufgestellt (cf. Berl. Ber. 1864. p. 314) dass die Stärke der Emission eines Körpers nicht nur von seiner eigenen Beschaffenheit und seiner Temperatur abhängig ist, sondern auch von der Natur des umgebenden Mittels, und zwar in der Weise, dass die Emissionsstärken in verschiedenen Mitteln im umgekehrten Verhältniss stehen zu den Quadraten der Fortpflanzungsgeschwindigkeiten der Strahlen in den Mitteln.

Hr. v. Quintus liefert in der vorliegenden Arbeit einen experimentellen Beweis dieses Satzes.

Er lässt zwei gleiche Flächen — mit siedendem Wasser gefüllte Gefässe — auf die beiden Seiten der Thermosäule strahlen; die eine strahlende Fläche ist mit Kohlensäure die andere mit Wasserstoff umgeben. — Die nöthigen Vorsichtsmaassregeln, die Beobachtungsmethode und Berechnung der sehr sorgfältigen Versuche sind im Original nachzusehen.

Als Endresultat der Versuche ergiebt sich, dass der Theorie gemäss die Strahlung der von Kohlensäure umgebenen Fläche etwas grösser ist, als die derselben von Wasserstoff umgebenen Fläche. — Wird aus den Versuchen das relative Brechungsverhältniss von Kohlensäure und Wasserstoff berechnet, so ergiebt sich dasselbe zu 1,000595 mit dem mittleren Fehler ±0,000339; nach DULONG ist jenes relative Brechungsverhältniss = 1,000310. Diese Uebereinstimmung ist wenigstens so gross um als eine experimentelle Bestätigung des theoretischen Gesetzes zu gelten. *Kt.*

G. MAGNUS. Ueber die Polarisation der ausgestrahlten Wärme und ihren Durchgang durch parallele Platten. Berl. Monatsber. 1866. p. 62-73; POGG. Ann. CXXVII. 600-613†; Mondes (2) II. 724-725; Inst. 1867. p. 15-16; Mondes XI. 615-616.

H. KNOBLAUCH. Ueber den Durchgang der Wärme- und Lichtstrahlen durch geneigte diathermane und durchsichtige Platten. POGG. Ann. CXXVIII. 161-166†; Phil. Mag. (4) XXXII. 398-400; Arch. sc. phys. XXVIII. 43-49.

Von DE LA PROVOSTAYE und P. DESAINS ist bereits nachgewiesen (Berl. Ber. 1850-1851. p. 626), dass die schräg von einer glühenden Platte ausfahrende Wärme polarisirt ist senkrecht zur Ebene der Ausstrahlung, wie es zuerst von ARAGO für's Licht nachgewiesen wurde. Bei einer rauhen Platte fanden sie keine oder nur eine geringe Polarisation. MAGNUS hat die Ausstrahlung platinirter und glatter Platinplatten untersucht, zeigt ebenfalls, dass erstere unpolarisirte Wärme ausstrahlt, und untersucht die Mengen der polarisirten Wärme für verschiedene Neigungen der ausstrahlenden glatten Platten.

Sodann wird der Durchgang polarisirter und nicht polarisirter Wärme- oder Lichtstrahlen durch einen Satz geneigter Glimmer- oder Glasplatten behandelt. MAGNUS zeigt, dass ein Bündel unpolarisirter Wärme- oder Lichtstrahlen einen Satz durchsichtiger Platten reichlicher durchdringt, wenn die Platten gegen die Richtung der Strahlen geneigt sind, als wenn dieselben senkrecht zu den Strahlen stehen. — Eine Berechnung des Durchganges eines Strahlenbündels durch eine Anzahl geneigter Platten nach den FRESNEL'schen Formeln erklärt die beobachtete Erscheinung völlig.

In der Abhandlung von Knoblauch giebt dieser an, dass er die Erscheinung schon 1847 bei einer Untersuchung der Polarisation der Wärme beobachtet habe. Diese Steigerung des Durchganges wurde noch vermehrt, wenn die zum Glassatz gelangenden Wärmestrahlen durch ein Nicol'sches Prisma so polarisirt waren, dass ihre Polarisationsebene auf der Brechungsebene der Glasplatten senkrecht stand.

Für's Licht ist die Erscheinung auch von Schweigger beobachtet, und Bohn hat bereits 1862 für eine verschiedene Anzahl von Platten den Winkel berechnet unter dem das Maximum des Lichts durchgelassen wird (Berl. Ber. 1862. p. 248). *Kt.*

P. Desains. Note sur l'emploi du rhéomètre à deux fils dans les expériences de chaleur rayonnante. C. R. LXIII. 678-678; Phil. Mag. (4) XXXII. 476-478†.

Da die benutzte Wärmequelle bei Versuchen über Wärmestrahlung nicht immer während der Versuche genügend constant bleibt, schlägt Hr. Desains folgende Beobachtungsmethode vor, die völlig unabhängig von der Constanz der Wärmequelle ist.

Einer Wärmequelle gegenüber befinden sich zwei Thermosäulen in einem Abstand von 1,8^{m}, die Axen der Thermosäulen sind nach dem Centrum der Wärmequelle gerichtet und machen mit einander einen beträchtlichen Winkel. Jede der Thermosäulen ist in Verbindung mit dem einen Draht eines Differentialgalvanometers, und in dem einen Schliessungskreis ist noch ein Rheostat eingeschaltet. So können die Wirkungen der Ströme der beiden Thermosäulen so abgeglichen werden, dass die Nadel des Galvanometers genau auf Null steht. Wenn sich nun auch die Intensität der Wärmequelle beliebig ändert, bleibt doch die Nadel constant auf Null. Nur wenn in den Weg der Strahlen die zur einen Thermosäule gehen eine Schwächung eintritt, z. B. durch Absorption wird die Nadel einen Ausschlag machen.

Der Verfasser hat seine Methode benutzt, zur Beobachtung der Absorption der Gase, der Drehung der Polarisationsebene der Wärmestrahlen, und zum Nachweis, dass ebenso wie beim

Tönen eines Glasstabes eine Doppelbrechung für das Licht eintritt, auch eine solche für die Wärmestrahlen erfolgt. *Kt.*

Zur Theorie der DAVY'schen Sicherheitslampe. DINGLER J. CLXXXII. 170-170†.

Nach KRÖNIG soll die Wirkung des Drahtnetzes bei der DAVY'schen Lampe nicht so sehr auf Leitung der Wärme beruhen, als auf Ausstrahlung derselben. *Kt.*

J. M. WILSON. Quelques remarques sur une observation de Mr. GLAISHER. Mondes X. 701-703†.

Bei seinen Luftfahrten hat Hr. GLAISHER beobachtet, dass der Unterschied im Stand eines gegen Strahlung geschützten und eines geschwärzten der freien Sonnenstrahlung ausgesetzten Thermometers mit der Erhebung in die Atmosphäre abnimmt. Bekanntlich steht ein Thermometer dessen Kugel geschwärzt ist, und das den directen Sonnenstrahlen ausgesetzt ist, höher als ein solches das gegen Strahlung geschützt ist. Man sollte erwarten, dass diese Differenz mit der Höhe zunimmt, da die absolute Temperatur der Luft mit der Höhe abnimmt, und die directe Strahlung nicht abnehmen kann. — Von Hrn. GLAISHER ist indess, wie bemerkt, eine Abnahme in der Differenz der Thermometer mit der Höhe über dem Boden constatirt. — Das würde also beweisen dass die Wirkung der Strahlung mit der Höhe in der Atmosphäre abnimmt.

Hr. WILSON erklärt sich hieraus, dass der Schnee auf hohen Bergen so wenig durch Bestrahlung geschmolzen wird, und glaubt, dass auf das vorliegende Factum Rücksicht genommen werden muss bei Schlüssen auf die Temperatur der andern Planeten und des Mondes, da diese hiernach wesentlich bedingt ist durch die Atmosphären derselben.

Als Erklärung des Factums stellt Hr. WILSON einerseits folgendes auf: Wenn die Sonnenstrahlen auf die Oberfläche fester Körper treffen, theilt sich die Bewegung auch den unterliegenden Molecülen mit, die nicht direct getroffen sind. Diese Molecüle theilen ihrerseits die Bewegung den andern mit. Der letztere Theil dieser Bewegung bestimmt die Temperatur des Thermometers mit geschützter Kugel, der erstere ist die Temperatur des Thermometers mit schwarzer Kugel. Die Differenz zwischen den beiden Thermometern giebt aber nur den Ueberschuss der empfangenen Bewegung über die zurückgeschickte oder abgegebene Wärme, und man kann sich denken, dass die Dichte des umgebenden Gases einen solchen Einfluss auf die zurückgeschickte Bewegung ausübt, dass der Ueberschuss mit der Dichtigkeit des Gases und also mit der Erhebung über dem Boden sich vermindert. — Die Dichtigkeit des umgebenden Gases könnte auch sehr bedeutend das Absorptionsvermögen der Oberfläche ändern, so dass Russ bei niederem Drucke nicht mehr so gut absorbirte als bei höherem.

Andererseits ist von Hrn. WARREN DE LA RUE die folgende Ansicht ausgesprochen. — Die Bewegung die wir strahlende Wärme nennen, kann sich den festen Körpern nur vermittelst eines Gases mittheilen, und die Quantität die mitgetheilt wird hängt von der Dichte des Gases ab. — Die Wärmebewegung die von der Sonne aus den Weltraum durchdringt, theilt sich unserer Atmosphäre mit, wenn sie auf dieselbe kommt, trotzdem diese ausserordentlich geringe Dichte hat, und die Atmosphäre kann dieselbe an ein Thermometer abgeben. — Je weiter sie in die Atmosphäre hinabkommt, um so mehr wird die ursprüngliche Form der Bewegung in Wärme umgewandelt, und die direct fortgepflanzte Bewegung übertrifft immer mehr die diffundirte Bewegung (le mouvement directement propagé l'emporte de plus en plus sur le mouvement diffusé)? *Kt.*

C. BOHN. Studie über die Absorption der Wärme- und Lichtstrahlen. POGG. Ann. CXXVII. 382-432†; Mondes XI. 362-363.

Hr. BOHN findet, dass die meisten Versuche über die Durchstrahlung partiell diathermaner Körper nicht mit einander vergleichbar seien, da dieselben einerseits nicht einfach genug angestellt, andererseits nicht streng genug berechnet sind.

Einfach und vergleichbar sind die Resultate nur, wenn sie mit homogenen Strahlen angestellt sind, und der Verfasser erläutert ganz richtig, indem er auf die auswählende Absorption der Körper, besonders der Dämpfe für specielle Strahlen aufmerksam macht, „dass, um nicht eine Erscheinung zu beobachten, die aus mehreren sehr verschiedenen, einander theilweis compensirenden Erscheinungen besteht, es nöthig sei bei der Untersuchung der Absorption des Lichtes und der Wärme vollständig homogene Strahlen zu benutzen."

So berechtigt dieser Wunsch theoretisch ist, so unmöglich scheint zur Zeit für die Wärme vollständige Realisation desselben bei den Experimenten.

Der Weg, den der Verfasser zur Berechnung der Versuche einschlägt, stützt sich auf die Fresnel'schen Reflexions- und Brechungsformeln, und auf die Theorie von Herschel, dass die Absorption, die eine unendlich dünne Schicht eines durchstrahlten Körpers ausübt, die Intensität der Strahlen um einen Bruchtheil verringere, der proportional der Dicke der dünnen Schicht ist.

Nach der Durchstrahlung der Schicht x sinkt alsdann die Intensität von 1 auf $e^{-\alpha x}$.

Die Zahl α, oder auch $e^{-\alpha}$ ist als Absorptionsconstante des Mediums und der betreffenden Strahlengattung definirt. — Bei senkrechter Incidenz ergiebt sich für die Intensität der durch eine Platte von der Dicke x gehenden Strahlen, wenn n_1 den Brechungsexponenten des umgebenden Mediums, n_2 den der durchstrahlten Platte bezeichnet

$$Ax = \frac{\frac{16 n_1^2 n_2^2}{(n_1 + n_2)^4} e^{-\alpha x}}{1 - \left(\frac{n_2 - n_1}{n_2 + n_1}\right)^4 e^{-2\alpha x}}.$$

Wendet man diese Formel auf Steinsalz an und nimmt man an, das Steinsalz absorbire die Wärme gar nicht, so ergiebt sich, wenn man $n_1 = 1$, $n_2 = 1{,}492$ annimmt, die Intensität der durchgehenden Strahlen für eine Steinsalzplatte zu 0,92496. Melloni's Versuche ergaben 0,923.

Knoblauch hat indessen bei 4 Steinsalzplatten von 5,0^{mm},

7,0^{mm}, 13,5^{mm} und 22,5^{mm} eine merklich mit der Dicke zunehmende Absorption gefunden.

Aus den Versuchen KNOBLAUCH's mit diesen 4 Platten berechnet BOHN die Constante α und findet

0,0216063, 0,022462, 0,012607, 0,012709.

Also durchaus keine Constanz. Diese wird auch nicht erreicht, wenn ein merklich anderer Brechungsexponent zu Grunde gelegt wird.

Zum Schluss dehnt Hr. BOHN die Intensitätsformel noch auf den Fall aus, wo ein absorbirendes Gas zwischen zwei Verschlussplatten eingeschlossen ist. — Auch hier gelten die Formeln natürlich nur für homogene Strahlen und berücksichtigen die Reflexion an den Wänden der Röhren, in denen das Gas eingeschlossen ist, nicht. *Kt.*

J. TYNDALL. On calorescence. Phil. Mag. (4) XXXI. 386-396, 435-450†; Proc. Roy. Soc. XIV. 476-476; Arch. sc. phys. (2) XXVI. 329-334; Phil. Trans. 1866. I. 1-25; Mondes XII. 523-531, 566-574, 687-701.

Die Abhandlung enthält zum grossen Theil eine detaillirtere Ausführung der Erscheinungen, die von TYNDALL „Calorescenz“ genannt werden, und bereits 1864 und 1865 veröffentlicht sind (cf. Berl. Ber. 1864. p. 406-499, 1865. p. 353, 354).

Zunächst ist von dem Verfasser die Wärme des Spectrums des elektrischen Lichts genau untersucht, und sind Curven für die Intensität der Wärmestrahlen im Spectrum nach den Beobachtungen gezeichnet. Es ergiebt sich aus denselben, dass die Gesammtintensität der nichtleuchtenden Strahlen das 8fache der leuchtenden ist, während bei der Sonne nach MÜLLER die dunkeln Wärmestrahlen nur doppelte Intensität wie die leuchtenden haben.

Die nichtleuchtenden Strahlen können nun, wie TYNDALL früher gezeigt von den leuchtenden völlig getrennt werden, indem die Strahlen durch eine Lösung von Jod in Schwefelkohlenstoff gehen. Diese Lösung absorbirt bei gewisser Dicke alle leuchtenden Strahlen und lässt die nichtleuchtenden frei durch. Mit diesen nichtleuchtenden Strahlen waren schon früher verschiedene Körper gezündet und geschmolzen, TYNDALL bemühte sich nun mit den dunklen Strahlen Körper zum Glühen zu bringen. — Versuche ohne Anwendung der absorbirenden Substanz zeigten, dass ein ganz dünnes Platinblättchen der elektrischen Lampe sehr genähert werden musste um glühend zu werden. — Wenn aber die Kammer mit Schwefelkohlenstoff der elektrischen Lampe allzunahe gebracht wurde, so war stets die Gefahr einer Entzündung des Schwefelkohlenstoffs vorhanden. — Einen genügenden Ersatz durch eine andere Substanz konnte TYNDALL nicht finden, und jene Gefahr musste daher durch Umgebung der Schwefelkohlenstoffkammer mit fliessendem kalten Wasser möglichst verringert werden.

Als mit dieser Vorsicht ein nicht leuchtender Brennpunkt möglichst nahe erzeugt war und dünne Blätter von geschwärztem Silber, Kupfer und platinirtem Platin in denselben gebracht waren, wurden dieselben sofort glühend.

Bei der bisherigen Anordnung war eine Schicht von Jod in Schwefelkohlenstoff von 1,2 Zoll Dicke benutzt worden, TYNDALL überzeugte sich, dass diese Schicht noch ein dunkles sichtbares Roth durchliess und wandte daher Schichten von 2 und 2½ Zoll Dicke an. Als er mit Vorsicht und Anfangs mit Einschaltung einer Schicht von Alaunlösung, sein Auge jetzt in den Focus brachte, konnte keine Spur von Licht mehr erkannt werden. Als die Strahlen durch ein kleines Loch in einem Metallschirm, etwa von der Grösse der Pupille gingen und das Auge so hinter den Schirm gebracht wurde, so dass die Strahlen durch die Pupille auf die Netzhaut fielen, wurde nicht nur kein Licht gesehen, sondern die Netzhaut wurde auch nicht merklich durch die Hitze afficirt. — Platinirtes Platin an dieselbe Stelle gebracht, wurde sofort lebhaft rothglühend.

Mit diesen völlig unsichtbaren Strahlen wurden alle obigen Resultate, Verbrennen, Glühen etc. ebensowohl erhalten.

Auch im luftleeren Raum wurde Platin, Steinkohle und Cokes glühend.

Platin zu schmelzen ist TYNDALL selbst mit zwei elektrischen Lampen und zwei dunkeln Brennpunkten, die von beiden Seiten auf das Platin fielen, nicht gelungen. — Kupfer und Aluminium brannten in diesem Fall sofort weg.

Der Verfasser giebt dann einige Anordnungen an wie ein Theil der Versuche mit Leichtigkeit und ohne Gefahr angestellt werden kann, wenn das Jod in Schwefelkohlenstoff in eine sphärische Flasche gefüllt wird, die dann zugleich als Linse dient.

Sodann hat TYNDALL die dunkle Strahlung der Sonne untersucht. Er findet, dass auch durch die dunklen Strahlen der Sonne Platin zum Glühen gebracht werden kann. Endlich sind Versuche mitgetheilt über die Leichtigkeit mit der verschieden gefärbte Papiere entzündet werden. — Während schwarzes Papier sofort entzündet wird, wird rothes (mit Quecksilberjodid gefärbt) kaum angegriffen. Dieses rothe Papier absorbirt also nicht bloss die rothen Strahlen nicht, wie wir aus der Farbe erkennen, sondern auch die ultrarothen nur sehr wenig.

Zum Schluss sind Versuche angeführt über den Einfluss verschieden farbiger Gläser auf die „Calorescenz".

Als bemerkenswerthes Resultat stellt TYNDALL hin, dass bei Einschaltung eines blauen Glases, sowohl ohne Schwefelkohlenstoff, so wie bei Anwendung der dunklen Schwefelkohlenstoffkammer, auf einem Platinblättchen in dem Brennpunkt ein Glühen von rosenrother (pink) Farbe eintritt. Er glaubt hieraus schliessen zu können, dass es hier eine Lücke in der Calorescenz gäbe, indem die Platinatome nur in rothe und blaue Oscillationen versetzt werden und nicht in die zwischenliegenden. — TYNDALL glaubt aber dass es nöthig sei, hierüber weitere Versuche anzustellen.

Rothes Glas gefärbt mit Kupferoxydul verringert, wenn es in den Gang der Strahlen eingeschaltet ist, das Glühen eines Platinblättchens in dem dunkeln Focus sehr merklich, weisses durchsichtiges Glas ist fast ganz unwirksam.

Ebenso ist rothes Glas welches mit Gold gefärbt ist fast ohne Wirkung auf die dunkeln Strahlen. — Ebenso zeigten Stücken gelatineuses Gold, die von FARADAY bereitet sind und eine tiefschwarze Farbe haben keine Absorption der dunkeln Strahlen.

Ebenso wie reines weisses Glas die dunklen Strahlen wenig absorbirt, lässt auch dies Glas, wenn es mit Kohle gefärbt fast undurchsichtig geworden ist, die dunkeln Strahlen fast frei durch.

Gutes, reines, mit Kohle schwarz gefärbtes Glas absorbirt die dunkeln Strahlen sogar weniger als gewöhnliches Fensterglas, welches einen grünen Stich hat. — TYNDALL macht schliesslich darauf aufmerksam, dass der festgestellte Durchgang der dunkeln Strahlen durch schwarzes Glas für die Meteorologen von Bedeutung sei, indem in Folge dessen unsere Thermometer mit Kugeln aus schwarzem Glas nicht alle Wärme der auffallenden Sonnenstrahlen absorbiren. Die dunkeln Sonnenstrahlen gehen zum grossen Theile durch das schwarze Glas hindurch und werden dann an dem Quecksilber nach Aussen wieder reflectirt. — Das Thermometer mit schwarzer Kugel giebt also durchaus nicht die Gesammtwärme der auffallenden Strahlen an. *Kt.*

J. TYNDALL. Sixth memoire on radiation and absorption. — Influence of colour and mechanical condition on radiant heat. Phil. Mag. (4) XXXII. 292-306†; Proc. Roy. Soc. XV. 5-5; Phil. Trans. 1866. I. 83-97†; Cimento XXIII-XXIV. 362-366; Arch. sc. phys. (2) XXVII. 317-340.

In der vorhergehenden Abhandlung hat der Verfasser schon darauf aufmerksam gemacht, dass rothes Papier die Wärmestrahlen weniger absorbirt als weisses, in dieser Arbeit beschäftigt er sich nun eingehend mit der Ausstrahlung und Absorption von Körpern von verschiedener Farbe und von verschiedener chemischer und physikalischer Beschaffenheit.

Nach FRANKLIN's Versuchen, der verschieden gefärbte Tuchstücke auf Schnee legte und das verschieden tiefe Einsinken derselben durch Schmelzung des Schnees beobachtete, sollten die dunklen Farben die Strahlen besser absorbiren als die hellen.

TYNDALL zeigt zunächst an einer Reihe von Beispielen, dass dies Gesetz durchaus nicht allgemein richtig ist.

Von zwei gleichen Karten wurde die eine mit Alaunpulver bedeckt, die andere mit Jodpulver, und beide der Strahlung eines Feuers ausgesetzt. Die Karte mit dem weissen Alaunpulver erwärmte sich viel mehr, als die mit dem schwarzen Jodpulver bedeckte. Ebenso zeigte ein Differentialthermometer, dessen eine Kugel mit Alaunpulver die andere mit Jodpulver bedeckt war, bei gleichmässiger Bestrahlung eine grössere

Erwärmung der Alaunkugel. Zu dem gleichen Resultat führten zwei Thermometer, eins mit Alaunpulver, das andere mit Jodpulver überzogen.

Die geringere Erwärmung der mit Jodpulver überzogenen Körper rührt natürlich daher, dass das Jod die Wärmestrahlen frei durchlässt, die alsdann an dem darunter befindlichen Körper reflectirt werden. — Wird Jodpulver in dickerer Schicht auf eine Steinsalzplatte gebracht, so schwächt es freilich ein hindurchgehendes Wärmebündel bedeutend, aber nicht durch Absorption, sondern durch die vielfache innere Reflexion. Gewöhnlicher gegossener Schwefel lässt selbst in dünnen Platten keine strahlende Wärme durch, aber in den Focus der elektrischen Lampe gebracht, wo Platin sogleich weissglühend wird, schmilzt und verbrennt er erst nach ziemlicher Zeit. Wenn auch nicht durchstrahlbar ist derselbe doch nicht adiatherman. Zucker, eine viel schwerer brennbare Substanz, wird im Focus sofort geschmolzen und verbrannt.

Phosphor konnte 20 Secunden in den Focus des elektrischen Lichtes gehalten werden, bevor derselbe entzündet wurde. Der Schmelzpunkt des Phosphors ist 44° C., der des Zuckers 160°, nichtsdestoweniger schmilzt Zucker schneller als Phosphor, da letzterer diathermaner ist. Im Focus der elektrischen Lampe können Aether, Alkohol und Wasser schnell zum Sieden gebracht werden, Schwefelkohlenstoff überhaupt nicht.

Der Verfasser hat alsdann das Ausstrahlungsvermögen einer ganzen Anzahl von Substanzen, die in Form von sehr feinen Pulvern angewandt wurden, untersucht.

MELLONI und später MASSON und COURTÉPÉE haben die Ausstrahlung von sehr feinen Pulvern, die zum grossen Theil in sehr feiner Zertheilung chemisch niedergeschlagen waren, untersucht, und aus ihren Versuchen ergab sich, dass bei einem gewissen Grade der Feinheit alle Pulver, welche chemische Beschaffenheit sie auch haben, gleich gut ausstrahlen. — TYNDALL bemerkt aber, dass bei diesen Versuchen die Pulver mit Gummi oder Leim gemischt und so aufgetragen seien. — Da Gummi oder Leim ein so guter Strahler wie Russ ist, so konnte durch den Gummi die Strahlung der benutzten Pulver ganz verdeckt werden, da jedes Partikelchen von Gummi eingehüllt war. — TYNDALL bestrich bei den Versuchen die Seite des strahlenden Würfels mit einer Lösung von Schwefel in Schwefelkohlenstoff und streute dann das betreffende Pulver auf die noch nasse Oberfläche. Der Schwefelkohlenstoff verdampft schnell, und das Pulver bleibt dann in dem Schwefel wie in einem Cement eingebettet. — Schwefel ist sehr diatherman, so dass die dünne Schicht von Schwefel zur Strahlung Nichts beiträgt; es wurde auch stets so viel Pulver aufgestreut, dass die vorderen Partikelchen nicht von Schwefel bedeckt waren.

In einer zweiten Versuchsreihe wurde der strahlende Würfel elektrisirt; das ohne Bindemittel aufgesiebte Pulver wurde alsdann durch die Elektricität auf dem Würfel festgehalten.

Es ergab sich, dass die feinen Pulver durchaus nicht, wie MELLONI und MASSON und COURTÉPÉE gemeint, gleich stark ausstrahlen, sondern dass ein merklich verschiedenes Ausstrahlungsvermögen, je nach der chemischen Natur des Pulvers, vorhanden ist. — Auch die Farbe des Pulvers ist als solche für die Ausstrahlung ohne Bedeutung.

Die folgende Tabelle I enthält die Strahlung von Pulvern, die in Schwefel eingebettet waren:

Tabelle I.

Substanz	Strahlung
Steinsalz	35,3
Quecksilberjodid	39,7
Schwefelmilch	40,6
Gewöhnliches Salz	41,3
Gelbliches Quecksilberjodür	46,6
Schwefelquecksilber	46,6
Jodblei	47,3
Chlorblei	55,4
Chlorcadmium	56,5
Chlorsilber (schwarz)	58,2 58,6
Flussspath	68,4
Dreifach-Schwefelantimon	69,4
Kohlensaurer Kalk	70,2
Antimonoxysulphid	70,5
Schwefelcalcium	71,0
Schwefelmolybdän	71,3

Substanz	Strahlung
Schwefelsaurer Baryt	71,6
Chromsaures Blei	74,1
Rothes Bleioxyd	74,2
Schwefelcadmium	76,3
Kupferchlorür	76,5
Kobaltoxyd	76,7
Schwefelsaurer Kalk	77,7
Kohlensaures Zinkoxyd	77,7
Eisenoxyd	78,4
Schwefelkupfer	79,0
Zinkoxydhydrat	81,4
Eisenoxydoxydul	81,3
Schwefeleisen	81,7
Jodkupfer	82,0
Russ	84,0

Die durch Elektricität festgehaltenen Pulver (die an dem Würfel haften blieben, auch wenn dieser seine Elektricität verloren hatte) gaben folgende Strahlung:

Tabelle II.

Substanz	Strahlung
Steinsalz	24,5
Chlorsilber (weiss)	25,0
Schwefelmilch	25,8
Quecksilberjodid	26,0
Jodblei	30,0
Schwefelquecksilber	30,6
Platinschwamm	31,5
Schwefelblumen	32,3
Schwefelzink	36,1
Amorph. Phosphor	38,0
Chlorblei	39,0
Chlorcadmium	40,0
Flussspath	48,6
Schwefelcalcium	49,1
Schwefelsaurer Baryt	51,3
Zucker	52,1
Rothes Bleioxyd	56,5
Schwefelcadmium	56,9
Schwefelsaurer Kalk	59,3
Chlorsilber (schwarz)	60,0
Kohlensaures Zinkoxyd	62,0

Substanz	Strahlung
Kupferjodid	63,0
Rothes Eisenoxyd	63,8
Schwefeleisen	65,5
Eisenoxydoxydul	65,8

Tyndall hat sodann noch, um die Qualität der von den verschiedenen Pulvern ausgestrahlten Wärme zu untersuchen, dieselben durch Steinsalz strahlen lassen. Es ergab sich, dass die Strahlen der verschiedenen Pulver durchaus nicht gleich gut durch Steinsalz gehen; im Allgemeinen gehen die Strahlen der besten Ausstrahler in grösster Menge durch Steinsalz. — Die durchgegangenen Wärmemengen sind in Hundertstel der gesammten gestrahlten Wärme für die verschiedenen Körper in folgender Tabelle enthalten. Daneben ist die totale Strahlung der Substanz angegeben:

Tabelle III.

Substanz	Durch Steinsalz gehende Wärmemenge	Totale Strahlung
Steinsalz	62,7	35,3
Quecksilberjodid . . .	76,3	39,7
Schwefelmilch	76,9	40,6
Gewöhnliches Salz . .	70,8	41,3
Quecksilberjodid . . .	79,0	46,6
Schwefelquecksilber . .	73,1	46,6
Jodblei	73,8	47,3
Chlorblei	73,1	55,4
Chlorcadmium	73,2	56,4
Chlorbarium	70,7	58,2
Chlorsilber (schwarz) . .	74,2	58,6
Flussspath	70,5	68,4
Dreifach-Schwefelantimon	77,1	69,4
Kohlensaurer Kalk . .	77,6	70,2
Antimonoxysulphid . .	77,6	70,5
Schwefelmolybdän . . .	78,4	71,3
Schwefelsaurer Baryt . .	71,3	78,4
Chromsaures Bleioxyd .	71,6	79,2
Rothes Bleioxyd . . .	74,1	79,2
Kupferchlorür	76,3	78,6
Kobaltoxyd	76,5	79,7
Rothes Eisenoxyd . . .	78,4	81,0
Schwefelkupfer	79,0	82,3
Eisenoxydoxydul . . .	81,3	82,7
Schwefeleisen	81,7	83,3
Russ	84,0	83,3

Man sieht, im Allgemeinen steigen die Zahlen der beiden Reihen, freilich mit einigen Ausnahmen, gleichmässig an.

Die Pulver waren bei diesen Versuchen durch Schwefel gehalten. Pulver durch Elektricität gehalten gaben ganz ähnliche Resultate, nämlich die folgenden:

Tabelle IV.

Strahlende Substanz	Durch Steinsalz gehende Wärmemenge
Steinsalz	62,8
Chlorsilber (weiss)	69,7
Flussspath	70,7
Schwefelquecksilber	71,0
Schwefelcalcium	72,5
Schwefelmilch	72,8
Schwefelcadmium	73,3
Quecksilberjodid	73,7
Schwefelblumen	74,0
Jodblei	74,1
Schwefelsaurer Kalk	74,2
Schwefelzink	74,4
Kohlensaures Zinkoxyd	74,8
Schwefelsaurer Baryt	75,0
Zucker	75,4
Schwefelkupfer	76,5
Kupferjodid	76,5
Rothes Eisenoxyd	76,8
Chlorsilber (schwarz)	77,3
Amorph. Phosphor	78,0
Kobaltoxyd	78,2
Schwefeleisen	78,5
Eisenoxydoxydul	79,7
Platinschwarz	89,0

Es ergiebt sich also mit aller Bestimmtheit, dass für die Wärmestrahlen der benutzten Körper Steinsalz nicht gleich diatherman ist.

Zum Schluss giebt TYNDALL noch einige Versuche an, die das Gesetz, dass die besten Strahler auch die besten Absorbenten sind, bestätigen. — 2 Blätter von Zinn, an die hinten 2 Wismuthstäbchen gelöthet sind, bilden 2 Thermosäulen, die 2 diametralen Seiten eines strahlenden Würfels gegenübergestellt werden.

Werden die beiden Zinnplatten gleich bestrahlt, so geht durch das eingeschaltete Galvanometer kein Strom. Werden die Zinnblätter mit verschiedenen Substanzen überzogen, so tritt ein Ausschlag ein, der die Absorption der angewandten Substanzen zu berechnen erlaubt.

Es waren gefunden:

Substanz	Absorption	Strahlung
Steinsalz	51	25
Flussspath	95	49
Rothes Bleioxyd . . .	118	57
Kobaltoxyd	121	62
Schwefeleisen	133	66

Man sieht, die Zahlen der zweiten Columne sind sehr nahe die Hälften der Zahlen der ersten. *Kt.*

Fernere Litteratur.

WILSON. On the diminution of direct solar heat in the upper regions of the atmosphere. Phil. Mag. (4) XXI. 261 - 265.

Fünfter Abschnitt.

Elektricitätslehre.

25. Allgemeine Theorie der Elektricität und des Magnetismus.

J. Moutier. Théorie des phénomènes électrostatiques. C. R. LXIII. 299-300†; Inst. 1866. p. 276-276.

Der Verfasser hat der französischen Akademie eine Arbeit vorgelegt, in welcher er, nach dem Vorgange von Secchi, die Erscheinungen der statischen Elektricität als die Aeusserungen einer eigenthümlichen Bewegung des Aethers auffasst. In den neutralen Körpern wird dem Aether eine gewisse Geschwindigkeit zugeschrieben; je nachdem diese Geschwindigkeit zu- oder abnimmt erscheint der Körper positiv oder negativ elektrisch. Die Gesetze der Anordnung, Verbreitung und Induction der statischen Elektricität ergeben sich mittelst der Theorie. *C. S.*

C. Brooke. Remarks on the dynamical theory of electricity. Phil. Mag. (4) XXXII. 378-378, 433-436†.

In der ersten Notiz spricht der Verfasser von der elektromotorischen Erregung eines Thermoelementes durch einen hindurchgeleiteten galvanischen Strom. In der zweiten Mittheilung wird angegeben, dass die dynamische Theorie der Elektricität, welche diese als oscillatorische Bewegung auffasst, zu dem Resultate führt, dass der Schliessungsextrastrom die gleiche, der Oeffnungsextrastrom die entgegengesetzte Richtung des erregenden Stromes haben muss. Diese den Untersuchungen Faraday's widersprechende Annahme scheint dem Verfasser durch die Angaben CHAUVEAU's (Berl. Ber. 1860. p. 552) über die Art der Muskelerregung beim Oeffnen und Schliessen eines constanten Stromes bestätigt zu sein. *C. S.*

FEDDERSEN. Ueber die Theorie der Stromverzweigung bei der oscillatorischen elektrischen Entladung und die „äquivalente Länge" des Hrn. Direct. KNOCHENHAUER. Leipz. Ber. 1866. p. 231-245†.

Bezeichnet W den Gesammtwiderstand des Schliessungsbogens einer Leydener Batterie und A seine „elektrodynamische Constante" d. h. das bekannte Integral

$$\frac{8}{c^2}\iint\frac{ds\,ds'}{r}\cos\vartheta\cos\vartheta',$$

in welchem beide Integrationen über die ganze Länge des Schliessungsbogens auszudehnen sind, ist ferner $V_{(i)}-V_{(a)}$ der Unterschied der Potentialwerthe auf der inneren und äusseren Belegung, und bezeichnet i die Intensität des Entladungsstromes zur Zeit t, welche in allen Theilen des Schliessungsbogens als gleich vorausgesetzt wird, so ist nach KIRCHHOFF (POGG. Ann. CXXI. 551*; Berl. Ber. 1864. p. 437*)

$$Wi+A\frac{di}{dt}=2(V_{(i)}-V_{(a)}).$$

Bezeichnet β die Elektricitätsmenge welche erforderlich ist, um die Batterie bis zur Potentialdifferenz 1 zu laden, so ist die Entladung eine oscillatorische oder continuirliche, je nachdem die Grösse

$$\alpha=\sqrt{\left[\frac{4}{A\beta}-\frac{W^2}{4A^2}\right]}$$

reell oder imaginär ist. Bei den gewöhnlichen Versuchen mit metallischen Widerständen findet fast stets das erstere statt; ja es lässt sich aus den numerischen Berechnungen von KIRCHHOFF schliessen, dass der Regel nach die Grösse $\frac{W^2}{A^2}$ gegen $\frac{1}{A\beta}$ als verschwindend klein betrachtet werden darf, wenn es sich nicht um sehr lange, dünne und schlecht leitende Drähte handelt. Im Fall der oscillatorischen Entladung fand KIRCHHOFF durch Integration obiger Differentialgleichung für die Stromstärke den Ausdruck

$$i = \frac{4Q}{A\alpha\beta} e^{-\frac{W}{2A}t} \sin \alpha t,$$

in welchem Q die anfänglich in der Batterie vorhandene Elektricitätsmenge bezeichnet.

Indem Hr. FEDDERSEN dieselben Principien auf die einzelnen Theile eines verzweigten Schliessungsbogens anwendet, gelangt derselbe zu einem Ausdruck für die Theilung des Entladungsstromes zwischen den verschiedenen Stromzweigen. Haben $\omega_1 a_1 i_1$, $\omega_2 a_2 i_2$, dieselbe Bedeutung für die beiden Zweige eines getheilten Schliessungsbogens, wie oben die entsprechenden Grössen W, A, i für die Gesammtschliessung, und bemerkt man ferner, dass die Differenz der Potentialwerthe an den Verzweigungspunkten $v_{(i)} - v_{(a)}$ für beide Stromzweige denselben Werth besitzt, so folgt, dass

$$(1) \quad . \quad . \quad . \quad . \quad \omega_1 i_1 + a_1 \frac{di_1}{dt} = \omega_2 i_2 + a_2 \frac{di_2}{dt}$$

sein muss. Es ist dabei vorausgesetzt, dass die Inductionswirkungen der verschiedenen Theile des Schliessungsbogens auf einander als verschwindend klein betrachtet werden dürfen gegen die Inductionswirkung jedes Zweiges auf sich selbst. Es ist also z. B. der Fall ausgeschlossen, dass beide Zweige zwei in einander gesteckte Spiralen bilden. — In Folge der Continuität muss ferner sein:

$$(2) \quad . \quad . \quad . \quad . \quad . \quad . \quad . \quad . \quad i_1 + i_2 = i,$$

woraus folgt

$$\frac{\omega_1 + \omega_2}{a_1 + a_2} i_1 + \frac{di_1}{dt} - \frac{\omega_2}{a_1 + a_2} i - \frac{a_2}{a_1 + a_2} \frac{di}{dt} = 0.$$

Setzt man in diesen Ausdruck für i den obigen von KIRCHHOFF gefundenen Werth, so ergiebt sich eine Differentialgleichung für i_1, durch deren Integration man erhält:

$$(3) \quad i_1 = \frac{4Q}{A\alpha\beta} \cdot \frac{1}{\left(\frac{\omega_1 + \omega_2}{a_1 + a_2} - \frac{W}{2A}\right)^2 + \alpha^2} \left\{ \alpha \frac{a_2\omega_1 - a_1\omega_2}{(a_1 + a_2)^2} \left(e^{-\frac{W}{2A}t} \cos \alpha t - e^{-\frac{\omega_1+\omega_2}{a_1+a_2}t} \right) \right.$$

$$\left. + \frac{a_2 \left(\frac{4}{A\beta} - \frac{\omega_1 + \omega_2}{a_1 + a_2} \cdot \frac{W}{2A} \right) + \omega_2 \left(\frac{\omega_1 + \omega_2}{a_1 + a_2} - \frac{W}{2A} \right)}{a_1 + a_2} \cdot e^{-\frac{W}{2A}t} \sin \alpha t \right\}.$$

Für i_2 würde sich der entsprechende Ausdruck mit vertauschten Indices ergeben. Die hauptsächlichen Instrumente zur experimentellen Prüfung der Stromverzweigung sind das Galvanometer und das elektrische Thermometer. Die Ausschläge des ersteren sind dem Integral $\int i dt$, die des letzteren dem Integral $\int i^2 dt$ proportional. Die Integrationen sind über die ganze Dauer der Entladung, also von $t = 0$ bis $t = \infty$ auszudehnen. Durch Ausführung der ersten Integration für die beiden einzelnen Stromzweige erhält man

$$(4) \quad \int_0^\infty i_1 dt = Q \frac{\omega_2}{\omega_1 + \omega_2}, \quad \int_0^\infty i_2 dt = Q \frac{\omega_1}{\omega_1 + \omega_2}.$$

Die Galvanometerausschläge stehen also im umgekehrten Verhältniss der galvanischen Widerstände beider Zweige, was durch die Erfahrung bestätigt wird. Für das Integral $\int_0^\infty i_1^2 dt$ ergiebt sich ein ziemlich complicirter Ausdruck, welcher sich jedoch bedeutend vereinfacht unter der Voraussetzung, dass die Grössen $\frac{\omega_1^2}{a_1^2}$, $\frac{\omega_2^2}{a_2^2}$ wie $\frac{W^2}{A^2}$ gegen $\frac{1}{A\beta}$ als verschwindend klein angesehen werden dürfen. Diese Voraussetzung ist, wie oben bemerkt, bei mässigen metallischen Widerständen in der Regel zulässig. Ist ausserdem das Verhältniss $\frac{a_1}{a_2}$ von der Einheit nicht allzusehr verschieden, so erhält man:

$$(5) \quad \int_0^\infty i_1^2 dt = \frac{2Q^2}{W\beta}\left(\frac{a_2}{a_1 + a_2}\right)^2, \quad \int_0^\infty i_2^2 dt = \frac{2Q^2}{W\beta}\left(\frac{a_1}{a_1 + a_2}\right)^2.$$

Es sind also unter den gemachten Voraussetzungen die Erwärmungen in den Zweigen umgekehrt proportional den Quadraten ihrer elektrodynamischen Constanten. Hr. Feddersen zeigt, dass sich dieses Gesetz auf ein System von drei oder mehreren Zweigströmen ausdehnen lasse. Für ein System von drei Zweigen erhält man z. B.

$$\int_0^\infty i_1^2 dt = \frac{2Q^2}{W\beta}\left(\frac{a_2 a_3}{a_2 a_3 + a_3 a_1 + a_1 a_2}\right)^2.$$

Knochenhauer hat durch seine experimentellen Untersuchungen über die Verzweigung des Batteriestromes nachgewiesen, dass die Gesetze der galvanischen Stromverzweigung auf die Verzweigung des Batteriestromes nicht übertragbar seien, wenn man sich des elektrischen Thermometers als Prüfungsmittel bedient, sondern dass an Stelle des galvanischen Widerstandes die sogenannte „äquivalente Länge" der Drähte zu setzen sei (vgl. Berl. Ber. 1859. p. 392). Hr. FEDDERSEN sucht nun nachzuweisen, dass im Allgemeinen die „äquivalente Länge" eines Drahtes mit seiner elektrodynamischen Constanten identisch sei. Neuerdings hat KNOCHENHAUER (POGG. Ann. CXXVII. 593) die äquivalenten Längen einer Anzahl von Drahtrollen bestimmt, und von Hrn. FEDDERSEN ist die Oscillationsdauer bei Entladung durch eben dieselben Rollen gemessen worden. Die Oscillationsdauer ergab sich proportional der Quadratwurzel der äquivalenten Länge der Schliessungsdrähte. Nach der KIRCHHOFF-THOMSON'schen Theorie ist aber die Oscillationsdauer

$$\tau = \tfrac{1}{2}\pi \sqrt{[A\beta]},$$

wo A die elektrodynamische Constante bezeichnet.

Das oben gefundene Erwärmungsgesetz führt zu demselben Resultat, und die demselben entsprechende Formel ist von KNOCHENHAUER bereits in POGG. Ann. LXI. 82 aufgestellt worden. — Auch KNOCHENHAUER's Angaben über die Abhängigkeit der äquivalenten Länge von der Länge, Dicke und Biegung der Drähte sind, wie Hr. FEDDERSEN zeigt, mit seiner Annahme im Allgemeinen in Uebereinstimmung.

Eine Ausnahme erleidet jedoch diese Uebereinstimmung bei langen sehr schlecht leitenden Drähten, für welche KNOCHENHAUER die äquivalente Länge im gestreckten Zustand grösser als ihre natürliche Länge findet. Die äquivalente Länge schlecht leitender Drähte wird nach KNOCHENHAUER sowohl durch Vergrösserung der Batterie, als durch Vermehrung des Widerstandes im Stamm des Schliessungsbogens vergrössert; sie erscheint dagegen verringert, wenn man beide Zweige um gleiche Stücke eines gut leitenden Drahtes verlängert. Die „äquivalente Länge" eines schlecht leitenden Drahtes ist demnach eine variable Grösse, welche nicht mehr mit der elektrodynamischen Constante identificirt werden kann. Diese Anomalien erklären sich übrigens, wie Hr. FEDDERSEN zeigt, dadurch, dass es für diese Drähte nicht mehr zulässig ist, die Grösse $\frac{W^2}{A^2}$ gegen $\frac{1}{A\beta}$ zu vernachlässigen, so dass zur Bestimmung der Erwärmung die Annäherungsformel (5) nicht mehr anwendbar ist, sondern auf den genauen Werth des Integrales zurückgegangen werden muss. *Jm.*

W. Hankel. Neue Theorie der elektrischen Erscheinungen. Leipz. Ber. 1866. p. 219-231†.

Der Verfasser leitet aus seiner Theorie der Elektricität (s. Berl. Ber. 1865. p. 361) die Gesetze der Inductionswirkung in der schon früher angedeuteten Weise ab. *C. S.*

Fernere Litteratur.

Volpicelli. Essai historique sur les premières découvertes des propriétés qui appartiennent à l'aimant. Rome 1866.

---

26. Elektricitätserregung.

H. Wilde. Experimental researches in magnetism and electricity. Proc. Roy. Soc. XV. 106-111†; Phil. Mag. (4) XXXII. 148-152; Int. Obs. X. 74-75.

Der Verfasser beschreibt die elektrischen und magnetischen Wirkungen, welche er von einer magnetelektrischen Maschine erhielt, welche aus Hufeisenmagneten mit einer zwischen den Schenkeln derselben rotirenden Ankerspirale bestand. Wenn die Permanentmagnete 40 Pfd. Tragkraft besassen, konnte durch den Strom der Maschine einem grossen Elektromagneten 1080 Pfd. Tragkraft ertheilt werden. Dabei bemerkte er, dass die von der Maschine getrennten Spiralen des Elektromagneten nach 20 Secunden nach der Trennung helle Funken gaben; er sucht den Ursprung dieser Elektricität in statischer Ladung der Drähte, während dieselbe wohl von der Inductionswirkung des verschwindenden Magnetismus stammt.

Die grosse, theoretisch nicht begrenzte Fähigkeit der Maschine zur Erregung magnetischer Kraft brachte Wilde auf den Gedanken, die so erzeugten Elektromagnete wiederum zu einer magnetelektrischen Maschine zu verwenden.

Als die Permanentmagnetmaschine und die mit ihr verbundene Elektromagnetmaschine mit der gleichen Geschwindigkeit von 2500 Umdrehungen in der Minute in Bewegung gesetzt wurden, konnte durch den von der letzteren gelieferten Strom ein 15″ langer 0,125″ dicker Kupferdraht geschmolzen werden, und ein sehr intensives Licht erhalten werden.

Der zur Drehung der thätigen Maschinen nöthige Aufwand von mechanischer Kraft war sehr bedeutend. *C. S.*

W. G. Hankel. Ueber die thermoelektrischen Eigenschaften des Bergkrystalls. Elektrische Untersuchungen, VII. Abhandlung. Leipz. Abh. VIII. 323-392†; Leipz. Ber. 1866. p. 75-84†.

Der Verfasser hat die Thermoelektricität des Quarzes, welche er schon früher untersucht hat, an einer grossen Zahl gut ausgebildeter Krystalle sorgfältig bestimmt. Die Krystalle wurden in Platinkörner oder Eisenfeilicht eingebettet, bis gegen 200° erhitzt und bei der Abkühlung das elektrische Verhalten des Krystalls untersucht, indem an die betreffende Stelle der Oberfläche ein mit dem Elektrometer verbundener abgerundeter Platindraht angenähert wurde, während der übrige Theil des Krystalls durch das Metallpulver abgeleitet war. — Bei den gleichmässig ausgebildeten Krystallen findet man beim Abkühlen sechs abwechselnd elektrische Banden von den Enden schräg über die Prismenflächen sich hinziehend. Die negativen Banden erstrecken sich von den Flächen des Hauptrhomboeders am oberen Ende zu einer nächsten Fläche desselben Rhomboeders am unteren Ende, die positiven denselben parallel zwischen den Flächen des Gegenrhomboeders. Man hat also drei elektrische Axen anzunehmen, welche mit den krystallographischen zusammenfallen.

Die Richtung der Banden ist für die optisch rechten und linken Krystalle verschieden; die Richtung ist stets parallel den

Combinationskanten, welche die Flächen der trigonalen Pyramide, die sogenannte Rhombenflächen, mit den Flächen des Hauptrhomboeders bilden. Die positiven Banden müssen also über die Prismenkante hingehen, welche die Rhombenflächen trägt, d. h. die diesen Prismenkanten zugehörigen Enden der Nebenaxen sind stets die positiven. Die Vertheilung der Elektricitäten in vollkommenen Krystallen ist nun folgende: die Flächen des Hauptrhomboeders sind vorzugsweise negativ, auf der Seite der Rhombenfläche positiv; die unter dem Hauptrhomboeder liegende Prismenfläche ist durch eine Diagonale, welche von der diese Rhombenfläche tragenden Ecke ausgeht, getheilt, so dass der der Fläche des Hauptrhomboeders anliegende Theil negativ ist; entsprechend ist die Fläche des Gegenrhomboeders vorherrschend positiv, ebenso die anliegende diagonale Hälfte der Prismenfläche. Es ziehen sich also die abwechselnd elektrischen Banden von den Rhomboederflächen über die diagonalen Hälften der Prismenflächen und die zwischenliegende Kante zu den Flächen des entsprechenden Rhomboeders am anderen Ende.

Bei nicht gleichmässig ausgebildeten Krystallen und Zwillingsverwachsungen zeigt sich diese Anordnung mehr oder weniger gestört.

Aus diesem Ergebniss zieht der Verfasser Schlüsse auf eine passende Betrachtung der Symmetrieverhältnisse des Quarzes. Da die benachbarten Hälften der krystallographischen Nebenaxen, welchen als elektrischen Axen eine physische Bedeutung zukommt, im Gegensatze stehen, so werden nicht die in dem Sextanten zwischen zwei Halbaxen liegenden Flächen, sondern die um das Ende einer Halbaxe liegenden Flächen als zusammengehörig aufgefasst. Ausgehend von dem trapezoëdrischen Hemieder der zwölfseitigen Pyramide, dem hexagonalen Trapezoëder, wird sechsseitige Pyramide und Prisma auf dieses bezogen durch Ableitung von einer regulären zwölfseitigen Pyramide; von den vier Flächen der Pyramide, welche das Ende einer Halbaxe umgeben, gehören nach obiger Betrachtung nur zwei gegenüberliegende ihr an, von den zwei Flächen des Prismas gehören nur die nächsten Hälften zu der Halbaxe. Hemimorphie, verschiedene Ausbildung der Enden, welche der Quarz wie alle pyroelektrischen Krystalle zeigt, muss an den Nebenaxen in folgender Weise erscheinen: die sechsseitige Pyramide, die dem hexagonalen Trapezoëder entspricht, ergiebt sich als scheinbare Combination zweier Rhomboeder mit verschieden ausgebildeten Flächen; an dem Prisma kann, wenigstens bei gleichmässiger Ausbildung der Enden, die Erscheinung nicht hervortreten; aus der sechsseitigen Pyramide zweiter Ordnung entsteht die trigonale Pyramide, von welcher je zwei Flächen einem Endpunkt der abwechselnden Halbaxen entsprechen, also ein Zurücktreten der abwechselnden Halbaxen andeuten; das hexagonale Trapezoëder erscheint hemimorph als trigonales Trapezoeder.

Der Quarz, welcher von HAUY als skalenoedrisch hemiedrisch, von NAUMANN als trapezoedrisch tetratoëdrisch aufgefasst wird, ist auf diese Weise unter Annahme der Hemimorphie als trapezoëdrisch hemiedrisch gedeutet. *C. S.*

---

27. Elektrostatik.

HEMPEL. Sur la conductibilité du gaz acide hypoazotique pour l'électricité. C. R. LXII. 58-58†; CARL Rep. I. 336-336.

Hr. HEMPEL, Constructeur von Elektrisirmaschinen, hat bemerkt, dass wenn man einen Strom von salpetriger Säure aus einem Entwicklungsapparat zwischen geladenen Elektroden aufsteigen lässt, der Funke nicht erscheint und die Elektroden ihre Spannung verlieren. *C. S.*

PERROT. Expériences entreprises dans le but de vérifier plusieurs points de la théorie de l'électricité statique. C. R. LXII. 232-235†; Inst. 1866. p. 51-52; Arch. sc. phys. (2) XXV. 165-169.

Der Verfasser sagt dass man gewöhnlich für die Wirkungsweise der Volta- und der statischen Elektricität den Unterschied setzt: dass die erstere nur bei geschlossenem Stromkreise wirkt, die andere dagegen durch Influenz entwickelt werden kann, ohne dass eine Leitung oder ein Stromkreis vorhanden ist. Der Verfasser will durch Versuche beweisen, dass die letztere Annahme falsch ist, dass ein wirklich isolirter Körper durch statische Elektricität nicht geladen werden kann.

In einem mit Rüböl gefüllten isolirten Glase wurden Silberblättchen suspendirt; eine mit der Elektrisirmaschine verbundene Metallkugel, welche in das Oel getaucht wurde, übte auf die Metalltheilchen keine Anziehung aus. Ebenso verhielt sich eine an einem Seidenfaden isolirte elektrisirte Kugel. Der Verfasser schliesst: die eingetauchten Kugeln sind nicht elektrisch; wenn man einen elektrisirten Körper isolirt, so verliert er seine elektrischen Eigenschaften.

Wenn man neben der Kugel die Spitze eines Drahtes in das Oel taucht, welcher abgeleitet ist oder dessen anderes Ende in der Luft in eine Spitze ausgeht, so entstehen von der Spitze und der Kugel aus Strömungen in der Flüssigkeit, und auf diese Weise ist ein Kreis hergestellt. — Uebrigens ist auch ohne die Versuche des Verfassers die Thatsache unbezweifelt, dass durch Influenz die Elektricitäten in den Körpern geschieden, Ladungen aber nur durch Ableitung der einen Elektricität erhalten werden.

C. S.

Perrot. Expériences et observations sur l'électricité.

C. R. LXII. 450-453†; Arch. sc. phys. (2) XXV. 343-348.

Der Verfasser hat in einer früheren Abhandlung (s. Berl. Ber. 1865. p. 379-380) die Behauptung aufgestellt, dass eine Abstossung gleichnamig elektrischer Theile nicht besteht, sondern nur Anziehung zwischen ungleichnamig elektrischen. Er sucht dies durch folgende Betrachtungen zu bestätigen. Die Annahme der Abstossung der gleichnamig elektrischen Theile ergiebt für die Anordnung der Elektricität auf einem möglichst vollkommenen Kegel eine sehr grosse Dichtigkeit an der Spitze. Es tritt an der Spitze Ausströmen der Elektricität ein, und ist die Spitze mit dem Conductor einer thätigen Elektrisirmaschine verbunden, so wird auf dem Conductor eine gewisse mittlere Dichtigkeit stattfinden. Die alsdann an der Spitze vorhandene Spannung der Elektricität setzt der Verfasser seltsamerweise dem Drucke einer Atmosphäre gleich. Durch Umgeben der Spitze mit einem Glasrohr wird das Ausströmen der Elektricität verhindert, so dass der Conductor nun eine 200 Mal so grosse mittlere Dichtigkeit annehmen kann. Der Verfasser meint, dass man alsdann an der Spitze einen Druck von 200 Atmosphären anzunehmen hätte; dies scheint ihm nicht glaublich, und damit hält er die Annahme der elektrischen Abstossung für widerlegt. — Der Verfasser hat offenbar nicht beachtet, dass durch die Einhüllung der Spitze die elektrische Anordnung auf derselben wesentlich geändert wird, und eben deshalb das Ausströmen der Elektricität aufhört; sonst hätte er wohl seine Berechnung nicht angestellt.

C. S.

W. HOLTZ. Ueber eine neue Elektrisirmaschine. POGG. Ann. CXXVII. 320-327†.

In diesem Aufsatze, welcher eine Fortsetzung der Abhandlung in POGG. Ann. CXXVI. 157 (s. Berl. Ber. 1865. p. 368) ist, giebt der Verfasser zunächst einige Vervollkommnungen in der Construction und Ausstattung seiner Maschine. Es sind alsdann die Erfahrungen über die Wirksamkeit der Maschinen bei verschiedenen Dimensionen und Combinationen der Theile mitgetheilt. Die grösste erreichbare Schlagweite wächst im Allgemeinen wie der Durchmesser der Scheiben; die Quantität aber im geringeren Grade. Mit der Anzahl der Elemente, d. h. der Belegungen nebst zugehörigen Spitzenconductoren, wächst die Quantität etwa proportional, während die Schlagweite bei derselben Scheibe sich entsprechend vermindert. *C. S.*

A. TÖPLER. Vergleichende Versuche über die Leistungen der Influenzmaschine mit und ohne Metallbelegung. POGG. Ann. CXXVII. 177-198†.

Die Spannungseffecte, welche die HOLTZ'sche Maschine zeigt, sind sehr viel beträchtlicher als die von der TÖPLER'schen Maschine gelieferten; der Verfasser hat versucht, die Leistungen der Maschinen in Bezug auf Quantität zu vergleichen. Da der Verfasser den Hauptunterschied der HOLTZ'schen Construction von der seinigen in der Anwendung von isolirenden Scheiben findet, so wurde ein Apparat construirt, in welchen, bei gleicher Anordnung, feste influencirende Metallscheiben und rotirende metallbelegte Scheiben, oder influencirende Papierscheiben und rotirende isolirende Scheiben eingefügt werden konnten. Die festen Scheiben wurden durch einen besonderen Apparat geladen und der Entladungsstrom der rotirenden Scheiben in beiden Fällen untersucht durch die Anzahl der Ladungen einer Flasche. Bei gleicher Grösse der influencirten Flächen erscheint die Wirkung der belegten und unbelegten Scheiben wenig verschieden; die Ungleichheiten erklärt der Verfasser durch innere Verluste, und findet es übrigens paradox, auf einem Isolator eine grössere statische Erregung durch Influenz anzunehmen als unter gleichen Umständen auf einem Leiter.

Der Verfasser findet, dass mit wachsender Rotationsgeschwindigkeit der Scheiben die Quantität bei isolirenden Scheiben in etwas geringerem Grade zunimmt als bei belegten; dies wird so erklärt, dass für die Ladung der Isolatoren eine merkliche Zeit erforderlich ist.

Es wird noch die leichte Erregbarkeit und Beobachtung der Selbstladung bei Maschinen mit belegten Scheiben hervorgehoben; bei solchen mit isolirenden Scheiben ist für die Erregung Elektricität von beträchtlicher Spannung erforderlich. *C. S.*

BERTSCH. Sur un nouveau générateur électrique ou électrophore continu. C. R. LXIII. 771-773†; Mondes XII. 480-481.

H. DE PARVILLE. Remarques relatives au nouveau générateur électrique ou électrophore continu récemment décrit par Mr. BERTSCH. C. R. LXIII. 881-882; Mondes XII. 492-493†.

BERTSCH. Réponse aux remarques de Mr. DE PARVILLE concernant l'analogie qu'offrirait un appareil précédemment décrit avec l'électrophore continu. C. R. LXIII. 910-911†.

H. DE PARVILLE. Réponse aux remarques de Mr. BERTSCH

sur son nouveau générateur d'électricité. Mondes XII. 662-663†.

Angeblich weil ihm die HOLTZ'sche Maschine eine zu complicirte Lösung des Problemes nach seiner Auffassung ist, hat Hr. BERTSCH einen Apparat beschrieben, welchen er neu nennt. Vor einer um eine Axe rotirenden Scheibe aus isolirendem Material befinden sich zwei mit Spitzen versehene Conductoren diametral gegenüber. Auf der anderen Seite der Scheibe werden eine oder mehrere isolirende Platten, welche Sectoren von etwa 60° entsprechen, der Scheibe nahe und parallel angebracht. Die Sectoren werden zunächst durch Reiben elektrisirt, und bei der Rotation der Scheibe wird ein Funkenstrom zwischen den Elektroden der Conductoren erhalten; bei trockner Luft kann der Apparat mehrere Stunden geladen bleiben.

Wie man sieht ist der Apparat einer HOLTZ'schen Maschine ähnlich, nur dass ihm das Hauptprincip derselben fehlt, die Belegungen durch den Apparat selbst beständig und bis zu einem Maximum zu laden.

Uebrigens reklamirt Hr. DE PARVILLE die Priorität der Construction für Hrn. PICHE, welcher einen gleichen Apparat schon früher angegeben hat und als Material trocknes Papier anwendete. Hr. BERTSCH hält seine Construction nicht für identisch mit dieser. *C. S.*

Fernere Litteratur.

F. DELLMANN. Ueber die Gesetzmässigkeit und die Theorie des Elektricitätsverlustes. Z. S. f. Math. XI. 325-354†. Siehe Berl. Ber. 1864. p. 436.

G. GOVI. Studii di elettrostatica; condensazione delle armature liquide nei coibenti armati. Cimento XXI-XXII. 18-26.

L. PALMIERI. Nuove modificazioni arrecate al conduttore mobile con alcune arvertenze necessarie nel farne uso. Cimento XXIII-XXIV. 81-87.

---

28. Batterieentladung.

J. M. Gaugain. Sur la décharge disruptive. C. R. LXII. 235-237†; Mondes (2) I. 200-202; Inst. 1866. p. 33-34.

— — Mémoire sur la décharge disruptive. Ann. d. chim. (4) VIII. 75-134†.

In der ersten Mittheilung hat der Verfasser die Untersuchungen über die disruptive Entladung (s. Berl. Ber. 1865 p. 387), wobei früher nur die Funkenentladung berücksichtigt war, auch auf die anderen Entladungsformen, Glimm- und Büschelentladung ausgedehnt. Da man von diesen Entladungen nicht einzelne, sondern stets eine ganze Folge erhält, so muss der Begriff der Entladungsspannung modificirt werden. Die Entladungen treten ein von einer gewissen Minimalspannung an, können aber je nach der Grösse des Zuflusses von Elektricität bei sehr verschiedenen Spannungen stattfinden, so dass einem constanten Zufluss eine bestimmte Spannung entspricht. Bei dieser Auffassung der Entladungsspannung findet der Verfasser für concentrisch cylindrische Elektroden: Wenn der Durchmesser des äusseren Cylinders allein sich ändert, ist die Entladungsspannung proportional dem Widerstand des zwischen den Elektroden eingeschlossenen Luftvolumens.

In der zweiten ausführlichen Abhandlung beschäftigt sich der Verfasser zunächst mit den Merkmalen und den Bedingungen für den Eintritt der verschiedenen Entladungsformen. Er hält dunkle Entladung und Glimmentladung nicht für wesentlich verschieden; unterscheidet dieselben als nahe continuirlich von der discontinuirlichen Büschel- und Funkenentladung. Die Büschelentladung findet bei ziemlich constanter Spannung statt, während bei jeder Funkenentladung die Spannung plötzlich sinkt. Im Allgemeinen sollen bei gesteigertem Zufluss von Elektricität die Entladungsformen in der angegebenen Reihe aufeinander folgen.

In dem zweiten Theil der Abhandlung wird der Zusammenhang zwischen Spannung und Schlagweite untersucht. Es wird die Ungenauigkeit des Proportionalitätsgesetzes für verschiedene Elektroden nachgewiesen und die schon früher mitgetheilten Resultate bei Anwendung von concentrisch cylindrischen Elektroden werden angegeben. *C. S.*

K. W. KNOCHENHAUER. Ueber den in der Theorie der Batterieentladung angenommenen Widerstand des Schliessungsbogens. POGG. Ann. CXXVII. 443-450†; Mondes XI. 493-494.

Um zu ermitteln, ob der Widerstand im Schliessungsbogen der Batterie, wie er sich aus der Wärmewirkung der Entladung ergiebt, constant ist in der Weise wie dies für den galvanischen Strom gilt, hat der Verfasser für verschiedene Leiter den Widerstand im galvanischen Strom und im Entladungsstrom der Batterie bestimmt. Die Bestimmung des galvanischen Widerstandes geschah unter Anwendung eines Thermoelementes mittelst eines Spiegelgalvanometers. „Gestreckte" Drähte im Batteriestrom mittelst des Luftthermometers untersucht zeigten ihren Widerstand abhängig von der Grösse der Batterie; für verschiedene Drähte von gleichen Dimensionen sind die Unterschiede dieser Widerstände von den galvanischen gleich. Diese Differenzen verhalten sich etwa umgekehrt wie die Quadratwurzeln der Grössen der Batterie, und werden als Oberflächenwiderstand bezeichnet. Für Spiralen berechnet sich ausserdem ein von der Induction herrührender Widerstand, welcher etwa der Quadratwurzel aus der Länge des Schliessungsbogens proportional ist. Die Stärke der Ladung übt auf diese Widerstände keinen Einfluss. *C. S.*

K. W. KNOCHENHAUER. Ueber den Einfluss des Ventils auf den Batteriestrom. POGG. Ann. CXXIX. 78-93†.

Der Verfasser hat die Wirkungen des elektrischen Ventils auf die Angaben des Galvanometers, Thermometers und Dynamometers, im verzweigten Schliessungsbogen und im Nebenbogen der Batterie untersucht.

Die Wirkung auf das Galvanometer zeigte sich unter sonst gleichen Umständen sehr verschieden. Das Thermometer zeigt nur unbedeutende Abänderungen der Stromtheilung durch das Ventil an; damit stimmen die Angaben des Dynamometers überein; die gleichen Beobachtungen am Nebenstrom führen zu dem Schluss: „dass das Ventil den eigentlichen Batterienebenstrom nicht ändert, und dass die Ablenkung des Spiegels von einem Strom stammt, der galvanischer Natur ist, der also starke Ablenkungen des Spiegels erzeugt, der am Dynamometer nicht bemerkbar ist". *C. S.*

C. M. Guillemin. Sur la décharge de la batterie électrique et sur l'influence de la configuration des conducteurs. C. R. LXII. 1083-1085†; Pogg. Ann. CXXVIII. 173-175†; Inst. XXXIV. 174-174; Brix Z. S. XIII. 137-139.

Als Mitglied der Commission zur Vervollkommnung der Telegraphenlinien machte der Verfasser die Bemerkung, dass ein continuirlicher Kupferdraht den Entladungsstrom der Batterie nicht merklich besser leitet als ein ähnlicher Draht bei Einschaltung eines Blitzableiters mit Spitzen. Diese Thatsache, welche mit den Gesetzen der Leitung der Voltaelektricität nicht vereinbar erscheint, gab Veranlassung zu einigen Versuchen aus denen folgt, dass für den Strom der Leydener Flasche die Vergrösserung der Oberfläche des Leiters den Uebergang der Elektricität erleichtert.

Eine Batterie von 1□^{m} Oberfläche wird durch einen verzweigten Schliessungsbogen entladen; der eine Zweig besteht aus einem Eisendraht von $\frac{1}{10}$^{mm} Dicke und veränderlicher Länge, der andere aus einem Stanniolblatt von 2^{m} Länge und 6^{cm} Breite, auf einer isolirenden Glastafel liegend. Man richtet es so ein, dass der Eisendraht von etwa 15^{cm} Länge durch die Entladung noch nicht bis zum Glühen erhitzt wird. Wenn man alsdann den Stanniolstreifen querüber zusammenfaltet, so dass weder die Länge noch der Querschnitt geändert wird, so sieht man dass der Eisendraht durch dieselben Entladungen glühend und endlich geschmolzen wird, wenn die freie Oberfläche des Stanniols gehörig zerkleinert ist. Der Leiter mit grosser Oberfläche zeigt die entsprechende Wirkung, auch wenn man ihn nicht als Verzweigung sondern als Zuleiter für den Eisendraht benutzt.

Die Erscheinung wird durch Inductionswirkung der Theile des Leiters auf einander erklärt; die Vergrösserung der Oberfläche hat eine Entfernung der reagirenden Theile von einander zur Folge und erleichtert daher den Uebergang des Stromes. Die Erklärung wird noch durch einen Versuch bestätigt, in welchem das Stanniolblatt des ersten Versuches durch 60 parallele Drähte von gleicher Länge ersetzt war; bei gehöriger Entfernung von einander wirkten dieselben wie das ausgebreitete Stanniolblatt, bei grosser Annäherung wie das gefaltete Stanniolblatt. Mit diesen Resultaten sind in Uebereinstimmung die Angaben des RIESS'schen Luftthermometers.

Für die Construction der Blitzableiter scheint es hiernach vortheilhafter, statt der Drähte breite Metallstreifen anzuwenden.

C. S.

A. KUNDT. Bemerkung über den Durchgang der Funken des Inductoriums durch die Flamme. POGG. Ann. CXXVIII. 159-160†; Arch. sc. phys. XXVII. 261-262.

Wenn der Funkenstrom des Inductoriums durch eine leuchtende Flamme geht, so erscheint die helle Funkenbahn zuweilen von dunklen Querstreifen durchsetzt, im übrigen die Flamme gleichmässig hell und ruhig. Bei intermittirender Beobachtung mittelst eines rotirenden Spiegels erkennt man indessen, dass der Theil der Flamme oberhalb des Funkens alternirt wie die Flamme der chemischen Harmonika; das Spiegelbild erscheint nicht als gleichförmige Bande sondern sägenförmig eingeschnitten und mit der unteren Spitze der dunklen Einschnitte das Bild des Funkens zusammenfallend. Während des Ueberganges des Funkens erlischt also der obere Theil der Flamme.

Die Erscheinung wird als eine mechanische Wirkung des Stosses erklärt, den der Funke auf das Medium ausübt. Wurde die Flamme statt mittelst des rotirenden Spiegels durch eine mit Schlitzen versehene rotirende Scheibe beobachtet, so erschien sie, in der Richtung senkrecht zu dem Funken betrachtet, oberhalb des Funkens aus abwechselnden hellen und dunklen Schichten bestehend, in der Richtung längs des Funkens zeigten sich die dunklen Schichten als dunkle Kreise. *C. S.*

A. v. Waltenhofen. Ueber den Lullin'schen Versuch und die Lichtenberg'schen Figuren. Pogg. Ann. CXXVIII. 589-610†; Dingler J. CLXXIX. 432-436†; Wien. Ber. LIII. 2. 665-682; Inst. XXXIV. 319.

Der nach Lullin benannte Versuch besteht bekanntlich darin, dass ein Kartenblatt, zwischen zwei spitzen Elektroden so angebracht, dass die Spitzen die entgegengesetzten Oberflächen desselben berühren, durch den Funken zunächst der negativen Elektrode durchbohrt wird. Die Erscheinung ist von Riess erklärt worden unter der Annahme, dass die mechanische Wirkung der ersten Partialentladung das Zerreissen der auf der Papierfläche condensirten Wasserdampfschicht zur Folge hat, wodurch nach Faraday negative Elektrisirung des Papiers stattfinden müsste; bei den folgenden Entladungen würde die negativ elektrische Papierfläche die Ausbreitung der negativen Elektricität verhindern, so dass die Karte zunächst der negativen Elektrode durchbohrt wird. Wenn diese Erklärung begründet ist, so müsste der Lullin'sche Versuch für Substanzen wiederholt, welche nach Faraday durch Wasserdampf positiv elektrisch werden, das umgekehrte Resultat ergeben d. h. der Funke müsste diese Substanzen an der positiven Elektrode durchbohren. Als v. Waltenhofen Papierblätter mit solchen Stoffen, Harzen, Oelen u. s. w. auf beiden Seiten bedeckte, und mit diesen den Lullin'schen Versuch anstellte, wurden dieselben in der That an der positiven Spitze durchbohrt. Dabei wurden meist mit demselben Erfolge sowohl die Funken des Inductoriums als die Entladungen einer Flasche angewendet.

Die Verschiedenheit der positiven und negativen Lichtenberg'schen Figuren hat Riess ebenfalls durch die Annahme einer negativen Erregung der Oberflächen durch die Entladung selbst erklärt. Der Verfasser hat indessen für Substanzen, welche beim Lullin'schen Versuch das umgekehrte Resultat ergaben, eine Aenderung der Umkehrung der charakteristischen Staubfiguren nicht beobachtet. Nach dem Verfasser spricht die Umkehrung des Lullin'schen Versuches in den angegebenen Fällen für die Riess'sche Erklärung, während nach seinen Versuchen dessen Erklärung der Lichtenberg'schen Figuren unzulässig ist. *C.S.*

W. Hankel. Ueber die Durchbohrung des Stanniols durch den Entladungsschlag der elektrischen Batterie. Pogg. Ann. CXXIX. 135-161†; Leipz. Ber. XVII. 93-116.

Wenn die Entladung einer Batterie zwischen einer Stanniolfläche und einer gegenüberstehenden Kugel geschieht, so wird bei hinreichender Quantität und Spannung der Elektricität das Stanniol durchbohrt. Die Form und Grösse dieser Oeffnungen, und deren Abhängigkeit von der Menge und der Spannung der entladenen Elektricität sowie von dem Widerstande des Schliessungsbogens, sind Gegenstand der Untersuchung. — Das passend eingespannte Stanniolblatt war auf einem Funkenmikrometer gegenüber einer Kugelelektrode befestigt; die Elektroden waren mit den Belegungen der Batterie verbunden, deren Ladung durch die Maassflasche bestimmt wurde. Durch schwache Entladungen erhielt die vom Funken getroffene Stelle des Stanniols eigenthümliche Zeichnungen, durch stärkere Entladungen Durchbohrungen, welche bei nicht zu grosser Schlagweite ziemlich kreisrund gestaltet waren. Der Durchmesser, respective der grösste und kleinste Durchmesser, wurden unter dem Mikroskop mittelst eines Ocularmikrometers gemessen. — Wurde bei constanter Schlagweite die Quantität der Elektricität durch Vergrösserung der Batterie vermehrt, so zeigten sich die Quadrate der Durchmesser oder die Flächeninhalte der Oeffnungen den Elektricitätsmengen proportional, also wenn d den Durchmesser der Oeffnungen, q die Quantität der Elektricität und a eine Constante bedeutet: $d^2 = aq$. War die Oberfläche der Batterie constant, so ergaben sich für verschiedene Schlagweiten die Durchmesser der Oeffnungen den Quantitäten der Elektricität proportional: $d = gq$, wenn g eine neue Constante bedeutet. Diese Formeln stimmen überein mit der von Riess aufgestellten Formel der Erwärmung im Schliessungsbogen durch die Entladung, einmal bei constanter Schlagweite, und andererseits bei constanter Oberfläche der Batterie, so zwar, dass die Flächeninhalte der Oeffnungen den Erwärmungen entsprechen. Es ist also $d^2 = b\frac{q^2}{s}$, wenn d und q die frühere Bedeutung haben, s die Oberfläche der Batterie und b eine Constante ist.

Für grössere Schlagweiten (über 3,4^{mm}) giebt die Formel die Versuchsresultate nicht mehr wieder, indem die Durchmesser der Oeffnungen alsdann langsamer zunehmen.

Was den Einfluss der Dicke der Stanniolblätter betrifft, so zeigten sich bei Dicken zwischen 0,015^{mm} und 0,023^{mm} die Durchmesser der Oeffnungen den Dicken etwa umgekehrt proportional.

Es war anzunehmen dass die Einschaltung von Widerständen einen der Wirkung auf die Erwärmung entsprechenden Einfluss haben würde; in der That liessen sich die Versuchsresultate durch die Formel darstellen

$$d^2 = \frac{D^2}{1+\beta x},$$

worin D den Durchmesser der Oeffnungen bei Anwendung der gewöhnlichen Schliessung, d denselben bei Einschaltung des Widerstandes x, β eine Constante bedeutet. Für Kupfer- und Eisendraht von gleichen Dimensionen ergab sich die Constante β zu 0,001802 und 0,00891, annähernd proportional den Verzögerungswerthen, welche Riess für dieselben Metalle angiebt.

C. S.

P. Riess. Zur Kenntniss des Nebenstromes der Batterie.

Berl. Monatsber. 1866. p. 117-132†.

Bei der Untersuchung der Nebenströme der Batterie mittelst des elektrischen Ventils hat der Verfasser in früheren Abhandlungen die magnetische Ablenkung und die Ladung von Condensatoren als Prüfungsmittel benutzt, welche entschiedene, unzweifelhafte Resultate liefern. Gegen andere durch den Nebenstrom bedingte Erscheinungen zeigt sich das Ventil wirkungslos; die Beobachtung derselben ist aber interessant insofern, als dadurch der Unterschied des Nebenstromes von den zusammengehörigen Strömen der Volta- und Magnet-Induction hervortritt.

Zersetzung von Jodkalium wird durch Magnetinductionsströme leicht erhalten; durch beide Ströme, also an beiden Polen wird Jod ausgeschieden. Durch den vollen Nebenstrom der Batterie tritt keine Jodausscheidung ein, wohl wegen der ausserordentlich schnellen Aufeinanderfolge der beiden Ströme. Aber auch bei Anwendung des Ventils konnte eine von elektrolytischer Zersetzung herrührende Jodausscheidung nicht erhalten werden.

Ebenso zeigte sich die Durchbohrung eines zwischen Spitzen eingefügten Papierblattes nicht abhängig von der durch die Stellung des Ventils bedingten Stromesrichtung. Die Durchbohrung geschah vielmehr im Sinne der stattfindenden Seitenentladung. Während ein eingefügter Condensator durch den Nebenstrom je nach der Stellung des Ventils geladen wird, konnten durch die Enden der Nebenspirale nicht die entsprechenden Staubfiguren erhalten werden; die erzeugten Staubfiguren schienen ebenfalls durch die Seitenentladung bedingt. Bei Einschaltung des Condensators überwiegt der Nebenstrom über die Seitenentladung, so dass die Ladung im Sinne des ersteren erfolgt. — Was die Erwärmung durch den Nebenstrom betrifft, so zeigt die Stellung des Ventils keinen merklichen Einfluss auf dieselbe, und die Erwärmung bei Einschaltung des Ventils ist nur wenig geringer als bei vollständig metallischem Bogen. Bei Magnetinductionsströmen verhalten sich die Erwärmungen nach der Stellung des Ventils wie 1:10 bis 12, und sind sehr viel kleiner bei Einschaltung des Ventils als im metallischen Bogen.

Bei Einschaltung des Ventils kommen von den Nebenströmen, wie die magnetische Wirkung zeigt, nur die Ströme der einen Richtung zur Circulation; dass diese Ströme, welche nur die halbe Elektricitätsmenge bewegen, die gleiche Erwärmung liefern wie der volle Nebenstrom wird in folgender Weise erklärt: „Die einander entgegengerichteten Ströme, welche den Nebenstrom der Batterie in der ganz metallischen Schliessung zusammensetzen, kommen darin nicht zu voller Entwickelung. Sie folgen einander in einer Zeit, die selbst in Betracht der Fortpflanzungsgeschwindigkeit der Elektricität als sehr klein zu betrachten ist. Die Endströme treten in die Schliessung ein, bevor die Anfangsströme darin erloschen sind und zerstören einen Theil derselben.“ „Die Erwärmung der vollen metallischen Nebenschliessung der Batterie wird also von einer geringeren Elektricitätsmenge bewirkt, als die den beiden einander entgegenlaufenden Nebenströmen zugehört; hat das Ventil von ihnen den einen Theil ausgeschlossen, so kommt der andere zu voller

Entwickelung und erwärmt die Schliessung fast ebenso stark, wie früher beide Theile es thaten."

Die Ströme des Inductoriums bestehen aus unabhängigen Strömen von abwechselnder Richtung, von denen, bei Einschaltung des Ventils, die einen aufgehoben, die anderen unverändert bestehen bleiben. An dem Nebenstrome der Batterie hingegen zerstört das Ventil einen Strom bestimmter Art, um einen anderen hervortreten zu lassen, der mit der Elektricitätsmenge und Geschwindigkeit, die er besitzt, vorher nicht bestanden hatte.

C. S.

GUILLEMIN. Volatilisation des métaux. Mondes XI. 236-237†.

Bekannte Versuche über das Verbrennen und Zerstäuben von dünnen Metalldrähten durch den Entladungsschlag starker Batterien. *C. S.*

K. W. KNOCHNEHAUER. Ueber die Gültigkeit der äquivalenten Länge im einfachen Schliessungsbogen der Batterie. POGG. Ann. CXXVII. 593-600†.

Der Verfasser hat für eine Anzahl von spiralförmigen Leitern die „äquivalente Länge" durch Thermometerbeobachtung im verzweigten Schliessungsbogen bestimmt. Hr. FEDDERSEN hat auf Bitte des Verfassers die Oscillationsdauer der Entladung einer Batterie bei Einfügung dieser Leiter bestimmt. Es ergab sich die Proportionalität dieser Zahlen mit den Quadratwurzeln der äquivalenten Längen. „Steht nach den mitgetheilten Beobachtungen die Gültigkeit der äquivalenten Längen im einfachen Schliessungsbogen gesichert da, so ist der Satz, dass die Stromtheilung umgekehrt proportional zu den äquivalenten Längen der Zweige erfolgt, vollständig erwiesen." *C. S.*

Fernere Litteratur.

R. FELICI. Cenni di alcune esperienze di elettricità. Cimento XXI-XXII. 380-396.

L. DELLA CASA. Sul potere delle punte. Memor. dell' Acc. di Bologna (2) IV. 491-507.

---

29. Galvanische Ketten.

GUÉRIN. Modification de la pile à mercure et à sulfate de plomb. C. R. LXII. 1322†; DINGLER J. CLXXXII. 72.

Zink, Kohle und poröse Diaphragmen werden in Form von Scheiben übereinander zu einer Säule aufgeschichtet. Die Zink- und Kohlenscheiben sind in der Mitte durchbohrt; um die Quecksilbersäule aufzubauen, werden die porösen Platten mit der Salzlösung (schwefelsaures Quecksilberoxyd) getränkt, und kleine Mengen des Salzes in die Höhlungen des Zinks und der Kohle gegeben. Die Säule ist in einem Gefässe eingeschlossen; über sie ist eine poröse Zelle gestellt, welche dieselbe Salzlösung enthält. Um die Bleisäule aufzubauen, genügt es, das schwefelsaure Bleioxyd in die centralen Höhlungen zu bringen; das Wasser aus der porösen Zelle tritt dann an das Salz hinan. *Bz.*

KRÜGER. Abänderung des MEIDINGER'schen Elementes. BRIX Z. S. 1866. p. 23; DINGLER J. CLXXXI. 114-119†.

In einem cylindrischen Glase steht ein hohler Kupfercylinder von der Höhe des ganzen Glases, welches im unteren Theile seines Mantels ein paar Schlitze hat. Ein weiterer Zinkcylinder, der beinahe die Glaswände berührt, ruht mit Nasen auf dem Glasrande, reicht aber nur bis zur halben Höhe in das Glas. Als Leitungsflüssigkeit dient wieder Bittersalzlösung. In den Kupfercylinder werden Kupfervitriolstücke geworfen, welche sich auflösen, so dass die Lösung durch die Schlitze in die Bittersalzlösung diffundirt. Dieses Element hat weniger inneren Widerstand als das MEIDINGER'sche; ferner wird die Kupfervitriollösung nicht, wie bei diesem, gerade in der Höhe des unteren Zinkrandes in die Flüssigkeit eingeführt, wodurch das Zink leicht verkupfert wird. Nach diesem Princip construirte Batterien sind im Gebrauche bei mehreren preussischen Telegraphenstationen, und haben nach einer 2monatlichen Thätigkeit (in einer 56paarigen Linienbatterie) nur einen Verlust von 4 Proc. an elektromotorischer Kraft erlitten. Wenn die Lösung so mit Zinkvitriol gesättigt ist, dass die Kupfervitriollösung nur langsam aufsteigt, ist es Zeit, die Elemente neu zu füllen. *Bz.*

GERARDIN. Pile à la tournure de fer. C. R. LXII. 780; Arch. sc. phys. (2) XXVI. 67†.

v. ECCHER. Ueber die Benutzung des Eisenchlorid zu galvanischen Säulen. POGG. Ann. CXXIX. 93-102†.

Hr. GERARDIN benutzt in dem von ihm vorgeschlagenen Elemente statt des Zinks Eisendrehspähne, in welche ein Eisenstab gesteckt ist; als positive Polplatte ist ein aus Kohlenpulver und Paraffin geformtes Kohlenstück angebracht, welches in eine Mischung von Eisenchloridlösung mit Königswasser taucht. Die Drehspähne sind von gewöhnlichem Wasser umgeben. Die Säule ist wenig kostspielig und soll mit Elementen von grossen Dimensionen (?) wie der Berichterstatter in den Arch. sc. phys. hinzufügt Sauerstoff und Wasserstoff in so reichem Maasse entwickeln, dass man diese Gase für den Laboratorienbedarf verwenden kann.

Hr. v. ECCHER hat die elektromotorische Kraft von Kohlenzinkelementen, in denen, nach DUCHEMIN's Vorschlag (s. Berl. Ber. 1865. p. 391) die Salpetersäure durch Eisenchloridlösung ersetzt war, unter verschiedenen Umständen gemessen. Die Concentration der Lösung war von sehr geringem Einfluss auf diese Kraft. Wenn die Kraft eines mit Salpetersäure angesetzten Platinzinkelementes = 1 gesetzt wurde, so war die des mit Eisenchlorid gefüllten Kohlezinkelementes = 0,89; ebenso wurde die Kraft einer mit Eisenchlorid geladenen Zinkplatinkette = 0,92 gefunden. Beide Eisenchloridketten verlieren aber sehr schnell an elektromotorischer Kraft, wenn sie durch geringe Widerstände geschlossen werden. Die Kohle oder das Platin bekleiden sich dabei mit Eisen. Wurde nach längerer Wirkung die Zinkplatinkette auf einige Zeit geöffnet, so verschwand der Eisenniederschlag, die Kraft stieg wieder, aber nicht bis zur ursprünglichen Höhe. Von der Kohle verschwand der Niederschlag nicht von selbst, man musste der Lösung bei geöffneter Kette erst einige Tropfen Salzsäure zusetzen. Wurde die Kohle durch Eisen ersetzt, so betrug die Kraft des Elementes nur 0,31. Der Widerstand der Eisenchloridelemente war sehr von der Concentration der Lösung abhängig. Wurde der innere Widerstand eines GROVE'schen Elementes = 1 gesetzt, so betrug der eines Platinzinkelementes mit 5 procentiger Eisenchloridlösung = 34,32, bei gesättigter Lösung immer noch 2,14. Beim Kohlenzinkelemente waren die entsprechenden Zahlen 50 und 4,16, so dass also die Eisenchloridelemente immer nur für Verbindungen mit grossem äusseren Widerstande zu verwenden sind. *Bz.*

MOUTHIERS. Note sur trois nouvelles piles hydroélectriques. C. R. LXIII. 332-333†.

Die erste dieser Säulen besteht aus einem Cylinder von Guss- oder Schmiedeeisen und einem Kohlenprisma, welche beide in verdünnte Schwefelsäure tauchen. Die durch die Auflösung des Eisens gebildete Eisenvitriollösung wird für die zweite Säule benutzt, welche aus Kohle und Zink zusammengesetzt ist. Die dritte Säule hat dieselben festen Erreger, wie die zweite, als Leitungsflüssigkeit wird aber eine Lösung von kohlensaurem Ammoniak angewandt, welche der Ersparniss wegen durch faulenden Urin ersetzt werden kann. Es bildet sich ein körniger Niederschlag, welchen der Verfasser für Zinkoxyd-Ammoniak und kohlensaures Zinkoxyd hält. Die der Mittheilung beigegebenen Zahlenangaben über die durch die beschriebenen Säulen hervorgebrachten Ablenkungen der Galvanometernadel gestatten keinen Schluss auf die elektromotorischen Kräfte derselben. *Bz.*

BOUILLON. Action de l'eau régale sur l'argent. Nouvelle pile. C. R. LXIII 943-944†.

Reines Silber wird von Königswasser, das $\frac{2}{3}$ oder $\frac{3}{5}$ Salzsäure enthält, nicht angegriffen. Es bildet sich eine dünne Chloridschicht, welche jeden weiteren Angriff verhindert. Auch auf kupferhaltiges Silber wirkt das Königswasser nicht heftig ein; das Metall bedeckt sich aber mit einem schlammigen Niederschlage. Hr. BOUILLON construirte auf diese Erfahrungen hin ein Element dessen eine Zelle Zink und verdünnte Schwefelsäure, die andere eine reine Silberplatte in Königswasser enthielt. Die Wirkung war gleichförmig, wenn auch schwächer als die der GROVE'schen Säule, und nach mehreren Monaten hatte sich kein Niederschlag von Chlorsilber gebildet *Bz.*

ZALIWSKY-MIKORSKY. Sur la pile. C. R. LXII. 827-828†, 890†; Mondes X. 634-635.

— — Des corps appliqués à la pile. C. R. LXII. 1243†.

— — Note sur une pile à auge à deux liquides. C. R. LXIII. 511-512†.

Hr. ZALIWSKY-MIKORSKY sieht als Quelle der Elektricität in der Säule eine moleculare Reibung an; alle Umstände, welche diese vermehren, z. B. der chemische Process, verstärken deshalb den Strom. Die oxydirten Körper passen zur Stromerregung besser an den positiven Pol, die Wasserstoffverbindungen (auch Ammoniak und dessen Verbindungen) besser an den negativen. Deshalb wendet der Verfasser in der Kohlenzelle der BUNSEN'schen Säule durch Schwefelsäure concentrirte Salpetersäure, in der Zinkzelle concentrirte Kochsalzlösung mit $\frac{1}{15}$ Ammoniak an. Seine Säule besteht aus einem innen gefirnissten Holztrog, welcher abwechselnd eine Kohlenplatte und ein poröses Diaphragma enthält. Eine Fläche jeder Platte berührt die Säure, die andere die Salzlösung oder angesäuertes Wasser. In dieses letztere werden ausserdem Zinkfeile oder Zinkplatten gebracht, welche aber frei beweglich bleiben. Sie ruhen (der späteren Beschreibung zu Folge) lediglich durch ihre Schwere auf der Kohle, und stellen dadurch den Contact her. Man kann jede Zinkplatte herausheben, ohne den Strom zu unterbrechen. Die Zellen können von der Seite her mit Flüssigkeiten gefüllt und leicht wieder entleert werden. Dies der Inhalt der ersten und vierten Notiz.

Die zweite Notiz enthält die Thatsache, dass eine BUNSEN'sche Säule zu wirken fortfahre, wenn man die verdünnte Schwefelsäure in der Umgebung des Zinks durch Quecksilber ersetze und die dritte den Vorschlag, das Zink, statt es zu amalgamiren, mit einer Oelschicht zu überziehen. Das Oel soll hierbei als wasserstoffreicher Körper eine Rolle spielen; Aether und flüssige

Kohlenwasserstoffe sollen, als brennbare Körper, die gleiche Wirkung ausüben. *Bz.*

Fernere Litteratur.

P. PRUDHOMME. Galvanische Elemente. Polyt. C. Bl. 1866. p. 886.

30. Galvanische Messapparate.

SIEMENS. Zur Frage der Widerstandseinheit. POGG. Ann. CXXVII. 327-334†.

MATTHIESSEN. Bemerkung zu Dr. W. SIEMENS' Abhandlung: Zur Frage der Widerstandseinheit. POGG. Ann. CXXIX. 161-167†.

JENKIN. Reply to Dr. W. SIEMENS paper: on the question of electrical-resistance. Phil. Mag. (4) XXXII. 161-177†.

Auf alle Einzelheiten dieser drei Aufsätze hier einzugehen, würde zu weit führen, da zum Theil subjective Anschauungen, Missverständnisse, darunter auch unaufgeklärte, ihren Gegenstand bilden. Es mögen deshalb nur die Standpunkte, von denen die drei Verfasser ausgehen, bezeichnet, und einige Thatsachen hervorgehoben werden. Hr. SIEMENS vertheidigt die von ihm vorgeschlagene Quecksilbereinheit (m. Hg. E) gegenüber der B. A. E. Sie beruht auf einer Definition, die dadurch nicht afficirt wird, dass er sich zur Herstellung der Etalons einer falschen Zahl für das specifische Gewicht des Quecksilbers bedient hat. Nach Berichtigung dieses Fehlers sind die im Jahre 1864 ausgetheilten Etalons, welche damals genau unter einander übereinstimmten, richtig bei einer Temperatur, welche 10,5° niedriger ist, als die auf denselben angegebene. Andere Etalons, als die von 1864 sind gar nicht ausgegeben worden; Messungen welche an Widerstandsscalen, die für praktische Zwecke bestimmt waren, angestellt sind, können daher nicht so benutzt werden, als seien zu verschiedenen Zeiten und an verschiedenen Orten (Berlin und London) Etalons von verschiedenem Werthe angegeben.

Aus den fast genau übereinstimmenden Messungen, welche an vier solcher Copieen angestellt wurden, ergab sich deren Widerstandswerth im Vergleich mit der B. A. E

1 B. A. E = 1,0486 m. Hg. E

1 m. Hg. E = 0,9536 B. A. E.

Gegen die Anfertigung der Etalons der B. A. wirft Hr. SIEMENS ein, dass die Unveränderlichkeit der angewandten Legirungen edler Metalle noch keineswegs erwiesen sei, und dass die stets mit denselben Apparaten und mit denselben Constanten und Correctionscoëfficienten ausgeführten Messungen erst durch Versuche anderer Beobachter, mit anderen Apparaten ausgeführt, bestätigt werden müssen, um Anspruch auf die wahre Bestimmung der $10^7 \frac{\text{Meter}}{\text{Secunde}}$einheit machen zu dürfen. Die von JENKIN gegebene historische Uebersicht über die Reihenfolge der Vorschläge von Widerstandsscalen beschuldigt Hr. SIEMENS verschiedener Irrthümer und Uebergehungen.

Hr. MATTHIESSEN hebt nur einzelne Punkte aus dem SIEMENS'schen Aufsatze hervor, um seine früher ausgesprochenen Ansichten und veröffentlichten Versuche zu rechtfertigen; namentlich widerspricht er dem ihm gemachten Vorwurfe, dass auf die von ihm und HACKIN ausgeführten Reproductionen der Quecksilbereinheit nur geringe Sorgfalt verwandt worden sei. Diese Rechtfertigung ist indess nicht immer glücklich; SIEMENS hatte eine Fehlerquelle darin gesehen, dass Hr. MATTHIESSEN die mit Quecksilber gefüllten Röhren mit dem Finger schloss, und so deren wahre Länge durch Eindrücken der Haut veränderte. Diesen Vorwurf sucht nun Hr. MATTHIESSEN dadurch zu entkräften, dass die Abweichungen zwischen den einzelnen Messungen äusserst gering gewesen seien, was freilich auch der Fall sein wird, wenn der Fehler immer unter nahezu gleichen Umständen begangen wird. Endlich erwähnt der Verfasser noch, dass SIEMENS nirgend angiebt, ob er sich auch von der Richtigkeit der angewandten Maasse und Gewichte überzeugt habe.

Genauer analysirt Hr. JENKIN den Aufsatz von SIEMENS. Er geht auf die drei Fragen ein: Welches ist die beste Einheit des elektrischen Widerstandes? Welches ist die beste Methode, die

Widerstandseinheit zu reproduciren? Haben die Vorschläge und Arbeiten von SIEMENS beim Comité und mir selbst offene Würdigung und volle Anerkennung gefunden? Zur Beantwortung der ersten Frage bringt er die nie bestrittenen Gründe bei, welche für die Annahme eines absoluten Maasses sprechen, dagegen spricht er der SIEMENS'schen Einheit alle Berechtigung ab, und führt andere Definitionen einer Einheit an, welche ebenso oder mehr berechtigt sein sollen, als die der m. Hg. E. Er verfällt hierbei in das sonderbare Missverständniss, als scheide SIEMENS die Begriffe „Leitungsfähigkeit" und „Widerstand" so von einander, dass er meine, die specifische Leitungsfähigkeit der Körper solle auf ein materielles Normalmaass bezogen werden, während die Widerstandseinheit von dieser Einheit der Leitungsfähigkeit unterschieden werden solle. Er schliesst damit, die Quecksilbereinheit für willkürlich, veränderlich, ohne praktische Vortheile, und für ohne Antheil an einem System allgemeiner elektrischer Maasse zu erklären, während er die B. A. E auf natürliche mathematische Einheit begründet, bleibend nennt, und ihr den Vorzug zuerkennt, einen Theil jenes allgemeinen Maasssystems zu bilden. In Bezug auf die reproducirten Einheiten hat SIEMENS von seinen Etalons selbst gesagt, dass sie mit dem Fortschritte der Wissenschaft immer genauer werden würden. Dies ist der Grund, weshalb Hr. JENKIN sie veränderlich nennt, im Gegensatz zu den bleibenden der B. A., welche diesen Namen erhalten, weil das Comité bestrebt ist, dieselben bleibend zu machen. Dieser Unterschied muss wieder auf einem Missverständniss beruhen, denn an dem Bestreben, seinen Etalons bleibenden Werth zu sichern, wird es ja wohl Niemandem fehlen. Es werden dann die verschiedenen zur Herstellung der Etalons angewandten Methoden besprochen, wobei auch zugegeben wird, dass auch die sogenannten bleibenden Etalons veränderlich sein können; die grosse Wichtigkeit, die es für die Praxis hat, den Normalwiderstand durch eine gewisse Länge und einen gewissen Querschnitt irgend eines Metalles auszudrücken, wird anerkannt, aber die Aufstellung einer solchen Definition für die Widerstandseinheit so lange von der Hand gewiesen, als zuverlässige Methoden zur Reproduction der Etalons fehlen.

Bezüglich der dritten Frage stellt Hr. Jenkin jede absichtliche Zurücksetzung der Siemens'schen Arbeiten in Abrede, und führt eine Reihe von Arbeiten englischer Elektriker an, welche er ebenfalls in seiner Uebersicht nicht erwähnt hatte, und welche Siemens wahrscheinlich nicht gekannt hatte, um zu beweisen, dass er in jener Uebersicht mit vollkommener Unparteilichkeit zu Werke gegangen sei. *Bz.*

Report of the committee on standards of electrical resistance. Rep. Brit. Assoc. 1865. 1. p. 308-313†.

Das Comité erklärt die ihm aufgegebene Arbeit für vollendet. Es berichtet über die Anfertigung der 10 Standards, von denen im Berl. Ber. 1865. p. 456 bereits die Rede war, und von denen je 2 aus Platin, aus drei verschiedenen Legirungen und aus Quecksilber bestanden. Da vorauszusetzen ist, dass, wenn die Zeit auch alle diese Stoffe verändert, die Veränderung doch eine verschiedene sein würde, so wird aus einem Gleichbleiben der verschiedenen Standards auf ihre Beständigkeit geschlossen werden können. Sie stimmen bei der auf einem jeden bezeichneten Temperatur, die nur zwischen 14,5° und 16,5° C. schwankt, mit einander überein; keiner weicht mehr als um 0,03 Proc. von dem richtigen Werthe bei 15,5° ab. Die zur Vertheilung und zum Verkauf bestimmten Copieen sind sämmtlich aus Platinsilberlegirung gemacht, und zwar mit derselben Sorgfalt wie die Standards. Der Widerstand der angewandten Legirung wächst für 1° C. nur um 0,032 Proc. 17 Exemplare sind gratis vertheilt, 16 verkauft. Mehrere Telegraphencompagnien haben versprochen, die Einheit in den Gebrauch einzuführen. Bis die Normalapparate für die übrigen elektrischen Constanten ausgegeben sind, wird, so sagt der Bericht, die Einheit nur von Männern angenommen werden, welche den Vortheil einsehen können, welcher durch dieselbe für die Rechnung erwächst, oder von Elektrikern, welche Vertrauen in die Empfehlung des Comités setzen.

Eine Beilage enthält die genaueren Angaben über die von Matthiessen und Hockin geleitete Anfertigung der Copieen; wir entnehmen daraus, dass die Legirung aus 66 Proc. Silber und 33 Proc. Platin besteht. *Bz.*

SCHWENDLER. On the galvanometer resistance to be employed in testing with WHEATSTONE's diagramme. Phil. Mag. (4) XXXI. 364-368†, XXXIII. 29-36†.

Die Aufgabe, welche sich Hr. SCHWENDLER stellt, ist: den Galvanometerwiderstand aufzufinden, welchen man bei beliebig gegebenen Widerständen der Zweige einer Brückencombination anwenden muss, um die empfindlichsten Angaben zu erhalten. Bezeichnet man mit f den Widerstand der unverzweigten Leitung, den der Maasskette eingeschlossen, mit a und d die Widerstände in welche sich f verzweigt, mit b und c die, in denen der Strom sich wieder einigt, und mit g den der Brücke, so ergiebt sich aus den bekannten KIRCHHOFF'schen Formeln für die Stromverzweigung die Stromstärke in der Brücke

$$G = \frac{E \, . \, \alpha}{g \, . \, V - W},$$

wenn man

$$(c+d)(a+b)+f(a+b+c+d) \text{ mit } V,$$
$$bd - ac \text{ mit } \alpha,$$
$$f(b+c)(a+d)+ab(c+d)+cd(a+b) \text{ mit } W$$

bezeichnet. Ist U die Zahl der Galvanometerwindungen, so ist das magnetische Moment des Galvanometers

$$Y = \frac{E\alpha U}{gV+W}.$$

Ist ein gegebener Raum mit einem Leitungsdraht von constanter Leitungsfähigkeit zu füllen und ist q der Querschnitt dieses Leiters, so ist

$$U = \frac{\text{const}}{q}, \quad g = \frac{U \, . \, \text{const}}{q},$$

also $U = \text{const} \, . \, \sqrt{g}$ und

$$Y = \frac{E\alpha\sqrt{g}}{gV+W}.$$

Dieser Werth wird ein Maximum, wenn

$$g = \frac{W}{V}$$

ist, oder nach Einsetzung der Werthe von W und V

$$g = \frac{f(b+c)(a+d)+ab(c+d)+cd(a+b)}{(c+d)(a+b)+f(a+b+c+d)}.$$

In der Praxis wird f sehr klein genommen werden können; dann wird

$$g = \frac{ab}{a+b} + \frac{cd}{c+d},$$

welcher Ausdruck für den Fall des Gleichgewichts im Brückendrahte übergeht in

$$\frac{(a+d)(b+c)}{a+b+c+d}.$$

Hierbei ist die Bespinnung des Drahtes unberücksichtigt geblieben. Dieselbe müsste entweder einen unendlich kleinen Querschnitt haben, oder derselbe müsste stets dem Querschnitt des Leiters proportional geändert werden. In der zweiten Notiz wird daher der Maximaleffect unter der Bedingung berechnet, dass die zur Bespinnung der Drähte verwandte Seide für alle Drahtquerschnitte die gleiche Dicke habe. Es ist selbstverständlich, dass man dem Galvanometer nicht für jede Messung einen andern Widerstand geben kann. Der nach den gegebenen Formeln berechnete ist für die zu messenden Widerstände anzuwenden, für welche die anderen Bedingungen die ungünstigsten sind; dies wird der Fall sein für grosse Widerstände, welche nur mit einer grossen Differenz der Zweige a und d gemessen werden können. Für sehr grosse Werthe kann man annähernd $g = a+d$ nehmen. *Bz.*

---

31. Theorie der Kette.

A. Strommessung.

Hoorweg. Ueber die Bestimmung der elektromotorischen Kräfte. Pogg. Ann. CXXVII. 140-149†.

Der Verfasser giebt eine systematische Zusammenstellung der Methoden, welche bisher zur Bestimmung elektromotorischer Kräfte angewandt worden sind, und fügt dann eine neue hinzu, welche er mit Vortheil zur Messung der elektromotorischen Kraft von Thermosäulen benutzte. Sie ist eine Abänderung der BOSSCHA'schen Methode, bei welcher die Maasskette und die zu messende in gleichem Sinne in das Leitersystem eingeschaltet werden.

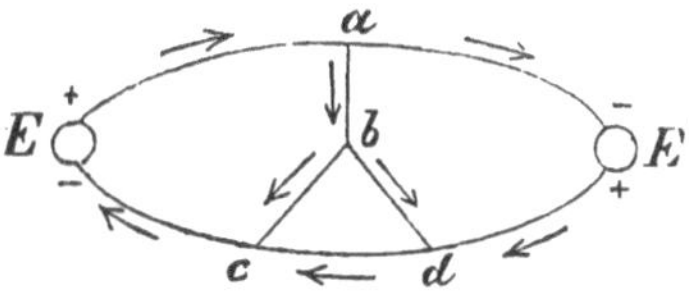

Bei E steht die Maasskette, bei E' die zu messende. Die Brückencombination wird so gewählt, dass die Intensität des Stromes in $bd = 0$ wird. Bezeichnet man nun die Widerstände

aEc	mit w_1	bd	mit w_4
ab	- w_2	cd	- w_5
bc	- w_3	$aE'd$	- w_6

und die in diesen Leitern vorhandenen Intensitäten entsprechend mit i_1, i_2 u. s. w., so hat man nach KIRCHHOFF

$$
\begin{aligned}
i_1 &= i_6 + i_2 \\
i_2 &= i_3 \\
i_1 &= i_3 + i_5 \\
i_6 &= i_5
\end{aligned}
$$

und

$$
\begin{aligned}
i_1 w_1 + i_2 w_2 + i_3 w_3 &= E \\
i_5 w_5 \qquad\qquad - i_3 w_3 &= 0 \\
i_6 w_6 - i_2 w_2 \qquad\qquad &= E' \\
i_1 w_1 + i_6 w_6 + i_5 w_5 &= E + E',
\end{aligned}
$$

woraus das Verhältniss

$$
\Delta = \frac{E}{E'} = \frac{w_1 w_5 + w_2 w_5 + w_3 w_5 + w_1 w_3}{w_3 w_6 - w_2 w_5}
$$

folgt. Lässt man nun w_1 um eine Grösse a, und w_6 um b wachsen, so dass i_4 wieder $= 0$ wird, so ist

$$
\Delta = \frac{(w_1 + a) w_5 + w_2 w_5 + w_3 w_5 + (w_1 + a) w_3}{w_3 (w_6 + b) - w_2 w_5},
$$

woraus man erhält, wenn

$$
w_3 = c, \quad w_5 = e \text{ und } \frac{c + e}{c} = n
$$

gesetzt wird

$$
\Delta = \frac{c + e}{c} \cdot \frac{a}{b} = \frac{na}{b}.
$$

Die nach dieser Methode ausgeführten Messungen verlangten

unter sonst gleichen Umständen einen weit kürzeren Rheostatendraht, als für die sonst üblichen Methoden erforderlich wäre.

Bz.

Houg. Experiments on the electromotive force and the resistance of a galvanic circuit. Silliman J. (2) XLII. 381-389, XLIII. 43-66†.

Hr. Houg hat sich viele Mühe gegeben, die elektromotorische Kraft und den inneren Widerstand einiger Kohlenzinkelemente nach der Ohm'schen Methode zu messen. Die Intensitäten wurden an einer Tangentenbussole, die äusseren Widerstände an einem du Bois'schen Rheochord abgelesen; die aus den Beobachtungen berechneten Werthe der elektromotorischen Kraft und des Widerstandes variirten aber in so ungeheurer Weise, dass der Verfasser nach allen Umständen fahndet, welche diese Uebelstände hervorgebracht haben. Hierin besteht der Inhalt der Abhandlung. Er findet als solchen Grund: die Erhitzung der Maassdrähte, welche freilich bis nahe zum Glühen ging, da er mit sehr starken Strömen experimentirte. Auch die Widerstände der äusseren Leiter konnten nicht mit Genauigkeit gemessen werden; sie waren je nach der Stromintensität veränderlich. Freilich wurden sie auch nie nach der Brückenmethode, sondern immer nach der Ohm'schen gemessen. Als Hr. Houg aus einer Reihe von Gleichungen, die nach dieser Methode erhalten worden waren, je zwei beliebige combinirte, um den inneren Widerstand des Elektromotors zu messen, fand er Werthe, die ordnungslos von 1 bis 7,33 variirten! Er sucht deshalb weiter, und findet als Uebelstand die grosse Inconstanz seiner Elemente (Kohlenzink, theils mit Salpetersäure, theils mit Chromflüssigkeit). Die Polarisation scheint ihm aber auch wieder nicht hinreichend, und so nimmt er endlich seine Zuflucht zu dem viel verschmähten und doch immer wieder auftauchenden Uebergangswiderstand, über den spätere Versuche entscheiden sollen. *Bz.*

Militzer. Ueber die Verwendung einer gemeinschaftlichen Batterie für vielfache Schliessungskreise. Wien. Sitzungsber. LIV. 2. p. 352-392†.

Der Verfasser behandelt die bisher nur in einzelnen beschränkten Fällen der Rechnung unterworfene Aufgabe: die Stromstärke in den einzelnen Zweigen, welche von verschiedenen Stellen einer aus beliebigen Gruppen zusammengesetzten Batterie abgeleitet werden, ganz allgemein: eine Aufgabe, welche in der elektrischen Technik, für Telegraphen- und Ueberleitungen, häufig gestellt wird. Aus den Kirchhoff'schen Formeln für die Zweigströme werden Gleichungen abgeleitet, welche diese Stromstärken für eine beliebige Anzahl von Batteriegruppen, welche aus irgend welchen galvanischen Elementen gebildet und unter sich in ganz willkürlicher Ordnung ihrer Pole verbunden sind, angeben. Diese Gleichungen vereinfachen sich sehr durch die gewöhnlich erlaubte Beschränkung, dass sämmtliche in den Gruppen verbundene Elemente gleicher Natur, und dass die Gruppen unter sich in unveränderlicher Ordnung der Pole verbunden sind. Als specieller Fall des so gewonnenen Gesetzes ergiebt sich dann der auf empirischem Wege schon bekannt gewordene Satz, dass, wenn der Widerstand der Batterie als verschwindend angesehen werden kann, jeder Zweigstrom dieselbe Intensität erhält, als ob die übrigen Linien gar nicht vorhanden wären. Weiter werden die Bedingungen aufgesucht, welche den Werth der Gesammtintensität, d. h. der Menge der im ganzen Liniensystem bewegten Elektricität zu einem Maximum machen, und werden dieselben in einfacher Weise graphisch dargestellt. Aus dem allgemeinen Satze, in welchem in Bezug auf die Beschaffenheit und die Ordnung der Elemente noch keine Beschränkung bestand, wird ein besonderer Fall behandelt, der nämlich, in welchem die Batterie aus zwei Gruppen zusammengesetzt ist, welche unter sich in verkehrter Ordnung der Pole und mit einer beliebigen Anzahl von Zweiglinien verbunden sind, und auch für diesen Fall wird die Bedingung für das Maximum der Gesammtintensität aufgesucht. Endlich wird die Aufgabe umgekehrt behandelt: Die Stromstärken, welche in den einzelnen Zweigen vorhanden sein sollen, werden von vorn herein fixirt, und es werden dann die Gruppen aufgesucht, in welche die Batterie zerlegt werden muss, um die Gesammtintensität in der vorgeschriebenen Weise zu vertheilen. Die Formeln, welche sich hierfür ergeben, werden wesentlich vereinfacht, wenn man die Beschränkungen einführt, welche in der Praxis am häufigsten gegeben sein werden, dass alle Elemente untereinander gleich sind, und auch die einzelnen Zweigströme gleiche Intensität haben sollen. *Bz.*

Brix. Ueber die Möglichkeit der Bestimmung von Leitungsfehlern durch an den Endstationen angestellte Messungen, wenn mehr als eine Fehlerquelle vorhanden ist. Brix Z. S. XIII. 145-160†.

Der Verfasser hatte früher (Berl. Ber. 1863. p. 427) nachgewiesen, dass zwischen den an den beiden Endpunkten einer mit beliebig vielen Erdableitungen behafteten Telegraphenleitung ausführbaren Strom- und Widerstandsmessungen solche Beziehungen bestehen, dass nur drei derselben unabhängig sind, während alle übrigen keine neuen Data zur Bestimmung der Fehler beibringen, dass daher solche Messungen immer nur zur Bestimmung eines Fehlers ausreichen. Nun war demselben ein Aufsatz vorgelegt, welcher die Lösung der Aufgabe enthielt, zwei Fehlerquellen lediglich durch Messungen an den Endstationen zu bestimmen, wenn man ausser der fehlerhaften noch eine gut isolirte Leitung auf der gleichen Strecke zur Verfügung hat. Dieser Aufsatz enthielt aber unrichtig entwickelte Formeln. Indem nun Hr. Brix die richtigen zu Grunde legt, kommt er auch hier zu dem früheren Resultat, so dass also auch bei der neuen Anordnung des Versuchs von weiteren Fehlerbestimmungen abgesehen werden muss. *Bz.*

B. Stromleitung.

Grüel. Gyrotropischer Apparat. Brix Z. S. XIII. 42-43. Berl. Ber. 1864. p. 479.

Hörmann. Commutator von neuer Form. Pogg. Ann. CXXVII. 638-640†.

Carl. Ueber einen neuen Commutator. Pogg. Ann. CXXVII. 640-642†.

Der Commutator des Hrn. Hörmann besteht aus zwei Paaren von Messingfedern, welche auf einem Brett befestigt sind, und von denen das eine mit den Batteriepolen, das andere mit der Leitung, in der die Stromrichtung gewechselt werden soll, in Verbindung steht. Ein sechsseitiges Prisma aus hartem Holz, Elfenbein oder Kammmasse ist um seine Axe drehbar. Es hat drei breite und drei schmale Seitenflächen; auf jeder der letzteren trägt es zwei Metallknöpfe, gegen welche die Federn schleifen. Auf einer der breiten Flächen, sind zwei parallele, auf der zweiten zwei gekreuzte Metallstreifen angebracht, welche je zwei Knöpfe mit einander verbinden, die dritte Seite ist ohne Leitung; je nach der Stellung des Prismas werden dann die Federn in dem einen oder dem andern Sinne mit einander verbunden.

Hr. Carl macht auf einen Uebelstand aufmerksam, den alle Commutatoren mit schleifenden Federn mit sich führen, nämlich auf die Erwärmung der Contactstellen, welche zur Entstehung von Thermoströmen Veranlassung geben kann. Er bringt deshalb ein anderes Princip der Commutation in Vorschlag. Die Enden der zu verbindenden Leitungen sind an verticalen Ständern in der Form hervorragender Zapfen angebracht. Die Vorrichtung, welche die veränderliche Verbindung herstellen soll, befindet sich, ebenfalls in der Gestalt eines verticalen Ständers, zwischen den beiden ersten. Durch eine Schraube kann sie nach der einen oder andern Seite parallel mit sich selbst verschoben werden, so dass die Verbindungsstücke bald auf der einen, bald auf der anderen Seite gegen die Zapfen drücken. *Bz.*

Carl. Der Tachytrop, ein Apparat zur raschen und sicheren Herstellung von verschiedenen Combinationen galvanischer Elemente. Carl Repert. II. 27-28, 243-244†.

Der in der Ueberschrift ausgesprochene Zweck wird in der zuerst bezeichneten Notiz in der schon von Strathing und von Clarke (Dove Repert. VIII. 33) vorgeschlagenen Art erreicht, indem die einzelnen Platten der Elemente mit Quecksilbernäpfen verbunden sind, in welche eine Drahtcombination eingetaucht werden kann, welche je nach der herzustellenden Verbindungsart eine besondere Gestalt erhält. In der zweiten Notiz ist eine andere Form des Tachytrops beschrieben, welche den Gebrauch des Quecksilbers vermeidet. Die Platten der Säule stehen mit in zwei Reihen geordneten Klemmen in Verbindung. Auf den vier Seiten eines quadratischen Prismas von hartem Holze sind verschiedene Drahtcombinationen angebracht, welche zu zwei Reihen von Kupferstiften führen, die den Klemmen entsprechen. Das Prisma kann durch eine Schraube mit einer seiner Seiten so gegen das die Klemmen tragende Brett gedrückt werden, dass jeder Stift gegen die flach abgeschnittene Rückseite der entsprechenden Klemme anliegt. Durch Federn wird diese Verbindung noch sicherer gemacht. *Bz.*

WATERSTON. Note on an experiment on voltaic conduction. Phil. Mag. (4) XXXI. 83-84.

Hr. WATERSTON will direct durch den Gefühlssinn unterscheiden, ob ein elektrischer Strom durch die ganze Dicke eines Leiters oder nur auf dessen Oberfläche wandert. Er wickelt auf einen Stahlcylinder einen Kupferdraht in dicht an einander liegenden Windungen, auf einen anderen ganz gleichen Cylinder einen Stahldraht, welcher doppelt so dick ist wie der Kupferdraht. Die so entstandenen beiden Cylinder wurden an ihrem einen Ende durch einen kurzen Kupferdraht mit einander verbunden, am anderen wurde ein jeder mit einem Pole eines BUNSEN'schen Elementes in Verbindung gesetzt: Unter der Voraussetzung, dass Kupfer 8 Mal so gut leitet, wie Stahl, und dass die Temperatur im umgekehrten Verhältniss zur vierten (?) Potenz des Durchmessers der Leiter steht, sollten beide Drähte etwa gleiche Erwärmung zeigen. Das war aber nicht der Fall; man konnte den Kupfercylinder zwischen den trocknen Lippen halten, während man sich am Stahlcylinder den Mund verbrannte. Daraus schliesst der Verfasser, dass die Elektricität nicht durch die ganze Masse des Drahtes, sondern nur durch die Oberfläche desselben gegangen sein kann, in welchem Falle die Temperatur des Stahlcylinders 3-4 Mal so hoch (!) als die des Kupfercylinders sein müsse. *Bz.*

CAUDERAY. Propriétés de la limaille. Mondes X. 93-94†.
DU MONCEL. Réclamation. Mondes X. 241†.

Hr. CAUDERAY hat die auffallend schlechte Leitungsfähigkeit von Feilspähnen für den elektrischen Strom beobachtet, und auf diese Thatsache einen neuen Rheostaten von sehr geringem Preise (und sehr geringer Genauigkeit?) begründet. Er sah ferner, dass wenn man zwischen den Enden einer Inductionsspirale, welche in Metallfeile (von Silber, Kupfer, Messing oder Eisen) eintauchen, Funken übergehen lässt, und dann die Drahtenden langsam hebt, die Metalltheilchen in einer zusammenhängenden Kette herausgehoben werden können, wahrscheinlich weil sie durch die Wirkung des Funkens oberflächlich zusammengeschmolzen sind.

Hr. DU MONCEL erinnert daran, dass er diese beiden Eigenschaften der Metallfeile schon vor 12 Jahren in seiner Schrift über den RUHMKORFF'schen Apparat beschrieben hat (deutsche Ausgabe von BROMEIS und BOCKELMANN 1857. p. 96†). *Bz.*

EDLUND. Experimenteller Beweis, dass der galvanische Strom unabhängig von der entwickelten Wärme feste Körper ausdehnt. POGG. Ann. CXXIX. 15-44†.

Um die durch die Erwärmung der Drähte hervorgebrachte Ausdehnung derselben von einer direct durch den Strom hervorgebrachten Ausdehnung zu unterscheiden, wurde folgende Methode angewandt. Der Draht wurde horizontal ausgespannt und sein Leitungswiderstand durch eine Brückenvorrichtung ermittelt. Die Verlängerung des Drahtes, welche ein durch ihn geführter Strom erzeugte, wurde dadurch gemessen, dass das eine Drahtende an einem festen Pfeiler befestigt war, während das andere auf die Axe eines drehbaren Spiegels wirkte, in welchem durch ein Fernrohr das Bild einer Scala beobachtet wurde. Nachdem diese Messung vollzogen war, wurde der erwärmende Strom unterbrochen, und durch eine Pendelvorrichtung eine Schliessung hergestellt, vermöge welcher der Leitungswiderstand 0,36 Secunden nach Oeffnung des erwärmenden Stromes wiederum gemessen wurde. Durch besondere Versuche wurde festgestellt, um wie viel sich die eingetretene Verlängerung während dieser Zeit vermindert hatte. Hierdurch war die Verlängerung in dem Augenblicke bekannt, in welchem der Leitungswiderstand gemessen wurde. Diese Versuche wurden bei verschiedenen Spannungen und Stromstärken wiederholt. Nun wurde, ohne an der Aufstellung des Drahtes etwas zu ändern, die Ausdehnung bestimmt, welche er durch Erwärmung in einem Bade erfuhr und endlich das Gesetz festgestellt, nach welchem sich die Leitungsfähigkeit des Drahtes mit der Temperatur änderte. Aus den so vorhandenen Daten kann man berechnen, inwiefern die Verlängerung des Drahtes von der Temperaturerhöhung allein verursacht wurde, oder nicht, indem die Veränderung des Leitungswiderstandes ein genaueres Maass für die Temperatur des Drahtes giebt, als es durch andere thermometrische Methoden erhalten werden kann. Die Versuche wurden mit Drähten von Platin, Eisen und Messing angestellt, und führten übereinstimmend zu dem Resultat, dass die Drähte sämmtlich stärker ausgedehnt wurden, als von der berechneten Erwärmung zu erwarten war. Diese direct durch die Stromwirkung erzeugte Verlängerung wächst schnell mit zunehmender Stromstärke, doch ist das Gesetz dieses Anwachsens noch nicht festgestellt. *Bz.*

BOUCHOTTE. Propagation d'électricité dans une dissolution qui contient plusieurs sels. C. R. LXII. 955-956†.

Zu den Messungen diente ein Differentialgalvanometer, welches mittelst einer Reihe constanter Elemente graduirt wurde. Als Polplatten dienten in Lösungen, welche Kupfersalze enthielten, mit Kupferoxyd bedeckte Kupferplatten, weil an diesen keine Polarisation auftritt (?); in Zinksalzen Zinkplatten u. s. f. Aus den Beobachtungen zieht Hr. BOUCHOTTE die Schlüsse: bei Mischungen aus salpetersaurem und Chlor-Zink, aus schwefelsaurem Zink und schwefelsaurem Kupfer wirkt die von jedem Salze in die Mischung eingeführte Leitungsfähigkeit nicht vermöge der ganzen Wassermasse; in der erstgenannten Mischung scheinen die Salze ihre ursprüngliche Leitungsfähigkeit beizubehalten. In verdünnten Lösungen verschiedener gemischter Salze eignet sich ein jedes einen Theil des gesammten Wasservolumens an, und wirkt als Leiter vermöge dieser partiellen Verbindung. So ist die Leitungsfähigkeit einer Mischung von Kupfer- und Zinkvitriol grösser als das Mittel aus den Leitungsfähigkeiten der einzelnen Salze, was sich nur durch eine neue Vertheilung der Wassermolecüle unter die des Salzes erklären lässt. Der Verfasser glaubt, dass man Widerstandsmessungen für analytische Zwecke werde nutzbar machen können. *Bz.*

C. Polarisation.

L. DUFOUR (de Lausanne). Sur la polarisation secondaire des conducteurs métalliques plongés dans le sol. Arch. sc. phys. XXVI. 35-60†.

Die Elektroden, mit denen diese Versuche ausgeführt wurden, waren eine Kupferplatte von 36 Quadratdecimeter Oberfläche, eine ebenso grosse Eisenplatte und die eiserne Gasröhrenleitung. Alle drei befanden sich in so geringer Entfernung von einander im Erdboden, dass der Widerstand des letzteren nicht als verschwindend betrachtet werden durfte.

Von den drei Erdplatten wurden je zwei durch ein Telegraphengalvanometer mit einander verbunden, und wurden ausserdem verschiedene Widerstände in den Strom mit eingeschaltet. Der Vergleich dieser Widerstände mit denen der Erdleitung zeigte, an verschiedenen Tagen vorgenommen, Unterschiede, welche die wahrscheinlichen Beobachtungsfehler übertrafen. Es schien, als ob das OHM'sche Gesetz auf Erdleitungen nicht anwendbar sei, indess mochte Hr. DUFOUR selbst diese Annahme nicht machen. Vielmehr dürften die Bodenwiderstände, und vielleicht auch die im Boden stattfindenden inneren Polarisationen, an verschiedenen Tagen je nach dem Feuchtigkeitsgehalt des Bodens sehr verschieden sein. Die an den Erdplatten vorhandene Polarisation wurde dadurch geprüft, dass der polarisirende Strom, nachdem er zehn Minuten gewirkt hatte, durch einen

Schlüssel ausgeschaltet und dadurch die Polplatten unmittelbar durch ein Galvanometer verbunden wurden, an dem man die Stromstärke von Zeit zu Zeit ablas. Die Bewegung der Galvanometernadel erlaubte in der Regel erst 15 Secunden nach Unterbrechung des Hauptstromes den Polarisationsstrom zu beobachten. Durch einen nachträglich beschriebenen Kunstgriff konnten jedoch auch die Anfangswerthe der Polarisation durch das Galvanometer abgeschätzt werden. Aus den Versuchen geht der, übrigens schon bekannte, Satz hervor, dass die in den Boden versenkten Platten polarisirt werden, wenn ein Strom zwischen ihnen den Boden durchläuft. Der Boden verhält sich also ganz, wie ein Elektrolyt. Werden Widerstände in die Leitung des Polarisationsstromes eingeschaltet, so wird ihre Intensität nahezu in dem Verhältniss geschwächt, in welchem die Widerstände zunehmen. Die Polarisationsströme nehmen mit der Zeit nach Unterbrechung des Hauptstromes ab, und zwar um so schneller, je kürzer der polarisirende Strom gewirkt hat. Die Polarisation ist stärker, wenn der Hauptstrom vom Kupfer zum Eisen durch den Boden gegangen ist, als im umgekehrten Falle, d. h. sie ist stärker, wenn das Kupfer die Rolle der positiven Elektrode gespielt hat. Die Werthe der beobachteten Polarisationen sind so klein, dass sie bei der telegraphischen Praxis ohne Bedeutung bleiben müssen. *Bz.*

F. C. Henrici. Kleine Versuche über elektrische Erscheinungen. Pogg. Ann. CXXVII. 646-656†.

Der Verfasser hat früher (s. Berl. Ber. 1864. p. 473) das Auftreten von Wasserstoff bei der Veränderung verschiedener Stoffe unter Wasser, mittelst galvanischer Erregung von Platindrähten nachgewiesen. Die gleiche Erregung des Platins tritt ein in Wasser, welches über verschiedene organische Stoffe gegossen wird; ebenso in (sich zersetzenden) Lösungen von Schwefelmetallen, welche für sich das Platin umgekehrt, stark positiv, erregen sollen. Die in Holzextracten gleichzeitig bemerkbare Gegenwart von salpetriger Säure scheint dem Verfasser nicht durch Reduction von Salpetersäure entstanden zu sein, sondern er glaubt ihre Entstehung mit dem Auftreten einer Vegetation in Verbindung bringen zu müssen. — Schliesslich giebt der Verfasser einige Bemerkungen über die Erregung von Platin durch reines und durch lufthaltendes Wasser. Es zeigte sich, dass der Platindraht in ausgekochtem Wasser sich schwach positiv gegen Platin in lufthaltendem Wasser verhielt. *C. S.*

Fernere Litteratur.

C. F. Vasley. On a new method of testing electric resistance. Athen. 1866. 2. p. 341-341.

— — On certain phenomena which presented themselves in connexion with the atlantic cable. Athen. 1866. 2. p. 340-340.

C. Clark. Das atlantische Kabel. Dingler J. CLXXXII. 71-71.

---

32. Elektrochemie.

W. Beetz. Wasserstoffentwickelung an der Anode. Pogg. Ann. CXXVII. 45-57†.

Um die Elektrolyse von Alkali- oder alkalischen Erdsalzen zwischen Magnesiumelektroden zu beobachten, construirte der Berichterstatter ein Voltameter aus einem Glase, in dessen dicken Boden zwei Löcher gebohrt waren. Diese wurden durch Korke geschlossen, durch welche die Magnesiumdrähte so hindurchgesteckt waren, dass der sich abnutzende Draht nachgeschoben werden konnte. Ueber die Drähte waren Eudiometerröhren zum Auffangen der Gase gestürzt. An der Kathode entwickelte sich die der Stromstärke entsprechende Wasserstoffmenge, an der Anode trat aber ebenfalls Wasserstoff auf. Bei der Zusetzung von schwefelsaurer Magnesia löste sich die Anode auf, indem sich eine geringe Menge eines schwarzen Ueberzuges, der sich auf ihr bildete abstiess; die Flüssigkeit im Rohr trübte sich; der Gewichtsverlust des Magnesiums war äquivalent der Summe des in beiden Röhren aufgefangenen Wasserstoffs; in einem eingeschalteten Kupfervoltameter aber war die erhaltene Kupfermenge nur dem Wasserstoff an der Kathode äquivalent. In Kochsalzlösung bildet sich die schwarze Substanz in beträchtlicher Masse; aus ihr entwickelt sich, unabhängig von der Einwirkung des Stromes, Wasserstoff, wobei sie sich in Magnesiahydrat verwandelt. In Salmiaklösung bildet sich der schwarze Niederschlag gar nicht. Die schwarze Substanz, welche in der Kochsalzlösung gebildet war, konnte mit Wasser abgewaschen werden, es gelang aber nicht, sie zu trocknen, ohne dass sie sich oxydirte. Nach ihrer Eigenschaft, unter Wasserstoffentwickelung in Magnesia überzugehen, kann sie nur aus Magnesium oder einem Suboxyd desselben bestehen. Andere physikalische Eigenschaften, namentlich das elektromotorische Verhalten der schwarzen Snbstanz charakterisirten sie als letzteres. Sie wird nicht etwa dadurch erzeugt, dass ein Theil des Stromes das Wasser, ein anderer das Salz der Lösung zersetzt; der Strom wirkt vielmehr nur insofern bei ihrer Bildung ein, dass durch seine Wirkung immer frische Magnesiumflächen der Einwirkung des Wassers ausgesetzt werden. Das Aluminium zeigt ähnliche Erscheinungen, wie das Magnesium, die aber nicht so einfach auftreten, theils wegen der von Buff und Wöhler beobachteten gleichzeitigen Bildung von Siliciumwasserstoff, theils weil, wie Buff gezeigt hat, das Aluminium als Anode sich mit einem Ueberzuge bedeckt, der den weiteren Stromdurchgang sehr erschwert. Es ist sehr wahrscheinlich, dass auch dieser Ueberzug nicht Silicium, sondern ein Oxyd des Aluminiums ist, wodurch sich manche Anomalie, welche dieses Metall in elektrische Beziehung zeigt, namentlich auch seine Passivität, leicht erklären würde. *Bz.*

Buff. Ueber die Elektrolyse alkalischer Schwefelverbindungen. Liebig Ann. Suppl. IV. 257-273†.

Hr. Buff hatte gezeigt (Berl. Ber. 1859. p. 465), dass das elektrolytische Gesetz dahin erweitert werden müsse, dass die Bestandtheile, welche in mehreren hintereinander in denselben Strom eingeschalteten Elektrolyten in derselben Richtung fortgeführt werden, nicht immer im Gewichtsverhältniss ihrer Atome stehen müssen, sondern auch im Verhältnisse von Vielfachen ihrer Atome stehen können. Er liefert nun weitere Belege für diesen Satz. Solche giebt die Elektrolyse der höheren Schweflungsstufen des Kaliums und Natriums. Als Hülfsmittel zur Beurtheilung der Zersetzungsweise dieser Verbindungen wurde die Erfahrung benutzt, dass ein in einem flüssigen Gemische enthaltener Körper, der an der Wanderung keinen Theil nimmt, auch zur Leitung der Elektricität Nichts beiträgt, und nicht Bestandtheil eines Elektrolyten sein kann. Dieser Erfahrungssatz wird an einer Reihe von Beispielen erläutert. Die Schwefelverbindungen wurden in die untere Biegung und den einen Schenkel eines Uförmigen Glases gebracht, dessen anderer Schenkel mit reinem ausgekochtem Wasser gefüllt war. Unmittelbar unter den Flüssigkeitsoberflächen befanden sich die Elektroden einer Säule. Als auf diese Weise der Strom durch eine concentrirte Lösung von fünffach Schwefelnatrium vom Wasser zur Lösung geleitet wurde, trat zuerst an der Kathode in der Lösung keine Gasentwickelung ein; allmählig entfärbte sich die Lösung und dann erst begann Wasserstoffentwickelung. Offenbar hatte sich das freigewordene Natrium immer wieder mit dem im Ueberschuss vorhandenen Schwefel vereinigt. An der Anode trat zuerst Sauerstoff auf, an der Grenze von Wasser und Lösung Schwefel; später auch an der Anode Schwefel- und Schwefelwasserstoff; ein Theil des Schwefels musste also durch Vermittelung des Wasserstoffs zum positiven Pole gewandert sein. Wurde dem Wasser etwas Aetznatron zugesetzt, so bildete sich an der Flüssigkeitsgrenze kein Schwefelabsatz, sondern nur an der Anode. Käufliche Schwefelleber zeigte dieselben Zersetzungserscheinungen. Hr. BUFF schliesst aus denselben, dass die Zersetzung der Schwefelverbindungen immer in der Art vorgeht, dass das Metall nach der einen Seite, der ganze Schwefelgehalt nach der anderen Seite getrieben wird, dass also 5 Schwefelatome des Fünffach-Schwefelkaliums Einem des Einfach-Schwefelkaliums elektrisch äquivalent sein können. Hr. BUFF benutzte die Schwefelkaliumlösung auch zur Construction eines galvanischen Elementes. Er schied diese Flüssigkeit durch eine poröse Wand von Kochsalzlösung, tauchte in diese einen Zinkstab, in jene eine Platinplatte. Die elektromotorische Kraft dieses Elementes wurde mit der anderer bekannter Combinationen verglichen, und wurden folgende Mittelwerthe erhalten:

Grove'sche Kette	=	1
Bunsen'sche Kette	=	0,9856
Gusseisenzinkkette	=	0,9663
Kohlenzinkkette mit Chromsäure	=	1,0231
Daniell'sche Kette	=	0,5683
Schwefelkaliumkette mit Platin	=	0,2674
- - Kupfer	=	0,2403
- - Zink	=	0,2363.

Das Platin wird von der Salpetersäure positiv, von der Schwefelleberlösung negativ erregt. Diese Erregung überwiegt die des Platins durch Kupfer, nicht aber die des Platins durch Zink. Daher die geringe elektromotorische Kraft der beschriebenen Kette. Dass das Platin ohne grossen Schaden selbst durch Zink ersetzt werden kann, beruht darauf, dass sich dieses mit Schwefelzink überzieht, und dadurch negativer wird. Endlich stellte Hr. Buff messende Versuche an über die von Matteucci empfohlene Kupferzinkkette, in der das Kupfer mit Schwefelblüthe umgeben wird (vergl. Berl. Ber. 1865. p. 395). Die Kraft der Grove'schen Kette = 1 gesetzt, wurde die eines Meidinger'schen Elementes = 0,5392, die eines Kupferzinkelementes mit blossem Salzwasser = 0,4244 gefunden. Die Kraft dieser Kette sank beim Gebrauch bis 0,2354, und konnte durch Schwefelzusatz bis 0,4053 wieder erhöht werden. *Bz.*

Brester. Recherches électrolytiques. Z. S. f. Chem. 1866. p. 680-683†.

Die Arbeit giebt eine Reihe einzelner Erfahrungen, von denen die wichtigsten hier aufgeführt werden mögen: Ein elektrolytisch erzeugter activer Wasserstoff existirt nicht. Salpetersäure wird an Kathoden von Kohle oder Platin bis zu NH_3 reducirt. Wenn man einen Platindraht als Anode, einen Silberdraht als Kathode in $N\Theta_3H$ miteinander berührt, und dann wieder beide trennt, so zeigt der Silberdraht an der Berührungsstelle einen braunen Fleck, von dem aus sich die Gasentwickelung über die ganze Anode verbreitet. In rauchender Salpetersäure wird an der Anode alle NO_2 in NO_3H oxydirt, an der Kathode alle NO_3H zu NH_3 reducirt. Bei der Elektrolyse von geschmolzenem Aetzkali erhält man schon durch 6 BUNSEN'sche Elemente Lichterscheinungen, welche auf die Abscheidung von Kalium deuten. Bei der Elektrolyse von geschmolzenem Glaubersalz scheidet sich Natrium ab, das sich mit dem Platin der Kathode verbindet. Aus chlorsaurem Kalium erhält man ebenso Kalium an der Kathode, an der Anode ozonhaltigen Sauerstoff und Chlor. Ameisensäure zwischen Platinplatten zersetzt liefert 2 Vol. Kohlensäure und 1 Vol. Sauerstoff, zwischen Platindrähten, 4 Vol. Kohlensäure und 1 Vol. Sauerstoff. Die Glieder der Fettsäurereihe leiten den Strom theils schlecht, theils gar nicht. Geschmolzene Benzoësäure isolirt, aus einer wässrigen Lösung derselben entwickelt sich Sauer- und Wasserstoff. Aus Zimmtsäure-Lösung entwickeln sich an der Anode Sauerstoff und Kohlensäure, ebenso aus verdünnter Milchsäure und Oxalsäurelösung, aus Weinsteinsäure scheiden sich Sauer- und Wasserstoff ab, die Platinkathode bekommt einen schwarzen Anflug, der am Lichte verschwindet und Platinwasserstoff sein soll. Bei der Elektrolyse der Salze der genannten Säuren bekommt man Producte, welche von den aus den Säuren erhaltenen im Allgemeinen verschieden sind. Zuckerlösung wird durch Elektrolyse in eine saure Flüssigkeit verwandelt, die weder Essig- noch Ameisensäure enthält, und bei längerer Stromdauer weiter zersetzt wird. Stärkelösung wird nicht sauer und verwandelt sich nicht in Zucker. Collodium leitet den Strom sehr schlecht. *Bz.*

CHANCOURTOIS. Sur la production naturelle et artificielle du diamant. C. R. LXIII. 22-25†.

LIONNET. Sur la production naturelle et artificielle du carbone cristallisé. C. R. LXIII. 213-214†.

Die geologischen Auseinandersetzungen des Hrn. CHANCOURTOIS über Diamantbildung erinnern Hrn. LIONNET daran, dass er vor Jahren krystallinischen Kohlenstoff aus Schwefelkohlenstoff dadurch abgeschieden habe, dass er in denselben ein langes dünnes Gold- oder Platinblatt und ein eben solches Zinnblatt, spiralförmig umeinander gerollt, eingetaucht habe. Unter der langsamen Wirkung des so erregten Stromes findet die Zersetzung so statt, dass der Schwefel an das Zinn geht, der Kohlenstoff frei wird. Der Verfasser denkt sich die Diamantbildung in der Natur ähnlich. *Bz.*

PLANTÉ. Sur la production de l'ozone. C. R. LXIII. 181-183†.

Die Bildung von Ozon bei der Wasserzersetzung geht nicht nur vor sich, wenn unoxydirbare, z. B. Platinelektroden angewandt werden, sondern auch zwischen Bleielektroden, ja in diesem Falle wurde sogar die Menge des entwickelten Ozons 1½ Mal so gross gefunden, wie im ersteren. *Bz.*

BERTHELOT. Action de l'étincelle électrique sur les mélanges d'hydrogène et de gaz carbonés. Ann. d. chim. (4) IX. 418-421†.

DE WILDE. Action de l'étincelle d'induction sur quelques hydrocarbures gazeux ou en vapeur. Z. S. f. Chem. 1866. p. 735-736†.

Hr. BERTHELOT hat seine Versuche über Acetylenbildung fortgesetzt (vergl. Berl. Ber. 1862. p. 448). Unter Einwirkung der Funken eines kräftigen Inductionsapparates bildete sich diese Substanz in wenigen Minuten in einem Gemisch von Cyan und Wasserstoff; langsamer aus einem Gemisch von Schwefelkohlenstoff mit Wasserstoff; am schwierigsten war die Acetylenbildung aus Kohlenoxydgas und Wasserstoff nachzuweisen.

Hr. DE WILDE zerlegte Acetylen durch den Funkenstrom in seine Bestandtheile. Die sich abscheidende Kohle muss man wiederholt abschütteln, weil sie sonst den Funkenübergang hindert. Die Wasserstoffmenge war etwas zu klein, wahrscheinlich weil die Kohle Wasserstoff absorbirt hatte. Aethylen wurde zuerst in Acetylen und Wasserstoff verwandelt, dann in seine Elemente zerlegt. Dämpfe von Alkohol, Aether, Aceton, Amylalkohol, Terpenthinöl, Benzol oder Naphthalin im Barometervacuum mit dem Funkenstrome behandelt, bilden Gase, welche Acetylen enthalten, besonders stark Benzol. Essigsäure, Ameisensäure und Chloroform bilden kein Acetylen. *Bz.*

---

33. Elektrische Wärmeerzeugung.

W. FEDDERSEN. Bemerkungen zu dem Aufsatze des Hrn. Dr. PAALZOW „Ueber die Wärme des elektrischen Funkens". POGG. Ann. CXXVII. 484-488.

Hr. PAALZOW hat gefunden (s. Berl. Ber. 1865. p. 411), dass die Funkenwärme von dem Widerstand des Schliessungsbogens in folgender Weise abhängt: Sie ist am grössten, wenn der Widerstand möglichst klein ist; bei fortwährend zunehmendem Widerstande nimmt sie zuerst ab bis zu einem Minimum, wächst wieder zu einem Maximum, nimmt wieder ab bis Null. Herr FEDDERSEN sucht diese Erscheinungen in anderer Weise zu erklären als dies von Hrn. PAALZOW geschehen ist, durch folgende Betrachtung. Bei möglichst geringem Widerstande oscillirt die Ladung im Schliessungsbogen; mit wachsendem Widerstande wird die Anzahl der Oscillationen kleiner, und es findet endlich ein continuirliches Abfliessen der Ladung statt. Bei weiterer Zunahme des Widerstandes geschieht dieses Abfliessen in einzelnen Partialfunken, in intermittirender Entladung. Bei Abnahme der Zahl der Oscillationen und bei continuirlichem Abfliessen der Ladung findet der Verfasser die Abnahme der Funkenwärme mit wachsendem Widerstand ersichtlich, bei intermittirender Entladung muss sie nach seiner Betrachtung wieder steigen. Die endlich wieder eintretende Abnahme erklärt sich nach der Angabe von Hrn. PAALZOW selbst aus der Vermehrung des Rückstandes der Batterie. *C. S.*

J. J. Waterston. On the thermal action in the wire of a voltaic circuit as indicating that the current force operates on the surface of a metallic conductor only and not through its substance. Phil. Mag. (4) XXX. 191-194; Mondes IX. 641-642.

Wenn die gleiche Elektricitätsmenge eines Condensators in der gleichen Zeit durch gleichartige cylindrische Drähte verschiedener Dicke entladen wird, so verhalten sich nach Riess die Temperaturerhöhungen umgekehrt den vierten Potenzen der Radien proportional, oder die in der Längeneinheit entstehenden Wärmemengen umgekehrt den Querschnitten proportional. Besteht die Schliessung einer galvanischen Batterie nach einander aus gleichartigen Drähten von verschiedenem Querschnitt aber gleichem Widerstand, so sind die in der Längeneinheit entwickelten Wärmemengen ebenfalls umgekehrt proportional den Querschnitten.

Der Verfasser nimmt nun an, dass die Elektricität bei der Entladung des Condensators sich auf der Oberfläche des Schliessungsdrahtes bewegt; und da die Oberflächen (cylindrische Drähte vorausgesetzt) in beiden Fällen selbstverständlich in gleichem Verhältniss stehen, was der Verfasser weitläufig darthut, so meint er daraus schliessen zu können, dass die Elektricität des galvanischen Stromes sich ebenso auf der Oberfläche des Leiters fortpflanzt. *C. S.*

F. P. Leroux. Sur les loix du dégagement de la chaleur par le passage d'un courant électrique dans les conducteurs métalliques et dans les voltamètres. Ann. d. chim. (4) VI. 86-104†.

Die Wärmemenge w, welche im Schliessungsbogen vom Widerstand R durch einen galvanischen Strom von der Intensität i in der Zeiteinheit entsteht, ist $w = k.Ri^2$, wobei k eine Constante bedeutet; oder wenn A die elektromotorische Kraft, e die in der Zeiteinheit bewegte Elektricitätsmenge bedeutet, $w = k.Ae$, daher die durch die Einheit der Elektricitätsmenge erzeugte Wärme, $\frac{w}{e} = k.A$, welche als Voltaische Wärme bezeichnet wird. Der

Verfasser will nun untersuchen, ob die Constante *k* für verschiedene elektromotorische Kräfte und Elektricität verschiedener Quellen dieselbe ist. Vorausgesetzt die allgemeine Gültigkeit des OHM'schen, JOULE'schen und des elektrolytischen Gesetzes muss *k* als unveränderlich betrachtet werden. — In dem zweiten Abschnitt der Abhandlung betrachtet der Verfasser die Wärmeentwicklung in flüssigen Leitern und Voltametern, und kommt zu dem Schluss, dass abgesehen von den durch die ausgeschiedenen Stoffe secundär erzeugten Wärmewirkungen die Wärme nach den gleichen Gesetzen wie in metallischen Leitern erzeugt wird. *C. S*

34. Thermoelektricität.

E. BECQUEREL. Mémoire sur les pouvoirs thermoélectriques des corps et sur les piles thermoélectriques. C. R. LXII. 966-972††.

Diese Abhandlung ist eine Fortsetzung der im letzten Berichte p. 406 besprochenen. Aus Schwefelkupfer gegossene Stäbe verhielten sich zwar immer positiv gegen Antimon, aber der Grad ihrer Positivität war sehr verschieden. Nun gelang es, allen solchen Stäben ein gleichmässiges thermoelektrisches Erregungsvermögen zu ertheilen, wenn man sie mehrere Stunden lang bei dunkler Rothgluth erhitzte. Die elektromotorische Kraft eines Schwefelkupfer-Kupferelementes ist so gross, dass wenn die eine Berührungsstelle auf 0, die andere auf 350 bis 400° gehalten wird, die Kraft von 10 bis 15 Elementen gleich der eines DANIELL'schen Kupferzinkelementes ist. Hr. E. BECQUEREL vergleicht die Veränderlichkeit des thermoelektrischen Verhaltens des Schwefelkupfers beim Ausglühen mit den Veränderungen, welche Metalldrähte in dieser Beziehung zeigen, je nachdem sie gehärtet oder weich sind.

Der zweite Theil der Abhandlung beschäftigt sich mit der thermoelektromotorischen Kraft der Legirungen. Es wurden

Elemente aus Legirungen und Kupfer gebildet, und deren Kräfte mit der eines Wismuthkupferelementes verglichen, wenn immer die eine Löthstelle auf 0, die andere auf 100° gebracht worden war. Die Elemente, deren Kraft bestimmt werden sollte, wurden mit dem Maasselement einmal in gleichem, dann im entgegengesetzten Sinne in die Leitung eines Galvanometers eingeschaltet, und so die Summe und die Differenz beider Kräfte bestimmt; die Kraft des Maasselementes aber wurde wieder auf die einer DANIELL'schen Kette bezogen. Aus den Messungen wird geschlossen: die positivsten Metalle sind diejenigen, welche die stärksten Säuren bilden: Tellur, Antimon, Arsenik; die guten Leiter der Elektricität und Wärme haben nur geringes Erregungsvermögen für Thermoelektricität; die negativsten Körper sind Nickel, Kobalt und Wismuth. Legirungen aus Körpern, welche einander in der thermoelektrischen Reihe nahe stehen, weichen von ihren Bestandtheilen nur wenig ab; dagegen rückt die Legirung zweier in der Reihe weit auseinanderstehender Körper, wie Wismuth und Antimon, noch weiter nach dem einen oder dem anderen Ende derselben. Das Antimon wird am meisten positiv durch Zusatz von Cadmium, demnächst von Zink, in beiden Fällen am meisten, wenn die Metalle in äquivalenten Mengen mit einander legirt sind. Wismuth wird am meisten negativ durch Zusatz kleiner Mengen von Antimon. Eine Legirung aus 9 Aeq. Wismuth und 1 Aeq. Antimon empfiehlt sich zur Anwendung für Thermosäulen durch seine starke Wirksamkeit, wie durch seine Haltbarkeit. Die genannte Cadmium-Wismuthlegirung ist dagegen sehr zerbrechlich; durch Zusatz von Wismuth ($\frac{1}{10}$ des Gewichts der Legirung) wird diesem Uebelstand abgeholfen. Eine aus diesen Legirungen gefertigte 30paarige Säule gab an einem Galvanometer 6 bis 8 Mal so grosse Stromstärken an, als eine gleich eingerichtete Wismuthantimonsäule, theils wegen ihrer grossen elektromotorischen Kraft, theils wegen ihres geringen Widerstandes. Die für grössere Säulen empfohlenen Schwefelkupferstäbe bieten dagegen einen grossen Widerstand; am besten werden sie mit Neusilberstäben combinirt.

Bz.

LE ROUX. Recherches théoriques et expérimentales sur les courants thermoélectriques. C. R. LXIII. 324-328†.

E. BECQUEREL. Rapport sur les travaux de Mr. LE ROUX. Mondes XIII. 217†.

Die Arbeit ist in neun Abschnitte getheilt, deren Inhalt der Verfasser so angiebt.

1) Von der Betrachtung des von BECQUEREL beschriebenen Versuchs, dass in einem Draht ein Thermostrom erregt wird, wenn man einen Knoten in ihn knüpft und den Draht an demselben erwärmt ausgehend, gelangt er zu dem Schluss, dass die zur Erregung des Stromes nothwendige Bedingung der Contact zweier verschieden warmer Theile des Drahtes ist. 2) Die thermoelektrischen Effecte, welche bei der Berührung zweier gleichartiger, aber verschieden warmer Körper entstehen, werden besprochen. Der wärmere Körper wird hierbei abgekühlt, also zusammengedrückt, der kältere erwärmt, also ausgedehnt. Hierdurch werden die beiden Massen verschiedenartig. Diese Wirkungen hängen von der Oberflächengestalt der Körper in der Nähe der Berührungsstelle ab. Nach diesem Grundsatz wird die Elektricitätserregung bei Berührung zweier verschieden warmer Drähte erklärt. Nach demselben kann man auch, wenn der Versuch richtig geleitet wird, Elektricitätserregung erhalten ohne die Continuität zwischen den beiden metallischen Massen zu unterbrechen. 3) Versuche über die Elektricitätsbewegung zwischen zweien Drähten aus verschiedenem Metall, deren einer gespannt, der andere im natürlichen Zustande ist. Die Resultate widersprechen zum Theil denen, welche THOMSON erhalten hatte. 4) Die verschiedenen Theorieen, welche zur Erklärung der thermoelektrischen Erscheinungen aufgestellt sind, werden besprochen. 5) Der folgende Satz wird ausgesprochen: Wenn in einem Stromkreise Wärmeverbrauch oder Wärmeerregung stattfindet, welche der ersten Potenz der Stromintensität proportional ist, und also mit der Richtung des Stromes das Vorzeichen wechselt, so entsprechen diese Wirkungen erregten oder überwundenen elektromotorischen Kräften. Nach diesem Satze folgt aus dem PELTIER'schen Versuch, dass die erwärmte Berüh-

rungsstelle beider Metalle wirklich der Sitz einer solchen elektromotorischen Kraft ist. Beim THOMSON'schen Versuche ist der Sitz der elektromotorischen Kraft nicht mehr localisirt, sie ist die Summe der im ganzen Leiter, überall da, wo die Temperatur nicht gleichmässig ist, vertheilten Kräfte. 6) Enthält numerische Bestimmungen über die PELTIER'sche Erscheinung bei verschiedenen Thermoketten. 7) Solche Bestimmungen über den THOMSON'schen Versuch und 8) eine Vergleichung beider Wirkungen. Der Betrag des THOMSON'schen Effectes ist sehr viel kleiner, als der des PELTIER'schen. 9) Lässt man den ersteren ausser Betracht, so ergiebt sich als Grund der thermoelektrischen Erregung nur die Temperaturerhöhung zweier ungleichartiger Körper, welche den Werth der elektromotorischen Kraft, deren Sitz die Berührungsstelle beider Körper ist, verändert. Der thermoelektrische Strom misst dann die Veränderung dieser Kraft bei den betrachteten Temperaturen. Diese Ströme sind für alle Ketten zwischen denselben Temperaturen den elektromotorischen Kräften, um welche es sich handelt, proportional. Mit andern Worten: die elektromotorische Kraft eines Metallpaares ist für jedes derselben eine Function der Temperatur Das Verhältniss einer endlichen Veränderung des Werthes dieser Function zum Werthe dieser Function ist für bestimmte Temperaturen für alle Ketten dieselbe, woraus folgt, dass diese Function der Temperatur für alle Ketten dieselbe ist bis auf einen constanten Factor. Diese Function zu bestimmen ist einer späteren Arbeit vorbehalten.

Die Commission der Pariser Akademie hat die hier skizzirte Arbeit sehr günstig beurtheilt, und ihr die Aufnahme in die Mémoires des savants étrangers zuerkannt, wiewohl sie sich in Bezug auf die nicht experimentell bewiesenen theoretischen Schlussfolgerungen ihr Urtheil vorbehält. Offenbar muss die vollständige Abhandlung werthvollere Aufschlüsse geben, als sie aus der vorläufigen Mittheilung zu erkennen sind. *Bz.*

A. THÉNARD. Sur les piles thermoélectriques. Mondes XI. 64-66†.

In einem Thermoelement von Schmiedeeisen und Bronze geht der Strom von der kalten zur warmen Löthstelle durch die Bronze, in einem Element aus Gusseisen und Bronze im entgegengesetzten Sinne, was schon JOULE beobachtet hat. Die elektromotorische Kraft eines Gusseisen-Schmiedeeisenelementes war gleich der Summe der Kräfte jener beiden Elemente. Von -11^0 bis $+200^0$ wuchsen die Kräfte aller drei Elemente; weiter zu experimentiren erlaubte die weiche Löthung nicht. *Bz.*

ROOD. On the production of thermoelectric currents by percussion. SILLIMAN J. (2) XLII. 12-19††.

Ein aus Drähten oder Blechen von Eisen und Neusilber gebildetes Thermoelement lag auf einer Messingplatte; eine Messingkugel, welche lothrecht auf einem Messingdraht herabgleitet, kann aus verschiedenen Höhen (1 bis 5″) auf die Löthstelle des Elementes herabfallen; durch eine besondere Vorrichtung hob sie sich sogleich wieder um einen halben Zoll, und das Element selbst verliess auch durch Federkraft die Messingplatte, so dass Kugel und Platte nicht abkühlend auf die Löthstelle wirken konnten. Die Löthstelle war mit durch Wachs gezogener Seide umwickelt, weil ohne diese Vorsicht keine regelmässigen Beobachtungsresultate erhalten wurden. Die erregten Ströme wurden an einem calibrirten Galvanometer abgelesen. Sie zeigten sich der Fallhöhe, d. h. also dem Quadrate der Geschwindigkeit nahezu proportional. Die ersten 15 bis 20 Versuche gaben viel zu grosse Resultate, wahrscheinlich, weil die Seide sich durch den Stoss noch etwas verschob und dadurch eine Reibung erzeugte. Ueberhaupt wirkte die leichteste Reibung viel stärker, als der Fall. *Bz.*

W. BEETZ. Ueber Widerstandsmessung an Thermosäulen. POGG. Ann. CXXIX. 520-529†.

Wenn man, um den Widerstand einer Thermosäule nach der OHM'schen oder nach der KIRCHHOFF'schen Methode zu messen, einen Strom durch dieselbe leitet, so wird die eine Reihe der Löthstellen dadurch erwärmt, die andere abgekühlt. Hierdurch entsteht eine elektromotorische Gegenkraft k, welche der Stromintensität i proportional ist. Ist die elektromotorische Kraft der Hydrokette $= E$, der Gesammtwiderstand der Leitung $= R$, der der Thermosäule $= x$, so hat man daher

$$i = \frac{E - ik}{R + x} = \frac{E}{R + [x + k]},$$

d. h. die Gegenkraft spielt ganz dieselbe Rolle, wie ein constanter Leitungswiderstand, welcher sich zu dem der Thermosäule addirt. An verschiedenen Thermosäulen hat der Berichterstatter diese Thatsache bestätigt. Bei Stromstärken, welche vom Einfachen bis zum Vierfachen variirten wurde der Widerstand der Thermosäulen gemessen, wenn der Strom eine stationäre Grösse angenommen hatte. Der so erhaltene Widerstand ist der durch $x + k$ bezeichnete, und wurde für alle Stromstärken nahezu gleich gefunden. Um den Werth von k zu ermitteln, musste x allein bestimmt, d. h. die Schliessung so momentan gemacht werden, dass die Wirkung der secundär elektromotorischen Kraft noch unmerklich blieb. Aus den erhaltenen Resultaten ergab sich, dass die von Kohlrausch ausgeführten Widerstandsmessungen an einer auch für die vorliegende Arbeit gebrauchten Thermosäule durch das Uebersehen des in Rede stehenden Umstandes durchaus nicht so weit von der Wahrheit abweichen, dass dadurch dessen Schlüsse auf die Vertheilung der elektrischen Spannung in der Thermosäule beeinträchtigt würden. *Bz.*

35. Elektrisches Licht.

GASSIOT. Stratified discharges in vacuum tubes. Int. Obs. IX. 81-85†.

— — Electrical researches with vacuum tubes. Int. Obs. IX. 289-290†.

Beschreibung der Lichterscheinungen bei der Entladung einer grossen Voltaischen Batterie durch Vacuumröhren (s. Berl. Ber. 1865. p. 416). *C. S.*

A. SCHIMKOW. Ueber das Spectrum des elektrischen Büschel- und Glimmlichtes. Berl. Monatsber. 1866. p. 375-386†; POGG. Ann. CXXIX. 508-520†.

Der Verfasser hat mit Anwendung der HOLTZ'schen elektrischen Maschine das Büschel- und Glimmlicht in der Luft und in reinem Stickstoff und Sauerstoff bei gewöhnlichem Luftdruck spectral untersucht. Während das Funkenlicht ein ausgebreitetes Spectrum mit hellen, zum Theil von dem Metall der Elektroden herrührenden Linien zeigt, umfasst das Spectrum des violetten Büschellichtes in der Luft nur die stärker brechbaren Strahlen und entspricht dem Stickstoffspectrum erster Ordnung von PLÜCKER und HITTORF. Das Spectrum des Büschellichtes in reinem Stickstoff zeigte sich mit diesem übereinstimmend; in reinem Sauerstoff konnte überhaupt nur ein äusserst schwaches Licht erhalten werden. In dem Büschellicht in Luft leuchtet also fast nur Stickstoff. Die hellen Linien des Spectrums desselben wiederholen sich in dem Funkenspectrum, welches das Stickstoffspectrum zweiter Ordnung nach PLÜCKER und HITTORF umfasst, aber, ausser den Metallinien auch Linien zeigt, die dem Sauerstoffspectrum nach PLÜCKER und HITTORF angehören.

Der violette Theil des Stickstoffspectrums, welcher als Büschellicht erhalten wird, soll nach PLÜCKER und HITTORF bei einer höheren Temperatur des Mediums ausgesendet werden als der minder brechbare; der Verfasser fand aber, dass wenn man in den ein GEISSLER'sches Stickstoffrohr enthaltenden Schliessungsbogen Widerstände einfügt, die minder brechbaren Strahlen erlöschen und gerade die stärker brechbaren Strahlen bei geringerer Erwärmung vorherrschen. *C. S.*

Fernere Litteratur.

Ueber Anwendung des elektrischen Lichtes für Leuchtthürme. Polyt. C. Bl. (2) XX. 1226-1227.

LANTIN und DIGNEY. Automatisch wirkender Regulator für das elektrische Kohlenlicht. DINGLER J. CLXXIX. 429-432.

---

36. Magnetismus und Diamagnetismus.

UNVERDORBEN. Ueber das Verhalten des Magnetismus zur Wärme. Inauguralschrift. München 1866. p. 1-78†.

Die Aufgabe, welche sich der Verfasser gestellt hat, ist die Auffindung des feineren Einflusses der Wärme auf den Magnesimus überhaupt, und insbesondere die Bestimmung des Temperaturcoëfficienten des Eisens und der Umstände, welche denselben verändern. Der Magnetismus der untersuchten Eisen- oder Stahlstäbe wurde durch die Ablenkung bestimmt, welche er auf den Magnet eines LAMONT'schen Theodolits ausübte. Die Temperatur der Stäbe wurde durch Eintauchen in warmes Wasser verändert. Beträgt die Ablenkung der Nadel, wenn der Magnet die Temperatur t_1 hat φ, und wenn er die Temperatur t_2 hat φ_1, so ergiebt sich der Coëfficient

$$\alpha = \frac{\sin(\varphi - \varphi_1)}{(t_2 - t_1)\operatorname{tang}\frac{1}{2}(\varphi + \varphi_1)}.$$

Zuerst wurde die Unabhängigkeit des Temperaturcoëfficienten von der Entfernung des Stabes vom Theodolit nachgewiesen. Aus dieser folgt, dass das Gesetz der Vertheilung des Magnetismus im Magnet von der Wärme unabhängig, ihr Einfluss auf die stärker oder schwächer magnetisirten Molecüle also der gleiche ist. Dieser Satz wurde experimentell und durch den

Calcul festgestellt. Die folgenden Abschnitte der Arbeit behandeln die Abhängigkeit des Coëfficienten von der Grösse des Moments im Eisen und Stahl. Je grösser das Moment eines (permanenten) Magnets aus weichem Eisen war, desto grösser sein Temperaturcoëfficient; beim harten Stahl nimmt mit wachsendem Moment der Temperaturcoëfficient ab, beim ungehärteten nimmt er dagegen zu. Wird ein Magnet, aus Stahl oder Gusseisen, durch Hervorrufung eines entgegengesetzten Magnetismus theilweise entmagnetisirt, so nimmt sein Moment ab, der Coëfficient zu. Sowohl in Ansehung des magnetischen Momentes, als der Grösse und Form haben die Magnete aus Stahl den geringsten Temperaturcoëfficienten; in Bezug auf Grösse und Form haben die Magnete aus weichem Eisen einen geringeren Coëfficienten, als die aus ungehärtetem Stahl, in Bezug auf das magnetische Moment haben sie einen grösseren Coëfficienten. Diese Resultate waren mit Stäben erhalten, welche durch den Strich magnetisirt worden waren. Bei den folgenden Versuchen wurde der Magnetismus durch Einlegen des Stabes in eine elektrische Spirale oder durch Induction mittelst eines Stahlmagnets erregt. Für die Elektromagnete aus weichem Eisen wurde der Temperaturcoëfficient geringer gefunden, als für die aus Stahl. Bezeichnet α' den Temperaturcoëfficienten, wie er sich aus dem primären Magnetismus des Stabes unter gleichzeitiger Einwirkung des Stromes berechnet, β denjenigen, welcher sich allein auf die inducirende Wirkung des Stromes bezieht, so ergeben sich für α' dieselben Beziehungen, wie für den Coëfficienten theilweis entmagnetisirter Magnete; β ist negativ, wenn der Strom dem primären Magnetismus entgegenwirkt, seine Werthe wachsen mit abnehmender Temperatur im negativen Sinn. Es ist positiv und seine Werthe wachsen in diesem Sinne mit abnehmender Temperatur, wenn der Strom das magnetische Moment steigert. Bei den durch Induction magnetisirten Stäben wächst der Coëfficient mit dem Momente, wenn noch nie im entgegengesetzten Sinne magnetisirt worden ist; wird das Eisen nach der Induction durch den einen Pol der des entgegengesetzten ausgesetzt, so nimmt der Coëfficient zu. Liegen Eisen und Stahl übereinander, so ist α' (der Coëfficient des inducirten Magnets) bei ihrem unmittelbaren Contacte kleiner, als wenn sie in einer gewissen Distanz von einander gehalten werden. Die Werthe von α' sind grösser, als die entsprechenden β Werthe bei der galvanischen Induction. Den Schluss der sorgfältig durchgeführten Arbeit bilden theoretische, oder, wie der Verfasser sie nennt, hypothetische Betrachtungen über den Zusammenhang der erhaltenen Resultate. *Bz.*

W. Beetz. Ueber den Einfluss des Magnetismus auf die Länge und den Leitungswiderstand von Eisenstäben. Pogg. Ann. CXXVIII. 193-206†.

Eisenstäbe oder Drähte wurden, horizontal oder vertical ausgestreckt, an einem Ende befestigt, während vom anderen Ende ein Faden ausging, der um die Axe eines kleinen drehbaren Spiegels geschlungen war. Die Drähte wurden durch weite Magnetisirungsspiralen magnetisirt; eine directe Erwärmung, die von diesen Spiralen hätte ausgehen können, war durch ein Kühlrohr, welches die Drähte umgab, vermieden. Die Längenveränderungen, welche durch die Magnetisirung veranlasst wurden, konnten aus der mit Fernrohr und Scala beobachteten Drehung des Spiegels berechnet werden. Den schon bekannten Erfahrungen gemäss bewirkte die Magnetisirung im allgemeinen eine Verlängerung des Drahtes, und namentlich zeigte sich eine starke Dehnung in Folge des mechanischen Zuges, wenn die Magnetisirungsspiralen nach den beiden Enden des Drahtes hingeschoben wurden. Dagegen trat bei stark gespannten Drähten eine Verkürzung ein. Hiernach wäre nun zu vermuthen gewesen, dass nicht gespannte Drähte durch Magnetisirung an Leitungswiderstand zu-, gespannte abnehmen würden, weil sich bei den ersteren die Molecüle von einander entfernen, bei letzteren sich einander nähern. Das war aber nicht der Fall, vielmehr fand immer eine Widerstandszunahme statt. Der Verfasser erklärt dieselbe dadurch, dass die magnetisirten Molecüle unter allen Umständen das Bestreben haben, sich einander zu nähern. Da aber die Molecularabstände nicht überall dieselben sind, vielmehr die Molecüle gruppenweis gelagert sind, so werden sich die einander zunächst liegenden Molecüle am meisten nähern, so dass die Abstände der einzelnen Gruppen um so grösser werden müssen. Hierdurch muss der Widerstand wachsen. Ein Versuch über die Leitungsfähigkeit von Eisenfeile, welche in einem Glasrohr magnetisirt wurde, unterstützte diese Anschauungsweise. Eine Widerstandsveränderung im Eisen in der auf die Magnetisirungsrichtung senkrechten Richtung konnte nicht gefunden werden. *Bz.*

Magrini. Resultati di nuove sperienze ellettro-magnetiche e diamagnetiche. Rendic. Lomb. II. 129-138†.

Hr. Magrini beschreibt die Wirkungen eines sehr starken Elektromagnets, welcher sich im kgl. Museum zu Florenz befindet. Wenn man den durch ein Zahnrad unterbrochenen Strom von Bunsen'schen Elementen durch die Leitung gehen lässt, so entstehen Longitudinaltöne im Eisen, deren Höhe von der Geschwindigkeit der Unterbrechung abhängt. Eine 315 Gramm schwere Kupferplatte braucht, wenn der Strom geschlossen ist, ungefähr 12 Secunden um zwischen den Polstücken die Höhe von 8 Centimetern senkrecht zu durchfallen, während sie bei geöffnetem Strome diesen Weg in dem Bruchtheile einer Secunde zurücklegt. Wird die Platte an einer Rollenvorrichtung, wie die der Atwood'schen Fallmaschine ist, aufgehängt, so genügt ein ganz leichtes Gegengewicht, um sie im Gleichgewicht zu erhalten. Die Grösse dieses Gegengewichtes kann als Maass für die diamagnetische Erregung dienen, welche das Kupfer unter verschiedenen Umständen durch den Magnet erfährt.

Man nimmt an, dass im Eisen durch Induction eines benachbarten Magnetes die Molecularströme denen des Magnets parallel und gleichgerichtet, in diamagnetischen Körpern dagegen parallel und entgegengesetzt gerichtet geordnet werden, um im ersten Falle die der Anziehung, im zweiten die der Abstossung vorhergehende Polarität erklären zu können. Um sich von der Richtigkeit dieser Ansicht zu überzeugen, brachte Hr. Magrini eine Thermosäule zwischen beide Pole, und bemerkte, dass in derselben ein Strom entstand, immer in derselben Richtung, ohne Rücksicht darauf, welche Seite den einen oder den anderen Pol berührte. Beim Oeffnen des voltaschen Stromes gingen die

Ströme in entgegengesetzter Richtung. Sie konnten keine Thermoströme sein. Ebenso wurden Ströme beobachtet, wenn eine Reihe von Blechplatten, Kupfer, Messing, Blei, Eisen, hintereinander zwischen die Magnetpole gebracht und mittelst angelötheter Drähte mit einem Galvanometer verbunden wurden, und zwar waren diese im Eisen und im Kupfer gleich gerichtet. Die Ströme sind auch keine Zweigströme, denn die Metalle brauchen gar nicht in leitender Berührung mit den Polstücken zu stehen. Da sich die erhaltenen Resultate mit der üblichen Anschauungsweise nicht vertragen, so nimmt der Verfasser an, dass beim Entstehen der magnetischen Polarität die Platte eine Störung der wägbaren und der Aethermolecüle, welche sie umgeben, erfährt, welche Störung so lange dauert, wie die Magnetisirung. Die Anziehung oder Abstossung des Körpers hängt dann von der Beschaffenheit der Aetheratmosphären und von der Natur des Mittels, in dem sich die Körper befinden, ob dasselbe mehr oder weniger paramagnetisch ist, als diese, ab. In derselben Vorstellungsweise fortfahrend denkt sich Hr. MAGRINI die elektrische Polarität eines Körpers darin bestehend, dass sich die Aetheratmosphäre einerseits condensirt, andererseits ausdehnt. Die magnetischen Erscheinungen beruhen auf der gegenseitigen Einwirkung der materiellen Molecüle und der in verschiedener Condensation begriffenen Aetheratmosphären.

Nach dem Vortrage der besprochenen Abhandlung hat Herr CODAZZA, den ausgesprochenen Ansichten beipflichtend, an seine früheren Arbeiten erinnert, welche ebenfalls mit der AMPÈRE'schen Theorie nicht zu vereinigende Resultate lieferten. *Bz.*

SMITH. On the deviation of the compass in iron ships. Mondes X. 574-583†.

AIRY. The compass in iron ships. Mondes X. 658-660†.

LILLEY. On the action of compasses in iron ships. Proc. Roy. Soc. XV. 38-42†.

Hr. SMITH hat in der Royal Inst. einen Vortrag über das Verhalten der Compasse in eisernen Schiffen gehalten. Die darin dargelegten Thatsachen und Grundsätze sind im Berl.

Ber. 1865. p. 422 besprochen worden. Hr. Airy hat darauf eine Berichtigung einiger in dieser Vorlesung vorkommenden historischen Irrthümer veröffentlicht, die sich auf seinen Antheil an der Entwickelung der vorliegenden Frage beziehen. Hr. Lilley macht auf eine Reihe von Uebelständen, vom rein praktischen Standpunkte aus, aufmerksam, deren Abstellung den Gebrauch des Compasses auf eisernen und anderen Schiffen zuverlässiger machen würde. *Bz.*

Fernere Litteratur.

J. C. Cresson. Practical application of diamagnetism. Proc. Amer. Soc. X. 199-201.

---

37. Elektromagnetismus.

Dub. Ueber die Bespinnung des Kupferdrahtes der elektromagnetischen Spiralen. Pogg. Ann. CXXVII. 237-252†.

In Bezug auf die Beobachtungen, welche du Moncel über die Wirkung elektromagnetischer Spiralen mit unbesponnenem Kupferdraht veröffentlicht hatte (Berl. Ber. 1865. p. 428), theilt Hr. Dub seine eigenen Erfahrungen mit, welche aber an Spiralen gemacht waren, deren Windungen durch zwischengelegte Isolatoren von einander getrennt und nur durch zufällige Verletzung der Isolatoren in leitende Berührung mit einander gekommen waren. Er fand, dass die geringste Berührung zweier solcher Windungen die magnetisirende Wirkung des Stromes schwächen müsse. Der Verfasser zeigt nun weiter, dass die, mit seinen Erfahrungen scheinbar im Widerspruch stehenden Versuche du Moncel's durchaus im Ohm'schen Gesetze ihre Erklärung finden, wenn man sich die Umstände gehörig vergegenwärtigt, welche in jedem Falle gewaltet haben; dass dagegen die Sätze, welche du Moncel aus seinen Versuchen abgeleitet hatte, keine allgemeine Gültigkeit haben. Unbesponnene Drähte zu Magnetisirungsspiralen zu verarbeiten, ohne auf ihre Isolirung bedacht zu sein, ist nie vortheilhaft. Dieselben bieten weder

Vortheile in Bezug auf die zu erzielende Wirkung, noch in ökonomischen Rücksichten. Beides wird sicherer durch verhältnissmässig dicke, aber besponnene Drähte erreicht. *Bz.*

Villari. Intorno ad alcuni fatti singolari di elettromagnetismo, ed alla ipotesi di Weber sulle elettrocalamite. Cimento XXI-XXII. 415-425†.

Der Verfasser geht von den Veränderungen aus, welche das magnetische Moment magnetisirter Eisen- und Stahlstäbe erfährt, wenn man die Stäbe neuen magnetisirenden Wirkungen, bald in gleichem, bald in entgegengesetztem Sinne aussetzt. Die Stäbe, mit denen experimentirt wurde, befanden sich im Innern zweier übereinander geschobenen Spiralen, durch deren eine erst ein starker magnetisirender Strom, und, nach dessen Unterbrechung, schwächere Ströme in der einen oder der anderen Richtung geleitet wurden, während die zweite Spirale durch ein Galvanometer in sich geschlossen war. In anderen Versuchsreihen waren drei Spiralen übereinander geschoben. Durch die äussere ging ein starker magnetisirender Strom, durch die innere der bald hin-, bald hergehende schwächere Strom, in der mittleren erzeugte sich durch die Veränderung des magnetischen Momentes der Inductionsstrom. Das Moment selbst wurde an einem Magnetometer gemessen. Hr. Villari scheint die Versuche von Wiedemann über die beim Hin- und Hermagnetisiren eintretenden Erscheinungen nicht gekannt zu haben, wiewohl er dessen Lehrbuch citirt. Die Schlüsse, welche er aus seinen Versuchen zieht, sind: Die Erscheinungen der Magnetisirung und Entmagnetisirung beruhen auf einer Bewegung der Eisen- oder Stahlmolecüle. Diese Bewegungen erfolgen mit grösserer oder geringerer Geschwindigkeit, je nach dem Molecularzustand, in dem sich das Eisen oder Stahl vorher befand. Der elektromagnetische Inductionsstrom ist nicht immer der Intensität der Veränderung des magnetischen Moments im Stabe proportional, da der Inductionsstrom nicht nur eine Function der Intensität dieser Veränderung, sondern auch der Geschwindigkeit, mit welcher sie ausgeführt wird, ist. Die Veränderung des magnetischen

Moments eines Stahlstabes ist nicht immer der Intensität des Stromes, welcher dieselbe erzeugt, proportional, und zwar unabhängig vom Maximum des Magnetismus, welchen die Stahl- und Eisenstäbe annehmen. *Bz.*

---

de la Rive. Des mouvements vibratoires que détermine dans les corps conducteurs l'action combinée du Magnétisme et des courants discontinus. Arch. d. sc. phys. XXV. 311-320†.

Hr. de la Rive hatte früher gezeigt (Berl. Ber. 1847. p. 149), dass Stäbe von beliebigen Metallen, zwischen die Pole eines starken Magnets gelegt, einen sehr entschiedenen Ton geben, sobald man einen discontinuirlichen Strom durch sie führt. Er hatte damals die Erscheinung auf einen rein molecularen Effect zurückgeführt, neuerdings kam er aber auf den Gedanken, die Vibrationen könnten durch die anziehenden und abstossenden Wirkungen des Magnets auf den Stromleiter entstehen, eine Ansicht, von der er durch die vorliegenden Untersuchungen indess wieder zurückkam. Der Ton wurde wieder an allen möglichen Leitern beobachtet, an Stäben, an Quecksilber, Salzlösungen oder Metallpulvern, welche in Röhren eingeschlossen waren, an Goldblättchen, die auf eine Glasplatte geklebt waren, an einem zwischen den Polen aufgehängten ringförmigen Wismuthstabe u. s. w. Ein discontinuirlicher Strom, durch ein Unterbrechungsrad erzeugt, wurde durch einen Eisen- und einen Kupferstab geleitet. Der erstere tönte sogleich ohne Beihilfe des Magnets, der Kupferstab nur mit derselben, und zwar gaben beide Stäbe denselben Ton, wie das Unterbrechungsrad. Seine Höhe wechselte lediglich mit der Geschwindigkeit der Unterbrechungen. Der Ton, den ein Bleistab unter gleichen Umständen gab, schien tiefer zu sein, der Ton eines Zinkstabes war dem des Kupferstabes ähnlich. Nun wurden Metallpulver auf Glasplatten ausgebreitet, und mittelst zweier auf das Glas geklebter Metallstreifen zwischen die Pole eines Inductionsapparates gebracht, dessen Schliessungsströme durch eine eingeschaltete Schicht verdünnter Luft möglichst ausgeschlossen waren. Das Pulver gerieth sogleich in eine Bewegung, indem sich eine

Art von Schichtung bildete. Als aber nun der Elektromagnet erregt wurde, verwandelte sich diese Bewegung in ein entschiedenes Zittern. Am besten sah man diese Erscheinung an feinem Cokepulver. Dasselbe giebt hierbei einen Ton und wenn die Schicht nicht zu dick ist, bemerkt man in ihr kleine Funken. Hieraus schliesst Hr. DE LA RIVE, dass in allen Körpern die Leitung durch eine moleculare Entladung geschieht, analog kleinen Lichtbögen. Das Glühen eines Drahtes wäre nur ein besonderer Fall dieser Entladungen. Der Einfluss einer starken Magnetisirung stellt die Theilchen in eigenthümlicher Weise, und wenn der Strom oder die Magnetisirung discontinuirlich ist, so entstehen Oscillationen. *Bz.*

MAGRINI. Nuove sperienze intorno ai movimenti molecolari ed ai suoni che l'azione diretta delle correnti voltiane interrotte, il loro influsso, e quello dell' elettromagnetismo generano nei buoni conduttori. Cimento XXIII-XXIV. 197-211†.

Die Versuche wurden mit dem vorher erwähnten grossen Elektromagnet angestellt; derselbe tönte auch, wenn der, durch ein Rad unterbrochene Strom durch die Spirale geleitet wurde, selbst wenn die schweren Ankerstücke auf den Polen ruhten. Der Unterbrecher erzeugte 250 Magnetisirungen und ebensoviele Entmagnetisirungen in der Secunde. Es entstand nun die Frage, ob Töne durch die molecularen Stösse entstehen, welche bei dem die Anordnen und Zurückgehen der Molecüle aus ihrer Ordnung eintreten, oder ob sie äusseren Einwirkungen des Apparates zu danken sind, etwa der gegenseitigen Einwirkung der Pole aufeinander, wodurch das Hufeisen wie eine Stimmgabel tönt. Zur Entscheidung dieser Frage wurden folgende Versuche angestellt: Ausgespannte dicke Drähte von verschiedenen Metallen, vom unterbrochenen Strom durchlaufen, liessen Moleculargeräusche hören, Töne waren nur beim Aluminium und Zink, und besonders kräftig beim Eisen hörbar. Zu Spiralen aufgewundene Kupferdrähte tönten, wenn sie vom unterbrochenen Strom durchlaufen wurden, während in ihrem Inneren die Temperatur bedeutend stieg; Eisendrahtspiralen tönten nur sehr schwach und mit anderer Klangfarbe; die Erwärmung in ihnen war noch viel stärker. Geschlossene Inductionsspiralen tönten durch Unterbrechung des Stromes in der Hauptspirale. In der primären Spirale gaben Eisenstücke kräftige Töne, wenn sie geöffnet, in der secundären, wenn sie geschlossen war. In Elektromagneten können die Molecularbewegungen, welche durch den continuirlichen Strom die magnetische Polarität erzeugen, gleichzeitig bestehen mit denjenigen, welche die Töne hervorbringen.

Hr. Magrini sieht nach diesen Versuchen die Tonerregung ebenfalls als die Folge einer Molecularbewegung an. Die gleichbleibende elektromotorische Kraft der Säule muss in den Leitern immer dieselbe Molecularbewegung erzeugen. Die Geschwindigkeit dieser Bewegung wird in den grösseren Massen geringer, in den kleineren grösser sein; sie wird abhängen von dem Widerstand, den das Material bietet. Dass trotzdem die Bewegung im Eisen so lebhaft ist, liegt an dessen grösserer Elasticität und geringerem Molecularzusammenhang. Gegen die Annahme einer elektrodynamischen Wirkung der Molecüle aufeinander und auf die Magnete spricht sich der Verfasser ebenfalls aus. *Bz.*

---

38. Elektrodynamik, Induction.

Buff. Experimentaluntersuchungen über die Volta'sche Induction. Pogg. Ann. CXXVII. 57-96†.

Die experimentelle Bestätigung der Inductionsgesetze in ihrer einfachsten Gestalt ist bisher nicht möglich gewesen, weil ein in einem einzelnen Leiter erregter Inductionsstoss zu schwach ist, um sicher gemessen zu werden. Durch den Stromanalysator (Berl. Ber. 1864. p. 508) war aber Hr. Buff in den Stand gesetzt, die Induction geradliniger Leiter aufeinander zu beobachten. Der Apparat bestand aus einem grossen, aus Draht gebildeten, vertical aufgestellten Rechteck, dessen obere horizontale Seite an der Decke des Zimmers, die untere auf einem Brett befestigt waren. An einer unteren Ecke des Rechtecks war dasselbe unterbrochen, und führten umeinandergeschlungene isolirte Drähte zum einen Räderpaar des Analysators. Dies war die Leitung für die inducirten Ströme. Die für die inducirenden bestand aus einem horizontal liegenden, kleineren, aus dickem Draht gebildeten Rechteck, dessen eine, der horizontalen des grossen Rechtecks parallele Seite von veränderlicher Länge genommen und jener grossen Horizontalen, stets parallel mit ihr bleibend, genähert oder von ihr entfernt werden konnte. Auch dieses Rechteck war an der, dem Inductionsdraht abgewandten Seite geöffnet, und durch Drähte mit den anderen Rädern des Analysators verbunden. Das Galvanometer bestand aus einem Multiplicator mit 432 dicken Kupferdrahtwindungen und einem Paar astatischer Nadeln von grösserer Dicke und magnetischer Kraft, als man sie gewöhnlich anwendet. Als Maass für die Grösse der inducirten elektromotorischen Kraft diente der Sinus des halben Ablenkungswinkels. Die Vorrichtung erlaubte, noch Zehntel eines Grades abzulesen. Zuerst behielten nun die beiden Drahtleitungen gleichen Abstand von einander, die Länge des in Betracht kommenden primären Leiterstückes aber wurde geändert, dann wurde die Dicke und die materielle Beschaffenheit des inducirten Leiters, dann die gegenseitige Entfernung geändert. So wurden folgende Gesetze erhalten: Die Induction eines zu- oder abnehmenden galvanischen Stromes auf einen benachbarten Stromleiter verhält sich wie die Stromänderung und wie die Summe der aus gleicher relativer Lage wirkenden Stromelemente. Die Grösse der in einem Körper durch Induction erregten elektrischen Ausscheidungskraft scheint von dessen chemischer Natur und sonstiger Beschaffenheit unabhängig zu sein. Die von einem kurzen geradlinigen Leiter in einem damit gleichlaufenden sehr langen Leiter inducirte Kraft ist dem Abstande beider nicht umgekehrt proportional, sie kann vielmehr durch die Gleichung

$$q = Q - A \log r$$

ausgedrückt werden, wo Q den Sinus des halben Ablenkungswinkels für den Abstand der Drähte $= 1$, q denselben Werth für den Abstand $= r$ und A eine aus den Versuchen zu ermittelnde Constante bedeutet. Da die inducirte Kraft bei jeder Grösse von r proportional ist der Länge des begränzten Leiters und der Stärke des inducirenden Stromes, so muss $\frac{A}{Q}$ ein constantes Verhältniss sein. Dies $= \alpha$ gesetzt verwandelt obige Gleichung in

$$q = Q(1 - \alpha \log r).$$

Hr. BUFF leitet diesen Ausdruck auch aus dem AMPÈRE'schen Gesetze ab, indem er demselben einen Zusatz giebt, der die Bedeutung der Zu- oder Abnahme des Stromes während des Vorganges der Induction in Rechnung zieht, während das Gesetz selbst nur die Einwirkung zweier bereits vorhandener, dauernder Ströme berücksichtigt. Durch diesen Zusatz wird die Induction als eine vom inducirenden Strome ausgeübte Arbeit betrachtet. Aus den bekannten Gesetzen, nach welchen ein Stromelement anziehend auf ein Element eines parallelen Nebenleiters wirkt, wird die Kraft hergeleitet, welche von der Stromlänge s, in welcher die Intensität i vorhanden ist, auf den in der senkrechten Entfernung r parallel laufenden Leiter von unbegränzter Länge ausgeübt wird, sie ist

$$K = -2a \cdot i \cdot \frac{s}{r},$$

wo a eine näher zu bestimmende Constante ist. Dies ist die Kraft, welche, während sie sich in einem kurzen Zeitraume t von 0 bis zur Grösse i erhebt, im Nebenleiter eine Arbeit hervorbringt. Dieselbe Kraft würde ausgeübt, wenn der Leiter s während der Zeit t aus unendlicher Ferne bis zur Entfernung r gegen den Leiter l heranrückt, während die Intensität in ihm constant gleich i bleibt. Für die Wegstrecke $-dx$ wird dann

$$dQ = -Kdx = 2a \cdot i \cdot s \frac{dx}{x},$$

woraus die Grösse der inducirten Kraft oder die derselben entsprechende Stärke des inducirten Stromes

$$Q = 2a.i.s.\log x + C$$

gefunden wird. Zur Bestimmung der Constanten hat man für $x = r$ und für den Schliessungsstrom

$$Q = -q.i.s,$$

also

$$C = -q.i.s - 2a.i.s \log r$$

und

$$Q = -q.i.s + 2a.i.s.\log\frac{s}{r},$$

woraus die der experimentell gefundenen Formel entsprechende sofort erhalten wird, wenn man r, i und s als Maasseinheiten betrachtet. Nach denselben Grundsätzen verfahrend und mit Rücksicht darauf, dass immer nur die in der Richtung des Nebenleiters liegende Componente von K in Betracht kommen kann, werden nun verschiedene andere Leiterstellungen behandelt. Die inducirende Wirkung einer geraden Stromlinie auf einen benachbarten geradlinigen Leiter von unbegränzter Länge, auf welchem ihre Richtung senkrecht steht, ist Null. Die Wirkung einer geraden, kurzen Stromlinie auf einen benachbarten geradlinigen Leiter von unbegränzter Länge, dessen Richtung mit der der ersteren einen beliebigen Winkel bildet, sowie die Wirkung einer geraden Stromlinie von begränzter Länge auf einen benachbarten Leiter, dessen Richtung in die Verlängerung des ersteren fällt, und der sich nach einer Seite in gerader Linie ins Unbegränzte erstreckt, wurden berechnet, und die erhaltenen Formeln experimentell bestätigt.

Die schon an sich so interessante Arbeit gewinnt noch an Interesse dadurch, dass W. Weber, nachdem ihm Hr. Buff seine Versuche mitgetheilt hatte, deren Resultate mit seiner Theorie verglich, und sich überzeugte, dass der allgemeine Ausdruck, in dem er die Erscheinungen der Elektrodynamik und der Induction auf ein gemeinsames Princip zurückführte, unmittelbar zu einer Gleichung von derselben Gestalt führt, wie die, welche der Verfasser auf empirischem und auf theoretischem Wege aufgefunden hatte. *Bz.*

Robinson. On the means of increasing the quantity of electricity given by induction-machines. Phil. Mag. (4) XXXIII. 63-73†.

Um die Elektricitätsmenge, welche ein Inductionsapparat liefert, zu vergrössern, kann man drei Wege einschlagen. Man kann die Stärke der Batterie vergrössern, die secundäre Spirale aus längerem und dickerem Draht machen, oder mehrere Spiralen neben- statt hintereinander verbinden. Hr. Robinson zeigt nun auf theoretischem Wege, dass mit der Verstärkung der Batterie nicht viel gewonnen wird, dass die Länge des Drahtes die Quantität der Elektricität nicht vermehrt, und dass die Wirkung der Dicke begränzt ist; dass dagegen die sogenannte Quantitätsverbindung der Spiralen sehr förderlich werden kann. Werden zwei Spiralen hintereinander verbunden, so wird die Spannung vergrössert, aber die Stromstärke liegt zwischen denen jeder einzelnen; sind ihre Widerstände gleich, so ändert sich die Stromstärke also gar nicht. Werden aber die Spiralen nebeneinander verbunden, so addiren sich die Stromstärken einfach, falls kein weiterer Widerstand in der Schliessung ist. Ist das der Fall, so muss dem Rechnung getragen werden. Diese Resultate werden vom Verfasser experimentell bestätigt und dann eine Reihe von Regeln für die praktische Ausführung von Inductorien beigegeben: Es ist nutzlos, die Spannung der Elektricität zu sehr zu steigern. Eine Funkenlänge von 4″ genügt für alle Fälle. Mit 20000 Windungen kann man dieselbe erreichen. Ueber das zweckmässigste Verhältniss der Höhe der secundären Spirale zu ihrem Durchmesser lässt sich noch Nichts feststellen. Die Dimensionen des Eisenkerns scheinen nicht wesentlich in Bezug auf die Quantität; die Spannung wächst mit der Länge des Kerns. Die Quantität nimmt sehr ab, wenn der Unterbrecher schnell geht. Für Spectralversuche muss er so langsam gehen, dass das Auge nur noch den Eindruck der Continuität behält. Die Quantität wächst mit der Drahtdicke bis zu einer Grenze, die bei $\frac{1}{65}$″ erreicht zu sein scheint. *Bz.*

Dujardin. Nouveau mode de suppression des étincelles d'extracourants dans les électroaimants. Mondes XII. 26-28†.

Poitevin. Suppression de l'étincelle électrique. Mondes XII. 117-118†.

Trouvé. Suppression de l'étincelle électrique. Mondes XII. 118†.

Hr. Dujardin hat den am Unterbrecher der Inductionsapparate entstehenden Inductionsfunken dadurch unschädlich gemacht, dass er dem Extracurrent durch eine, die beiden Endpunkte der primären Leitung verbindende Zweigleitung einen Abfluss gewährt. Die Eigenschaften, welche diese Zweigleitung haben muss, werden besprochen, und zwar mit dem Resultat, dass sie einen sehr grossen Widerstand besitzen muss.

Die Herren POITEVIN und TROUVÉ beeilen sich, mitzutheilen, dass sie sich des gleichen Mittels mit gutem Erfolge bedienen; keiner dieser Herren aber scheint sich zu erinnern, dass FIZEAU schon im Jahre 1853 denselben Vorschlag gemacht, aber dann den grossen Widerstand durch den Condensator ersetzt hat.

Bz.

CANTONI. Su le correnti d'induzione. Rendic. Lomb. II. 256-261†.

Im Berl. Ber. 1865. p. 440 ist die Hypothese erörtert worden, welche der Verfasser zum Verständniss des Zusammenhanges zwischen elektrischen und magnetischen Erscheinungen der AMPÈRE'schen Theorie entgegengesetzt hat, und ist erwähnt worden, dass er aus seiner Hypothese die Erscheinungen der Induction besser ableiten zu können glaube, als aus der AMPÈRE'schen. In dem vorliegenden Vortrage werden die Vorzüge der neuen Hypothese weiter begründet, und es werden zwei Versuche beigebracht, welche aus derselben erklärt werden. Es sind folgende. Wenn man den Strom eines BUNSEN'schen Elementes durch eine Spirale von dünnem Draht und durch ein Galvanometer leitet, und dann, wenn der Strom constant geworden ist, ein Eisenrohr in die Spirale schiebt, oder aus derselben herauszieht, so entsteht momentan eine Ab- oder Zunahme der Stromstärke. Nach der gewöhnlichen Erklärungsweise sollte dies in um so höherem Grade der Fall sein, aus einem je besseren Leiter das Rohr besteht; ein Kupferrohr an Stelle des Eisenrohrs gebracht, erzeugt aber weit schwächere Stromänderung. Und der zweite Versuch: Wenn man durch zwei Spiralen, aus Drähten von gleicher Länge und Dicke, aber die eine aus Eisen, die andere aus Kupfer gewunden, Ströme leitet, deren Stärke mittelst eines Rheostaten gleich stark gemacht ist, wenn man dann in das Innere dieser Spiralen eine Kupferspirale aus dünnem Draht bringt, deren Enden zu einem Galvanometer führen, und dann den Batteriestrom öffnet oder schliesst, so werden in diesem viel stärkere Inductionsströme angegeben, wenn sich diese Spirale in der Eisenspirale, als wenn sie sich in der Kupferspirale befindet. Auch die von MAGRINI beschriebenen und oben besprochenen Erscheinungen glaubt der Verfasser durch seine Hypothese bequemer erklären zu können, als durch die AMPÈRE'sche. *Bz.*

WIEDEMANN. Inductionsströme beim Tordiren von Eisendrähten, durch welche ein galvanischer Strom geleitet wird. POGG. Ann. CXXIX. 616-619†.

Hr. WIEDEMANN beschreibt folgende zwei Versuche:

1) Zwischen einer festen und einer mit einem Theilkreise versehenen drehbaren Klemme ist ein ausgeglühter Eisendraht ausgespannt; dieser ist von einer Kupferspirale umgeben, deren Enden durch einen Galvanometerdraht verbunden sind. Wird ein Strom von der drehbaren zur festen Klemme durch den Draht geleitet, und dann der Draht durch Drehen der Klemme tordirt, so entsteht ein Inductionsstrom, der in den Windungen der Spirale die gleiche Richtung hat, wie die ist, in welcher die Klemme gedreht wurde. Beim Detordiren ist die Richtung des Inductionsstromes die entgegengesetzte.

2) Durch den, wie vorher ausgespannten, Eisendraht wurde ein Strom geleitet. Nach dem Oeffnen desselben wurden die Klemmen mit dem Galvanometer verbunden, und der Draht wurde tordirt. Das Galvanometer zeigte das Auftreten eines Inductionsstromes an, welcher stets dem früheren Strome gleichgerichtet war. Beide Erscheinungen lassen sich leicht aus der Annahme drehbarer Molecularmagnete erklären. *Bz.*

WILDE. Experimentaluntersuchungen über Inductionselektricität und magnetoelektrische Apparate. DINGLER J. CLXXXII. 177-185†; Mondes XI. 319-324, 373-373, 629-636, XII. 24-26.

Das Princip, nach welchem diese äusserst kräftigen, besonders zur Erzeugung von elektrischem Licht bestimmten Maschinen construirt sind, ist folgendes. Aus zwei eisernen Halbcylindern, welche durch Messing von einander getrennt sind, wird ein hohler Cylinder, Magnetcylinder genannt, gedreht. Auf denselben werden ein oder mehrere permanente Hufeisenmagnete, deren Schenkelabstand gleich seinem Durchmesser ist, aufgesetzt. Im Innern des Magnetcylinders kann ein Eisencylinder, der die Wände fast berührt, durch eine äussere Kraft gedreht werden. In diesen sind zwei Rinnen geschnitten und mit Leitungsdrähten ausgefüllt wie bei den Armaturen der Siemens-Halske'schen magnetoelektrischen Maschinen. Die Enden des Leitungsdrahtes führen zu einem Commutator, welcher den durch die Drehung entstehenden magnetoelektrischen Strömen stets gleiche Richtung giebt. Werden diese Ströme durch die Spirale eines Elektromagnets geleitet, so nimmt dieser eine Tragkraft an, welche weit grösser ist, als die Summe der Tragkräfte sämmtlicher permanenter Magnete. In einem Falle war jene Tragkraft 27 Mal so gross, als diese Summe. Nun wird dieser starke Elektromagnet wieder gebraucht, um seinerseits magnetoelektrische Ströme zu induciren, indem zwischen seine Schenkel wieder eine drehbare Armatur gebracht wird, der ersten ähnlich construirt. Sie wird, wie jene, durch eine Dampfmaschine in Bewegung gesetzt. Die so erzeugten Inductionsströme sind stark genug gewesen, um einen 15 Zoll langen, $\frac{1}{4}$ Zoll dicken Eisenstab zu schmelzen, und Stücke von Gaskohle mit einem Querschnitt von $\frac{1}{2}$ Quadratzoll zu verbrennen. Das hervorgebrachte Licht warf einen Schatten von den $\frac{1}{4}$ engl. Meile entfernten Gasflammen, und schwärzte auf 2 Fuss Entfernung ein photographisches Papier in 20 Secunden so stark, wie es das directe Licht der Mittagssonne im März nur in 1 Minute vermochte. *Bz.*

39. Elektrophysiologie.
(1865 und 1866).

A. Elektricitätserregung in Organismen.

1) Muskel- und Nervenstrom und negative Schwankung desselben.

G. W. HANKEL. Ueber die von G. MEISSNER an der Oberfläche des menschlichen Körpers beobachteten elektrischen Erscheinungen. POGG. Ann. CXXVI. 299-306†; Z. S. f. Naturw. XXVII. 63-63.

MEISSNER hat elektrische Spannungserscheinungen an der Oberfläche des menschlichen Körpers beobachtet, die er als Folge der elektrischen Ströme betrachten zu können glaubt, welche in den unter der Haut gelegenen Muskelkreisen (Berl. Ber. 1861. p. 526) statt finden. Als schlagendsten Versuch betrachtet MEISSNER die Ladung eines Condensators bei blosser Annäherung eines Armes an die eine Platte und gleichzeitiger ableitender Berührung der andern Platte. HANKEL weist nun nach, dass die Elektricitätserregung in diesem Falle durch die Berührung des feuchten Leiters (Fingers) mit der Metallplatte des Condensators zu Stande kommt. Die von MEISSNER beim Aufsetzen von Metallplatten auf die Haut beobachteten elektrischen Spannungen sind von Druck, die durch Berührung des isolirten Körpers mit dem Elektrometer von einer Aenderung der vertheilenden Wirkung der (stets etwas elektrischen) Luft auf das Elektrometer abzuleiten.

Rs.

J. ROSENTHAL. Ueber das elektromotorische Verhalten der Froschhaut. Arch. f. Anat. 1865. p. 301-306†.

Der wesentliche Inhalt dieser Arbeit ist vom Referenten schon früher in diesen Berichten (Jahrg. 1860. p. 545) mitgetheilt worden. Hinzuzufügen wäre nur noch, dass auch Schleimhäute, an denen anatomisch ähnlich angeordnete Drüsen vorkommen, wie in der Froschhaut, nämlich die Magen- und Darmschleimhaut von Warm- und Kaltblütern Ströme in demselben Sinne zeigen. Die Annahme eines Zusammenhanges zwischen diesen Drüsen und den Strömen erscheint deshalb nicht allzu gewagt.

Rs.

J. Ranke. Der Einfluss der ermüdenden Stoffe auf den elektrischen Muskelstrom. C.-Bl. f. d. med. Wiss. 1865. p. 18-19†.

J. Ranke. Tetanus. Eine physiologische Studie. 8. VIII. und 468 Seiten. Leipzig 1865 (Engelmann).

Das Buch von Ranke enthält eine Sammlung schon früher von ihm veröffentlichter (vgl. Berl. Ber. 1862. p. 837) Abhandlungen, nebst einigen neuen Untersuchungen. — Ausgehend von dem galvanischen Leitungswiderstand der Muskeln und seiner Aenderung beim Tetanus und beim Absterben schliesst Ranke, dass bei diesen Vorgängen eine Umsetzung schlecht leitender Substanzen in besser leitende stattfinden müsse. Im lebenden Körper müssen diese sofort in's Blut übergeführt werden, woraus eine Abnahme der festen Stoffe im Muskel durch den Tetanus sich ergeben würde. Dies zu untersuchen, wurde ein Bein des Frosches abgebunden, der Frosch mit Strychnin vergiftet und nach dem Tetanus der Wassergehalt beider Beine verglichen. Es ergab sich eine Zunahme des Wassergehaltes in Folge des Tetanus von 80,4 auf 82,1 Proc. im Mittel. Diese Wasserzunahme ist um so beträchtlicher, je reicher an festen Stoffen ursprünglich der Muskel war. Damit im Einklange findet Ranke, dass der Wassergehalt verschiedener Muskeln desselben Körpers nach ihren Leistungen wechselt; das Herz ist der wasserreichste Muskel. Die Wasserzunahme findet nicht statt bei ausgeschnittenen tetanisirten Muskeln; es hat also keine Bildung von Wasser während des Tetanus stattgefunden, sondern das Wasser muss durch Diffusion aus dem Blute entnommen sein. Auch findet Ranke im Mittel das Blut tetanisirter Frösche ärmer an Wasser als das ruhender. Tetanisirte Muskeln zeigen auch in Kochsalzlösung von 0,7 Proc. ein höheres Quellungsvermögen, nehmen mehr Wasser aus derselben auf, als ruhende; hingegen nimmt ein Muskel, welcher bei bestehender Circulation tetanisirt wurde, weniger Wasser auf, als ein ruhender, da der erstere schon aus dem Blute Wasser aufgenommen und quellungsfähige Stoffe an dasselbe abgegeben hat.

Schon HELMHOLTZ hat gefunden, dass in ausgeschnittenen Muskeln durch das Tetanisiren die in Wasser löslichen Extractivstoffe vermindert, die in Alkohol löslichen vermehrt werden. RANKE findet auch an Muskeln, welche bei bestehender Circulation tetanisirt wurden, eine Abnahme des Wasserextractes, welche aber nur etwa $\frac{1}{4}$ der Gesammtabnahme an festen Stoffen beträgt; ebenso findet er mit HELMHOLTZ eine Vermehrung des Alkoholextractes. Um die im Muskel gebildete Säure zu bestimmen, wurden die Muskel mit feinem Quarzsand zerrieben, mit Wasser angerührt, mit Lakmustinctur roth gefärbt und dann mit einer höchst verdünnten Natronlauge titrirt, von welcher 1^{ccm} $0{,}0011^{grm}$ Schwefelsäure sättigte.

Es stellte sich heraus, dass jeder Muskel bei dem vollkommenen Starrwerden ein Säuremaximum erreicht, mag er nun langsam bei gewöhnlicher Temperatur, oder schnell bei 45° starr werden. Waren jedoch die Muskeln vorher bei bestehender Circulation tetanisirt, so bildeten sie weniger Säure.

Die Bestimmung der CO_2 geschah nach PETTENKOFER's Methode mit Barytlösung, indem CO_2 freie Luft durch einen Kolben gesogen wurde, in welchem die zu untersuchenden Muskeln durch Erwärmen auf 45° todtenstarr gemacht wurden, und dann durch die Barytlösung strich. Der vorher im lebenden Thiere tetanisirte Muskel lieferte beim Starrwerden stets weniger CO_2, als der ruhende.

MEISSNER hat in den Muskeln einen wahren, gährungsfähigen Zucker nachgewiesen. RANKE findet die Menge dieses Zuckers nach dem Tetanus vermehrt. Dies war auch bei entleberten Fröschen der Fall, und ebenso zeigte sich die Vermehrung des Zuckers an ausgeschnittenen Muskeln beim Tetanisiren. Der Muskelzucker wird also beim Tetanus im Muskel selbst gebildet. Ebenso zeigt sich der Fettgehalt der Muskeln nach dem Tetanus vermehrt, auch an ausgeschnittenen tetanisirten Muskeln.

Dagegen zeigte sich der Eiweissgehalt des Muskels nach dem Tetanus stets vermindert, sowohl die Gesammteiweissmenge, als das lösliche Eiweiss und der absolute Stickstoffgehalt. Es ist wahrscheinlich, dass aus diesem Eiweiss sich beim Tetanus durch Spaltung des Kreatin, der Zucker, das Fett und die Milch- und Kohlensäure bilden.

Dass der Muskel aus dem Blute Stoffe aufzunehmen und zur Arbeitsleistung zu verwenden vermag, hat RANKE schon früher gezeigt (Arch. v. REICHERT u. DU BOIS-REYMOND 1862. p. 311). An sich selbst hat er im Anschluss an seine früheren Bestimmungen der Kohlenstoff- und Stickstoffausscheidung des ruhenden Menschen einige Versuche über die Stickstoffausscheidung bei Arbeitsleistung gemacht. Die stündliche Harnstoffausscheidung fällt im Laufe des Vormittags, wenn am Mittag vorher die letzte Nahrung aufgenommen war, stetig ab. Wird jedoch Arbeit geleistet, so steigt sie etwas an, um dann wieder zu fallen. Dieses Ansteigen scheint jedoch RANKE zu unbeträchtlich, um das von VOIT erhaltene Resultat, wonach für längere Zeiträume die Stickstoffausscheidung durch Arbeitsleistung nicht wesentlich geändert wird, zu entkräften. Für die Kohlenstoffausscheidung dagegen weist RANKE beim Frosche eine beträchtliche Vermehrung durch den Tetanus nach. Auf diese Vermehrung folgt später eine Verminderung und RANKE glaubt daher, dass bei Beobachtung längerer Zeiträume ebenfalls eine Ausgleichung gegen den ruhenden Zustand erfolgen kann.

Im Anschluss an seine früheren Versuche über die Ermüdung des Muskels zeigt RANKE ferner, dass die ermüdenden Stoffe, Milchsäure und Kreatin, die elektromotorische Kraft der Muskeln sehr stark herabsetzen, ja ganz vernichten können, und dass das Auswaschen dieser Stoffe aus dem Muskel durch Kochsalzlösung von 0,7 Proc. die elektromotorische Kraft wiederherzustellen vermag. Dieser Einfluss der ermüdenden Stoffe gilt nicht bloss für den Gastrocnemius mit seiner parelektronomischen Schicht, sondern auch für den Strom zwischen Längsschnitt und künstlichem Querschnitt bei den parallelfaserigen Oberschenkelmuskeln, und am Gastrocnemius nach Zerstörung seiner Parelektronomie durch Kreosot. Die für die Arbeitsleistung des Muskels indifferenten Stoffe (Kreatinin, Traubenzucker, Harnsäure u. s. w.) sind auch ohne Einfluss auf die elektromotorische

Wirkung; Stoffe endlich, welche dis Leistungsfähigkeit der Muskeln definitiv vernichten (gallensaures Natron und Chlorkalium) vernichten auch den Muskelstrom. Diese vernichtende Wirkung der ermüdenden Stoffe erklärt auch die dauernde Abnahme, welche der Muskelstrom nach dem Tetanisiren erfährt.

SCHÖNBEIN hat gezeigt, dass pflanzliche und thierische Theile die Fähigkeit haben, das Antozon des Wasserstoffsuperoxyds in Ozon zu verwandeln. RANKE findet, dass Milchsäure in sehr geringen Mengen das Wasserstoffsuperoxyd zerlegt und gleichzeitig vorhandene Guajactinctur bläut, dass aber diese Bläuung bei weiterem Zusatz von Milchsäure verschwindet. Ebenso wirkt Kreatin, nur bedarf es dazu viel grösserer Mengen. Er vermuthet, dass diese Stoffe das Ozon frei machen, in grösserer Menge vorhanden aber es zu ihrer eigenen Oxydation verbrauchen. Indem er nun annimmt, dass die Arbeitsleistung des Muskels auf einer Oxydation der Eiweissstoffe durch ozonisirten Sauerstoff beruhe, glaubt er die Wirkung der ermüdenden Stoffe so erklären zu können, dass sie bei ihrer Anhäufung durch Beschlagnahme des vorhandenen Ozon jene Oxydation und somit die Arbeitsleistung verhindern.

Da Milchsäure auch im Stande ist die Gährung des Zuckers zu verhindern, so glaubt RANKE, dass die Bildung der Milchsäure auch erkläre, warum beim Tetanus der Zucker im Muskel sich anhäufe. Das Kreatin, welches der Milchsäure ähnlich, nur schwächer wirkt, verwandelt sich im Muskel in Kreatinin und dieses ist einerseits indifferent, andererseits neutralisirt es die Milchsäure und beschleunigt so die Erholung der Muskeln. *Rs.*

E. DU BOIS-REYMOND. Zusatz zu der Lehre von den Neigungsströmen des Muskels. Berl. Monatsber. 1866. p. 387-392†.

Hr. DU BOIS-REYMOND hat früher nachgewiesen, dass an den Muskeln neue elektromotorische Eigenschaften auftreten, wenn man schräge Querschnitte anlegt, welche die Axe des Muskels schiefwinklig schneiden. Die stumpfen Ecken des so entstehenden „Muskelrhombus“ verhalten sich dann positiv gegen die spitzen Ecken. Daraus ergiebt sich ein System von Strömen in angelegten Bogen, welche sich zu den gewöhnlichen Muskelströmen algebraisch summiren, und welche DU BOIS-REYMOND „Neigungsströme“ genannt hat (Berl. Ber. 1863. p. 487).

Man kann jedoch die Neigungsströme auch an einem rechteckig zugeschnittenen Muskel (einem „Muskelprisma“ Ref.) nachweisen, wenn man ihm durch Zug an zwei diagonal gegenüberliegenden Ecken die rhombische Gestalt giebt. Macht man dann durch Zug an den entgegengesetzten Ecken die früher stumpfen Ecken zu spitzen und umgekehrt, so kehren sich auch die elektromotorischen Differenzen dem entsprechend um. Da die Hüllen der Muskelfaser unverschiebbar und mit einander verwachsen sind, so muss ein solcher Zug Ebenen im Innern der Faser, welche ursprünglich quere waren, in schräge verwandeln. Man sieht dies sehr deutlich an den Querstreifen dünner Muskel, z. B. des REICHERT'schen Brustmuskels. Man muss daher annehmen, dass im Innern des Muskels die Längsreihen elektromotorischer Molecüle im Innern der Faser sich gegen einander verschieben und dass so am Querschnitt eine treppenartige Anordnung derselben entsteht, welche nach den früheren Auseinandersetzungen beim schrägen Querschnitt die Neigungsströme bewirkt.

Aus diesen Betrachtungen erklärt sich eine Beobachtung, welche Hr. DU BOIS-REYMOND zuerst auf die Neigungsströme durch Verschiebung der Fasern aufmerksam machte. Leitet man den Strom vom Längsschnitt und von der Mitte des Querschnittes ab, indem man an letzteren eine Thonspitze anlegt und diese langsam abzieht, so zieht sich der an der Thonspitze klebende Querschnitt kegelförmig hervor, während gleichzeitig die elektromotorische Kraft beträchtlich wächst. Der Kegel bildet dann einen nach allen Seiten abfallenden schrägen Querschnitt, dessen negative Spitze die Thonspitze berührt, während die Querschnitt-Längsschnittsgrenze die hier ringförmige stumpfe Ecke bildet. *Rs.*

J. BERNSTEIN. Die Natur der negativen Schwankung und des elektrotonischen Zustandes des Nervenstroms. C.-Bl. f. d. med. Wiss. 1865. p. 225-228†.

Hr. BERNSTEIN überzeugte sich erst, dass die Empfindlichkeit des Nerven zur Angabe der negativen Schwankung sich ebenso verhält, wie die Erregbarkeit, d. h. dass sie bei Durchleitung eines constanten Stromes durch den Nerven in der katelektrotonischen Strecke verstärkt, in der anelektrotonischen geschwächt ist. Sodann fand er, dass wenn man durch einen constanten Strom den Nerven elektrotonisirt, und dann reizt, der durch den Strom erzeugte elektrotonische Zuwachs die negative Schwankung mitmacht, wie der natürliche Nervenstrom. Dies ist ein sehr schlagender Beweis dafür, dass der elektrotonische Zuwachs nicht einfach durch Stromschleifen u. dgl. erklärt werden kann. *Rs.*

J. BERNSTEIN. Die Fortpflanzungsgeschwindigkeit der negativen Schwankung im Nerven. C.-Bl. f. d. med. Wiss. 1866. p. 593-596†.

Der Bericht über diese Untersuchung wird in einem späteren Jahrgang unter Zugrundelegung einer ausführlicheren Arbeit des Verfassers gegeben werden. *Rs.*

CH. B. REDCLIFFE. An account of experiments in some of which electroscopic indications of animal electricity were detected for the first time by a new method of experimenting. Proc. Roy. Soc. XV. 156-167†.

Die neue Methode des Hrn. REDCLIFFE besteht in Berührung empfindlicher Elektroskope mit den Fingerspitzen u. dgl., weshalb wir ein weiteres Eingehen auf die Ergebnisse für überflüssig halten. *Rs.*

---

2) Elektrische Fische.

Ch. Robin. Mémoire sur la démonstration experimentale de la production de l'électricité par un appareil propre aux poissons du genre des Raies. C. R. LXI. 160-164†.

Mehrere Arten der Gattung Raja besitzen zur Seite des Schwanzes Organe, welche in ihrem Gefüge mit den elektrischen Organen von Torpedo übereinstimmen. Doch ist es bisher nicht gelungen, Elektricitätsentwickelung bei denselben nachzuweisen. In den Aquarien von Conrarneau hat Hr. Robin Versuche mit diesen Thieren angestellt. Der stromprüfende Froschschenkel und der Galvanometer zeigten deutliche Entladungen an, welche das Thier ab und zu willkürlich hervorrief, oder durch äussere Reize dazu veranlasst. Gleichzeitig beobachtet man leichte Bewegung der Augen oder leichte zitternde Bewegungen der Flossen. Dagegen macht das Thier häufig sehr heftige Muskelbewegungen, ohne dass eine Entladung erfolgt. Der an den Schwanz angelegte Finger fühlt während des Schlages ein leichtes Zittern. Der Schlag ist entweder einfach oder es folgen mehrere hintereinander. Der stromprüfende Froschschenkel und das Galvanometer zeigen nur dann die Entladung an, wenn sie an die hintere Hälfte des Schwanzes angelegt werden, wo das Organ dicht unter der Haut liegt. Wo das Organ von Muskeln bedeckt ist, erfolgt keine Wirkung. *Rs.*

Ch. Robin. Sur les phénomènes et la direction de la décharge donnée par l'organe électrique des Raies. C. R. LXI. 239-243; Inst. 1865. p. 250-250.

Ch. Robin. Mémoire sur les phénomènes et la direction de la décharge par l'appareil électrique des raies. J. d. l'anat. et d. l. physiol. 1866. No. 1.

Der Strom bei Raja ist (im Organe? Ref.) vom Kopfe zum Schwanz gerichtet (Hr. Robin sagt: wie bei Gymnotus und Malapterurus, aber bei Gymnotus geht der Schlag im Thiere vom Schwanz zum Kopf — FARADAY, Experiment. researches Ser. XV. —, bei Malapterurus dagegen vom Kopf zum Schwanz —, RANZI, Nuovo Cim. I. 297; DU BOIS-REYMOND Monatsber. d. Berl. Ak. 1857. p. 427. — Hrn. ROBIN's Angabe ist wahrscheinlich auf die Richtung im Thiere zu beziehen, so dass also die Richtung des Schlages übereinstimmend mit Malapterurus, nicht mit Gymnotus wäre. Ref.). An Fischen, welche aus dem Wasser genommen sind, kann man den Schlag auch durch einen aufgelegten Froschnerven nachweisen. Reizung der Vorderstränge des blossgelegten Rückenmarkes löst Schläge aus, selbst eine halbe Stunde nach dem Tode und an abgeschnittenen Schwänzen. Stücke des Organs, welche aber noch seitlich in unversehrtem Zusammenhang ihrer Gefässe und Nerven sind, geben in der Ruhe schwache Ströme, in der nämlichen Richtung (?), bei Reizung starke Schläge. Aetherisation hebt die Fähigkeit zu schlagen auf, ebenso Curare; Strychnin bewirkt eine Reihe von Schlägen. *Rs.*

Fernere Litteratur.

MATTEUCCI. Sur l'électricité de la torpille. C. R. LXI. 627-629; Inst. 1865. p. 355-355; Phil. Mag. (4) XXX. 453-455.

B. Einwirkung der Elektricität auf Organismen.

1) Elektrotonus und Modification der Erregbarkeit.

A. v. BEZOLD und TH. W. ENGELMANN. Ueber den Einfluss elektrischer Inductionsströme auf die Erregbarkeit von Nerv und Muskel. N. Würzb. Z. S. 1866. No. 129†.

Schwache, abwechselnd gerichtete Inductionsströme sind nicht stark genug, um Tetanus zu erregen, sondern erhöhen nur die Erregbarkeit, welche nach der Unterbrechung der Ströme allmählig wieder sinkt. Sind die Ströme etwas stärker, so tritt einige Secunden nach ihrem Beginn der Tetanus ein. *Rs.*

H. Munk. Untersuchungen zur allgemeinen Nervenphysiologie. Arch. f. Anat. 1866. p. 369-391.

Ueber diese Untersuchungen wird später berichtet werden.

Rs.

---

2) Elektrische Erregung. Gesetz der Zuckungen.

A. Grünhagen. Bemerkungen über die Summation von Erregungen in der Nervenfaser. Henle und v. Pfeufer Z. S. (3) XXVI. 190-224†.

Harless hat angegeben, dass die Vertrocknung die Erregbarkeit des Nerven steigere, indem ein schwacher Strom, welcher vorher wirkungslos war, am vertrocknenden Nerven Zuckungen auslöst. Nach Hrn. Grünhagen ist dieser Versuch nicht beweisend, weil möglicher Weise hier nur ein Fall der Summation von Reizen vorliegt, indem der schwache Reiz sich zu dem schon bestehenden der Vertrocknung hinzufügt. Hr. Grünhagen wurde hierdurch veranlasst, die Bedingungen zu untersuchen, unter denen zwei Reize im Nerven sich summiren. Zwei schwache Ströme, von denen jeder für sich keine Zuckung veranlasste, gaben bei gleichzeitigem Schluss nur dann Zuckung, wenn der untere aufsteigend, der obere absteigend war, d. h. wenn die Strecken ihres Katelektrotonus zusammenfielen. Daraus folgt, dass die Summation nur dann eintritt, wenn die gleichzeitige Erregung in derselben Nervenstrecke stattfindet. Hr. Grünhagen glaubt daher, dass die Erregbarkeitserhöhung durch das Austrocknen nicht nachgewiesen sei, sondern dass dadurch ein schwacher Reiz ausgeübt werde, welcher mit dem andern sich summirend die Zuckungen bewirke. Auch die Angaben von Hrn. Harless, dass ein constanter Druck die Erregbarkeit des Nerven steigere, konnte er nicht bestätigen.

Rs.

E. Neumann. Eine Versuchsreihe, betreffend das Absterben der Erregbarkeit in Nerven und Muskeln. Arch. v. Reichert u. du Bois-Reymond 1864. p. 554-567†.

Schon früher hat Hr. Neumann die Thatsache kurz mitgetheilt, dass Nerven und Muskeln beim Absterben ein Stadium darbieten, wo sie nicht mehr durch einen noch so starken Inductionsstrom, wohl aber durch constante Ströme in Erregung versetzt werden können. Aehnliches findet man bei gewissen Lähmungszuständen (vgl. C.-Bl. f. d. med. Wiss. 1864. p. 624). Er theilt jetzt die Versuche mit, durch welche er diese Thatsache erhärtet hat. Eine Batterie von 48 nach Siemens' Angaben modificirten Daniell'schen Elementen, von welchen nach Bedürfniss eine grössere oder geringere Zahl benutzt werden konnte, stand mit einer Vorrichtung in Verbindung, welche den Strom nur auf äusserst kurze Zeit schloss und sofort wieder öffnete. Es musste die Zahl der Elemente immer mehr gesteigert werden, um durch diesen kurz dauernden Strom Zuckung zu erregen. Wenn aber die volle Zahl der 48 Elemente dazu nicht mehr ausreichte und auch die stärksten Inductionsströme des Magnetelektromotors keinen Tetanus mehr gaben, so genügten doch noch wenige Elemente, um eine Schliessungszuckung zu geben. Das war der Fall bei unmittelbarer Erregung des Muskels, bei mittelbarer war die Stromrichtung von Einfluss, indem bei absteigendem Strom die Schliessung, bei aufsteigendem die Oeffnung eines länger geschlossenen schwachen Stromes noch wirksam war, wo bei kurz dauernder Schliessung selbst der stärkste Strom nicht mehr wirkte.

Hr. Neumann änderte nun die Versuche der Art, dass der constante Strom für kurze Zeit unterbrochen und sofort wieder geschlossen wurde und verglich diese Art der Reizung mit der durch dauernde Oeffnung eines constanten Stromes hervorgebrachten. Auch hierzeigte sich ein Stadium, wo die letztere Art des Reizes noch bei geringer Stromstärke wirksam war, während die erstere selbst bei den stärksten Strömen nicht mehr wirkte.

Diese Versuche lassen keine andere Deutung zu, als dass

die Wirkung einer Schliessung oder Oeffnung erst einige Zeit nach ihrem Geschehen eintrete, und aufgehoben oder geschwächt werde, wenn der Strom nicht lange genug geschlossen oder geöffnet bleibt. Dies ist in Uebereinstimmung mit den Ergebnissen der Untersuchungen von v. Bezold und Fick (vgl. C.-Bl. f. d. med. Wiss. 1863. p. 917, 1864. p. 615). Die Versuche des Herrn Neumann zeigen aber zugleich, dass jene Zeit beim Absterben der Nerven und Muskeln verlängert wird, und die Eingangs erwähnte elektrotherapeutische Erfahrung deutet an, dass etwas Aehnliches auch bei Lähmungszuständen vorkommt. *Rs.*

Anhang.

J. J. de Jaager. De physiologische tijd by psychische processen. Inaug.-Diss. Utrecht 1865†.

Im Anschluss an die Untersuchungen von den Herren Helmholtz, Hirsch und Schelske (C.-Bl. f. d. med. Wiss. 1864. p. 165, 502) bestimmte Hr. Jaager in dieser unter Donder's Leitung angestellten Untersuchung zunächst die Fortpflanzungsgeschwindigkeit der Erregung in den Gefühlsnerven des Menschen. Auf einem mit berusstem Papier bekleideten Cylinder schrieben zwei Federn, welche mit den Ankern zweier Elektromagnete so verbunden waren, dass beim Schliessen des betreffenden Stromes die entsprechende Feder ein wenig in der Richtung der Axe des Cylinders verschoben wurde. Der eine dieser Elektromagnete war mit einer Kette verbunden, welche durch ein Metronom regelmässig geschlossen und geöffnet wurde. Die zugehörige Feder beschrieb daher auf dem Cylinder eine gebrochene Linie, aus deren Gestalt zusammengenommen mit der bekannten Zahl der Metronomschwingungen in der Minute die Umdrehungsgeschwindigkeit des rotirenden Cylinders bestimmt wurde. Der andere Elektromagnet war in Verbindung mit einer Kette, deren Strom zugleich durch die primäre Rolle eines Magnetelektromotors ging, während die Inductionsströme der secundären Rolle mittelst einer Pohl'schen Wippe durch zwei verschiedene Hautstellen des Beobachters geleitet werden konnten. Wurde der Strom dieses zweiten Elektromagneten geöffnet, so ging der Oeffnungs-Inductionsstrom durch die betreffende Hautstelle des Beobachters, und sobald dieser sich des Gefühlseindrucks bewusst wurde, schloss er mittelst eines zweiten Schlüssels den Strom wieder. Oeffnung und Schliessung des Stromes markirten sich auf dem rotirenden Cylinder durch einen Knick der von der Feder gezogenen Linie, und der Abstand dieser beiden Knicke misst die Zeit, welche zwischen dem Moment des Reizes und der in Folge dessen ausgeführten Handbewegung des Beobachters verfloss.

Aus dem Unterschied zweier solcher Beobachtungen, je nachdem der Reiz am Fuss oder an der Leiste angebracht wurde, konnte die Fortpflanzungsgeschwindigkeit der Erregung in den Gefühlsnerven bestimmt werden. Wir stellen die Werthe für diese Geschwindigkeit, wie sie verschiedene Beobachter erlangt haben, hier übersichtlich zusammen:

Helmholtz (Pouillet'sche Methode).	60 Met.	in	1″
Hirsch (Hipp's Chronoskop)	34	-	1
Schelske (Krille's Regristrirapparat	31	-	1
de Jaager	26	-	1

dieser letztere Werth ist, wie man sieht, fast gleich dem von Helmholtz für die motorischen Nerven des Frosches gefundenen.

Jaager änderte nun seine Versuche in der Art ab, dass die Schliessung des Stromes mit der rechten oder linken Hand geschehen musste, je nach dem Orte der Reizung. Der Beobachter hielt in jeder Hand einen Schlüssel und durch eine eingeschaltete Wippe wurde die Leitung so geordnet, dass jedesmal mit einem derselben der vorher geöffnete Strom wieder geschlossen werden konnte; er blieb jedoch offen, wenn beide Schlüssel zugleich zusammengedrückt wurden. Die so gewonnenen Werthe für die Fortpflanzungsgeschwindigkeit schwanken sehr. Hr. Jaager erhielt im Minimum $14{,}65^{m}$, im Maximum dagegen 50^{m} für die Secunde. Doch war das Mittel aus allen Versuchen wieder $26{,}09^{m}$, also übereinstimmend mit dem früher gefundenen Werthe. Der Unterschied zwischen rechter und linker Hand war sehr gering, im Mittel nur 0,009″ zu Gunsten der rechten Hand.

Wurde mit beiden Händen geschlossen, so geschah dies so gut wie gleichzeitig, indem dann in wenigstens $\frac{9}{10}$ der Fälle der Schreibstift ganz unbewegt blieb.

Nun wurden die Versuche dahin abgeändert, dass die Reizung bald am rechten, bald am linken Malleolus geschah, und danach auch der Schluss mit der rechten oder mit der linken Hand geschehen musste. Es zeigte sich nun stets ein Unterschied, je nachdem der Platz bekannt war, wo der Reiz stattfinden sollte, oder nicht. Die zwischen Reizung und Schliessung des Stromes verfliessende Zeit war nämlich, wenn der Ort der Reizung bekannt war, im Mittel 0,205 Sec. mit einem wahrscheinlichen Fehler von 0,002 Sec., der Unterschied zwischen rechter und linker Hand = 0,003 Sec. War jedoch der Ort der Reizung unbekannt, so betrug jene Zeit im Mittel 0,272 Sec. mit einem wahrscheinlichen Fehler von 0,003 Sec. Es erfordert also der psychische Vorgang der Ueberlegung, wo der Reiz stattgefunden habe, eine Zeit von 0,066 Sec. mit einem wahrscheinlichen Fehler von 0,004 Sec.

Um die physiologische Zeit bei Lichteindrücken zu bestimmen, wurde eine Moderateurlampe in Duboscq's elektrische Lichtlaterne gestellt und vorn durch einen Schirm abgeschlossen, in welchem eine kleine Oeffnung war. Diese Oeffnung war durch eine drehbare Platte verdeckt, welche durch einen Schlag plötzlich entfernt, das Licht in das Auge des Beobachters liess, gleichzeitig aber einen Strom öffnete, welchen der Beobachter mittelst eines in der Hand gehaltenen Schlüssels sofort wieder schloss. Durch ein vor die Oeffnung geschobenes Glas konnte das Licht weiss oder roth gemacht werden. Die Zeit zwischen dem Erscheinen des Lichtes und der Handbewegung war im Mittel für:

rothes Licht, rechte Hand .	0,192	Sec.	W. F.	0,005″
rothes Licht, linke Hand .	0,182	-	-	0,004
weisses Licht, rechte Hand	0,180	-	-	0,005
weisses Licht, linke Hand .	0,198	-	-	0,002

Mittel für Licht überhaupt 0,188 Sec. mit einem wahrscheinlichen Fehler von 0,002 Sec. und mit Zuhülfenahme anderer

Versuchsreihen als Endmittel 0,164 Sec. sowohl für weisses als für rothes Licht.

In diesen Versuchen war es dem Beobachter bekannt, ob er weisses oder rothes Licht sehen sollte, auch war vorher ausgemacht, mit welcher Hand der Schluss des Stromes geschehen sollte. Nun aber wurde eine Versuchsreihe unternommen, wo die Farbe ohne Wissen des Beobachters gewechselt wurde, und bei rothem Lichte mit der rechten, bei weissem mit der linken Hand geschlossen werden musste. Es ergab sich als physiologische Zeit im Mittel, wenn das Licht bekannt war, 0,184 Sec. mit wahrscheinlichem Fehler von 0,003 Sec, wenn es unbekannt war, 0,356 Sec. mit einem wahrscheinlichen Fehler von 0,007 Sec. Es erforderte also die Ueberlegung, welcher Art das Licht sei und der Entschluss zur Bewegung der betreffenden Hand eine Zeit von 0,172 Sec. mit einem wahrscheinlichen Fehler von 0,008 Sec. Aehnliche Versuchsreihen wurden auch von andern Beobachtern angestellt und als Mittel aus allen Reihen ergab sich

für bekanntes Licht . . .	0,201	Sec.
- unbekanntes Licht . .	0,355	-
- Zeit der Ueberlegung	0,154	-

Es zeigte sich auch bei den Versuchen, dass der Beobachter sich eine Vorstellung bildet über die Farbe, welche er zu sehen erwartet. Stimmt die gesehene Farbe dann mit der erwarteten überein, so reagirt er schneller, als wenn dies nicht der Fall ist.

Bei den bisherigen Versuchen war das Signal ein verabredetes, zu dem empfangenen Reiz in keinem natürlichen Zusammenhang stehendes. Bei den nun folgenden Gehörversuchen ist dies nicht der Fall. Es sollte nämlich jetzt die Versuchsperson einen gehörten Klang so schnell als möglich wiederholen. Um die zwischen dem Hören und dem Wiederholen verfliessende Zeit zu bestimmen, wurde der Phonautograph von Scott und König benutzt. Zwei Personen, *A* und *B*, setzten sich vor den Apparat, eine zwischen beiden angebrachte Scheidewand verhinderte, dass sie sich sahen. *A* sprach den Klang *ki*, *B* wiederholte ihn, so schnell als möglich. Der Phonautograph zeichnete beide Klänge auf einen rotirenden Cylinder; eine Stimmgabel von bekannter Schwingungsdauer zeichnete gleichzeitig ihre Schwingungen auf denselben Cylinder und gestattete so, die zwischen dem Klange und seiner Wiederholung verfliessende Zeit zu bestimmen. Um den Klang plötzlich entstehen zu lassen, wurde vor dem Vocal ein Verschlusslaut (*k*) vorgesetzt.

War der zu wiederholende Klang bekannt (die Silbe *ki*), so war die physiologische Zeit im Mittel:

bei Hrn. Prof. Donders 0,180 Sec.,
Hrn. de Jaager . . 0,250

und ging bei letzterem durch Uebung auf 0,226 Sec. herab. War der zu wiederholende Klang jedoch unbekannt (die Silbe *ku, ko, ka,* u. s. w.), so war die Zeit bei Hrn. Prof. Donders sowohl, als bei Hrn. Jaager um 0,088 Sec. länger. Diese Zeit ist viel geringer, als die bei den Gesichtseindrücken gefundene, da hier die Reaction auf den empfundenen Reiz, weil nur in Wiederholung des gehörten Klanges bestehend, eine natürlichere ist, als dort, wo das Signal ein conventionelles vorher verabredetes ist. Hr. Prof. Donders hat eine Methode ersonnen, um auch für Gesichtseindrücke natürliche Signale zu finden. Hierüber sollen später Versuche angestellt werden. *Rs.*

F. Kohlrausch. Ueber die Fortpflanzungsgeschwindigkeit des Reizes in den menschlichen Nerven. Henle u. v. Pfeufer's Z. S. (3) XXVIII. 190-204; Jahresber. d. Frankfurt. Ver. 1864-1865. p. 60-74.

Die Fortpflanzungsgeschwindigkeit der Nerven ist in neuerer Zeit mehrmals bestimmt worden. Dabei haben sich ziemlich übereinstimmende Resultate ergeben. So fand Hr. Hirsch 34^m, Hr. Schelske 31^m und Hr. de Jaager 26^m in einer Secunde, während Hr. Helmholtz früher 60^m in einer Secunde gefunden hatte (Berl. Ber. 1858. p. 531). Mit Hülfe des Hipp'schen Chronoskopes hat Hr. Kohlrausch diese Versuche von neuem wiederholt und ist zu Werthen gelangt, welche noch bedeutend grösser sind, als die von Helmholtz gefundenen. An vier Beobachtern angestellte Versuche, über 1000 an der Zahl, ergaben folgende Werthe im Mittel:

für	*A*	0,011
-	*B*	0,004
-	*C*	0,007
-	*D*	0,016
Gesammtmittel		0,0096

Die beiden, in zwei entsprechenden Versuchen gereizten Hautstellen waren die Wange und die Hand; die Wegdifferenz zwischen diesen Stellen und dem Gehirn ist auf 90 Centimeter berechnet, woraus sich die Fortpflanzungsgeschwindigkeit des Reizes in den sensibeln Nerven berechnet zu $\frac{0,90}{0,096} = 94^{m}$ in der Secunde.

Die Abweichungen der einzelnen Versuche unter einander, sowohl der Mittel verschiedener Personen, als der Einzelversuche bei ein und derselben Person, sind ziemlich gross. Hr. Kohlrausch lässt es dahingestellt sein, ob in Wirklichkeit die Geschwindigkeit bei verschiedenen Menschen verschieden ist, sowie ob die Lage der Reizungspunkte in dem Gebiete verschiedener Hautnerven einen Einfluss haben kann. Jedenfalls scheint ihm nach dem Ergebniss seiner Versuche, welche mit den Helmholtz'schen Zahlen besser stimmen, als mit denen der andern Forscher, die Vermuthung nicht gerechtfertigt, welche Schelske ausgesprochen hatte, dass bei der Berechnung der Helmholtz'schen Versuche ein Factor 2 übersehen worden sei. *Rs.*

T. Kistiakowsky. Ueber die Wirkung des constanten und Inductionsstromes auf die Flimmerbewegung. Wien. Ber. CI. 2. p. 263-279.

Die Beobachtungen, welche früher über den Einfluss elektrischer Ströme auf die Flimmerbewegung gemacht wurden, suchte man ohne Weiteres auf die Einwirkung der ausgeschiedenen Jonen zu schieben. Hr. Kistiakowsky unternahm daher erneute Versuche mit unpolarisirbaren Elektroden im Gratzer physiologischen Institut. Zwei oben mit Blase überbundene mit Eiweiss gefüllte Röhrchen waren in Gläsern, welche Lösung von schwefelsaurem Zinkoxyd enthielten, umgestürzt. Die Gläser enthielten ausserdem amalgamirte Zinkbleche als Elektroden. Die Röhrchen gingen durch den Boden eines flachen Glastroges, in welchem die Gaumenschleimhaut eines Frosches, mit filtrirtem Glaskörper eben bedeckt, ausgespannt und an der Blase mit Hornstiftchen festgesteckt war. Ein kleines Siegellackknöpfchen, an einem Coconfaden lose aufgehängt, wanderte durch die Bewegung der Flimmerhaare über die Schleimhautfläche hin, und es wurde die Zeit gemessen, in welcher dieses „Signal" eine bestimmte Wegstrecke zurücklegte.

Schloss man einen constanten Strom durch die Schleimhaut, so wurde die Bewegung des Signals beschleunigt; sie blieb auch nach dem Oeffnen des Stromes noch beschleunigt und sank allmählig auf die frühere Geschwindigkeit, um bei erneuter Schliessung des Stromes wieder zu steigen. Ein constanter Unterschied, je nachdem der constante Strom mit der Richtung der Flimmerbewegung gleich oder ihr entgegengesetzt verlief, war nicht wahrzunehmen. Die Beschleunigung war in beiden Fällen beträchtlich, bis zum dreifachen der ursprünglichen Geschwindigkeit.

In gleicher Weise wurde die Bewegung beschleunigt, wenn Inductionsströme durch die Membran geleitet wurden. Auch mit dem Mikroskop konnte die Beschleunigung durch den elektrischen Strom nachgewiesen werden, wenn die Bewegung vorher durch längeres Liegen im Humor vitreus so abgenommen hatte, dass eine genaue Beobachtung möglich war.

Wurde der Apparat stark abgekühlt, so sah man eine beträchtliche Abnahme der Geschwindigkeit und Wiederzunahme bei der Erwärmung, was schon Hr Caliburses beobachtet hat. Auch an den abgekühlten Membranen machte sich die Beschleunigung durch den Strom sehr deutlich bemerkbar. Ebenso fand man im Verlaufe des Versuches ein Sinken der Bewegungsgeschwindigkeit durch Ermüdung. *Rs.*

Fernere Litteratur.

CH. ROBIN et LEGROS. De l'action exercée par l'électricité sur la noctiluques miliaires. J. phys. III. 538-559.

N. WAGNER. Influence de l'électricité sur la formation des pigments et sur la forme des ailes chez les papillons. C. R. LXI. 170-172.

W. F. BARRET. On the velocity of nervous impressions. (Bericht über eine Vorlesung des Hrn. E. DU BOIS-REYMOND.) Int. Obs. IX. 386-391.

---

40. Anwendungen der Elcktricität.

MILITZER. Ueber das Modell eines Elektromotors. Z. S. f. Math. XI. 262-263†.

Der Verfasser beschreibt das Modell eines Apparates, welcher sich mittelst elektromagnetischer Anziehung auf Laufschienen fortbewegt, durch welche letzteren zugleich der Batteriestrom dem Apparate zugeführt wird. *C. S.*

DUCHEMIN. Les capsules électriques. Mondes XII. 477-479†.
MIRONDE. Bouées électriques. Mondes XI. 556-557†.

Die Lunten zur elektrischen Zündung, welche Hr. DUCHEMIN beschreibt, zünden wie die von ABEL und WHEATSTONE (Berl. Ber. 1864. p. 539) durch den Inductionsfunken, wozu ein sehr kleiner Inductionsapparat genügt. Die Notiz enthält ferner eine genauere Beschreibung der im Berl. Ber. 1865. p. 391 erwähnten elektrischen Baken. Hr. MIRONDE weist auf mögliche Verwendungen dieser Apparate hin. *Bz.*

MEYER. Nouveau télégraphe autographe. Mondes XII. 477-479†.

Wie beim System BAIN und BAKEWELL sind zwei, mit gleicher Geschwindigkeit laufende Cylinder mit der auf leitendem Papier geschriebenen Originaldepesche und mit dem Papier bekleidet, welches die Copie aufnehmen soll. Eine Spitze läuft in Spiralgängen über das Original und unterbricht so oft sie über die Schriftzüge geht einen Strom; dadurch wird ein Elektromagnet unthätig, wie in der Gravirmaschine von HANSEN, und eine Druckvorrichtung druckt auf das Papier mit Druckfarbe einen Punkt. Aus diesen Punkten setzen sich die Schriftzüge zusammen. *Bz.*

MILITZER. Elektrische Apparate. Wien. Sitzungsber. 4. Nov. 1865. Mondes XI. 193-193†.

BORELLI hatte vorgeschlagen, den Transport ponderabler Gegenstände durch Elektricität dadurch zu bewirken, dass in einem, die beiden Stationen verbindenden Rohr eine Reihe von Multiplicatoren hintereinander angebracht waren, in welche eine Spirale von etwas kleinerem Durchmesser hineingezogen werden sollte. Hr. MILITZER macht einen anderen Vorschlag: Auf den 12 hölzernen Radien eines Sternes sind 12 Elektromagnete angebracht. Die Ebene des Sternes, der auf einer horizontalen Axe steckt, ist vertical, die Elektromagnete stehen abwechselnd mit ihren Polflächen nach der einen oder anderen Oberfläche des Sternes. Die beiden Enden der Axe sind an Rädern befestigt, deren Speichen Elektromagnete sind. Wird die eine Hälfte der Magnete angeregt, so werden die entsprechenden Armaturen angezogen und die Räder bewegen sich, bis dieselben den Magnetpolen gegenüberstehen. Wird dann durch eine Commutation die andere Hälfte der Magnete angeregt, so findet eine gleich grosse Fortbewegung statt, so dass der ganze Apparat an zwei Schienen hinläuft, welche gleichzeitig als Leiter des bewegenden Stromes dienen. *Bz.*

PIGOTT. Cable électrique. Mondes XI. 442-446†.

Das Kabel besteht aus einem Strange von Eisendrähten, welcher, schlecht isolirt, zwischen zwei Strängen von Kupferdrähten liegt, die ebenfalls durch eine Kautschukumwickelung unvollkommen isolirt sind. Das Ganze, mit einer gemeinsamen Hülle umgeben wird in's Meer versenkt. Das Seewasser dringt ein, und nun wirkt das Kabel zugleich als Elektromotor und als Leiter. Der Erfinder fürchtet nicht, dass die Zerstörung des Eisens so schnell eintreten werde, dass seine Erfindung unpraktisch sei. *Bz.*

Fernere Litteratur.

H. BOUILHET. Mémoire sur les origines et les progrès recents de la galvanoplastic. Monit. Scient. VIII. 807-815, 914-923; DINGLER J. CLXXXII. 300-306; Chem. C. Bl. 1866. p. 1066-1071.

R. BITHELL. Marine telegraphy. Inst. Obs. IX. 17-28.

DE MOLIN. Moteur électro-magnétique. Mondes XI. 417-418.

WAGNER. Erfolge der Bestrebungen, den Elektromagnetismus als Triebkraft nutzbar zu machen. Wien. Ber. LIII. 2. p. 308-326.

KUHN. Handbuch der angewandten Elektricitätslehre. KARSTEN Encycl. XX. 1-1393. Leipzig 1866.

Horloges réglées par l'électricité. Mondes XI. 13-16.

F. ZANTEDESCHI. Della applicazione dell elettricità dinamica agli avvisi e previsioni delle meteore e burrasche. 1866.

— — Proposto di applicazione della luce elettrica ai fari ed esperimento esequito sull a torre del lampidaglio a Roma nel 1855 dai sigg. FABBRI-SCORPELLINI e proposta della luce elettrica ai fari ed esperienze eseguite nell' università di Padova. Venezia 1866.

L. Oudry. Notice sur l'électro-métallurgie appliquée au cuivrage galvanique (avec forte épaisseur) du fer et de la fonte. Mondes XI. 473-475.

Siemens und Halske. Elektrischer Wasserstandszeiger. Brix Z. S. XIII. 185-187.

Brix. Typendruck-Telegraph von Hughes. Brix Z. S. XIII. 209-235.

Sechster Abschnitt.

Physik der Erde.

41. Meteorologische Optik.

A. Theorie und vermischte Beobachtungen.

SECCHI. Intensité de la lumière du soleil au centre et sur les bords. Inst. 1866. p. 168.

Hr. SECCHI findet die Intensität der vom Rande der Sonne ausgehenden Lichtstrahlen zwischen $\frac{1}{8}$ und $\frac{1}{4}$ von der vom Centrum ausgesendeten. Eine bestimmtere photometrische Messung war, wie er bemerkt, durch den Umstand unmöglich geworden, dass das Licht am Rande der Sonne entschieden als roth (rosa) sich erwiesen habe. *Rd.*

Fernere Litteratur.

E. CHASE. Observations on skylight polarization. SILLIMAN J. (2) XLII. 111-112.

— — Comparative visibility of ARAGO'S, BABINET'S and BREWSTER'S neutral points. SILLIMAN J. (2) XLII. 112-114; Phil. Mag. (4) XXXII. 156-157; Proc. Amer. Soc. X. 223-227.

D. BREWSTER. Observations additionels sur la polarisation de l'atmosphère faites à St. Andrews de 1841-1845. Mondes XI. 388-391; Edinb. Trans. XXIV. 247-286.

B. Regenbogen, Ringe, Höfe.

MOULIN. Observation d'une couronne antisolaire au moment du lever du soleil. C. R. LXIII. 740.

Die hier beschriebene Erscheinung, die im Garten zu Versailles beobachtet wurde, war nichts weiter, als die auf einer, der tiefstehenden Sonne gegenüber befindlichen Nebelschicht projicirte Silhouette des Beobachters mit den durch Beugung entstandenen hofartigen Farbenrändern, wie sie schon oftmals von Anderen unter ähnlichen Verhältnissen gesehen und erörtert worden sind. *Rd.*

C. Decharme. Halo solaire observé à Angers le 30 Août 1866. C. R. LXIII. 501†.

Der hier besprochene Halo wird beschrieben als ein weisser Hof von 46° Radius und 4-5° Breite, der namentlich an der äusseren Seite scharf begrenzt gewesen sei und im oberen Theile einen nebensonnenartig verstärkten Glanz gehabt habe. Als besonders merkwürdig hebt Hr. Decharme dabei hervor, 1) dass er, der die Erscheinung während der Fahrt auf einer Eisenbahn beobachtete, eine Art drehende Bewegung des Ringes von innen nach aussen in den letzten Minuten der Beobachtung zu bemerken geglaubt habe, und 2) dass vom äusseren Rande des Hofes in ziemlich gleichem Abstande von einander radiale Lichtbüschel ausgegangen seien, deren Länge etwa die Hälfte oder zwei Drittel des Hofradius betrug. Die Wahrnehmung einer Drehung mag auf einer, durch die Fahrbewegung direct oder indirect bewirkten Täuschung beruht haben, die Entstehung der Lichtbüschel dagegen auf der Mitwirkung des leichten Cumulusgewölks, welches gleichzeitig im Vordergrund vor dem Cirrusüberzug des Himmels sichtbar gewesen ist. *Rd.*

C. Sonnenbeobachtungen (Sonnenflecke).

Faye. Seconde inégalité du mouvement des taches du soleil. C. R. LXII. 115, 276, 361.

— — Sur les taches solaires. Inst. 1866. p. 290.

— — Sur la réfraction solaire et le dernier mémoire du P. Secchi. C. R. LXIII. 193.

— — Sur quelques objections relatives à la constitution physique du soleil. C. R. LXIII. 234.

— — Réponse aux observations critiques de M. Spö-

RER relativement à la parallaxe de profondeur des taches solaires. C. R. LXIII. 977, 1022.

P. SECCHI. Bewegung der Sonnenflecken. Astron. Nachr. LXVI. 293.

— — Sur la profondeur des taches et la réfraction de l'atmosphère du soleil. C. R. LXIII. 163.

G. SPÖRER. Beobachtungen der Sonne. Pogg. Ann. CXXVIII. 269.

— — Sonnenflecken. Astron. Nachr. LXVI. 49, 145, 241.

WARREN DE LA RUE, STEWART, LOEWY. Note regarding the decrease of actinic effect near the circumference of the sun, as shown by the Kew pictures. Phil. Mag. (4) XXXI. 243.

— – On the distribution of solar spotted areas in heliographic latitude. Phil. Mag. (4) XXXIII. 79.

W. A. NORTON. Origine of the sun's spots. Phil. Mag. (4) XXXII. 206.

SCHWABE. Ueber die Sonnenflecken. Ihre Zahl. Astron. Nachr. LXVI. 126, 253.

R. WOLF. Ueber die Sonnenflecken. Astr. Nachr. LXVI, 257.

C. F. J. SCHMIDT. Sonnenfleckenbeobachtungen. Astr. Nachr. LXVI. 143.

DAUGE. Note sur la rotation du soleil. Inst. 1866. p. 165.

Die vorstehend citirten Schriften über Sonnenflecke sind theils registrirend oder beschreibender Natur, theils handeln sie von äusseren Bedingungen der Fleckenerscheinung, theils endlich beziehen sie sich auf die physikalische Natur der Flecke und insbesondere auf die von ihr abhängige Bewegung derselben.

Zur ersten Klasse gehören die einfachen Registrirungen der Beobachtungen in Athen aus dem Jahre 1865 von SCHMIDT (Astr. Nachr. LXVI. 143), sowie die vergleichenden Registrirungen, die SCHWABE (ibid. 126, 253) bezüglich der in London und Kew in demselben Jahre gemachten Beobachtungen, gegenüber seinen eigenen — aufgestellt hat (beiderseits wurden 93 Gruppen beobachtet, nur in den verschiedenen Monaten ein wenig verschieden vertheilt); ferner die detaillirten Fleckenbeschreibungen von SPÖRER (Astr. Nachr. LXVI. 49, 145, 241), sowie SPÖRER's ausführliche mit Abbildungen versehene Beschreibung einiger durch ihre schnellen Formänderungen höchst interessanter Gruppen in Pogg. Ann. CXXVIII. 269.

Was die Schriften über äussere Bedingungen der Fleckenerscheinung betrifft, so bringen de la Rue, Stewart und Loewy Beiträge zur Bestätigung des vermeintlichen Zusammenhangs der Häufigkeit der Flecke mit den Stellungen der Planeten. In Phil. Mag. XXXI. 243 z. B. bemerken sie, dass in den in Kew aufgenommenen photographischen Sonnenbildern die Abnahme der Sonnenstrahlen vom Centrum nach dem Rande hin zu verschiedenen Zeiten entschieden ungleich sich erweise, dass diese Ungleichheit von einer Veränderlichkeit der Lichtabsorption der Sonnenatmosphäre herrühren dürfte, und indem sie jene Abnahme, die sie deswegen den „atmosphärischen Effect" nannten, mit der Neigung zur Fleckenbildung in Beziehung brachten, zogen sie den Schluss, dass die Häufigkeit der Flecke mit dem atmosphärischen Effect wachse, und dass also, da Gründe vorhanden seien, dass die Flecke auf der, der Venus abgewendeten Seite der Sonnenoberfläche ein Maximum erreichen — bei der östlichen Ausweichung der Venus der östliche Sonnenrand einen geringeren, der westliche einen grösseren atmosphärischen Effect zeigen dürfte, dass das Umgekehrte bei der grössten westlichen Ausweichung eintreten müsste, und dass in der Nähe der Conjunction und Opposition endlich eine Tendenz zur Gleichheit zu bemerken sein würde.

In der That glauben sie nun, wenigstens im Grossen und Ganzen eine Bestätigung dieser Voraussichten in den zahlreichen aufgenommenen Sonnenbildern zu finden. Auch soll das Jahr 1859, in welches ein Maximum des Vorkommens von Flecken fiel, einen auffallend grösseren atmosphärischen Effect bemerken lassen, als die Jahre 1864 und 1865, die einem Minimum der Fleckenzahl entsprechen. Im Phil. Mag. XXIII. 79 ferner glauben sie aus der Vergleichung der Darstellung Carrington's der sich mit der Zeit verändernden Vertheilung der Flecke nach der heliographischen Breite mit der Stellung der Planeten Venus und Jupiter zu finden, dass beim Durchgang der letzteren durch die Ebene des Sonnenäquators das Fleckengebiet sich in der

Nähe des Aequators halte, bei der Entfernung von jener Ebene dagegen die Sonnenthätigkeit zunehme und polwärts schreite.

Ferner glaubte Wolf (Astr. Nachr. LXVI. 257) einen Zusammenhang zwischen den Sonnenflecken und den Variationen des Erdmagnetismus zu erkennen. Er bemerkte z. B. 1) dass der neue Nordlicht-Katalog von Fritz den beständigen Parallelismus in der Häufigkeit der Sonnenflecke und der Polarlichter, insbesondere die Perioden von $11\frac{1}{9}$ und $55\frac{1}{2}$ Jahren bestätige, dass 2) nach seinen Untersuchungen der Variationen der magnetischen Declination in Petersburg, Katharinenburg, Barnaul und Nertschinsk diese sich gut nach der Formel

$$v = a + br$$

berechnen lassen, wo r die mittlere Sonnenflecken-Relativzahl eines Jahres (das Mittel aus den Monatszahlen) bedeute, und 3) bemerkt er, dass aus den Werthen, welche die Constante a für Toronto, Greenwich, Petersburg und Barnaul annehme, unter der Voraussetzung, dass diese für jeden Punkt der nördlichen Halbkugel dem Quadrat seines Abstandes von einem bestimmten Punkte (Pol) umgekehrt proportional sei, folge, dass dieser Punkt nahe mit dem magnetischen Erdpol zusammenfalle, nämlich unter 73,9° nördl. Br. und $4^h\ 15^m$ Länge von Paris (bei einer Entfernung von 0,985 Erdradius vom Erdcentrum) liege.

Was nun die dritte Kategorie von Schriften betrifft, so sucht beispielsweise Faye bezüglich des Streites über die phys. Natur der Photosphäre (Inst. 1866. p. 298 und C. R. LXIII. 234) den gegen seine Theorie gemachten Einwand zu entkräften, dass der Gaskern der Sonne, wenn er kein oder wenig Licht aussende, auch keines absorbire, und daher durch die als Flecke erscheinenden Lücken der Photosphäre hindurch, die Hinterseite der leuchtenden Hülle der abgewendeten Sonnenoberflächenhälfte sichtbar sein müsste, so dass die Lücken (Flecke) gar nicht wahrgenommen werden könnten. Hiergegen wird namentlich von Faye angeführt, dass es noch unerwiesen sei, ob bei einer Gasschicht, deren Dicke dem Sonnendurchmesser gleich komme, und deren mittlere Dichte unter dem stattfindenden enormen Drucke sich bis über die des Wassers hinaus gesteigert habe, das Gesetz der Gleichheit des Ausstrahlungs- und Absorptionsvermögens noch eine strikte Anwendung finde. Uebrigens möchte es auch bedenklich sein, das Ausstrahlungsvermögen hoch erhitzter Gase als absolut Null anzunehmen. Wird dasselbe aber nur als äusserst gering angesehen, so würde auch bei einer sehr schwachen entsprechenden Absorption die grosse Dicke der Schicht schon eine hinreichende Dämpfung des durchgehenden Lichts herbeiführen müssen, um einen starken Lichtcontrast, zwischen dem Kern und seiner Umgebung hervorzubringen.

Der Opposition Spörer's begegnet Faye (C. R. LXIII. 77) erstlich dadurch, dass er verschiedene Gründe gegen die von Jenem verfochtene Ansicht Kirchhoff's, dass die Flecke Wolken oder Condensationen von Dämpfen über abgekühlten Stellen der flüssigen oder festen Photosphäre seien, beibringt, und zweitens dadurch, dass er den von ihm (Spörer) namentlich hervorgehobenen Einwand, dass viele Flecke thatsächlich in Bezug auf die Veränderungen des Breitenverhältnisses in dem öst- und westlichen Halbschattensaume der Wilson'schen Regel (dass beim Annähern und Entfernen vom Sonnencentrum, der eine Saum sich verbreitere, der andere verschmälere) widersprechen — als ganz gewichtlos darstellt, da weder Wilson noch die späteren Anhänger der Ansicht desselben, jenes, wenn schon vergleichsweise viel seltnere Vorkommen läugnen, und vielmehr es ganz natürlich sei, wenn, bei den häufigen Formänderungen in den Kernen, deren Centrum sich zuweilen gegen das Centrum der oberen Oeffnung der vertieften Stelle der Photosphäre merklich verschiebe.

Was die beobachteten Ungleichheiten in der Bewegung der Sonnenflecke betrifft, so hatte Faye dieselben grösstentheils für scheinbare erklärt, die durch die ungleiche Perspective bei der grösseren oder geringeren Tiefe der Kerne unter dem oberen Niveau der Photosphäre (durch Tiefenparallaxe) sich erzeuge (s. Berl. Ber. 1865), und für die Bestimmung dieser Parallaxe theoretische Formeln entwickelt. Die in den zur Prüfung gewählten Beispielen zwischen den beobachteten und berechneten Stellungen verbleibenden geringeren Unterschiede schrieb er dann einer wirklichen Eigenbewegung zu, für die er (C. R. LXII. 115, 276, 361) Formeln entwickelte, und zwar in folgender Weise.

Er setzt voraus, dass die Rotationsgeschwindigkeit der Photosphäre mit wachsender heliographischer Breite nach einem bestimmten Gesetz abnehme, welches nach den, aus den beobachteten mittleren Geschwindigkeiten der Flecke auf den verschiedenen Parallelen, nach Ausscheidung der Fehler wegen der Tiefenparallaxe, empirisch zu bestimmen sei; führt dann eine gleichfalls hypothetische, den Beobachtungen angepasste (in der Eigenbewegung begründete) Relation zwischen der heliographischen Breite des Flecks und der Zeit ein, und bestimmt die zugehörige heliographische Länge desselben mittelst der Voraussetzung, dass der Fleck bei seiner Breitenänderung sofort die Rotationsgeschwindigkeit annimmt, welche die Photosphäre in der eben erreichten Breite hat.

Behufs der Prüfung der dieser Methode zum Grunde liegenden Ansichten wendete Faye hierauf die Formeln zunächst auf zwei Flecke des Carrington'schen Verzeichnisses an. Die Dauer des ersten derselben umspannte sechs Umläufe, von denen indess der zweite unbeachtet geblieben und der erste von Carrington selber nicht benutzt worden war, weil die Beobachtungen desselben zu wenig mit denen der aufeinanderfolgenden vier letzten Umgänge zu passen schienen. Es erwies sich nun, dass nach den Formeln in der That die fünf beobachteten Umgänge sich sehr gut mit einander vereinigen liessen, sowie dass auch in dem zweiten, vier Umläufe umfassenden Flecke sich die Bewegungen recht gut darstellen liessen, — sobald man in der Eigenbewegung die Breite, statt sie, wie bisher immer angenommen wurde, beständig abnehmend oder beständig zunehmend vorauszusetzen, als eine periodische nimmt, geregelt nach der Formel

$$\lambda = \text{const} + \alpha \cos \beta (t - \theta),$$

wo λ die Breite vorstellt, und α und β Parameter sind, die von Fleck zu Fleck variiren, und wo die Constante sich auf die Epoche θ bezieht.

Die Ausführung ergiebt in beiden Beispielen eine Breitenoscillation, deren Amplitude nur wenige Grade beträgt, deren Dauer aber eine volle Umlaufszeit bedeutend übertrifft, so dass allerdings — wenn sich dies als allgemein bethätigen sollte —

sich selten Flecke darbieten werden, welche in hinlänglich vielen Umläufen beobachtet sind, um sich zur Bestimmung der Oscillationen, und somit zur Prüfung der aufgestellten Theorie zu eignen.

Was die Abhängigkeit der Umdrehungsgeschwindigkeit von der heliographischen Breite betrifft, so ist von den empirischen Formeln, welche Peters, Spörer und Carrington aufgestellt haben, hier keine zu gebrauchen, weil sie aus den noch mit dem Fehler wegen der Tiefenparallaxe behafteten Beobachtungen entnommen sind, und daher in der That auch in den von ihnen gelieferten Zahlenwerthen unter sich keine Uebereinstimmung zeigen. Aus den Beobachtungen einiger Flecke von mehreren Umläufen (denn nur solche können hierbei leiten) hat Faye vorläufig folgende empirische Formel abstrahirt, die in dem benutzten Beispiel in genügender Weise der Wahrheit entspricht, nämlich

$$m = -1{,}6' \sec\lambda \,.\, \mathrm{arc}\,(\lambda - 11^\circ),$$

wo m die Rotationsbewegung des Parallels von der Breite λ in Bezug auf einen bestimmten gleichförmig rotirend gedachten Meridian bedeutet, und wo beim λ vom Vorzeichen abzusehen ist; so dass die Aenderung der Geschwindigkeit, wenn die Breite sich von λ aus um 1° ändert, gleich

$$\triangle = -1{,}6' \sec\lambda\,[1 + \mathrm{arc}\,(\lambda - 11^\circ) \operatorname{tang}\lambda]$$

wird. Sonach geht dann der obigen Formel zufolge während der Zeit von θ bis t, für den Fleck der Werth von m in

$$m + \alpha\triangle \cos\beta(t - \theta)$$

über, und man erhält (indem man mit dt multiplicirt und integrirt) für die wahre Länge

$$L = \mathrm{const} + m(t - \theta) + \frac{\alpha\triangle}{\beta} \sin\beta(t - \theta).$$

Mit Hülfe dieser Formeln für die Längen- und Breiten-Oscillationen ist es Hrn. Faye, wie er mittheilt, möglich geworden, die Identität von beobachteten Flecken zu erkennen, die man sonst als verschieden angesehen hatte. Namentlich fand er unter den Carrington'schen Beobachtungen noch solche, die noch zu dem oben erwähnten Fleck von sechs Umläufen gehören, und zwar der Art, dass diese Beobachtungen dem ersten Umlauf zukommen, und der erste der früher betrachteten sechs Umläufe zum dritten wird. Die ganze beobachtete Dauer des Fleckes betrug demnach mehr als 6 Monate und umfasste acht Rotationen. Das Resultat, welches sich bei der Vergleichung der in ihrer Periode übereinstimmenden Längen- und Breiten-Aenderungen dieses merkwürdigen Fleckes ergiebt, ist, dass derselbe um einen Punkt in einem mit mittlerer Geschwindigkeit sich bewegenden Meridiane, eine Ellipse beschrieb, deren grosse Axe in diesem Meridian liegend, 2,30° umspannte, und deren kleine Axe, auf dem Parallel —11,6° liegend, die Grösse 2,04° hatte, und zwar in einer Richtung, welche von Aussen gesehen, der Drehung des Zeigers einer Uhr entspricht, also in gleicher Richtung mit der Umdrehung des Sonnenkörpers, wenn man den Mittelpunkt der Ellipse nach dem nächsten Pol geschoben denkt. Ganz dasselbe Resultat gab der zweite Fleck von vier Umläufen, an welche letztere die Formeln noch den Anschluss eines fünften Umlaufs gestatteten, den Carrington als zu abweichend abgesondert hatte — so dass dieser Fleck während einer Dauer von circa 4 Monaten sich erhielt.

Auf die in den Astr. Nachr. enthaltenen Entgegnungen Spörer's gegen die, eben in ihrer Ergänzung mitgetheilte Faye'sche Theorie der Ungleichmässigkeit der Fleckenbewegung, wird nun von ihrem Urheber weiter replicirt in der schon erwähnten Abhandlung C. R. LXII. 977, 1022. — Spörer hatte unter andern gesagt, dass für die Annahme einer Tiefenparallaxe kein Bedürfniss vorliege, da einmal die in den Carrington'schen Beobachtungen hervortretenden Unregelmässigkeiten merklich grösser seien, als in seinen eigenen, und die Ursache hiervon in constanten Beobachtungsfehlern liegen dürfte, und zweitens, dass die wahren effectiven Ungleichheiten wie auch Secchi (Astron. Nachr. LXVI. 293) vermuthend angedeutet habe, sich aus der Refraction in der äussern Sonnenatmosphäre erklären liessen, und suchte, aus einigen seiner Beobachtungsreihen nachzuweisen, dass man ohne grosse Discordanzen die Tiefenparallaxe gleich Null voraussetzen dürfe. Faye dagegen läugnet das Bestehen von constanten Beobachtungsfehlern als Quelle der beobachteten Ungleichförmigkeiten, weil einerseits deren Betrag viel zu bedeutend sei, und andererseits sich nicht denken lasse, dass CARRINGTON zugleich mit seinen Gehülfen 8 Jahre hindurch stets solche Fehler und in einerlei Sinn begangen habe. Die Unterschiede in der Grösse der Ungleichheit bei CARRINGTON und SPÖRER seien zweifellos daher gekommen, dass der letztere geflissentlich die Beobachtungen in der Nähe des Sonnenrandes, wo der Effect der Parallaxe am grössten sei, wegen ihrer grösseren Unsicherheit aus den Rechnungen ganz ausgeschlossen habe. Was ferner die Berufung auf seine Beispiele betreffe, so werde nichts dadurch bewiesen, dass SPÖRER zwei Flecke von einem einzigen Umlauf anführe, die eine gute Uebereinstimmung auch ohne Hülfe einer Tiefenparallaxe zeigen — weil die Beobachtungen innerhalb eines einzigen Umlaufs eine Trennung dieser Parallaxe von der Eigenbewegung nicht erlauben, und dass daher die Uebereinstimmung ebensowohl durch die Eigenbewegung allein, als auch durch Verbindung derselben mit einer Parallaxenwirkung hervorgebracht worden sein könne. Die Verbindung zweier Umläufe biete zwar mehr, gestatte aber auch nur eine sehr rohe Trennung beider Elemente, da die Regelmässigkeit der Eigenbewegung theils durch etwaige Veränderung in der Fleckenform, theils durch die periodischen Veränderungen in der Länge und Breite desselben Störungen erleide. Demnach beweise auch das SPÖRER'sche Beispiel von zwei Umläufen nichts, zumal da der citirte Fleck gerade merkliche Formänderungen gezeigt habe, und überdies in einem dritten Umlauf (den SECCHI mitbeobachtet, den aber SPÖRER unberücksichtigt gelassen hat) erhebliche Aenderungen in Länge und Breite zu erkennen sind, die eine sichere Bestimmung der Eigenbewegung verhindern. Endlich entnahm dagegen FAYE aus dem SPÖRER'schen Verzeichniss selber einen Fleck, den gleichzeitig SECCHI auf vier Umläufen beobachtet hat, und fand eine sehr genügende Uebereinstimmung mit seinen oben mitgetheilten Formeln.

Da die, durch die FAYE'schen Formeln herbeigeführte Ausgleichung der Hauptungleichheiten in Zweifel lassen kann, ob sie durch Tiefenparallaxe oder durch atmosphärische Refraction bewirkt worden, da beide Elemente in ganz gleicher Weise in die Formeln eingehen, so hat SECCHI, um eine Entscheidung herbeizuführen (C. R. LXIII. 163) neuerdings bei den Messungen, statt auf das Centrum der Kerne zu pointiren, das Fernrohr auf die Ränder des Halbschattens eingestellt, wodurch die Fehler wegen der Parallaxe fortfallen mussten, da eine solche für diese Ränder nicht existirt, und wobei überdies der Umstand günstig wirkte, dass nach den Erfahrungen die Halbschatten nicht so grossen Veränderungen unterworfen sind, wie die Kerne. Das Ergebniss war, dass grobe Ungleichheiten nicht mehr vorkamen, woraus dann Secchi schloss, dass die bisher beobachteten Ungleichheiten im Wesentlichen einer Tiefenparallaxe, wenig oder gar nicht der Refraction in der äusseren Sonnenatmosphäre zuzuschreiben seien. Daraus nahm Faye hinwiederum Veranlassung (C. R. LXIII. 193), Formeln für den ausschliesslichen Einfluss der Refraction zu entwickeln, um daraus mittelst der Secchi'schen Messungen Data für die Sonnenatmosphäre zu ermitteln. Er fand dabei, in der Voraussetzung, dass die Secchi'schen Messungen denselben Grad der Genauigkeit besitzen, wie die von Carrington, dass wenn die Höhe der Sonnenatmosphäre, in Theilen des Sonnenhalbmessers ausgedrückt, grösser als $l-1$ ist — unter l den Brechungsindex der untersten Schicht verstanden —, dieser Index kleiner als 1,00175 (mithin noch nicht das Sechsfache des Index unserer Atmosphäre) sein würde; dass dagegen, wenn jene Höhe kleiner als $l-1$ ist, dieselbe geringer als $\frac{1}{570}$ Sonnenradius sein müsse.

Formeln für den Einfluss der Refraction der Sonnenatmosphäre wurden auch von Dauge (Inst. 1866. p. 165) dargestellt, und zur Herleitung folgender Schlüsse verwendet.

Die Refraction bewirkt 1) eine Vergrösserung des scheinbaren Sonnendurchmessers, 2) eine scheinbare Vergrösserung der Umdrehungsdauer der Sonne, 3) eine mit der Nähe an dem Sonnenrande zunehmende Verlangsamung der scheinbaren Rotationsdauer der Flecke, 4) eine mit der heliographischen Breite zunehmende Revolutionsdauer der Flecke, 5) dass die heliographische Breite abzunehmen scheine während der Bewegung vom Ostrande bis zur Mitte der sichtbaren Bahn, dass sie zuzunehmen scheine auf dem Wege von der Mitte ab bis zum Westrande. — Aus diesen Sätzen erklären sich nach der Meinung des Verfassers alle bisher beobachteten Ungleichheiten, und es wurden von ihm auch in der That einige numerische Vergleiche mit CARRINGTON'schen Beobachtungen angestellt. Indess ist zu bemerken, dass hiergegen einmal die vorher erwähnten Bestimmungen SECCHI's sprechen, nach denen der Einfluss der Refraction nur ein sehr geringer zu sein scheint, und zweitens, dass die beobachteten Breitenvariationen, wie aus den FAYE'schen Untersuchungen hervorgeht, in Wahrheit keineswegs die behauptete Regelmässigkeit haben.

Ganz besondere Ansichten über den Ursprung der Sonnenflecke sind endlich noch von NORTON (Phil. Mag. XXXII. 206) aufgestellt worden. Diese Ansichten schliessen sich an dessen Theorie der Molecularphysik, wie er sie in einem früheren Bande des Phil. Mag. auseinandergesetzt hat, an, und beziehen sich namentlich auf das von ihm behauptete Vorhandensein von elektrischen und magnetischen Strömen in der Photosphäre, die in Folge der Wirkung vornehmlich des Aethers einestheils in der Rotationsbewegung der Sonne um ihre Axe, anderntheils in der Verbindung dieser Bewegung mit der fortschreitenden, ihren Grund haben sollen. Störungen durch Erzeugung von Gegenströmen oder durch solche Ursachen, welche eine entmagnetisirende, respective Elektricität entladende oder ausgleichende Wirkung haben, sollen dann der, von der Sonne ausgehenden Repulsion der leuchtenden Materie freieren Spielraum gewähren, und durch Zerstreuung der letzteren die Fleckenbildung herbeiführen. Solche Störungen könnten, wie NORTON ferner ausführt, beispielsweise durch Einfall von kosmischer Materie, sowie durch elektrische Wellen, welche von den Planeten ausgehen sollen, erzeugt werden. Speciell will der Verfasser unter andern in den Stellungen des Jupiter und Saturn zur Zeit des Maximums und Minimums der WOLF'schen Fleckenperiode eine Unterstützung für diese sonderbaren Anschauungen gefunden haben. *Rd.*

ED. ROCHE. Recherches sur les offuscations du soleil. C. R. LXIII. 384†.

Der Verfasser sichtet ältere Berichte über Verdunkelungen der Sonne, die theils der Zeit nach, theils wegen ihrer grösseren Dauer sich nicht auf Sonnenfinsternisse zurückführen zu lassen geschienen hätten, und von denen mehrere im dritten Bande von v. HUMBOLDT's Kosmos angeführt sind. Er schreibt die Verdunkelungen theils intensiven trockenen Nebeln zu, theils hält er sie in der Mehrzahl für wirkliche Sonnenfinsternisse. So z. B. sei die Verdunkelung vom 28. Febr. 1206 offenbar nichts weiter gewesen, als die Sonnenfinsterniss vom 28. Febr. 1207, weil manche Historiker für die Jahreszahl 1207 die Zahl 1206 genommen haben, indem damals das Jahr mit dem 25. März statt mit dem 1. Januar begann. Betreffs des Berichtes von dem Sichtbarwerden von Sternen sei z. B. um die Zeit der Verdunkelung im Jahre 1547 einerseits ein grosser trockener Nebel, andererseits die Venus in ihrem grössten Glanze gewesen. *Rd.*

D. Feuerkugeln, Sternschnuppen.

Litteratur.

GRUEY. Bolide du 7 décembre 1865. C. R. LXII. 50-53.

A. S. HERSCHEL. Sur les météores détonnants de novembre. Mondes (2) I. 252-255; Int. Obs. IX. 99-101.

J. GLAISHER. Le groupe d'étoiles filantes de novembre. Mondes (2) I. 255-256.

A. S. HERSCHEL. Point de rayonnement d'étoiles filantes. Mondes (2) I. 257-257; Monthly Not. XXV. 34-36.

J. GLAISHER, P. GREY, W. BRAYLEY and A. HERSCHEL. Report on observations of luminous meteors 1864-1865, 1865-1866. Rep. Brit. Assoc. I. 57-142; Athen. 1866. 2. p. 273-273.

A. QUETELET. Sur les étoiles filantes du 10 août et du mois de novembre 1865, observées aux États-Unis. Bull. d. Brux. XXI. 12-25.

COULVIER - GRAVIER. Observations d'étoiles filantes. Monit. Scient. VIII. 828-829; C. R. LXIII. 352-355.

Coulvier-Gravier. Étoiles filantes observées dans la nuit du 13 au 14 novembre 1866. C. R. LXIII. 860-862; Mondes XII. 488-489; Inst. XXXIV. 369-370.

Heis. Berechnung der Höhen correspondirender Sternschnuppen während der Juli- und Augustperiode 1864 und 1865. Astr. Nachr. LXVI. 321-327.

C. Behrmann. Die Sternschnuppen der November- und Decemberperiode 1865 in Göttingen. Astr. Nachr. LXVI. 328-334.

Chapelas-Coulvier-Gravier. Sur les étoiles filantes. Mondes X. 497-498, XI. 43-44; C. R. LXII. 682-683, 993-995.

Quetelet. Observation du bolide du 20 juin. Inst. 1866. p. 365-366.

A. Herschel. Sur les étoiles filantes de l'année 1865-1866 et la probabilité d'une théorie cosmique de leur origine. Mondes XII. 200-206.

Secchi. Étoiles filantes périodiques du mois d'août. Mondes XII. 285-287.

Serrpiei. Lettre à Mr. Secchi. Mondes XII. 287-288.

C. Scarpellini. Ebendarüber. Mondes XII. 288-288.

Kirkwood. On the meteoric fireball of July 13th, 1866. Silliman J. (2) XLI. 347-351.

Faye. Sur les étoiles filantes du 14 novembre. C. R. LXIII. 849-852.

Morin. Sur les étoiles filantes du 14 novembre. C. R. LXIII. 852-854.

C. M. Goulier. Observation, faite à Metz de l'averse d'étoiles filantes de novembre. C. R. LXIII. 862-864.

H. J. Slack. The november meteors. Int. Obs. X. 373-377.

J. Phillips. Pluie de météores du 13 novembre 1866. à Oxford. Mondes XII. 495-496.

Phipson. Note sur l'essaim d'étoiles filantes observé à Londres dans la nuit du 13-14 novembre 1866. C. R. LXIII. 958-960; Inst. 1866. p. 413-414.

E. Guillemin. Sur les étoiles filantes du 13 novembre 1866. C. R. LXIII. 961-962.

J. Silbermann et A. Guillemin. Observation d'étoiles

filantes pendant la nuit du 13 au 14 novembre 1866. C. R. LXIII. 962-963.

L. PALMIERI. Sul ricorso delle stelle cadenti nell' agosto del 1866. Cimento XXIII-XXIV. 425-426.

CH. BRUNO. Pluie d'étoiles filantes observée à Mondovi le 14 novembre 1866. Mondes XII. 555-557.

FAYE. Sur les caractères généraux du phénomène des étoiles filantes. C. R. LXIII. 1094-1100.

G. V. SCHIAPARELLI. Sur la marche el l'origine probable des étoiles météoriques. Mondes XII. 610-624.

ER. BRODIE. Meteoric appearance on the sun's surface. Monthly Not. XXV. 21-22.

SERPIERI. Sur la grande apparition d'étoiles filantes observée à Urbino, le matin du 14 novembre 1866. Mondes XII. 641-644.

SECCHI. Sur les étoiles filantes de novembre 1866. (Lettre au directeur du Journal de Rome.) Mondes XII. 645-649.

CHAPELAS-COULVIER-GRAVIER. Observations sur la lettre de Mr. SCHIAPARELLI. Mondes XII. 650-651.

A. S. HERSCHEL. Progress of meteoric astronomy during the year 1863-1864. Monthly Not. XXV. 158-166.

— — Height of a luminous meteor. Monthly Not. XXV. 252-254.

FÖRSTER. Beobachtungen des Novemberphänomens 1866. Berl. Monatsber. 1866. Nov. p. 719-722.

E. Meteoriten.

Litteratur.

A. DAUBRÉE. Météorites tombées le 25 août 1865 dans la tribu des Senhadja, cercle d'Aumale, province d'Alger, fer météorique signalé à Dellys. C. R. LXII. 72-78; Inst. 1866. p. 9-9; POGG. Ann. CXXVII. 349-352; Z. S. f. Naturw. XXVII. 399-399; Mondes (2) I. 258-260; Monit. Scient. VIII. 106-107.

— — Principal morceau de la météorite d'Argeuil donné au Muséum d'histoire naturelle par Mr. LE MARÉCHAL VAILLANT. C. R. LXII. 283-284; Inst. 1866. p. 43-43.

Daubrée. Expériences synthétiques relatives aux météorites; rapprochements auxquels elles conduisent, tant pour la formation de ces corps planétaires que pour celle du globe terrestre. C. R. LXII. 200-206, 369-375; Inst. 1866. p. 44-45, 57-57; Mondes (2) I. 185-189; Cimento XXIII-XXIV. 45-47.

E. Vériot. Sur un bolide observé à Vichy (21 août). C. R. LXIII. 407-407; Monit. Scient. VIII. 833-834.

S. Haughton. On the chemical and mineralogical composition of the Dhurmsalla meteoric stone. Proc. Roy. Soc. XV. 214-218.

O. Buchner. Neue Meteoriten. Pogg. Ann. CXXIX. 350-352.

A. Daubrée. Meteoritenfall bei Saint-Mesmin im Aube-Departement am 30. Mai 1866. Pogg. Ann. CXXIX. 174-176; C. R. LXII. 1305-1310; Inst. XXXIV. 211-212.

A. Sass. Der Meteorit von Tamentit in Afrika nach dem Berichte Gerhard Rohlf's. Pogg. Ann. CXXIX. 176-176.

Miller. Aelterer Meteoritenfall (8 December 1768). Pogg. Ann. CXXIX. 176-176.

Behrmann. Étoile filante au dessous des nuages (30 juillet). Mondes (2) XII. 99-100.

Le M. Vaillant. Un aérolithe. C. R. LIII. 745-745; Inst. 1866. p 353-353.

A. Percey. Sur un bolide aperçu à Dijon le 1er novembre 1866 vers 7h 40m du soir. C. R. LXIII. 864-864.

Haidinger. Aérolithe le 9 juin près de Knynhinga en Hongrie. Mondes XII. 455-456, XIII. 104-106; Inst. 1866. p. 400-400; Wien. Ber. LIV. 2. p. 200-206, p. 475-523.

Quetelet. Observation du bolide du 20 juin 1866. Inst. XXXIV. 365-366.

C. U. Shepard. New locality of meteoric Iron in Cohahuila, northern Mexico. Silliman J. (2) XLII. 347-350.

F. Tisani. Analyse de l'aérolithe de Saint-Mesmin (Aube), tombé le 30 mai 1866. C. R. LXII. 1326; Bull. Soc. Chim. (2) VI. 457-458.

Hein. Analyse eines Meteoriten aus Dacca in Bengalen. Wien. Ber. LIV. 2. p. 558-565.

F. Zodiakallicht.

Litteratur.

LIANDIER. Sur la lumière zodiacale. C. R. LXII. 1405-1405; Mondes XI. 370-370.

TH. HEELIS. Observations of the zodiacal light. Mem. Manch. Soc. (3) II. 437-449.

G. Polarlicht.

Litteratur.

A. HERSCHEL. Auroral arches, 7 febr. Int. Obs. IX. 158-158.

E. RENOU. Dei periodi delle aurore boreale. Cimento XXIII-XXIV. 44-44.

— — Note sur la périodicité de l'aurore boréale. C. R. LXII. 762-765.

WOLF. Einige in der Winterthurer Chronik verzeichnete Nordlichterscheinungen. WOLF Z. S. IX. 302-303.

---

42. Meteorologie.

A. Allgemeine Theorie.

Litteratur.

W. SARTORIUS V. WALTERSHAUSEN. Recherches sur les climats du présent et du passé, considérés sortant au point de vue de l'apparition des glaciers dans la période diluvienne. Mém. d. l. Soc. d. Harlem (2) XXIII. 1-388; Z. S. f. Meteor. I. 284-288, 298-304.

DURUY. Circulaire sur les observations météorologiques adressé aux préfets. Mondes (2) XII. 89-91.

F. GALTON. On an error in the usual method of obtaining meteorological statistics of the Ocean. Athen. 1866. 2. p. 274-274.

FOURNET. Sur les courbes météorologiques. C. R. LXII. 1310-1314.

B. SILLIMAN. On some of the mining districts of Arizona near the Rio Colorado, with remarks on the Cimate. SILLIMAN J. (2) XLI. 289-308.

L. DE FOREST. A method of estimating and correcting the error caused by the unequal length of the Calender month in reducing observations of temperature. SILLIMAN J. (2) XLI. 371-379.

H. MARIÉ-DAVY. Les mouvements de l'atmosphére et des mers considérés au point de vue de la prévision du temps. Paris 1866; Mondes X. 604-605; Z. S. f. Meteor. II. 318-320.

C. JELINEK. Die Gründung der österreichischen Gesellschaft für Meteorologie. Vortrag etc. Z. S. f. Meteor. I. 1-7.

— — Die Zeitschrift der österreichischen Gesellschaft für Meteorologie. Z. S. f. Meteor. I. 12-14, 38-39.

— — Die k. k. Centralanstalt für Meteorologie. Z. S. f. Meteor. I. 14-15.

Meteorologische Gesellschaft in Nizza. Z. S. f. Meteor. I. 64-64.

M. F. LABROSSE. Prévision du temps, Manuel à l'usage des marins. Paris 1866; Z. S. f. Meteor. I. 350-352.

G. BRESSON. La prévision du temps. Z. S. f. Meteor. I. 386-388.

R. v. VIVENOT. Beiträge zur Kenntniss der klimatischen Evagerationskraft, und deren Beziehung zur Temperatur, Feuchtigkeit, Luftströmungen und Niederschlägen. Erlangen 1866; Z. S. f. Meteor. I. 94-96.

F. H. KLEIN. • The foretelling of the weather. London 1863, übersetzt von ADRIANI.

DOVE. Ueber die Constanten von Berlin. Berl. Monatsber. 1866. Nov. p. 691-691 (blosser Titel).

WOLF. Ueber die Witterung in den Jahren 1856-1863. WOLF Z. S. IX. 139-143.

DESCHWANDEN. Ueber die Witterung in den Jahren 1827-1840. Aus STANSER Tagebüchern ausgezogen. WOLF Z. S. X. 286-299, 386-392.

B. Meteorologische Apparate.

Litteratur.

COOKE et fils. Perfectionnement du baromètre anéroide. Mondes (2) I. 250-251.

J. GLAISHER. Sur les indications du baromètre. Mondes (2) I. 260-260.

F. CRAVERI. Description d'un nouvel anémomètre. Arch. sc. phys. (2) XXV. 305-311.

E. GRELLOIS. Réclamation sur Mr. D'ABBADIE de la priorité de marquer les altitudes sur la tige de l'hypsomètre. Mondes (2) XII. 44-44; Monit. Scient. VIII. 827-828.

GUIOT. Thermoskopisches Barometer. DINGLER J. CLXXXII. 99-101; Bull. Soc. d'enc. 1866. p. 326.

L. KAPELLER. Ueber RUTHEFORD's Maximumthermometer. Z. S. f. Meteor. I. 173-174.

Neue Art von Psychrometer. Z. S. f. Meteor. I. 188-190.

C. JELINEK. Ueber Metallthermographen. Z. S. f. Meteor. I. 382-384.

M. KUHN. Ueber einige neuere meteorologische Instrumente. (Aus dem Lehrbuche der Physik von HESSLER und PISKO. Dritte Aufl. Wien 1866.) Z. S. f. Meteor. I. 321-326.

J. LAMONT. Allmählige Veränderung des Eispunktes an neuen Thermometern zur Beobachtung der Bodentemperatur. Münchn. Wochenb. p. 37-37.

S. SOLARDO. Hygromètre de Mr. MONIER. Mondes XI. 341-343.

E. MONIER. Note sur un hygromètre portatif. Mondes XI. 514-517.

Verbesserung des Aneroidbarometers. DINGLER J. CLXXXII. 169-170.

JOULE. A barometer for measuring small atmospheric disturbances. Proc. Manch. Soc. III. 47-47.

NAUDET et HULOT. Ueber Metallbarometer. DINGLER J. CLXXXII. 463-467.

H. WILD. Die selbstregistrirenden meteorologischen Instrumente in Bern. CARL Repert. II. 161-201.

C. Temperatur.

Becquerel et Edm. Becquerel. Mémoire sur la température de l'air sous bois, près et loin des bois. C. R. LXII. 1205-1209†; Inst. XXXIV. 177-180; Mondes (2) II. 264-264.

Aus den vom 1. August 1865 bis 1. Mai 1866 an 5 Stationen in dem Arrondissement von Montargis — im Departement der Loiret — angestellten Beobachtungen, wobei die Stationen in einem Kreise von etwa 20 Kilometer Halbmesser ausgewählt waren, ergaben sich die nachstehenden Temperaturmittel:

Weit entfernt vom Walde	9,68-10,09° C.
Nahe am Walde	9,16- 9,35
Im Walde selbst. . . .	9,28- 9,42

Die grösste Temperaturänderung, d. h. die Differenz zwischen dem Maximum und Minimum war ausserhalb des Waldes um 1,68° C. grösser als im Walde. *Ku.*

Fernere Litteratur.

Baxendell. On the relations between the decrement of temperature on ascending in the atmosphere, and other meteorogical elements. Mem. Manch. Soc. (3) II. 82-89, 132-145.

J. M. Wilson. Some remarks on an observation of Mr. Glaisher's. Phil. Mag. (4) XXXI. 104-106.

D. Ragona. Sulle linee iseoriche della penisola italiana e su taluni altri problemi risguardanti le distribuzione delle temperature in Italia. Cimento XXI-XXII. 149-159.

St. Cl.-Deville. Sur les variations périodiques de la température dans les mois de février, mai, août et novembre. C. R. LXII. 1149-1157, 1209-1213, 1298-1305, LXIII. 1030-1038 (LX. 577, 696, LXI. 5, 61, 350).

S. Haughton. On the change of excentricity of the earth's orbit regarded as a cause of change of climate. Phil. Mag. (4) XXXI. 374-376.

Die Kälte im Mai. Z. S. f. Meteor. I. 59-63.

Die Fröste im Mai. Z. S. f. Meteor. I. 73-75, 89-92.

JELINEK. Der vergangene Winter 18$\frac{65}{66}$. Z. S. f. Meteor. I. 79-80.

HANN. Wärmeabnahme mit der Höhe in den Alpen. Z. S. f. Meteor. I. 121-125, 139-141.

PRESTL. Ueber die Temperaturzunahme mit der Höhe. Z. S. f. Meteor. I. 248-249.

DOM. RAGONA-SCINA. Ueber die Temperaturverschiedenheit zweier ungleich hoher Luftschichten. Z. S. f. Meteor. I. 273-276.

C. FRITSCH. Einige Bemerkungen über die Temperaturzunahme in den untersten Luftschichten. Z. S. f. Meteor. I. 276-279.

— — Die anhaltend tiefe Temperatur in der zweiten Octoberhälfte 1866. Z. S. f. Meteor. I. 314-317, 366-368.

— — Zur Frage über die Zunahme der Temperatur mit der Höhe. Z. S. f. Meteor. I. 326-328.

A. MÜHRY. Ueber neue Belege für die rings um das nördliche Circumpolarbecken nach dem Pole hin abnehmende Winterkälte. Z. S. f. Meteor. I. 344-346.

H. v. SCHLAGINTWEIT. Numerical elements of Indian meteorology. Series III. Temperatures of the atmosphere and isothermal profiles of high Asia. Proc. Roy. Soc. XIV. 547-548.

DUPREZ. Note sur la température de janvier 1866 à Gand. Bull. d. Brux. (2) XXI. 130-131.

LE VERRIER. Remarques relatives aux saints de glace. Inst. 1866. p. 162-162.

HERTZER. Ueber die Temperatur der Flüsse. Osterprogramm d. Gymnasiums zu Wernigerode 1866.

C. JELINEK. Tavola delle variazione termometriche giornaliere pel clima di Milano, dedotta dalle osservazioni fatte nella specola di Brera dal 1835 al 1863. Rendic. Lomb. II. 210-227.

ZANTEDESCHI. Dell' andamento orario, diurno e mensile annua della temperatura alla superficie ed interno del globo. Venezia 1865.

C. VERNON. Enquiry into the question whether excess or defiency of temperature during part of the year, is usually compensated during the remainder of the same year. Proc. Manch. Soc. III. 216-219; Mem. Manch. Soc. (3) III. 422-427, 427-430.

J. Lamont. Schwankungen der Bodentemperatur. Münchn. Wochenber. p. 43-44, p. 68-69.

— — Ueber die Gränzen der Unsicherheit in der mittleren täglichen Bewegung der Temperatur. Münchn. Wochenber. p. 45 45.

K. Jelniek. Ueber die täglichen Aenderungen der Temperatur nach den Beobachtungen der meteorologischen Stationen in Oesterreich. Wien. Denkschr. XXVII. 91-128 (Sonderabdruck p. 1-40).

— — Ueber die mittlere Temperatur in Wien, nach 90jährigen Beobachtungen, und über die Rückfälle der Kälte im Mai. Anz. d. k. k. österr. Ak. d. Wiss. 1866. No. XXIV. 215-217; Wien. Ber. LIV. II. Abth. December-Heft (Sonderabdruck aus dem LIV. Bande der Wien. Ber. p. 1-83.

Baxendell. On periodic changes in the magnetic condition in the earth and in the distribution of temperature an its surface. Proc. Manch. Soc. III. 251-260.

W. Siemens. Methode für fortlaufende Beobachtungen der Meerestemperatur bei Tiefenmessungen. Berl. Monatsber. 1866. p. 416-418.

P. Harrison. Influenze lunare sulla temperatura della terra. Cimento XXIII-XXIV. 32-34.

C. Jelinek. Die täglichen Aenderungen der Temperatur. Wien. Ber. Juli 1866.

Dove. Ueber die mittlere und absolute Veränderlichkeit der Temperatur der Atmosphäre. Berl. Monatsber. 1866. Nov. p. 691-707.

D. Luftdruck.

Litteratur.

A. Poey. Généralités sur le climat de Mexico et sur l'éclipse totale de lune du 31 mars. Mondes (2) II. 703-707.

C. Matteucci. Sur les dépressions barométriques extraordinaires observées en Italie, dans les mois d'avril et de mai 1866. C. R. LXIII. 170-178†; Inst. XXXIV. 263-264; Mondes (2) XII. 68-71; Arch. sc. phys. (2) XXVII. 79-87; Cimento XXIII-XXIV. 166-188.

Baisse barométrique extraordinaire, observée à Brest. Mondes X. 327-327.

Rayet. Dépression barométrique du 11 janvier. Mondes X. 474-475.

Mühry. Das höchste bekannte absolute Barometermaximum auf der Meeresoberfläche. Z. S. f. Meteor. I. 181-182.

Buys-Ballot. Ueber die Reduction auf das Niveau des Meeres und die Abweichungen von den Normalwerthen. Z. S. f. Meteor. I. 199-202.

G. Bucchich. Zusammenhang der Höhe des Meeres mit dem Barometerstande. Z. S. f. Meteor. I. 217-218. Vgl. Berl. Ber. 1861. p. 717.

C. Fritsch. Einfluss der Sternschnuppenschwärme am 12. November auf den Barometerstand. Z. S. f. Meteor. I. 369-373.

C. Jelinek. Bemerkungen zu vorstehendem Aufsatze. Z. S. f. Meteor. I. 373-375.

J. Lamont. Schwankungen des Luftdruckes. Münchn. Wochenber. No. 36-36.

L. Respighi. Del periodo diurno del barometro. Memor. dell' Acc. di Bologna (2) IV. 451-491; Rendic. di Bologna 1864-1865. p. 9-18.

G. V. Vernon. On the irregular barometric oscillations at Geneva and on the great St.-Bernard, and their relations to the mean temperature and the fall of rain. Mem. Manch. Soc. (3) II. 5-29.

A. de Gasparis. Sulla pressione media del barometro in Napoli dedotta dalle osservazioni del prof. F. Brioschi. Cimento XXIII-XXIV. 419-424.

Barometrische Höhenmessung (Hypsometrie).

J. A. Ellis. On practical hypsometry. Athen. 1866. 2. p. 307-307.

d'Abbadie. Démonstration du théorème que l'échelle

des latitudes comporte des divisions équidistantes. Mondes (2) XII. 194-196.

A. D'ABBADIE. Sur l'hypsomètre. C. R. LXIII. 286-289†.

Der Verfasser hat bei seinen hypsometrischen Arbeiten in Aethiopien das Thermohypsometer stets für vortheilhafter befunden, als das Quecksilberbarometer. Um nun in bequemer Weise die Messungen ausführen zu können und zugleich einige Controlle für die gemachten Beobachtungen und deren relativen Werth zu haben, liess Hr. D'ABBADIE ein Hypsometerbesteck sich anfertigen, in welchem — das Gehäuse zu 38 Centimeter Länge — drei Instrumente sich befinden, welche vermuthlich in übereinstimmender Weise angefertigt waren, und wobei jedes mit einer WALFERDIN'schen Kammer versehen war; unterhalb dieses Reservoirs war unter Anderm noch eine Theilung von 2 Grad in Zwanzigstel getheilt, um sogleich an Ort und Stelle, wo dies möglich war, die Aenderungen des Nullpunktes untersuchen zu können, da sich bei seinen Messungen auf grossen Höhen, wo er den Schnee bis zu 1 Meter Tiefe antraf, hierzu oft die Gelegenheit dargeboten hatte, wenn seine früheren Instrumente jene Ausstattung gehabt hätten, um von dem Intervall der Scala 1-83° C. unabhängig zu sein, und dennoch auch niedere Temperaturen daran beobachten zu können. Zwei jener Hypsometer waren von 83-101° C. graduirt, während das dritte unmittelbar mit einem Höhenmaassstabe versehen war, an welchem die Höhendifferenzen von 200 Meter unter dem Meeresniveau an bis zu 4800 Meter über dem letzteren direct aus dem Stande der Quecksilbersäule im Siedethermometer abgelesen werden konnten.

Um die Graduirung des dritten Hypsometers ausführen zu können, hat Hr. D'ABBADIE die empirische Formel für die Spannkraft β des Wasserdampfes bei der Siedetemperatur T:

$$\log\frac{760}{\beta}=\frac{5{,}212(100-T)}{235+T}=0{,}15558(100-T)[1+0{,}003(100-T)],$$

welche für Temperaturen zwischen 80° und 100° C. sehr brauchbare Resultate liefere, mit der (angenäherten) LAPLACE'schen Barometerformel:

$$h' - h = 18382^m \log \frac{\beta}{\beta'} \cdot [1 + 0{,}002(t + t')],$$

in welcher h und h' die Seehöhen, t und t' die Lufttemperatur an beiden Stationen bedeuten, vereinigt, und ist hierdurch auf die angenäherte Formel

$$h' - h = 286^m (T' - T)[1 + 0{,}003(200 - T' - T) + 0{,}002(t + t')]$$

gekommen. Nimmt man die Siedetemperatur des Wassers am Meeresniveau unter 45° geogr. Breite zu $T' = 100°$ C. an, so erhält man

$$h = 286^m (100 - T)[1 + 0{,}001 (3(100 - T) + 2(t + t'))],$$

mittelst welchen Ausdrucks man die Seehöhe eines Punktes, an welchem die Siedetemperatur T und die Lufttemperatur t beobachtet wurden, direct berechnen kann, wenn t' die (gleichzeitige) Temperatur am Meeresniveau als bekannt angenommen werden kann.

Unter Vernachlässigung des Factors $[1 + 0{,}002(t + t')]$ hat nun der Verfasser mit Hülfe des vorstehenden Ausdrucks eine Tafel construirt, aus welcher man die einer jeden Siedetemperatur T entsprechende Meereshöhe (in Metern) entnehmen kann, und mittelst dieser Tafel wurde dann auch das eine der genannten Hypsometer graduirt oder mit einer Höhenscala versehen. Die hier abgelesenen Höhen sind dann noch mit den bekannten Correctionen (wegen der Lufttemperatur, geogr. Breite etc.) zu versehen, um deren Werthe zu verbessern.

Aus jener Formel (und noch deutlicher aus der vorliegenden Tafel) ist ersichtlich, dass die gesuchte Höhendifferenz nahezu der Differenz der Siedepunkte an beiden Stationen proportional ist (vgl. Berl. Ber. 1850-51. p. 972*). So entsprechen z. B. den Siedepunkten 101,05° C., 100,7° C., 100,35° C., 100° C., 99,83° C., 99,65° C. beziehungsweise die Meereshöhen: —300, —200, —100, 0, 50 und 100 Meter, und man findet bis zu einer Höhendifferenz von 350 Meter als Differenz der Siedepunkte für je 100 Meter Erhebung die Zahl 0,35° C. Zwischen 400 und 1600 Meter ist die Differenz der Siedepunkte bei einer Erhebung von 100 Meter gleich 0,34° C., zwischen 1700 und 3000 Meter beträgt diese Differenz 0,33° C., zwischen 3600 und 5000 Meter Meereshöhe beträgt dieselbe 0,32° C. — (Bei der Construction neuer Tafeln für den in Rede stehenden Zweck muss es übrigens als wünschenswerth erscheinen auch den constanten Factor der LAPLACE'schen Formel unter Benutzung der für den Ausdehnungscoefficienten der Luft und deren Dichte von REGNAULT gefundenen Werthe zu rectificiren und diejenigen Correctionen sogleich in tabellarischer Form anzufügen, welche wegen der Lufttemperatur, geographischen Breite, Feuchtigkeit der Luft etc. an die aus jener Tafel entnommenen Höhendifferenzen angebracht werden müssen.) *Ku.*

E. Wind.

Litteratur.

H. W. DOVE. Das Gesetz der Stürme in seiner Beziehung zu den allgemeinen Bewegungen der Atmosphäre. Dritte sehr vermehrte Auflage. Berlin 1866. p. 1-346; Z. S. f. Naturw. XXVII. 397-398.

DE LA RONCIÈRE LE NOURRY. Note sur la tempête du 11 janvier 1866 à Cherbourg. Mondes (2) I. 192-194.

CAVALLERI. Sur quelques phénomènes observés dans les trombes. Mondes (2) I. 194-194; Rendic. Lomb. II. 231-253.

PRESTL. Sturmsignale an der hannoverschen Küste. Z. S. f. Meteor. I. 63-64.

J. PRETTNER. Die Bora und der Tauernwind. Z S. f. Meteor. I. 209-214, 224-230.

A. MÜHRY. Ueber „Retroversion eines Windes" oder über eine an der Lehseite einiger Gebirgsketten vorkommende Erscheinung von Rückbiegung eines sie überwehenden hohen Windes. Z. S. f. Meteor. I. 214-216.

G. BUCCHICH. Ueber eine mit der Bora verbundene Art von Nebel und über die Verbreitung der Bora. Z. S. f. Meteor. I. 231-233.

L. F. KÄMTZ. Ueber die Bora des schwarzen Meeres. KÄMTZ Repert. III. 26-43; Z. S. f. Meteor. I. 234-237. Siehe Berl. Ber. 1863. p. 638.

J. HANN. Zur Frage über den Ursprung des Föhn. Z S. f. Meteor. I. 257-263.

C. DESCHMANN. Ueber die Bora in Krain. Z. S. f. Meteor. I. 281-281.

Gödel-Lannoy. Sturmsignale an der österreichischen Küste des adriatischen Meeres. Z. S. f. Meteor. I. 365-366.

Rayet. Sur la tempête et le minimum barométrique du 11 janvier 1866. C. R. LXII. 387-390; Inst. XXXIV. 57-57.

Le Verrier. Atlas des orages 1865. Mondes (2) II. 736-736

Follet Obler. On the horary and diurnal variations in the direction and motion of the air at Wrottesley, Liverpool and Birmingham. Rep. Brit. Assoc. I. 264-271.

Becquerel. Mémoire sur les zones d'orages à grêle dans le département du Bas-Rhin. C. R. LXII. 1266; Arch. sc. phys. (2) XXVI. 334-337; Inst. XXXIV. 186-187; Mondes XI. 327-328.

Rambosson. Note relative aux cyclones. C. R. LXIII. 831-831.

A. Mühry. Ueber die Gestalt des Aequatorial- oder Antipolar-Luftstromes. Einige Worte zur Verständigung über das geographische Windsystem, zumal in Bezug auf das Drehungsgesetz. Petermann Mitth. 1866. p. 339-342.

A. S. Herschel. Great gales of november and december 1865. Int. Obs. IX. 198-204.

Bourgois. Notice sur le phénomène de la rotation diurne des vents et sur les mouvements généraux de l'atmosphére. Paris 1866. Inst. XXXIV. 171-172; Mondes XI. 80-82.

Moranini. Observation d'une trombe faite à Castelnovate. Mondes XII. 289-290.

Ch. Ploix. Météorologie nautique. Vents et courants. Paris 1866.

J. Lamont. Gewitter und Stürme im Jahre 1865. Münchn. Wochenber. No. 41-41.

Th. Hopkins. On the influence of the earth's rotation on winds. Proc. Manch. Soc. III. 26-28; Mem. Manch. Soc. (3) II. 246-256.

Ouragan du 6 septembre 1865 à la Guadeloupe. Mondes XII. 454-455.

Baxendell. On the direction of the wind at Manchester during the years 1849-1861. Mem. Manch. Soc. (3) II. 99-111.

Moyen de voir le vent. Mondes XI. 53-53.

Le Verrier. Sur les avertissements donnés aux côtes sur l'approche des tempêtes. Monit. Scient. VIII. 506-508.

Dove. Ueber den Föhn. Wolf Z. S. X. 209-218.

W. Thomson. On the connective equilibrium of temperature in the atmosphere. Mem. Manch. Soc. (3) II. 125-132.

F. Hygrometrie und atmosphärische Feuchtigkeit.

Litteratur.

Gassiot. On Appold's apparatus for regulating temperature and keeping the air in a building at any desired degree of moisture. Proc. Roy. Soc. XV. 144-146.

Suhle. Neue Psychrometertafeln. Z. S. f. Meteor. I. 15-15 (Anzeige hierüber), ferner ebend. p. 237-237.

G. Schenzl. Ueber die Grösse der Verdunstung in Ofen. Z. S. f. Meteor. I. 177-181.

G. Wolken, Nebel.

Litteratur.

Mohn. Resultatet af haus Jagttagelser over Skydaekket. Vidensk. Selsk. Forh. 1864. p. 29-34.

Berger. Schnee oder Wolken. Petermann Mitth. 1866. p. 200-201.

Jelinek. Staubfall in Kärnthen und Rom. Z. S. f. Meteor. I. 39-42, 127-127.

R. Edl. v. Vivenot jun. Ueber eine eigenthümliche Trübung des Himmels in Sicilien und deren Beziehung zum Scirocco. Z. S. f. Meteor. I. 113-121, 129-139.

C. Braun, Fritsch. Eigenthümliche Erscheinung am Wolkenhimmel. Z. S. f. Meteor. I. 267-268.

C. Deschmann. Ueber das Moorbrennen bei Laibach. Z. S. f. Meteor. I. 279-281.

C. Kuhn. Bemerkung über die Constitution der Wolken. Z. S. f. Meteor. I. 346-348.

H. Atmosphärische Niederschläge.

Litteratur.

J. Maistre. De l'influence des forêts sur les sources et le cours d'eau. Mondes (2) I. 134-150.

F. Vallès. Observation sur le mémoire de Mr. Maistre. Mondes (2) I. 156-159.

G. Campani e S. Gabbrielli. Sulla pioggia d'acqua rossa in Siena. Rettificazione. Cimento XXI-XXII. 101-104.

G. Magnus. Ueber den Einfluss der Absorption der Wärme auf die Bildung des Thaus. Berl. Monatsber. 1866. p. 73-83; Pogg. Ann. CXXVII. 613-624; Mondes (2) II. 616-618, 725-727; Arch. sc. phys. (2) XXVII. 84-95; Ann. d. chim. (4) IX. 311-328; Phil. Mag. (4) XXXII. 111-118.

Ch. Grad. Sur la pluie en Alsace et dans les Vosges. C. R. LXIII. 428-431.

J. Symons. On the rainfall of the British isles. Rep. Brit. Assoc. I. 192-242; Athen. 1866. 2. p. 339-339.

J. A. Krönig. Erwiederung Hrn. Mohr's Hageltheorie betreffend. Pogg. Ann. CXXVIII. 639-641.

Ch. Grad. Note sur le rapport qui existe entre le débit de l'Ill et les eaux météoriques tombées dans son bassin. C. R. LXIII. 653-655.

Becquerel. Mémoire sur les zones d'orages à grêle dans le département du Bas-Rhin. C. R. LXII. 309-314, LXIII. 1266-1267; Inst. XXXIV. 49-50; Arch. sc. phys. (2) XXV. 160-165.

Jelinek. Mittheilungen über einige in den letzten Jahren beobachteten Staubfälle. Wien. Ber. LIII. 2. p. 555-560; Inst. XXXIV. 318-318.

Becquerel. Des principales causes qui amènent rapidement les eaux pluviales dans les affluents des rivières et des fleuves en temps d'inondation. C. R. LXIII. 757-764; Inst. XXXIV. 353-354; Mondes (2) XII. 481-487.

Reimann. Ueber die Entstehung des Hagels. Osterprogramm der Realschule zu Saalfeld 1866.

Wittwer. Die Ueberschwemmungen. Herbstprogramm des Gymnasiums zu Regensburg 1866.

TYNDALL. Remarks on the paper of professor MAGNUS. Phil. Mag. (4) XXXII. 118-121.

VERNON. On the number of days on which rain falls annually in London, from observations made during the fifty-six years 1807-1862. Mem. Manch. Soc. (3) II. 334-338.

HEAP and VERNON. On the rain-fall at Oldham during the years 1836-1862. Mem. Manch. Soc. (3) II. 338-343.

A. MÜHRY. Ueber die Wind- und Regenverhältnisse in Arabien. Ein geographisch-meteorologischer Ueberblick. Z. S. f. Meteor. I. 7-12, 17-21.

PRETTNER. Die diesjährigen Frühlingsniederschläge in den Ost-Alpen. Z. S. f. Meteor. I. 87-89.

C. FRITSCH. Ueber die grössten Regenmengen in Oesterreich. Z. S. f. Meteor. I. 145-157, 161-169, 282-283.

BOHRFR. Starker Regenfall in Lemberg, August 1866. Z. S. f. Meteor. I. 202-203.

J. LAMONT. Ueber die Schwankungen der Regenmenge. Münchn. Wochenber. No. 58-61.

E. FRANKLAND. The water supply of the metropolis during the year 1865-1866. J. chem. Soc. (2) IV. 239-248.

Regenfall in Süd-Australien. PETERMANN Mitth. 1866. p. 235-235.

J. Allgemeine Beobachtungen.

Litteratur.

L. SIMONIN. Note sur le climat de la Californie. C. R. LXII. 53-56.

CH. MATTEUCCI. Sur un service météorologique fondé en Italie par le ministrè de la marine. C. R. LXII. 124-125; Inst. XXXIV. 29-29.

Station météorologique sur le mont Théodule. Mondes (2) I. 191-192.

C. BRUHNS. Resultate aus den meteorologischen Beobachtungen, angestellt an mehreren Orten im Königreich Sachsen in den Jahren 1828-1863, und an den 22 königl. sächsischen Stationen im Jahre 1864, bearbeitet nach den monatlichen Zusammenstellungen im statistischen Bnreau des königl. Ministeriums des

Innern. — Erster Jahrgang. Leipzig 1866. p. 1-152. gr. 4°. Z. S. f. Meteor. I. 95-96.

CH. MATTEUCCI. Studii di Meteorologia. Cimento XXI-XXII. 81-100.

J. GLAISHER. An account of meteorological and physical observations in three ballon ascents made in the years 1864 and 1865. Rep. Brit. Assoc. I. 145-192; Athen. 1866. (2) p. 338-339.

E. PLANTAMOUR. Résumé météorologique de l'année 1865, pour Genève et le Grand St.-Bernard. Arch. sc. phys. (2) XXVI. 257-302.

— — Observations météorologiques, faites à Genève et au Grand St.-Bernard. Arch. sc. phys. (2) XXV. 97, 188, 289, 369-375.

HANN. Wüsten und Steppen als meteorologisch begründete Erscheinungen. Z. S. f. Meteor. I. 21-23.

FR. SIMONY. Ueber klimatische Oasen in den Alpen. Z. S. f. Meteor. I. 33-37, 49-53.

HANN. Ein neuer Beitrag zur klimatischen Kenntniss höherer Breiten. Z. S. f. Meteor. I. 42-44.

JELINEK. Witterungsbericht der letzten drei Wochen. Z. S. f. Meteor. I. 46-47.

LE VERRIER. Die Witterungsvorherbestimmungen der Pariser Sternwarte. Nach dem Bull. intern. d. l'observ. Impér. d. Paris, Supplément p. 53-60; Z. S. f. Meteor. I. 65-73, 81-87.

Telegraphische Witterungsberichte in Oesterreich. Z. S. f. Meteor. I. 75-76. Vgl. Berl. Ber. 1865. p. 590-591.

Witterungsbericht der letzten fünf Wochen. Z. S. f. Meteor. I. 100-105.

J. HANN. Die Entstehung der Gewitter im Zusammenhang mit der Witterung. (Separatabdruck aus dem Programm der Schottenfelder Ober-Realschule für das Jahr 1865. 4°.) Z. S. f. Meteor. I. 108-111.

Meteorologische Stationen auf den Azoren. Z. S. f. Meteor. I. 127-128.

JELINEK. Telegraphische Witterungsberichte in Italien. Z. S. f. Meteor. I. 157-160.

SABINE. Note on a correspondence between Her Majesty's government and the president and council of the Royal Society regarding meteorological observations to be made by sea and land. Proc. Roy. Soc. XV. 29-38.

P. SECCHI. Sur le climat de Rome. (Extrait du Giornale Arcadico.) Mondes (2) XII. 18-23.

G. CACCIATORE. Rivista meteorologica del terzo e quarto trimestre dell' anno 1865 delle osservazioni eseguite nel R. Osservatorio di Palermo. Giorn. sc. nat. I. 322-330.

E. QUETELET. Observations des phénomènes périodiques pendant l'année 1863. Mém. d. Brux. XXXVI. 1-68.

— — Sur l'état de l'atmosphére à Bruxelles pendant l'année 1865. Bull. d. Brux. XXI. 82-130; Mondes XI. 59-64.

— — Phénomènes atmosphériques remarquables observés à l'observatoire de Bruxelles au commencement de 1866. Bull. d. Brux. (2) XXI. 283-284.

DESNUMEAUX. Phénomènes atmosphériques remarquables pendant les trois premiers mois de l'année 1866. Inst. XXXIV. 300-300.

BECQUEREL. Mémoire sur les forêts et leur influence climatérique. Paris 1866. I. 1-150.

A. et E. BECQUEREL. Extrait d'un mémoire sur les températures de l'air et les quantités d'eau tombées hors du bois et sous bois. C. R. LXIII. 16-19.

Stonyhurst observatory. Results of meteorological and magnetical observations 1865. p. 1-30.

JELINEK. Meteorologische Stationen in Ungarn. Z. S. f. Meteor. I. 171-172.

Witterungsübersicht vom 26. Juni bis 8. August 1866. Z. S. f. Meteor. I. 190-192.

C. BOTHE. Die meteorologischen Verhältnisse von Petersburg. Z. S. f. Meteor. I. 196-198.

R. KAISER. Witterung in Kärnthen. Z. S. f. Meteor. I. 202-202.

K. FRITSCH. Untersuchungen zur Klima- und Bodenkunde mit Rücksicht auf die Vegetation, von H. HOFFMANN in Giessen. (Beilage zur Botan. Zeitung 1865. Auszugsweise im Supplement zur Forst- und Jagdzeitung VI.) Z. S. f. Meteor. I. 204-207, 218-223.

R. MAIN. Results of meteorological observations made in the year 1863 at the Radcliffe observatory Oxford. Oxford 1866. Z. S. f. Meteor. I. 207-208.

A. MÜHRY. Einige Bemerkungen über die Befunde des grossen meteorologischen Beobachtungssystems in den Schweizer Alpen im zweiten Jahrgang, Winter und Sommer $18\frac{64}{65}$. Z. S. f. Meteor. I. 241-246, 263-266.

WHIPPLE. Results of meteorological observations made at the Kew observatory. Int. Obs. IX. 46-53.

J. ALTMANN. Regen und Schnee in Russland. PETERMANN Mitth. 1866. p. 190-191.

J. PRETTNER. Klima und Witterung von Klagenfurt. Jahrb. d. Landesmus. v. Kärnthen VII. 1-81.

K. v. FRITSCH. Meteorologische und klimatographische Beiträge zur Kenntniss der canarischen Inseln. PETERMANN Mitth. 1866. p. 217-227.

Ascension scientifique en ballon. Mondes XI. 512-514.

Compte rendu annuel par le directeur de l'observatoire physique central par A. T. KUPFFER. Petersbourg 1864.

Résultats des observations météorologiques, faites au nouvel observatoire d'Upsal pendant les années 1861-1862. Nova acta soc. Upsal. (3) V. p. 1-27.

Results of the magnetical and meteorological observations made at the Royal observatory, Greenwich 1863. Z. S. f. Meteor. I. 255-256.

FR. KARLINSKI. Vermehrung der meteorologischen Stationen in Galizien. Z. S. f. Meteor. I. 384-385.

J. LAMONT. Meteorologische Beobachtungen auf dem Hohenpeissenberg. Münchn. Wochenber. No. 66-66.

— — Meteorologische Beobachtungen aus Grönland und Labrador. Münchn. Wochenb. No. 40, 72 (Anzeige).

— — Resultate der meteorologischen Beobachtungen der Münchner Sternwarte für die einzelnen Monate und Jahreszeiten im Jahre 1866. Münchn. Wochenber. No. 35, 37, 41, 45, 53, 59, 60, 66, 71, 76, 80.

C. Jelinek und C. Fritsch. Jahrbücher der k. k. Central-Anstalt für Meteorologie und Erdmagnetismus. Neue Folge. I. Jahrg. 1864. Wien 1866. gr. 4°. p. 1-VI. 1-188, mit 2 Karten.

C. Fritsch. Pflanzenphänologische Untersuchungen. Anz. d. k. k. österr. Ak. d. Wiss. 1866. V. 33-35; Wien. Ber. LIII.; Sonderabdruck aus dem LIII. Bde. der Sitzungsber. p. 1-38.

C. Jelinek. Ueber den jährlichen Gang der Temperatur und des Luftdrucks in Oesterreich und an einigen benachbarten Stationen. Wien 1866. gr. 4°. p. 1-78, mit Tafel; Wien. Denkschr. XXVI.

— — Meteorologische Karten für die Zeit vom Juli 1865 bis Ende Juni 1866. Anz. d. k. k. österr. Ak. d. Wiss. 1866. XXIII. 207-209.

— — Ueber die stürmischen Bewegungen der Atmosphäre im Laufe des November 1866. Anz. d. k. k. österr. Ak. d. Wiss. 1866. XXVI. 233-234.

---

43. Erdmagnetismus.

Secchi. Rapport entre la variation dans les taches solaires et celle des amplitudes de l'oscillation magnétique. C. R. LXII. 210-210; Inst. 1866. p. 51.

Hr. Secchi stellt hier für den 7jährigen Zeitraum 1859 bis 1865 seine Beobachtungen der Sonnenflecke mit der beobachteten Grösse der täglichen Declinations- und Intensitätsvariationen zusammen, und weist die Uebereinstimmung dazwischen nach. Ein unabhängiges Resultat liefern diese wenigen Jahre nicht; wohl aber dürfen sie als ein schätzbarer Beitrag zur Entscheidung der Frage über den Zusammenhang der Sonnenflecke mit der 10jährigen magnetischen Periode betrachtet werden.

La.

B. STEWART. Note on the secular change of magnetic declension recorded at Kew observatory. Phil. Mag. (4) XXI. 235-237; Proc. Roy. Soc. XV. 8-9; Inst. 1866. p. 332-333; Arch. sc. phys. (2) XXVII. 371-372.

Jede magnetische Störung hat eine, mehrere Tage andauernde Verminderung der horizontalen Intensität und eine genau correspondirende Zunahme der Inclination zur Folge: wenn demnach in einem Jahre viele und grosse Störungen eintreten, so muss die mittlere Intensität dadurch vermindert, die Inclination dagegen vermehrt werden. Hr. SABINE hat zuerst darauf mit vollem Rechte aufmerksam gemacht, dass in Folge der zehnjährigen magnetischen Störungsperiode namentlich die Inclination gegenwärtig in Amerika wie in Europa fünf Jahre hindurch eine langsamere und fünf Jahre eine schnelle Secularzunahme zeigen müsse, was er auch an den Beobachtungen von Toronto nachgewiesen hat und für denselben Satz will in der vorliegenden Abhandlung Hr. B. STEWART durch die von 1856 bis 1864 in Kew angestellten Beobachtungen eine weitere Bestätigung liefern. Eine grosse Schwierigkeit liegt in der Unvollkommenheit der zur Inclinationsmessung verwendeten Instrumente: diese Schwierigkeit sucht Hr. B. STEWART dadurch zu umgehen, dass er die von 1856 bis 1859 mit einem älteren Inclinatorium ausgeführten Beobachtungen unter sich und eben so die von 1860 bis 1864 mit einem neueren Instrumente ausgeführten Beobachtungen unter sich vergleicht, wobei sich herausstellt, dass in der ersten Periode, wo die Störungen im Abnehmen begriffen waren, die jährliche Inclinationsänderung im Mittel 2,29, in der letzten Periode dagegen, wo die Störungen von Jahr zu Jahr zunahmen, die jährliche Aenderung 2,58′ betrug.

La.

COUPVENT DES BOIS. Mémoire sur les observations de déclinaison de l'aiguille aimantée faites sur les corvettes l'Astrolabe et la Zélée. C. R. LXIII. 381-384, 984-991; Monit. Scient. VIII. 829-830; Arch. sc. phys. (2) XXVII. 372-373.

Bei Gelegenheit der Entdeckungsreise, welche der Admiral DUMONT D'URVILLE 1837 bis 1840 mit den beiden Corvetten Astrolabe und Zelée nach dem Südpole und Oceanien unternommen hat, wurde an vielen Punkten der südlichen Hemisphäre zur See wie auf dem Lande die Declination der Magnetnadel mit einem grossen Azimuthalcompass von Gambey und zwei kleineren Instrumenten von Lenoir und Lerebours bestimmt, und die erhaltenen Resultate sind im Jahre 1842 mit Berücksichtigung der Correctionen wegen des Schiffseisens im Druck erschienen. Der Zweck der nun vorliegenden Arbeit des Hrn. Coupvent des Bois geht dahin zu zeigen, dass die angewendeten Correctionen welche aus gleichzeitigen Beobachtungen zu Lande und auf den an der Küste vor Anker liegenden Schiffen abgeleitet wurden, unrichtig sind, weil man dabei den ganzen Unterschied der Schiffs- und Landbeobachtung als vom Schiffseisen herrührend betrachtet hat, während nach der Ansicht des Hrn. Coupvent des Bois das feste Land allenthalben einen oft sehr beträchtlichen und unregelmässigen Einfluss auf die Magnetnadel ausübt. Um dies zu beweisen, stellt er die sämmtlichen gleichzeitig auf dem Lande und auf den Schiffen gemessenen Declinationen zusammen und zeigt dass die Differenzen, von $+12^\circ$ bis -4° gehen: dann begegnet er dem Einwurfe, dass der Grund der Differenzen an den Schiffen und in der Unsicherheit der Schiffsbeobachtungen zu suchen sein möchte, durch eine Zusammenstellung der auf den Schiffen beobachteten Declinationen und der entsprechenden geographischen Längen für eine Zone um die Erde südlich vom Aequator. Hier zeigt sich besonders, wenn man die Resultate graphisch darstellt, eine allmählige Zunahme und Abnahme der Declination, ohne dass irgendwo Sprünge oder Unregelmässigkeiten wahrzunehmen wären, wogegen die Harmonie verschwindet, sobald man die Landbeobachtungen einreihen will. *La.*

J. Lilley. On the action of compasses in iron ships. Proc. Roy. Soc. XV. 38-42†.

Die theoretischen Lehrsätze in Betreff der Einrichtungen, welche erforderlich sind, um den Einfluss des Schiffseisens auf den Compass, insbesondere bei Schiffen, wo Eisen das Hauptbaumaterial bildet, unschädlich zu machen, betrachtet der Verfasser als einer weiteren Vervollständigung nicht bedürftig, wogegen nach seiner Ansicht auf die mangelhafte Anwendung, welche von jenen Lehrsätzen in der Praxis gemacht wird, die zahlreichen alle Jahre vorkommenden Unglücksfälle zurückgeführt werden können. Als verschiedene Arten mangelhafter Anwendung zählt er auf: Die Stellung des Compasses zu nahe am Steuerruder und zu tief, die ausschliessliche Benutzung des Steuercompasses, während eine öftere Vergleichung mit einem auf der Mitte des Schiffes und wenigstens 5 Fuss über dem Verdecke aufgestellten Normalcompass ohne Compensation als unerlässlich erkannt werden müsse; die Vernachlässigung der bei jedem Compass von Zeit zu Zeit erforderlichen Untersuchung und Reparatur; die ungenügende Untersuchung der magnetischen Wirkung des Schiffseisens und die ungenügende Compensation desselben. Die Vorschläge, welche zur Beseitigung der vorhandenen Uebelstände gemacht werden und welche in das Gebiet der Technik und der öffentlichen Verwaltung gehören, können wir hier füglich unerörtert lassen; nur eine Angabe kommt vor, welche von theoretischer Seite beanstandet werden könnte, insofern der Verfasser kürzeren Nadeln (von 4 bis 6 Zoll Länge) eine grössere Directionskraft als den längeren zuschreibt. *La.*

Ch. Chambers. Declination disturbances at Bombay (letter). Proc. Roy. Soc. XV. 111-114†.

Hr. Chambers, provisorisch mit der Leitung des magnetischen Observatoriums in Bombay beauftragt, berichtet über die von ihm begonnene Reduction der Beobachtungen von 1845 bis 1865 und über die Einrichtungen, welche er bezüglich auf die Fortsetzung der Beobachtungen der Regierung vorgeschlagen hat: zugleich theilt er in zwei Tabellen die von ihm vorläufig aus den Declinationsstörungen von 1859 bis 1865 abgeleiteten stündlichen und jährlichen Resultate mit. Beide Tabellen stehen mit früheren Untersuchungen des Hrn. Sabine in enger Beziehung und zwar correspondirt die erste Tabelle mit den Zusammenstellungen, welche Hr. Sabine (Berl. Ber. 1863. p. 591 und 1864. p. 624) bezüglich auf Nertschinsk, Pekin und Kew veröffentlicht hat, während durch die letztere eine Darstellung der zehnjährigen Periode der Störungen gegeben werden soll. Vergleicht man diese Tabellen mit den von Hrn. Sabine aufgestellten Sätzen, so zeigen die jährlichen Störungszahlen eine Zu- und Abnahme, welche im Allgemeinen der zehnjährigen Periode entsprechen, aber nicht ohne ziemlich bedeutende Sprünge, und während nach Hrn. Sabine's Auseinandersetzung einer westlichen Störung in Pekin und Nertschinsk eine östliche in Kew entspricht, scheint es nicht wohl möglich, die Beobachtungen der (in geographischer Länge dazwischen gelegenen) Station Bombay an jenes einfache Verhältniss anzuschliessen. *La.*

E. Sabine. Contributions to terrestrical magnetism. Proc. Roy. Soc. XV. 209-210†.

In No. V und VI der „Contributions" des Hrn. Sabine findet man die Beobachtungen und Resultate, welche die magnetische Südexpedition der Capitäne Ross und Crozier während der zwei ersten Jahre geliefert hatte: die Ergebnisse des dritten Jahres bilden den Inhalt der vorläufig hier angekündigten Abhandlung, und umfassen den Theil des atlantischen Oceans zwischen Kap Horn und dem Kap der guten Hoffnung. Grosse Sorgfalt hat der Verfasser darauf verwendet die Correctionen der Instrumente zu bestimmen, und alles mitzutheilen, was zur Begründung sicherer Resultate zweckdienlich sein kann.

Mit der hier angekündigten Abhandlung ist die Publication der Resultate der Südexpedition, welche zwischen den Parallelen — 50 und — 70 den ganzen Erdumkreis umsegelt hat und mit Recht zu den grossartigsten und erfolgreichsten magnetischen Expeditionen gerechnet werden darf, als abgeschlossen zu betrachten; doch erwähnt Hr. Sabine, dass er die Absicht habe eine allgemeine Zusammenstellung später zu liefern, worin die Gesammtheit der Resultate nach Breitenzonen geordnet werden soll. *La.*

E. SABINE. Results of the magnetic observations at the Kew observatory. III. Lunar diurnal variation of the three magnetic elements. Proc. Roy. Soc. XV. 249-250†.

Mit der Nachweisung und näheren Bestimmung des von dem Monde auf die magnetische Kraft ausgeübten Einflusses hat sich Hr. SABINE seit vielen Jahren eifrig beschäftigt und mehrere Arbeiten geliefert, welche man in den früheren Jahrgängen der Berl. Ber. (namentlich 1860. p. 650, 1861. p. 557, 1863. p. 592) erwähnt findet: in der vorliegenden Abhandlung liefert er eine neue Bestätigung der von ihm früher schon gefundenen Resultate und zeigt zunächst für Kew, dass eine regelmässige mit der Culmination des Mondes übereinstimmende Periode aus den Beobachtungen der Vertical- und Horizontalintensität ebenso wie aus den Beobachtungen der Declination hervorgehe, dann weist er ferner die Uebereinstimmung mit dem für andere Stationen in verschiedenen Welttheilen gefundenen Perioden nach. Was die Natur des Mondeinflusses betrifft, so schreibt Hr. SABINE dem Monde eine bis zur Erde reichende magnetische Kraft zu, mit der Bemerkung, dass eine nähere Definition dieser Kraft aus den bisherigen Beobachtungen nicht abgeleitet werden könne. *La.*

A. C. MERMET. Perturbations de l'aiguille de déclinaison observées à Marseille avant et après le tremblement de terre du 19 mai. C. R. LXII. 1239-1241†.

Am 19. Mai 1866 fanden in Marseille nach 9^h Morgens zwei Erdstösse statt: gerade zu dieser Zeit hielt Hr. MERMET eine Vorlesung im Lyceum über den Magnetismus der Erde und bediente sich zur Erläuterung seines Vortrags einer Nadel von 6″ Länge. Unmittelbar vor den Erdstössen hatte er die Nadel östlich abgelenkt und erwartete dass sie regelmässig beiderseits vom Meridian schwingen sollte: anstatt dessen blieb sie gleich bei der ersten Schwingung westlich vom Meridian stehen mit unregelmässigen Vibrationen in horizontalem und verticalem Sinne: gleich nach den Erdstössen kehrte sie zwar zum Meridian zurück, aber die zitternde Bewegung dauerte noch 14 Minuten ununterbrochen fort. Hr. MERMET betrachtet diesen Vorgang im Widerspruche mit den Ansichten POUILLET's und anderer Physiker als einen Beweis, dass durch Erdbeben nicht bloss ein mechanischer sondern auch ein magnetischer Einfluss auf die Nadel ausgeübt wird. *La.*

HANSTEEN. Perturbation magnétique à Christiania le 21 février 1866. Bull. d. Brux. (2) XXI. 280-282; Inst. 1866. p. 299-300.

Hr. HANSTEEN berichtet, dass er am 21. Februar 1866 in Christiania die absolute Inclination Morgens um 10^h und Abends um 5^h gemessen und bei letzterer Messung die Inclination um 46,1′ kleiner gefunden habe; zugleich giebt er an, dass an dem Bifilar Morgens sehr grosse Schwankungen wahrgenommen wurden, Nachmittags aber die Scala ganz aus dem Felde des Fernrohrs verschwand: endlich bezeichnet er auch den 23. Februar als Störungstag. Dieser Mittheilung fügt Hr. QUETELET die in Brüssel am 21. und 23. Februar aufgezeichneten Variationsbeobachtungen bei und bemerkt, dass am 21. heftige vulkanische Ausbrüche in Santorin stattgefunden haben. *La.*

C. HANSTEEN. Jordmagnetiske Jagt tagelser. Acta Ups. (3) VI. Fasc. I. 4. p. 1-8.

Hr. HANSTEEN hat seit 1820 die Inclination und seit 1827 die Horizontalintensität (mittelst seines Schwingungsapparates) beobachtet und von Zeit zu Zeit daraus die tägliche und jährliche Periode und die Seculafunction abzuleiten gesucht, wobei die späteren Resultate durch die neu hinzukommenden Beobachtungen modificirt und vervollkommnet wurden (man vergl. Berl. Ber. 1859. p. 628, 1861. p. 587, 1863. p. 600, 1864. p. 625 etc.). In der gegenwärtigen Abhandlung stellt er die Resultate der bis 1865 fortgesetzten Beobachtungsreihe dar und zwar findet er:

1) Grösse der täglichen Inclinationsperiode im December und Januar 0,61′, im Juli und August 4,00′ mit ziemlich regelmässiger Zunahme von Mitte des Winters bis Mitte des Sommers

und ebenso regelmässiger Abnahme von Mitte des Sommers bis Mitte des Winters;

2) mittlere jährliche Inclination

$= 72^\circ 27' 29'' - 1{,}668'(t - 1820) - 0{,}00054(t - 1820)^2$;

3) jährliche Periode der Inclination 2,6′ mit zwei Maxima (März und October) und zwei Minima (Juni und December);

4) mittlere jährliche Intensität

$= 1{,}5246 + 0{,}001694(t - 1827) - 0{,}0000077(t - 1827)^2$.

La.

---

d'Abbadie. Inclinaison de l'aiguille aimantée. C. R. LXIII. 213†.

Hr. d'Abbadie theilt hier die Resultate mehrerer Inclinationsbestimmungen mit, welche er an verschiedenen Punkten in der Nähe von Hendaye (Departement der Nieder-Pyrenäen) in den Jahren 1865 und 1866 ausgeführt hat; eine Bestimmung, welche er mit demselben Inclinatorium von Gambey im Jahre 1855 vorgenommen hatte, giebt die jährliche Abnahme der Inclination in jener Gegend = 4 Minuten. *La.*

E. Renou. Variation séculaire de l'aiguille magnétique. C. R. LXIII. 262-265†.

Für Paris hat man Bestimmungen der Abweichung der Magnetnadel vom Jahre 1580, wo sie $11\frac{1}{2}^\circ$ östlich zeigte, und vom Jahre 1660 wo sie mit dem Meridian zusammenfiel, dann von den letzten Decennien des vorigen Jahrhunderts angefangen eine ununterbrochene Beobachtungsreihe. Die Inclinationsbestimmungen gehen zwar bis 1660 zurück, jedoch fangen die zuverlässigeren Messungen erst mit dem gegenwärtigen Jahrhunderte an. Die sämmtlichen vorhandenen Bestimmungen hat nun Herr Renou zusammengestellt und findet dass die Nordspitze einer frei um ihren Schwerpunkt beweglichen Magnetnadel vermöge der Secularbewegung eine Figur von ungefähr folgender Form ∞ beschreibt, jedoch so dass der östliche Theil beträchtlich kleiner als der westliche ist: der Kreuzungspunkt liegt im astronomischen Meridian. Hr. Renou hatte sich zugleich zur Aufgabe gemacht, wie es scheint, aus den Beobachtungen von Paris die tägliche und jährliche Bewegung der Magnetnadel durch Curven darzustellen, aber wahrscheinlich die vorhandenen Bestimmungen unzureichend gefunden: er bemerkt nur unter Hinweisung auf die Arbeiten des Hrn. Hansteen, dass die tägliche Periode sehr genau bekannt sei, während bezüglich der jährlichen Periode die Beobachtungen verschiedener Orte nicht übereinstimmen und die Beobachtungen desselben Ortes für verschiedene Jahre einen sehr verschiedenen jährlichen Gang zeigen. Zum Beweise des letztern Satzes stellt er die aus den Pariser Beobachtungen berechneten monatlichen Mittel der Declination und Inclination für 1864 und 1865 zusammen, deren Unregelmässigkeit wohl zum Theile von der Unvollständigkeit der benutzten Data herrühren dürfte. *La.*

Pouillet. Sur la position des pôles dans l'intérieur des barreaux aimantés et sur la mesure absolue des forces magnétiques. C. R. LXII. 275-275; Inst. 1866. p. 60-60; Ann. d. chim. (4) VII. 297-322; Monit. Scient. VIII. 181-182; Mondes X. 589-589.

Hr. Pouillet beschreibt in dieser Abhandlung die sehr einfachen Vorrichtungen und Methoden, welche er angewendet hat, um die absolute Intensität des Erdmagnetismus zu bestimmen. Es lässt sich allerdings nicht in Abrede stellen, dass der von diesem berühmten aber bereits in Jahren vorgerückten Physiker befolgte Weg und insbesondere die Anwendung der Torsionswaage Vortheile darbieten könnte, aber vorher müsste man mancherlei praktische Schwierigkeit beseitigen und die in den letzten drei Decennien gemachten Erfahrungen genauer berücksichtigen als es in der vorliegenden Abhandlung geschehen ist.

Was den Zahlenwerth betrifft, der am Schlusse für die Intensität in Epinay-sur-Seine (13 Kilomètres von Paris) gefunden wird, so hat er mit den für die Umgegend von Paris bestimmten Intensitäten keine Aehnlichkeit und Hr. Pouillet erklärt, dass ihm zum Behufe einer Vergleichung Data fehlen, die er sich bisher nicht zu verschaffen vermocht habe. *La.*

C. Braun. Ueber eine magnetische Wärmecompensation des Bifilarmagnetometers. Pogg. Ann. CXXVII. 433-443; Mondes XI. 363-366.

Während man gewöhnlich bei Einrichtung eines Bifilarmagnetometers die obere Suspension so weit dreht bis der Magnet um 90° vom Meridian abgelenkt wird, benutzt Hr. Braun die Torsionskraft der zwei Parallelfäden nur so weit bis die Ablenkung etwas weniger als die Hälfte jenes Betrages erlangt hat und legt dann unter den Bifilarmagnet einen horizontalen Ablenkungsmagnet, dessen Mittelpunkt senkrecht unter dem Mittelpunkte des Bifilarmagnets steht und der so gerichtet wird, dass er die Ablenkung bis auf 90° vermehrt. Das Eigenthümliche dieser Einrichtung ist, dass dem horizontalen Erdmagnetismus der den Bifilarstab in den Meridian zurückzuführen sucht, zwei Kräfte, eine Torsionskraft und ein magnetisches Drehungsmoment entgegenwirken. Bezeichnet man den horizontalen Erdmagnetismus mit K, das magnetische Moment des Bifilarstabes mit m und den Ablenkungswinkel (der sehr nahe 90° betragen wird) mit φ, so hat man das durch den Erdmagnetismus ausgeübte Drehungsmoment $= Xm \sin\varphi$; was die Torsionskraft der Bifilarsuspension betrifft, so kann sie durch $a \sin(\omega - \varphi)$ dargestellt werden, wo $\omega - \varphi$ den Drehungswinkel der Fäden bezeichnet; endlich lässt sich das Drehungsmoment des Hülfsstabes durch $mm'C \sin\psi$ ausdrücken, wenn m' das magnetische Moment des ablenkenden Hülfsmagneten und C eine von den Dimensionen und der Entfernung der Magnete abhängige Constante bedeutet: hiernach hat man für den Fall des Gleichgewichts die Gleichung:

$$Xm \sin\varphi - a \sin(\omega - \varphi) - mm'C \sin\psi = 0,$$

wofür man unter der Voraussetzung, dass alle Temperatur- und sonstigen Aenderungen beider Magnete nach gleichem Verhältnisse vor sich gehen, also $m' = bm$ gesetzt werden dürfe, die Gleichung:

$$Xm \sin\varphi - a \sin(\omega - \varphi) - m^2 bC \sin\psi = 0$$

substituiren kann. Erleidet m irgend eine Aenderung, d. h. geht m in $m + \Delta m$ über, so beträgt die Störung des Gleichgewichts

$$X \sin\varphi \Delta m - 2mbC \sin\psi \Delta m,$$

welche = 0 wird, wenn man

$$X \sin\varphi = 2mbC \sin\psi$$

oder

$$m^2bC \sin\psi = \tfrac{1}{2}Xm \sin\varphi$$

macht, d. h. wenn das Drehungsmoment des ablenkenden Magnets die Hälfte des von dem horizontalen Erdmagnetismus ausgeübten Drehungsmoments beträgt. Hr. BRAUN zeigt wie man in der Praxis den hier geforderten Bedingungen am Einfachsten und Sichersten entsprechen und somit ein Messinstrument für Intensitätsvariationen herstellen könne, wobei nicht bloss der Temperatureinfluss, sondern auch der in hohem Grade nachtheilige aber bisher stets nur unvollständig berücksichtigte Einfluss des allmähligen Kraftverlustes der Magnete gänzlich eliminirt wird. Bei wirklicher Anwendung der gemachten Vorschläge wird sich übrigens zeigen, dass es sehr schwer ist, in dem immerhin ziemlich ausgedehnten Raume, den die beiden Magnete einnehmen gleiche Temperatur zu erhalten.

Was den Einfluss der Temperatur auf die Bifilarsuspension selbst betrifft, so bemerkt Hr. BRAUN, dass er nur durch Anwendung einer mechanischen Compensation aufgehoben werden könne, und schlägt vor, da die Torsionskraft dem Quadrate der Entfernung der Fäden direct und ihrer Länge umgekehrt proportional ist, zu den Fäden und zu den Bügeln zwei Metalle mit den diesem Verhältnisse entsprechenden Ausdehnungscoefficienten, etwa Silber und Platina zu nehmen. Dass das Verhältniss der Ausdehnungscoefficienten nicht richtig ausgedrückt ist, muss als ein zufälliges Versehen betrachtet werden, da das Resultat richtig ist. *La.*

LAMONT. Wochenberichte der Münchener Sternwarte. No. 27-78.

Seit Juli 1865 erscheinen an der Münchener Sternwarte „Wochenberichte“ in welchen zunächst die täglichen meteorologischen und magnetischen Beobachtungen veröffentlicht werden, und wo unter den beigefügten Aufsätzen auch verschiedene magnetische Zusammenstellungen und Untersuchungen vorkommen. Von diesen letzteren soll hier eine kurze Uebersicht gegeben werden.

Unter der Aufschrift: Bemerkungen über die täglichen Variationen des Erdmagnetismus findet man (in No. 25, 27, 28) die Resultate der Münchener Declinations- und Intensitätsbeobachtungen durch periodische Reihen dargestellt, wobei einige bemerkenswerthe Analogien der Constanten dieser Reihen unter sich und mit den Constanten des periodischen Ausdrucks für die tägliche Bewegung des Barometers erwähnt werden: am Schlusse wird darauf hingedeutet dass die Hypothese einer um die Erde in 24 Stunden durch die Sonne herumgeführten negativ-elektrischen Welle nicht bloss zur Erklärung der täglichen Variationen geeignet wäre, sondern auch den permanenten Theil des Erdmagnetismus erklären würde, denn eine Bewegung der negativen Elektricität von Ost nach West müsste den als inductionsfähig anzunehmenden Kern der Erde, im Laufe der Jahrtausende zum Magneten und zwar mit einem Südpol im Norden und einem Nordpol im Süden gemacht haben, auch wenn ursprünglich die Erde gar keinen Magnetismus gehabt hätte. Für die Hypothese eines inductionsfähigen Erdkerns sind schon mehrfache Beweisgründe, namentlich von Hrn. SABINE beigebracht worden.

In einem Aufsatze „über die Secularänderung der magnetischen Declination in München" (Wochenbericht No. 42) findet man die mit aller Sorgfalt bestimmten Declinationen von 1841 bis 1865 zusammengestellt. Daraus lässt sich entnehmen

1) dass der jährliche Betrag der Secularänderung von einem Jahre zum andern bedeutend (bis $\pm 1\frac{1}{2}$ Minute) verschieden sein kann, demnach theilweise von Zufälligkeiten abhängt;
2) dass die Secularänderung mit der 10jährigen Periode keinen Zusammenhang zeigt;
3) dass die Seculärändernng weder mit einer Pendeloscillation noch mit der Projection einer Kreisbewegung vergleichbar ist, weil sonst (bei der geringen Entfernung von der äussersten Elongation die zwischen 1820 und 1825 stattgefunden haben mag) eine stärkere Beschleunigung während des obigen Zeitraums wahrzunehmen sein müsste.

In einem Aufsatze „über die Inclination in München und das

Verhältniss zwischen Inclination und Intensität" (Wochenbericht No. 70) werden die Resultate der neueren Inclinationsmessungen angegeben und zugleich aus der Zusammenstellung sämmtlicher Messungen die Folgerung abgeleitet, dass zwischen den Secularänderungen der Inclination und Horizontalintensität ein constantes Verhältniss bestehe. Was diesem Satze eine grössere theoretische Wichtigkeit giebt, ist einerseits die Bestätigung, die er durch die Beobachtungen des Hrn. HANSTEEN in Christiania erhält, andererseits der Zusammenhang, in welchem er unzweifelhaft mit den früheren aus den Münchener Beobachtungen abgeleiteten constanten Verhältnissen zwischen den Intensitäts- und Inclinationsstörungen, dann zwischen den Intensitäts- und Inclinationsdifferenzen verschiedener Orte stehen wird. *La.*

FERD. MÜLLER. Ueber die Relation zwischen magnetischer Inclination und Horizontalintensität. Bull. d. St.-Pét. VII. 15†.

Die von mir in Bayern ausgeführten magnetischen Messungen haben gezeigt, dass wenn man von einem Orte auf den andern übergeht, die correspondirenden Aenderungen der Horizontalintensität und Inclination in einem constanten Verhältnisse zu einander stehen: aus späteren Messungen in verschiedenen Theilen von Europa ging eine Bestätigung dieses Satzes hervor mit der Modification, dass die Constante nicht in allen Ländern dieselbe ist, sondern von der geographischen Breite und Länge abhängt. Die Abhängigkeit der Constante von der Länge und Breite mit Benutzung sämmtlicher europäischen und nordasiatischen Beobachtungen näher zu untersuchen und numerisch zu bestimmen, ist die Aufgabe welche sich Hr. MÜLLER in obiger Abhandlung gestellt hat; da aber zwischen den Resultaten verschiedener Beobachter nicht selten sehr beträchtliche Unterschiede sich vorfinden, so musste vor allem das gesammte vorhandene Material einer kritischen Untersuchung und Sichtung unterworfen und für jede Beobachtungsreihe ein Reductionsfactor bestimmt werden; eine sehr schwierige Arbeit, die übrigens Hr. MÜLLER mit ebensoviel Sorgfalt als Sachkenntniss durchgeführt hat. Am Ende giebt er eine Zusammenstellung der corrigirten Beobachtungen von mehr als 500 Stationen, und verzeichnet die Ergebnisse auf einer Karte, woraus zu ersehen ist, dass die Linien gleicher Constanten an der ganzen Westküste von Europa von Südwest gegen Nordost sich bewegen, im Innern des Continents aber in grossen Kreisbögen allmählig sich umbiegen und wieder in südwestlicher Richtung zurücklaufen. In Asien giebt sich bei den Curven eine ganz entschiedene Beziehung zum Pole grösster Intensität zu erkennen. *La.*

Fernere Litteratur.

W. A. Norton. Magnetic condition of the sun. Phil. Mag. (4) XXXII. 205-206, vgl. ib. XXXI. 282.

R. Lenz. Magnetische Beobachtungen an einigen Punkten der finnländischen und estländischen Küsten. Bull. d. St. Pét. IX. 419-426.

F. Zantedeschi. Compendio di allormi magnetici. Venezia 1865.

Frisiani. Influenza delle rocce su i tre elementi del magnetismo terrestre. Rendic. di Lomb. II. 128-129.

S. Gherardi. Sunto di altre sperienze ed osservazioni sul magnetismo de' mattoni, terre cotte, certi minerali e terreni ferriferi, e di una intra reduta cagione fin qui non avvertita di variamenti nell' azione del magnetismo del globo da un punto all' ultro anche prossimi della sua superficie. Cimento XXIII-XXIV. 5-17.

Erdstrom.

Dufour. Recherches sur les courants électriques terrestres. Monit. Scient. VIII. 721-724; Bull. Soc. Vaud. IX. 1-7; Arch. sc. phys. (2) XXV. 123-243.

Lamont. Der Erdstrom. Münchn. Wochenber. No. 38.

In der ersten Abhandlung setzt Hr. Dufour die Ergebnisse auseinander, zu welchen er in Betreff der Erdströme durch eine in früheren Betrachtungen schon vorbereitete (Berl. Ber. 1865.

p. 609) und im Frühjahr und Sommer 1865 ausgeführte Versuchsreihe gelangt ist.

Zu den Beobachtungen wurde der 9700 Meter lange Telegraphendraht der von Lausanne nach Bern geht (mit Anwendung eigens eingegrabener Erdplatten) benutzt, und da mehrere parallele Telegraphendrähte neben einander laufen, und während der Experimente bisweilen telegraphirt wurde, so hat Hr. Dufour zunächst sich zur Aufgabe gemacht, den Einfluss der hierzu verwendeten Batterieströme zu ermitteln; hierauf giebt er eine kurze Darstellung der Strombewegungen, welche er mittelst eines eingeschalteten Galvanometers vom 25. April bis 31. Mai fast ausschliesslich in den Morgen- und Abendstunden beobachtet hat. Alsdann untersucht er, inwieweit diese beobachteten Bewegungen den beim Telegraphiren angewendeten Batterieströmen und ob sie einer thermoelektrischen Erregung oder einer Polarisation der Erdplatten zugeschrieben werden könnten, und nachdem er gezeigt hat, dass die drei hier angedeuteten Entstehungsarten als unzulässig erachtet werden müssen, kommt er zu der Hauptfrage, welche Ursachen den beobachteten Strömen zu Grunde liegen.

Drei Ursachen werden aufgeführt:

1) Die elektrochemische Wirkung der Erdplatten;
2) Die atmosphärische Elektricität und sonstige stromerregende atmosphärische Verhältnisse;
3) Der Erdstrom.

Der ersten Ursache schreibt Hr. Dufour den constanten Theil, den beiden letzten Ursachen den veränderlichen Theil der im Drahte beobachteten Ströme zu.

Den Schluss der Abhandlung bilden verschiedene Betrachtungen über den Zusammenhang der Telegraphenströme mit der Temperatur der Luft, mit Gewittern, mit den magnetischen Variationen u. s. w.

In dem zweiten oben angeführten Aufsatze wird nach Erwähnung dieser Untersuchung des Hrn. Dufour darauf hingewiesen, dass letzterer den Untersuchungsweg, der in England bisher befolgt worden ist, gewählt hat, und zu Resultaten gelangt ist, welche als eine Bestätigung oder Erweiterung der in

England ausgeführten Arbeiten zu betrachten sind. Es giebt indessen noch einen andern Untersuchungsweg; um nämlich die Natur des Erdstromes näher zu ergründen, sollte nach meiner Ansicht ausgegangen werden von zwei Thatsachen, welche ich schon im Jahre 1861 erkannt (Berl. Ber. 1861. p. 565) und später in einer eigenen Schrift (Berl. Ber. 1862. p. 558) vollständig festgestellt habe:

1) parallele Drahtleitungen von geringer Länge geben vollkommen bis ins kleinste Detail übereinstimmende momentane Strombewegungen.

2) Diese Strombewegungen zeigen die genaueste Uebereinstimmung mit den momentanen magnetischen Bewegungen, so zwar dass der Ost-West-Strom mit den Aenderungen der Intensität, der Nord-Süd-Strom mit den Aenderungen der Declination coincidiren. Die Nachweisung hierüber ist aber bisher nur für kurze Drahtleitungen geliefert worden und die erste Frage, die nun zu entscheiden wäre, würde sich auf das Verhältniss kurzer und langer Drahtleitungen beziehen. Tritt der Erdstrom in langen Drahtleitungen stärker auf, oder sind die Ströme die in langen und kurzen Drahtleitungen sich offenbaren, verschieden hinsichtlich ihrer Entstehung oder Zusammensetzung?

Eine ganz günstige Gelegenheit zur Entscheidung dieser Frage bietet Lausanne dar, jedoch müsste nicht die Telegraphenlinie nach Bern, sondern jene nach Vevey benutzt werden, weil letztere ziemlich nahe die Ost-West-Richtung hat, und in dieser Richtung der Erdstrom am stärksten ist und am leichtesten mit den magnetischen Variationen verglichen werden kann. Die erste Bedingung würde dann darin bestehen, einen isolirten Draht von ungefähr 300 bis 500 Meter in der Richtung gegen Vevey (etwa auf den Telegraphenstangen) aufzuspannen, eigene Erdplatten dafür einzugraben, und ein Galvanometer einzuschalten. Unmittelbar neben diesem Galvanometer müsste das Galvanometer der Linie Lausanne-Vevey zu stehen kommen, so dass zwei Beobachter die gleichzeitigen, in Intervallen von wenigen Secunden eintretenden Bewegungen vergleichen könnten. Zweckmässig würde es ferner sein den Zusammenhang mit dem

Erdmagnetismus zu berücksichtigen und zu diesem Behufe ganz in der Nähe der Galvanometer ein Variationsinstrument für horizontale Intensität aufzustellen.

Mittelst solcher Einrichtungen hätte es wohl keine Schwierigkeit, bezüglich der oben angeregten Fragen in kürzester Zeit zu einer Entscheidung zu gelangen, und es müssten sich Anhaltspunkte herausstellen, durch welche man in den Stand gesetzt würde, die Natur des Erdstromes und den künftig bei Erforschung desselben einzuschlagenden Weg genauer zu erkennen. *La.*

MATTEUCCI. On earth-currents. Athen. 1866. p. 306-306; C. R. LXIII. 856-857.

Von den zwei vorausgegangenen Mittheilungen des Herrn MATTEUCCI an die Pariser Akademie findet man den Inhalt in den Berl. Ber. 1864. p. 629 angegeben, die vorliegende, dritte sehr unvollständige Mittheilung fügt nur Weniges zu den früheren Resultaten hinzu. Wie früher hält Hr. MATTEUCCI an dem Satze fest, dass in einer geschlossenen Leitung, welche aus einer Erdschichte und einem an beiden Enden damit gehörig verbundenen Metalldraht besteht, ein nach bestimmter Richtung circulirender Strom vorhanden ist, vorausgesetzt dass zwischen den Endpunkten des Drahtes eine Niveaudifferenz besteht: der Strom steigt aufwärts in dem metallischen Theile der Leitung und dabei nimmt seine Intensität in dem Maasse zu als die Leitungen länger und die Niveaudifferenzen der Endpunkte grösser werden.

Eine Störung erleidet dieses Gesetz durch Stürme und grosse atmosphärische Bewegungen. Was die Ursache der Ströme betrifft, so geht die Ansicht des Hrn. MATTEUCCI dahin, dass da sie mit den Nordlichtern und den magnetischen Störungen in Zusammenhang stehen, man sie als von dem elektrischen Zustande der Erde und Atmosphäre bedingt zu betrachten habe, so dass ihre Gesetze nach der Vertheilung der Elektricität und somit nach der geographischen Breite, nach der Meereshöhe, nach der Natur und Configuration des Bodens sich richten werden. *La.*

L. DUFOUR. Note sur la perturbation magnétique du 21 févr. 1866. Arch. sc. phys. (2) XXVI. 61-64; C. R. LXII. 643-645; BRIX Z. S. XIII. 43-44.

Hr. DUFOUR hat eine mit einer kurzen Drahtleitung verbundene Erdplatte in den Boden versenkt und die Drahtleitung bis in sein Laboratorium geführt, wo sie nach Einschaltung eines Galvanometers mit den Gasleitungsröhren in Verbindung gebracht werden konnte. Obwohl der Punkt wo die Gasröhren in den Boden hinabgingen nur 29 Meter von der Erdplatte entfernt war, so zeigte das Galvanometer einen ziemlich starken Strom an, der lange Zeit hindurch nur langsam sich änderte, bis auf einmal am Morgen des 21. Februar 1866 Schwankungen von mehreren Graden vorwärts und rückwärts eintraten. Den Grund davon konnte sich Hr. DUFOUR anfangs gar nicht erklären: erst als er Nachricht erhielt, dass an diesem Tage eine in ganz Europa wahrgenommene magnetische Störung vorgekommen war, schloss er dass derselben die von ihm beobachteten Schwankungen zuzuschreiben seien und also der Erdstrom auch in kurzen Leitungen seine Wirkungen äussere: von dieser für die Theorie so wichtigen Thatsache Kunde zu geben war der Zweck obiger Mittheilung.

(Man vergleiche meine in den Berl. Ber. 1862. p. 558 angezeigte Schrift über den Erdstrom, wo die Manifestationen des Erdstromes in kurzen Leitungen umständlich angegeben sind.)

La.

---

44. Atmosphärische Elektricität.

Litteratur.

L. PALMIERI. Sull' elettrografo atmosferico del THOMSON. Cimento XXI-XXII. 145-148.

— — Se le osservazioni di meteorologia elettrica fatte con l'elettrometro bifilare e del conduttore mobile siano comparabili. Rendic. di Napoli 1865. Agosto; Cimento XXI-XXII. 43-49.

L. Palmieri. Sul modo di avere le osservazioni di meteorologia elettrica corrette dagli errori provenienti dall' umidità dell' aria. Cimento XXI-XXII. 73-75.

M. Hirn. Effets singuliers d'un coup de foudre. Mondes (2) XII. 53-54.

Peltier. Faut-il terminer les paratonnerres par des pointes ou par des boules? (Lettre à Mr. Quetelet.) Bull. d. Brux. (2) XXI. 132-136; Inst. 1866. p. 160-160.

F. W. C. Krecke. Electricité atmosphérique et orages dans la Hollande. Mondes (2) I. 446-448. Aus Krecke Het klimaat van Nederland. Haarlem II. partie.

Briggs. Le feu St.-Elme. Mondes XI. 424-425.

C. Kuhn. Ueber zwei im Frühling 1866 vorgekommene Blitzereignisse, nebst einigen Bemerkungen über Belegung und Construction der Blitzableiter. Dingler J. CLXXII. 289-300; Münchn. Ber. 1866. II. 2. 192-194.

W. O. Focke. Ueber Blitzröhren bei Oslebshausen. Brem. Abh. I. 49-51.

H. Cauderey. Description d'un coup de foudre, qui a atteint la ligne télégraphique, près de Gorgier, le 9 juillet 1865. Bull. Soc. Vaud. IX. 90-91.

Kuhn. Ueber Blitzableiter. Karsten Encycl. XX. 1-285.

Nielsen. Ueber Leitungsblitzableiter. Brix Z. S. XIII. 133-137.

G. A. Stearns. Blitzableiter für Telegraphen. Polyt. C. Bl. XX. 667-668.

A. Chauveau des Roches. Ueber Blitzableiter. Dingler J. CLXXXI. 40-42.

Guillemin. Sur un procédé pour essayer les parafoudres des postes télégraphiques. Inst. 1866. p. 404-405.

A. Chauveau des Roches. Auffangstangen für Blitzableiter. Polyt. C. Bl. 1866. p. 316-317.

Palmieri. Nuove modificazioni arrecate al conduttore mobile con alcune avvertenze necessarie nel farne uso. Cimento XXXIII-XXXIV. 309-314.

A. Houzeau. Sur les composés nitreux considérés, comme n'étant pas la cause des altérations que l'air atmosphérique fait subir aux papiers de tournesol vineux mi-joduré employés comme réactifs de l'ozone. Ann. d. chim. (4) VII. 84-102.

— — Sur l'activité chimique de l'air considérée comme un état normal de l'atmosphère et sur la relation qui existe entre l'accroissement de cette activité et certaines perturbations atmosphériques. C. R. LXII. 426-429.

— — Remarques sur l'ozone atmosphérique. Bull. Soc. Chim. 1866. janv. 4-6.

G. Planté. Sur la production de l'ozone. Monit. Scient. VIII. 735-736; Cimento XXIII-XXIV. 367-367; Mondes XI. 455-456.

On ozone (Soret-Fremy). Int. Obs. VIII. 472-472.

L. v. Babo und A. Claus. Weitere Untersuchungen über das Ozon. Liebig Ann. CXL. 348-353.

L. Palmieri. Dell' ozono e dell' antiozono. Cimento XXIII-XXIV. 315-317.

P. Secchi. Sull' ozono atmosferico. Cimento XXIII-XXIV. 417-418.

---

45. Physikalische Geographie.

A. Allgemeines.

Litteratur.

Pratt. On the fluid theory of the earth. Phil. Mag. (4) XXXI. 430-435.

— — On the level of the sea during the glacial epoch. Phil. Mag. (4) XXX. 532-533.

J. Cnoll. On the physical cause of the submergence and emergence of the land during the glacial epoch. With a note by Prof. W. Thomson. Phil. Mag. (4) XXXI. 301-306.

PRATT. On the figure of the earth measured geodetically. Phil. Mag. (4) XXXII. 313-315.

A. DE CALIGNY. Considérations nouvelles sur les mouvements des matières souterrains en fusion, étudiés dans leurs rapports avec le mouvement varié des fluides, en tenant compte de la nouvelle théorie de la chaleur. C. R. LXIII. 512-514.

P. HÉDOUIN. Anwendung der Elektricität für unterseeische Tiefenmessungen. DINGLER J. CLXXIX. 427-428. (Génie industr. 1865. p. 269.)

BOURLOT. Réactions de la haute température et des mouvements de la mer ignée interne sur la croûte extérieure du globe. Étude sur les mouvements diurnes ou les marées du sol. Paris 1865.

— — Étude sur les dénivellations séculaires des terrains superficiels. Paris 1865.

FRIESACH. Beschreibung einer Tabelle zur Erleichterung der Schifffahrt im grössten Kreise. Wien. Ber. LIII. 2. p. 258-264.

PRATT. Reply to Captain A. R. CLARKE's remarks on his determination of the figure of the earth from geodetic data. Phil. Mag. (4) XXXII. 17-22.

A. ERMAN. Ueber einige zur Bestimmung der Meerestiefen anwendbare Methoden und Apparate. ERMAN Arch. XXV. 92-141, 196-197.

J. C. HEUSSER und G. CLARAZ. Beiträge zur magnetischen und physikalischen Kenntniss der Provinz Buenos-Ayres. Schweiz. Denkschr. XXI. 1-22, 1-339.

LAURENT. Sur les appareils de sondage. Inst. XXXIV. 213-214.

P. A. HANSEN. Bestimmung des Längenunterschiedes zwischen den Sternwarten zu Gotha und Leipzig. Leipz. Abh. VIII. 227-320.

C. DEICKE. Ueber die verschiedenen Ansichten vom innern Zustand der Erde. Z. Z. f. Naturw. XXVIII. 279-295.

B. Meere.

Litteratur.

COUPVENT DES BOIS. Sur la hauteur des vagues à la surface des océans. C. R. LXII. 82-87; Inst. 1866. p. 18-18.

C. G. JUNGK. Eine Bemerkung über die Meeresströmungen. POGG. Ann. CXXVII. 642-646.

A. SMITH. On the tidal currents on the west coast of Scotland. Proc. Roy. Soc. XV. 42-46.

HAUGHTON. On the tides of the arctic seas. Part III. On the semidiurnal tides of Frederiksdal, near Cape Farewell, in Greenland. Proc. Roy. Soc. XV. 114.

H. JAMES. Report on the levelling from the Mediterranean to the Red Sea. Proc. Roy. Soc. XV. 128-131.

CIALDI. Sul moto ondoso del mare e su le correnti di esso, specialmente su quelle littorali. C. R. LXIII. 1271-1277; LIOUVILLE J. (2) XI. 266-272.

A. F. v. SASS. Untersuchungen über die Eisbedeckung des Meeres an den Küsten der Inseln Oesel und Moon. Bull. d. St. Pét. IX. 145-188.

A. D. SASS. Observations sur les variations du poids spécifique de l'eau de la Baltique. Bull. d. St. Pét. X 507-513.

LORENZ. Sur la stratification des eaux saumâtres à l'embouchure des eaux courantes de Dalmatie et de Vénétie, qui se déversent dans l'Adriatique. Inst. 1866. 317-318.

T. G. BUNT. Discussion of Tide-Observations at Bristol. Proc. Roy. Soc. XV. 289-290.

G. B. AIRY. Un théorème sur les marées. Mondes XII. 341-344.

TH. CARRICK. On the wave of high water, with hints towards a new theory of the tides. Proc. Manch. Soc. 125-128; Mem. Manch. Soc. (3) II. 306-334.

Neueste Beobachtungen über Polareis und die Polarströmungen. PETERMANN Mitth. 1866. p. 381-386.

A. F. v. SASS. Untersuchungen über die Niveauverschiedenheit des Wasserspiegels der Ostsee. ERMAN Arch. XXV. 320-348.

Th. Heelis. On the height and order of succession of waves, as observed of the Cape of good Hope. Mem. Manch. Soc. (3) II. 430-437.

A. Mühry. Die physikalische Geographie von Inner-Arabien. Petermann Mitth. 1866. p. 194-195.

Robinet und Lefort. Analyse des Wassers des rothen Meeres. C. R. LXII. 436; Chem C. Bl. 1866. p. 511-511.

A. Terreil. Zusammensetzung des Wassers vom todten Meere und seinen Umgebungen. Z. S. f. Chem. 1866. 414-416; C. R. LXII. 1329.

Ferrell. An annual variation in the daily mean level of the ocean and its causes. Proc. Amer. Ac. VII. 31-37.

Ulskji. Ueber die Tiefen des caspischen Meeres und deren geologische Bedeutung. Erman Arch. XXV. 22-44.

A. F. v. Sass. Analyse des Ostseewassers und der grossen Sunde. Erdmann J. XCVIII. 251-251.

C. Seen.

Litteratur.

Ch. Martins. Description d'un appareil de sondage propre à mesurer la profondeur des lacs, suivi de quelques résultats obtenus sur ceux de Genève, de Thoune, de Brienz et de Fluelen. Arch. sc. phys. (2) XXVI. 321-326.

A. Terreil. Composition des eaux de la mer morte; des eaux des sources environnantes, et de l'eau du Jourdain. C. R. LXII. 1329-1332. Vgl. oben.

L. Lartet. Recherches sur les variations de salure de l'eau de la mer morte en divers points de sa surface et à différentes profondeurs, ainsi que sur l'origine probable des sels qui entrent dans sa composition. C. R. LXII. 1333-1336.

Ein See mit zwei Ausflüssen in den Anden. Petermann Mitth. 1866. p. 198-198.

L. Lartet. Ueber die Bildung des todten Meeres. Ausland 1866. p. 522-524.

COUPVENT DES BOIS. Ueber die Beziehung zwischen der Windgeschwindigkeit und der Höhe der Meereswellen. DINGLER J. CLXXXI. 409-410.

D. Flüsse.

Litteratur.

CH. DES MOULINS. Etudes sur les cailloux roulés de la Dordogne. C. R. LXII. 1191-1193.

J. ALTMANN. Auf- und Zugang der Newa in St. Petersburg. PETERMANN Mitth. 1866. p. 192-192.

— — Auf- und Zugang der Wolga-Flüsse. PETERMANN Mitth. 1866. p. 192-193.

E. Quellen.

Litteratur.

FRESENIUS. Chemische Analysen. Chem. C. Bl. IX. 864.

Les puits artésiens de Chicago. Mondes I. (2) 419-420.

HERSCHEL. Hot springs and other natural features of the Pyrenees. Int. Obs. VIII. 439-446.

C. SCHMIDT. Hydrologische Untersuchungen. Bull. d. St. Pét. IX. 315-331.

STREIT und HOLEÇEK. Beiträge zur Kenntniss der Mineralquellen im Kaiserthum Oesterreich. Wien. Ber. LIII. 2. p. 371-395.

HIDEGH. Chemische Analyse der Quelle des Johannisbades in Baden bei Wien. Wien. Ber. LIII. 2. p. 395-405.

J. MITTEREGGER. Analysen einiger Heilquellen. Jahrb. d. Landesmus. in Kärnthen VII. 81-98.

F. Höhenverhältnisse.

Litteratur.

TH. PETERSEN. Haupthöhenpunkte der österreichischen Hochalpen. PETERMANN Mitth. 1866. p. 183-184.

J. ALTMANN. Höchste bewohnte Orte Russlands und ihre Temperaturen. PETERMANN Mitth. 1866. p. 190-190.

Barometrische Höhenmessungen in der Dobrudscha, ausgeführt durch Hrn. Prof. K. PETERS, berechnet von H. WOLF. Jahrb. d. geol. Reichsanst. XV. 444-451.

Wichtige Höhenpunkte in Griechenland und dem Archipel. PETERMANN Mitth. 1866. p. 231-231.

G. Gletscher.

Litteratur.

J. C. MOORE. On glacial submergence. Phil. Mag. (4) XXXI. 372-373.

CH. MARTINS. Du retrait et de l'ablation des glaciers de la vallée de Chamounix constatés dans l'automne de 1865. Arch. sc. phys. XXVI. 209-225.

T. G. BONNEY. Sur les traces d'anciens glaciers en rapport aves les lacs d'Angleterre. Inst. 1866. p. 280-280. (Geolog. Magaz.)

BERTIN. Sur la constitution de la glace glaciaire. Monit. Scient. VIII. 786-787; C. R. LXIII. 346-351.

SARTORIUS v. WALTERSHAUSEN. Untersuchungen über die Klimate der Gegenwart und der Vorwelt mit besonderer Berücksichtigung der Gletschererscheinungen in der Diluvialzeit. Haarlem 1865. Arch. sc. phys. (2) XXVII. 41-72.

J. L. SORET. Sur l'ancienne extension des glaciers. Arch. sc. phys. (2) XXVII. 73-78.

V. PAYOT. Notes sur l'avancement et le retrait des quatre grands glaciers de Chamounix pendant le dixneuvième siècle. Arch. sc. phys. (2) XXVII. 96-96.

CH. GRAD. Sur le développement des glaces polaires et l'extension du „gulf-stream" dans le nord. C. R. LXIII. 98-101.

A. F. v. SASS. Beobachtungen über das Treibeis in der Ostsee. PETERMANN Mitth. 1866. p. 426-427.

CH. MARTINS. Note sur les traces et les terrains glaciaires aux environs de Baveno sur le lac majeur. Arch. sc. XXVI. 225-231.

v. SCHLAGINTWEIT-SAKÜNLÜNSKI. Die thermisehen Verhältnisse der tiefsten Gletscherenden im Himálaya und in Tibet. Münchn. Ber. 1866. I. 290-293.

E. W. HILGARD. Remarks on the drift of the western and southern states, and its relation to the Glacier and Iceberg theories. SILLIMAN J. (2) XLII. 343-347.

S. A. SEXE. Maerker efter en Jistid i Omegnen af Hardangerfjorden. Christiania 1866. p. 1-34. 1 Tafel.

E. STAUDIGL. Die Wahrzeichen der Eiszeit am Südrande des Gardasees. Jahrb. d. geol. Reichsanst. 1866. p. 479-501.

GILL. On regelation. Phil. Mag. (4) XXXI. 119-123.

H. Vulkanische Erscheinungen.

Litteratur.

a) Vulkane.

F. LENORMANT. Sur l'apparition d'un nouvel îlot volcanique dans la rue de Santorin. — Remarques de Mr. CH. SAINTE-CLAIRE-DEVILLE. C. R. LXII. 392-396; Inst. 1866. p. 59-59; Mondes (2) I. 325-326.

— — Deuxième lettre sur l'éruption volcanique de Santorin et les phénomènes qui l'ont accompagnée dans le reste de la Grèce. C. R. LXII. 465-468.

O. SILVESTRI. Sulla eruzione dell' Etna nel 1865. Studii geologici e chimici. Cimento XXI-XXII. 167-184.

FOUQUÉ. Exploration des principaux évents volcaniques de la Grèce. C. R. LXII. 1121-1122; Inst. XXXIV. 181-183.

SILVESTRI. Sur un tremblement de terre ressenti en Sicile le 26 mars 1866. C. R. LXII. 1122-1123.

SEEBACH. Une visite au volcan d'Izalco. Détails sur la structure de ce volcan et d'autres volcans de l'Amérique centrale. Inst. XXXIV. 1699, 1700, 1701.

O. SILVESTRI. Le salse e la eruzione fongosa di Paterno (Sicilia). Cimento XXI-XXII. 225-247; Mondes X. 586-587.

BRINE. Additional documents relating to the volcanic eruptions at the Kaimeni-Islands. Phil. Mag. (4) XXX. 545-545.

FOUQUÉ. Report to the eparch of Santorino on the eruptions at the Kaimeni-Islands. Phil. Mag. (4) XXXI. 545-546.

DELENDA. Etat du volcan de Santorin. Inst. 1866. p. 306-306.

LE HON. Sur l'éruption de Vésuve en 1631. Inst. 1866. p. 153-159, p. 161-166, p. 177-182.

DE CIGALLA. Phénomènes volcaniques de Santorin, pendant le mois d'août. C. R. LXIII. 611-612.

T. ANSTED. Notes on a winter visit to mount Etna; the eruption of 1669. Int. Obs. IX. 125-131.

FOUQUÉ. Rapport sur un mémoire: Recherches sur les phénomènes chimiques des volcans. C. R. LXII. 1366-1377.

DA CORAGNA. De l'influence sur la santé des hommes et sur la végétation par les émanations volcaniques à Santorin. C. R. LXII. 1381-1385.

SAINT-CLAIRE-DEVILLE. Extraits de deux lettres (29 mai, Santorin) l'une de Mr. DELENDA, l'autre du R. P. HYPERT relatives à la continuation des phénomènes éruptifs dans l'île de Santorin. C. R. LXII. 1394-1395.

v. HAHN. Ueber die neuerlich auf der Insel Santorin stattfindenden vulkanischen Eruptionen. Wien. Ber. LIII. 2. p. 411-416.

CHRISTOMANOS. Die neuesten vulkanischen Erscheinungen auf Santorin. Wien. Ber. LIII. 2. p. 416-449.

ANSTED. Notes on a winter visit to mount Etna — the eruption of 1865. Int. Obs. IX. 258-276.

DE CIGALLA. Phénomènes volcaniques de Santorin, pendant le mois de mai. C. R. LXII. 996-997, LXIII. 47-48.

SAINT-CLAIRE-DEVILLE. Quinzième lettre à Mr. E. DE BEAUMONT sur les phénomènes éruptifs de l'Italie méridionale. C. R. LXIII. 77-85, 146-154.

A. MAUGET. Sur les phénomènes consécutifs de l'éruption de décembre 1861 au Vésuve (27 mars 1863). C. R. LXIII. 97-98.

J. F. J. Schmidt. Die vulkanischen Erscheinungen an der Nea kammeni zu Santorin 1866. Petermann Mitth. 1866. p. 141-143.

D. Kind. Ueber die vulkanischen Erscheinungen bei der griechischen Insel Thera. Petermann Mitth. 1866. p. 134-141.

F. R. v. Hauer. Santorin. Arch. sc. phys. (2) XXVI. 148-151.

Erman. Erloschene Vulkane in Mandjurien. Erman Arch. XXV. 210-212.

Ch. Sainte-Claire-Deville. De la succession des phénomènes éruptifs dans le cratère supérieur du Vésuve, après l'éruption de décembre 1861. C. R. LXIII. 237-243.

Delenda. Communications diverses sur les îlots de Santorin. Inst. XXXIV. 225-226.

Radau. Les nouvelles îles d'origine volcanique. Monit. Scient. VIII. 494-506.

Virlet d'Aoust. Histoire des Kaïmênis ou îles volcaniques nouvelles du golfe de Santorin dans l'archipel de la Grèce. Mondes XI. 350-357, 476-484.

Ledoulx. Phénomènes volcaniques de Santorin. C. R. LXII. 608-610.

Fouqué. Recherches sur les phénomènes chimiques des volcans. C. R. LXII. 616-617.

— — Sur la nouvelle éruption de Santorin. C. R. LII. 796-800, 896-905.

b) Erdbeben.

E. de Montserrat. Tremblement de terre ressenti le 2 janvier au Mexique. C. R. LXII. 397-397.

Fouqué. Sur la récente éruption de Santorin. C. R. LXII. 1187-1191; Inst. XXXIV. 141-142, 162-162. Vgl. oben.

Grossi. Relation historique des observations sur l'éruption de l'Etna de 1865 et sur les tremblements de terre qui ont été ressentis à la suite dans les Champs Phlégréens. C. R. LXII. 1199.

G. Rayet. Sur le tremblement de terre du 14 sept. 1866 à $5^h\ 10^m$ du matin. C. R. LXIII. 504-507; Mondes (2) XII. 92-93.

Bérigny. Sur le tremblement de terre du 14 septembre 1866. Mondes (2) XII. 130-131.

C. F. Winslow. Notes on Tides at Tahiti, and earthquake phenomena. Silliman J. (2) XLII. 45-49.

A. Perrey. Sur les tremblements de terre en 1864, avec suppléments pour les années 1843 à 1863. Bull. d. Brux. (2) XXI. 264-265.

Le Verrier. Sur le tremblement de terre du 14 septembre 1866. Inst. 1866. p. 289-289.

Moll. Sur le tremblement de terre du 14 sept. 1866. C. R. LXIII. 572-573; Monit. Scient. VIII. 939-939.

Ch. Texier. Tremblement de terre, ouragan et inondation dans les departements du Cher et de la Nièvre. C. R. LXIII. 650-651.

A. de Caligny. Sur le mode de génération des tourbillons dans les matières en fusion souterraines et sur un plan général d'observations à faire relativement à la manière dont le mouvement se propage pendant les tremblements de terre. Inst. XXXIV. 372-373.

A. Poey. Tremblements de terre éprouvés au Mexique du 9 au 10 mai 1866. Mondes (2) XI. 500-501.

Tscheinen. Tagebuch über Erdbeben und andere Naturerscheinungen im Visperthal 1863. Wolf Z. S. IX. 20-39.

Secchi. Sur les tremblements de terre éprouvés récemment à Spoleto. C. R. LXII. 773-774.

Sainte-Claire-Deville. Remarques à la notice précédente. C. R. LXII. 774-777.

Lenormant. Sur les tremblements de terre des trois premiers mois de 1866 en orient. C. R. LXII. 1092-1095.

4. Mechanik.

(Siehe oben p. 32.)

J. J. SYLVESTER. Astronomical prolusions. Phil. Mag. (4) XXXI. 52-76†.

Nach einem Beweise der LAMBERT'schen Gleichung, der uns weniger einfach erscheint, als der von GAUSS (Theoria motus § 106) gegebene, geht der Verfasser auf die analytische und geometrische Bestimmung der Kegelschnitte über, von denen ausser dem Brennpunkt und der grossen Axe noch zwei Punkte gegeben sind und kommt nach einigen Verallgemeinerungen dieser Aufgabe auf die CARTESI'schen Ovale und endlich auf die Frage, unter welchen Bedingungen ein Kreis beschrieben werden könne von einem Punkte, der von zwei festen Centren angezogen wird, die auf demselben Radius so liegen, dass das Product ihrer Entfernungen vom Mittelpunkt gleich dem Quadrat des Radius ist; es ergiebt sich, dass die Anziehung dann der fünften Potenz der reciproken Entfernung proportional sein muss; u. s. f. Bemerken wollen wir nur noch die Gleichung, welche für einen beweglichen Punkt aus der Combination des Ausdrucks für die Centrifugalkraft und des Integrales der lebendigen Kräfte folgt:

$$(\Sigma f \cos i)\varrho = C - 2\Sigma\int f dr;$$

wo f die Attraction eines den Punkt anziehenden Centrums ist und i der Winkel, welchen die Richtung derselben mit dem Krümmungsradius ϱ der Bahn einschliesst. *Bt.*

J. J. SYLVESTER. Note on the periodical changes of orbits, under certain circumstances, of a particle acted on by a central force etc. Phil. Mag. (4) XXXI. 287-301†.

Soweit diese Note die Mechanik angeht, beruht sie auf einem Irrthum.

In der oben erwähnten Abhandlung nämlich war Hr. SYLVESTER auch auf den Ausdruck für die (anziehende oder abstossende) Kraft eines Punktes gekommen, unter dessen Einfluss ein anderer Punkt einen Kreis beschreibt, welcher das Kraftcentrum nicht umschliesst. Es wird in der That, wenn die Kraft gleich $\frac{\mu\varrho}{(\varrho^2-k)^3}$ ist, wo ϱ die Entfernung des beweglichen Punktes vom Kraftcentrum bedeutet, die Geschwindigkeit v bestimmt durch

$$v^2 = \frac{\mu}{2(\varrho^2-k)^2} + \text{const},$$

und wenn die Constante verschwindet, wird der Krümmungsradius der Bahn auch constant; es wird dann aber $\sqrt{k}$ die Länge der vom Kraftcentrum an den Kreis gelegten Tangente, und folglich v sowohl, als die Kraft unendlich, wenn der bewegliche Punkt in den Berührungspunkt gelangt. In der ersten Abhandlung war nun Hr. Sylvester der Meinung, der Punkt ginge von jetzt ab geradlinig weiter, in dieser berichtigt er sich: wegen des Flächensatzes könne die geradlinige Bewegung nicht eintreten, vielmehr ginge der Punkt nun in einen anderen Kreisbogen über, welcher sich dem ersten tangential anschliesst, und seine convexe Seite dem Kraftcentrum zukehrt; aus diesem soll er in einen dritten übergehen, welcher analog liegt, wie der erste u. s. f. In der That ist dies mechanisch unmöglich, denn sobald der Punkt einmal sich in der Richtung einer durch das Kraftcentrum gehenden geraden Linie bewegt, wird er ohne weitere äussere Einflüsse aus dieser Richtung nicht wieder heraustreten können; aber in dem vorliegenden Falle hört eben an der genannten Stelle alle fernere Rechnung auf; denn da Geschwindigkeit und Kraft unendlich werden, so ist die Bewegung im nächsten Zeitelement ganz unbestimmt. *Bt.*

A. Cayley. A new theorem on the equilibrium of four forces acting on a solid body. Phil. Mag. (4) XXXI. 78-79†.

Dieser Satz steht in Möbius Statik I. 189, Fussnote; er ist im Wesentlichen identisch mit dem bekannten Chasles'schen: „wie auch ein System von Kräften im Raume auf zwei Kräfte reducirt werden mag, so ist doch immer die Pyramide, welche diese zwei Kräfte zu gegenüberliegenden Kanten hat, von demselben Inhalt," und lautet: sind vier Kräfte an einem festen Körper im Gleichgewicht, so ist die Pyramide aus zweien dieser Kräfte gleich und entgegengesetzt der Pyramide aus den beiden andern. *Bt.*

H. Scheffler. Imaginäre Arbeit, eine Wirkung der Centrifugal- und Gyralkraft. Z. S. f. Math. 1866. p. 93-151†.

Der Verfasser will das Verständniss der Mechanik in weiteren Kreisen fördern; ob dies durch Definitionen wie die folgende: „Man kann die Thätigkeit, welche eine Kraft entwickelt, indem sie auf einen normal zu ihrer Richtung sich bewegenden Punkt wirkt, die imaginäre Arbeit dieser Kraft nennen, wogegen die Thätigkeit, welche eine Kraft entwickelt, indem sich ihr Angriffspunkt in ihrer Richtung bewegt, eine reelle Arbeit ist," gelingen wird, ist uns zweifelhaft. In der ferneren Abhandlung spielt diese „imaginäre Arbeit" auch keine wesentliche Rolle, sondern es werden das rollende Rad, der Kreisel, das Polytrop, die Abweichung der Geschosse und auch das Tischrücken in elementarer Weise so weit erklärt, und der Rechnung unterzogen, als dies durch Zurückführung der dynamischen Probleme auf Fragen relativen Gleichgewichts möglich ist. *Bt.*

Fr. Guthrie. A speculation concerning the relation between the axial rotation of the earth and the resistance, elasticity and weight of solar aether. Phil. Mag. (4) XXXI. 210-213†.

Der nach der Sonne zu an Dichtigkeit wachsende Aether soll bewirkt haben, dass die (anfangs nicht rotirende) Erde bei ihrem Umlauf um die Sonne in Rotation versetzt wurde, indem er den der Sonne näheren Punkten einen grösseren Widerstand entgegensetzte, als den ferneren. *Bt.*

---

de St.-Venant. Sur les pertes apparentes de force vive dans le choc des pièces extensibles et flexibles, et sur un moyen de calculer élémentairement l'extension ou la flexion dynamique de celles-ci. C. R. LXII. 1195-1199†; Mondes XI. 243-245.

Setzt man für den Fall des Zusammenstosses zweier elastischer Massen die Form als bekannt voraus, welche die Massen unter dem Einfluss des Stosses annehmen, so kann man das Verhältniss η der Geschwindigkeit irgend eines Punktes zu der Geschwindigkeit u des gestossenen Punktes bestimmen, und erhält dann statt der bekannten Gleichung für die gemeinsame Geschwindigkeit nach dem Stosse die folgende:

$$u = \frac{v\int\eta^2 dm + v'\int\eta'^2 dm}{\int\eta^2 dm + \int\eta'^2 dm}.$$

Hat man u bestimmt, so kann man die fernere Bewegung, z. B. die grösste Ausdehnung oder Biegung, aus der Bedingung ableiten, dass die Arbeit der elastischen Verschiebung bis zu dem Moment, wo sämmtliche Geschwindigkeiten verschwinden, gleich der lebendigen Kraft sein muss, welche das System am Schlusse des Stosses hatte.

Diese Methode hat dem Verfasser in sehr vielen verschiedenen Fällen dieselben Resultate geliefert, wie die genauen Lösungen, wenn von den letzteren nur das erste Glied der trigonometrischen Reihenentwickelung beibehalten, und dieses Glied selbst wieder nach Potenzen des Verhältnisses der gestossenen zur stossenden Masse bis zur zweiten Potenz entwickelt wird. *Bt.*

---

de St.-Venant. Sur le choc longitudinal de deux barres élastiques de grosseurs et de matières semblables ou différentes, et sur la proportion de leur force vive qui est perdue pour leur translation ultérieure; et, plus généralement, sur le mouvement longitudinal d'un système de plusieurs prismes. C. R. LXIII. 1108-1111†.

Wenn zwei vollkommen elastische Körper sich nach einem Zusammenstoss wieder von einander trennen, so werden sie im

Allgemeinen, während ihr Schwerpunkt sich fortbewegt, vibriren. Ein Theil ihrer früher vorhandenen lebendigen Kraft ist dann auf diese Vibrationsbewegung verwandt, und scheint daher verloren zu sein, wenn man nur die Bewegung der Schwerpunkte beider Körper betrachtet. Aufgefordert von CORIOLIS, hatte CAUCHY (Soc. Phil. 1826. p. 180) diesen Verlust berechnet für den Fall zweier gleichartigen Prismen, welche gegeneinander stossen mit Geschwindigkeiten, die einander entgegengesetzt, und den Längen der Prismen umgekehrt proportional sind. Er fand: jener Verlust ist gleich Null, wenn die beiden Prismen gleiche Länge haben, und gleich $\frac{3}{8}$ des beim Stosse unelastischer Körper eintretenden Verlustes, wenn das eine Prisma doppelt so lang ist, wie das andere; und $\frac{1}{2}$ wenn das eine unendlich lang ist gegen das andere. Der Verfasser hat nun dasselbe Problem behandelt, ohne eine Beschränkung für das Material, den Querschnitt und die Geschwindigkeit einzuführen. Er findet für das Verhältniss des scheinbaren Verlustes an lebendiger Kraft zu dem bei unelastischen Körpern eintretenden den Ausdruck:

$$\frac{4\cdot\frac{p_2k_2}{p_1k_1}}{\left(1+\frac{p_2k_2}{p_1k_1}\right)^2}\left(1-\frac{a_1k_2}{a_2k_1}\right)\left(1+\frac{p_1a_1}{p_2a_2}\right),$$

wo k_1 und k_2 die Schallgeschwindigkeiten für die Materialien der Prismen, p_1 und p_2 die Gewichte der Längeneinheiten, a_1 und a_2 die Längen bedeuten. Für $k_2 = k_1$, $p_2 = p_1$ erhält man hieraus die ersten beiden CAUCHY'schen Sätze wieder, der dritte erweist sich als unrichtig.

Der Verlust an lebendiger Kraft ist gleich Null, wenn die beiden Prismen vom Schall in derselben Zeit durchlaufen werden, und nur unter dieser Bedingung sind die gewöhnlich angegebenen Formeln für die Geschwindigkeiten nach dem Stoss richtig. *Bt.*

LE COMTE D'ESTERNO. Le vol des oiseaux: indication des sept lois du vol ramé et des huit lois du vol à voile. Seconde édition. Mondes (2) I. 29-36†.

An der bezeichneten Stelle finden sich einige Auszüge und

Figuren aus dem genannten Werke, in welchem der Flug der Vögel durch Beobachtungen erläutert und ein Vorschlag zur Nachahmung desselben durch einen Apparat gegeben wird. Ohne Figuren ist dieser Auszug nicht verständlich. *Bt.*

DE LOUVRIÉ. Le vol des oiseaux. Équation du travail. Erreur de NAVIER. Mondes XII. 651-660†.

Der Verfasser giebt, wie die Redaction der Mondes selbst bemerkt, eine nicht hinreichend klare Rechnung, aus der hervorgehen soll, dass NAVIER die Arbeit, welche für den Flug der Vögel erforderlich ist, bei Weitem zu hoch geschätzt habe. *Bt.*

M. DE BRETTES. Note sur l'influence de la rotation de la terre sur la dérivation des projectiles lancés par les canons rayés. C. R. LXIII. 491-494†.

Hr. DE BRETTES berechnet die Abweichung der Geschosse, welche in Folge der Drehung der Erde eintritt, näherungsweise indem er die Schussweite mit dem Sinus des Winkels

$$\theta = \omega \sin \lambda t$$

multiplicirt, und findet, indem er die Schussweite und die Dauer des Schusses den Beobachtungen entnimmt, dass die von der Rotation der Erde herrührende Abweichung der Geschosse der Wittworth-Kanone für die Breite von Paris etwa die Hälfte von der ganzen beobachteten Abweichung ist. *Bt.*

H. RÉSAL. Formules relatives à la rotation des projectiles oblongs. C. R. LXIII. 879-881†.

Hr. RÉSAL benutzt eine Modification der EULER'schen Differentialgleichungen für die Rotation. Von den drei rechtwinkligen Axen X, Y, Z, in Bezug auf welche die Drehungsgeschwindigkeiten n, p, q eines Rotationskörpers bestimmt werden, ist die eine, X, die geometrische Axe des Körpers, die beiden anderen Y und Z sind nicht im Körper fest, sondern drehen sich um die X Axe mit einer — je nach den Bedingungen des Problems näher zu bestimmenden, veränderlichen — Geschwindigkeit n'; sind dann μ_x, μ_y, μ_z die Momente der den Körper angreifenden Kräfte in Bezug auf diese Axen, so werden die Differentialgleichungen:

$$A\frac{dn}{dt} = \mu_x,$$

$$B\frac{dp}{dt} + q(An - Bn') = \mu_y,$$

$$B\frac{dq}{dt} + p(Bn' - An) = \mu_z.$$

Diese Gleichungen wendet Hr. RÉSAL auf die Bewegung der Langgeschosse an, indem er die ZAxe stets mit der Projection der Geschwindigkeit des Schwerpunkts auf den Aequator des Geschosses zusammenfallen lässt; es ist dann n' stets so klein, dass es gegen n vernachlässigt werden kann, und μ_x und μ_z verschwinden, so dass man erhält:

$$n = \text{const},$$

$$B\frac{dp}{dt} + Anq = \mu_y,$$

$$B\frac{dq}{dt} - Anp = 0,$$

also

$$\frac{d^2p}{dt^2} + \frac{A}{B}n^2p = \frac{d\mu_y}{dt}.$$

Die Aufgabe reducirt sich also auf die Bestimmung der Form der Function μ_y. *Bt.*

SÉGUIER. Note sur les armes à feu. C. R. LXIII. 160-163†; Monit. Scient. VIII. 734-735.

Hr. SÉGUIER beschreibt ein von GALANT in Lüttich construirtes Jagdgewehr, Hinterlader, in welchem zwischen Geschoss und Pulver eine Reihe von Filzpolstern eingeschaltet sind, um die plötzliche Wirkung der Pulvergase dadurch in eine allmählige zu verwandeln, dass erst die Polster comprimirt werden.

Bt.

J. Evans. On a possible geological cause of changes in the position of the axes of the earth's crust. Phil. Mag. (4) XXXI. 537-545†; Proc. Roy. Soc. XV. 46-55.

Man nehme an, so reflectirt Hr. Evans, die Erde bestehe aus einem flüssigen Inneren und einer festen Schaale; beide Theile rotiren zunächst um eine Axe. Durch irgend welche Ursache wird nun an einer Stelle der Schaale die Masse vermehrt, dann gleitet die Schaale um das flüssige Innere herum, indem die vermehrte Stelle sich dem Aequator des Inneren nähert; so entsteht für die Oberfläche die Aenderung der Drehungsaxe.

Bt.

J. Bertrand. Note sur la variation du moyen mouvement de la lune. C. R. LXII. 162-164†.

Delaunay. Remarques à l'occasion de cette note. Ibid. 165-166†.

— — Sur l'accélération apparente du moyen mouvement de la lune due aux actions du soleil et de la lune sur les eaux de la mer. Ibid. 197-200†.

Giraud. Indication d'un passage de Mr. Tyndall concernant l'action de la lune sur les protubérances liquides des marées. Ibid. 354-355†.

Allégret. Remarques sur la variabilité de la rotation de la terre et sur le phénomène des marées. Ibidem 434-436†.

Delaunay. Réponse à la note de Mr. Allégret. Ibid. 575-579†.

Dubois. Sur l'influence que l'action de la lune sur les eaux de la mer peut exercer sur le mouvement de rotation de la terre. Ibid. 649-651†; Mondes X. 487-489†.

Delaunay. Sur le controverse relative à l'équation séculaire de la lune. Ibid. 704-707†.

Dufour. Sur l'accélération séculaire du mouvement de la lune. Ibid. 840-842.

Delaunay. Note sur la question du ralentissement de la rotation de la terre. Ibid. 1107-1107†.

ALLÉGRET. Note sur la réaction des eaux de la mer sur le mouvement de la lune. Ibid. 1284-1285†.

Die im Berl. Ber. 1865. p. 55 erwähnte Bemerkung DELAUNAY's, dass der bisher nicht erklärte Betrag der seculären Beschleunigung der mittleren Bewegung des Mondes nur scheinbar sei und auf eine Vergrösserung der Umdrehungszeit der Erde reducirt werden könne, welche wiederum von der Attraction herrühre, die der Mond auf die Fluthwelle ausübt — diese Bemerkung hat eine Reihe von Zustimmungen, Entgegnungen und Zusätzen hervorgerufen, welche zum Theil in der oben angeführten Litteratur verzeichnet sind. Zunächst rechnet Hr. BERTRAND in elementarer Weise aus, dass bei DELAUNAY's Annahmen die Anziehung der Fluthwelle auf den Mond eine reelle Verzögerung seiner Bewegung bewirken müsse, durch welche die scheinbare Beschleunigung etwa auf die Hälfte ihres Werthes reducirt wird. Hr. DELAUNAY giebt dies im Allgemeinen zu, zeigt aber dann, dass er die Wirkung des Mondes auf die Verlängerung der Umdrehungszeit der Erde zu gering angeschlagen habe, weil er das Trägheitsmoment der Erde zu gross, nämlich so, wie es bei constanter Dichtigkeit sein würde, geschätzt habe. Die zum Theil auf Missverständnissen beruhenden Bemerkungen des Hrn. ALLÉGRET werden von DELAUNAY widerlegt. Richtig ist Hrn. DUBOIS' Bemerkung, dass DELAUNAY für seinen Satz die vortheilhafteste Hypothese gemacht habe, indem er annahm, dass die Fluthwelle stets 45° hinter dem Monde zurück sei. Zustimmungen zu seiner Annahme, die wie GIRAUD bemerkt, auch in TYNDALL's Schrift über die Wärme sich findet, und bekanntlich schon von MAYER gemacht ist, berichtet Hr. DELAUNAY von AIRY und HANSEN, der sich in einem Briefe an WARREN DE LA RUE nunmehr im Wesentlichen mit ADAMS' Rechnung und MAYER's Annahme einverstanden erklärt hat.

Hr. DUFOUR endlich will einen Theil der seculären Beschleunigung des Mondes auch auf die Vermehrung schieben, welche die Masse der Erde durch die Meteorsteine erfährt. *Bt.*

W. Thomson. On the observations and calculations required to find the tidal retardation of the earth's rotation. Phil. Mag. (4) XXXI. 533-537†.

Die hier gegebenen Rechnungen gehen von so willkürlich gewählten Annahmen aus, dass sie eben nur als Rechnungsbeispiel dienen können. *Bt.*

Breton. Rotation de la terre. Mondes (2) I. 57-62†.

Hr. Breton referirt ein Gespräch, welches er im Jahre 1855 mit Foucault über den Gegenstand gehabt hat, und worin derselbe die — zu der Zeit schon verbreitete — Idee entwickelt hat, welche Delaunay nun auf einen bestimmteren, der Beobachtung entsprechenden Ausdruck gebracht hat. *Bt.*

A. et P. Dupré. Sur la loi, qui régit le travail de réunion des corps simples et sur les attractions à petites distances. C. R. LXII. 791-794†; Phil. Mag. (4) XXXI. 548-550.

— — Travail et forces moléculaires. C. R. LXIII. 268-270†; Ann. d. chim. (4) VII. 236-282†, 406-428†, (4) IX. 328-384†.

Von den oben verzeichneten Untersuchungen der Herren Dupré kann an dieser Stelle nur das Resultat im Allgemeinen genannt werden, welches von der grössten Wichtigkeit sein würde, wenn es sich bestätigte; ein kritischer Bericht über die Schlussweisen sowohl als die Beobachtungsmethoden würde bei der Darstellungsweise der Verfasser sehr umständlich und wegen der häufigen Vertröstungen auf künftige Versuche auch nicht lohnend sein. Wenn man einen Körper durch einen ebenen Schnitt in zwei Theile getheilt denkt, so üben die Theile auf einander eine Anziehung senkrecht gegen diesen Schnitt aus, welche der Grösse des Schnittes proportional ist. Den Betrag dieser Anziehung für ein Quadratmillimeter nennt Hr. Dupré die attraction au contact. Die Hälfte der Arbeit, welche erforderlich ist, um die Theile (von der Grösse = 1 Quadratmillimeter) wirklich von einander zu trennen, nennt Hr. Dupré die force de réunion, *F.* Wenn zwei ebene rechteckige Flächen dadurch von einander getrennt werden sollen, dass sie gegeneinander parallel einer Seite verschoben werden, so ist der zu überwindende Widerstand gleich F multiplicirt mit der (in Millimetern gemessenen) Länge der anderen Seite (cf. C. R. LXI. 583, 584†). Den Quotienten aus diesem F und dem Quadrat des specifischen Gewichts Δ^2 bezeichnet Hr. DUPRÉ mit f, so dass also

$$f = \frac{F}{\Delta^2}.$$

Für die einfachen Körper sind nun nach Hrn. DUPRÉ diese Grössen f proportional den reciproken Werthen ihrer Aequivalente, und für Wasserstoff ist $f = 27$ Milligramm. Da die attraction au contact im Allgemeinen proportional der force de réunion ist, so folgt hieraus z. B.: wenn zwei gewisse Massen Quecksilber a und b in grösserer Entfernung einander ebenso stark anziehen, wie zwei Massen Wasserstoff c und d in derselben Entfernung, so ist die Anziehung, welche c und d aufeinander in sehr geringer Entfernung z. B. 0,000001^{mm} ausüben, 100 Mal so gross wie die Anziehung zwischen a und b in derselben Entfernung.

Die weiteren Auseinandersetzungen des Verfassers beziehen sich auf Capillaritätserscheinungen, Tropfengrösse u.s.f., und auch die Zahlenbestimmungen sind von diesen hergenommen. *Bt.*

STEVELLY. On the composition of forces. Phil. Mag. (4) XXXI. 245-253†.

Nachdem der Verfasser auf die bekannte, elementare Weise gezeigt hat, dass die Resultante zweier rechtwinkliger Componenten ihrer Grösse nach gleich der Diagonale des Parallelogramms ist (vergl. z. B. Cox im Berl. Ber. 1850-51. p. 83†), beweist er durch eine eigenthümliche geometrische Exhaustionsmethode, deren Wiedergabe hier zu lang sein würde, dass auch diese Resultante in die Diagonale fällt. *Bt.*

J. SOMOF. Sur les accélérations de divers ordres dans le mouvement relatif. Bull. d. St. Pét. IX. 469-477†.

Sich stützend auf seine frühere Abhandlung über die Beschleunigungen höherer Ordnung [1]) entwickelt der Verfasser die

[1]) Sur les accélérations de divers ordres. Mém. d. St. Pét. (VII.) T. VIII.

Ausdrücke für die Beschleunigungen höherer Ordnung in der relativen Bewegung. Das vornehmlichste Resultat ist eine Verallgemeinerung des sogenannten Coriolis'schen Satzes von der force centrifuge composée: „die relative Beschleunigung der $n-1^{\text{sten}}$ Ordnung ist die Resultante der absoluten Beschleunigung derselben Ordnung und der Beschleunigung, welche gleich und entgegengesetzt der Beschleunigung des Mediums von derselben Ordnung ist, sowie endlich gewisser fingirter Beschleunigungen, deren Anzahl $n-1$ ist. *Bt.*

Mannheim. Sur le déplacement continu d'un corps solide; nouvelle méthode pour déterminer les normales aux lignes ou surfaces décrites pendant ce déplacement. C. R. LXII. 1388-1390†; Liouville J. (2) XI. 273-280; Mondes XI. 371-372.

Aus dem Fundamentalsatze der Kinematik, dass jede unendlich kleine Verschiebung eines Körpers durch Drehung um eine Linie und gleichzeitige Verschiebung längs derselben (Verschiebungsaxe, wie sie der Verfasser nennt) ersetzt werden kann, folgt leicht der schon früh von Chasles (C. R. 26 Juni 1843) ausgesprochene Satz, dass die Normalebenen aller Bahnen, die gleichzeitig von den Punkten einer unendlich wenig verschobenen Ebene beschrieben werden, sich in einem Punkte (dem Brennpunkt) dieser Ebene schneiden, und hieraus folgert Hr. Mannheim wieder: Die parallel einer beliebig angenommenen Ebene an die gleichzeitigen Bahnen der Punkte eines Körpers gelegten Normalen schneiden sämmtlich eine und dieselbe Parallele zur Verschiebungsaxe, die „Adjungirte“ jener Ebene (welche auch durch den Brennpunkt dieser Ebene geht).

Der Satz ist sehr fruchtbar; wir führen nur eine Betrachtung näher aus. Wenn eine Ebene *A* sich bewegt, so schneiden sich zwei auf einander folgende Lagen derselben in einer Linie (Charakteristik), welche auf der Enveloppe aller Lagen liegt. Eine Ebene *N*, senkrecht auf *A* durch die Charakteristik gelegt, enthält diejenigen Normalen an die Bahnen der Punkte der Charakteristik, welche parallel sind irgend einer Ebene *S* die zur Ebene A senkrecht steht; die Adjungirten aller Ebenen S liegen also in N. Bewegt sich nun gleichzeitig mit A eine mit A fest verbundene Ebene B, so enthält die Ebene N_1, welche für B ebenso construirt ist, wie N für A, die Adjungirten der Ebenen S_1, mithin schneiden sich N und N_1 in einer Linie L, welche der Verschiebungsaxe parallel und derjenigen Ebene adjungirt ist, die auf A und B senkrecht steht. Ist mit A und B noch eine dritte Ebene C verbunden, so weiss man dass die Charakteristik von C der Durchschnitt der Ebene C mit einer Ebene N_2 ist, welche zu C senkrecht und zu L parallel ist. Zur Bestimmung von N_2 bedarf es daher nur noch eines Punktes. Wenn also eine dreiseitige Ecke so bewegt wird, dass die Ebenen A, B, C drei gegebene Flächen berühren, und ausserdem A und B an bestimmten Curven auf diesen Flächen hingleiten, so hat man für eine bestimmte Lage der dreiseitigen Ecke die Charakteristiken von A und B, folglich die Linie L, und findet den noch erforderlichen Punkt für N_2, indem man im Berührungspunkte von C eine Normale an die Fläche legt, und diese zum Durchschnitt mit N_1 bringt. Eine Linie M, parallel zu L durch diesen Punkt gelegt, ist die Adjungirte der zu B und C senkrechten Ebene. Man construirt nun auch leicht das Bahnelement irgend eines anderen mit der dreiseitigen Ecke fest verbundenen Punktes s. Denn eine Ebene, senkrecht zu A und B durch s gelegt, hat ihren Brennpunkt F im Durchschnitt mit L, und Fs ist eine Normale an die gesuchte Bahn; ebenso wird F_1s eine Normale, wenn F_1 der Durchschnitt von M mit der zu B und C senkrechten Ebene ist; Fs und F_1s bestimmen die Normalebene an die gesuchte Bahn.

Endlich ergiebt sich noch die Verschiebungsaxe selbst; diese steht auf ihrer adjungirten Ebene senkrecht. Legt man nun durch den Brennpunkt einer Ebene eine andere senkrecht zur Verschiebungsaxe, so schneiden sich beide in einer Linie, die die Verschiebungsaxe trifft. Hat man also für zwei Ebenen solche Durchschnitte construirt, so ist der kürzeste Abstand dieser Durchschnitte die Verschiebungsaxe selbst. *Bt.*

LAURENT. Sur une condition à laquelle doivent satisfaire les intégrales des équations du mouvement. C. R. LXIII. 734-737†.

Hr. LAURENT beweist, dass die Functionaldeterminante der Integrale eines kanonischen Systemes dynamischer Differentialgleichungen genommen nach den Grössen p und q von der Zeit t unabhängig sein müsse. Dieser Satz ist nicht neu, sondern nur ein specieller Fall des im Berl. Ber. 1852. p. 53† genannten Satzes. *Bt.*

S. HAUGHTON. On hanging, considered from a mechanical and physiological point of view. Phil. Mag. (4) XXXII. 23-34†.

Der neue Zweig, welchen der Verfasser der angewandten Mathematik mit dieser Abhandlung zugeführt hat, wird vermuthlich von den Lesern unserer Berichte nicht soweit cultivirt werden, dass wir über seine Principien hier referiren müssten. *Bt.*

CHELINI. Sulle proprietà geometriche e dinamiche de' centri di percossa ne' moti di rotazione. TORTOLINI Ann. VII. 217-257†.

Der Verfasser entwickelt Verallgemeinerungen der POINSOT'schen Abhandlung „Sur la percussion des corps" (vergl. Berl. Ber. 1857. p. 99†), die sich ergeben, wenn man von der Bedingung abgeht, dass die ursprüngliche Stossrichtung parallel zu einer der Hauptaxen sei, oder in der Ebene zweier der Hauptaxen liege, welche durch den Schwerpunkt des Körpers gehen. *Bt.*

DIEU. Sur le mouvement d'un corps solide autour d'un point fixe. LIOUVILLE J. (2) XI. 137-145†.

Der Verfasser behandelt das Problem so, wie es vor der berühmten Abhandlung JACOBI's behandelt werden konnte. *Bt.*

R. LIPSCHITZ. Ueber einen algebraischen Typus der Bedingungen eines bewegten Massensystems. CRELLE J. LXVI. 363-374†.

Bezeichnet Φ eine algebraische homogene Function der Differenzen zwischen den Werthen, welche die Coordinaten der beweglichen Punkte eines Massensystems zu der (veränderlichen) Zeit t und einer (bestimmten) Zeit τ haben, so ist $\Phi = 0$ der Typus der Bedingungsgleichungen, welche der Verfasser für das System statuirt. Existirt dann für das System eine Kräftefunction U, so wird der zweite nach t genommene Differentialquotient derjenigen Summe G von den Bedingungsgleichungen unabhängig, welche man erhält, wenn man die Producte aus den Massen der Punkte in die Quadrate ihrer Entfernungen von ihren der Zeit τ entsprechenden Orten addirt.

Der Verfasser zeigt ferner: ist auch U eine algebraische homogene Function der genannten Differenzen, verschwindet U, wenn alle diese Differenzen verschwinden, und wächst U in's Unendliche, wenn eine dieser Differenzen in's Unendliche wächst, so ist die Bedingung dafür, dass weder die Entfernung eines Massenpunktes von der Lage τ, noch seine Geschwindigkeit zu irgend einer Zeit gewisse feste Grenzen überschreite, und eine Ruhe ausserhalb der Lage τ unmöglich sei, die: dass U für alle endlichen, reellen, mit den Bedingungen $\Phi = 0$ vereinbaren Werthe jener Differenzen — ausgenommen den Fall wo diese Differenzen sämmtlich Null sind — einen endlichen negativen Werth erhalte.

Wenn U eine algebraische homogene Function der genannten Differenzen ist, für alle endlichen, nach den Bedingungen $\Phi = 0$ zulässigen, Werthe derselben positiv ist, nur verschwindet, wenn eine solche Differenz in's Unendliche wächst, und nur unendlich gross wird, wenn alle Differenzen gleichzeitig ververschwinden, so aber dass beim Abnehmen derselben UG gegen Null convergirt: so kann das System bei einem endlichen Werthe von G nicht im Gleichgewicht verharren, und G kann eine endliche Grenze nicht überschreiten, wenn die Differenz aus der lebendigen Kraft des Systemes und der Kräftefunction anfangs einen endlichen negativen Werth hat. *Bt.*

Phillips. Sur la résistance des poutres droites soumises à des charges en mouvement. C. R. LXIII. 945-948†.

Der Verfasser kündigt eine Abhandlung an über folgendes Problem: Ein horizontaler Balken wird von einem Punkt durchlaufen, welcher parallel der Horizontalen sich mit constanter Geschwindigkeit bewegt. Dieser Punkt übt in jedem Moment auf den Balken eine verticale Kraft aus, welche als Function der Zeit entweder a priori gegeben, oder durch die im System eintretenden Reactionen selbst bestimmt sein kann. Gesucht wird die Form des Balkens zu jeder beliebigen Zeit und die Bahn des beweglichen Punktes.

Der vorliegende kurze Auszug lässt eine fernere Abkürzung nicht zu, und über den Gang der Rechnung, welche zu den mitgetheilten Formeln führt, ist keine Andeutung gegeben. *Bt.*

Azzarelli. Moto di un punto materiale lungo un arco della lemniscata Bernoulliana. Tortolini Ann. VII. 284-297†.

Die seit Bonati (1780) bekannte Eigenschaft der Bernoulli'schen Lemniscate, wonach ein Punkt unter dem Einfluss der Schwere einen vom Doppelpunkt der Curve anfangenden Bogen in derselben Zeit zurücklegt wie die zugehörige Sehne, wird hier noch einmal bewiesen. *Bt.*

L. Foucault. Nouveaux régulateurs. Mondes XI. 207-211†.

Die hier beschriebenen Regulatoren dienen zur Herstellung gleichförmiger Drehung bei variabelm Widerstand in Laufwerken, z. B. Aequatorealen u. s. w. Sie sind im Wesentlichen wie wie die Watt'schen Regulatoren construirt, tragen aber statt der Schwungkugeln Windfahnen, welche bei grösserer Winkelgeschwindigkeit auch einen grösseren Luftwiderstand darbieten. Diese Windfahnen sind in der einen Construction noch durch eine ausdehnbare Feder verbunden; bei der andern Construction muss die Hülse, welche die Drehungsaxe umschliesst, bei ihrer Hebung einen, durch ein Hebelwerk erzeugten, Widerstand überwinden. Beides dient offenbar zur Verminderung der Schwankungen in der Winkelgeschwindigkeit. *Bt.*

C. W. SIEMENS. On uniform rotation. Proc. Roy. Soc. XV. 71-73; Phil. Mag. (4) XXXII. 76-78†.

— — Regulirapparat für kleine und grosse Maschinen. BRIX Z. S. XIII. 71-77.

Eine nahezu gleichförmige Drehung um eine verticale Axe ist von dem Verfasser auf sehr sinnreiche Weise hergestellt durch einen Körper, welcher bei seiner Drehung eine in demselben Maasse wachsende Arbeit zu verrichten hat, als die Arbeit zunimmt, die auf seine Umdrehungsaxe übertragen wird, so dass der Körper trotz grosser Schwankungen der letzteren sogar als Uhr benutzt werden kann. Erfüllt sind diese Bedingungen durch ein hohles Rotationsparaboloid, welches um seine (vertical gestellte) geometrische Axe drehbar ist und, oben und unten offen, sich in einem Wassergefäss befindet, so dass das untere Ende unter den Flüssigkeitsspiegel taucht. Bei der normalen Rotationsgeschwindigkeit steigt das Wasser an den Wänden des Paraboloids bis gegen den Rand, bei wachsender fliesst es über und in das feste Gefäss zurück; und indem nun das Wasser continuirlich gehoben wird, wird durch die Arbeitsleistung ein Widerstand eingeschaltet, welcher noch dadurch vermehrt werden kann, dass das oben austretende und wieder herunterfallende Wasser gegen verticale Schaufeln schlägt, welche an der Aussenseite des Paraboloids angebracht sind.

Wenn der Apparat als Regulator einer Dampfmaschine dienen soll, so trägt seine Drehungsaxe unten ein Getriebe. Dieses wird umgeben von einem nach innen verzahnten Rade, welches auf einer verticalen, von der Maschine gedrehten, Welle festsitzt. In das Getriebe und das Zahnrad greifen zwei Planetenräder ein, deren Axen von einem auf der verticalen Welle lose sitzenden, horizontalen Balancier getragen werden. Die Maschinenwelle und die Regulatorwelle drehen sich im entgegengesetzten Sinne, und je nach der Differenz ihrer Winkelgeschwindigkeiten dreht sich der Balancier nach der einen oder der anderen Seite und regulirt dabei den Zufluss des Dampfes im Dampfrohr. *Bt.*

J. J. Sylvester. On the motion of a rigid body moving freely about a fixed point. Proc. Roy. Soc. XV. 139-144.

Die vorliegende Behandlung des Problems der Rotation eines Körpers um einen festen Punkt soll mit der Poinsot'schen geometrischen Darstellung der Rotation mittelst des Centralellipsoids eine Darstellung der Zeit verbinden, in der eine gewisse Aenderung der Lage vor sich geht. Man denke sich die feste invariable Berührungsebene des Poinsot'schen Centralellipsoids horizontal und unterhalb des Ellipsoids; man denke ferner die obere Hälfte des Ellipsoids durch ein confocales Halbellipsoid ersetzt und dieses in Verbindung mit einer rauhen Platte, die durch das Centrum des Ellipsoids geht und immer horizontal bleibt, aber in ihrer Ebene um eine verticale Axe rotiren kann: wenn dann das Centralellipsoid mit seinem untern Theile auf der festen Ebene fortrollt, so bewirkt die Reibung zwischen der obern confocalen Fläche und der Platte, dass letztere um ihre Axe rotirt. Die Zeit, welche der gegebene Körper oder das fest mit ihm verbundene Centralellipsoid gebraucht, um von einer Lage in die andere überzugehen, steht in constantem Verhältniss zu der obigen Rotationsbewegung der Platte; dies Verhältniss selbst hängt nur von der Anfangsgeschwindigkeit des rotirenden Körpers ab. *Wn.*

J. Plücker. Fundamental views regarding mechanics. Proc. Roy. Soc. XV. 204-209.

Die Translations- und Rotationsbewegung sollen durch ein Princip verbunden werden, analog dem der Reciprocität zwischen Punkt und Ebene in der Geometrie. Zu dem Zwecke werde zunächst eine einfache Kraft durch eine begrenzte Linie repräsentirt, die von dem Angriffspunkt $x'y'z'$ bis xyz reicht; dann betrachtet Hr. Plücker die Grössen

$$X = x - x', \quad Y = y - y', \quad Z = z - z'$$
$$L = yz' - y'z, \quad M = zx' - z'x, \quad N = xy' - x'y$$

als die sechs Coordinaten der Kraft, die noch der Bedingungsgleichung unterworfen sind

$$LX + MY + NZ = 0,$$

eine Gleichung, die bekanntlich angiebt, dass das resultirende Moment senkrecht zur Richtung der Kraft steht. Ist diese Bedingung zwischen den sechs Coordinaten nicht erfüllt, so stellen dieselben nicht mehr eine einfache, sondern eine zusammengesetzte Kraft („dyname") dar.

Sowie eine einfache Kraft durch zwei Punkte, wird eine Kraft, die eine Rotation erzeugt, durch zwei Ebenen repräsentirt

$$t'x + u'y + v'z = 1, \quad tx + uy + vz = 1,$$

wo die Durchschnittslinie beider die Rotationsaxe ist, und es werden die Grössen

$$\mathfrak{X} = t - t', \qquad \mathfrak{Y} = u - u', \qquad \mathfrak{Z} = v - v',$$
$$\mathfrak{L} = uv' - u'v, \quad \mathfrak{M} = vt' - v't, \quad \mathfrak{N} = tu' - t'u,$$

als die Coordinaten der Rotationskraft betrachtet, zwischen denen die Gleichung stattfindet

$$\mathfrak{L}\mathfrak{X} + \mathfrak{M}\mathfrak{Y} + \mathfrak{N}\mathfrak{Z} = 0.$$

Ohne diese Gleichung sind $\mathfrak{L}$, $\mathfrak{M}$, $\mathfrak{N}$ etc. nicht mehr die Coordinaten einer einfachen, sondern einer zusammengesetzten Rotationskraft (rotatory dyname); die Gleichgewichtsbedingungen für ein beliebiges Kräftesystem sind dann

$$\Sigma(x - x') = 0, \quad \Sigma(y - y') = 0, \quad \Sigma(z - z') = 0,$$
$$\Sigma(t - t') = 0, \quad \Sigma(u - u') = 0, \quad \Sigma(v - v') = 0,$$

d. h. 1) der Schwerpunkt der Angriffspunkte muss mit dem Schwerpunkt der zweiten Punkte (xyz), in Bezug auf welche die Kräfte bestimmt sind, in der Gleichgewichtslage zusammenfallen.

2) die Centralebene der Angriffsebenen der Rotationskräfte muss mit der Centralebene der zweiten Ebenen, in Bezug auf welche die Kräfte bestimmt sind, zusammenfallen.

Eine homogene Gleichung zwischen den sechs Coordinaten einer Kraft

$$A(x - x') + B(y - y') + C(z - z') + D(yz' - y'z) + E(zx' - xz') + F(xy - y'x) = 0,$$

$$A(uv' - u'v) + B(vt' - v't) + C(tu' - t'u) + D(t - t') + E(u - u') + F(v - v') = 0,$$

repräsentirt einen linearen Complex von Linien, und zwar beide denselben. Durch Betrachtung solcher Complexe ergeben sich eine Menge geometrischer Beziehungen zwischen den Kräften und ihren Angriffspunkten oder bei Rotationskräften zwischen den Axen und den Angriffsebenen. *Wn.*

F. Grube. Ueber die Anziehung elliptischer und kreisförmiger Scheiben. Z. S. f. Math. XI. 437-454†.

Wenn die Attraction umgekehrt proportional der $p$ten Potenz der Entfernung erfolgt, so ist das Potential einer unendlich dünnen elliptischen Scheibe mit den Halbaxen α und β, deren Dicke dx, und die an jeder Stelle mit Masse von der Dichtigkeit δ belegt ist, bekanntlich:

$$V_p = \frac{\delta . dx}{p-1} \iint \frac{dy\,dz}{\{(y-b)^2+(z-c)^2+(x-a)^2\}^{\frac{p-1}{2}}}$$

ein Ausdruck, der auch die Anziehungscomponente parallel der Axe eines endlichen, elliptischen Cylinders, dessen Höhe $= x$ ist, darstellt. Bis auf einen constanten Factor ist ferner jenes Potential gleich dem eines unendlichen Cylinders für das Anziehungsgesetz $(p+1)$, wenn die Masse, die vorher auf der Scheibe ausgebreitet war, in einem Stück des Cylinders von der Höhe 1 enthalten ist.

Die weitere Entwickelung von V_p ergiebt, dass das Potential einer unendlich dünnen elliptischen Scheibe oder Ringes sich für gerade p immer durch ganze elliptische Integrale darstellen lässt, während sich für $p = 1$ und $p = 3$ logarithmische und algebraische Ausdrücke, für $p = 5, 7, 9$ etc. rein algebraische Functionen ergeben, und zwar sind diese Functionen rational oder von den Wurzeln einer cubischen Gleichung abhängig, je nachdem der angezogene Punkt innerhalb der leeren Ringfläche oder ausserhalb der Scheibe oder des Ringes liegt.

Für kreisförmige Scheiben von endlicher Dicke gelten für ungrade Werthe von p folgende Theoreme:

Die Anziehung eines Körperstumpfes $n$ten Grades (d. h. eines Körpers, der durch Rotation eines Stückes einer Curve $n$ten Grades um die xAxe entstanden ist), ist durch Abel'sche Integrale darstellbar, in welchen die höchste Potenz unter der Quadratwurzel die $2n$te ist. Ein Körperstumpf zweiten Grades führt also auf elliptische Integrale. Die Anziehung eines Körperstumpfes zweiten Grades in der Richtung der Rotationsaxe in Bezug auf einen Punkt der durch die Mitte der Rotationsaxe senkrecht zu letzterer gelegten Ebene, sowie die Anziehung eines Kugelstumpfes für jede Lage des angezogenen Punktes ist durch Elemantarfunctionen darstellbar.

In Bezug auf die mathematischen Ausdrücke verweisen wir auf die Abhandlung selbst. *Wn.*

E. PADOVA. Sulla funzione potenziale di un ellissoide non riferito ai suoi assi principali. Cimento XXIII-XXIV. 436-439†.

Durch Transformation des bekannten Ausdrucks für das Potential eines homogenen Ellipsoids in Bezug auf einen innern Punkt findet der Verfasser folgenden Ausdruck desselben Potentials, bezogen auf ein rechtwinkliges Coordinatensystem, das nicht mehr mit den Hauptaxen zusammenfällt:

$$V = \pi \int_0^\infty \frac{ds}{\Delta}\left[1 - \frac{(x^2+y^2+z^2)(sG_1+s^2G)+F-s.F'}{\Delta^2}\right],$$

wo

$$\Delta = Gs^3+G_1s^2+G_2s+1,$$

$$F = Sx^2+S'y^2+S''z^2+2Tyz+2T'xz+2T''xy = 1$$

die Gleichung des Ellipsoides, F' eine andere Function zweiten Grades von xyz. Die Grössen G, G_1, G_2, sowie die Coefficienten von F' sind Functionen der Coefficienten von F. *Wn.*

PRATT. To find what changes may be made in the arrangement of the mass of a body, without altering its outward form, so as not to affect the attraction of the whole on an external point. Phil. Mag. (4) XXXII. 132-135.

Der Verfasser untersucht folgende Frage: Eine gewisse positive und negative Masse, deren algebraische Summe = 0, soll so vertheilt werden, dass ihre Gesammtwirkung in Bezug auf einen äussern Punkt = 0 ist. Welches ist die Form jener Masse, und wie ist die Dichtigkeit vertheilt? — Durch Entwickelung nach Kugelfunctionen ergiebt sich als der einzig mögliche Körper eine Kugel, deren Dichtigkeit eine Function des Abstandes vom Centrum ist. — Die Richtigkeit des Theorems für die Kugel ist a posteriori leicht einzusehen. *Wn.*

E. Plantamour. Expériences faites à Genève avec le pendule à réversion. Arch. sc. phys. XXVII. 209-219†.

Die Arbeit enthält die Resultate einer grossen Reihe von Pendelbeobachtungen zur Bestimmung der Schwerkraft mittelst eines von den Hrn. Repsold in Hamburg construirten Reversionspendels, das nach Bessel's Vorschlag mit festen Schneiden und verschiebbaren Linsen versehen war. Die Entfernung der Schneiden, die nur eine Function der Temperatur war, wurde ein für allemal durch einen Maassstab mit Mikrometervorrichtung gemessen. Die Schwingungsdauer, die ungefähr $\frac{3}{4}$ Secunden betrug, wurde nicht durch die Methode der Coincidenzen bestimmt, sondern durch die Zeit, die zu einer bestimmten Anzahl von Schwingungen erforderlich ist. Um Anfang und Ende der Beobachtungen zu bestimmen, wurde in einer Entfernung von $5\frac{1}{2}$ᵐ vom Pendel ein Fernrohr aufgestellt und jedesmal, wenn eine feste Marke durch den verticalen Faden des Fernrohrs ging, ein elektrisches Signal gegeben, das sich auf einer galvanisch registrirenden Uhr markirte. Das Mittel aus hundert so markirten Durchgängen gab sowohl den Anfangs-, als den Endpunkt einer Reihe von Schwingungen, die 2130 Secunden umfasste. Die Unsicherheit ergab sich hierbei auf $\pm 0{,}014$ Secunden oder $\frac{1}{150000}$. Aus 36 derartigen Beobachtungen wurde als Länge des einfachen Secundenpendels im leeren Raum

$$L = 440{,}34075 \text{ par. Lin.} = 0{,}9933334^{\text{m}}$$

gefunden. Der mittlere Fehler war $= \pm 0{,}0013$ Linien, der wahrscheinliche Fehler $= \pm 0{,}0009$ Linien $= \pm 0{,}000002^{\text{m}}$.

Daraus folgt die Constante der Schwerkraft in der Breite $46^0\,12'$ und in einer Höhe von 408^{m} über dem Meeresspiegel

$$g = 9{,}803808^{\text{m}};\ \text{wahrscheinl. Fehler} = \pm 0{,}00002^{\text{m}}.$$

Bei den Beobachtungen ergab sich in der Schwingungsdauer eine Differenz, je nachdem die dem Schwerpunkt nähere oder fernere Scheibe den Aufhängungspunkt bildete. Dann ist nicht mehr die Entfernung der Schneiden gleich der Länge des einfachen Pendels von derselben Schwingungsdauer, sondern es ist eine Correction anzubringen, die von CELLÉRIER theoretisch berechnet ist (cf. Berl. Ber. 1865. p. 51). Diese Correction ist, wenn t und t' die beiden Schwingungsdauern sind, proportional

$$\frac{t-t'}{t} = \frac{1}{5000}.$$

Die Originalarbeit von PLANTAMOUR, sowie die Arbeit von CELLÉRIER, beide in den Mém. d. l. Soc. d. Genève XVIII. enthalten, sind dem Berichterstatter nicht zugänglich, weshalb wir uns mit den obigen Resultaten begnügen. — Bemerkt werden mag noch, dass in den obigen Resultaten eine Fehlerquelle noch nicht berücksichtigt ist, die darin liegt, dass 1) der angewandte Maassstab noch nicht mit einem Original-Etalon verglichen war, 2) dass der Ausdehnungscoefficient für Maassstab und Pendel verschieden ist. Beide Correctionen sollen noch nachträglich angebracht werden. *Wn.*

CH. SIMON. Note sur un appareil à indications continues, propre à étudier expérimentalement le mouvement pendulaire. Mondes XII. 344-346†.

Ein am Ende eines schwingenden Pendels befestigter Stift beschreibt auf einer verticalen gleichförmig rotirenden Scheibe, deren Umlaufszeit gleich der doppelten Dauer einer unendlich kleinen Pendelschwingung ist, einen Kreis, der nur den halben Durchmesser von dem Kreise hat, den der Stift ohne die gleichzeitige Pendelbewegung in Folge der Rotation der Scheibe allein beschreiben würde. Daraus folgt, dass der Stift (also das Pendel), sich so bewegt wie die Projection eines Punktes des grössern Kreises auf den Durchmesser dieses Kreises, während der Punkt selbst jenen Kreis beschreibt. — Dieser Satz, der nur ein besonderer Ausdruck der Formel für die Pendelbewegung ist, kann andrerseits als Grundlage dienen, um daraus die Pendelbwegung abzuleiten. *Wn.*

W. Tarn. On the stability of domes. Proc. Roy. Soc. XV. 182-188†.

Der Aufsatz behandelt folgende Frage: Ein trommelförmiges Gebäude soll mit einem sphärischen Dach von gegebenem Radius und gegebener Dicke bedeckt werden. Es soll der Druck des Daches auf den Unterbau bestimmt werden und die Dicke, welche den Wänden des letzteren gegeben werden muss, damit das ganze Gebäude im Gleichgewicht sei. *Wn.*

G. C. Lowe. On a mercurial seconds pendulum. Proc. Manch. Soc. III. 104-105†.

Baxendell fand bei Uhren mit Quecksilbercompensation eine Störung von mehr als einer Secunde täglich, die von den Variationen des Erdmagnetismus abhing. Der Verfasser bestätigt diese Beobachtung und findet, dass sich die Störung auf $\frac{1}{8}$ reducirt, wenn man die beiden verticalen Eisenstäbe, die das Queeksilbergefäss tragen, am oberen Ende durch einen Messingstab statt durch einen Eisenstab verbindet. — Statt der Quecksilbercompensation wird eine solche durch eine Zinkröhre vorgeschlagen, weil letztere von einer plötzlichen Temperaturerhöhöhung schneller afficirt wird, als die grosse Quecksilbermasse. *Wn.*

J. C. Dyer. On the nature of friction in mechanics. Proc. Manch. Soc. III. 104-105†.

Enthält eine kurze Zusammenstellung der verschiedenen Arten von Reibung und setzt auseinander, welche einzelnen Kräfte in jedem Falle zusammenwirken, um den zusammengesetzten Ausdruck Reibung zu ergeben. *Wn.*

Fernere Litteratur.

W. Fairbairn and Th. Tate. On the strength of materials considered in relation to the construction of iron ships. Rep. Brit. Assoc. I. 243-257 (von technischem Interesse.)

ED. ZETZSCHE. Ueber die Reibungsarbeit cylindrischer, conischer und kugelförmiger Tragzapfen. Z. S. f. Math. XI. 360-365. (Von rein technischem Interesse.)

LE ROUX. Énergie potentielle et énergie actuelle. Mondes XII. 104-107. (Zum Bericht nicht geeignet).

D. CHELINI. Dell' uso delle coordinate oblinquangole nella determinazione dei momenti d'inerzia. Mem. inst. di Bologna V. 143-175.

BRÄSICKE. Das perpetuum mobile. Berlin 1866.

DY. Berechnung der Granatenderivationen des gezogenen Vierpfünders aus den durch Beobachtung festgestellten Derivationsverhältnissen des gezogenen Sechspfünders. DINGLER J. CLXXX. 283-286.

REYNARD. Leçons sur les lois et les effets du mouvement. Paris 1866. Mondes XI. 301-303.

E. HABICH. Sur le mouvement conchoidal. Mondes XI. 307-315. (Rein geometrisch.)

W. WERNICKE. Ueber die Bewegung eines von einem Rotationsellipsoid angezogenen Punktes ohne Anfangsgeschwindigkeit. Berlin 1866. p. 1-26. (Programm der Louisenstädtischen Gewerbeschule.)

F. PLATEAU. Sur la force musculaire des insectes. Mondes (2) I. 36-39.

HUBERT. Le ralentissement de rotation de la terre sur son axe n'est point du tout un sujet d'étude neuf. Mondes XI. 237-238.

L. v. WEST. Eine dringende Mahnung an Freunde der Physik, Mechanik und Astronomie zur Abwehr einer für jene Wissenschaften gemeinsamen Gefahr. Wien. 1866.

TH. LEIBER. De casibus quibusdam, in quibus corporis solidi motus in compressibili fluido analysis auxilio determinari potest. Diss. inaug. Halle 1866.

TRÉMAUX. Causes universelles du mouvement. Paris 1866.

S. POLAILLON. De l'influence qu'exerce la rotation de la terre sur la direction des projectiles libres et captifs. Belfort 1866.

R. Clausius. Die Potentialfunction und das Potential. Ein Beitrag zur mathematischen Physik. Leipzig 1867. p. 1-119.

C. Küpper. Einleitung in die Mechanik durch rein geometrische Betrachtungen. Trier 1866.

v. Gräfe. Ueber eine allgemeine Formel zur Bestimmung des Schwerpunkts von Körpern. Hamburg 1866.

Giesel. Trium corporum se mutuo attrahentium et in eadem recta motorum motus definiatur. Programm. Delitzsch 1866.

F. G. Mehler. Ueber die Anziehung eines homogenen Polyeders. Crelle J. LXVI. 375-382. Vergl. Berl. Ber. 1865. p. 36.

A. Mousson. Ueber die Bewegung eines freien Theilchens auf einer sich drehenden Kugel. Pogg. Ann. CXXIX. 652-658; Wolf Z. S. X. 303-303.

---

5. Hydromechanik.

(Siehe oben p. 32.)

A. de Caligny. Nouvelles machines pour les épuisements. Liouville J. (2) XI. 283-297†.

Bei der ersten dieser Maschinen wird angenommen, es solle bei beträchtlicher disponibeler Druckhöhe Wasser auf eine geringe Höhe gehoben werden. Die Kraftwassersäule biegt sich am unteren Ende nach oben, und mündet in einen Windkessel; aus diesem führt ein Steigrohr bis zu der verlangten Höhe; wenn das Kraftwasser die Luft im Windkessel comprimirt hat, wird die Communication mit dem Steigrohr hergestellt, und nachdem hierdurch dem Wasser in demselben eine hinreichende Geschwindigkeit mitgetheilt ist, wird im unteren Theile des Steigrohrs eine Communication mit dem Reservoir hergestellt, aus welchem das Wasser zu heben ist; die steigende Wassersäule saugt dann aus demselben Wasser an.

In der zweiten Maschine wird Wasser angesogen. Das Fallrohr des Kraftwassers wird, wenn dasselbe die nöthige Geschwindigkeit erlangt hat, mittelst eines Cornwall-Ventiles vom Reservoir abgeschlossen, und in Verbindung gesetzt mit einem lufterfüllten Rohr, in welchem bei der ferneren Bewegung des Kraftwassers die Luft verdünnt wird; u. s. f. *Bt.*

---

de Pambour. Théorie des roues à augets. C. R. LXII. 218-222†; Polyt. C. Bl. XX 421-428†.

— — Théorie des roues à aubes courbes. Ibid. 787-790.

— — Théorie de la turbine. C. R. 334-338†; Dingler J. CLXXXII. 264-268; Polyt. C. Bl. XX. 421-428, 636-640, 1233-1237†.

Auch in dieser Fortsetzung der im Berl. Ber. 1865. (p. 68) erwähnten Arbeit des Verfassers vermögen wir nichts zu finden, was sich über das Niveau der gangbaren Lehrbücher erhöbe. *Bt.*

Kleitz. Sur les forces moléculaires dans les liquides en mouvement, avec application à l'hydrodynamique. C. R. LXIII. 988-990†.

Der Verfasser kündigt eine Abhandlung an, in der die Principien der Elasticitätstheorie auf die Bewegung der Flüssigkeiten angewandt sind, namentlich also die Hypothesen der Gleichheit des Drucks nach allen Seiten und Parallelismus der Schichten aufgegeben sind. *Bt.*

M. Bertram. Ueber Tresca's Theorie des Ausflusses fester Körper. Zeitschrift des Vereins deutscher Ingenieure 1866. p. 669-675†.

Tresca's Versuche sind jetzt in den Ann. du conserv. impér. des arts et métiers VI. 1-62† veröffentlicht. Hr. Tresca hat hier auch seiner Auffassung von dem Vorgange des Ausflusses einen mathematischen Ausdruck gegeben, welcher in den vorliegenden Versuchsresultaten eine gewisse Bestätigung findet. Seine Darstellung liess sich indessen in solcher Weise umgestalten, dass der Zusammenhang zwischen den gemachten Hypothesen und den Schlussresultaten deutlicher hervortrat. Dies ist in der vorliegenden Abhandlung geschehen. *Bt.*

O. Schieck. Ueber die Bewegung im widerstehenden Medium. Pogg. Ann. CXXVII. 524-542†.

Wenn der Widerstand gegen einen im Wasser herabfallenden Körper dem Quadrate der Geschwindigkeit v proportional ist, so ist die Beschleunigung

$$p = A \cdot g - a \cdot v^2,$$

wo A das Uebergewicht des fallenden Körpers über das Gewicht des verdrängten Wassers, dividirt durch das Gewicht des Körpers und a eine zu bestimmende Constante ist. Ist die Geschwindigkeit constant geworden $= v_1$, so ergiebt sich

$$a = \frac{A \cdot g}{v_1^2}.$$

Zur Prüfung dieser Constanten und damit der Hypothese über den Widerstand überhaupt lässt der Verfasser Körper in einem 2 Meter hohen, mit Wasser gefüllten Gefässe herabfallen. An drei Stellen, 0, 5^m, 1^m, 2^m von der Oberfläche entfernt, waren diametral gegenüberstehend kleine Fenster angebracht; und es wurde mittelst einer Tertienuhr die Zeit bestimmt, wo der im Wasser fallende Körper die einzelnen Fenster passirte. Die Beobachtungen, bei denen der fallende Körper merklich von der geraden Linie abwich, wurden ausgeschieden. Die Untersuchung erstreckte sich auf fünf Körper, drei Kugeln von verschiedenem Durchmesser, einen Cylinder, einen Doppelkegel. Diese Körper waren hohl, und es konnten ihnen durch Einfüllen von Schrotkörnern und Bleistaub verschiedene Uebergewichte verliehen werden, so dass an einem und demselben Körper eine grössere Anzahl verschiedener Beobachtungen gemacht werden konnte.

Die Geschwindigkeit aller untersuchten Körper, auch wenn ihr specifisches Gewicht nur sehr wenig grösser war, als das des Wassers, wurde sehr bald constant, so dass die obige Näherungsformel für a anwendbar war. Durch Vergleichung der verschiedenen Werthe von a ergaben sich sodann folgende Resultate:

1) Der Widerstand erfolgt bei Geschwindigkeiten bis zu 20^{cm} proportional dem Quadrate der Geschwindigkeit;
2) Bei grössern Geschwindigkeiten ist er einer höhern Potenz der Geschwindigkeit proportional; und diese Potenz vergrössert sich mit der Vergrösserung der Widerstandsflächen;
3) Der Widerstand gegen Kugeln ist annähernd dem Quadrate der Kugelhalbmesser proportional, vermehrt sich jedoch bei grössern Kugeln in immer grösser werdendem Verhältniss. Der Widerstand ist also der Grösse der Fläche nicht direct proportional;
4) Die Widerstände gegen Kugel und Cylinder von gleichem Durchmesser verhalten sich annähernd wie 2:3;
5) Ein Kegel erleidet einen grössern Widerstand als eine Kugel von gleichem Durchmesser.

Eine Untersuchung, in wie fern die Constante des Widerstands von der Temperatur und damit von der innern Cohäsion der Flüssigkeit abhing, führte zu keinem Resultate. *Wn.*

M. Rankine, J. Scott, Russel, J. Napier, W. Froude. Interim report of the comittee on the resistance of water to floating and immersed bodies. Rep. Brit. Assoc. I. 256-257†.

Die kurze Notiz enthält einen vorläufigen Bericht über Versuche, den Widerstand zu bestimmen, welchen das Wasser der Bewegung von eingetauchten Körpern entgegensetzt, die mit gleichförmiger Geschwindigkeit horizontal bewegt werden. Neu ist das Resultat, dass bei derselben Geschwindigkeit der Widerstand in dem Falle, wo der eingetauchte Körper (Schiffsmodell) soeben vom Wasser bedeckt war, weit mehr als das Doppelte von dem Widerstande betrug, den der gerade bis zur Hälfte eingesenkte Körper erlitt. *Wn.*

G. R. Dahlander. Zur Theorie einer rotirenden Flüssigkeit, deren Molecüle sich gegenseitig anziehen. Pogg. Ann. CXXIX. 443-450†.

Jacobi hat bekanntlich gefunden, dass das dreiaxige Ellipsoid unter gewissen Umständen eine Gleichgewichtsfigur einer homogenen, um eine Axe rotirenden Flüssigkeit sein kann, deren Molecüle sich gegenseitig anziehen. Im Anschluss daran behandelt Hr. Dahlander die Frage: unter welchen Umständen ist das dreiaxige Ellipsoid eine Gleichgewichtsfigur, wenn die Flüssigkeit gleichzeitig um die drei Hauptaxen rotirt. Es sei das Ellipsoid:

$$x^2+\frac{y^2}{1+\lambda^2}+\frac{z^2}{1+\lambda'^2}=a^2,$$

ω, ω', ω'' seien die Winkelgeschwindigkeiten um die drei Axen, so müssen λ und λ' folgenden zwei Gleichungen genügen:

$$p\int_0^1\frac{(1-\mu^2)\mu^2du}{(1+\lambda^2\mu^2)^{\frac{3}{2}}(1+\lambda'^2\mu^2)^{\frac{1}{2}}}=\omega^2+\omega''^2+\frac{\omega^2-\omega'^2}{\lambda^2},$$

$$p\int_0^1\frac{(1-\mu^2)\mu^2du}{(1+\lambda^2\mu^2)^{\frac{1}{2}}(1+\lambda'^2\mu^2)^{\frac{3}{2}}}=\omega^2+\omega'^2+\frac{\omega^2-\omega''^2}{\lambda'^2},$$

wo

$$p=4\pi\mu\varrho(1+\lambda^2)^{\frac{1}{2}}(1+\lambda'^2)^{\frac{1}{2}},$$

ϱ die Dichtigkeit.

Diese Gleichgewichtsbedingungen können von einem und demselben Ellipsoid auf unendlich vielfache Weise erfüllt werden, obwohl für gewisse Werthe von λ und λ' die Winkelgeschwindigkeiten bestimmte Werthe erhalten.

Für ein Rotationsellipsoid $\lambda=\lambda'$ muss auch $\omega'=\omega''$ sein. Die Bedingungsgleichung lautet dann:

$$\frac{\omega^2}{2\pi\mu\varrho}+\frac{\omega''^2}{2\pi\mu\varrho}\,\frac{\lambda^2-1}{\lambda^2+1}=\frac{(\lambda^2+3)\operatorname{arc\,tg}\lambda-3\lambda}{\lambda^3}.$$

Im Allgemeinen ist es immer möglich, den Winkelgeschwindigkeiten ω solche Werthe zu verleihen, dass die Ellipsoide, welche Gleichgewichtsfiguren für die Rotation um eine einzige Axe ausmachen, auch zugleich bei der Rotation um 2 oder 3 Axen Gleichgewichtsfiguren sein können.

In Bezug auf die Schwerkraft an der Oberfläche gilt auch für ein um drei Axen rotirendes Ellipsoid das Liouville'sche Theorem, dass dieselbe umgekehrt proportional dem vom Centrum auf die tangirende Ebene gefällten Lothe ist. *Wn.*

D. HEATH. On secular local changes in the sea-level. Phil. Mag. (4) XXXI. 201-210, 323-323.

— — On the problem of sea-levels. Phil. Mag. (4) XXXII. 34-40.

Die nicht einwandsfreie Arbeit sucht den Einfluss zu ermitteln, den eine Bedeckung der Umgebung eines Endpols mit einer festen Eisschicht, wie sie nach Adhemars bekannter Hypothese in Folge des Vorrückens des Tag- und Nachtgleichenpunkts die beiden Pole abwechselnd trifft, auf das Niveau des Meeres ausüben würde. Er findet, dass, wenn der Nordpol in der Weise mit Eis bedeckt würde, wie jetzt der Südpol, die See in der Gegend von Nord-Wales um 1000 bis 2000 Fuss steigen würde. *Wn.*

Solive hydrostatique. Mondes (2) I. 80-81.

Ein auf einen Balken ausgeübter Druck soll dadurch gleichmässig über den ganzen Balken vertheilt werden, dass der Balken aus zwei Hohlbalken zusammengesetzt wird, deren einer innerhalb des andern angebracht ist. Der enge Zwischenraum zwischen beiden soll durch Wasser ausgefüllt werden. Ein auf den innern schwimmenden Balken ausgeübter Druck wird dann einen Theil des Wassers verdrängen, und durch die Fortpflanzung im Wasser wird dieser Druck sich auf die ganze Wassermasse und in Folge dessen auch auf den ganzen untern Hohlbalken sich vertheilen. Durch Anwendung derartiger Balken bei Brücken sollen heftige Erschütterungen beim schnellen Ueberführen grosser Lasten vermieden und dadurch die Haltbarkeit vermehrt werden. *Wn.*

CHALLIS. On the motion of a small sphere acted upon by the undulations of an elastic fluid. Phil. Mag. (4) XXI. 343-363†.

— — On the fundamental ideas of matter and force in theoretical physics. Phil. Mag. (4) XXXI. 459-474†.

Hr. CHALLIS geht bekanntlich von der Hypothese aus, dass die Materie aus kugelförmigen unveränderlichen Atomen bestehe, denen keine andere Eigenschaft innewohnt, als die der Trägheit. Anziehungs- und Abstossungskräfte existiren zwischen den Atomen nicht, sondern sie wirken auf einander durch Stoss. Alle physikalischen Kräfte haben ihren Ursprung in dem Druck eines überall verbreiteten elastischen Mediums, des Aethers, der auch die leeren Räume innerhalb der einzelnen Körper einnimmt. Alle Aenderungen der Dichtigkeit dieses Aethers sind begleitet von proportionalen Aenderungen seines Drucks; und die verschiedenen Kräfte sind nur Aeusserungen dieses Drucks unter verschiedenen Umständen.

In den vorliegenden Abhandlungen soll nun demonstrirt wergen, dass auf diese Weise eine Attraction zu Stande kommen kann. Zu dem Zwecke wird der Einfluss betrachtet, den eine Wellenbewegung des elastischen Aethers auf eine kleine Kugel ausübt unter der Bedingung, dass die Bewegung und die Condensation des Fluidums symmetrisch in Bezug auf eine Axe seien, die durch den Mittelpunkt der Kugel geht, und dass jene Bewegung parallel der Einfallsrichtung der Wellen sei. Durch eine lange mathematische Entwickelung, deren Verständniss durch fortwährendes Verweisen auf frühere Abhandlungen sehr erschwert wird, findet Hr. Challis, dass die Wellen auf die Kugel eine permanente Translationsbewegung ausüben, und zwar ist die Wirkung je nach der Art der Verdichtung so, wie die einer vom Centrum des Wellensystems ausgehenden Attractions- oder Repulsionskraft. *Wn.*

Gauckler. Expériences hydrauliques. Mondes X. 475-476†.

Ohne Beweis werden folgende Formeln mitgetheilt. Fliesst Wasser durch einen unendlich langen Spalt zwischen zwei Ebenen aus, die beide mit der Verticalen den Winkel ϑ bilden, so ist der Contractionscoefficient

$$K = \tfrac{1}{2}\left(\frac{\vartheta}{\sin\vartheta} + \cos\vartheta\right),$$

also, falls der Spalt in einer horizontalen Ebene, $K = \tfrac{1}{4}\pi$. Für eine quadratische Oeffnung ist $K = (\tfrac{1}{4}\pi)^2 = 0{,}617$, für eine kreisförmige Oeffnung $K = \tfrac{2}{3}$. Für ein Ansatzrohr ist der

Coefficient die Quadratwurzel des Coefficienten bei derselben Oeffnung in dünner Wand. *Wn.*

GRESSLY. Differentialheber zur Beobachtung der Wasserstände von Flüssen und Seen. DINGLER J. CLXXXII. 193-197.

Eine Bleiröhre, deren Ende unter den tiefsten Wasserstand reicht, endet in einem abwärts gebogenen Glasrohr, das unten in ein Quecksilbergefäss eintaucht. Durch den Luftdruck steigt das Wasser in der Bleiröhre, das Quecksilber in der Glasröhre bis zu einem bestimmten Punkte in die Höhe; und das letztere steigt und fällt im entgegengesetzten Sinne mit dem Wasserspiegel, aber in verkleinertem Maassstabe. Die Ablesungsstelle darf natürlich nicht höher über dem niedrigsten Wasserstande liegen, als eine Atmosphäre, als Wassersäule ausgedrückt, beträgt. *Wn.*

W. H. BESANT. On metacentre in a liquid of variable density. Quat. J. VIII. 75-77†.

Wenn ein in Bezug auf die verticale Ebene symmetrischer Körper, der zwischen zwei Flüssigkeiten von verschiedener Dichtigkeit schwimmt, um den kleinen Winkel ϑ aus seiner Gleichgewichtslage gedreht ist, so tritt dabei ein Kräftepaar in Wirkung

$$= g\vartheta k^2 A.(\varrho - \varrho'),$$

wo ϱ' die Dichtigkeit der oberen, ϱ der unteren Flüssigkeit und $k^2 A$ das Trägheitsmoment des gemeinsamen Querschnitts bedeutet.

Schwimmt ein Körper in einer Flüssigkeit, deren Dichtigtigkeit sich continuirlich ändert, so ist das Kräftepaar

$$g\vartheta \{\varrho_0 k_0^2 A_0 + \int k^2 A d\varrho\},$$

wo ϱ_0 die Dichtigkeit an der Oberfläche ist. *Wn.*

Fernere Litteratur.

LINFON. Pompe par combustion. Mondes (2) I. 81-81.

COCKLE. On OSTROGRADSKY's hydrostatical paradoxon. Phil. Mag. (4) XXXII. 157-158.

A. de Caligny. Expériences diverses sur les ondes en mer et dans les canaux et applications diverses à l'étude des travaux maritimes. Liouville J. (2) XI. 225-265; C. R. LXII. 462-465; Inst. 1868. p. 62-62.

— — Epargne de l'eau par un certain système d'écluses. Inst. 1866. p. 405-406.

— — Considérations sur la nature du frottement des liquides soumis à de très-grandes pressions. C. R. LXII. 350-352; Mondes X. 322-322; Inst. 1866. p. 14-15, p. 20-21.

Coupvent des Bois. Sur la hauteur des vagues à la surface de l'Océan. C. R. LXII. 82-84; Monit. Scient. VIII. 107-107.

Müller. Sur le moteur hydraulique de M. Cavanna. C. R. LXIII. 551-551.

Séguier. Geschosswirkung durch fortgepflanzten Wasserdruck. Dingler J. CLXXIX. 422-423. (cf. Berl. Ber. 1865. p. 69).

E. Ohimus et Ch. Viry. Etude critique des traces obtenus avec le cardiographe et sphygmographe. J. d. phys. III. 71-92, 118-201.

R. P. Poulain. Humble remarque sur les observations de M. Plateau. Mondes XI. 429-430.

A. de Caligny. Sur les moyens de diminuer la partie du déchet des compresseurs à colonnes liquides oscillantes qui provient de l'échauffement de l'air pendant la compression. C. R. LXIII. 828-831.

6. Aerodynamik.

(Siehe oben p. 32.)

Deleuil. Grand modèle de machine pneumatique. C. R. LXII. 151-151†; Inst. 1866 p. 18-18.

Seinen im Berl. Ber. 1865. p. 84 beschriebenen Luftpumpen hat Hr. Deleuil jetzt einen Kolben von 0,12^{m} Durchmesser und eben so grosser Höhe gegeben; in einem 13-14 Litres fassenden

Recipienten verdünnt die Pumpe die Luft bis zu einer Spannung von 3^{mm}. *Bt.*

R. GILL. On an air-pump without clearance. Phil. Mag. (4) XXXII. 256-260†.

In dieser, ohne Figur nicht näher zu beschreibenden Pumpe soll der Nachtheil der schädlichen Räume auf ziemlich complicirte Weise dadurch vermieden werden, dass dieselben in bestimmten Stadien der Kolbenbewegung mit Oel gefüllt, und wieder entleert werden. *Bt.*

O. E. MEYER. De gasorum theoria. Dissert. inaug. Vrat. 1866. p. 1-15†.

Nach der mechanischen Wärmetheorie bewegen sich die Atome einer (scheinbar ruhenden) Luftmasse in nahezu gradlinigen Bahnen; für die verschiedenen Geschwindigkeiten, welche die Atome haben, substituiren die meisten Autoren einen mittleren Werth; MAXWELL (Phil. Mag. (4) XIX. 19) dagegen hat für die Vertheilung der Geschwindigkeiten das aus der Wahrscheinlichkeitsrechnung bekannte Vertheilungsgesetz angenommen, und hiernach gefunden:

(1) von N Atomen haben

$$\frac{N}{\alpha\sqrt{\pi}} e^{-\frac{u^2}{\alpha^2}} du,$$

eine zwischen u und $u + du$ liegende Geschwindigkeit parallel einer bestimmten Richtung,

$$(2) \quad \ldots\ldots \quad \frac{4N}{\alpha^3\sqrt{\pi}} e^{-\frac{\omega^2}{\alpha^2}} \omega^2 d\omega,$$

eine zwischen ω und $\omega + d\omega$ liegende absolute Geschwindigkeit;

(3) der Werth der mittleren Geschwindigkeit ist

$$\Omega = \frac{2\alpha}{\sqrt{\pi}},$$

(4) der mittlere Werth der lebendigen Kräfte $\frac{1}{2}\omega^2$ ist

$$\frac{3}{\alpha} \alpha^2.$$

Analog findet nun Hr. MEYER:

zwischen zwei aufeinander folgenden Stössen legen von N Atomen

$$\frac{N}{\beta\sqrt{\pi}} e^{-\frac{x^2}{\beta^2}} dx,$$

eine zwischen x und $x + dx$ liegende Strecke parallel einer bestimmten Richtung zurück,

$$\frac{4N}{\beta^3\sqrt{\pi}} e^{-\frac{l^2}{\beta^2}} l^2 dl$$

legen überhaupt eine zwischen l und $l + dl$ liegende Strecke zurück, und das Mittel der zwischen zwei Stössen zurückgelegten Strecken ist

$$L = \frac{2\beta}{\sqrt{\pi}}.$$

Andererseits findet der Verfasser mit Zugrundelegung der CLAUSIUS'schen Formeln (Phil. Mag. (4) XIX. 134)

$$L = \frac{1}{\sqrt{2}} \frac{\lambda^3}{\pi s^2},$$

wo s der Durchmesser eines Atoms, und λ der mittlere Abstand zweier Atome ist; abweichend von CLAUSIUS, welcher

$$L = \frac{\frac{3}{4}\lambda^3}{\pi s^2}$$

setzt, ein Werth, welcher aus der Annahme folgt, dass alle Atome dieselbe Geschwindigkeit haben.

Zwischen dem Druck p und der Dichtigkeit ϱ erhält der Verfasser die Relation

$$p = \frac{\pi}{8} \varrho \Omega^2,$$

während CLAUSIUS und MAXWELL

$$p = \tfrac{1}{3} \varrho \Omega^2$$

setzen; hiernach wird die mittlere Geschwindigkeit Ω bei 0° für die Atome

	Meter
der atmosphärischen Luft	447
des Sauerstoffs	425
des Stickstoffs	453
des Wasserstoffs . . .	1698.

Bt.

O. E. MEYER. Ueber die Reibung der Gase. Zweite Abhandlung. POGG. Ann. CXVII. 253-281†, 353-382†; Z. S. f. Naturw. XXVII. 508-509; Mondes XI. 399-406.

Die früheren Versuche des Verfassers (vgl. Berl. Ber. 1865. p. 76) schienen MAXWELL's (Phil. Mag. (4) XIX. 31) Sätze zu bestätigen, dass der Reibungscoefficient eines vollkommenen Gases unabhängig von der Dichtigkeit und proportional der Quadratwurzel aus der absoluten Temperatur sei. Behufs einer ferneren Prüfung dieser Sätze hat Hr. MEYER die älteren Beobachtungen GRAHAM's [1]), betreffend das Strömen der Luftarten durch Capillarröhren, einer erneuten Discussion unterworfen.

Zuerst wird, unter der Annahme, dass die Constante der inneren Reibung η unabhängig vom Druck sei, und dass die Differentialquotienten

$$u^2 \text{ und } \frac{du}{dx}$$

sehr klein seien, für die Geschwindigkeit u des in einer Capillarröhre stationär fliessenden Gases die Formel

$$u = \frac{p_1^2 - p_2^2}{8\eta\lambda p}[R^2 - r^2 + 2\zeta R],$$

und für das Ausflussvolumen, gemessen unter dem Druck $\frac{p_1 + p_2}{2}$ die der POISEUILLE'schen entsprechende

$$(2) \quad . \quad . \quad . \quad V = \pi t(p_1 - p_2)\frac{R^4}{8\eta\lambda}\left(1 + 4\frac{\zeta}{R}\right)$$

entwickelt.

Hier bedeuten:

p_1 und p_2 den Druck beim Eintritt und Austritt aus dem Rohr, R den Radius, λ die Länge des Rohrs, r die Entfernung eines Lufttheilchens von der Röhrenaxe, und ζ ist der Gleitungscoefficient, oder der Quotient aus der Constanten η der inneren Reibung und der Constanten ε der Reibung an der Röhrenwandung.

Eine unmittelbare Anwendung dieser Formel (2) lässt sich nur auf eine der Versuchsreihen GRAHAM's machen; trockene atmosphärische Luft von bestimmtem Volumen ergoss sich, während von Versuch zu Versuch der Druck p_1 wechselte, durch eine und

[1]) On the motion of gases. Phil. Trans. 1846. p. 573, 1849. p. 349.

dieselbe 20′ lange Röhre in einen nahezu luftleeren Raum. Für alle Versuche muss hier also $p_1 t$ denselben Werth behalten; es waren aber:

p_1	t	$p_1 t$
1 Atm.	799,5″	799,5″
0,75 -	1050	787,5
0,5 -	1543,5	771,75

sonach scheint η nahezu unabhängig vom Druck zu sein.

Bei den übrigen Versuchen GRAHAM's war die Strömung nicht stationär; vielmehr floss bei der ersten Methode das Gas aus einem unter constantem Druck p_1 gehaltenen Reservoir in einen anfangs luftleer gehaltenen Recipienten, in welchem also der Druck allmählig stieg; bei der zweiten Methode floss die Luft aus einem Gefäss, in welchem sie anfangs comprimirt war, in einen Raum, in welchem der Druck constant blieb; hier nahm also p_1 allmählig ab.

Für den ersten Fall kann man nun die Formel (2) als gültig für ein Zeittheil dt ansehen, durch Integration ergiebt sich dann mit Benutzung des MARIOTTE'schen Gesetzes, dass für alle Versuche, welche mit demselben Apparat und demselben Gase angestellt worden sind, die Grösse

$$\frac{p_1 t}{\log\left(\frac{p_1+p_2}{p_1-p_2}\cdot\frac{p_1-P_2}{p_1+P_2}\right)}$$

constant sein muss, wenn η und ζ sich mit dem Druck nicht ändern. (P_2 ist hier der Anfangswerth von p_2.) Dies bestätigt sich im Allgemeinen.

Für den zweiten Fall erhält man eine ähnliche Constante

$$\frac{p_2 t}{\log\left(\frac{p_1+p_2}{p_1-p_2}\cdot\frac{P_1-p_2}{P_1+p_2}\right)}.$$

Die Berechnung der Versuche zeigt aber eine Aenderung dieser Grösse, welche auf eine Abnahme von η bei abnehmendem Druck hindeutet. Diese erklärt der Verfasser aus der beim Ausströmen eintretenden Temperaturerniedrigung, welche nach MAXWELL auch eine Verminderung von η zur Folge haben muss.

Für die Berechnung der Reibungsconstante η selbst liefert nur eine Versuchsreihe GRAHAM's die erforderlichen Daten; nimmt man $\zeta = 0$, so ergiebt sich für atmosphärische Luft

$$\eta = 0{,}000178,$$

während Hr. MEYER aus BESSEL's Bestimmungen

$$\eta = 0{,}000275$$

gefunden hat; nimmt man diesen Werth von η als richtig an, so folgt aus GRAHAM's Versuchen

$$\frac{\eta}{1 + 4\frac{\zeta}{R}} = 6{,}000178,$$

und hieraus für die Reibung der Luft gegen Glas:

$$\zeta = 0{,}000935, \qquad \varepsilon = 0{,}295$$

in Centimetern. Aus den Versuchen v. PIOTROWSKI's hat HELMHOLTZ für die Reibung zwischen Wasser und Gold berechnet $\zeta = 0{,}235$. Die Luft haftet hiernach viel stärker am Glase, als das Wasser am Golde.

Je kleiner der Röhrenradius ist, desto mehr kommt der Einfluss der äusseren Reibung zur Geltung; wenn nun noch angenommen wird, dass zwar η proportional der Quadratwurzel aus der absoluten Temperatur, ε aber proportional der ersten Potenz derselben sei, so erklären sich GRAHAM's Beobachtungen, wonach in weiteren Röhren die Strömungszeiten bei verschiedenen Temperaturen nahezu im umgekehrten Verhältnisse der Quadratwurzeln aus der Dichtigkeit der Luft bei diesen Temperaturen stehen, bei engeren Röhren aber im umgekehrten Verhältniss der Dichtigkeiten selbst.

GRAHAM nennt Transpirationscoefficient eines Gases das Verhältniss der Strömungszeit desselben zu der des Sauerstoffs, wenn beide unter gleichen Umständen durch eine Röhre fliessen. Dieser Coefficient hängt nach GRAHAM weder vom Druck noch von der Temperatur ab. Die Strömungszeiten sind aber proportional den Grössen

$$\frac{\eta}{1 + \frac{4\zeta}{R}},$$

und wenn nun GRAHAM constante Werthe für die Transpirationscoefficienten gefunden hat, bei Anwendung verschiedener Röhrenweiten, so muss zunächst ζ für alle Gase denselben Werth haben, oder für alle mit gleichem Recht vernachlässigt werden können; dann wird aber η proportional dem Transpirationscoefficienten, und mit zu Grundelegung des Werthes

$$\eta = 0{,}000275$$

für atmosphärische Luft, kann man aus den von Graham angegebenen Transpirationscoefficienten die Reibungscoefficienten für die 18 verschiedenen Gasarten berechnen, mit denen Graham operirt hat, nämlich

	Transpirations-coefficient	Reibungs-coefficient
Sauerstoff	1,000	0,000306
Luft	0,899	0,000275
Stickoxyd	0,878	0,000269
Stickstoff	0,873	0,000267
Kohlenoxyd	0,870	0,000266
Kohlensäure	0,755	0,000231
Stickoxydul	0,752	0,000231
Chlorwasserstoff	0,736	0,000225
Chlor	0,687	0,000210
Schweflige Säure	0,654	0,000200
Schwefelwasserstoff	0,616	0,000188
Sumpfgas	0,555	0,000174
Methylchlorid	0,547	0,000167
Oelbildendes Gas	0,516	0,000158
Ammoniak	0,511	0,000156
Cyan	0,506	0,000155
Aethylchlorid	0,499	0,000153
Methyläther	0,483	0,000148
Wasserstoff	0,439	0,000134

Bt.

J. Clerk Maxwell. On the viscosity or internal friction of air and other gases. Proc. Roy. Soc. XV. 14-17; Phil. Trans. 1866. I. 249-269†; Cimento XXIII-XXIV. 42-43.

Die Beobachtungsmethode des Hrn. Maxwell unterscheidet sich von O. E. Meyer's (vgl. Berl. Ber. 1865. p. 76†) im Wesentlichen dadurch, dass jede der drei an einem Stahldraht aufgehängten Glasscheiben, welche in ihrer horizontalen Ebene oscilliren, zwischen zwei festen parallelen Scheiben hängt, so dass die innere Reibung der Luft in 6 getrennten Luftschichten wirkt.

Unter der Annahme, dass die Luft an den Oberflächen der festen und der beweglichen Scheiben fest hafte, und jede der horizontalen Luftschichten als Ganzes für sich mit verhältnissmässig grosser Schwingungsdauer oscillire, wird dann die Berechnung der Versuche einfach, bis auf die Schwierigkeit, welche auch bei MEYER hervortrat, nämlich die Bestimmung des Einflusses der Reibung der Luft an den cylindrischen Begrenzungsflächen der oscillirenden Scheiben. Derselbe ist nach dem Verfasser gleichbedeutend mit einer Vergrösserung der Scheiben; den Betrag dieser Vergrösserung berechnet der Verfasser auf eine nicht hinreichend motivirte Weise, wie schon daraus hervorgeht, dass dieselbe von dem Reibungscoefficienten selbst ganz unabhängig sein soll. Als Resultat ergiebt sich für den Coëfficienten der inneren Reibung der trockenen Luft in Metern, Grammen, Secunden und hunderttheiliger Thermometerscala

$$0{,}01878\,(1+0{,}00365t),$$

wobei besonders zu bemerken ist, dass nach des Verfassers Beobachtungen der Reibungscoefficient der ersten Potenz der absoluten Temperatur, nicht der Quadratwurzel aus derselben proportional ist. *Bt.*

J. CLERK MAXWELL. On the dynamical theory of gases. Proc. Roy. Soc. XV. 167-171†.

Ein genauerer Bericht über die hier angekündigte Theorie des scharfsinnigen Verfassers kann erst gegeben werden, wenn die Abhandlung vollständig publicirt ist. Wir bemerken hier nur, dass der Verfasser von der Annahme ausgeht, dass die Gasmolecüle sich mit einer Kraft abstossen, die der fünften Potenz der Entfernung umgekehrt proportional ist, eine Annahme, durch welche die von ihm beobachtete Thatsache erklärt werden soll, dass der Coëfficient der inneren Reibung proportional der absoluten Temperatur ist.

Die Reihe der von dem Verfasser aufgestellten Sätze über Diffusion, innere Reibung u. s. f. schliesst mit einer Formel über die Wärmeleitungsfähigkeit eines Gases; sie ist

$$\frac{5}{3}\,\frac{1}{\gamma-1}\,\frac{p_0}{\varrho_0\theta_0}\,\frac{\mu}{S},$$

wo γ das Verhältniss der specifischen Wärmen, p_0 und ϱ_0 Druck und Dichtigkeit bei der absoluten Temperatur θ_0 des Gases bedeuten, mit welchem das in Rede stehende verglichen wird, und S und μ das specifische Gewicht und die Zähigkeit des letzteren. Die Wärmeleitungsfähigkeit der Luft ist ungefähr 3500 mal geringer als die des Schmiedeeisens; die des Wasserstoffs 7 mal so gross wie die der Luft. *Bt.*

J. C. F. Otto. Ein Beitrag zur Ermittelung des Luftwiderstandgesetzes. Z. S. f. Math. XI. 515-535†.

Die Arbeit enthält den Bericht über artilleristische Versuche, die vor mehr als zwanzig Jahren in Preussen zur Ermittelung des Luftwiderstandgesetzes angestellt wurden. Man ging dabei rein empirisch zu Werke, indem man verschiedene Luftwiderstandsgesetze versuchsweise einführte, um auszumitteln, welches von ihnen im Stande sein würde, bei seiner Benutzung die thatsächlich beobachteten Ziffern am besten wiederzugeben.

Die erste Versuchsreihe aus dem Jahre 1839 enthält für 15 verschiedene Schussweiten (370,5 bis 1386,5 Schritt, 5 Schritt = 1 Ruthe) die zugehörige Flugzeit; letztere wurde für jede einzelne Schussweite aus 30 Beobachtungen mittelst der Uhr ermittelt. Der Beobachter war in allen Fällen derselbe. Geprüft wurden vier Gesetze für den Luftwiderstand W, und für jedes wurde der wahrscheinliche Fehler der mittleren Flugzeit berechnet.

		Wahrscheinlicher Fehler
1) Das Newton'sche Gesetz	$W=\alpha v^2$,	0,01402 Sec.
2) Das cubische Gesetz . . .	$W=\alpha v^3$,	0,01088 -
3) Das Piobert'sche Gesetz .	$W=\alpha v^3+\beta v^2$,	0,01346 -
4) Das Schmidt'sche Gesetz	$W=\beta\dfrac{e^{\frac{v^2}{2\alpha}}-1-\dfrac{v^2}{2\alpha}}{\dfrac{v^2}{2\alpha}}$,	0,01477 -

Hierin ist v die Geschwindigkeit, α und β Constante. Danach war das cubische Gesetz das beste, das Schmidt'sche am ungünstigsten.

Bei einer zweiten Versuchsreihe aus den Jahren 1844 und 1845 wurde die Zeit mittelst eines elektromagnetischen Registrirapparats beobachtet. Diese Reihe enthält für 7 verschiedene Schussweiten (50-500 Schritt) die zugehörige Flugzeit; für jede Schussweite wurden 10 Zeitbeobachtungen angestellt. Geprüft wurden hier 6 verschiedene Widerstandsgesetze. Für jedes Gesetz wurde die Summe der Fehlerquadrate (d. h. die Summe der Quadrate der 7 Differenzen zwischen beobachteter und berechneter Zeit) und der wahrscheinliche Fehler der mittleren Flugzeit ermittelt. Das Resultat war folgendes:

	Widerstandsgesetz	Summe der Fehlerquadrate	Wahrscheinlicher Fehler
I.	$W = A.v$	0,000095897	0,00295 Sec.
II.	$W = Av^2$ (Newton)	0,000087219	0,00282 -
III.	$W = Av^2\left\{1+\frac{1}{r}v\right\}$ (Piobert)	0,000084026	0,00277
IV.	$W = Av^3$	0,000081755	0,00273 -
V.	$W = (Dv^6+Ev^5)^{\frac{1}{2}}$	0,000080076	0,00270 -
VI.	$W = Av^4$	0,000079576	0,00269 -

Es war also in Uebereinstimmung mit der ersten Reihe das Newton'sche Gesetz schlechter als das Piobert'sche, letzeres schlechter als das rein cubische; am günstigsten zeigte sich das biquadratische Gesetz. —

Den obigen Resultaten widersprechen Versuche, die in den Jahren 1861 und 1862 bei Dresden angestellt wurden, und bei denen nicht die Flugzeit, sondern die Anfangs- und Endgeschwindigkeit mittelst des elektroballistischen Pendels von Navez beobachtet wurde. Diese ergeben für $W = A.v$ die geringste Summe der Fehlerquadrate, für jedes folgende Gesetz eine grössere Summe. Der Grund des Widerspruchs zwischen den Resultaten ist noch nicht aufgeklärt. *Wn.*

E. Swann. Ueber ein von Ramsbothom construirtes Differential-Anemometer. Dingler J. CLXXX. 334-335.†

Ein in zwei Zellen getheilter Kasten, dessen eine Zelle luftdicht verschlossen ist. Beide Zellen, mit Wasser gefüllt, sind durch eine doppelschenklige Röhre verbunden. Letztere enthält in der untern Hälfte eines jeden Schenkels roth gefärbtes Wasser, in der obern Hälfte Benzin vom specifischen Gewicht 0,8. Wird in der luftdicht verschlossenen Zelle durch Einblasen von Luft der Luftdruck vermehrt, so steigt der Wasserspiegel in dem zugehörigen Sckenkel der Röhre und giebt die um $\frac{1}{5}$ Zoll Wasserhöhe vermehrte Druckveränderung durch ein Steigen von einem ganzen Zoll an. *Wn.*

A. Sawitch. Sur la détermination de la résistance de l'air au mouvement du pendule. Bull. d. St. Pet. IX. 477-482†.

Baily führt bekanntlich die aërodynamische Reduction des Pendels auf den leeren Raum aus, indem er dasselbe Pendel in gewöhnlicher und in verdünnter Luft schwingen lässt. Dies Verfahren ergiebt, wie Meyer bemerkt hat, fehlerhafte Resultate durch die Störungen, die von der Reflexion der Luftwellen an den Wandungen des luftverdünnten Raumes herrühren. Deshalb schlägt der Verfasser vor, das zu untersuchende Reversionspendel von Metall mit einer genauen Copie desselben von Holz zu vergleichen und aus den Schwingungen beider jene Reduction abzuleiten. Eine etwaige Aenderung des Holzpendels würde hier nicht in Betracht kommen, da die betreffenden Beobachtungen nur ein für allemal und zwar in einer Zeit von wenigen Stundeu zu machen sind, wo das Holz wohl als constant anzusehen ist.

Wn.

A. Thiem. Relation zwischen Niveaulage .und Spannung des Gases in Röhrenleitungen. Polyt. C. Bl. XX. 789-793†.

Da eine Gassäule weniger wiegt, als eine Luftsäule von gleicher Höhe und gleichem Querschnitt, so wird die von diesen verschiedenen Gewichten abhängige Spannungsabnahme nach oben hin beim Gase langsamer erfolgen, als bei der umgebenden Luft; die Spannungsdifferenz zwischen Gas und Luft wird also mit der Höhe zunehmen. Ist γ die Dichtigkeit der Luft, $\gamma . a$ die des Gases am Boden (also a das specifische Gewicht des Gases), p die für beide gleiche Spannung am Boden, p_1 resp. π_1 die Spannungen der Höhe s, so ist die Spannungsdifferenz

$$\pi_1 - p_1 = p\left\{e^{-\frac{s.\gamma.a}{p}} - e^{-\frac{s.\gamma}{p}}\right\}.$$

Für $a = 0,35$ ist hiernach die Spannungsdifferenz zwischen Luft und Gas in der Höhe von 50 Metern = 41,8 Kilogramm für ein Quadratmeter, d. h. gleich dem Druck einer Wassersäule von 41,8 Millimetern. *Wn.*

BUFF. Ueber den Einfluss des Windes auf den Zug in Schornsteinen. Polyt. C. Bl. XX. 794-799†.

Der Verfasser macht darauf aufmerksam, dass die Bewegung der Luft den Luftdruck in der Richtung der Bewegung vermehrt. Daraus folgt, dass ein horizontal über den Schornstein hinziehender Wind die Zugkraft verstärken, gleichsam einen saugenden Einfluss ausüben muss. Diese Saugkraft wird bedeutend verstärkt, wenn der Luftstrom gegen den aufrecht stehenden Theil des Rohres trifft, da dann ein Theil der abgestossenen Luft sich parallel der Cylinderaxe nach oben bewegt. Der nachtheilige Einfluss, den ein abwärts geneigter Luftstrom auf den Zug ausübt, wird verhütet, ja der Strom wird sogar gezwungen, saugend zu wirken, wenn man die Mündung des Rohrs mit einer Platte bedeckt, die in geringer Höhe oberhalb der Oeffnung den Rand ringsum überragt. Die Mündung darf aber nicht unmittelbar aus einer grössern ebenen Fläche heraustreten. — Die Richtigkeit dieser Thatsachen beweist Hr. BUFF durch Versuche im Kleinen. Der wagerechte Schenkel eines rechtwinklig gebogenen offenen Glasrohrs von 25^{mm} Durchmesser war gegen eine Flamme gerichtet. Wenn dann an der Oeffnung des verticalen Schenkels unmittelbar über dem Rande ein genau horizontaler Luftstrom vorbeiging, so wurde die Flamme angezogen. *Wn.*

Fernere Litteratur.

W. J. M. RANKINE. De la détente des vapeurs saturées. Phil. Mag. (4) XXXI. 197-199; Ann. d. chim. (4) VIII. 374-377.

— — Sur les vapeurs saturées. Phil. Mag. (4) XXXI. 199-201; Ann. d. chim. (4) VIII. 378-381.

— — On the theory of the influence of friction

upon the mechanical efficiency of steam. Athen. 1866. 2. p. 313-313.

W. J. M. RANKINE. Theorie der durch Explosion wirkenden Gasmaschine. Polyt. C. Bl. (2) XX. 1127-1133.

VAN WAEGENBACH. Ammoniakgas - Kraftmaschine mit Hochdruckexpansion und unterbrochener Condensation. DINGLER J. CLXXIX. 346-350.

TRESCA. Bericht über die Luftpumpe von DELEUIL. DINGLER J. CLXXXII. 187-193. (Nichts Neues.)

PUJO. Fontaine de héron multiple. Mondes X. 703-704.

WEISBACH. Die Versuche über das Ausströmen der Luft unter hohem Druck. Polyt. C. Bl. (2) XX. 616-617.

JOULE. Notice of a compressing air pump. Proc. Manch. Soc. IV. 5-5.

P. BLASERNA. Nachtrag zu dem Aufsatz: Ueber die Zusammendrückbarkeit der Kohlensäure und der atmosphärischen Luft bei 100°. POGG. Ann. CXXVII. 174-175.

---

18. Optische Apparate.

(Siehe oben p. 246.)

A. Spiegelinstrumente.

R. RADAU. Zur Theorie der Heliostaten. CARL Repert. II. 1-9; Monit. Scient. 1864. p. 29-33.

— — Zusätze zu dem Aufsatze über Heliostaten. CARL Repert. II. 234-238; Monit. Scient. VIII. 821-827.

In dem ersten Aufsatze giebt der Verfasser eine Uebersicht der verschiedenen Systeme, welche bei der Construction der Heliostaten befolgt sind. Es sind die Heliostaten von SILBERMANN, FAHRENHEIT, AUGUST, s'GRAVESANDE, GAMBEY und FOUCAULT, welche beschrieben und von denen der letztere, der eine Verbesserung des s'GRAVESANDE'schen ist, als für Zwecke der Photographie besonders geeignet empfohlen wird. Der zweite Aufsatz zeigt, wie man sich das Princip der Construction aller dieser Heliostaten an einem einfachen Modelle klar machen kann.

K.

ZECH. Ueber Heliostaten. CARL Repert. II. 10-23†.

Der Verfasser stellt sich die Aufgabe, die Fehlergrössen zu bestimmen, welche mit den drei Heliostatensystemen von FRAUNHOFER (FAHRENHEIT), AUGUST und SILBERMANN verbunden sind. Das Resultat der Untersuchung ist folgendes. Wenn man die periodischen Abweichungen nicht berücksichtigt, sondern bloss die durch den Uhrfehler bestimmten, so ergiebt sich, dass dieselbe beim AUGUST'schen Heliostaten unter allen Umständen gleich dem doppelten Uhrfehler, beim FRAUNHOFER'schen gleich dem einfachen Uhrfehler multiplicirt mit dem Cosinus der Declination der Sonne, also stets nahe gleich dem einfachen Uhrfehler, beim SILBERMANN'schen dagegen von der jeweiligen Aufstellung abhängig ist und zwischen Null und dem doppelten Uhrfehler schwankt.

K.

E. FISCHER. Ueber Formen und Principien verschiedener Heliotrope. CARL Repert. I. 277-287†.

Der Aufsatz giebt in Veranlassung der von W. H. MILLER und von STEINHEIL neuerdings beschriebenen Heliotrope (vergl. Berl. Ber. 1865. p. 302) eine Uebersicht der bisher bekannten Heliotrope und einer Vorrichtung um die GAUSS'schen Spiegel mit irgend einem Theodoliten oder Nivellirinstrument zu verbinden. Die beschriebenen Instrumente sind: 1) Heliotrop von GAUSS (1821), 2) von DRUMMOND (1824), 3) von STEINHEIL Nr. 1 (1844), 4) von BAEYER und BESSEL (1849), 5) und 6) von MILLER (1865), 7) von STEINHEIL Nr. 2 (1865), endlich die angegebene Hülfsvorrichtung von STIERLIN.

K.

WILD. GOLDSCHMID's Doppelwinkelspiegel. Polyt. C. Bl. 1866. p. 661-662; Schweiz. polyt. Z. S. 1866. I. 1.

Dies Instrument soll zum Visiren und Abstecken einer graden Linie und eines rechten Winkels dienen. Das Erstere wird durch zwei rechtwinklig zu einander stehende Spiegel nach dem bekannten Principe des GAUSS'schen Heliotropes, das Letztere durch zwei 45° Spiegel erreicht. Beide Spiegelpaare sind zusammen an den handlichen vom Mechaniker GOLDSCHMID in Zürich verfertigten Instrumenten angebracht. *K.*

SALVETAT. Ueber die Spiegel aus platinirtem Glase von CRESWELL und TAVERNIER in Paris. Polyt. C. Bl. 1866. 730-734; Bull. d. l. Soc. d'enc. 1865. Sept.; Mondes XII. 6. Oct. p. 258.

LE ROUX. Notiz über denselben Gegenstand. Siehe Berl. Ber. 1865. p. 309.

CRESWELL und TAVERNIER verfertigen Spiegel durch Einbrennen von feinvertheiltem Platin in das Glas, welches nun von der vordern Fläche reflectirt, wodurch die Eigenschaft metallischer Spiegel herbeigeführt wird und nur eine Glasseite frei zu sein braucht, statt dass die mit Amalgam belegten oder versilberten Spiegel, deren Spiegelung von der Rückseite ausgeht, reines Glas und parallele Flächen verlangen. Das Glas wird mit einer Lösung von Chlorplatin in Lavendelöl bestrichen und dann in Oefen erhitzt. Der Platinüberzug soll sehr vollkommen spiegelnd und so dünn sein, dass er im durchfallenden Lichte ein Hindurchsehen gestattet. *K.*

A. OERTLING. Vervollkommnetes Kaleidoskop zur Erzeugung von Musterbildern. Polyt. C. Bl. 1866. p. 1416-1417; Verh. z. Beförd. d. Gewerbfleisses 1866. 3. p. 70.

Die Vervollkommnung besteht in der Zusammenstellung von 2, 3 und 4 Spiegeln um Rosettengruppirungen verschiedener Form in den reflectirten Bildern zu erhalten. *K.*

B. Refractionsinstrumente.

a) Fernrohr und Theile desselben.

F. BIRD. A clepsydra for driving telescopes. Int. Obs. 1866. January, VIII. 421-423†.

Ein Gefäss mit Wasser, in dem ein Schwimmer liegt, dessen

Niedersinken das Teleskop bewegt. Aus einem mit dem Gefässe verbundenen Heber kann vermittelst der Stellung eines Hahnes ein mehr oder minder schneller Ausfluss des Wassers bewirkt und somit willkührlich eine schnellere oder langsamere Bewegung des Teleskopes herbeigeführt werden. *K.*

BROWNING. Reflecting telescope. Int. Obs. 1866. May, IX. 276-281†.

Mit versilbertem Glasspiegel (Objectiv) und Befestigung des kleinen Spiegels durch 3 kleine, 120° von einander abstehende Federn. *K.*

T. W. WEBB. DRAPER'S Telescope. SMITHSONIAN Rep. 1864. p. 62-66†.

Die Notiz giebt Nachricht von Arbeiten DRAPER's zur Herstellung kräftiger Spiegelteleskope mit versilberten Glasspiegeln. Die ausführliche Beschreibung der technischen Operationen findet sich in einer Abhandlung DRAPER's unter der Publication des SMITHSONIAN Inst. (on the construction of a silvered glass telescope 15½ inches in aperture and its use in celestial photography). Es wird angegeben, dass es DRAPER gelungen sei, vorzügliche Instrumente herzustellen, welche den grossen Teleskopen mit Metallspiegeln von W. HERSCHEL, ROSSE und LASSEL gleich kämen oder sie überträfen. Als Beweis für die Vorzüglichkeit des DRAPER'schen Teleskops wird angeführt, dass es den Zwillingsstern γ^2 Andromedae auflöse und der Begleiter der Wega sogar ohne Versilberung der Glasfläche zu erkennen sei. *K.*

Fils de micromètre. Mondes I. April 1866. p. 599†.

Glasfäden statt der Spinnfäden. *K.*

H. L. SMITH. Opaque illuminators for high powers. Int. Obs. 1866. January, VIII. 467-469. Vergl. SILLIMAN J. Sept. 1865.

Beleuchtung undurchsichtiger Gegenstände als Objecte mikroskopischer Untersuchungen durch einen unterhalb des Oculars angebrachten Silberspiegel der unter 45° geneigt im Rohre liegt, in der Mitte fein durchbohrt ist und sein Licht von der Seite her empfängt. *K.*

S. Merz. Ueber ein helioskopisches Polarisationsocular. Astr. Nachr. LXII. 175, vergl. auch ebendas. 257.

Hr. Merz theilt einen Briefauszug von Secchi mit, in welchem derselbe sich über das von Hrn. Merz construirte Polarisationsocular für Sonnenbeobachtungen sehr vortheilhaft äussert. Die Vorrichtung besteht in 4 Spiegeln von schwarzem Glase, von denen in viermaliger Wiederholung die Strahlen unter dem Polarisationswinkel zurückgeworfen werden. Als Hauptvorzug wird erwähnt, dass das Licht des Objectes in natürlicher Färbung erscheint. *K.*

L. Foucault. Sur un moyen d'affaiblir les rayons du soleil au foyer des lunettes. C. R. LXIII. 413-416; Mondes XII. 84-84, 217-219; Inst. 1866. p. 281-281; Monit. Scient. VIII. 834-834; Cimento XXIII-XXIV. 251-253; Phil. Mag. (4) XXXII. 346-347; Arch. d. sc. phys. XXVII. 264-267; Dingler J. CLXXXIII. 330-331.

Le Verrier. Application du procédé d'argenture à un objectif de 25^{cm} de diamètre. C. R. LXIII. 547-548; Inst. 1866. p. 313-314; Monit. Scient. VIII. 936-936.

Hr. Foucault hat, um die Sonne mit Sicherheit gegen Blendung und Erhitzung beobachten zu können, eine Versilberung der äussern Objectivfläche des Fernrohrs ausgeführt. Es dringt nur ein bläuliches Licht, ohne Wärmestrahlen, zu den Ocularen und ein Versuch dieser Versilberung bei einem sehr grossen Objective giebt nach Le Verrier's Angabe ein sehr reines Bild, so dass die dünne Silberschrift die optischen Eigenschaften des Objectivs durchaus nicht beeinträchtigt. *K.*

J. J. Pohl. Beschreibung eines neuen Sonnenblendglases für Fernröhre. Dingler J. CLXXXII. 467-469†.

Ein dünnes auf beiden Seiten plan geschliffenes Gläschen

von 0,2-0,3^{mm} Dicke, wie es der Mikroskopiker zum Bedecken der Objecte verwendet, wird dadurch dauerhaft geschwärzt, dass man es auf einer Seite, wie die zu photographischen Zwecken bestimmten Platten mit einer sensibilisirten Collodiumschicht überzieht, hierauf den Sonnenstrahlen aussetzt, mit schwefelsaurem Eisenoxydul-Ammoniak behandelt und endlich der grösseren Undurchsichtigkeit halber einige Male in verdünntes Schwefelammonium taucht. *K.*

Ch. Grover. A substitute for the position micrometer. Int. Obs. 1866. January, VIII. 447-450†.

Eine Theilung wird auf dem Umfange des Teleskops beim Oculare angebracht. Das mit einem Fadenstern versehene Ocular erhält einen Zeiger, der auf der Theilung markirt. Man stellt ein Doppelgestirn erst so ein, dass der eine Stern die Mitte des Gesichtsfeldes trifft, dreht dann das Ocular bis ein Faden durch beide Sterne geht und liesst den Drehungswinkel ab. Je nach dem Sinne der Drehung ist der Drehungswinkel δ gleich dem Positionswinkel oder dieser ist $= 90^{0} - \delta$. Die Ablesung wird in allen 4 Quadranten gemacht, wodurch schon bei roher Theilung eine ziemliche Genauigkeit erzielt werden kann.

K.

---

b) Mikroskop und Theile desselben.

A. Töpler. Ueber die Methode der Schlierenbeobachtung als mikroskopisches Hülfsmittel, nebst Bemerkungen zur Theorie der schiefen Beleuchtung. Pogg. Ann. CXXVII. 556-580†.

Hr. Töpler weist in vorstehend citirter Abhandlung die Anwendbarkeit der von ihm entdeckten Schlierenbeobachtung (vgl. Berl. Ber. 1864. p. 166) auch für mikroskopische Beobachtungen nach und giebt eine einfache Aenderung, welche sich bei den Mikroskopen leicht anbringen lässt, an, durch welche in viel vollständigerer Weise für das ganze Gesichtsfeld das erreicht wird, was die schiefe Beleuchtung nur für einzelne Partien desselben bewirken kann. Die Vorrichtung besteht in einem Schieber, durch welchen der durch das Objectiv gegangene Strahlenkegel nach Belieben mehr oder weniger abgeblendet werden kann. Die Wirkung dieser Abblendung zum Sichtbarmachen geringer Dichtigkeitsungleichheiten in den Objecten ist in der Abhandlung nachgewiesen, was aber ohne Zeichnungen nicht füglich wiedergegeben werden kann, weshalb auf die Abhandlung selbst verwiesen werden muss. *K.*

G. Govi. Sull' efficacia delle grandi aperture nei microscopii compositi. Cimento XXI-XXII. 50 65†.

Hr. Govi weist in dieser Abhandlung gegenüber der entgegengesetzten Ansicht Cavalleri's nach, dass die Lichtkegel mit grossen Winkeln, welche bei den vorzüglichsten Instrumenten von Powell und Lealand, von Nachet, Hartnack u. A. in die Objective eindringen von der grössten Wichtigkeit für die Deutlichkeit der optischen Bilder sind. *K.*

Wenham. New binocular. Int. Obs. 1866. May, IX. 282-283†.

Eine Prismencombination zu dem Zwecke die beiden Bilder beim Binocularmikroskope von gleicher Intensität herzustellen, welche sich bei stärkeren Vergrösserungen gut bewährt haben soll, während für die schwächeren Vergrösserungen die bisher von Powell und Lealand angewendete Construction vorzüglicher ist. *K.*

Arndt. Zur theoretischen Berechnung der Vergrösserung beim Mikroskop. Pogg. Ann. CXXVII. 455-461†.

Der Verfasser leitet Formeln ab, mittelst deren aus den zu messenden Grössen der Brennweiten, der Sehweiten und der Entfernung des Oculares vom Objectiv die Vergrösserungen berechnet werden können. Haben Ocular, Objectiv und Collectiv beziehungsweise die Brennweiten a, b und c, ist die deutliche Sehweite d und die Entfernung zwischen Ocular und Objectiv $= e$ so wird die Gesammtvergrösserung V des Mikroskopes

$$V = \frac{3(e-a-b)[2c(a+d)-3a^2]+c[12a^2+c(a+d))}{9abc}.$$ *K.*

F. PLACE. Zur Berechnung der Mikroskopvergrösserung. POGG. Ann. CXXVII. 656-660†.

In einer Besprechung der vorigen Mittheilung giebt Hr. PLACE eine andere Berechnungsweise an, um das Resultat von der persönlichen Sehweite des Beobachters unabhängig zu machen. Sind die Brennweiten von Ocular, Collectiv und Objectiv respective a, b und c, ferner d die Entfernung von Ocular und Collectiv, e die Entfernung von Collectiv und Objectiv, n die Normalsehweite (250^{mm}), p die persönliche Sehweite des Beobachters, k die Entfernung des optischen Centrums der Loupe vom Auge, so berechnet man zwei Hülfsgrössen. Nämlich

$$x = d - \frac{a.(p-k)}{a+(p-k)}$$

gleich Abstand des durch Objectiv und Collectiv zusammen bewirkten Bildes vom Collectiv, und

$$z = e + \frac{b.x}{b-x}$$

gleich Abstand des Objectivs von dem durch dieses allein hervorgebrachten Bilde. Dann ist die Vergrösserung

$$V = \left[\frac{n}{a} + \frac{n}{p}\left(\frac{a-k}{a}\right)\right] \cdot \left[\frac{b-x}{b}\right] \cdot \left[\frac{z-c}{c}\right]$$

K.

ARNDT. Zur theoretischen Berechnung der Vergrösserung beim Mikroskop. POGG. Ann. CXXVIII. 632-634†.

Hr. ARNDT gestaltet seine Formel, deren Brauchbarkeit zur Ermittlung der Vergrösserungen bei verschiedenen Sehweiten er aufrecht hält, nach den Bemerkungen von PLACE der Art um, dass er die Entfernung des Collectivs vom Ocular $= e$, und die des Objectivs vom Ocular $= \varepsilon$ einführt. Es ist dann unter Beibehaltung seiner übrigen Bezeichnungen

$$V = \frac{(\varepsilon-b)(c-e)+e^2}{bc} + d\left[\frac{(\varepsilon-b)(a+c-e)-a(c+e)+e^2}{abc}\right]$$

der erste Theil der Formel ist von a und d unabhängig, der zweite den verschiedenen Sehweiten direct proportional. *K.*

---

c) Camera obscura.

STEINHEIL. Photographenapparat zur Aufnahme von Naturstudien. Münchn. Ber. 1866. II. 478-483†.

Hr. STEINHEIL beschreibt eine bequem transportable Camera obscura zur Aufnahme von Naturansichten. Die Dimensionen sind sehr klein gewählt um den Einfluss des Objectabstandes auf die Verstellung der Bildebene zu beseitigen, die Camera kann also ohne besondere Einstellung benutzt werden. Zu den Aufnahmen der Bilder werden sogenannte Trockenplatten verwendet, welche Hr. STEINHEIL von dem Photographen BÖTTGER bezieht und welche wohl ein Jahr lang wirksam bleiben sollen.

K.

M'KINLAY. Photographische Darstellung der Bahn einer abgeschossenen Kanonenkugel. DINGLER J. CLXXXII. 344-345; Brit. J. of photogr. 1866. No. 323.

Die Beschreibung ist ziemlich unklar, läuft aber darauf hinaus, dass durch das Geschoss ein Elektromagnet in Thätigkeit gesetzt wird, welcher seinerseits die Bewegung einer vor einer Camera obscura befindlichen undurchsichtigen nur mit einer Oeffnung versehenen Scheibe regelt und zwar so, dass die Oeffnung sich vor dem Objective befindet, sobald das Geschoss die Punkte der Bahn passirt, an denen es den Elektromagneten in Thätigkeit bringt. *K.*

---

d) Spectralapparate.

SECCHI. Neuer Stern-Spectralapparat. CARL Repert. II. 157-157; Mondes XII. 290-292.

Eine achromatische Cylinderlinse wird so im Fernrohre angebracht, dass im Focus des Oculares ein lineares Bild des beobachteten Sternes entsteht. Zwischen die Cylinderlinse und das Ocular bringt man ein möglichst kurzes Prisma. Mit einem 9zölligen Refractor und hundertmaliger Vergrösserung wurden scharfe Spectren von Sternen fünfter Grösse erhalten. *K.*

R. Radau. Construction eines Spectroskopen ohne Abweichung, mit ein oder zwei Prismen. Carl Repert. II. 241-242†.

Hr. Radau giebt zur Vervollständigung der von Voit besprochenen verschiedenen Arten von Spectroskopen (vergl. Berl. Ber. 1865. p. 221) die Construction der Prismen für zwei neue Fälle an, nämlich für die Fälle in denen der eintretende und austretende Strahl bei Anwendung eines oder zweier Prismen, parallel sein sollen, was namentlich für die Spectralanalyse der Himmelskörper wünschenswerth ist. *K.*

Dutirou. Spectro-Refractometer. Carl Repert. II. 63-64; Mondes X. 660-662.

Das Instrument dient ausser zu den gewöhnlichen Versuchen über die Spectralanalyse auch noch dazu: 1) bei einer künstlichen Lichtquelle einen bestimmten Strahl zu erhalten, der die gleiche Brechbarkeit besitzt wie irgend ein Strahl des Sonnenspectrums; 2) bei künstlicher Lichtquelle die Brechungsindices von Körpern für die verschiedenen Sonnenstrahlen zu bestimmen. Der erstere Zweck wird erreicht indem ein mit verticalem Spalt versehener Schirm vor dem Fernrohre so verschoben wird, dass nur der Farbe, welche man zu erhalten wünscht, der Durchgang durch den Spalt gestattet wird. Hat man die Stellungen des Spaltes für verschiedene Strahlen bestimmt, so kann nach Vertauschung des Fernrohrs mit einem Babinet'schen Goniometer die Ermittelung der Brechungsindices für jene Strahlen erfolgen. *K.*

C. Polarisationsinstrumente.

Hartnack und Prazmowski. Polarisationsprisma. Carl Repert. I. 325-327, II. 217-224; Mondes (2) I. 40-42; C. R. LXII. 149-150; Inst. 1866. p. 28-29; Ann. d. chim. (4) VII. 181-189; Pogg. Ann. CXXVII. 494-496; Monit. Scient. VIII. 109-109; Dingler J. CLXXXI. 112-114.

Das gewöhnliche Nicol'sche Prisma leidet an den Mängeln, dass 1) der Eintritt und Austritt der Lichtstrahlen sehr schief gegen die Eintritts- und Austritts-Ebene stattfindet 2) die Länge des Prismas sehr bedeutend und 3) das Gesichtsfeld von 22° bis 23° nicht gross genug ist. Die Herren Hartnack und Prazmowski haben in folgender Weise eine vortheilhaftere Construction gefunden. Stellt man sich als wesentliche Bedingung, dass die Richtung der Strahlen beim Eintritte und Austritte normal sei, so ist der vortheilhafteste Schnitt des Krystalles der, senkrecht gegen die Axe; es wird dadurch zugleich ein ausgedehnteres Gesichtsfeld erhalten, welches bei bestimmten verkittenden Substanzen bis zu 35° gehen kann. Hat man auf diese Weise die Schnittfläche erhalten, so richtet man die Eintritts- und Austrittsflächen zu, die mit der Schnittfläche Winkel einschliessen, welche eine Function des Brechungsindex der verkittenden Substanz sind. Folgende Tabelle giebt die Winkel an, welche man je nach der Natur der verkittenden Substanz der Eintritts- und Austrittsfläche gegen die Schnittebene ertheilen muss, um ein gleichmässig gegen die Axe des Prismas vertheiltes Gesichtsfeld zu erhalten.

Verkittende Differenz	Brechungsindex	Winkel d. Ein- u. Austrittsfläche gegen die Schnittebene	Länge des Prismas	Grösse des Gesichtsfeldes
Canadabalsam.	1,549	79,0°	5,2^{cm}	33°
Copavubalsam.	1,500	76,5	3,7	35
Leinöl	1,485	73,5	3,4	35
Mohnöl	1,473	71,0	3,0	28

Für die Grösse des Gesichtsfeldes ist also die verkittende Substanz am vortheilhaftesten, deren Brechungsindex dem des ausserordentlichen Strahles sich möglichst nähert. *K.*

C. Stammer. Ueber eine Einrichtung am Polarisationsinstrumente behufs der Bestimmung sehr geringer Zuckermengen. Dingler J. CLXXXII. 160-165†.

Die Abänderung besteht darin, dass bei dem von J. G. Greiner jun. in Berlin construirten Instrumente statt der kürzeren Röhren solche von 400 und 600^{mm} Länge eingesetzt werden können, wodurch natürlich die Grösse der Drehung der Polarisationsebene vergrössert wird, aber auch vorausgesetzt werden muss, dass die Flüssigkeit in so dicken Schichten hinlänglich geklärt werden konnte. *K.*

D. Verschiedene optische Apparate.

Das Perspectometer zum Gebrauche beim Unterricht im freien Handzeichnen. Polyt. C. Bl. 1866. p. 92-96; Bull. d. l. Soc. d'enc. 1865. p. 590.

Der genannte von GÉLIBERT erfundene Apparat soll nebst einigen anderen Hülfsmitteln dazu dienen, beim Zeichnen die Entfernungen zweier Punkte des zu zeichnenden Objectes statt durch das blosse Augenmass, genauer zu bestimmen. Im Wesentlichen ist das Perspectometer ein getheilter Massstab der mit ausgestrecktem Arme zwischen Auge und Object gehalten wird. Damit die Instrumente übereinstimmende Angaben bei verschiedenen Personen geben, muss ein bestimmtes Verhältniss zwischen der Grösse der Theilung und der Armlänge bestehen, es werden deshalb verschiedene Nummern des Instrumentes zum Gebrauche verschiedener Zeichner verfertigt (die in 100 Theilen getheilte Länge in 12 Abstufungen der Armlänge entsprechend und variirend von 0,73 bis 0,38 Meter). *K.*

MIGNERAT. Perspectometer. CARL Repert. II. 56-58†.

Complicirter als der GÉLIBERT'sche Apparat ist das MIGNERAT'sche, ebenfalls für das Zeichnen der Linearperspective bestimmte Prospectometer. Es ist ein viereckiger an allen 4 Seiten getheilter Rahmen, innerhalb dessen noch zwei schräg liegende Maassstäbe und eine Gradbogentheilung angebracht sind, wodurch die Visirung von Linien sowohl zur Bestimmung der scheinbaren Grössen als ihrer Lage zu andern sehr vollständig ausführbar wird. *K.*

E. JAVAL. Sur un instrument nommé „iconoscope", destiné à donner du relief aux images planes examinées avec les deux yeux. C. R. LXIII. 927-928†.

Bringt man in einem binocularen Opernglase die bei den Binocularmikroskopen gebrauchte Einrichtung der total reflectirenden Prismen oder der unter 45° geneigten Spiegel an, so empfangen die Augen nicht mehr verschiedene Bilder der äusseren Objecte; es fehlt mithin die Möglichkeit sich von der Fläche eines Bildes zu überzeugen und tritt die Wirkung der Malerei vollständig hervor. *K.*

HOUDIN. Iridoskope. Int. Obs. IX. 315; Mondes X. 587-589; C. R. LXIII. 865-868.

Wird in einem undurchsichtigen Blatt eine feine Oeffnung gemacht und sieht man durch dieselbe gegen den hellen Himmel so erblickt man die subjectiven Lichterscheinungen des Auges. Das Iridoskope ist nichts anders als ein kleines Instrument, welches das Blatt mit dem feinen Loche ersetzt. *K.*

C. LARBRE. Cadran solaire de poche. Mondes XII. 516-517†.

Ein ganz unbrauchbares Instrument. *K.*

Fernere Litteratur.

H. HAGER. Das Mikroskop und seine Anwendung. 2. Aufl. Berlin 1866.

FREY. Das Mikroskop und die mikroskopische Technik. 2. Aufl. Leipzig 1866.

Catalogue of works on the microscope and of those referring to microscopical subjects in the library of Freeman C. S. RAPER. Edinburgh 1866.

G. M. CAVALLERI. Sul fuoco complessivo dagli objettivi nei microscopii compositi e in generale di qualunque sistema di lenti formanti un sol fuoco e loro formola generale. Cimento XXIII-XXXIV. 323-326.

A. BROTHERS. On an improved diaphragm for determining the magnitudes of stars. Proc. Manch. Soc. III. 109-111 (cf. Bovendell 169)

J. ATKINSON. On the construction of Bi-focal lenses for spectrals. Proc. Manch. Soc. III. 190-193.

J. MERRIFIELD. On an artificial Horizon. Monthly Not. XXV. 275-275. (Ein auf Quecksilber schwimmender Glasspiegel.)

Note sur le mouvement apparent décrit par l'image réfléchie d'un point lumineux dans un instrument à réflexion, quand on donne à l'instrument un mouvement de rotation autour de l'axe optique. Mondes (2) I. 306-313.

SECRETAN. Succursale de l'observatoire de Paris à Marseille. Mondes XII. 549-552.

W. SIMMS. Some remarks upon the achromatic object-glass. Monthly Not. XXV. 23-24.

J. WATSON. On a new binocular telescope. Monthly Not. XXV. 23-23.

C. PRITCHARD. On the relations existing between the forms proposed by Sir J. HERSCHEL and by GAUSS for the aplanatic object-glass. Monthly Not. XXV. 26-30.

J. H. JELLET. On a new optical saccharometer. Phil. Mag. (4) XXXII. 357-362. S. Berl. Ber. 1865. p. 308 (C. TICHBORNE).

GARTH. Optische Einrichtung im Dom zu Köln. Polyt. C. Bl. 1866. p. 380-382.

DITSCHEINER. Eine Bemerkung zu Hrn. L. M. RUTHERFORD's Construction des Spectroskops. Wien. Ber. LII. (2) 563-568.

Namen- und Capitelregister.[1])

[1]) Ueber die mit einem (*) bezeichneten Artikel ist kein Bericht erstattet.

Verzeichniss der Herren, welche für den vorliegenden Band Berichte geliefert haben.

Herr Professor Dr. Beetz in München. (*Bz.*)
- Professor Dr. Bertram in Berlin. (*Bt.*)
- Professor Dr. Bezold in München. (*Bd.*)
- Dr. E. O. Erdmann in Berlin. (*E. O. E.*)
- Professor Dr. Grossmann. (*Gr.*)
- Dr. R. Hoppe in Berlin. (*He.*)
- Professor Dr. Karsten in Kiel. (*K.*)
- Dr. Krech in Berlin. (*Kr.*)
- Professor Dr. Kundt in Zürich. (*Kt.*)
- Professor Dr. Lamont in München. (*La.*)
- Dr. Natani in Berlin. (*N.*)
- Professor Dr. Quincke in Berlin. (*Q.*)
- Professor Dr. Radicke in Bonn. (*Rd.*)
- Professor Dr. Rosenthal in Berlin. (*Rs.*)
- Professor Dr. Röber in Berlin. (*Rb.*)
- Dr. Rüdorff in Berlin. (*Rdf.*)
- Dr. C. Schultz in Berlin. (*C. S.*)
- Dr. Schwalbe in Berlin. (*Sch.*)
- Dr. Wangerin in Berlin. (*Wn.*)
- Dr. Wernicke in Berlin. (*W. W.*)
- Professor Dr. Wüllner in Bonn. (*A. W.*)
- Professor Dr. Zöllner in Leipzig. (*Zr.*)

Berichtigungen.

Seite 12 Zeile 11 von oben lies NIAUDET-BRÉGUET statt NIAUD ı und BRÉGUET.
- 82 - 2 von oben l. MULDER st. MELDER.
- 118 - 12 und 13 von unten l. Stempel st. Stengel.
- 457 - 9 von oben l. et st. el.
- 460 - 3 - l. Climate st. Cimate.
- 461 - 14 - l. RUTHERFORD st. RUTHERFORD
- 464 - 9 - l. JELINEK st. JELNIEK.

Kolibri 360 GmbH
Ferdinand-Jühlke-Straße 7
99095 Erfurt, Deutschland
produktsicherheit@kolibri360.de